高职高专建筑工程专业系列教材

结 构 力 学

王金海　主编

王金海　颜永弟　编
游　渊　何　蓉

中国建筑工业出版社

图书在版编目(CIP)数据

结构力学/王金海主编. —北京：中国建筑工业出版社，2005

（高职高专建筑工程专业系列教材）

ISBN 978-7-112-02996-9

Ⅰ.结... Ⅱ.王... Ⅲ.结构力学-高等学校：技术学校-教材 Ⅳ.0342

中国版本图书馆 CIP 数据核字（2005）第 011666 号

全书共十二章，主要讲述：绪论，平面体系的几何组成分析，静定梁与多跨静定梁，静定平面刚架，三铰拱的内力计算，静定平面桁架，虚功原理和静定结构位移计算，用力法计算超静定结构，位移法，力矩分配法，影响线及其应用，矩阵位移法等。其中附有 FORTRAN 语言编写的刚架分析源程序、总框图、子框图和计算例题。

本书可作为高等专科土建类专业的结构力学教材，亦可作为高等函授教育、自学考试用书，并可供有关工程技术人员参考。

高职高专建筑工程专业系列教材

结 构 力 学

王金海 主编

王金海 颜永弟 游 渊 何 蓉 编

*

中国建筑工业出版社出版、发行（北京西郊百万庄）

各地新华书店、建筑书店经销

北京市密东印刷有限公司印刷

*

开本：787×1092 毫米 1/16 印张：21¼ 字数：517 千字

1997 年 6 月第一版 2018 年 9 月第二十七次印刷

定价：**36.00** 元

ISBN 978-7-112- 02996- 9

（20808）

出　版　说　明

为了满足高职高专建筑工程（工业与民用建筑）专业的教学需要，培养从事建筑工程施工、管理及一般房屋建筑结构设计的高等工程技术人才，中国建筑工业出版社组织编写了这套“高职高专建筑工程专业系列教材”。全套教材共15册，其中《混凝土结构》（上、下）、《砌体结构》、《钢结构》、《土力学地基与基础》、《建筑工程测量》、《建筑施工》、《建筑工程经济与企业管理》8册是由武汉工业大学、湖南大学等高等院校编写的原高等专科“工业与民用建筑专业”系列教材，经原作者重新精心修订而成的。按照教学计划与课程设置的要求，我们又新编了《建筑制图》、《建筑制图习题集》、《房屋建筑学》、《建筑材料》、《理论力学》、《材料力学》、《结构力学》等7册。

本系列教材根据国家教委颁发的有关高职高专建筑工程专业的培养目标和主要课程的教学要求，紧密结合现行的国家标准、规范，以及吸取近年来建筑领域在科研、施工、教学等方面的先进成果，贯彻“少而精”的原则，注重加强基本理论知识、技能和能力的训练。考虑到教学的需要和提高教学质量，我们还将陆续出版选修课教材及辅助教学读物。

本系列教材的编写人员主要是武汉工业大学、湖南大学、西安建筑科技大学、哈尔滨建筑大学、重庆建筑大学、西北建筑工程学院、沈阳建筑工程学院、山东建筑工程学院、南京建筑工程学院、武汉冶金科技大学等有丰富教学经验的教师。

本系列教材虽有8册书已在我国出版发行近10年，各册书的发行量均达10～20万册，取得了一定的成绩，但由于教学改革的不断深入，以及科学技术的进步，这套教材的安排及书中不足之处在所难免，希望广大读者提出宝贵意见，以便不断完善。

前 言

本书是根据国家教育委员会颁布试行“结构力学课程基本要求”和建设部（1993）441号文件《关于普通高等学校专科房屋建筑工程专业教育的培养目标、毕业生基本要求和培养方案、教学基本要求通知》的精神进行编写的。

编写中针对专科培养规格和要求，为培养主要从事建筑施工、建筑技术管理、一般房屋建筑工程设计的工程技术人员和完成工程师的初步训练。在保证必需的基础理论够用的前提下，加强技术基础课、专业课教学的同时，注意提高学生的自学能力和解决工程实际问题的能力，突出培养应用型人才的要求。

全书共有十二章，是按“房屋建筑工程（工民建）专业”90学时要求编写，有关教学内容的取舍，视各校的具体情况和学时安排自行酌处。

为较好地反映专科教学的特点和需要，本书在内容的取材和阐述方面，强调为解决生产实践中的结构力学问题打好基础，重视力学概念和理论知识的应用，力求使学生熟悉各类常用杆件结构的受力特性；在理论证明和公式推导上适当从简，以必需、够用为度，充分体现专科培养应用型人才的特点；在写法上力求简明易懂，循序渐进，力求符合学生的认识规律，利于教学和学习；在各章中选配了较多的示例、思考题与较多的难易搭配的习题作业，突出了各章的重点、难点和学习中应注意的问题，起到指导学生自学和独立思考解决问题的作用。

本书由重庆建筑大学王金海主编，参编有王金海（第一、七、十一章）、颜永弟（第二、五、九、十章）、游渊（第四、六、八章）、何蓉（第三、十二章）。

在编写过程中得到重庆建筑大学建筑工程学院、结构力学教研室的大力支持和帮助，我们在此表示深切的谢意。

由于编写时间仓促和编者水平有限，书中难免存在不妥或错误之处，欢迎使用该书的教师和读者提出宝贵意见，利于今后改进。

目　录

第一章　绪　　论

第一节　结构力学的研究对象及其任务

在土建工程中，凡由建筑材料做成并能支承荷载而起骨架作用的各类建筑物和构筑物，统称为**建筑结构**，简称为**结构**。例如建筑工程中的工业厂房与民用房屋、高耸的电视塔、烟囱、水塔等是建筑物和构筑物中结构的实例；在道路桥梁工程中铁路大桥、公路桥、城市道路高架桥、涵洞、隧道、挡土墙等交通设施；水利工程中的闸门结构、堤坝等等都是土

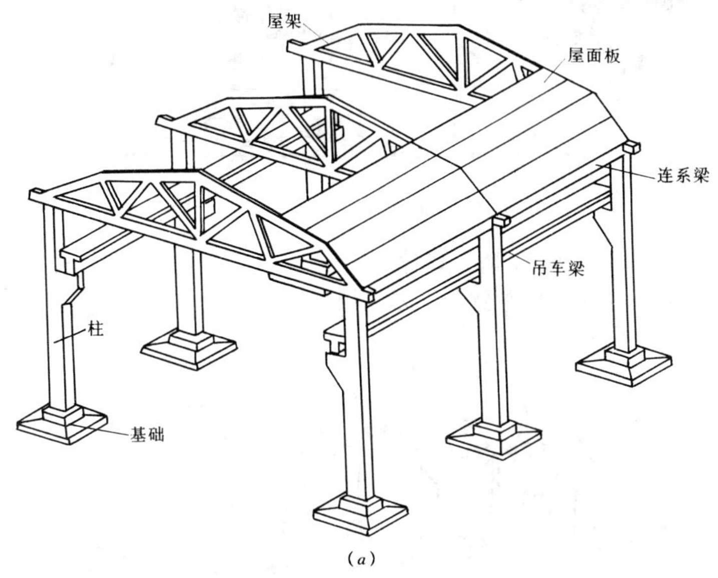

(a)

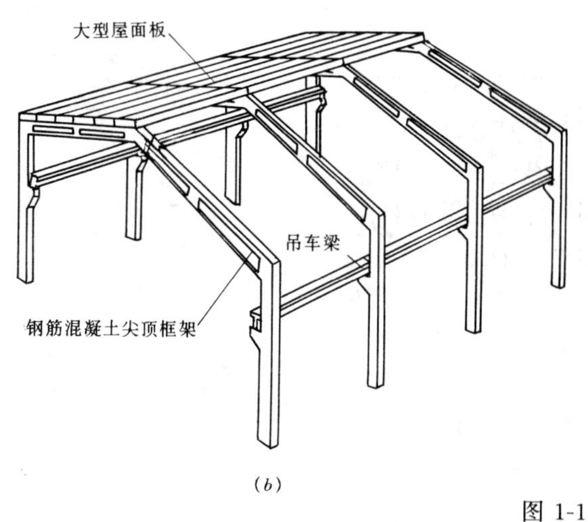

(b)

框架

(c)

图 1-1

木工程、水利工程中的结构实例。图 1-1（*a*）是由屋面构件、屋架、柱子、吊车梁和基础所构成的单层工业厂房结构；图 1-1（*b*）、（*c*）为钢筋混凝土尖顶刚架和单跨两层刚架，它们承受屋面和吊车梁传来的荷载，都是常见的杆件结构典型实例。

图 1-2 是我国著名的赵州石拱桥（安济桥），它是距今 1300 多年隋代时，由工匠李春主持修建的，其跨度达 37.47m，拱高达 9m，并在大拱背上还做了小拱，不仅减轻了拱桥的自重，又可渲泄洪水，还增加了拱桥的安全和美观。1000 多年来这座形式优美的拱桥完整无损，也为当代设计创造新颖拱式桥梁提供了借鉴。

图 1-2

图 1-3 为一桁架桥梁结构示意图，它是一个空间受力杆件体系，当在竖向荷载作用时，如不考虑两榀主桁架间连系杆件的空间受力作用，则主桁架就可视为一榀平面桁架来分析（图中实线表示）。

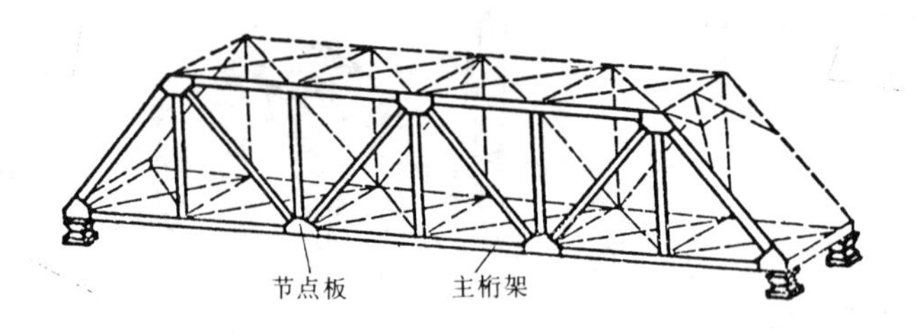

图 1-3

由上看出，结构的类型是多种多样的，为便于分析，结构按不同特征进行分类。

按空间观点，结构分为平面结构和空间结构。如果组成结构的所有杆件的轴线都位于同一平面内，并且荷载也作用于该平面内，则这类结构称为平面杆件结构；否则，便是空间杆件结构。实际工程中的结构都是空间结构，但在许多情况下有些结构可近似分解为若干平面杆件结构来计算。但有些结构必须按空间杆件结构来分析，如图 1-4 所示桁架就是一个空间杆件结构的实例。

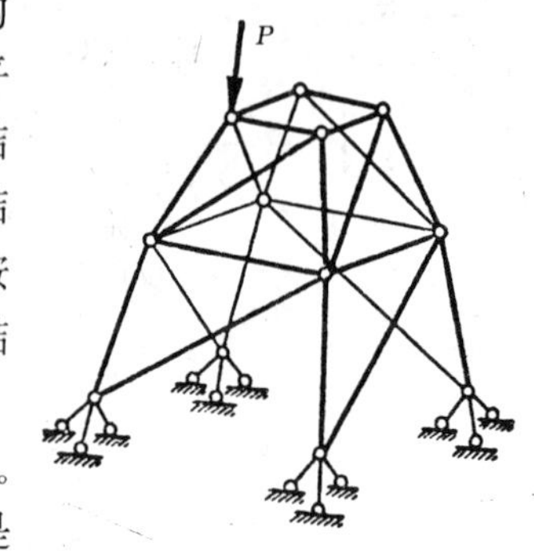

图 1-4

按几何观点，结构可分为杆件结构、薄壁结构和实体结构。

杆件结构是由若干根杆件所组成的结构，其中“杆件”是指其长度远远大于截面的其他两个尺度（即截面的高度和宽度)。图 1-1、图 1-3、图 1-4 所示结构均是杆件结构的典型实例。

薄壁结构是指其厚度远小于其他两个尺度的结构,当它为平面板状结构(图 1-5*a*)时,称为薄板;当它是由若干块薄板所构成(图 1-5*b*)时,称为折板结构;当它具有曲面或球面外形(图 1-5*c*、*d*)时,称为薄壳结构。

实体结构是指三个方向的尺度约为同量级的结构,例如图 1-5(*e*)、(*f*)所示的坝体和挡土墙就是实体结构的实例。

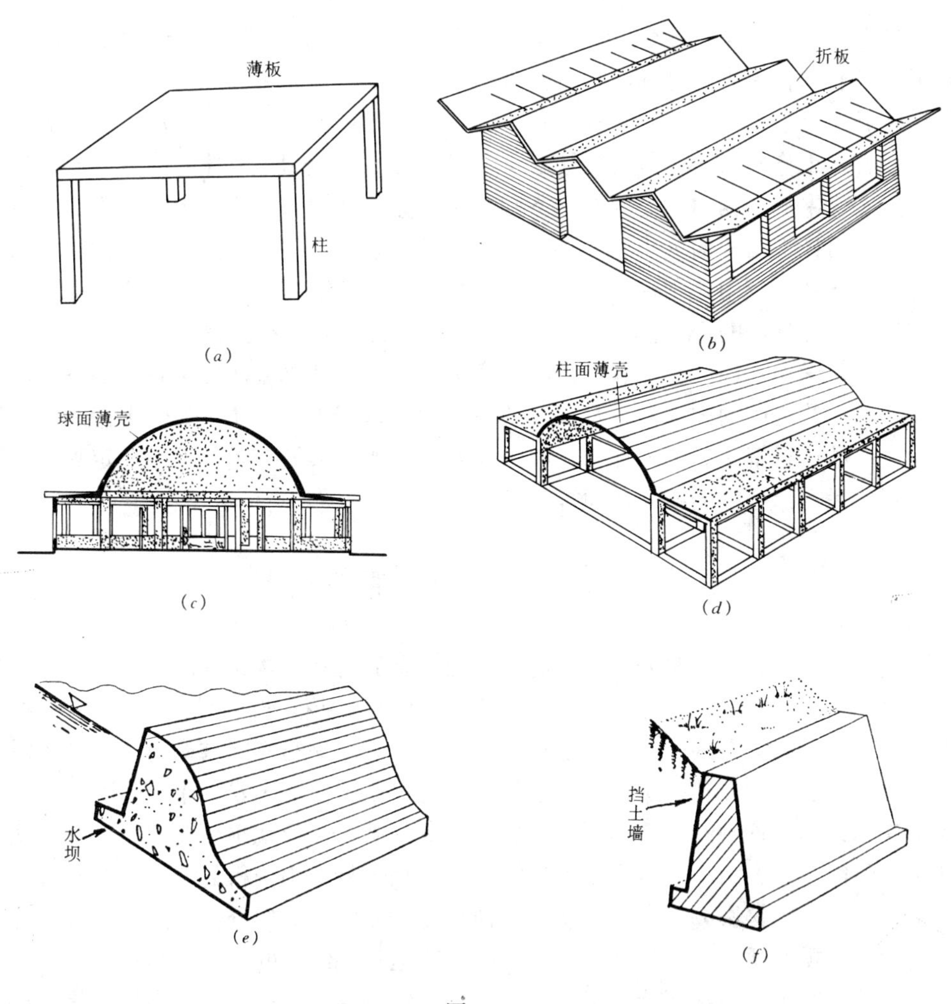

图 1-5

材料力学与结构力学的基本区别在于:前者主要是研究材料的强度和单根杆件的强度、刚度和稳定性的计算;而结构力学的研究对象则主要为由杆件所组成的结构。所以本书主要讨论平面杆件结构的计算。

结构力学的任务是研究结构的组成规律、合理形式及其力学性能,研究结构在荷载、温度变化、支座移动等外因作用下的强度、刚度和稳定性的计算原理和计算方法。

计算结构的强度和稳定性在于保证结构经济与安全的双重要求;计算结构的刚度,在于保证结构不致发生过大的变形，并满足使用的要求。

对结构进行强度计算，首先要计算结构的内力，然后利用材料力学的强度条件选定或核算杆件截面尺寸。在分析结构的刚度和稳定性时，也要涉及到结构内力的计算问题。因此，研究杆件结构在各种外因影响下的内力计算和了解各种结构的受力特性，便成为本课程的重要的学习内容。

结构力学是土建、水利类各专业必修的一门主要技术基础课程，在专业学习中占有重要地位。学习结构力学要以高等数学、矩阵代数、理论力学和材料力学等课程为基础。在学习中要用到理论力学和材料力学所提供的刚体静力学平衡条件、虚位移原理和单杆的强度、刚度和稳定性等方法；同时，该课程又为学习钢木结构、钢筋混凝土结构、地基基础、建筑施工等专业课程提供所必须的力学基础。

针对普通高等学校专科房屋建筑工程（工民建）专业要求，为培养从事建筑施工、检测等技术和管埋工作或从事一般房屋建筑工程设计工作的应用性人才的特点。本课程强调为解决生产实践中的结构力学问题打好基础，重视力学概念和理论知识的应用。所以，本书主要讨论平面杆件结构的内力和变形等内容的计算，不讲述结构的稳定性计算。为适应电子计算机的普及和应用，与现代计算结构力学的发展相适应，在第十二章中扼要地介绍了杆件结构矩阵位移法的基本内容，为今后的学习和工作创造一定的条件。

应当指出，学习本课程要注意理论联系实际。对各种计算方法要了解它们各自的基本思路。注意各章节之间的内在联系，注意从对比中去认识事物，注意如何把待解决的新问题转化为老问题进行解决。要保证有足够的习题量，要求多做习题，不做一定数量的习题将很难真正掌握本课程中的概念、原理和计算方法。

第二节　结构的计算简图

实际结构的组成、受力和变形等情况都是很复杂的，在结构设计时想要完全严格按照结构的实际进行力学分析，从目前的科学技术水平来讲，是很难做到的。即使有这种可能，其分析方法也是十分复杂的，更没有实用价值。所以，在进行实际结构的力学分析时，必须对结构作一些必要的简化，突出其主要特点，略去某些次要因素，采用一种简化了的图形来代替实际结构。这种经过简化并用于进行计算的结构图形就称为**结构的计算简图**。

结构计算简图，在力学分析中代表实际结构，是进行结构分析的依据。结构计算简图的选择是否合理，直接影响计算工作量和设计精度，因此在结构分析中选择结构计算简图是必须先解决的重要课题。如果计算简图不能正确地反映结构的实际受力状态，甚至选择错误，会使计算产生误差甚至造成工程事故。因此在选择计算简图时，应持慎重态度，并遵守如下两条原则：

1．抓住主要因素，略去次要因素，使计算简图能反映实际结构的主要受力状态；

2．根据需要与可能，从实际出发，力求使计算简图便于分析和计算。

在实际工程设计中，为适应具体要求，在选择结构计算简图时，往往根据结构的重要程度、不同的设计阶段和计算手段选择不同的计算简图。

恰当合理的计算简图既要能反映结构主要受力性能，又要便于计算。为此，必须对实际结构进行简化处理，这种简化通常包含对杆件的简化、支座的简化、结点的简化以及荷载的简化。在这里只简略地介绍前三种简化，第四种将由后续各类结构设计课讨论。

一、杆件的简化

根据杆件受力后的变形特点，由材料力学可知，各种杆件在结构计算简图中均用其轴线来代替。例如等截面直杆的轴线为一条直线；曲杆的轴线为一条曲线；变截面杆件的轴线用其两端形心连成的直线或曲线（折线）来代替。

二、支座的简化

将结构与基础或其他支承物体联结起来的装置称为支座。根据支座的实际构造和约束特点，在计算简图中常简化为：

1. 可动铰支座（活动铰支座）

桥梁结构中常用的辊轴支座和滚动支座如图 1-6（*a*）、（*b*）所示，都是活动铰支座的实例。这种支座的特点是：它既允许结构能绕铰 A 转动，又允许结构沿支承面 $m-n$ 有微量的移动，但限制了铰 A 沿垂直于支承面方向的移动。因此，在忽略支承面上摩擦力的影响下，支座反力 R_A 将通过铰 A 的中心并垂直于支承面 $m-n$，即支座反力 R_A 的方向和作用点都是确定的，只是它的大小是未知的。根据上述特征，在杆件结构的计算简图中，这种支座常用一根链杆 AB 或一个简化的辊轴圆圈表示，如图 1-6（*c*）、（*d*）所示。

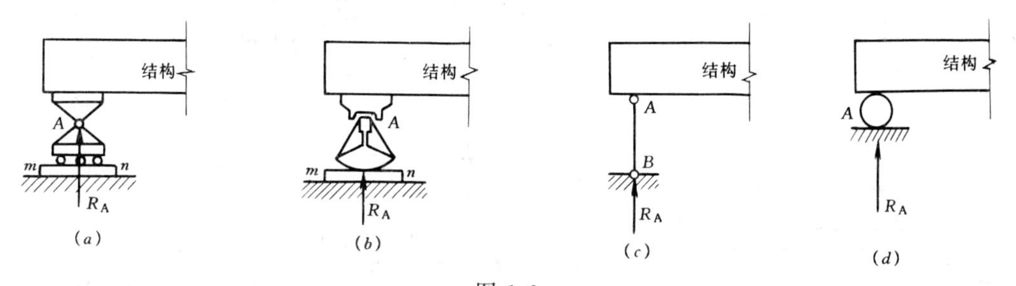

图 1-6

2. 固定铰支座图

固定铰支座对结构的约束特征是：结构可以绕铰 A 转动，但沿水平和竖向的移动受到限制，如图 1-7（*a*）所示。此时支座反力 R_A 仍通过铰 A 的中心，但其大小和方向均为未知的。通常可将反力 R_A 分解为水平和竖向的分力 H_A、V_A，计算时较为方便。根据这种支座的位移和受力特点，在计算简图中常用交于 A 点的两根链杆来表示，如图 1-7（*b*）、（*c*）所示。

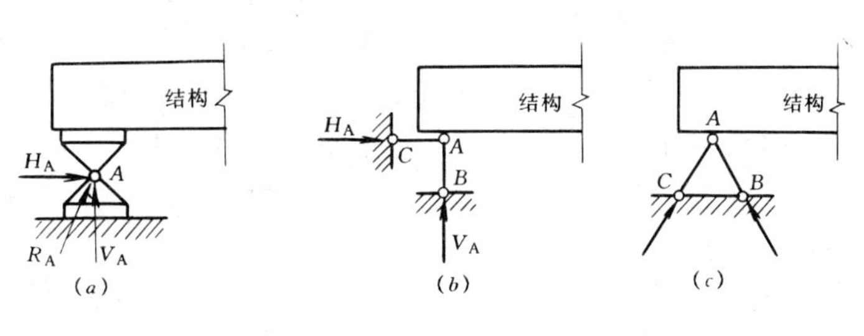

图 1-7

在实际工程中，凡属于不能移动但可以作微小转动的支承结构，都可视为固定铰支座。例如：插入杯口基础中钢筋混凝土预制柱，当杯口中用沥青麻刀填充缝隙时，则柱子与基础的联结可视为固定铰支座如图 1-8（*a*）所示，其计算简图如图 1-8（*b*）所示。

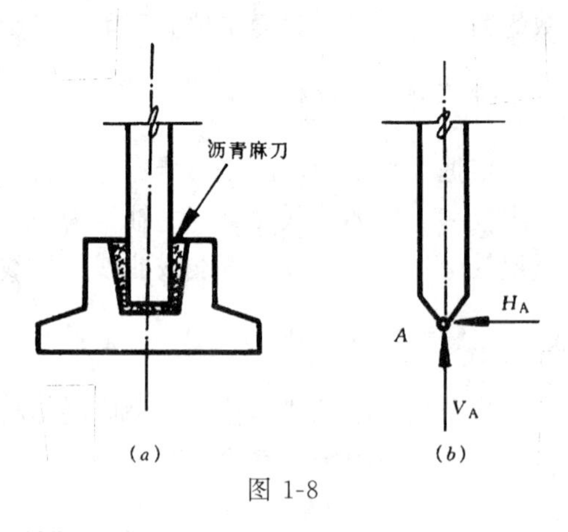

图 1-8

3. 固定支座

图 1-9（*a*）所示一悬臂梁，当梁端插入墙体有一定深度时，则可视为固定支座。固定支座的特点是：结构与支座相联结的 A 处，既不能发生转动，也不能发生水平和竖向的移动。相应的支座反力，通常可用反力矩 M_A 和水平及竖向分反力 H_A、V_A 来表示（图 1-9*b*）。这种支座的计算简图可用既不全平行又不全相交于一点的三根支杆来表示（图 1-9*c*、*d*），支杆中的反力可以组成两个分反力 H_A、V_A 和一个反力矩 M_A。

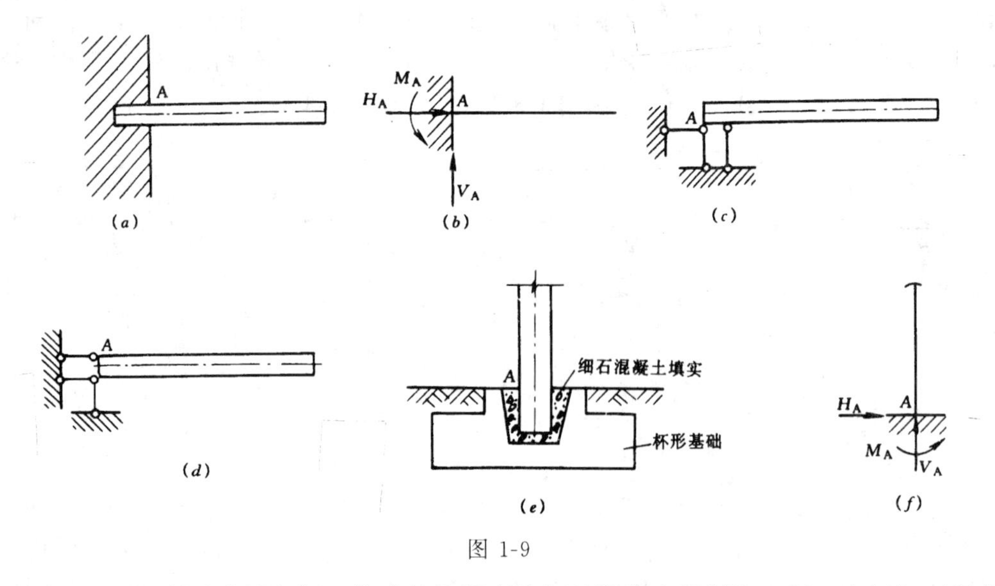

图 1-9

图 1-9（*e*）所示为插入杯口基础足够深度的钢筋混凝土预制柱，杯口内用细石混凝土填充，则杯口面 A 处可视为固定支座，其计算简图如图 1-9（*f*）所示。

4. 滑动支座（定向支座）

图 1-10（*a*）所示为滑动支座的示意图，这类支座能限制结构的转动和沿一个方向上的移动，但允许结构在另一方向上有滑动的自由。例如图 1-10（*a*）所示的结构在支座处的转动和竖向移动均受到限制，但可沿水平方向有微量滑动；可用两根竖向平行支杆来表示这类滑动支座的约束和受力特征（图 1-10*b*）。相应的支座反力有两个：限制竖向移动方向的反力 V 和限制转动方向的反力矩 M。图 1-10（*c*）为限制转动和限制水平方向移动，允许竖向有微量滑动的计算简图。

上述四种支座，均建立在支座本身是不能变形的假设上，计算简图中相应的支杆，也被认为其本身是不能变形的刚性链杆，所以这类支座称为**刚性支座**。若要考虑支座本身的变形，则这类支座称为弹性支座。本书只涉及刚性支座。

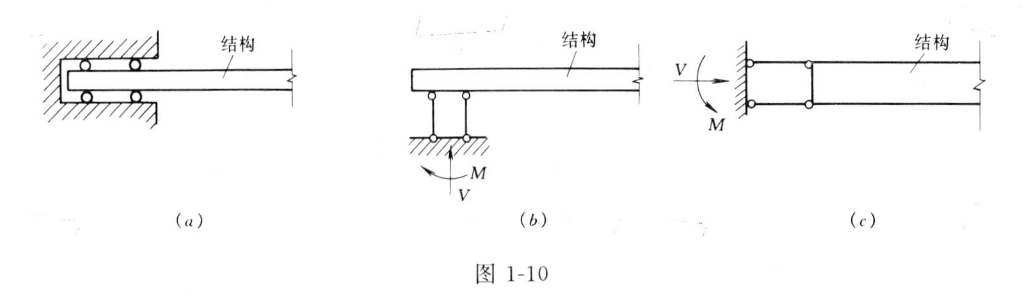

图 1-10

三、结点的简化

杆件结构中各杆件间相互联接处称为结点。在木结构、钢结构和钢筋混凝土结构中的结点，虽然它们的具体构造形式不尽相同，但在计算简图中通常将结点归结为铰结点、刚结点和半铰结点（不完全铰结点）。

1. 铰结点

铰结点的特点是：所联结的各杆可以绕结点中心自由转动，因而常用一理想光滑的铰来表示。这种理想情形，在实际工程中很难实现，例如图 1-11（*a*）所示为木屋架的支座结点构造图，显然各杆件并不能自由转动，但由于联结不可能很严密牢固，杆件能作微小的转动。事实上结构在荷载作用下所产生的转动也相当小，因此该结点可假定为铰结点（图 1-11*b*）。一般地讲，木结构的结点比较接近于铰结点。又如图 1-12（*a*）所示的钢桁架一结点，它虽然是将各杆件焊接在结点板上，但由于这种桁架结构，杆件的抗弯刚度通常不大，主要承受轴向力，由结点的刚性所产生的影响是次要的，因此也可将该结点简化为铰结点（图 1-12*b*）。由此所引起的误差在多数情况下是允许的。

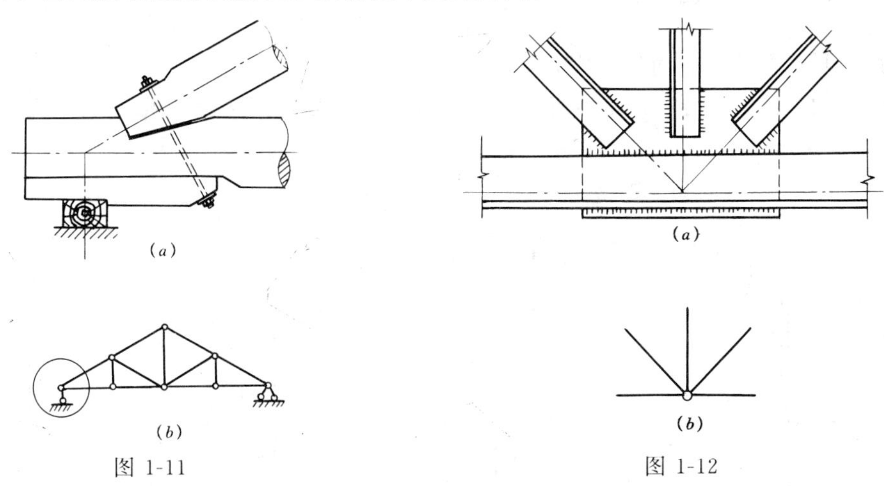

图 1-11　　图 1-12

2. 刚结点

刚结点的特点是：所联结的各杆件之间不能在结点处产生相对转动，即在刚结点处各杆之间的夹角在刚架变形前后保持不变（图 1-13*a* 中 *A*、*B*、*C*、*D* 刚结点）。此时，各杆件的杆端在刚结点处一般要产生和传递弯矩。

图 1-13 (b) 所示为钢筋混凝土刚架边柱与横梁的结点构造图。由于边柱与横梁间为整体浇灌，同时横梁上层的受拉钢筋伸入柱内布置，这样就保证了横梁与边柱能相互牢固地联结在一起，构成了刚结点，其计算简图如图 1-13 (c) 所示。

3. 半铰结点

在连续梁和刚架中还有一种半铰结点，如图 1-14 (a) 所示连续梁中 A、B…结点。图 1-14 (b) 所示刚架中的 D 点也是半铰结点。这种结点对连续杆件来讲，类似刚结点，但是其上的弯矩不向铰结点一边的杆件（或支杆）传递。

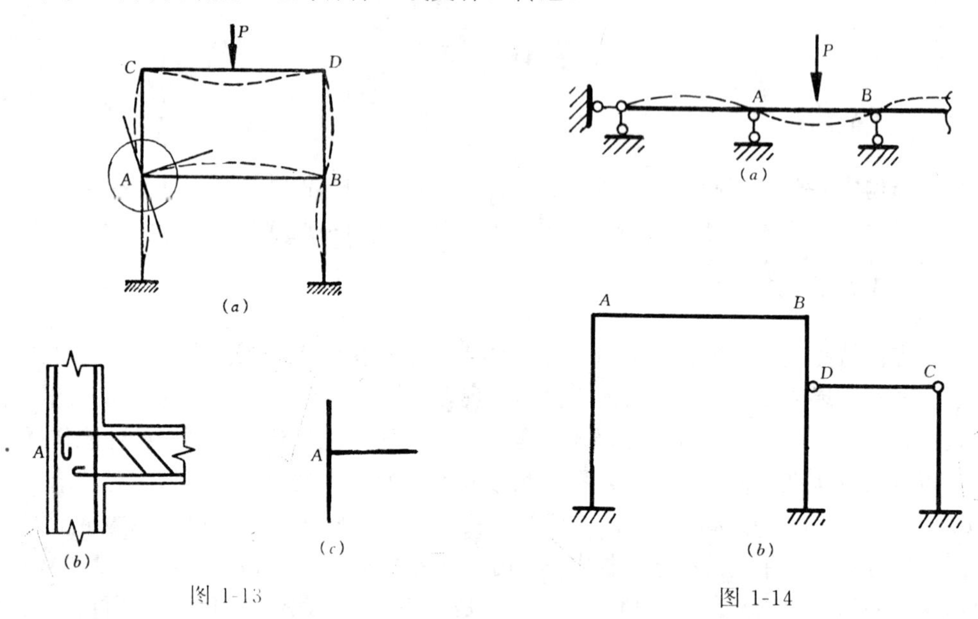

图 1-13

图 1-14

四、结构计算简图示例

为说明实际结构的简化过程，举例说明如下：

【例 1-1】 作图 1-15 (a) 所示一现浇式钢筋混凝土厂房结构的计算简图。

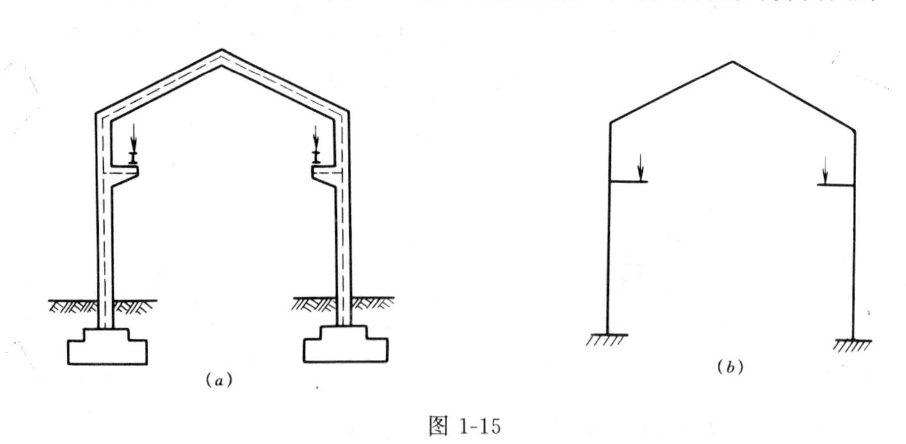

图 1-15

【解】

该结构的施工程序是先浇筑基础部分，接着浇筑柱子和斜梁，使刚架成为一个整体。

这样，梁和柱各用其杆件轴线来代替；梁与柱的联结处形成刚结点；柱和基础的联结处形成固定支座。其刚架的计算简图如图 1-15（b）所示。

【例 1-2】 如图 1-16（a）所示一钢筋混凝土楼盖，它由预制钢筋混凝土空心板和梁组成，试选取梁的计算简图。

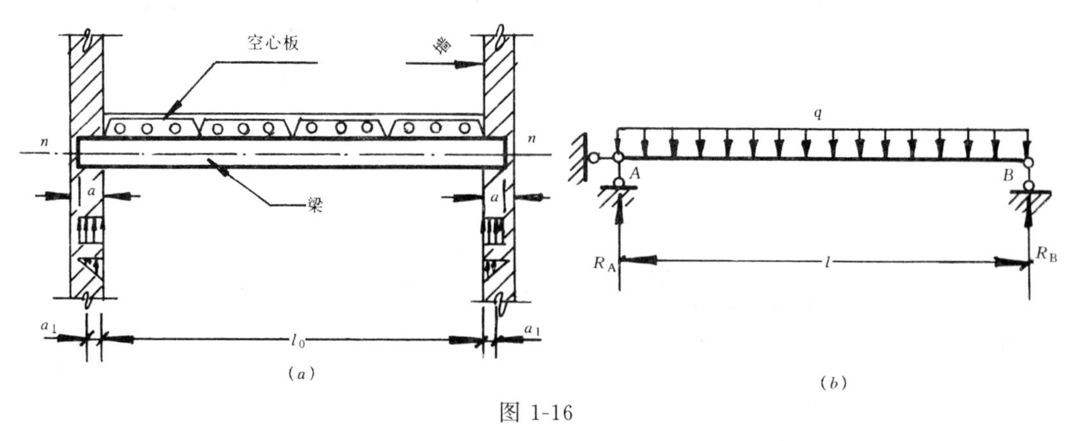

图 1-16

【解】

1. 结构体系的简化

梁的纵轴线为 $n-n$，在计算简图中以此线表示 AB 梁，由楼板传来的楼面荷载以及梁的自重均简化为均布荷载 q 竖向作用在 $n-n$ 轴线平面内，如图 1-16（b）所示。

2. 梁的跨度确定

梁支承在砖墙上，梁的两端支承面积为 ab（a 为梁端在墙上的搁置长度、b 为梁的宽度），其上的反力分布是很复杂的。为了简化计算；通常假定反力沿 a 方向为均匀分布或按三角形，而沿梁的宽度 b 方向为均匀分布。

据此，可以确定 A、B 处反力的合力 R_A 和 R_B 的作用点，从而确定梁的计算跨度 l 为 $l=l_0+2a_1$，如图 1-16（a）所示。当假定反力为均匀分布时，$2a_1=a$，即 $l=l_0+a$。当假定反力为三角形分布时，$2a_1=\frac{2}{3}a$，即 $l=l_0+\frac{2}{3}a$。为了简化计算，有时也取 $l=1.05l_0$ 作为计算跨度，其中 l_0 为净跨。当 a/l_0 的比值较小时，按这种方法确定的 l 值是足够精确的。

3. 支座的简化

由于梁端嵌入墙内的实际长度比较短，加以用砂浆砌筑的墙体本身的坚实性较差，所以在受力后有产生微小松动的可能，不能起固定支座的约束作用。另外，考虑到梁作为整体虽不能有水平移动，但又存在着由于梁的变形而引起梁端部有微小伸缩的可能性。所以，通常把梁的一端简化为固定铰支座，另一端则简化为可动铰支座，则该梁称为简支梁。

经过以上这些简化，即得到如图 1-16（b）所示楼盖梁的计算简图。

【例 1-3】 如图 1-17（a）所示单层工业厂房，由于屋架及其支承柱的轴线均位于同一平面内，而且由屋面板和吊车梁传来的荷载也都位于屋架和柱所组成的排架平面内，故得到如图 1-17（a）所示的平面排架。对于这类称排架的结构，如何进行简化而得到计算简图呢？

【解】

首先，分析屋架的计算简图。由于钢屋架中所有杆件的结点都是采用简单焊接联结，故

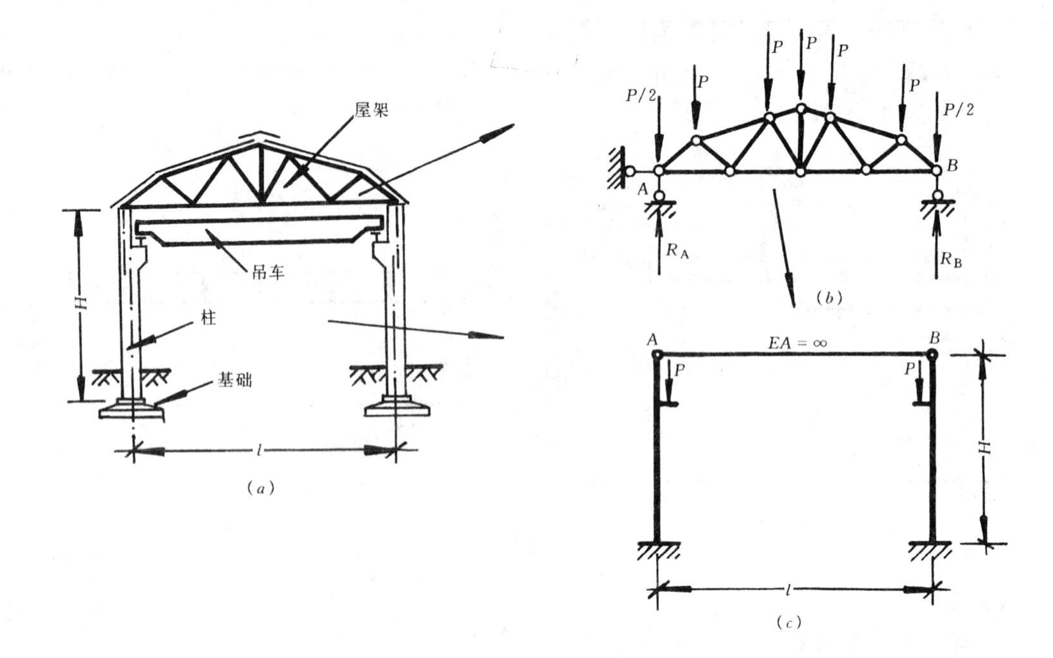

图 1-17

视结点为铰结点。将屋面传来的荷载均化为结点荷载，并全部作用在桁架平面内，则该桁架可按平面体系考虑。将桁架的所有杆件都用其几何轴线来表示，而所有的轴线都位于同一平面内，且通过结点的铰心，与简支梁一样，桁架两端的支座分别为固定铰支座和可动交支座。经过这些简化以后，便可得到如图 1-17（b）所示钢屋架的计算简图。

其次，分析排架柱的计算简图。由于上下两柱段的截面大小不同，因此上下柱应分别用一条通过各自截面形心的联线来表示，如图 1-17（a）中的轴线所示。该排架的计算跨度 l 可取下柱的两轴线之间的距离。屋架与柱顶的联结是简单焊接，因而视为铰结。柱高 H 为基础顶面到屋架下弦之间的高度，并以此作为排架的计算高度。由于屋架的平面刚度很大，变形很小，可认为两柱顶 A、B 之间的距离在受荷载前后没有变化，即可用 $EA=\infty$ 的链杆来代替该屋架。经过上述处理，得到该排架的计算简图如图 1-17（c）所示。

第三节　平面杆件结构的分类

如上所述，结构力学所研究的结构是经过简化以后的结构计算简图。因此，所谓结构的分类，实际上是指结构计算简图的分类。杆件结构是土建工程中应用最为广泛的结构类型，也是结构力学的主要研究对象。杆件结构通常可分为如下五种类型：

1. 梁

它是一种受弯构件，其杆件轴线一般为直线，因而称为**直梁**或简称为梁。当杆件轴线为曲线时称为**曲梁**。梁在竖向荷载作用下不产生水平反力。梁分为单跨梁（图 1-18a、c）和多跨梁（图 1-18b、d）等多种形式。

2. 刚架

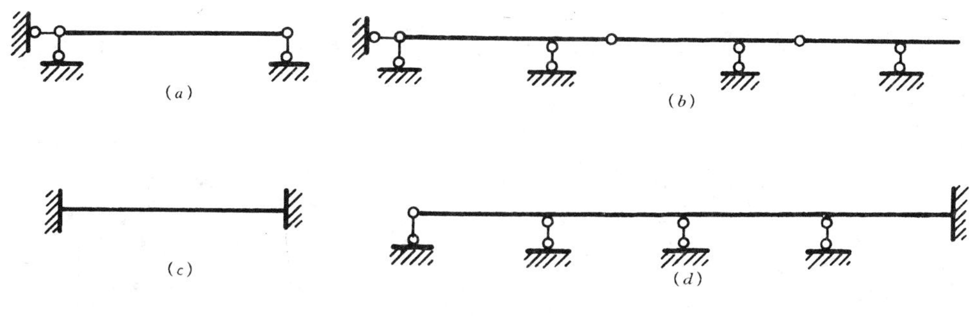

图 1-18

由梁和柱用刚结点联结组成一个整体结构，在荷载作用下刚架杆截面上一般有弯矩、剪力和轴力等内力。它有单层单跨（图 1-19*a*、*b*）和多层多跨（图 1-19*c*、*d*）等结构型式。这种结构常用在单层工业厂房和高层建筑中。

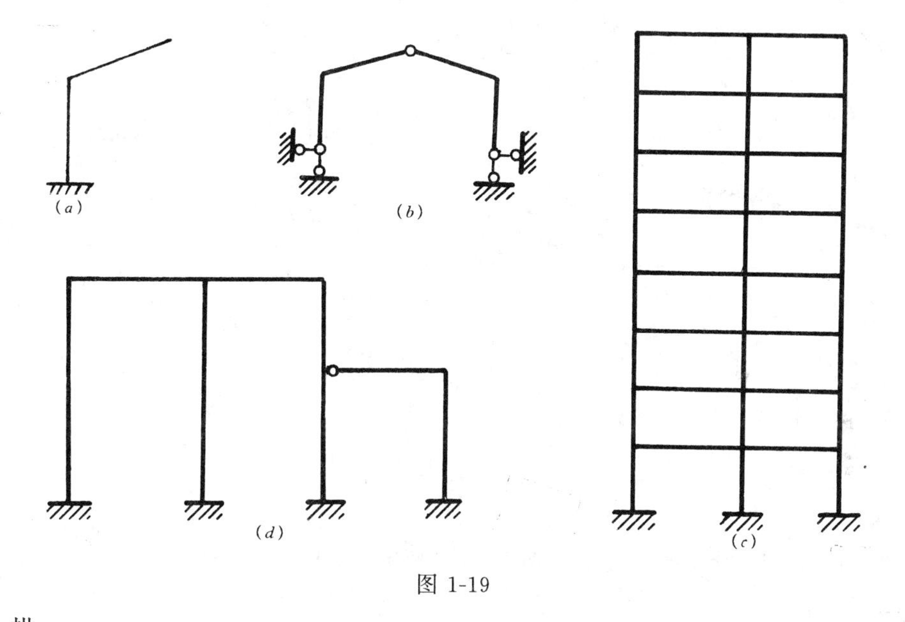

图 1-19

3. 拱

拱的轴线一般为曲线，它在竖向荷载作用下不仅产生竖向反力，还产生水平反力（推力），从而减少拱截面内的弯矩，通常以承受轴力为主。常用的有三铰拱、两铰拱和无铰拱如图 1-20（*a*）、（*b*）、（*c*）所示。

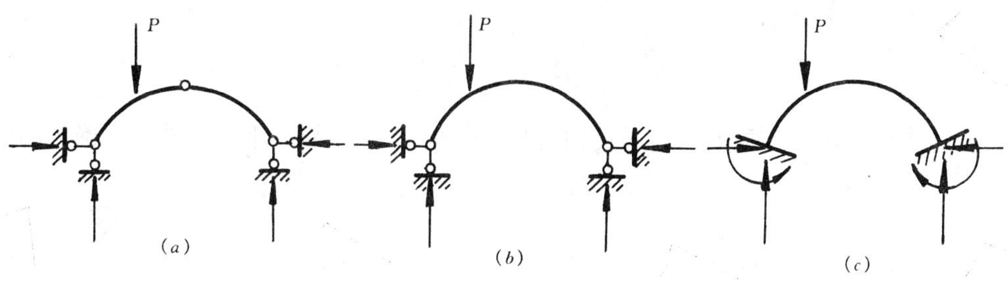

图 1-20

4. 桁架

由若干直杆相互用理想铰联结组成的结构，如图 1-21 (*a*)、(*b*) 所示。它在结点荷载作用下各杆内只产生轴力。

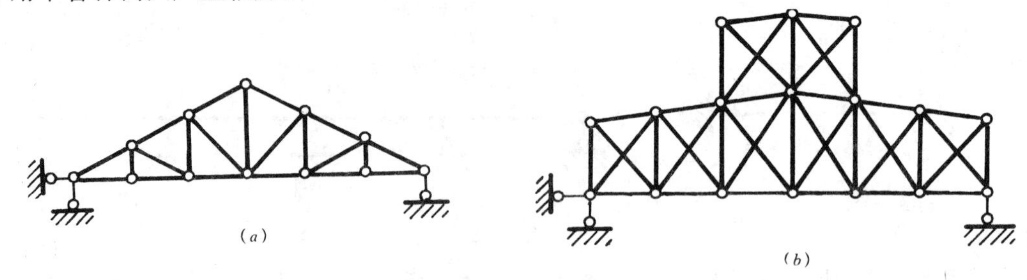

图 1-21

5. 组合结构（混合结构）

它是由受弯杆件和二力杆件组合在一起的结构，如图 1-22 (*a*)、(*b*) 所示。其受力特点为：二力杆只承受轴力，受弯杆件则同时承受弯矩、剪力和轴力。

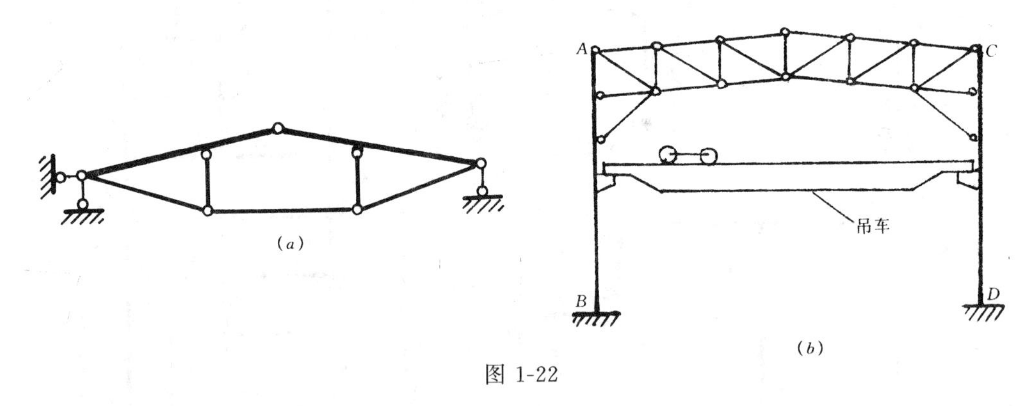

图 1-22

按支座反力方向，杆件结构可分为：

1. 梁式结构

在竖向荷载作用下只产生竖向支座反力的结构，如图 1-23 (*a*)、(*b*) 所示。

2. 拱式结构

在竖向荷载作用下除产生竖向支座反力外，还产生向内的水平反力（推力）的结构，如图 1-23 (*c*) 所示。

3. 悬索结构

在竖向荷载作用下除产生竖向支座反力外，还产生向外的水平反力（拉力）的结构如图 1-23 (*d*) 所示。

按计算方法的特点，杆件结构分为：

1. 静定结构

它是在承受任意荷载下，所有的反力和截面内力均可由静力平衡条件完全确定的结构，如图 1-21 (*a*) 所示。

2. 超静定结构

这种结构的反力和内力不能单凭静力平衡条件完全确定，必须同时考虑结构的变形协调条件，方能求得确定解，如图 1-19 (*d*) 所示。

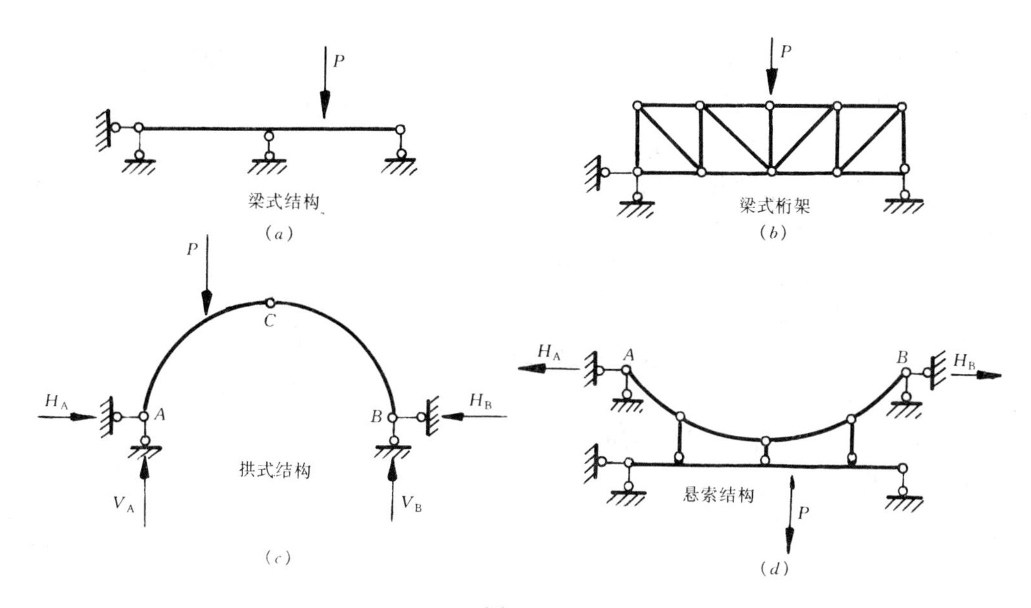

图 1-23

第四节 荷载的分类

荷载是主动作用在结构上的外力，如结构的自重、人群以及货物的重量，吊车轮压，土压力，风、雪荷载等等。这些外力使结构产生内力和变形。设计者在进行结构分析之前，首先要确定结构可能承受的荷载。如果荷载估算过大，则造成结构材料的浪费；如果估算过小，则使结构不安全并会造成破坏，或因结构变形过大而不能正常使用。结构承受的荷载需要根据荷载规范来确定，这些内容将在专业课程讨论。

作用在结构上的荷载，按其作用时间的久暂，分为两类：恒载和活载。其中活载又可分为移动荷载和作用位置任意分布的荷载两种。

1. 恒载

永久作用在结构上的荷载，它在结构使用过程中，其重量和位置都是不变的，例如结构自重、固定设备重量、土压力等等。

2. 活载

结构在施工或使用期间可能存在的，或时有时无，或可以作用在任何位置的分布荷载，例如施工荷载、人群荷载、风、雪荷载等。

3. **移动荷载**

也属于活载，但荷载可在结构上移动，例如各种车辆、吊车、人群等。

按荷载作用性质，又可分为两类：

1. **静力荷载**

在加载过程中，荷载由零缓慢地逐渐增加到它的最终值后保持不变。静力荷载的作用不会使结构发生显著的振动，在计算时可以忽略惯性力影响。恒载和多数活载均属于静力荷载。

2. 动力荷载

荷载作用在结构上时会引起显著的振动，使结构产生加速度，计算时须考虑惯性力影响的荷载。例如动力机械的振动、爆炸时的冲击波荷载、地震荷载等均为动力荷载。

本教材中，只讲述结构在静力荷载作用下的计算问题。

应指出，在超静定结构分析中，除荷载作用外，温度变化、支座移动、材料收缩等因素也会引起内力。这种内力有时甚至是很大的，在结构设计时不可忽视。

本书采用国际单位制（SI 制）。常用的基本量有：

质量　千克（kg）或吨（t）

长度　米（m）、厘米（cm）或毫米（mm）

力　　牛顿（N）或千牛顿（kN）

应力　帕（Pa）、千帕（kPa）或兆帕（MPa）

时间　秒（s）

温度　摄氏度（℃）。

思　考　题

1. 结构力学的研究对象和任务是什么？
2. 结构力学与理论力学、材料力学有什么联系和材料力学比较有何不同？
3. 在选择结构计算简图时，应注意哪些简化原则？平面杆件结构的简化通常包括哪些内容？
4. 刚结点、铰结点和半铰结点的特点是什么？什么情况下视为刚结点？什么情况下视为铰结点？
5. 常用的杆件结构型式有哪几类？它们各自的受力特点是什么？
6. 拱式结构和曲梁有何区别？
7. 从周围接触的土建工程中试选定 1～2 个实际工程结构，进行结构计算简图的分析。

第二章　平面体系的几何组成分析

几何组成分析，也称为几何构造分析或机动分析，它是以几何不变体系的简单组成规则为根据，确定体系的几何形状和空间位置是否稳定的一种分析方法。在建筑工程中，不稳定的体系是不能用以承受和传递荷载的。几何形状和空间位置稳定，就是几何不变。本章讲述体系几何组成分析的基本概念、原理和方法，其目的是判定平面体系的几何不变性，并为后面分析各种结构的组成特点打下基础。

第一节　几何组成分析的基本概念

一、几何不变体系与几何可变体系

这里研究几何形状的变化不考虑材料的应变，因为结构由材料应变引起的形变一般是很小的。图 2-1（*a*）所示体系，若忽略材料应变，则成为一刚性杆的铰结体系。显然，在很小的水平干扰力作用下，体系将发生侧移倾倒，原有的几何形状不能维持。虚线表示可能发生的形状改变。如图 2-1（*b*）所示，若在体系中增设一链杆，则体系的形状再也不会改变。施加荷载，将立即受到弹性抵抗，体系具有抵抗变形的能力。如图 2-1（*c*）所示，虽增设链杆，但增设的位置不适当，其几何形状仍是可变的。于是，将杆件体系的几何稳定性分为两类：

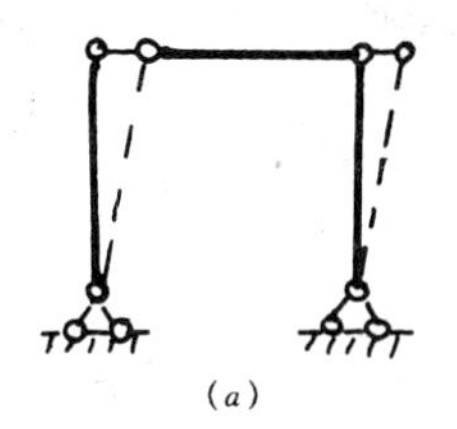
(*a*)

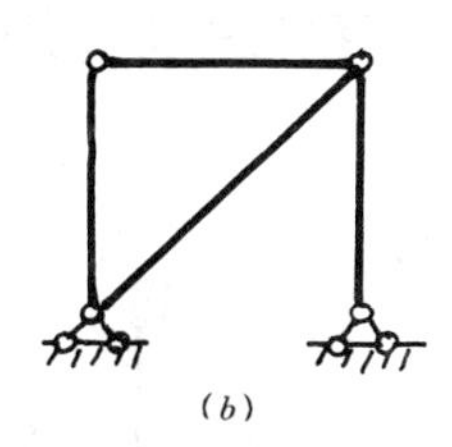
(*b*)

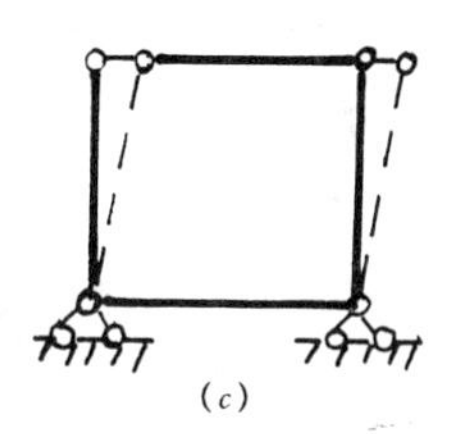
(*c*)

图 2-1

（1）在不考虑材料应变的条件下，几何形状和空间位置维持不变的体系称为**几何不变体系**或简称为**不变体系**。

（2）在不考虑材料应变的条件下，几何形状或空间位置可以改变的体系称为**几何可变体系**或简称为**可变体系**。

由于不考虑材料的应变，一个几何不变部分，无论大小，也无论是局部或整体，分析中均可视为一刚片。所谓**刚片**，就是指几何不变的平面刚体。

二、自由度

体系的**自由度**，就是体系运动时可以独立改变的几何参数的数目，也就是确定体系位置所需的独立坐标的数目。

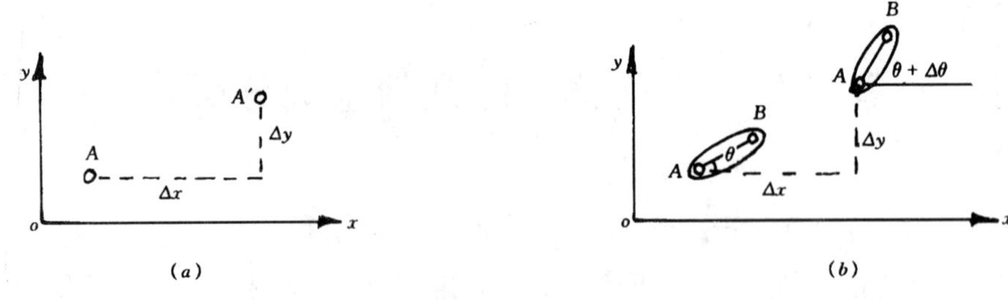

图 2-2

平面上一个点由 A 点移到 A'，有两个独立坐标 x 和 y 可以改变（图 2-2a），即有两种独立的运动方式，所以说，平面上一个点有两个自由度。

如图 2-2（b）所示，平面内一刚片上有左右、上下、转动 3 种独立的运动方式，所以说平面上一刚片有 3 个自由度。

刚片在平面上的位置，可由刚片上任一条直线（如 AB）的位置来确定。直线的位置又可由其上任一点 A 的两个坐称 x、y 及直线的转角 θ 来确定。当 x、y 及 θ 一定时，直线的位置确定，刚片的位置也得以确定。可见，平面上一刚片和一刚杆具有相同的运动方式，在作几何构造分析时，可相互等效替换。

一般工程结构都是几何不变体系，其自由度等于零。自由度大于零，几何可变。

三、约束

减少体系自由度的装置称为约束或联系。各种支座、刚片间的各种联结都是约束装置。

1. 滚动铰支座或链杆的约束作用

如图 2-3（a）所示，平面上一自由刚片 AB，本应有 3 个自由度，但由于滚动支座的约束，只能左右移动和绕 A 点转动，上下移动的自由度被限制了。所以，一个滚动铰支座（即一个支杆）等于一个约束。

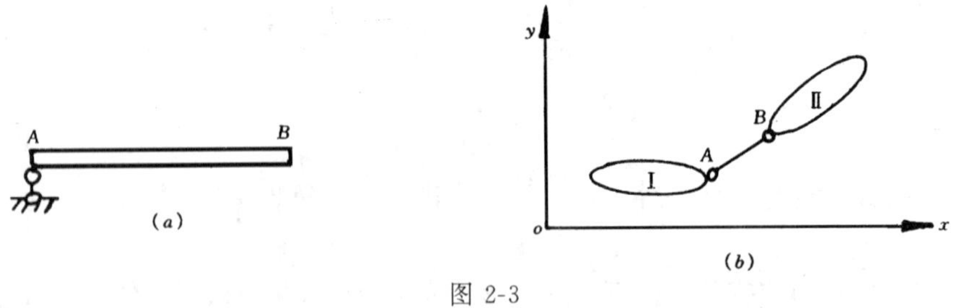

图 2-3

如图 2-3（b）所示，平面上两个自由刚片（刚片Ⅰ和刚片Ⅱ），本应共有 6 个自由度，但用链杆 AB 联结后，只有 5 个自由度了。这 5 个自由度是：两刚片视为整体在平面上有 3 个自由度，两刚片之间相对运动有 2 个自由度。显然，链杆 AB 限制了一个自由度。

由上可知，一根支杆或一根链杆限制一个自由度，我们说一支杆或一链杆相当于一个约束。

2. 固定铰支座或单铰的约束作用

图 2-4 (a) 所示平面上一刚片，自由状态时有 3 个自由度，但由于固定铰支座的作用，只有一个绕 A 点转动的自由度。可见，一个固定铰支座等于两个约束。图 2-4 (b) 所示平面上两个刚片，自由状态时共有 6 个自由度。加单铰 A 约束后，只有 4 个自由度。一个单铰限制了两个自由度，我们说一个单铰相当于两个约束。

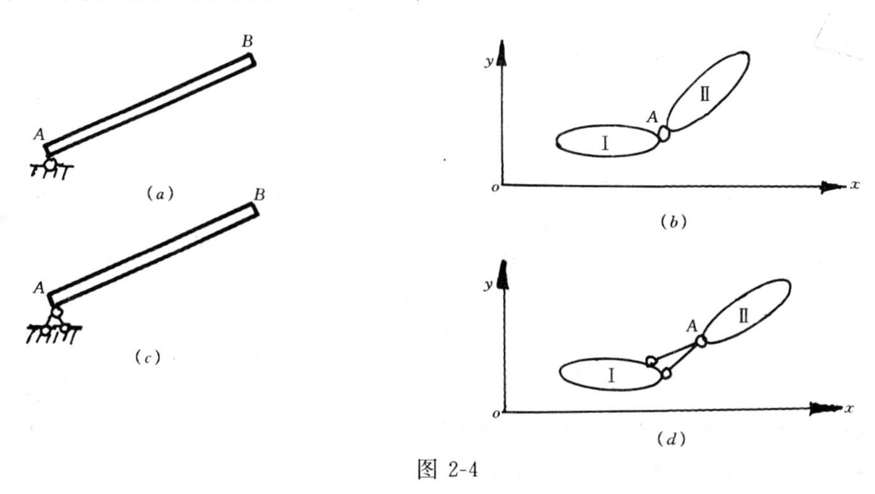

图 2-4

一根支杆（或一根链杆）相当于一个约束，一个固定铰支座（或一单铰）相当于两个约束，所以，一个固定铰支座（或一单铰）就可以用两根支杆（或两根链杆）来等效替换。换言之，两支杆或两链杆也可等效为一个固定铰支座或一个单铰。图 2-4 (c)、(d) 分别与图 2-4 (a)、(b) 等效。

图 2-5 所示一刚片与地基之间用两支杆或两链杆联结，两杆延长线交于一点 A'（图 2-5a、b）。刚片与地基之间或两刚片之间可绕 A' 点相对转动。但作一微小转动后，A' 点的位置便不再在原处了，所以说 A' 是一虚铰，也是一瞬铰。

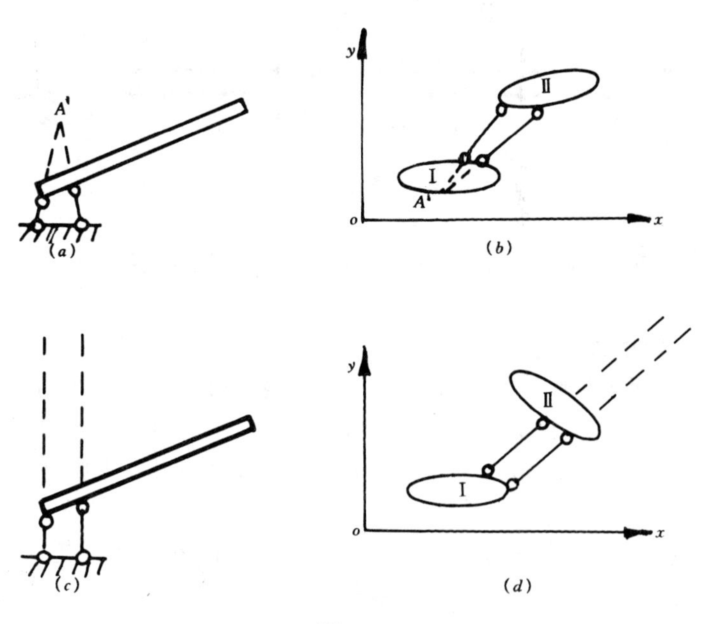

图 2-5

如果连接两刚片（或刚片与地基）之间的两链杆（或两支杆）相互平行，则既不直接铰接成为实铰，也不会汇交成为一个虚铰，如图 2-5（*c*）、（*d*）所示。从几何上讲，两平行线的延长线永远不会交于一点。但从实践上看，用二平行链杆连接的两刚片，能够发生相对移动，因此认为仍然存在转动瞬心，转动半径无穷大，即二平行链杆延长线在无穷远处相交为一虚铰。

3．固定支座或刚结的约束作用

图 2-6（*a*）所示，固定支座 *A*，限制了刚片 *AB* 在上下、左右和转动 3 个方向的自由度，因此一固定支座相当于 3 个约束。图 2-6（*b*）所示为两刚片的刚性联结。*AB*、*BC* 为两根独立刚片时共有 6 个自由度，刚性联结后，二者成为一整体，刚片 *ABC* 只有 3 个自由度。也就是说，刚性联结限制了二刚片间相对运动的 3 个自由度，故相当于 3 个约束。

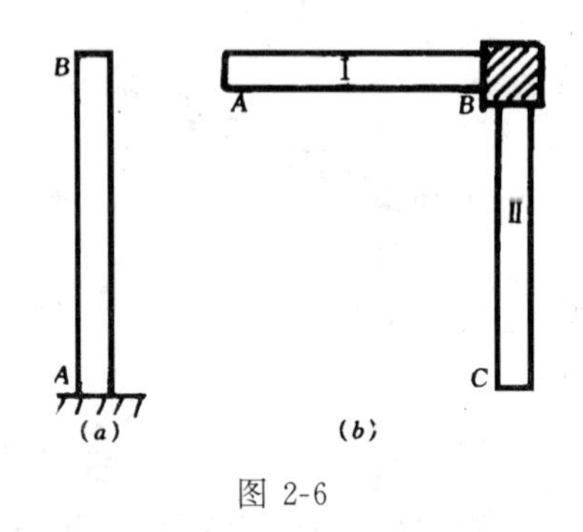

图 2-6

以上各种约束中，根据其是否有效地减少体系的自由度，又分为多余约束和必要约束。多余约束的增设与拆除，不影响体系的自由度数目的增减。相反，影响体系自由度数目增减的约束，称为必要约束。

图 2-7（*a*）所示杆件 *AB* 被 3 根支杆约束，自由度为零。移去其中任一支杆，自由度便增加 1，并使体系几何可变。因此，3 根支杆都是必要约束。若在 *AB* 杆跨中一点 *C* 增设一支杆（图 2-7*b*），体系自由度不变，仍为零，故 *C* 支杆为多余约束。*A*、*B*、*C* 三根竖杆中任意去掉一根，体系自由度都为零，不影响体系自由度数目的增减，因此任意移去的那根竖杆是多余约束。但若继续移去其他竖杆，或移去水平支杆，杆件 *AB* 就会产生刚性位移，增加自由度数。故移去一根竖杆后的其他各杆，都是必要约束。其中，水平支杆无论什么条件，都不能视作多余约束，只能是必要约束。

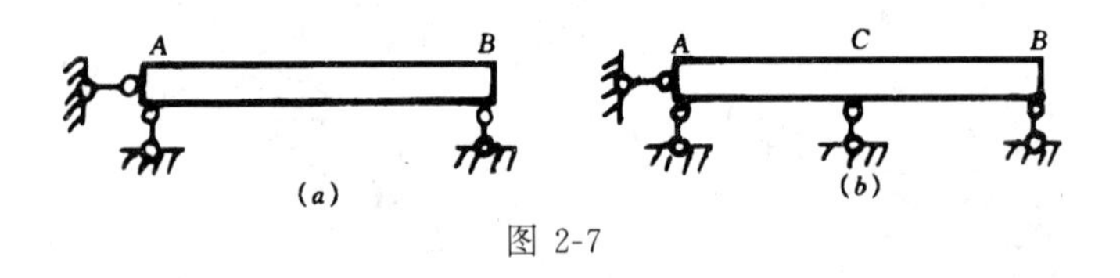

图 2-7

第二节　几何不变体系的简单组成规则

众所周知，三杆相互铰接的三角形，其几何形状是不变的。因此，研究几何不变体系的组成规则，可从铰接三角形着手。如图 2-8 所示铰接三角形，可看作是在杆 *AB* 的基础上，以 *A* 点为圆心，*AC* 为半径，和以 *B* 点为圆心，*BC* 为半径的两圆弧轨迹的交点 *C* 处，把 *AC*、*BC* 二杆铰接起来。由于交点 *C* 是唯一的，因此铰接三角形的几何形状是确定的，为几何不变且无多余约束。

顺便指出的是，若上述两圆弧的轨迹相切，并以相切点作 *C* 铰，把 *AC*、*BC* 二杆铰接起来，此时 *A*、*C*、*B* 三铰共线（图 2-9）。显然，*C* 点有沿二圆弧公切线方向运动的一个自由度。成为一内部可变体系。但经过一微小位移后，*A*、*C*、*B* 三铰不再共线，*C* 点运动不

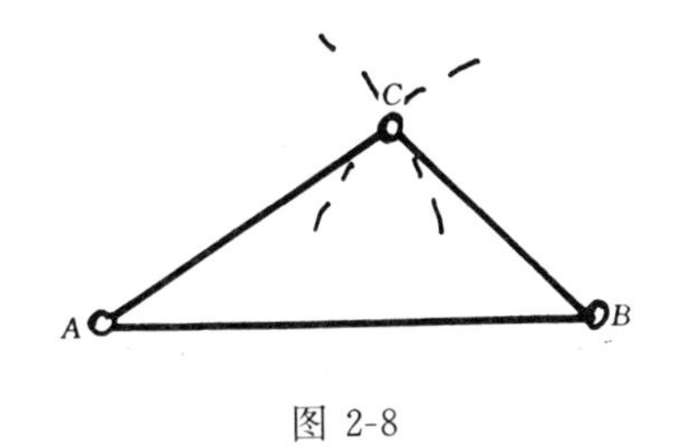

图 2-8

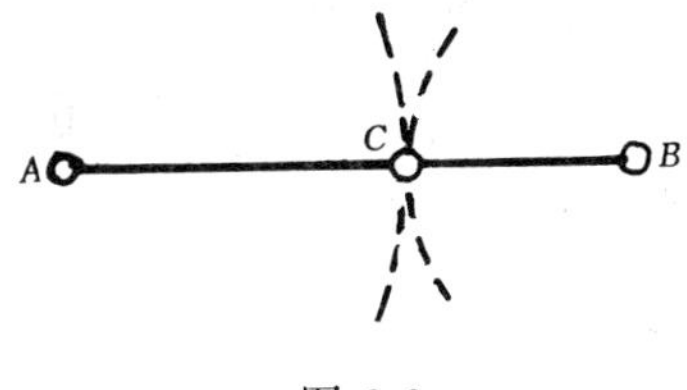

图 2-9

可能再发生，体系转化为内部不变体系。如果一个可变体系经历微小运动后，即变成不可变体系，则称这种体系为**瞬变体系**。瞬变体系是可变体系的一种特殊情况。

仍如图 2-8 所示，将铰接三角形中的链杆依次用刚片等效替换，并利用前面讲述的实铰和虚铰的概念，可得到下列组成几何不变体系的几条简单组成规则：

一、一个点与一个刚片之间的联结方式

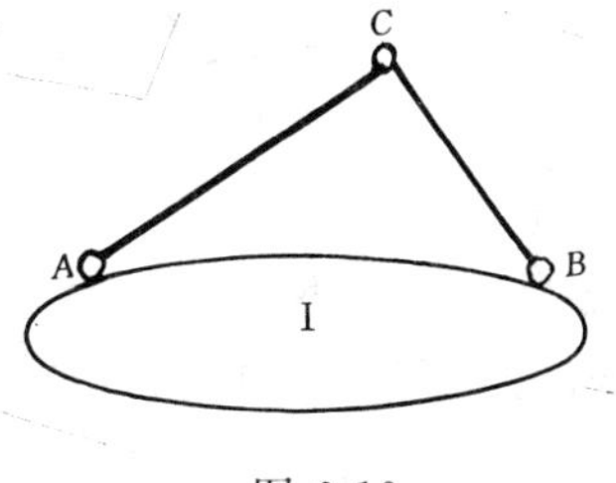

图 2-10

将图 2-8 所示铰接三角形中的链杆 AB 用刚片 I 等效替换，便得到结点 C 与刚片 I 的联结方式（图 2-10），当然仍保持几何不变。可表述为

规则 1　一个点与一个刚片用两根不共线的链杆相连，组成几何不变体系，且无多余约束。

一个点与一个刚片之间的联结方式，可视为在一刚片上伸出两根链杆，形成一个新结点。这种由两根不在同一直线上的链杆连接一个新结点的装置，常称为二元体。于是规则 1 还可简述为：

在一个刚片上增加一个二元体，仍为一几何不变体系。

显然，在一可变体系上增加或撤除二元体，整个体系或原体系仍为可变体系，故二元体的增减不影响原体系或整个体系的几何组成性质。

二、两个刚片之间的联结方式

在图 2-10 的基础上，将链杆 AC 也用刚片等效替换，便得到两刚片的联结方式（图 2-11a）。该体系仍保持几何不变。可表述为：

规则 2　两刚片用一个铰和不过该铰的链杆相连，组成几何不变体系，且无多余约束。

一个单铰相当于两根链杆的约束作用，故图 2-11（a）体系的 A 铰可用两根链杆替换，如图 2-11（b）、（c）所示。这样，规则 2 可用另一种方式表述如下：

二刚片用三根不共点也不完全平行的链杆相连，组成几何不变体系，且无多余约束。

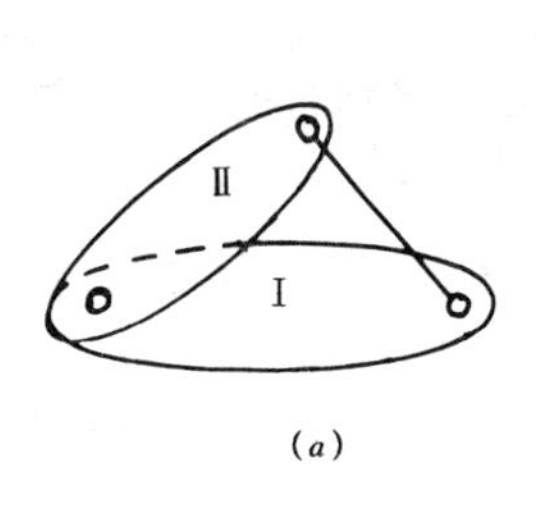

(a)

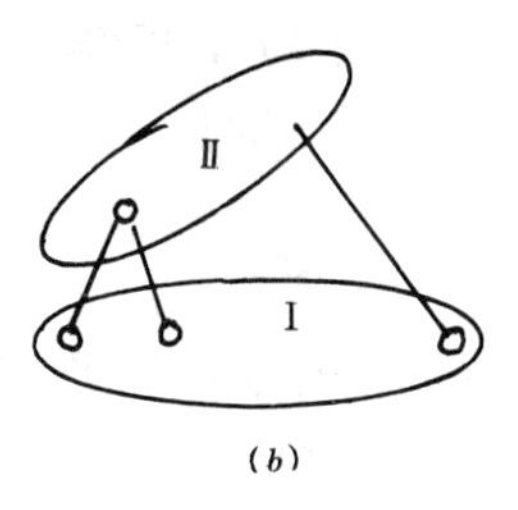

(b)

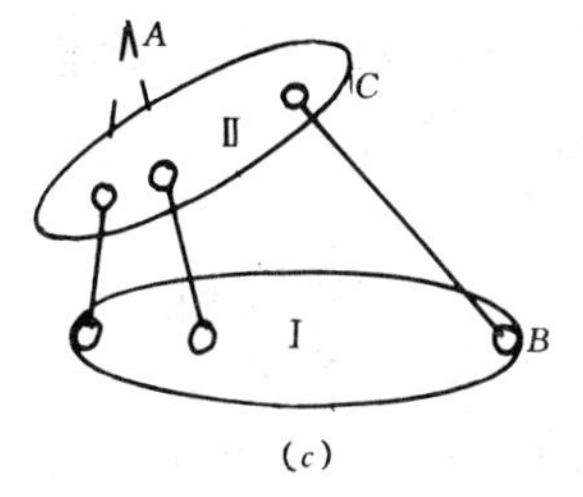

(c)

图 2-11

三、三个刚片的联结方式

将图 2-11（a）中的链杆 BC 用刚片Ⅲ等效替换后，则得到三刚片的联结方式（图 2-12a）。规则可表述为

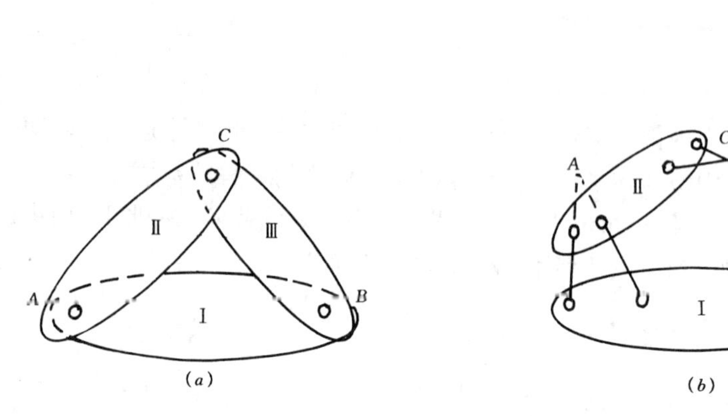

图 2-12

规则 3　三个刚片用不共线的三个铰两两相连，组成几何不变体系，且无多余约束。三个铰可以是实铰，也可以是虚铰，如图 2-12（b）所示，A、B、C 三铰都是虚铰。

第三节　几何可变体系

位置或体系内各部分之间会发生相对位移的体系，称几何可变体系。它包括几何常变体系和几何瞬变体系。几何可变体系，都不符合组成几何不变体系简单规则的要求。

用二链杆连接一个点和一个刚片，构成几何不变体系的条件是二链杆不共线。若不满足这一限制条件，即二链杆共线，如图 2-13（a）所示，体系瞬变。图 2-13（a）与图 2-9 是等效的。

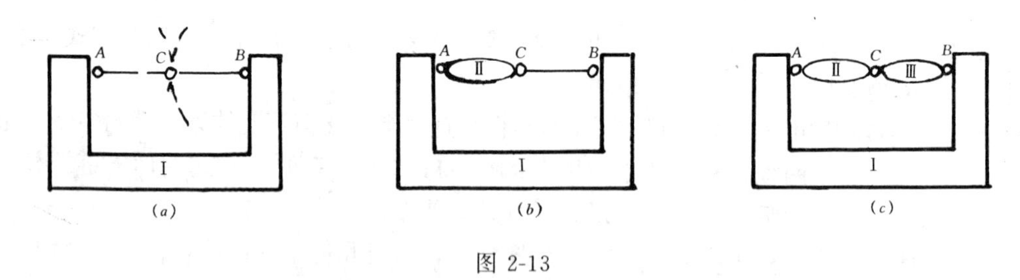

图 2-13

将图 2-13（a）所示瞬变体系中的链杆 AC，用刚片Ⅱ等效替换后（图 2-13b），当然仍为瞬变体系。按规则 2，由于链杆 BC 的延线通过铰 A，不满足限制条件，故几何可变，且为瞬变体系。

两刚片用三链杆连接的形式如图 2-14 所示。若三链杆延线交于一点（图 2-14a），或三链杆平行不等长（图 2-14b），都不能满足规则中的限制条件，体系几何可变。三杆延线共点时，形成一虚铰，两刚片可绕虚铰作相对转动。当发生一微小转动后，三链杆延线不再交于一点，体系内部不再发生相对转动，并由几何可变转化为几何不变，故是瞬变体系。三

杆平行不等长时，先在无穷远处相交形成一虚铰，经一微小转动后，三杆不再完全平行，体系又由几何可变转化为几何不变，也是瞬变体系。

三刚片连接形成瞬变体系，如图2-13（c）所示，它是由图2-13（b）之瞬变体系将链杆 BC 用刚片替换而成，仍为一瞬变体系。按规则3，由于三个连接铰 A、C、B 共线，不满足几何不变的限制条件，故几何可变，且为瞬变体系。

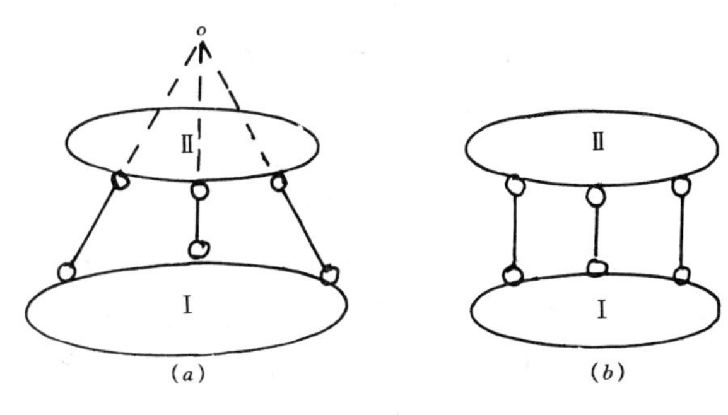

图 2-14

图2-15（a）所示的瞬变体系，在力 P 的作用下，C 点向下发生一微小位移，下降到 C' 的位置。取结点 C' 为隔离体（图2-15b），由 $\Sigma y=0$ 求得 AC'、BC' 杆的内力为

$$S=\frac{P}{2\sin\varphi}$$

因 φ 为一无穷小量，所以当 φ 趋近于0时，得

$$S=\lim_{\varphi\to 0}\frac{P}{2\sin\varphi}=\infty$$

可见，杆件 AC 和 BC 将产生很大的内力和变形，甚至超过材料的强度极限而破坏。因此，瞬变体系在工程中是绝对不能采用的。

几何可变的另一类型是常变体系。图2-16（a）所示两刚片由三链杆联结时，由于三链杆相交为一实铰，两刚片间可作大幅度转动。这种无确定的几何形状和空间位置的可变体系，称为常变体系。又如图2-16（b）所示体系。由于联结两刚片的三链杆相互平行且等长，刚片会发生相对大位移，也是一常变体系的实例。显然，常变体系也不能用作结构。

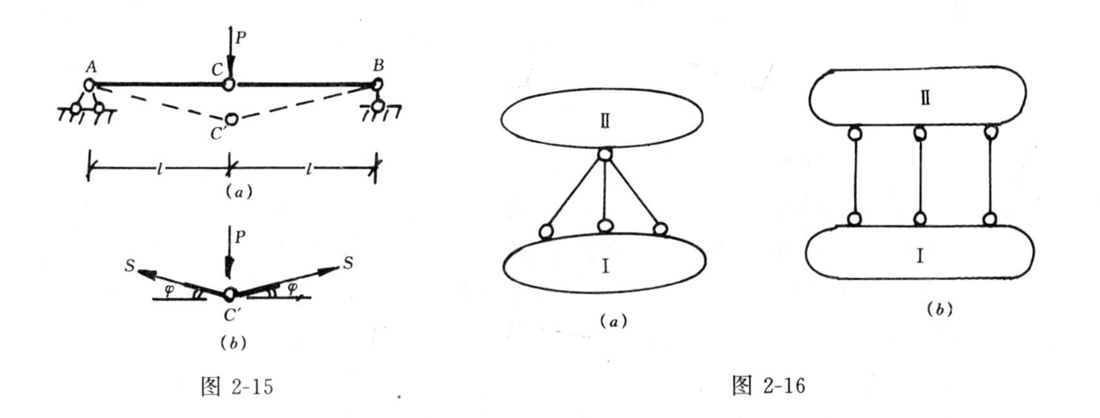

图 2-15

图 2-16

第四节 几何组成分析的方法

几何组成分析，就是运用不变体系的简单组成规则，判断平面杆系的几何不变性。几条简单规则，判定体系几何不变性，既是必要条件，也是充分条件，作出的结论是完全可靠的。

进行几何组成分析，虽然没有一成不变的固定步骤，但也有一些规律可循：

（1）通常是首先在体系中找出两个或三个几何不变的局部作为刚片，再考察刚片间的连接方式，是否满足几何不变体系的组成规则。满足规则，几何不变；不满足规则，几何可变。

图 2-17（*a*）中，可视杆件 *AB*、*BC*、*CD* 及地基分别为刚片Ⅰ、Ⅱ、Ⅲ及Ⅳ。先考察刚片Ⅰ、Ⅳ之间的联系。刚片Ⅰ、Ⅳ间由支杆 1、2、3 连接，支杆 1、2、3 延长线不交于一点，三杆也不全平行，满足两刚片联结的规则，故几何不变，Ⅰ、Ⅳ间形成一扩大的刚片。此扩大的刚片再与刚片Ⅱ用铰 *B* 和延线不过铰 *B* 的支杆 4 相连，满足两刚片联结规则，几何不变，刚片进一步扩大。再以此进一步扩大了的刚片与刚片Ⅲ连接，由于用于连接的支杆 5 的延线不过连接铰 *C*，也满足两刚片联结规则，则整个体系几何不变，且没有多余约束。

如图 2-17（*b*），先视杆件 *BC*、*CD* 及地基为刚片Ⅰ、Ⅱ、Ⅲ，再看连接。刚片Ⅰ、Ⅱ之间由铰 *C* 相连，刚片Ⅰ、Ⅲ之间由 2、3 支杆构成的实铰相连，刚片Ⅱ、Ⅲ之间由二平行支杆 4、5 在无穷远处形成一虚铰相连。显然，三铰不共线，故三刚片形成一无多余约束的几何不变的局部，并视为一扩大了的刚片。最后，在此大刚片基础上，伸出由支杆 1 及杆 *AB* 构成的二元体，则整个体系几何不变，且无多余约束。

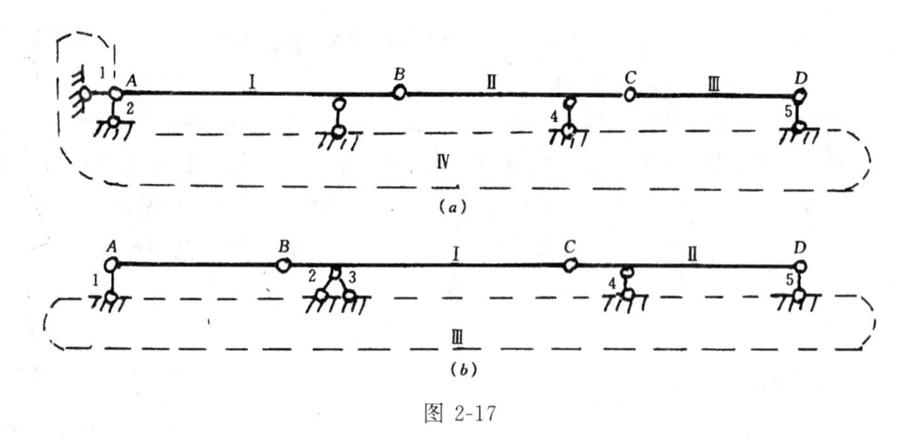

图 2-17

现对图 2-18 所示体系，进行几何组成分析。由铰结三角形 *CDI* 伸出二元体形成结点 *E*，视 *CDE* 为刚片Ⅰ。同理，*GFH* 为刚片Ⅱ。两刚片由平行且等长的三链杆 *DG*、*IJ*、*EH* 相连，体系可变，且为常变体系。再由常变局部伸出二元体 *EAH*、*HBE*，整个上部体系仍然可变。将此可变体系用不共点的三支杆与地基相连，不影响可变性，故整个体系几何可变，且为常变体系。

再对图 2-19 所示体系，进行几何构造分析。可以视铰结三角形 *ABC*、*CDE* 为刚片Ⅰ、Ⅱ，T 型刚架用固定支座与地基刚接成整体，为刚片Ⅲ。三刚片由铰 *A*、*C*、*E* 两两相连，三铰不共线，构成几何不变的整体。再增设链杆 *AI* 及 *EF*，为多余约束。故整个体系几何不变，有两个多余约束。

（2）按照装配顺序分析。体系通常是由多个几何不变的局部构造按某种联结方式依次组装而成。因此，作几何组成分析时，重要的是找出第一个几何不变的部分，再扩大装配。第一个几何不变的部分，有时是用刚片固定于地基上形成的，有时是在体系内部首先形成，

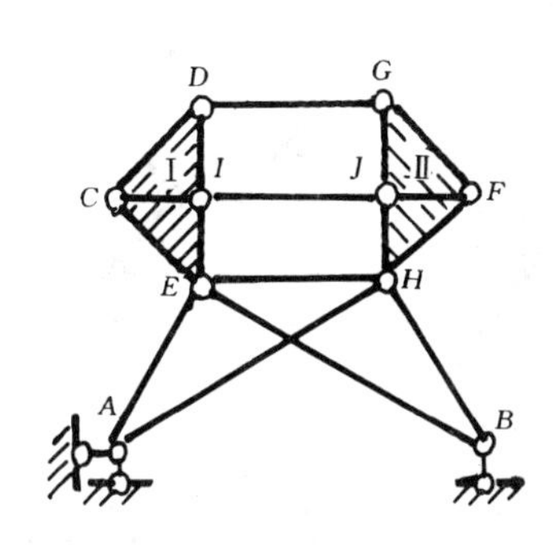

图 2-18

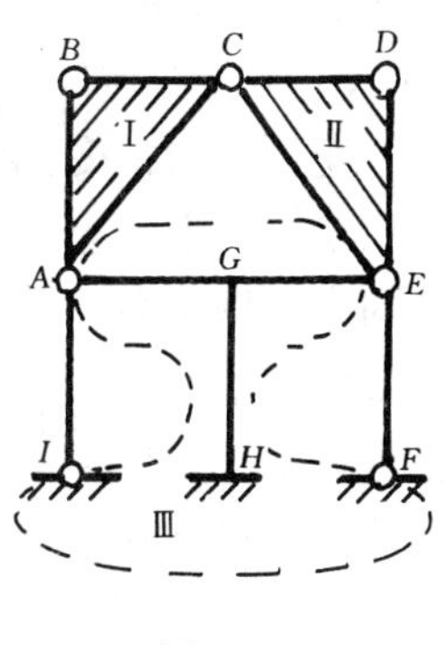

图 2-19

再扩大到整个体系。

如图 2-20 所示体系，首先是由铰结三角形形成的刚片Ⅱ、Ⅲ与地基Ⅰ用不共线的三铰两两相连，组成无多余约束的几何不变的局部（即将刚片Ⅱ、Ⅲ固定于地基上）；视此几何不变局部为刚片，又与刚片Ⅳ、Ⅴ用不共线三铰两两相连，构成更大的几何不变部分；将此第二次扩大后的刚片，再与刚片Ⅵ、Ⅶ，用上述相同的连接方式相连。各次连接都满足简单规则的条件要求，故整个体系几何不变，且无多余约束。

图 2-21 所示体系，刚片Ⅲ、Ⅳ不能按规则与地基连接成几何不变的局部，只得先考虑体系内部的连接。首先是刚片Ⅰ、Ⅱ通过不共点也不全平行的三链杆 1、2、3 连接，组成第一个几何不变的局部，并视为大刚片；再将此大刚片与刚片Ⅲ、Ⅳ用不共线的三铰 C、D 及 E 两两相连，整个上部体系组成几何不变体系，无多余约束；最后视整个上部体系为刚片，用不共点也不全平行的三支杆连接于地基，故整个体系几何不变，且无多余约束。

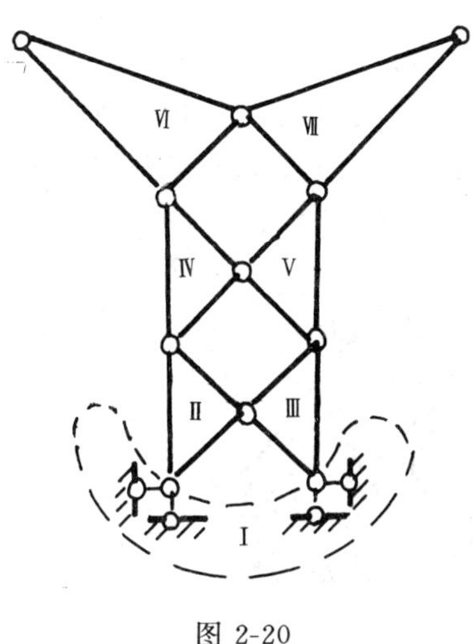

图 2-20

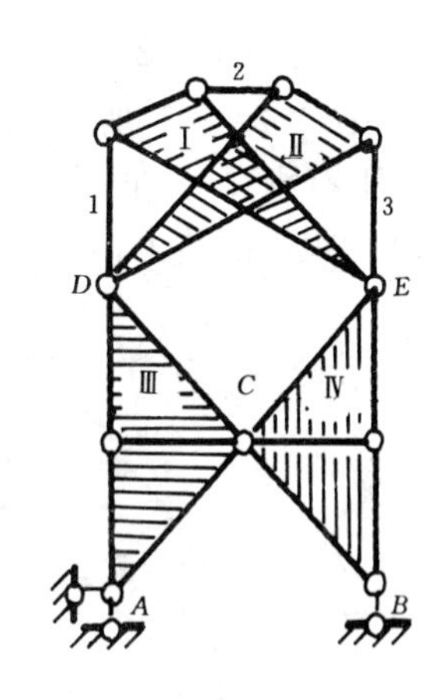

图 2-21

（3）按撤除的顺序分析。由规则 1 可知，增加或撤除二元体，对整个体系的几何不变性没有影响。因此作组成分析时，可按安装的相反顺序，依次撤除二元体，使体系尽量简化，体系的几何不变性由余下部分来决定。

对图 2-22（a）所示体系，若进行几何组成分析。依次撤出二元体 213、724、538、458，余下体系如图 2-22（b）所示，再无二元体可撤。很明显，余下部分中，链杆 74 有一个转动自由度。可见整个体系几何可变，且为常变体系。由图 2-22（b）可知，上部体系缺少一个约束，而下部体系却有一个多余约束。约束配置不当，造成体系几何可变。

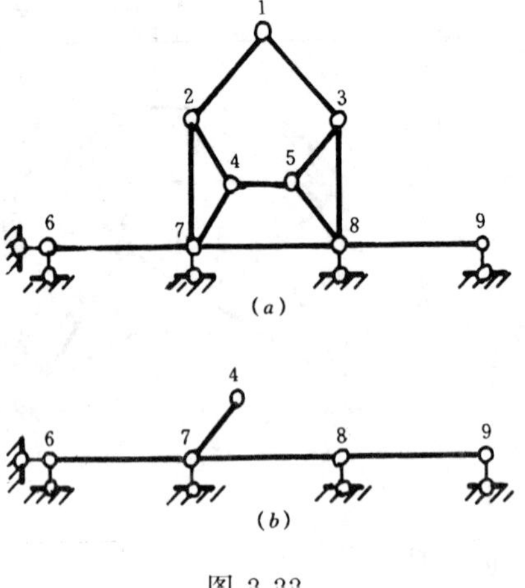

图 2-22

（4）当体系仅用不共点的三根支杆与地基相连时，可以先撤出这三根支杆，由体系的内部可变度确定整个体系的几何可变性。

如图 2-23（a）所示体系，用几个简单规则不便进行直接分析，可先撤去与地基相连的仅有的三根不共点的支杆，这样不影响原体系的几何不变性。再从右至左（或从左至右）依次撤去二元体，最后留下两个铰接的链杆或刚片（图 2-23b），要维持其几何不变，尚缺少一根链杆。故整个体系几何可变，缺少一个约束。

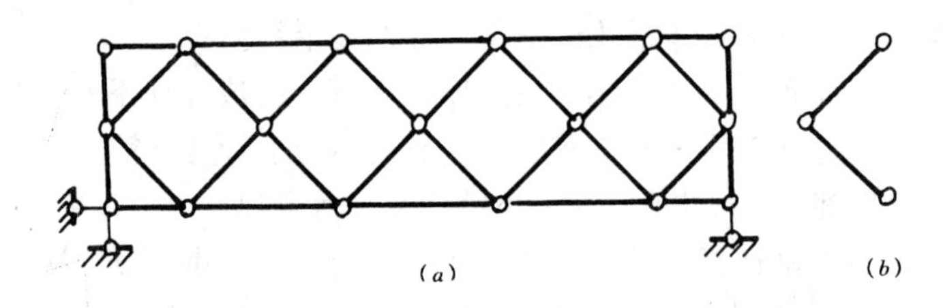

图 2-23

下面进一步举例说明几何组成分析的方法。

【例 2-1】 试分析图 2-24（a）所示体系的内部可变度。

【解】 如图 2-24（b）所示，首先撤除二元体 1、2 杆。由铰接三角形伸出二元体，形成刚片Ⅰ。同理有刚片Ⅱ。两刚片由不共点的三链杆 4、5、6 相连，组成几何不变体系。余下杆 3 为多余约束。故整个体系几何不变，有一多余约束。

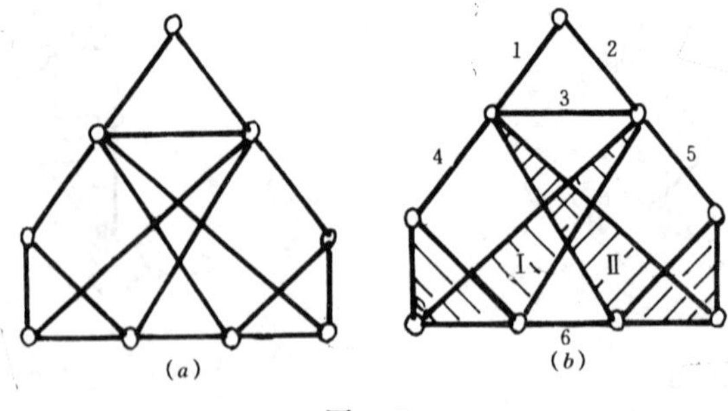

图 2-24

【例 2-2】 对图 2-25（a）所示体系进行几何组成分析。

【解】 如图 2-25（b）所示，先把最左边的折线杆用虚线表示的链杆 2 等效替换，于是可撤除体系左边由支杆 1 及链杆 2 构成的二元体。撤除体系右边由链杆 3、4 构成的二元体，余下部分选定中间部分为刚片1，左边曲杆部分用虚线链杆5等效替换。刚片Ⅰ与地基间用不共点的三链杆5、6、7相连，三链杆延线不交于一点，几何不变。故整个体系几何不变，无多余约束。

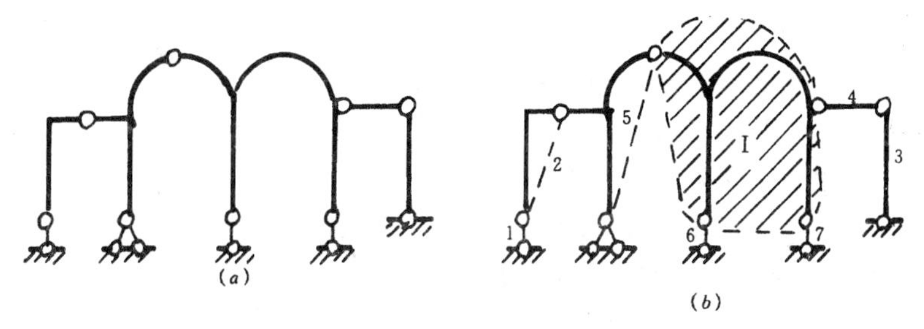

图 2-25

【例 2-3】 对图 2-26（a）所示体系进行几何组成分析。

【解】 分析如图 2-26（b）所示，右下方的铰结三角形为刚片Ⅰ，左上方的折杆为刚片Ⅱ，地基为刚片Ⅲ。将右上方的折杆用虚线表示的链杆1等效替换。左下方的固定铰支座视为由地基伸出的二元体，与地基构成整体。

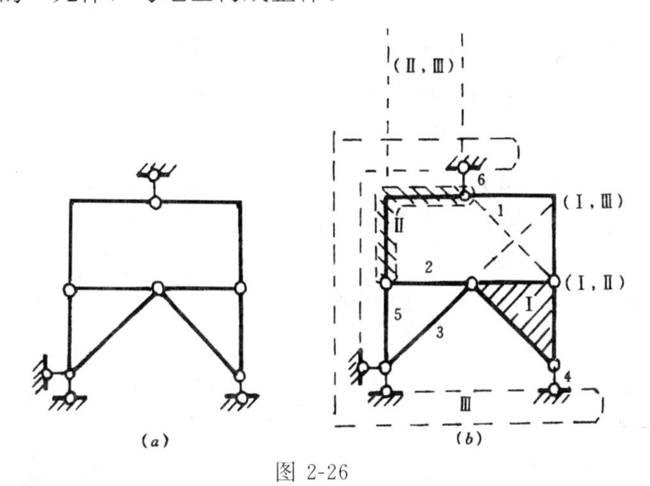

图 2-26

刚片Ⅰ与刚片Ⅱ由链杆1与2延线汇交点（Ⅰ，Ⅱ）虚铰相连，刚片Ⅰ与刚片Ⅲ由支杆4和链杆3形成的虚铰（Ⅰ，Ⅲ）相连，刚片Ⅱ与刚片Ⅲ由相互平行的链杆5与和支杆6在无穷远处形成的虚铰（Ⅱ，Ⅲ）相连。由于杆5、6与点（Ⅰ，Ⅱ）、点（Ⅰ，Ⅲ）的连线平行，可知点（Ⅱ，Ⅲ）于无穷远处在（Ⅰ，Ⅱ）、（Ⅰ，Ⅲ）连线的延长线上，即三铰共线。故整个体系几何瞬变。

第五节　几何组成与静力学特征

由上面讨论可知，平面体系分为几何不变、几何常变和几何瞬变三种情况。

瞬变体系的几何组成特点及其受力反应，已在第三节中讨论过，该体系绝不能在工程中采用。

几何常变体系在任意荷载作用下，一般不能维持平衡，而将发生运动，没有静力学的解答。

对于几何不变体系，按照约束的数目，又可区分为具有多余约束的几何不变体系和无多余约束的几何不变体系。首先讨论具有多余约束的几何不变体系，其静力特点可用图 2-27（a）所示的例子说明。该体系为具有一个多余约束的几何不变体系。假定在已知荷载作用下，去掉多余约束而代以相应的约束力 X_1（图 2-27b）。此时，由于体系仍然是几何不变的，故不论 X_1 为何值，体系都能维持平衡。所以，只靠满足静力平衡条件，将无法求得全部反力和内力的确定值。我们，将具有多余约束的个数称为超静定次数。体系几何不变而具有多余约束，是超静定结构的几何特征。只用静平衡条件不能确定全部反力和内力，是超静定结构的静力特征。

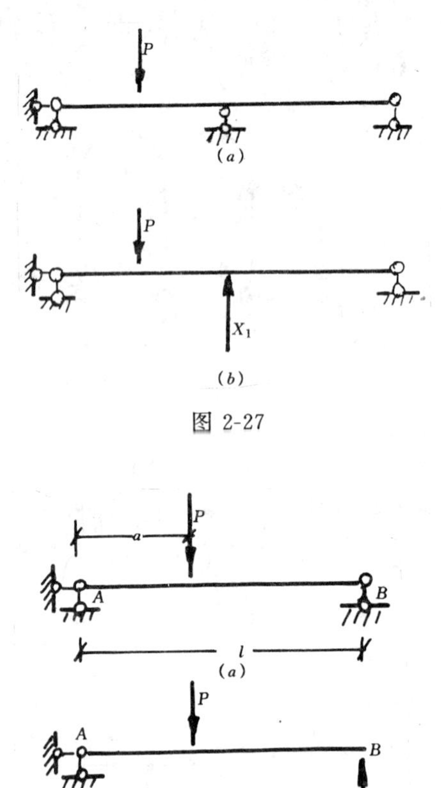

图 2-27

图 2-28

对于无多余约束的几何不变体系，其反力和内力仅由静力平衡条件就可直接求得，且为确定值。因此，称无多余约束的几何不变体系为静定结构。体系不变，约束无多余，是静定结构的几何特征。能用静平衡条件唯一确定全部反力和内力，是静定结构的静力特征。

静定结构的静力特征可用虚位移原理来证明。如图 2-28（a）所示体系，为求某未知力（例如支座反力 V_B），将与此力相应的约束去掉，代以约束力 X，使原体系变为具有一个自由度的机构（如图 2-28b）。然后，使机构发生一符合约束条件的无限小的虚位移，并使图（b）之平衡力系经过图（c）之虚位移体系作虚功，虚功总和应为零，即

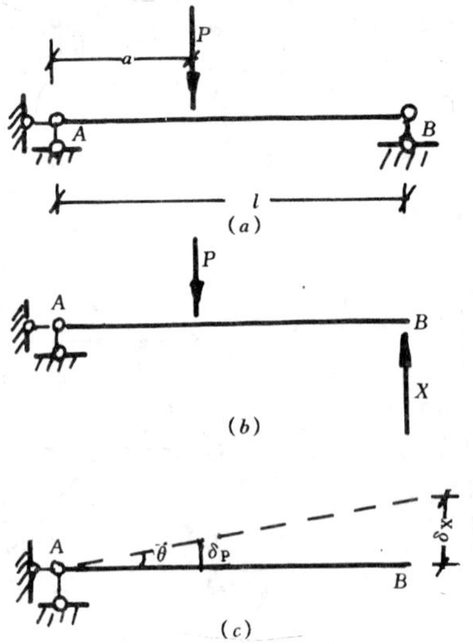

$$X\delta_X + P\delta_P = 0$$

$$X = -\frac{\delta_P}{\delta_X}P \tag{2-1}$$

由图 2-28（c）知 $\delta_P = -a\theta$，$\delta_X = l\theta$

代入式（2-1）得

$$X = -\frac{(-a\theta)P}{l\theta} = \frac{Pa}{l}$$

这是一确定的值，从而证明 X 有唯一解，这一结论适用于任一内力。

思　考　题

1. 用依次增设二元体的办法，能将可变体系转变为不变体系吗？

2. 三刚片用不共线的三铰两两相连，则组成几何不变体系。若每铰用平行链杆（等长或不等长）替换后，体系仍几何不变吗？

3. 几何不变体系的几个简单规则之间有何联系？能归结为一个基本规则吗？

4. 应用几个简单规则，对任何体系都能进行几何组成分析吗（见图 2-29）？

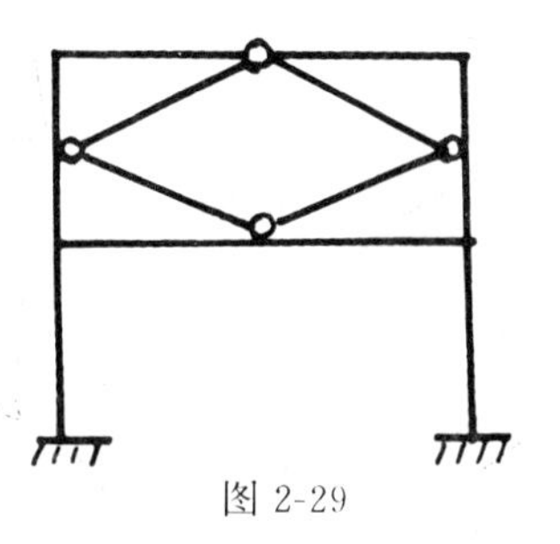
图 2-29

习　　题

2-1～2-10　对图示体系作几何组成分析。

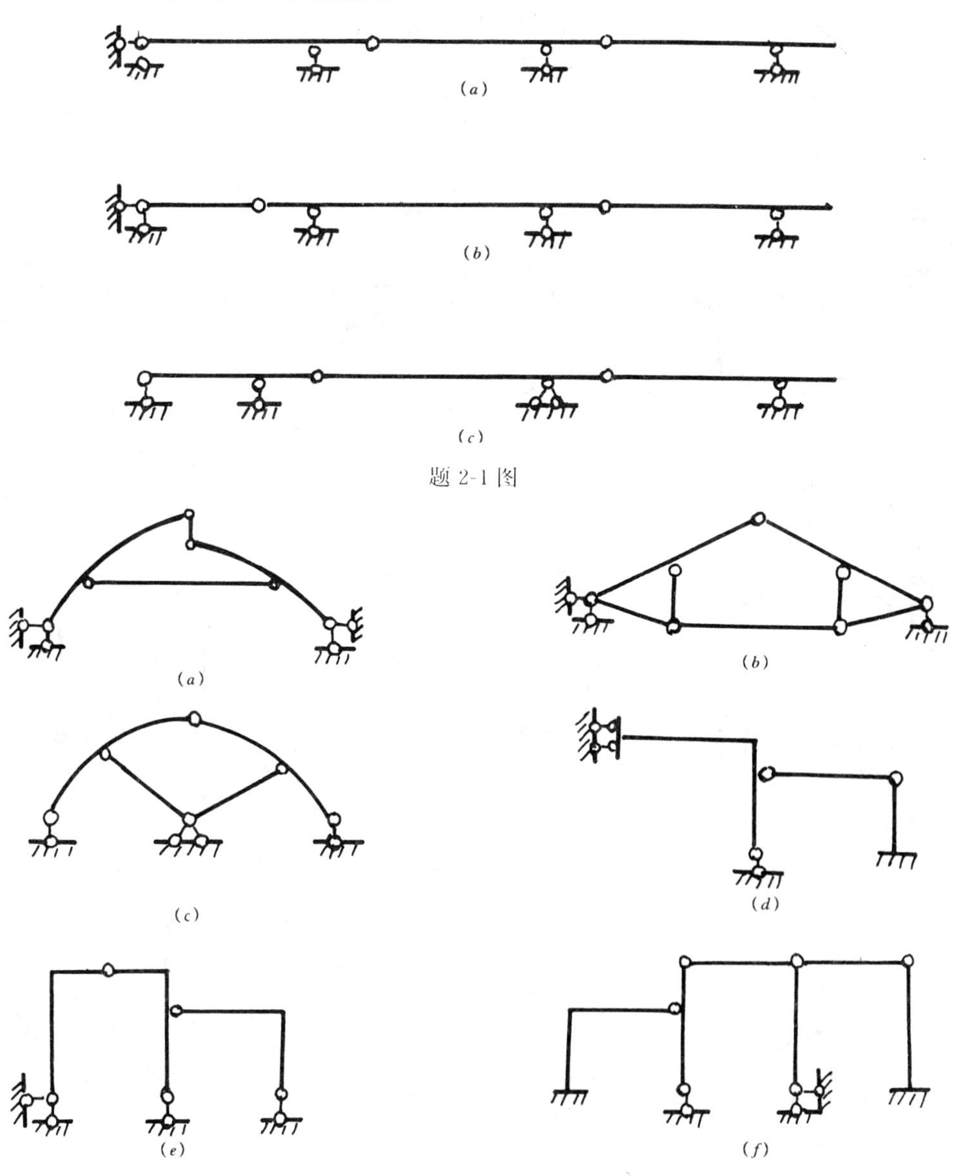

题 2-1 图

题 2-2 图

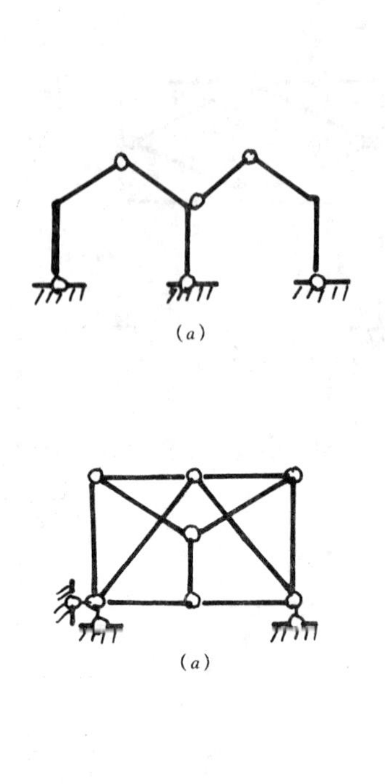
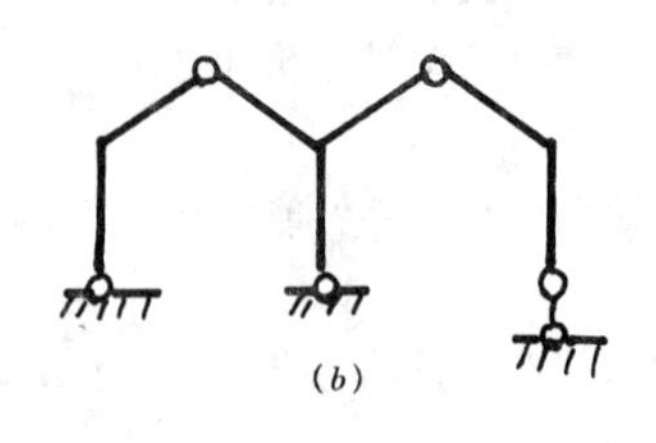
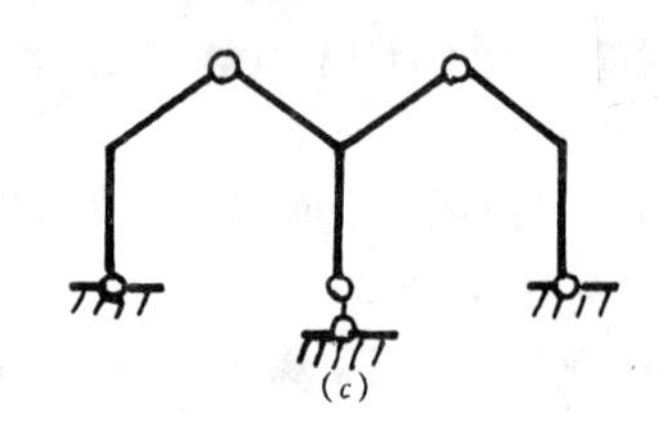

(a) (b) (c)

题 2-3 图

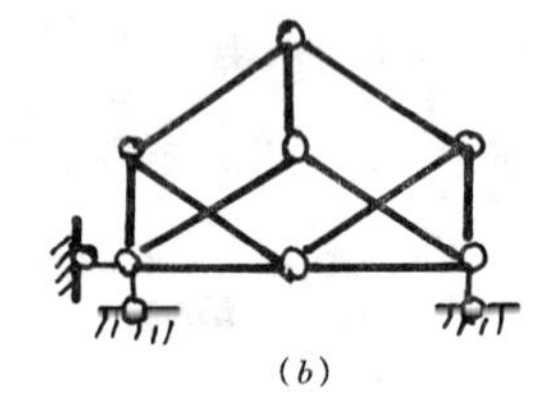
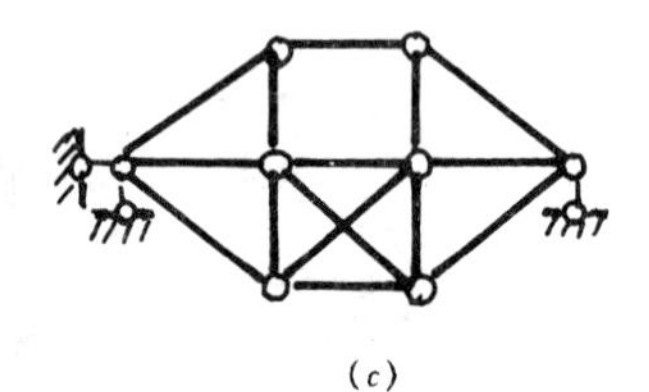

(a) (b) (c)

题 2-4 图

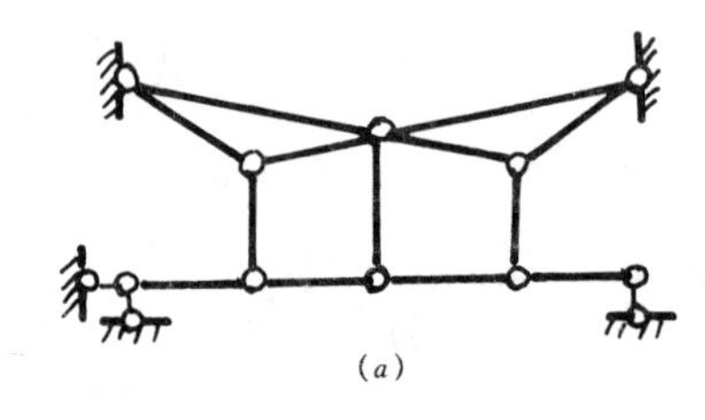
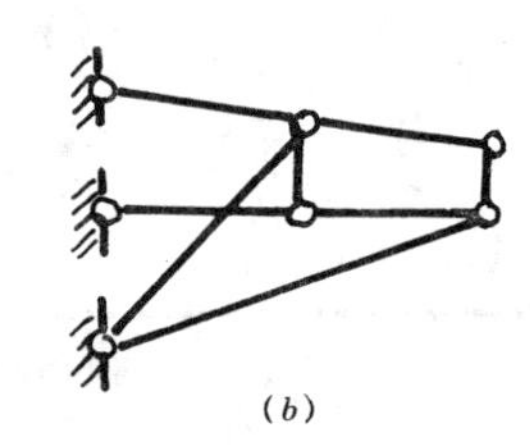
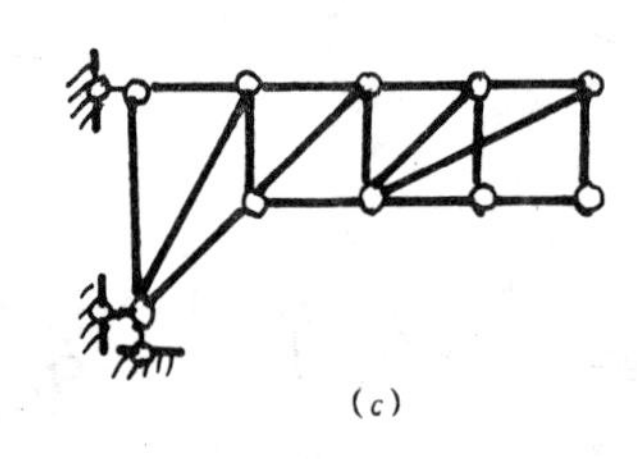

(a) (b) (c)

题 2-5 图

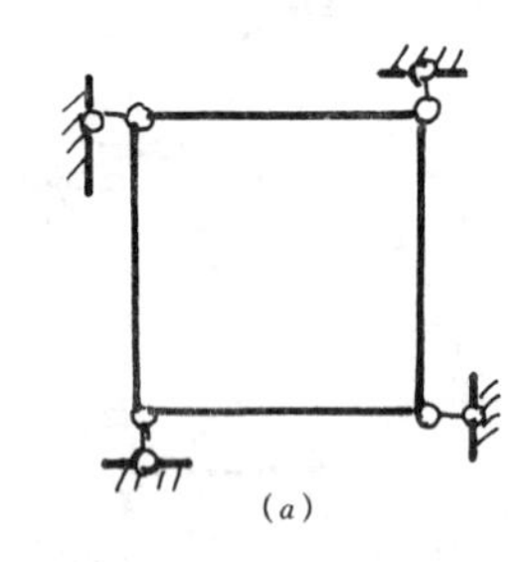
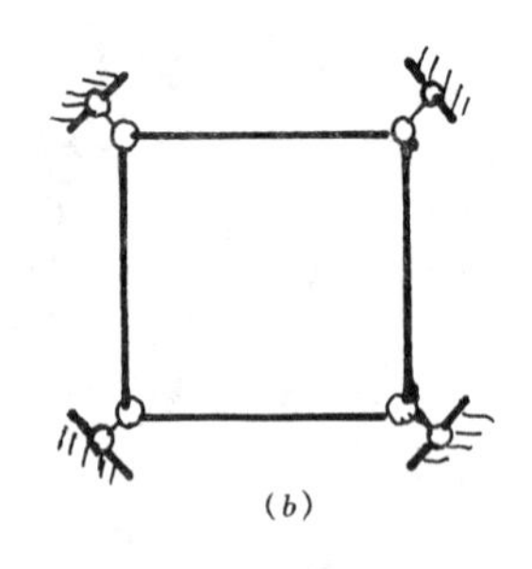
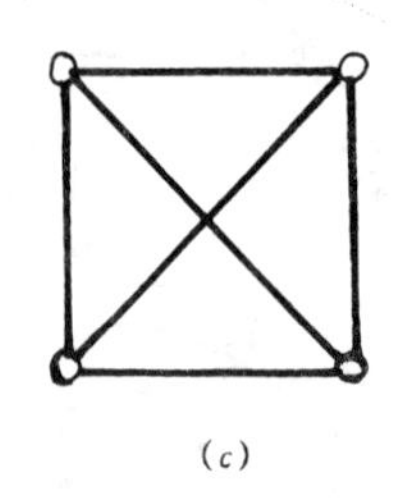

(a) (b) (c)

题 2-6 图

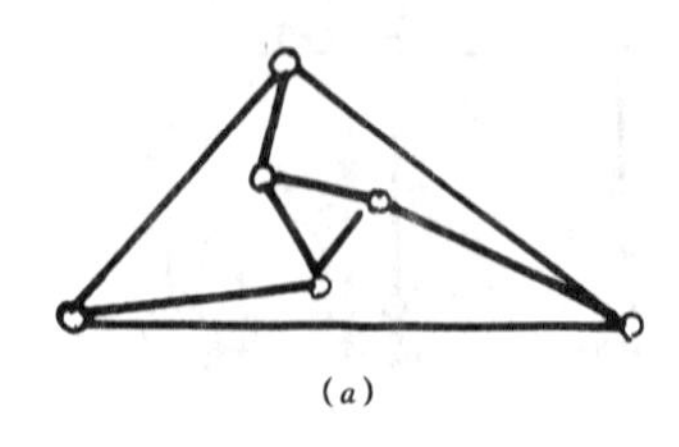
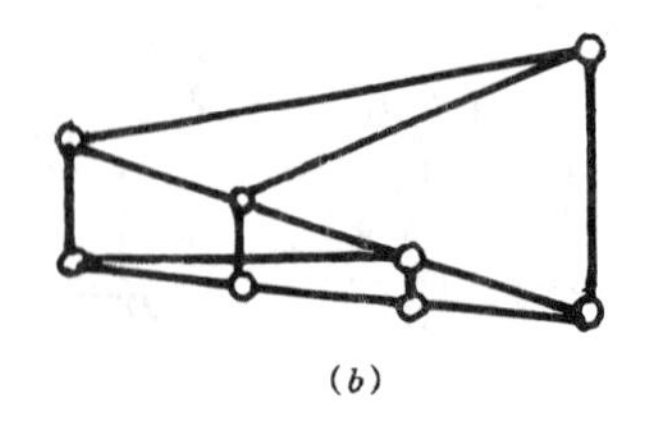
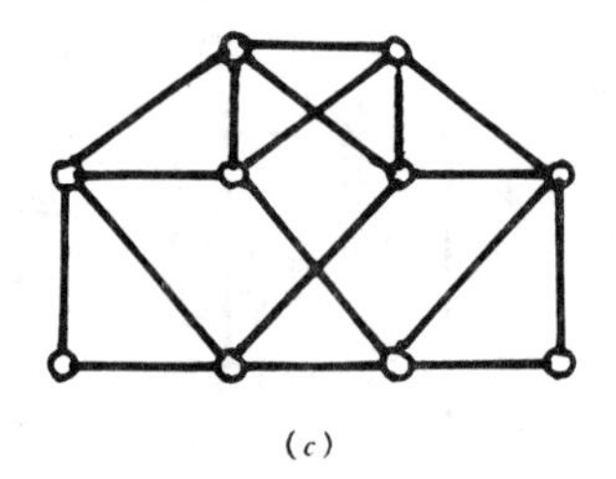

(a) (b) (c)

题 2-7 图

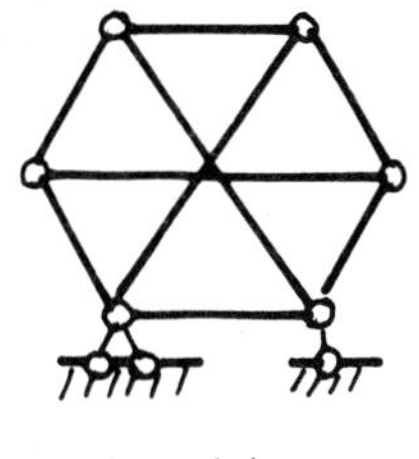
(a)

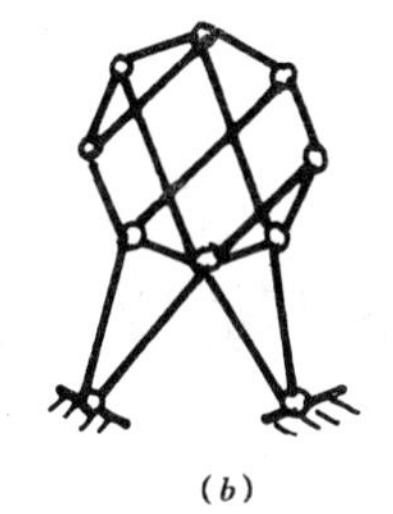
(b)

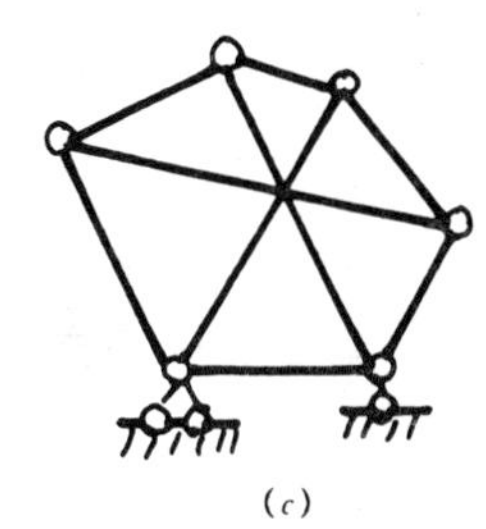
(c)

题 2-8 图

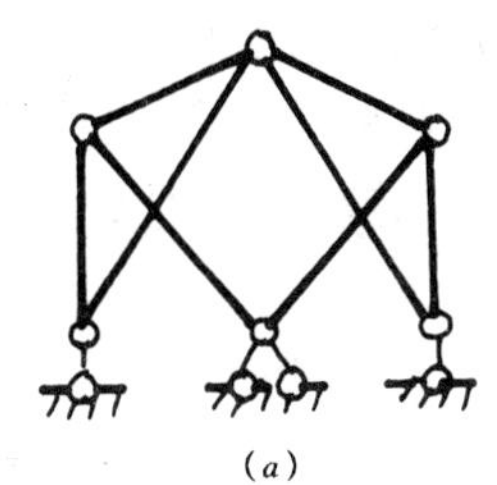
(a)

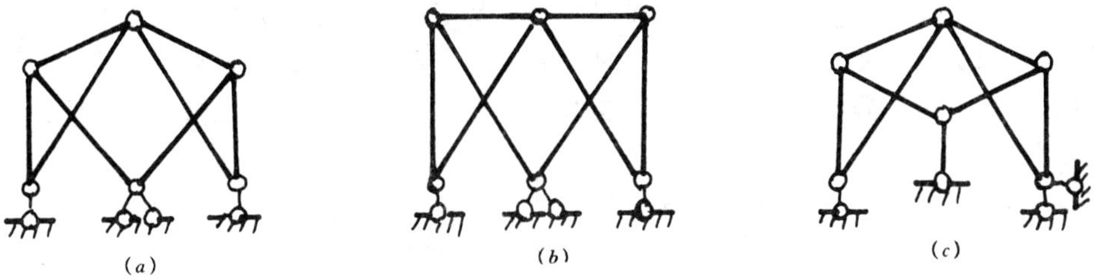

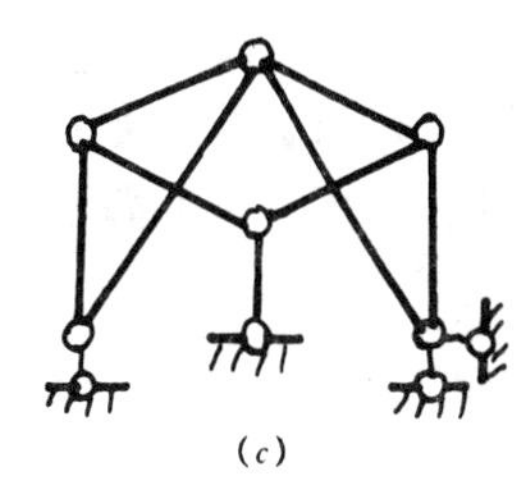
(c)

(b)

题 2-9 图

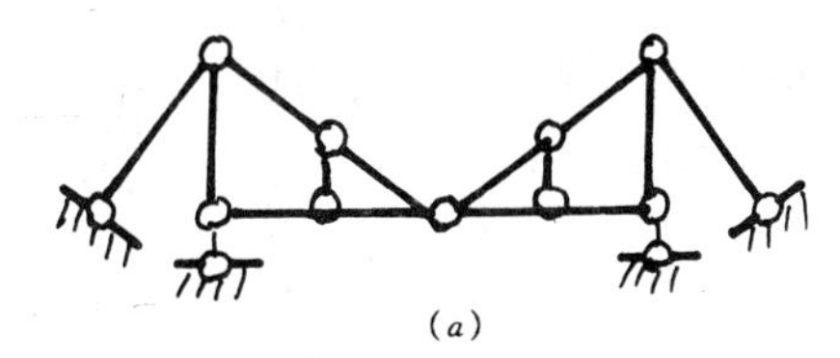
(a)

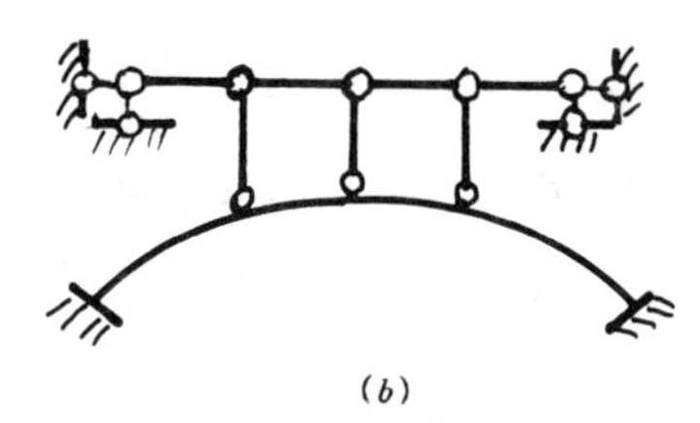
(b)

题 2-10 图

第三章　静定梁和多跨静定梁

静定结构（梁、刚架、三铰拱、桁架和组合结构）在建筑工程中得到广泛的应用。掌握静定结构的内力分析是结构力学课程的最基本要求，又是超静定结构计算的基础。因此要求读者必须掌握。尤其对绘制内力图的基本技能，要求能达到较高的熟练程度。

本章先复习讨论静定梁内力分析及内力图绘制方法，然后讨论多跨静定梁的受力分析。

第一节　单跨静定梁

一、单跨静定梁的型式

单跨静定梁是建筑工程中用得最多的一种最简单的结构型式，常用的单跨静定梁的计算简图有简支梁、外伸梁、悬臂梁和曲梁四种型式，如图 3-1 所示。

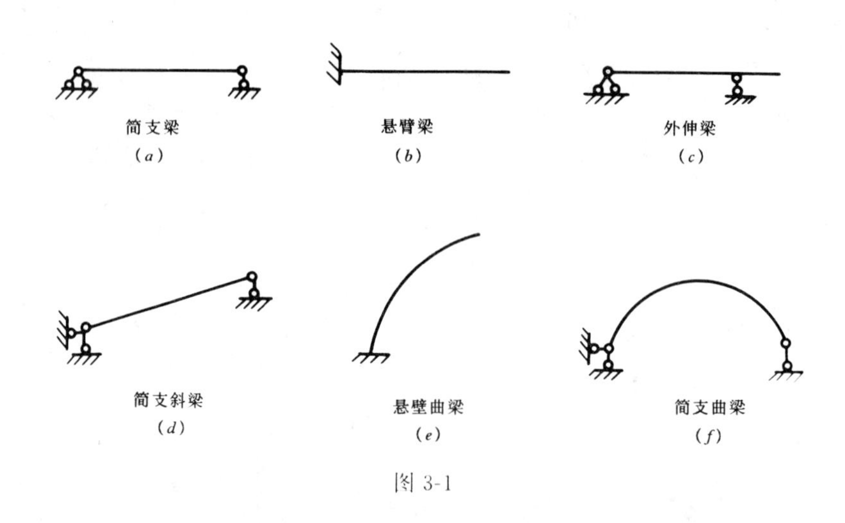

图 3-1

二、用截面法求指定截面的内力

平面结构在任意荷载作用下，其杆件任一截面上通常有三个内力分量，即轴力 N，剪力 V 和弯矩 M。内力符号规定为：轴力以拉力为正，压力为负；剪力以绕截面隔离体顺时针旋转为正，逆时针旋转为负；弯矩以杆件下侧受拉时为正，使杆件上侧受拉时为负，如图 3-2 所示。

计算杆件内力的基本方法是截面法。截面法是将结构指定截面截开，将结构分成两部分，取截面左边部分（或右边部分）为隔离体。利用隔离体受力图的平衡条件，确定此截面的三个内力分量。

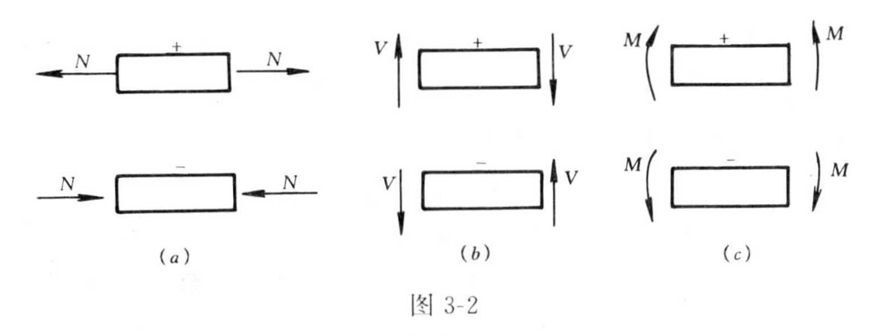

图 3-2

由截面法可以得出截面内力的算式如下：

轴力 N＝截面任一侧所有的外力（包括荷载和支座反力）沿杆轴切线方向的投影代数和；

剪力 V＝截面任一侧所有外力沿杆轴法线方向的投影代数和。

弯矩 M＝截面任一侧所有外力对截面形心的力矩代数和。

在选取隔离体时，要注意以下几点：

（1）一定要将隔离体周围的约束全部截断，代以相应的约束力，而且这些约束力要符合约束的性质。正确地选择隔离体和标明其上所受的力（包括荷载、约束力以及截面的内力）是结构分析中的重要环节。

（2）隔离体是应用平衡条件进行分析的对象。因此，在受力图中，只画隔离体本身所受的力，并不画出隔离体施加给周围的力。

（3）不要遗漏力。对受力图上的荷载和约束反力一定要标全。对未知力一般假定为正号方向，已知力按实际方向画出。

三、内力图的绘制

表示结构上各截面内力沿梁轴变化规律的图形，称为内力图。按内力分量不同，有轴力图、剪力图和弯矩图。梁是受弯构件，以承受弯矩为主，工程上先画 M 图后画 V、N 图。绘制内力图的基本方法是在求出支座反力后，列出梁上各段的内力表达式，即用 x 表示梁中某一截面的位置，则此截面上的内力可用 x 的函数来表示内力函数，根据内力函数作出各内力图形即是内力图。但在工程中使用较多的是直杆结构，对等截面直杆利用各内力函数之间和内力与荷载的微分关系，可使内力图的绘制得到简化。

在荷载连续分布的直杆段内，取微段 $\mathrm{d}x$ 为隔离体，如图 3-3 所示。其中 q 为 y 方向的荷载集度。由隔离体受力图平衡条件可得出内力 M 和 V 与荷载集度 q 之间的微分关系如下：

$$\left.\begin{aligned} \frac{\mathrm{d}V}{\mathrm{d}x} &= -q \\ \frac{\mathrm{d}M}{\mathrm{d}x} &= V \\ \frac{\mathrm{d}^2M}{\mathrm{d}x^2} &= -q \end{aligned}\right\} \tag{3-1}$$

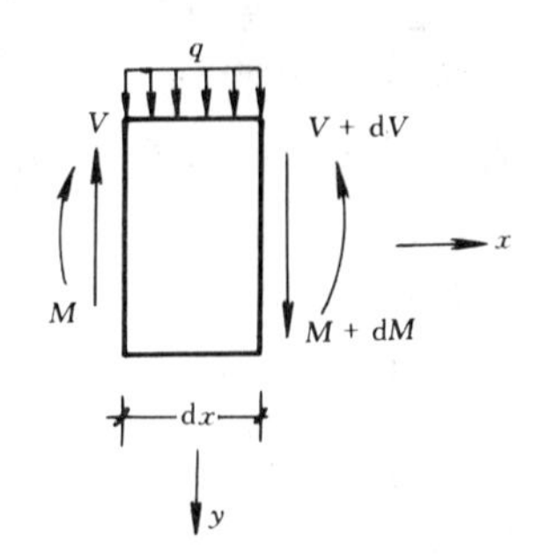

图 3-3

由上述微分关系可知内力图的一些特点：

（1）当 $q(x)=0$ 时，$V(x)$ 为常数，$M(x)$ 为一次函数，因此，

在无荷载区段，V 图为水平线，M 图为斜直线。

（2）当 $q(x)$＝常数时，$V(x)$为一次函数，$M(x)$为二次函数，因此，在均布荷载区段，V 图为斜直线，M 图为抛物线，其凸出方向与荷载指向相同。

（3）当 q（x）为一次函数时，V（x）为二次曲线，M（x）为三次曲线。

（4）在集中荷载作用处，剪力图发生突变，弯矩图发生转折；集中力矩作用处，弯矩图发生突变，剪力图无变化；分布荷载的两端处，弯矩图的直线段与曲线段在此相切。

（5）在铰接处一侧截面上，如果有集中力偶作用，则该截面处的弯矩等于该集中力偶之值；如果无集中力偶作用，则该截面弯矩等于零；对自由端，弯矩图和铰接处弯矩图相同。

（6）在自由端处，受集中荷载作用时，其剪力值等于集中荷载之值，而弯矩为零；如果无荷载作用，则其剪力值和弯矩值均为零。

从上述可知，绘制内力图时，应根据集中力和集中力偶的作用点，分布荷载和分布力偶的起点和终点等对杆件分段绘制内力图。

绘制内力图时，弯矩图应画在杆件受拉的一边，图上不注明正负号；而对于剪力图和轴力图，可画在杆轴的任意一边（对于梁，通常把正号内力画在上方），但要注明正负号。

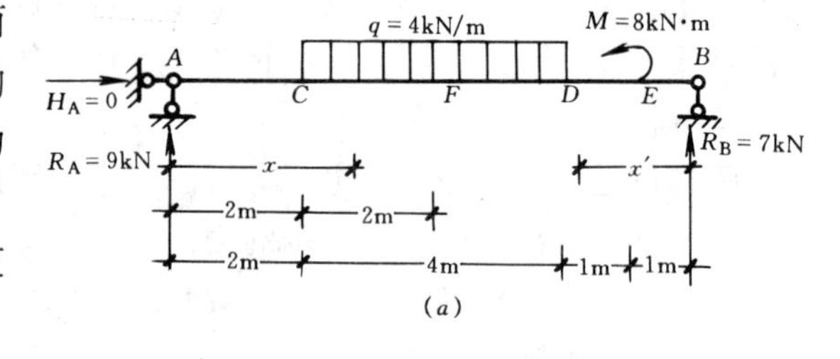

(a)

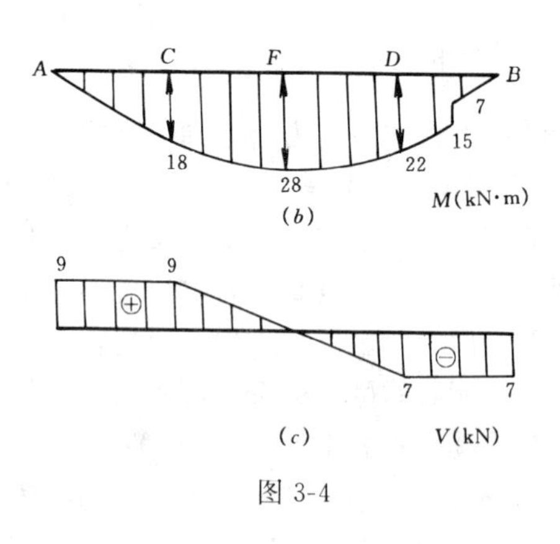

(b)

(c)

图 3-4

【例 3-1】 绘制图 3-4 所示简支梁的内力图。

【解】

1. 求支座反力

由 $\Sigma M_A=0$，可求得：

$$R_B = 7\text{kN}(\uparrow)$$

由 $\Sigma M_B=0$，求得：

$$R_B = 9\text{kN}(\uparrow)$$

由 $\Sigma X=0$，得 $H_A=0$；

由 $\Sigma Y=0$，校核竖向反力，$9-4\times4+7=0$ 计算无误。

2. 分段列弯矩方程，绘弯矩图

根据内力图特点，本题由均布荷载的始终点 C、D 和集中力偶作用点 E，将梁分为 AC、CD、DE 和 EB 四段。

列方程时，AC、CD 段以 A 点为坐标原点，以 AB 方向为 x 的正方向，DE、EB 段以 B 点为坐标原点，BA 为 x 的正方向。由此可得各分段弯矩方程为：

AC 段：$M(x)=9x$

CD 段：$M(x)=9x-\frac{1}{2}\times4(x-2)^2$

EB 段：$M(x')=7x'$

DE 段：$M(x')=7x'+8$

将各控制截面的坐标值分别代入上式，则分别得到各控制截面 A、C、F、D、E、B 的弯矩值力为：

$M_{AC}=0$，　$M_{CA}=18kN\cdot m$，　$M_{FC}=28kN\cdot m$，

$M_{DF}=22kN\cdot m$，　$M_{ED}=15kN\cdot m$，　$M_{EB}=7kN\cdot m$，

$M_{BE}=0$

根据各段弯矩方程和弯矩值，绘出弯矩图如图 3-4（b）所示。

3. 分段列剪力方程，绘剪力图

为使所列剪力方程方便，梁的各分段坐标情况与上述相同。由此可得各分段剪力方程为：

AC 段：　　$Q(x)=9kN$

CD 段：　　$Q(x)=9-4(x-2)=17-4x\ (kN)$

DE 和 BE 段：$Q(x')=-7kN$

根据上述各分段的剪力方程，绘出剪力图如图 3-4（c）所示。

四、用叠加法作弯矩图

当计算出控制截面的内力后，可以用叠加法作出各段的内力图，从而得到整个结构的内力图。利用叠加法绘制弯矩图是今后在梁、刚架等结构常用的一种简便方法。

叠加法常以简支梁为基础。现结合示例说明如下：

图 3-5（a）为一简支梁，它所承受的荷载有两部分，一是在梁两端受有集中力偶，二是在梁上受有集中力 P 的作用。现分别作出两种荷载作用下的弯矩图。当端部单独作用力偶时，弯矩图为直线图形，如图 3-5（b）所示；当集中力 P 单独作用时，弯矩图如图 3-5（c）所示；最后，我们把这两个弯矩图的相应竖标叠加，便得到总的弯矩图，如图 3-5（d）所示。应当注意，这里所说的弯矩图的叠加，是指竖标的叠加，因此，竖标$\frac{ab}{l}$应沿竖向量取，即它应垂直于杆轴，而不是垂直于图中的虚线。

在实际绘制弯矩图时，并不需要单独画出 3-5（b）图和 3-5（c）图，而是直接作出图 3-5（d）的弯矩图。其具体作法是：先将杆件两端弯矩画出并联以虚线，然后以该虚线为基线，画出简支梁在集中力 P 作用下的弯矩图，则得最后图形与原选定的水平基线所包围的图形即为实际弯矩图。

上述简支梁弯矩图的叠加方法，可以应用于结构中任意直杆段。

如图 3-6（a）所示图中的杆段 AB，取杆段 AB 作为隔离体，如图 3-6（b）所示。隔离体上的作用力除荷载 q 外，还有杆端弯矩 M_A、M_B 和剪力 V_A、V_B。为了说明杆段 AB 弯矩图的特性，我们将它与图 3-6（c）所示简支梁相比较，两者都满足相同的平衡条件，故 AB 段两端的剪力 V_A、V_B 与简支梁的反力 V_A^0、V_B^0 对应相等，它们的内力也对应相等，即杆段 AB 的弯矩图与图 3-6（c）所示简支梁的弯矩图完全相同。对简支梁，可按前述叠加法作弯矩图：即先用虚线画出两个杆端力矩 M_A 和 M_B 作用下的弯矩图，也就是图 3-6（d）中的虚线 ab，再过杆段中点作杆轴垂线交虚线与 C 点，然后过 C 点在垂线上沿荷载 q 的指向量取长度等于$\frac{1}{8}ql^2$ 的线段 cd，最后用光滑曲线将 a、d、b 三点连接起来，此曲线与基线所围成的图形即为叠加后的弯矩图，如图 3-6（d）所示。由于它是在梁内某一区段上叠加，故称

为区段叠加法。

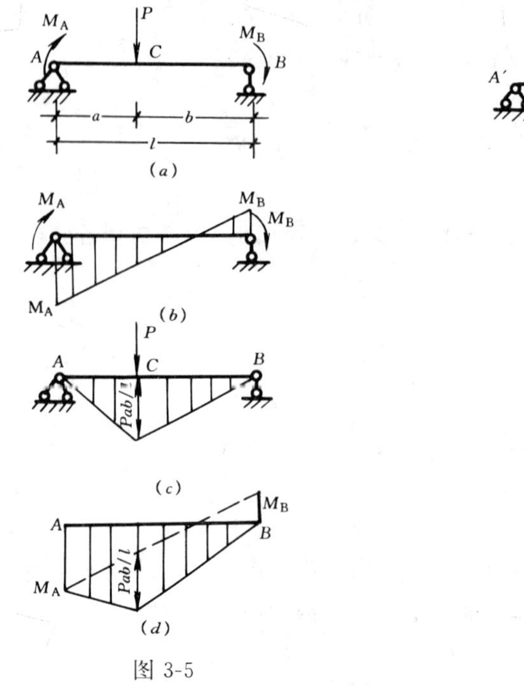

图 3-5

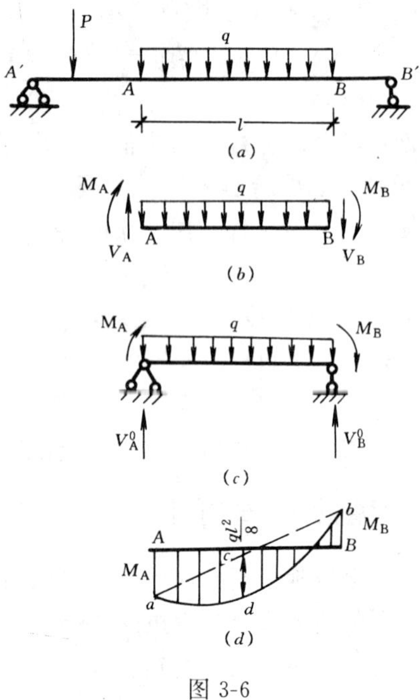

图 3-6

由上可知，绘制内力图简便作法是：

(1) 求支座反力。

(2) 选定外力的不连续点（如集中力作用点，集中力偶作用点，分布荷载的起点和终点等）求出各控制截面的弯矩值、剪力值和轴力值。

(3) 分段画出弯矩图。如果相邻两控制截面的区段无荷载，即可根据控制截面的弯矩值，作出直线弯矩图；如果控制截面间有荷载作用，则根据控制截面的弯矩值作出直线图形后，还要叠加上该段按简支梁求得的弯矩图。

(4) 分段画剪力图。根据控制截面的剪力竖标，无荷载区段 V 图连以水平线，均布荷载区段，V 图连以斜直线。

【例 3-2】 作出图 3-7 (*a*) 所示简支梁的弯矩图。

【解】

(1) 求支座反力

$$\Sigma M_A = 2lR_B - ql \times \frac{l}{2} - ql \times \frac{3l}{2} = 0$$

$$\therefore \quad R_B = ql(\uparrow)$$

$$\Sigma M_B = 2lR_A - ql \times \frac{l}{2} - ql \times \frac{3}{2}l = 0$$

$$\therefore \quad R_A = ql(\uparrow)$$

由 $\Sigma Y = ql + ql - ql - ql = 0$，故计算无误。

(2) 作弯矩图

选 A、C、D、B 为控制截面，求出其弯矩值为：

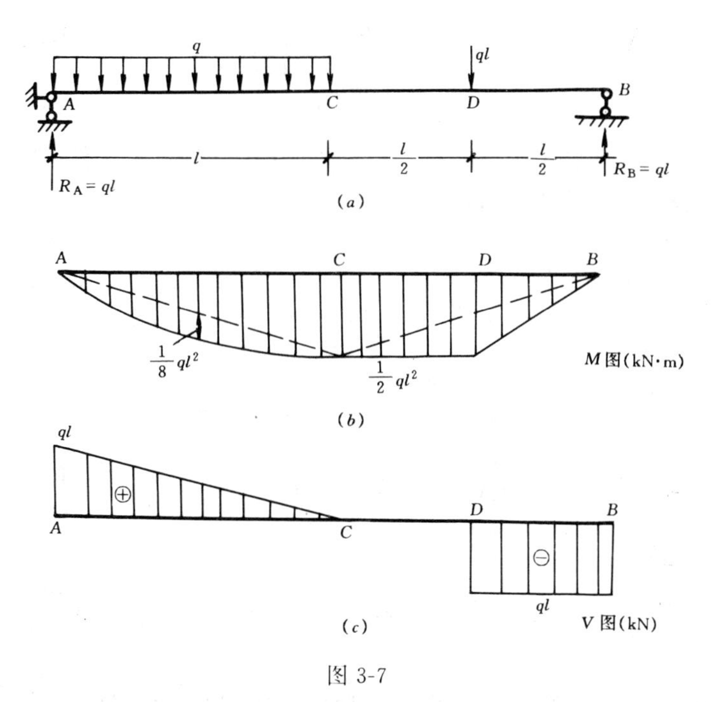

图 3-7

$$M_{AC}=0$$

$$M_{CA}=M_{CD}=ql\times l-ql\times\frac{l}{2}=\frac{1}{2}ql^2\quad \text{kN}\cdot\text{m}(\text{下边受拉})$$

$$M_{DC}=M_{DB}=ql\times\frac{l}{2}=\frac{1}{2}ql^2\quad \text{kN}\cdot\text{m}(\text{下边受拉})$$

$$M_{BD}=0$$

依次在 M 图上（图 3-7b）列出各点的弯矩竖标；对于 CD 和 DB，各段无荷载作用，弯矩图为直线，连接各点弯矩竖标，即为弯矩图；AC 段有均布荷载作用，将 A、C 两截面的弯矩竖标连以虚直线，再叠加以 AC 为跨度的简支梁在均布荷载作用下的弯矩图。AC 区段中点竖标为

$$M_E=\frac{1}{2}\left(0+\frac{1}{2}ql^2\right)+\frac{1}{8}ql^2=\frac{3}{8}ql^2\quad \text{kN}\cdot\text{m}(\text{下边受拉})$$

为求出 AC 段弯矩极值，利用极值点 $V=0$ 的条件，求出截面坐标。

$$V=R_A-qx=ql-qx=0$$

$$x=l$$

即截面 C 为 AC 段弯矩极值点。

$$M_C=\frac{1}{2}ql^2$$

（3）作剪力图

按剪力的算式，即截面剪力等于截面一边所有外力沿杆轴法线方向的投影代数和，各控制截面的剪力为

$$V_A=ql\quad \text{kN}$$

$$V_C=0$$

$$V_{DC}=0$$
$$V_{DB}=-ql \quad kN$$
$$V_{BD}=-ql \quad kN$$

区段两端剪力，在两端弯矩已知后，也可取该区段为隔离体，用平衡条件求出。以 AC 段为例，隔离体受力图如图 3-8 所示。

$$\Sigma M_C=0$$
$$lV_{AC}+0-\frac{1}{2}ql^2-\frac{1}{2}ql^2=0$$
$$V_{AC}=ql$$
$$\Sigma Y=ql-ql+V_{CA}=0$$
$$V_{CA}=0$$

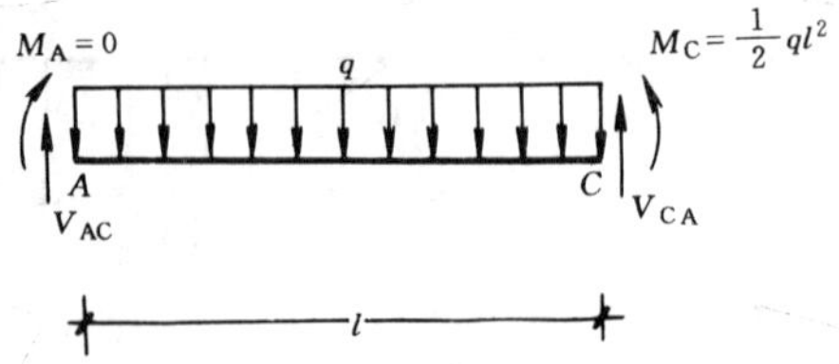

图 3-8

以杆轴为基线，绘出各控制截面剪力竖标，再分段连图即得剪力图，如图 3-7（c）所示。

第二节　简　支　斜　梁

在建筑工程中，常遇到杆轴为倾角 α 的斜简支梁，例如楼梯梁和刚架中的斜梁部分，如图 3-9 所示。

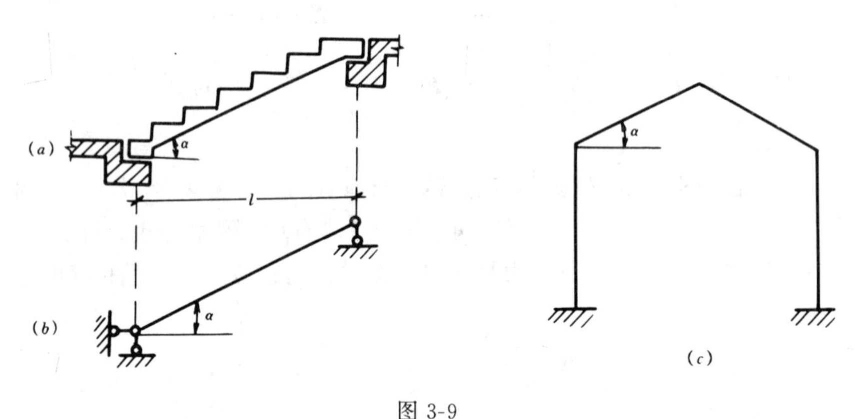

图 3-9

计算简支斜梁截面内力的方法仍然是截面法，即利用整体平衡条件求支座反力，选取局部梁段为隔离体，用静力平衡条件求出内力，进而绘制内力图。由于斜梁的横截面是倾斜的，故轴力应垂直于梁的横截面，剪力应平行于梁的横截面，弯矩应为截面一侧所有外力对截面中心的力矩代数和。

作用在斜简支梁上的分布荷载分为沿水平方向分布和沿梁的斜长分布两种表示方式。为便于与水平简支梁相比较，通常将沿斜长分布的荷载换算成沿水平分布的均布荷载来分析。

一、荷载 q 沿梁的水平分布

如图 3-10a 所示的简支斜梁的倾角为 α，作用在梁上的均布荷载 q 沿水平分布，若 x' 轴

沿杆轴布置，则得坐标系 $x'oy'$；若 x 轴沿水平方向布置，则得坐标系 xoy。坐标原点均设在 A 点。

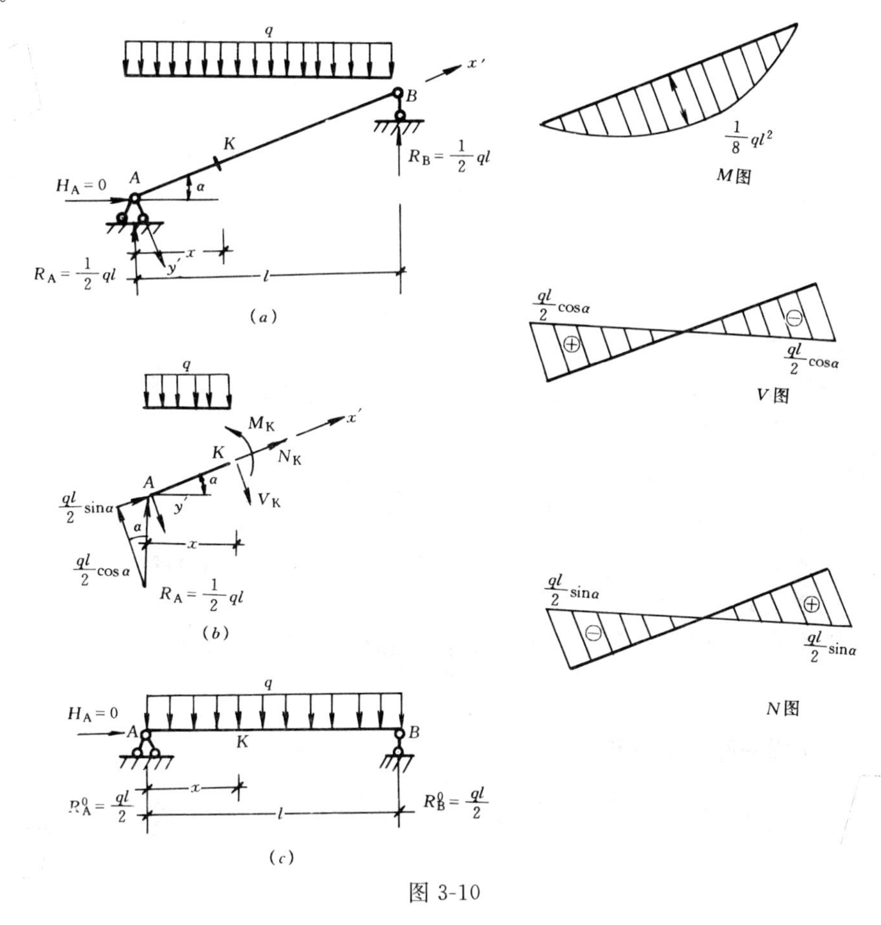

图 3-10

1. 计算支座反力

由 $\Sigma X=0$，得 $H_A=0$

由 $\Sigma M_A=0$，$R_B l-ql\times\frac{l}{2}=0$，得 $R_B=\frac{ql}{2}$（↑）

由 $\Sigma M_B=0$，$R_A l-ql\times\frac{l}{2}=0$，得 $R_A=\frac{ql}{2}$（↑）

故简支斜梁的支座反力与同跨度，同荷载的简支梁支座反力相同。

2. 内力表达式

列内力表达式，按习惯取 xoy 坐标系，任一截面 K 的位置用 x 表示。

取图 3-10（b）所示隔离体，由 $\Sigma M_K=0$，得弯矩表达式为：

$$M_K=\frac{ql}{2}x-\frac{1}{2}qx^2 \qquad (a)$$

当 $x=\frac{l}{2}$ 时，即得斜梁中点处弯矩为 $\frac{ql^2}{8}$。若以 M_K^0 表示与它相同荷载和跨度（如图 3-10c 所示）的水平简支梁的弯矩，则式（a）可写为：

$$M_K=M_K^0 \qquad (b)$$

考虑图 3-10（b）所示隔离体上各力对 y' 轴投影的平衡条件，可得剪力表达式为：

$$V_K = \left(\frac{ql}{2} - qx\right)\cos\alpha \tag{c}$$

或写成：

$$V_K = V_K^0 \cos\alpha \tag{d}$$

式中 V_K^0 为相应水平简支梁的剪力。

再考虑图 3-10（b）所示隔离体上各力对 x' 轴投影的平衡条件，可得轴力表达式为：

$$N_K = \left(-\frac{ql}{2} + qx\right)\sin\alpha \tag{e}$$

或写成：

$$N_K = -V_K^0 \sin\alpha \tag{f}$$

3. 绘制内力图

绘制内力图时，一般以梁轴为基线，且内力图竖标与梁轴垂直，根据内力方程可绘出 M、V、N 图分别如图 3-10（d）、（e）、（f）所示。

由上看出：

（1）简支斜梁在竖向荷载作用下的支反力，等于相应水平简支梁的支反力。

（2）简支斜梁在竖向荷载作用下的弯矩，等于相应水平简支梁的弯矩。因此，叠加法绘弯矩图，也适用于斜梁。

（3）斜梁的剪力和轴力，等于水平简支梁相应截面的剪力沿梁轴线的法向和切向两个方向的投影。

三、荷载 q' 沿梁的斜长分布

将沿梁的斜长分布荷载 q' 改为沿梁的水平均匀分布荷载 q，则如图 3-11（a）、（b）所示

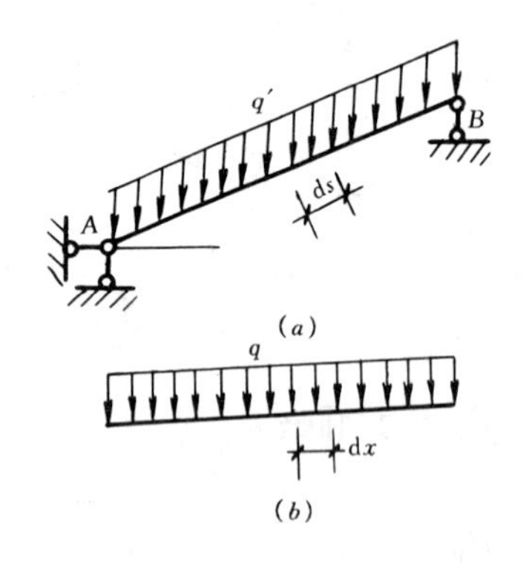

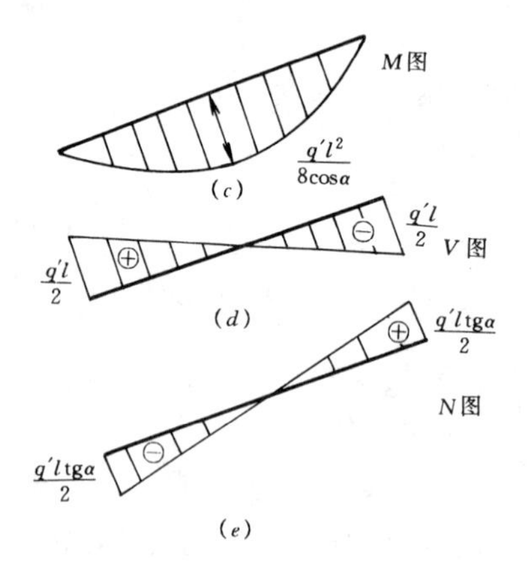

图 3-11

的两个微段的荷载应等值，故有：

$$q\mathrm{d}x = q'\mathrm{d}s$$

由此可得：

$$q = \frac{q'}{\frac{\mathrm{d}x}{\mathrm{d}s}} = \frac{q'}{\cos\alpha}$$

故支座反力为：

$$R_A = R_B = \frac{ql}{2} = \frac{q'l}{2\cos\alpha}$$

弯矩方程为：

$$M_K = \frac{1}{2}qlx - \frac{qx^2}{2}$$

$$= \frac{q}{2}(lx - x^2)$$

$$= \frac{q'}{2\cos\alpha}(lx - x^2)$$

跨中的最大弯矩为：

$$M_{max} = \frac{ql^2}{8} = \frac{q'l^2}{8\cos\alpha}$$

剪力方程为：

$$V_K = \left(\frac{ql}{2} - qx\right)\cos\alpha$$

$$= \left(\frac{q'l}{2\cos\alpha} - \frac{q'x}{\cos\alpha}\right)\cos\alpha = \frac{q'l}{2} - q'x$$

轴力方程为：

$$N_K = \left(-\frac{ql}{2} + qx\right)\sin\alpha = \left(-\frac{q'l}{2\cos\alpha} + \frac{q'x}{\cos\alpha}\right)\sin\alpha = -q\mathrm{tg}\alpha\left(\frac{l}{2} - x\right)$$

根据上述内力方程绘制 M、V、N 图，如图 3-11（c）、（d）、（e）所示。

第三节　曲　　梁

图 3-12（a）所示圆弧曲梁，绘制内力图时必须建立内力方程，将曲梁分成若干等分，求出内力值，用描点法绘出内力图。

如图 3-12（b）所示，圆心角 $0 \leqslant \varphi \leqslant \frac{\pi}{2}$。任意截面的弯矩为 M_K、V_K、N_K。由 $\Sigma M_K = 0$，有

$$-M_K - PR\sin\varphi = 0$$

$$M_K = -PR\sin\varphi$$

取 K 点曲线的切向 t 及法向 S 为投影轴，

由 $\Sigma S = 0$

得：　$V_K - P\cos\varphi = 0$

　　　$V_K = P\cos\varphi$

由　　$\Sigma t = 0$

得：　$N_K + P\sin\varphi = 0$

　　　$N_K = -P\sin\varphi$

表 3-1

φ	M_K	V_K	N_K
0	0	P	0
$\frac{\pi}{4}$	$-\frac{\sqrt{2}}{2}PR$	$\frac{\sqrt{2}}{2}P$	$-\frac{\sqrt{2}}{2}P$
$\frac{\pi}{2}$	$-PR$	0	$-P$

各控制截面内力如右表 3-1 所示。

一般曲梁内力图不是一个简单图形，应描点连图。上表中列出了最少的 3 个控制截面

内力值。绘图方法和水平梁的规定相同。即弯矩图不标正负号，画在受拉一侧。剪力图、轴力图要标明正负号。内力图如图 3-12（c）、（d）、（e）所示。

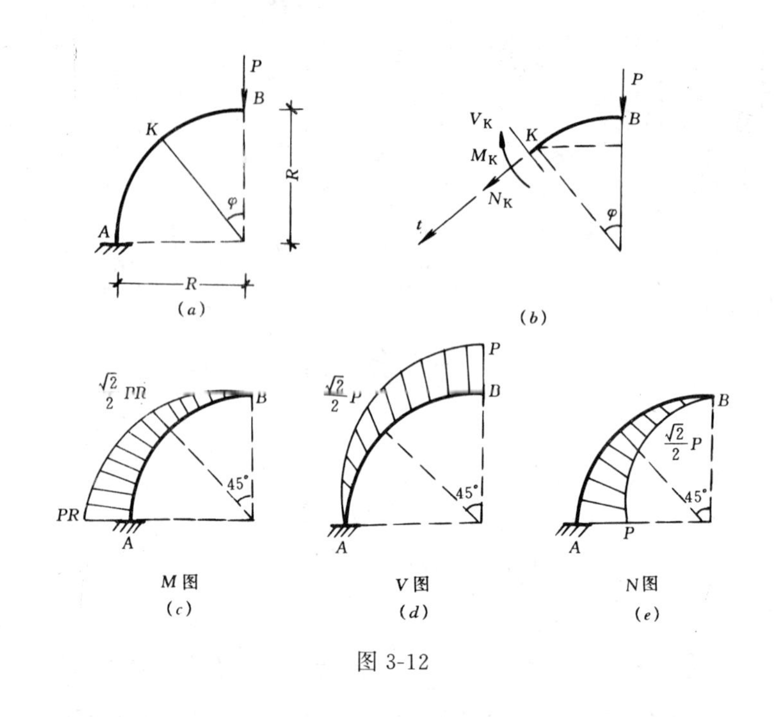

图 3-12

第四节 多跨静定梁

一、多跨静定梁的组成

多跨静定梁是工程实际中比较常见的结构，它是由若干根单跨静定梁用铰联结而成的静定结构。这种结构常用于工程桥梁和房屋建筑的檩条中。图 3-13（a）所示为一多跨木檩条的构造。在檩条接头处采用斜搭接的形式，中间用一个螺栓系紧。这种接头不能抵抗弯矩，故可看着铰接点。计算简图如 3-13（b）所示。

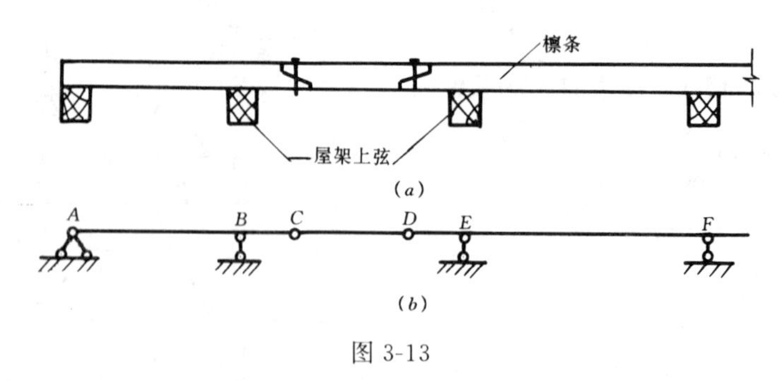

图 3-13

常见的多跨静定梁有三种不同的组成方式：

第一种组成方式如图 3-14（a）所示，除左边第一跨无铰外，其他各跨皆有一铰，即在

伸臂梁 AC 上依次加上 CE、EG、GH 三根梁；

第二种方式如图 3-14（c）所示，无铰跨与有两个铰的跨交替出现，即在伸臂梁 AC、DG、HJ 中间各架上一小悬跨 CD、HG；

第三种组成方式由前面两种方式混合而成，如图 3-14（e）所示，即在伸臂梁 AC、DG 中间加一小悬跨 CD 后，再依次加上 GI、IJ 两根梁。

通过几何组成分析可知，它们都是几何不变且无多余约束体系，所以均为静定结构。

根据多跨静定梁的几何组成规律，可以将它的各个部分区分为**基本部分**和**附属部分**。例如图 3-14（a）所示梁中，AC 是通过三根即不全平行也不相交于一点的三根链杆与基础联结，所以它是几何不变的，CE 梁是通过铰 C 和 D 支座链杆联结在 AC 梁和基础上；EG 梁又是通过铰 E 和 F 支座链杆联结在 CE 梁和基础上；GH 梁又是通过铰 G 和 H 支座链杆联结在 EG 梁和基础上。由此可知，AC 梁直接与基础组成一几何不变部分，它的几何不变性不受 CE、EG 和 GH 影响，故 AC 梁称为该**多跨静定梁的基本部分**。而 CE 梁要依靠 AC 梁才能保证其几何不变性，故 CE 梁为 AC 梁的**附属部分**；同理，EG 梁相对于 AC 和 CE 组成的部分来说，它是附属部分，GH 梁相对 AC、CE、EG 组成的部分来说，也是附属部分；而 AC、CE 梁组成的部分相对于 EG 来说是基本部分，AC、CE、EG 组成的梁相对于 GH 来说，也是基本部分。为清晰可见，它们之间的支承关系可用图 3-14（b）来表示。这种表示力的传递路线的图形称为**层次图**，它是按照附属部分支承于基本部分之上来作出的。基本部分可不依靠于附属部分而能保持其几何不变性，而附属部分则必须依靠基本部分才能保持其几何不变性。

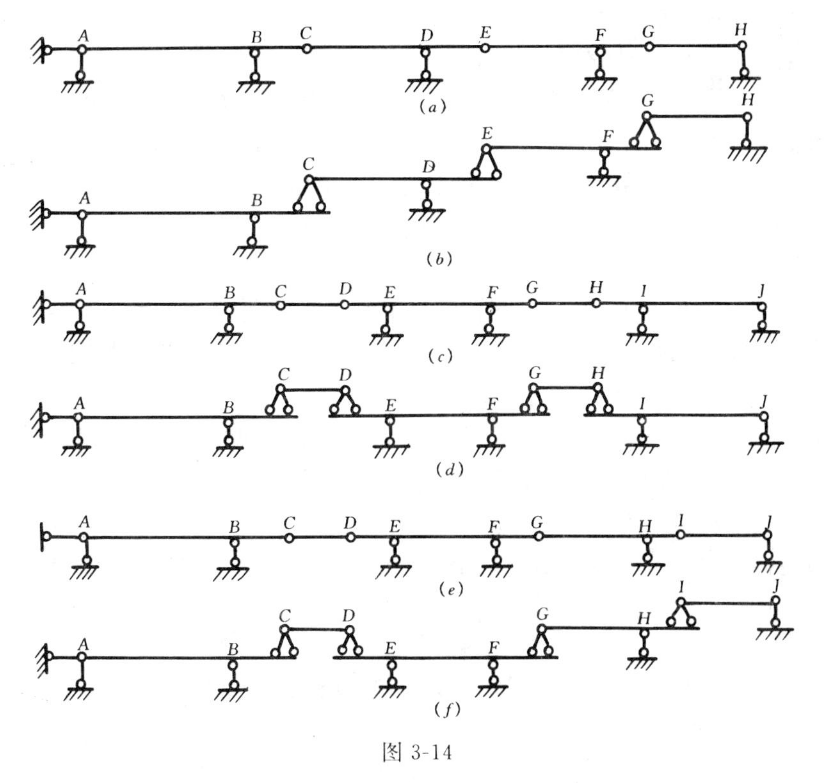

图 3-14

对图 3-14（c）所示的梁，如果仅承受竖向荷载作用，则不但 AC 梁能独立承受荷载维持平衡，DG、HJ 梁也能独立承受荷载维持平衡。这时 AC 梁、DG 梁和 HJ 梁可分别视为基本部分，而 CD 梁和 GH 梁则为附属部分。其层次图如图 3-14（d）所示。对图 3-14（e）所示梁，在仅承受竖向荷载作用下，AC 梁和 DG 梁能够独立承受荷载维持平衡，故 AC 梁和 DG 梁为基本部分，其层次图如图 3-14（e）所示。

二、多跨静定梁的计算

多跨静定梁为静定结构，仅用静力平衡条件便可求出全部支座反力和内力。图 3-14（a）所示多跨静定梁有 6 个支座反力，应建立 6 个平衡方程才能求解。由整体平衡条件可建立 3 个平衡方程，再利用 3 个铰处弯矩为零的条件，可补充 3 个方程，共有 6 个方程式，据此，6 个支座反力全部求出。但联立求解 6 个方程比较繁琐，在力学分析中力求避免，为此，我们根据梁的几何组成的特点来简化计算。

通过图 3-14 中各层次图可以看出，基本部分上的荷载作用并不影响附属部分，而附属部分上的荷载影响自己和基本部分。因此，在计算多跨静定梁时，应先计算附属部分，后计算基本部分，将附属部分的支座反力反向加于基本部分。这样，多跨静定梁就可以拆成若干单跨梁分别计算，再将各单跨梁的内力图连在一起，即可得到多跨梁的内力图。例如图 3-14（a）所示多跨静定梁，就应先计算 CH 梁，再计算 EF 梁和 CD 梁，最后计算 AC 梁。

由上述可知，分析多跨静定梁的步骤如下：

（1）按照主从关系画出传力的层次图。

（2）根据层次图，先算附属梁，后算基本梁。依次计算各梁的反力（包括支座反力和铰接处的约束力），反向作用在支承梁上。

（3）按照绘制单跨内力图的方法，分别作出各根梁的内力图，然后再将其连在一起，就是所求多跨静定梁的内力图。

（4）校核，即利用整体平衡条件校核反力；利用微分关系校核内力图。

三、示例

【例 3-3】 计算图 3-15（a）所示的多跨静定梁，绘制弯矩图和剪力图。

【解】 1. 本题 AB 梁为基本部分，BC 段为附属部分，其层次图如图 3-15（b）所示。各根梁的隔离体如图 3-15（c）所示。

2. 从附属部分 BC 开始，求出 BC 梁上的竖向约束力和支座反力。铰 B 处的水平约束力为 H_B，由 $\Sigma X=0$，知 $H_B=0$，由 $\Sigma M_D=0$，得 $R_B=7\text{kN}$。将 BD 梁 R_B 反向作用于 AB 梁 B 点，即可得到 AB 梁的支座反力 $M_A=28\text{kN}\cdot\text{m}$，$R_A=7\text{kN}$。

3. 分别绘出各根梁的内力图。将各根梁的内力图置于同一直线上，即得出该多跨静定梁的内力图如图 3-15（d）、（e）所示。

【例 3-4】 计算图 3-16（a）所示多跨静定梁的内力图。

【解】 1. 几何组成分析。由前面已知，AE 梁和 FD 梁为基本部分，EF 梁为附属部分，层次图如图 3-16（b）所示。

2. 从附属部分 EF 开始，依次求出各根梁的支座反力。铰 F 处的水平约束力为 H_F，由 FD 梁的 $\Sigma X=0$ 条件可知其值为零，并由此得知 H_B 也等于零。在求出各约束力和支座反力

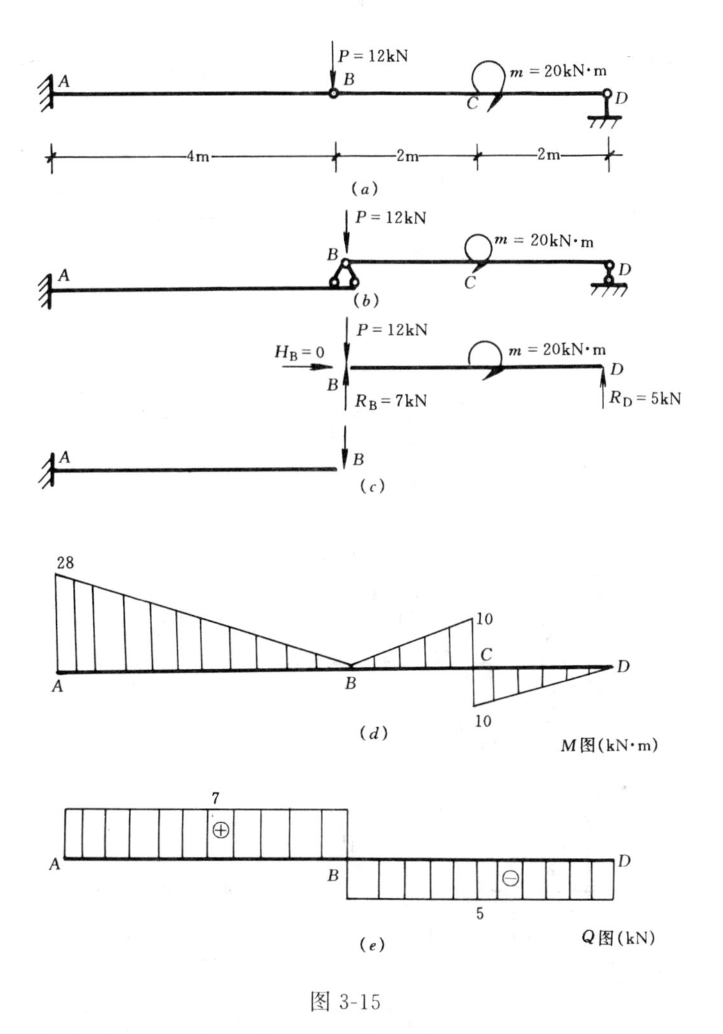

图 3-15

后，便可分别绘出各根梁的内力图，将各根梁的内力图如图 3-16（*d*）、（*e*）所示。

【例 3-5】 试分析 3-17（*a*）所示静定梁，并绘弯矩图

【解】 由几何组成分析可知，*ABC* 梁为基本部分，*DE* 梁为附属部分，层次图如图 3-17（*b*）所示。

先计算附属梁 *DE* 的支反力，然后将附属梁的支反力反向作用于基本部分 *AC* 梁 *C* 点，求出 *AC* 梁的支反力，如图 3-17（*b*）所示。

在计算出各约束力和支座反力后，将各根的弯矩图画在同一基线上，便得到该多跨静定梁的弯矩图如图 3-17（*c*）所示。

【例 3-6】 如图 3-18（*a*）所示三跨静定梁，梁上受有荷载为 q 的均布荷载，各跨跨度为 l，试调整铰 *E*、*F* 的位置，使 *BC* 跨的跨中截面弯矩与支座 *B*、*C* 处的负弯矩的绝对值相等。

【解】 用 x 表示铰 *E* 距 *B* 点的距离和铰 *F* 距 *C* 的距离，如图 3-18（*a*）所示。

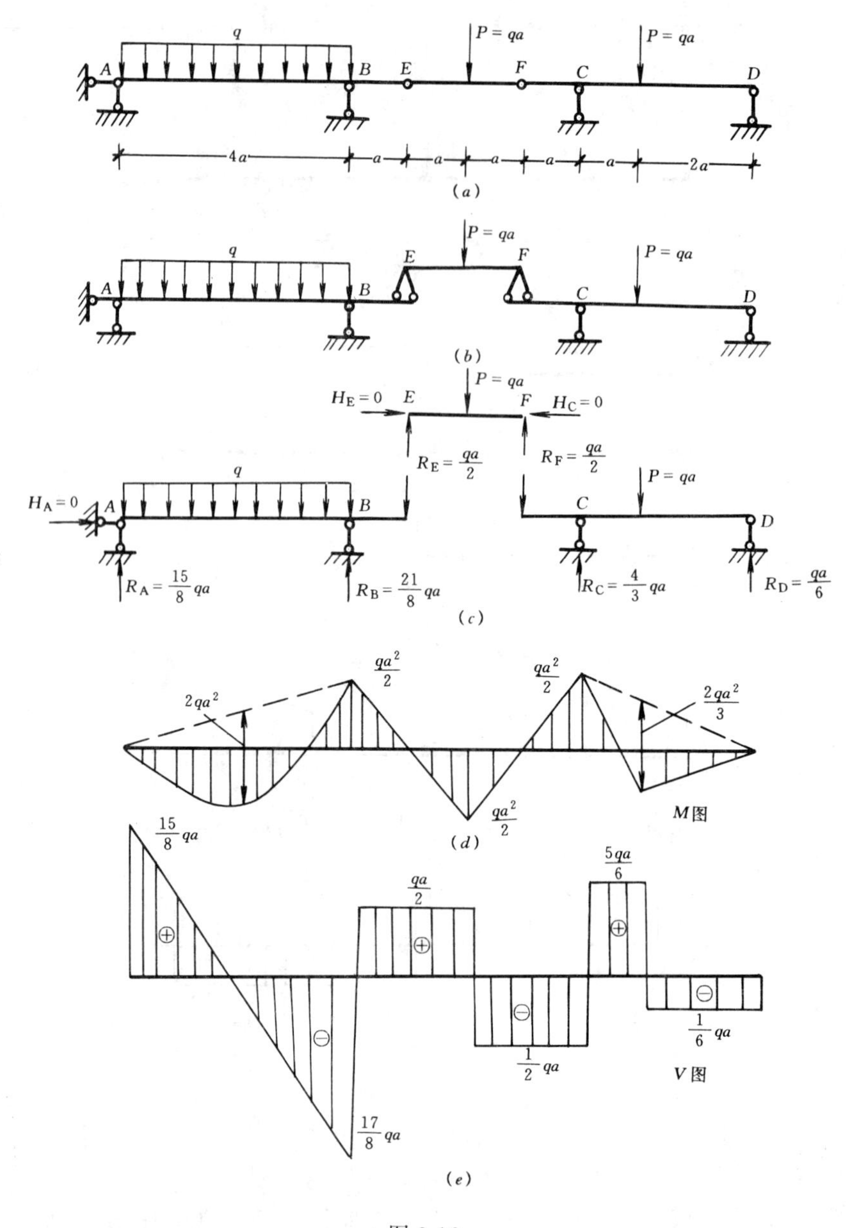

图 3-16

（1）先计算附属部分 AE 和 FD，并求出反力作出弯矩图。再计算基本部分 EF，将附属部分在 E 点和 F 点的约束反力反向于基本部分。

（2）中间一跨支座弯矩绝对值为：

$$M_{\mathrm{B}} = M_{\mathrm{C}} = \frac{q(l-x)}{2}x + \frac{qx^2}{2} = \frac{ql}{2}x$$

（3）根据题意要求 $M_{\mathrm{B}}=M_{\mathrm{C}}=M_{\mathrm{G}}$，由叠加法知：

$$M_{\mathrm{B}} + M_{\mathrm{G}} = \frac{1}{8}ql^2$$

故有

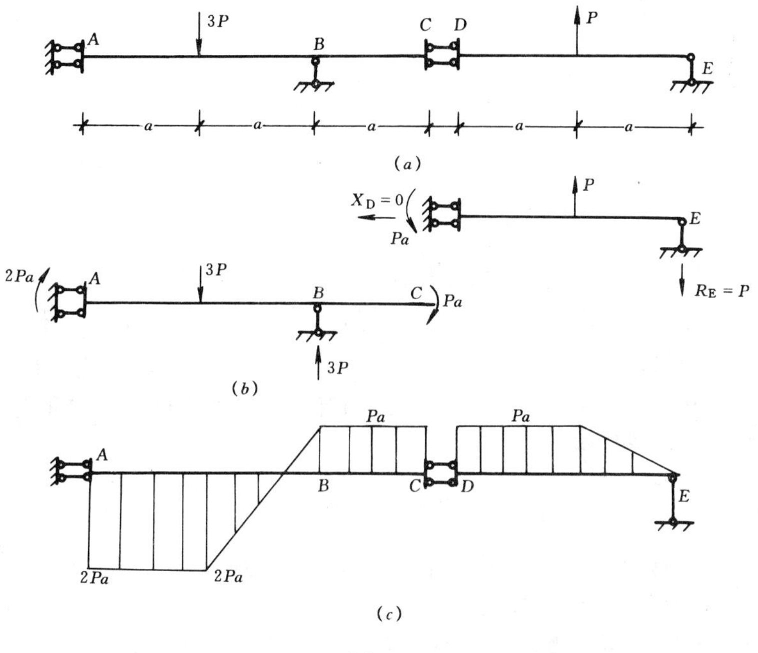

图 3-17

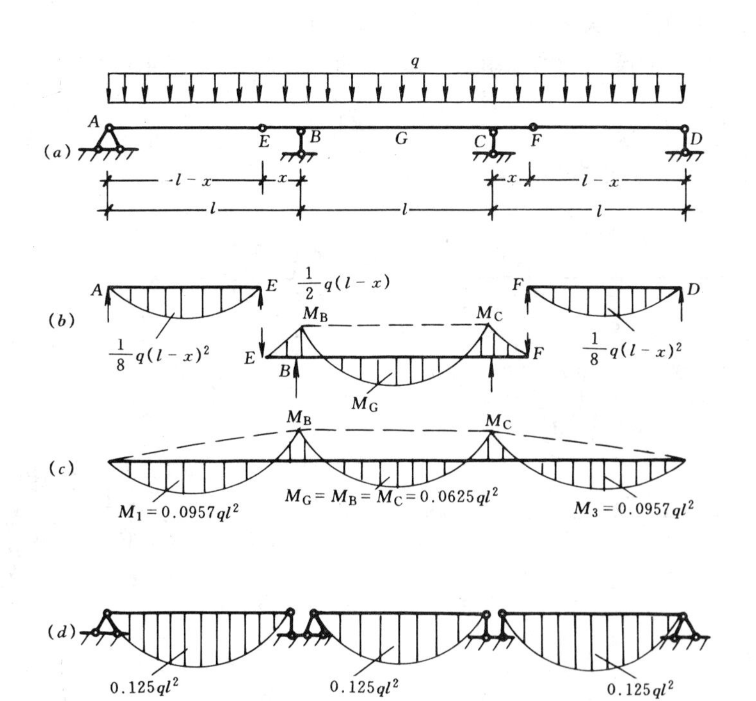

图 3-18

$$M_G = \frac{1}{8}ql^2 - \frac{1}{2}qlx$$

（4）由 $M_G = M_B$ 得：

$$\frac{1}{8}ql^2 - \frac{1}{2}qlx = \frac{1}{2}qlx$$

$$\therefore \quad x = \frac{ql^2}{8} \times \frac{1}{ql} = 0.125l$$

（5）铰的位置确定后，即可作出弯矩图如图 3-18（c）所示，其中

$$M_B = M_C = M_G = \frac{ql}{2} \times 0.125ql = 0.0625ql^2$$

将上述的多跨静定梁用跨度为 l 的三根简支梁来代替，则弯矩图如图 3-18（d）所示。比较可知，多跨静定梁的弯矩比简支梁小。这是由于多跨静定梁中设置了带外伸梁的基本部分。这样，一方面减少了附属部分的跨度，另一方面，在基本部分的支座处产生了负弯矩，它将使跨中弯矩减小。因此，一般说来，多跨静定梁的弯矩比相应的简支梁的弯矩小，所用材料较为节省，但是其构造较为复杂。

思 考 题

1. 求单跨静定梁内力的截面法是如何计算的，在计算中应注意些什么？
2. 区段叠加法绘梁的弯矩图的步骤是什么？
3. 为什么在分析多跨静定梁内力时，先从附属部分开始，然后计算基本部分？
4. 多跨静定梁较同样跨度简支梁有什么优越性？
5. 集中力可以作用在多跨静定梁的铰结点上吗？集中力偶呢？
6. 试比较水平简支梁和简支斜梁在绘制内力图时有哪些区别？有哪些相同之处？

习 题

3-1～3-8 试用叠加法作图示静定梁的 M、V 图。

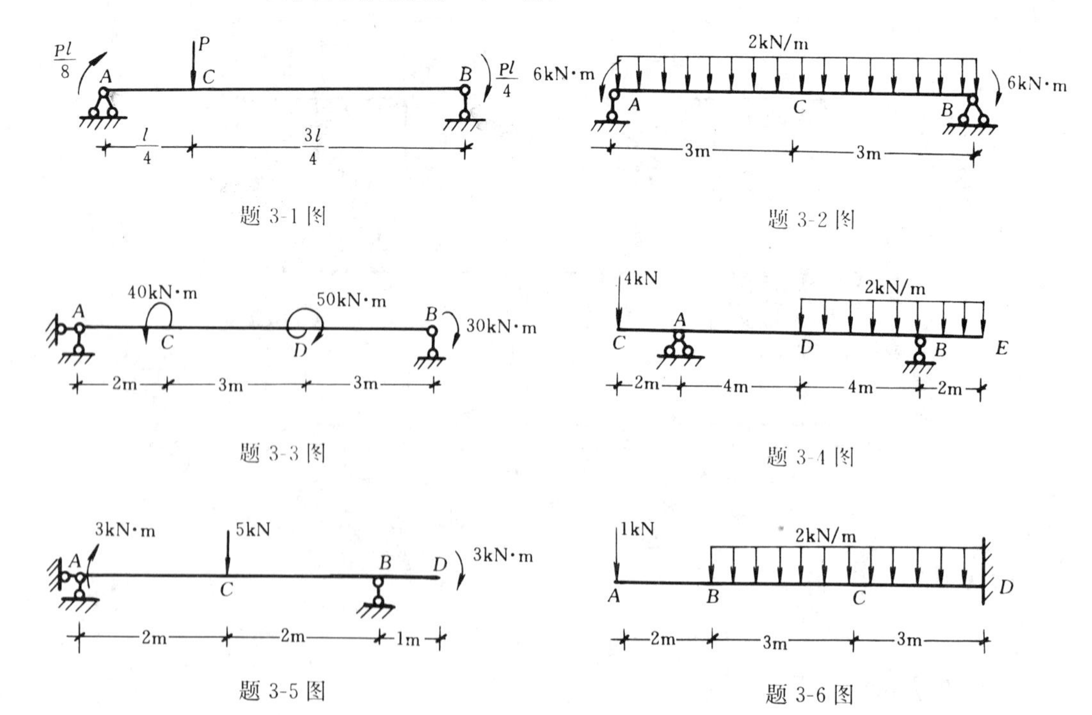

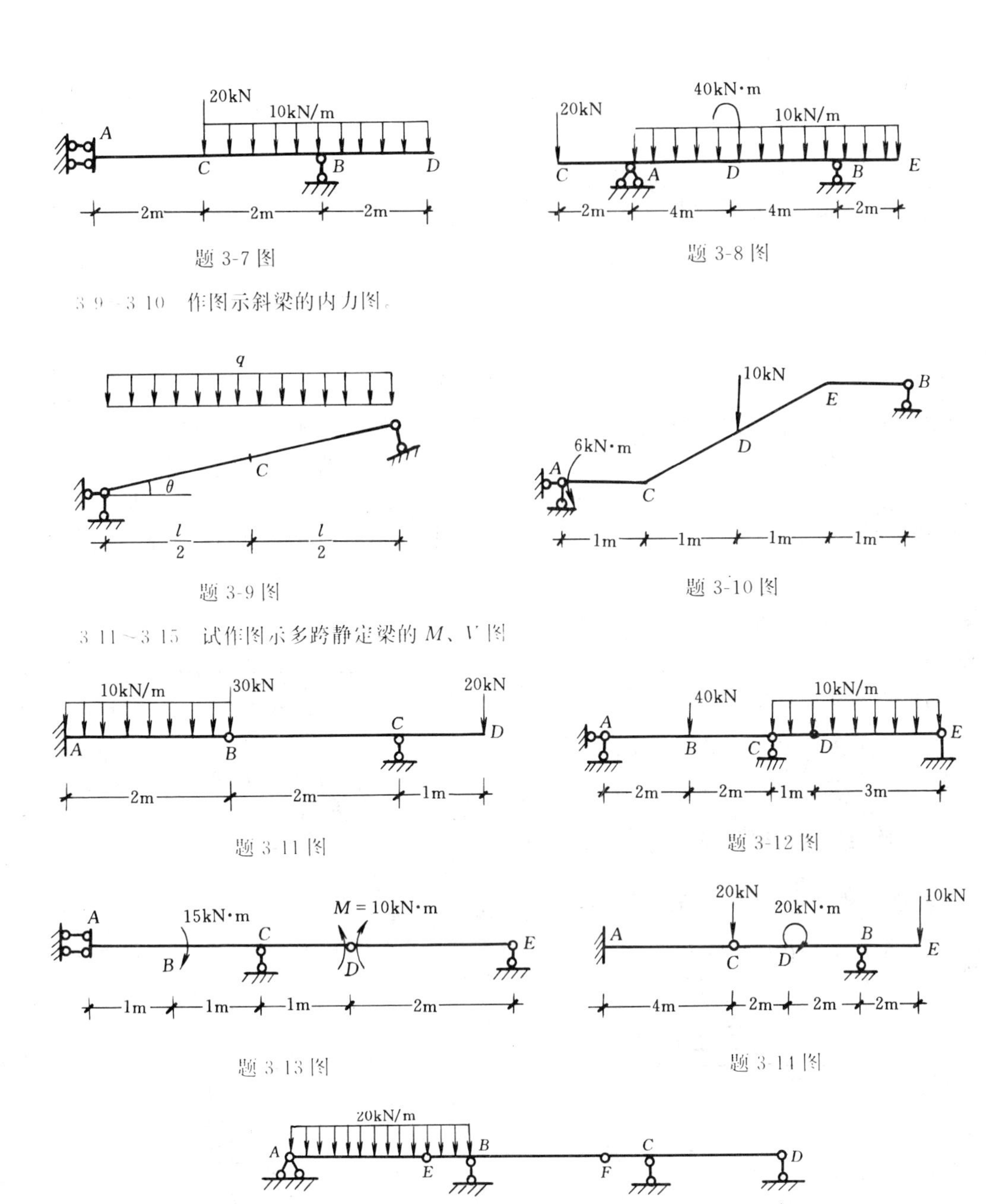

题 3-7 图

题 3-8 图

3-9～3-10 作图示斜梁的内力图。

题 3-9 图

题 3-10 图

3-11～3-15 试作图示多跨静定梁的 M、V 图

题 3-11 图

题 3-12 图

题 3-13 图

题 3-14 图

题 3-15 图

3-16 选择铰的位置 x，使中间一跨的跨中弯矩与支座弯矩绝对值相等。

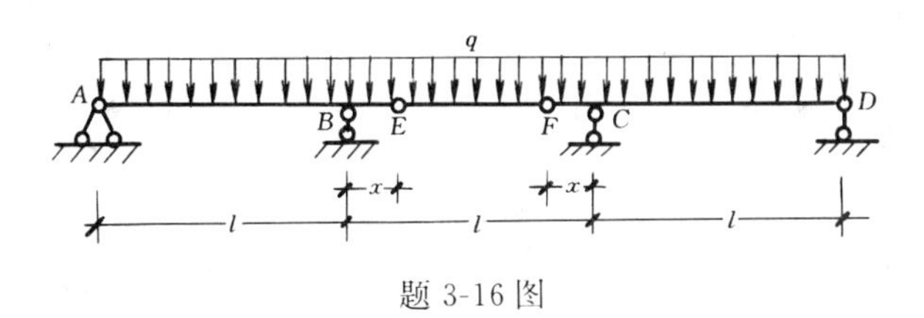

题 3-16 图

第四章　静 定 平 面 刚 架

第一节　概　　述

刚架是若干直杆全部或部分通过刚结点连接而成的几何不变体系。具有刚结点是刚架这一结构形式的特征。由于汇交于刚结点处的各杆杆端之间在结构变形前后不发生相对移动和相对转动，刚结点是作为一个整体移动或转动的（见图 4-1），因此刚结点可以承受弯矩、剪力和轴力。刚结点的存在，使刚架在受力和变形上具有一些不同于其他类型结构的特点。

例如图 4-2（a）和图 4-2（b）所示结构，尽管其跨度、高度和所承受的荷载完全相同，但两个结构上所产生的内力和变形却是不同的。图（a）中梁 BC 的跨中最大弯矩值为$\frac{1}{8}ql^2$，最大挠度值为$\frac{5ql^4}{384EI}$；而图（b）中因 B、C 为刚结点，可以承受弯矩，所以梁 BC 的跨中最大弯矩值为$\frac{1}{8}ql^2-M$，最大挠度值为$\frac{5ql^4}{384EI}-\frac{Ml^2}{8EI}$。由此可知，刚架的梁、柱被刚结点连成一刚性整体，不仅增强了结构的刚度，而且使其内力分布和变形分布较为均匀、合理，从而使用材也较为经济。

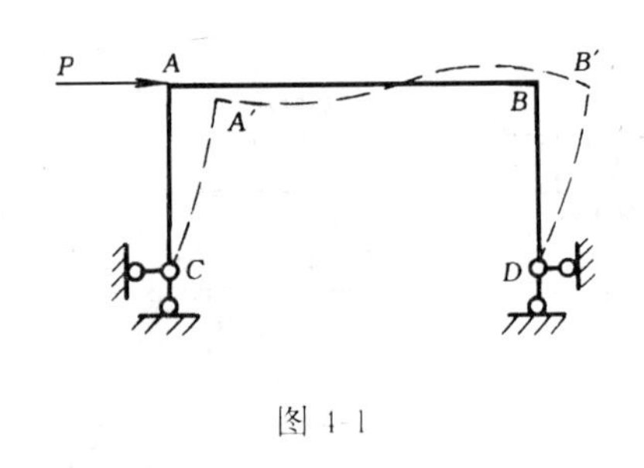

图 4-1

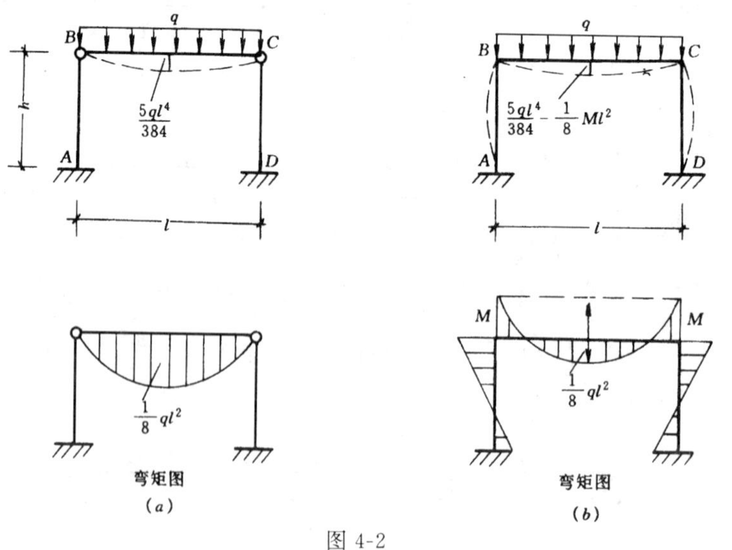

图 4-2

对图 4-3（a）所示几何可变体系，可通过加一斜杆使其成为静定桁架（如图 4-3b），也可将其中一个铰结点处理成刚结点使其成为一刚架（如图 4-3c）。显然，尽管都是几何不变体系，但图（b）的建筑空间不好使用，而图（c）因具有较大净空便于使用。所以刚结点的存在，即维持了静定刚架的几何不变性又增大了结构的使用空间。

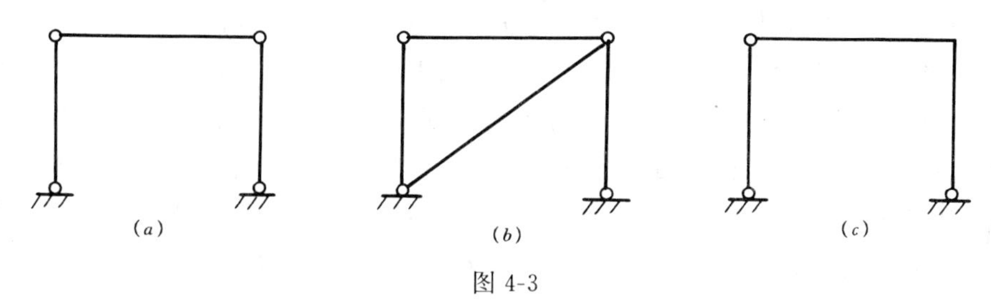

图 4-3

刚架的这些优点，使得它在建筑工程中得到了广泛应用。

各杆轴线都在同一平面内且外力也可简化到该平面内的刚架，称为**平面刚架**；而各杆轴线或外力不能简化到同一平面内的刚架则称为**空间刚架**。若刚架的反力、内力仅由静力平衡条件就能完全确定，即为静定刚架。本章将只讨论静定平面刚架的内力分析。

工程中常见的静定平面刚架的型式有：

悬臂刚架，如图 4-4（a）、（b）所示。

简支刚架，如图 4-4（c）、（d）所示。

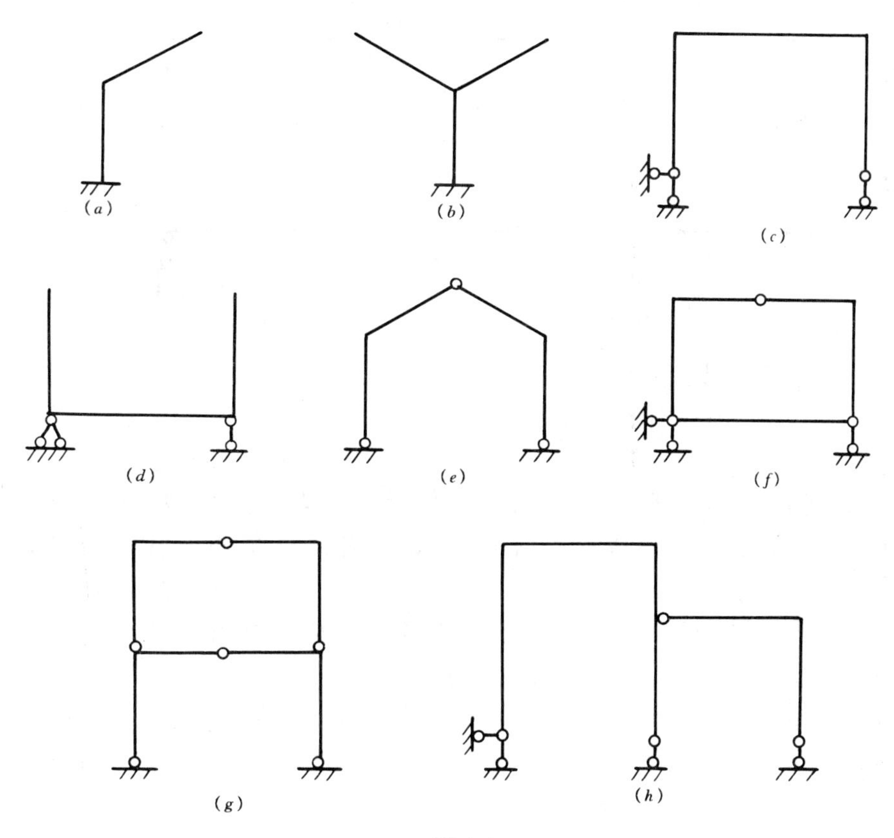

图 4-4

三铰刚架，如图 4-4（*e*）、（*f*）所示。

多层多跨刚架，如图 4-4（*g*）、（*h*）所示。

当然，在实际工程中大量采用的是超静定平面刚架，而静定平面刚架一般仅用于荷载较小、结构形式较简单的情况。但因静定刚架的内力分析是超静定刚架内力分析的基础，所以掌握好静定平面刚架的内力计算仍是十分必要和重要的。

刚架是由若干杆件通过刚结点连接而成的。因此刚架内力分析的基本方法是：计算出各杆杆端内力，从而将刚架拆成若干个杆件，然后，再按单根杆件受力分析的方法计算各杆内力。计算时，除悬臂刚架之外，其余各类刚架均必须先确定出支座反力，然后才能求出内力，进而画出内力图。因此，下面首先介绍刚架支座反力的计算。

第二节　刚 架 的 支 座 反 力

通常利用结构的整体平衡条件或某些特定部分的平衡条件求解支座反力或铰接处的约束力。

对于悬臂刚架和简支刚架，因其只有三个支座反力，所以由刚架的整体平衡条件建立的三个平衡方程，即可直接求出全部支座反力。当然，一般悬臂刚架在计算内力之前并不需先求出支座反力。

【例 4-1】　计算图 4-5（*a*）所示刚架的支座反力。

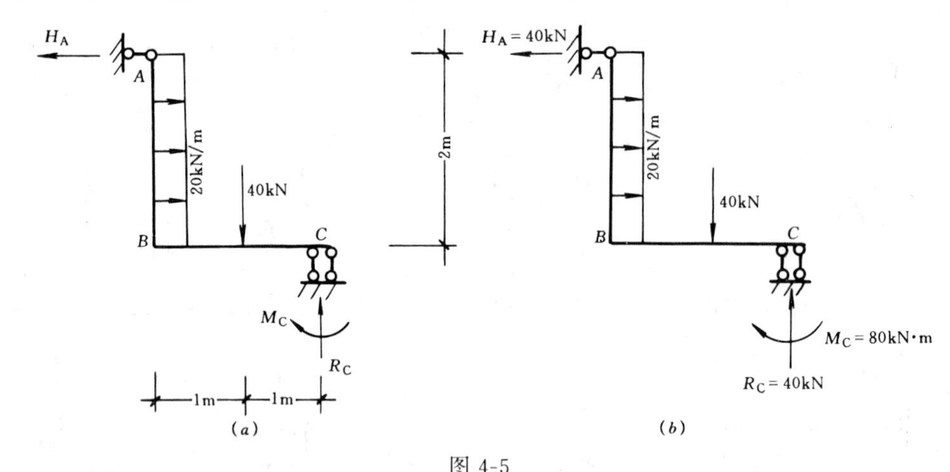

图 4-5

【解】　该刚架有三个支座反力，可根据整体平衡条件直接求出。支座反力的方向可先假定，当计算结果为正时，说明假设方向与实际方向相同；为负时，则说明与实际方向相反。

假设支座反力的方向如图 4-5（*a*）所示。考虑结构的整体平衡条件，有

$\Sigma X=0$，　$H_A-20\times2=0$，　所以 $H_A=40kN$（←）

$\Sigma Y=0$，　$R_C-40=0$，　所以 $R_C=40kN$（↑）

$\Sigma M_B=0$，　$H_A\times2+R_C\times2-20\times2\times1-40\times1-M_C=0$，　所以 $M_C=80kN\cdot m$（↓）

校核　　对 *A* 结点取矩，有

$$\Sigma M_A=20\times2\times1+40\times2-40\times1-80=0$$

故反力计算无误，如图 4-5（b）所示。

当静定刚架的支座反力多于三个时，例如三铰刚架，除了利用整体平衡条件建立的三个方程外，还必须根据某些特定截面内力已知的条件，取刚架的一部分为隔离体，并根据隔离体的平衡条件建立补充方程，才能解出全部内力。

【例 4-2】 求图 4-6（a）所示三铰刚架的支座反力。

【解】 将铰支座 A、B 处的反力分解为 H_A、R_A、H_B、R_B（见图 4-6a），可见三铰刚架有四个支反力。这时应利用结构的整体平衡和中间铰 C 处弯矩为零这两个条件，方能确定四个支反力。由结构的整体平衡条件，有

$\Sigma M_A=0$，　$R_B\times l-P\times l=0$，　所以 $R_B=P$（↑）

$\Sigma M_B=0$，　$R_A\times l+P\times l=0$，　所以 $R_A=-P$（↓）

$\Sigma X=0$，　$P+H_A-H_B=0$，　所以 $H_A=H_B-P$

由于 BC 部分无荷载作用，计算较为简单，故取 BC 为脱离体（见图 4-6b），由

$\Sigma M_C=0$，　$H_B\times l-R_B\times\dfrac{l}{2}=0$，　所以 $H_B=\dfrac{R_B}{2}=\dfrac{P}{2}$（←）

所以　$H_A=H_B-P=\dfrac{P}{2}-P=-\dfrac{P}{2}$（←）

校核：对 C 点取矩，有

$$\Sigma M_C=\frac{P}{2}\times l+\frac{P}{2}\times l-P\times\frac{l}{2}-P\times\frac{l}{2}=0$$

可知反力计算无误，如图 4-6（c）所示。

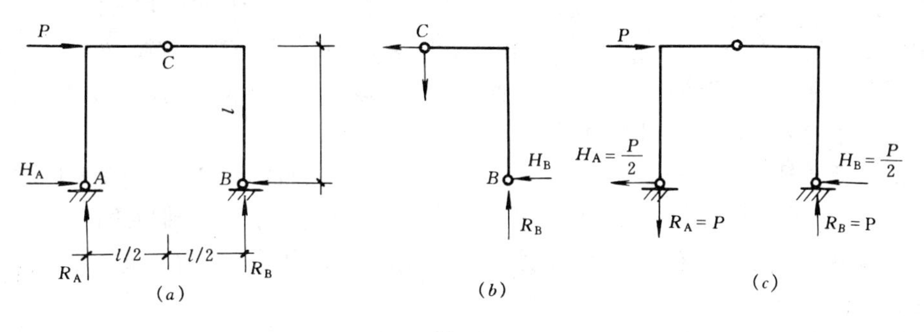

图 4-6

对于多层多跨静定刚架，其支反力的计算方法与多跨静定梁相同。应根据其几何组成的次序来确定支反力的计算次序，即首先进行几何组成分析，将刚架分为基本部分和附属部分，然后求出附属部分的约束力，并将此约束力反向施加于支承它的基本部分，再计算基本部分的支反力。

【例 4-3】 求图 4-7（a）所示刚架的支反力。

【解】 由几何组成分析可知，$ABCD$ 为基本部分，EFG 为附属部分。

先计算附属部分 EFG 的支反力：因 CE 杆两端铰接且其上无外荷载的作用，所以是二力杆，即只有轴力。取 EFG 为隔离体，并作受力图（如图 4-7c 所示），由

$\Sigma Y=0$，　$R_G-60=0$，　得 $R_G=60\text{kN}$（↑）

$\Sigma M_E=0$，　$20\times4\times2-R_G\times2-H_G\times4=0$，　得 $H_G=10\text{kN}$（→）

$\Sigma X=0$，　$N_{EC}-20\times4+H_G=0$，　得 $N_{EC}=70\text{kN}$（压）

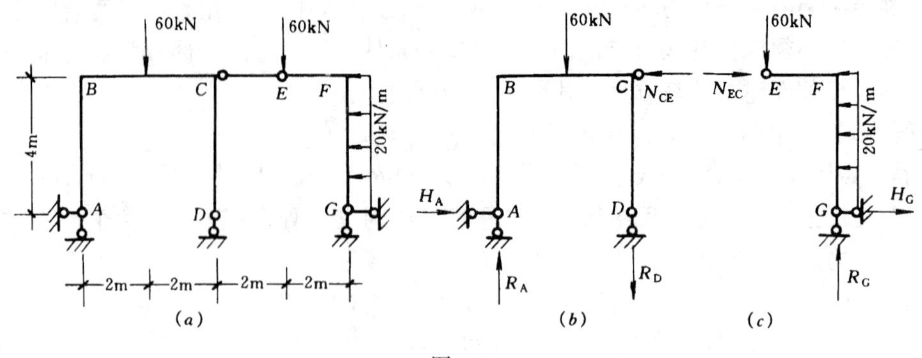

图 4-7

再计算基本部分 $ABCD$ 的支反力，将 CE 杆的约束反力反向作用于 $ABCD$ 上，作出其受力图（如图 4-7b 所示），由

$\Sigma X=0$，　　$H_A-70=0$，　　得 $H_A=70\text{kN}$（→）

$\Sigma M_A=0$，　　$R_D\times4+60\times2-70\times4=0$，得 $R_D=40\text{kN}$（↓）

$\Sigma Y=0$，　　$R_A-60-40=0$，　　得 $R_A=100\text{kN}$（↑）

第三节　静定刚架的内力计算和内力图绘制

当支座反力和铰接处的约束力求出后，刚架任一截面的内力均可利用截面法计算出来。若要绘制刚架的内力图，一般先用截面法计算出各杆杆端截面（或控制截面，即集中荷载作用点、均布荷载的不连续点等）的内力值，然后再运用荷载与内力的微分关系及叠加法，按单跨静定梁的方法逐杆作出内力图。

平面刚架各杆的内力一般为：弯矩（M）、剪力（V）和轴力（N）。由于弯曲作用影响较为显著，故常将其称之为梁式杆件。内力的符号规定如下：剪力和轴力的符号与梁相同，剪力以绕隔离体顺时针转动为正，反之为负；轴力以拉力为正，压力为负。弯矩不作正负号规定。

下面结合图 4-8（a）所示刚架说明静定刚架内力图的绘制方法，并据此归纳出绘制静定刚架内力图的具体步骤。

【例 4-4】　求图 4-8（a）所示静定刚架的内力，并绘内力图。

【解】　第一步，计算支座反力

由刚架的整体平衡条件，

$\Sigma X=0$，　　$H_C-qa=0$，　　得 $H_C=qa$（←）

$\Sigma M_C=0$，　　$R_A\cdot a-qa\cdot\dfrac{a}{2}=0$，　　得 $R_A=\dfrac{qa}{2}$（↑）

$\Sigma Y=0$，　　$R_C-q\cdot\dfrac{a}{2}=0$，　　得 $R_C=\dfrac{qa}{2}$（↓）

各支反力如图 4-8（a）所示。

第二步，计算杆端内力

作刚架的内力图就是作刚架各杆的内力图，为把刚架拆成杆件，需要用截面法求出各

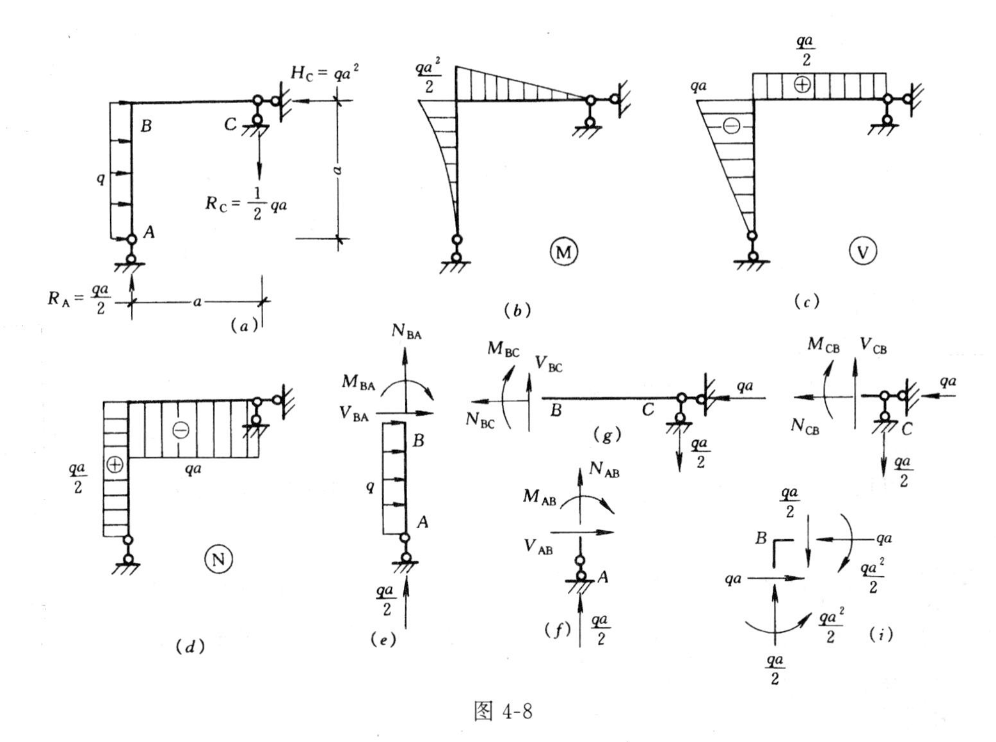

图 4-8

杆杆端内力。

分别取隔离体如图 4-8(*e*)、(*f*)、(*g*)、(*h*)所示。其中各截面未知剪力和未知轴力均假设为正方向,截面未知弯矩按顺时针方向或逆时针方向假设均可,本例假设为顺时针方向。

对图（*e*），$\Sigma X=0$，　得 $V_{BA}=-qa$

$\Sigma M_B=0$，　得 $M_{BA}=\frac{qa^2}{2}$（左侧受拉）

$\Sigma Y=0$，　得 $N_{BA}=\frac{-qa}{2}$（压力）

由于剪力和轴力都按正方向假设，所以计算出的剪力为负值，则说明该剪力实际上即为负剪力；计算出来的轴力为负值，则说明该轴力实际上为压力；而弯矩的计算结果为正值，即表明弯矩的实际方向与假设方向相同，为负值，则表明与假设方向相反。

同理，对图（*f*），有

$\Sigma X=0$，　$V_{AB}=0$

$\Sigma M_A=0$，　$M_{AB}=0$

$\Sigma Y=0$，　$N_{AB}=-\frac{qa}{2}$（压力）

对图（*g*），有

$\Sigma Y=0$，　$V_{BC}=\frac{qa}{2}$

$\Sigma M_B=0$，　$M_{BC}=-\frac{qa^2}{2}$（上侧受拉）

$\Sigma X=0$，　$N_{BC}=-qa$（压力）

对图（*h*），有

$$\Sigma Y=0, \qquad V_{CB}=\frac{qa}{2}$$

$$\Sigma M_C=0, \qquad M_{CB}=0$$

$$\Sigma X=0, \qquad N_{CB}=-qa \text{（压力）}$$

第三步，绘内力图

当各杆杆端内力求出后，刚架实际上已被分离为各个单根杆件。由于每一杆件的受力情况与单跨超静定梁完全相同，所以各杆内力图即可按第三章介绍的方法画出，而各杆内力图合并在一起即是刚架的内力图。

1. 作弯矩图

作弯矩图时仍规定将弯矩图画在受拉纤维一侧，不注明正负号。

作弯矩图应根据已求出的杆端弯矩，并利用叠加法，逐杆进行绘制。

AB 杆：在 *AB* 杆相应截面分别画出杆端弯矩 $M_{AB}=0$，$M_{BA}=\frac{qa^2}{2}$（左侧受拉）的竖标，并将其顶点以虚线相连，再以此虚线为基线叠加均布荷载作用于相应简支梁时所产生的弯矩图。

BC 杆：在 *BC* 杆相应截面分别画出杆端弯矩 $M_{BC}=\frac{qa^2}{2}$（上侧受拉）、$M_{CB}=0$ 的竖标，因 *BC* 杆上无外荷载作用，所以将竖标顶点以实线相连，即得 *BC* 杆的弯矩图。

刚架的弯矩图，见图 4-8（*b*）。

2. 作剪力图

剪力图可画在杆件的任一侧，但须注明正负号。

作剪力图应根据已求出的杆端剪力，并运用荷载与内力的微分关系，逐杆进行绘制。例如：绘 *AB* 杆的剪力图，先将其杆端剪力竖标画在相应截面，因其上有均布荷载作用，可知剪力图为斜直线；同理，因 *BC* 杆上无荷载作用可知剪力图应为平直线。刚架的剪力图见图 4-8（*c*）。

3. 作轴力图

轴力图也可画在杆件的任一侧，但须注明正负号。

根据已求出的各杆端轴力可直接画出各杆轴力图。刚架的轴力图见图 4-8（*d*）。

第四步：校核

全部内力图作出后，可截取刚架的任一部分进行校核。当任取的隔离体满足三个静力平衡条件时，说明内力计算无误。

如取结点 *B* 为隔离体，将计算出的内力按实际的大小、方向标出，见图 4-8（*i*），由

$$\Sigma M_C = \frac{qa^2}{2} - \frac{qa^2}{2} = 0$$

$$\Sigma X = qa - qa = 0$$

$$\Sigma Y = \frac{qa}{2} - \frac{qa}{2} = 0$$

可知，结点 *C* 满足平衡条件，所以内力计算正确。

从图 4-8（*i*）所示 *B* 结点的隔离体受力图可看出，两杆汇交的刚结点，且结点上又无外力偶作用时，两杆杆端弯矩只有大小相等、同侧（外侧或内侧）受拉才能保持结点力矩平衡。因此对于两杆刚结点，当其中一杆端弯矩已知后，即可按大小相等、同侧受拉的方

法将该弯矩“传递”到另一根杆件的杆端。而两杆正交的刚结点，且结点上无外力作用时，两杆端的剪力、轴力的数值将相互转换，而内力性质可由平衡方程确定。

在例 4-4 中，杆端剪力和杆端轴力是由截面一边隔离体的平衡条件直接计算的。根据上面分析的结论，还可以采用另一种方法求解杆端剪力和杆端轴力，即在弯矩图作出后，取杆件为隔离体利用力矩平衡条件求杆端剪力；再取结点为隔离体利用力的平衡条件求杆端轴力。

【例 4-5】 求作图 4-8（a）所示刚架的剪力图和轴力图。已知弯矩图如图 4-8（b）所示。

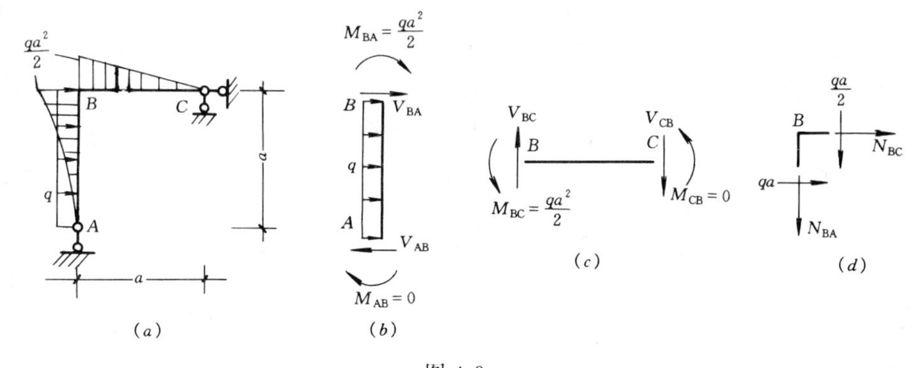

图 4-9

【解】 为方便起见，将图 4-8（a）、（b）合并为图 4-9（a）。

先计算杆端剪力

取 AB、BC 杆为隔离体并作受力图，如图 4-9（b）、（c）所示，图中已知的杆端弯矩从弯矩图中查出，并按实际情况标于图上；未知杆端剪力按正方向标于图上，因在力矩方程中不出现杆端轴力，所以未标出。

AB 杆：由力矩平衡条件

$$\Sigma M_A=0,\quad V_{BA}\cdot a+\frac{qa^2}{2}+qa\cdot\frac{a}{2}=0,\text{所以 }V_{BA}=-qa$$

$$\Sigma M_B=0,\quad V_{AB}\cdot a+\frac{qa^2}{2}-qa\cdot\frac{a}{2}=0,\text{所以 }V_{AB}=0$$

BC 杆：由力矩平衡条件

$$\Sigma M_B=0,\quad V_{CB}\cdot a-\frac{qa^2}{2}-0=0,\text{所以 }V_{CB}=\frac{qa}{2}$$

$$\Sigma M_C=0,\quad V_{BC}\cdot a-\frac{qa^2}{2}-0=0,\text{所以 }V_{BC}=\frac{qa}{2}$$

计算所得杆端剪力与例 4-4 相同，故剪力图亦为图 4-8（c）。

再计算杆端轴力

取结点 B 为隔离体并作出受力图（图 4-9d），图中已知的杆端剪力按实际方向标出，未知杆端轴力按正方向标出。利用结点的平衡条件，由投影方程

$$\Sigma X=0,\quad \text{得 } N_{BC}=-qa\text{（压力）}$$

$$\Sigma Y=0,\quad \text{得 } N_{BA}=-\frac{qa}{2}\text{（压力）}$$

由计算结果可知，杆端轴力与例 4-4 相同，故轴力图亦为图 4-8（d）。

在内力分析中，当作用荷载过于复杂或绘制超静定刚架的剪力图和轴力图时，常采用后一种方法计算杆端剪力和杆端轴力。

最后，将绘制静定平面刚架内力图的具体步骤归纳如下：

1. 计算支座反力。当为悬臂刚架时，可省略此步。当为多层多跨刚架时，应先进行几何组成分析，然后再计算支反力，且计算次序与几何组成次序相反。

2. 作弯矩图。利用截面法求出各杆杆端弯矩，将弯矩竖标画在该截面受拉一侧，连以直线，再叠加荷载在相应简支梁上产生的简支弯矩。

3. 作剪力图。先计算各杆端剪力，可根据截面一边隔离体上的荷载和支座反力直接计算；也可在杆端弯矩已求出的基础上，取杆件为隔离体，利用力矩平衡方程求出杆端剪力。然后运用荷载与内力的微分关系按简支梁的方法逐杆绘出剪力图。

4. 作轴力图。先计算各杆端轴力，可根据截面一边隔离体上的荷载和支座反力直接计算；也可在杆端剪力已求出的基础上，取结点为隔离体，利用力的投影平衡方程求出杆端轴力；然后根据求出的杆端轴力作轴力图。

5. 校核。取刚架的任一部分为隔离体，验算其是否满足平衡条件。

第四节　静定平面刚架内力计算示例

本节将通过例题进一步说明静定平面刚架的内力计算和内力图绘制。

【例 4-6】　作图 4-10（a）所示刚架的内力图。

【解】　1. 计算支座反力

由刚架的整体平衡条件，

$$\Sigma X = 0,\quad H_A - q \times 2a = 0 \qquad 得\ H_A = 2qa(\leftarrow)$$

$$\Sigma M_A = 0,\quad R_B \times 2a - q \times 2a \times a = 0,\quad 得\ R_B = qa(\uparrow)$$

$$\Sigma Y = 0,\quad R_A - R_B = 0,\quad 得\ R_A = qa(\downarrow)$$

见图 4-10（a）。

2. 作弯矩图

视 ED 杆为受均布荷载作用的悬臂杆件，其弯矩为 $M_{DE}=\dfrac{1}{2}qa^2$（左侧受拉）。

下面计算其余各杆的杆端弯矩。

取 AC、BD 为隔离体并作受力图，如图 4-1①、③所示。因力矩方程中不出现剪力、轴力，故未画出。

对①，有 $M_{AC}=0$，$M_{CA}=qa^2$（上侧受拉）

对③，有 $M_{BD}=0$，$M_{DB}=qa^2$（下侧受拉）

由于 C 结点为两杆刚结点且无外力偶作用，因此，有 $M_{CD}=M_{CA}=qa^2$（左侧受拉）。

D 结点为三杆刚结点，因此不能直接“传递”弯矩，而必须根据结点的力矩平衡条件确定出 M_{DC}。为此取 D 结点为隔离体（见图 4-10②），由 $\Sigma M_D=0$，得

$$M_{DC} = M_{DB} - M_{ED} = qa^2 - \frac{1}{2}qa^2 = \frac{1}{2}qa^2(右侧受拉)$$

将计算出的各杆杆端弯矩值标在相应截面的受拉边。AC、BD 杆上无外荷载作用，将弯矩竖标顶点连线即可。CD 杆段上有均布荷载作用，所以将竖标顶点以虚线相连，再叠加

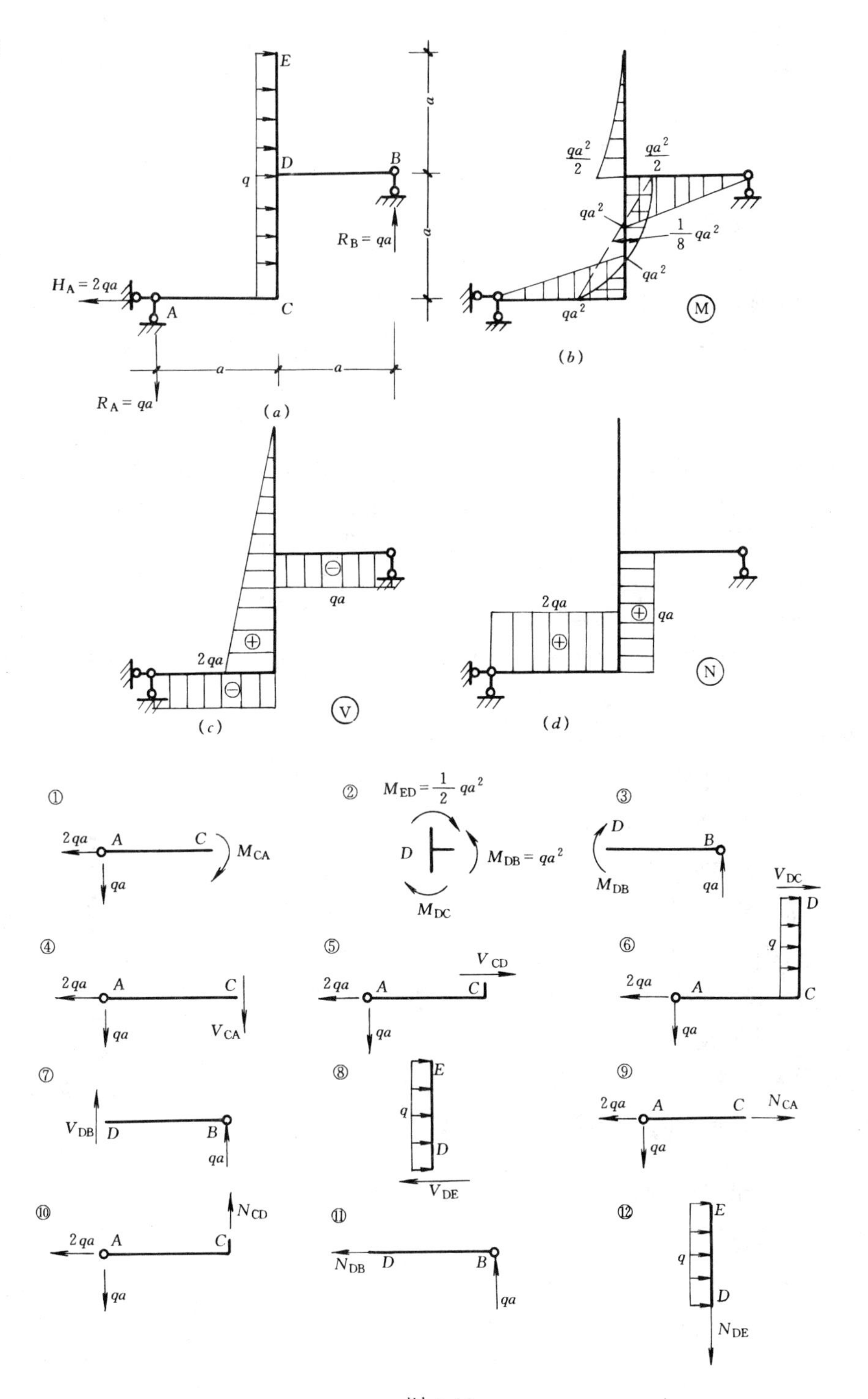
E
D
B
q
a
a
$R_B = qa$
$H_A = 2qa$
A
C
a
a
$R_A = qa$
(a)
$\frac{qa^2}{2}$
$\frac{qa^2}{2}$
qa^2
$\frac{1}{8}qa^2$
qa^2
qa^2
M
(b)
qa
2qa
V
(c)
2qa
qa
N
(d)
①
2qa
A
C
M_{CA}
qa
②
$M_{ED} = \frac{1}{2}qa^2$
D
$M_{DB} = qa^2$
M_{DC}
③
D
B
M_{DB}
qa
④
2qa
A
C
qa
V_{CA}
⑤
V_{CD}
2qa
A
C
qa
⑥
V_{DC}
D
q
2qa
A
C
qa
⑦
V_{DB}
D
B
qa
⑧
E
q
D
V_{DE}
⑨
2qa
A
C
N_{CA}
qa
⑩
N_{CD}
2qa
A
C
qa
⑪
N_{DB}
D
B
qa
⑫
E
q
D
N_{DE}

图 4-10

均布荷载在 CD 上产生的简支弯矩。DE 杆直接按悬臂梁作弯矩图。刚架的弯矩图如图 4-10 (b) 所示。

2. 作剪力图

直接利用截面一边隔离体上的荷载和反力求解杆端剪力。依次取隔离体④、⑤、⑥、⑦、⑧，见图 4-10，图中剪力按正向标出，弯矩、轴力在方程中不出现，故未画出。

由④，　$\Sigma Y=0$，　$V_{CA}=-qa$

由⑤，　$\Sigma X=0$，　$V_{CD}=2qa$

由⑥，　$\Sigma X=0$，　$V_{DC}=2qa-qa=qa$

由⑦，　$\Sigma Y=0$，　$V_{DB}=-qa$

由⑧，　$\Sigma X=0$，　$V_{DE}=qa$

将求出的杆端剪力标于梁的相应截面。AC、BD 上无荷载作用，剪力图为平直线。CD 杆上有均布荷载作用，剪力图为斜直线。DE 杆则按悬臂梁作出剪力图。刚架的剪力图见图 4-10 (c)。

3. 作轴力图

仍用截面一边隔离体上的荷载和反力直接求解杆端轴力。依次取隔离体⑨、⑩、⑪、⑫，见图 4-10，图中轴力按正向标出，因弯矩、剪力在方程中不出现，故未画出。

由⑨，　$\Sigma X=0$，　$N_{CA}=2qa$

由⑩，　$\Sigma Y=0$，　$N_{DC}=qa$

由⑪、⑫可看出，　$N_{DB}=0$，$N_{DE}=0$

因 AC、DC 杆轴力沿杆长无变化，故根据杆端轴力可直接画出轴力图，见图 4-10 (d)。

5. 校核

取 CDE 为隔离体并作出受力图，如图 4-11 所示。

由　$\Sigma X=q\times 2a-2qa=0$

$\Sigma Y=qa-qa=0$

$\Sigma M_D=qa\cdot\dfrac{a}{2}-qa\cdot\dfrac{a}{2}+2qa^2-qa^2-qa^2=0$

满足平衡条件，故内力计算无误。

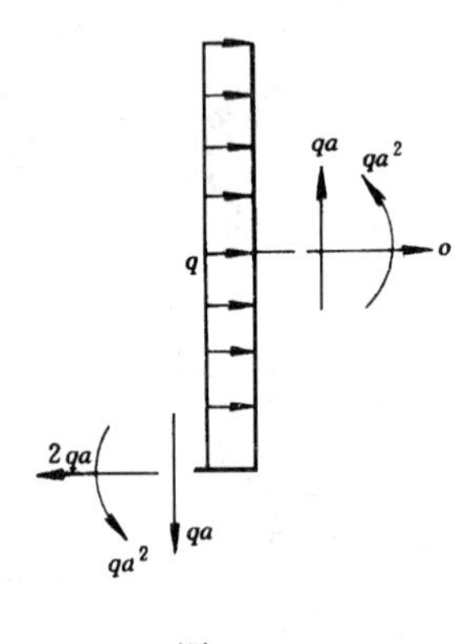

图 4-11

【例 4-7】 求绘图 4-12 (a) 所示三铰刚架的内力图。

【解】 1. 求支反力

由整体平衡条件

$\Sigma M_B=0$，　求得　$V_A=\dfrac{10\times 12\times 6}{12}=60\text{kN}$ (↑)

$\Sigma M_A=0$，　求得　$V_B=\dfrac{10\times 12\times 6}{12}=60\text{kN}$ (↑)

$\Sigma X=0$，　求得　$H_A=H_B$

再取 CEB 部分为隔离体，并由 $\Sigma M_C=0$，求得

$$H_B=\frac{1}{9}(60\times 6-10\times 6\times 3)=20\text{kN}(\leftarrow)$$

所以　$H_A=20\text{kN}(\rightarrow)$

2. 作弯矩图

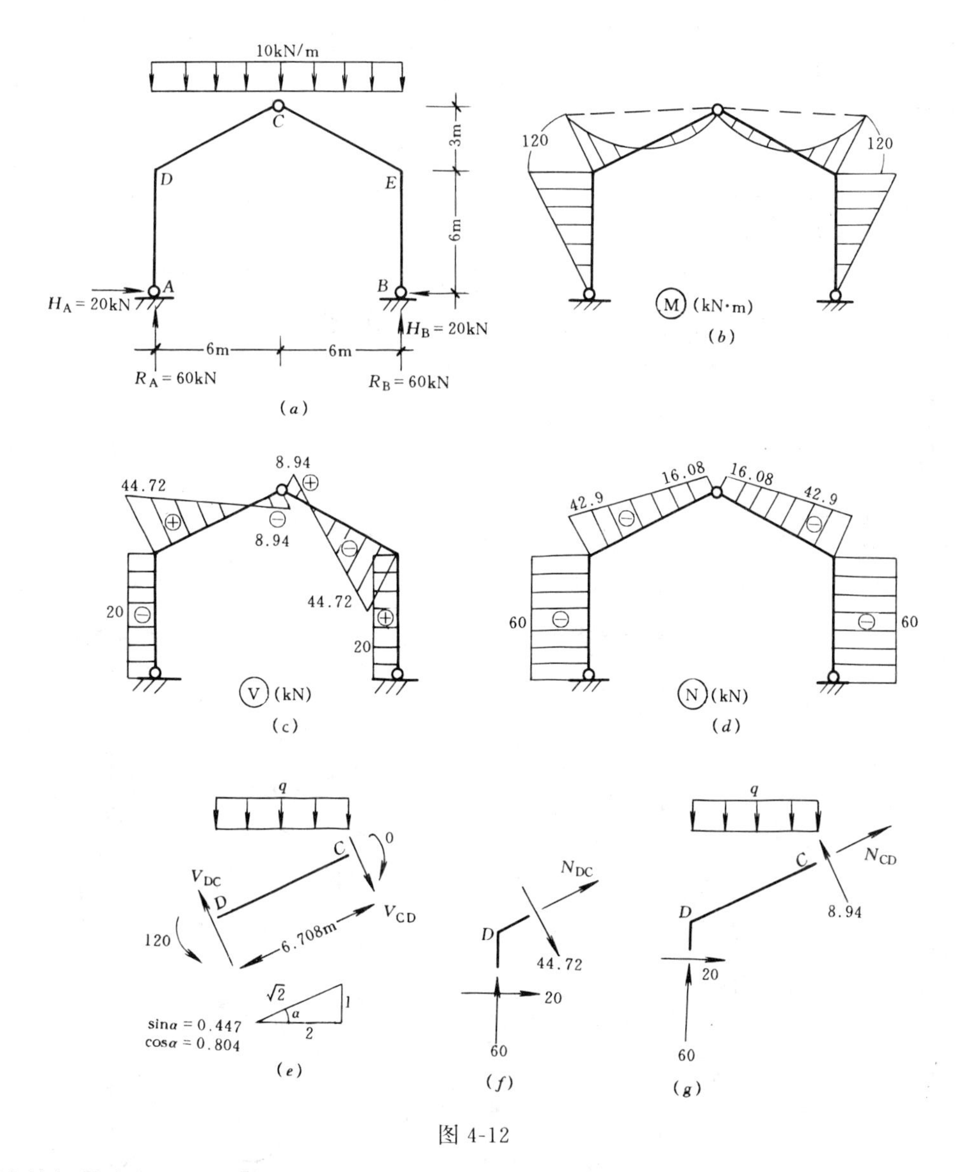

图 4-12

计算杆端弯矩，显然 $M_{AD}=0$，$M_{CD}=0$，由截面法可求出 $M_{DA}=20\times6=120$kN·m（左侧受拉），两杆刚结点传递弯矩，所以 $M_{DC}=120$kN·m（上侧受拉）。

根据求出的杆端弯矩并利用叠加法，即可绘出 *ADC* 部分的弯矩图。同理，可得 *BEC* 部分的弯矩图。三铰刚架的弯矩图如图 4-12（*b*）所示。

3. 作剪力图

取 *D* 截面以下 *AD* 杆为隔离体，由 $\Sigma X=0$，即可求出杆端剪力 $V_{DA}=-20$kN，因此 *AD* 杆的剪力图也可作出。

下面着重介绍绘斜杆 *DC* 剪力图的方法。为方便起见，采用以杆件为隔离体由力矩平衡条件计算杆端剪力的方法。取 *DC* 杆为隔离体，其受力图如图 4-12（*e*）所示，由

$\Sigma M_D = 0$，　$10 \times 6 \times 3 + V_{CD} \times 6.708 - 120 = 0$，得 $V_{CD} = -6.94\text{kN}$

$\Sigma M_C = 0$，　$10 \times 6 \times 3 - V_{DC} \times 6.708 + 120 = 0$，得 $V_{DC} = 44.72\text{kN}$

根据求出的杆端剪力和荷载与内力的微分关系，作 *ADC* 部分的剪力图。同理，可作出 *CEB* 部分的剪力图，三铰刚架的剪力图为图 4-12（*c*）。

4. 作轴力图

同样，确定 *AD* 杆的杆端轴力、绘 *AD* 杆的轴力图都很容易，不再赘述。

下面介绍绘斜杆 *CD* 轴力图的方法。取结点 *D* 为隔离体，其受力图如图 4-12（*f*）所示。沿 N_{DC}方向作投影平衡方程，有

$$20\cos\alpha + 60\sin\alpha + N_{DC} = 0, \quad \therefore N_{DC} = -42.9\text{kN}$$

再取 *DC* 为隔离体，见图 4-12（*g*），沿 N_{CD}方向作投影平衡方程，有

$$20\cos\alpha + 60\sin\alpha + N_{CD} - 10 \times 6 \times \sin\alpha = 0$$

所以　$N_{CD} = -16.08\text{kN}$

根据杆端轴力可绘出 *ADC* 部分的轴力图。同理可作出 *BEC* 部分的轴力图。三铰刚架的轴力图见 4-12（*d*）。

【例 4-8】　作图 4-13（*a*）所示刚架的弯矩图。

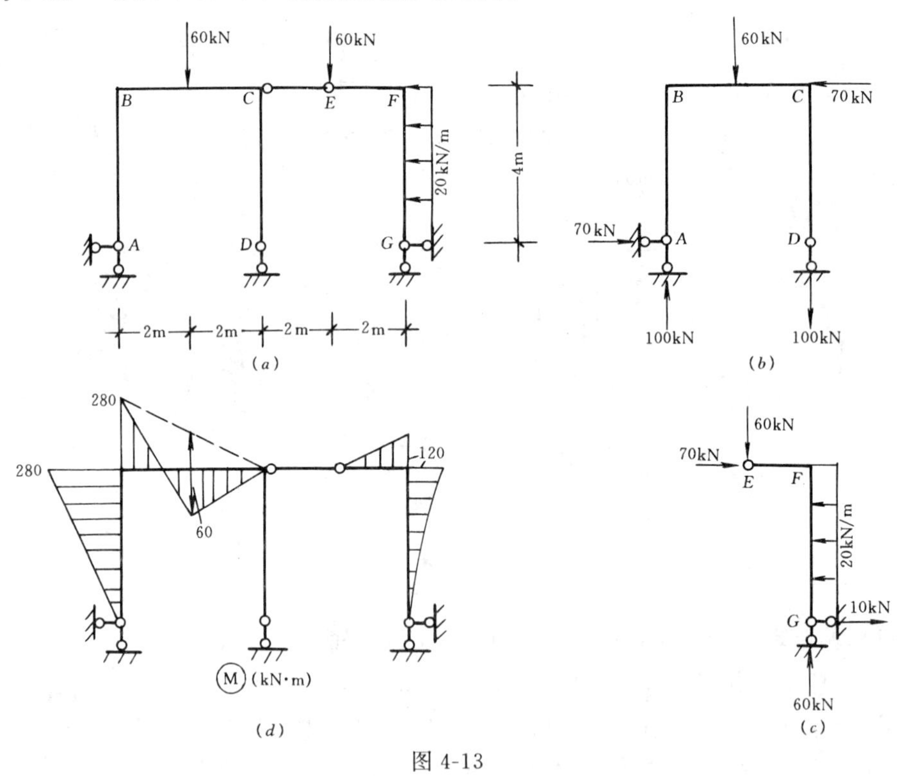

图 4-13

【解】　1. 计算支反力

图示刚架为多跨静定刚架，应先进行几何组成分析，然后再按先附属部分后基本部分的顺序计算约束力和支反力。具体计算过程详见例 4-3，计算结果如图 4-13（*b*）、（*c*）所示。

当支座反力和约束反力求出来以后，原刚架实际上已转化为两个单跨静定刚架了。因此其内力计算和内力图的绘制方法均与前述例题相同。

2. 作弯矩图

计算杆端弯矩

ABCD 部分：$M_{AB}=0$，　$M_{BA}=280kN \cdot m$（左侧受拉）

结点 *B* 为两杆刚结点，所以 $M_{BC}=M_{BA}=280kN \cdot m$（上侧受拉）

CD 杆无横向荷载作用，所以无剪力、弯矩，即 $M_{CD}=M_{DC}=0$

结点 *C* 为两杆刚结点，所以 $M_{CB}=M_{CD}=0$

EFG 部分：$M_{GF}=0$，$M_{FG}=120kN \cdot m$（右侧受拉）

由结点 *F* 的力矩平衡，可知 $M_{FE}=M_{FG}=120kN \cdot m$（上侧受拉）

$$M_{EF}=0$$

利用求出的各杆端弯矩和叠加法作出弯矩图，见图 4-13（*d*）。

从以上各例中可以看出，计算杆端内力的方法仍是截面法。一般应选取内、外力较少的部分为隔离体，作出正确的受力图后，再根据拟求内力选择适当的方程进行求解。最后利用已求出的杆端内力值并运用叠加法、荷载与内力的微分关系和单跨静定梁在单一荷载作用下的弯矩图，就能准确、迅速地绘出内力图。

思　考　题

1. 静定平面刚架的组成特点是什么？有哪些类型？
2. 试述静定平面刚架内力计算及内力图绘制的步骤。
3. 计算多层多跨刚架的支反力时，为什么先计算附属部分、后计算基本部分？
4. 为什么刚架也能用区段叠加法绘弯矩图？
5. 试总结快速绘弯矩图的方法？
6. 判断图 4-14 所示各刚架的弯矩图是否正确？

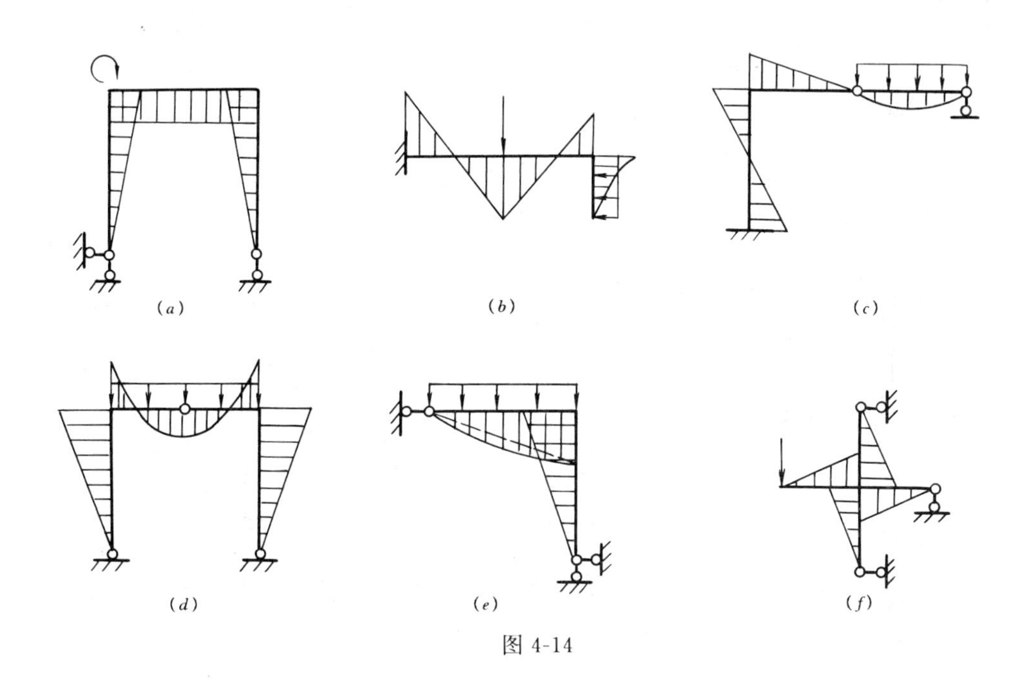

图 4-14

7. 画出图 4-15 所示刚架弯矩图的大致形状。

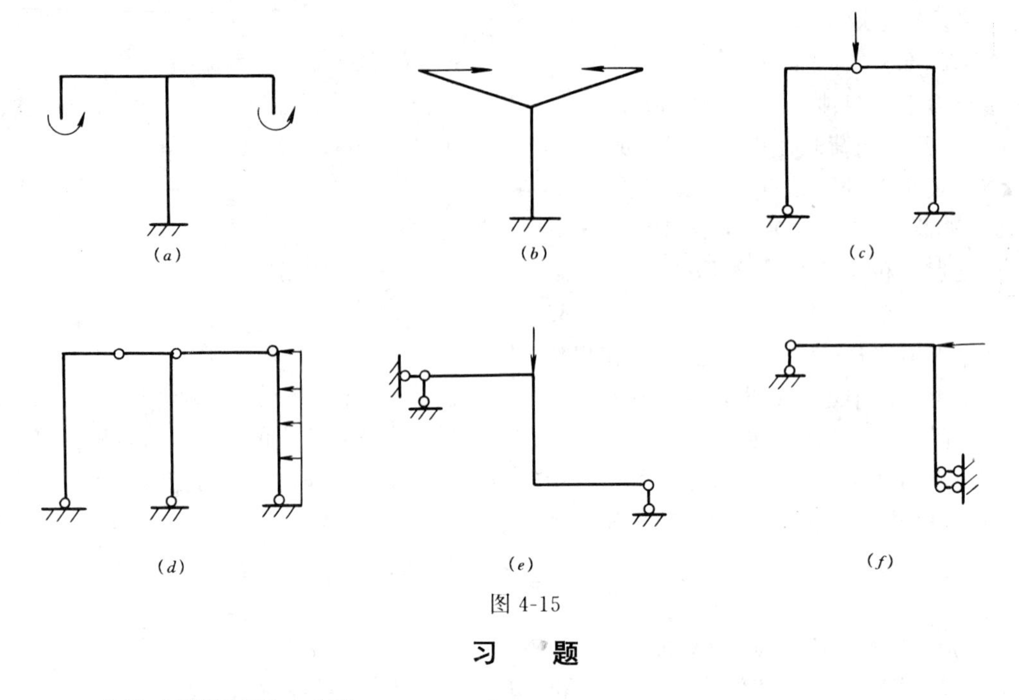

图 4-15

习　题

4-1　作图示悬臂刚架的内力图。

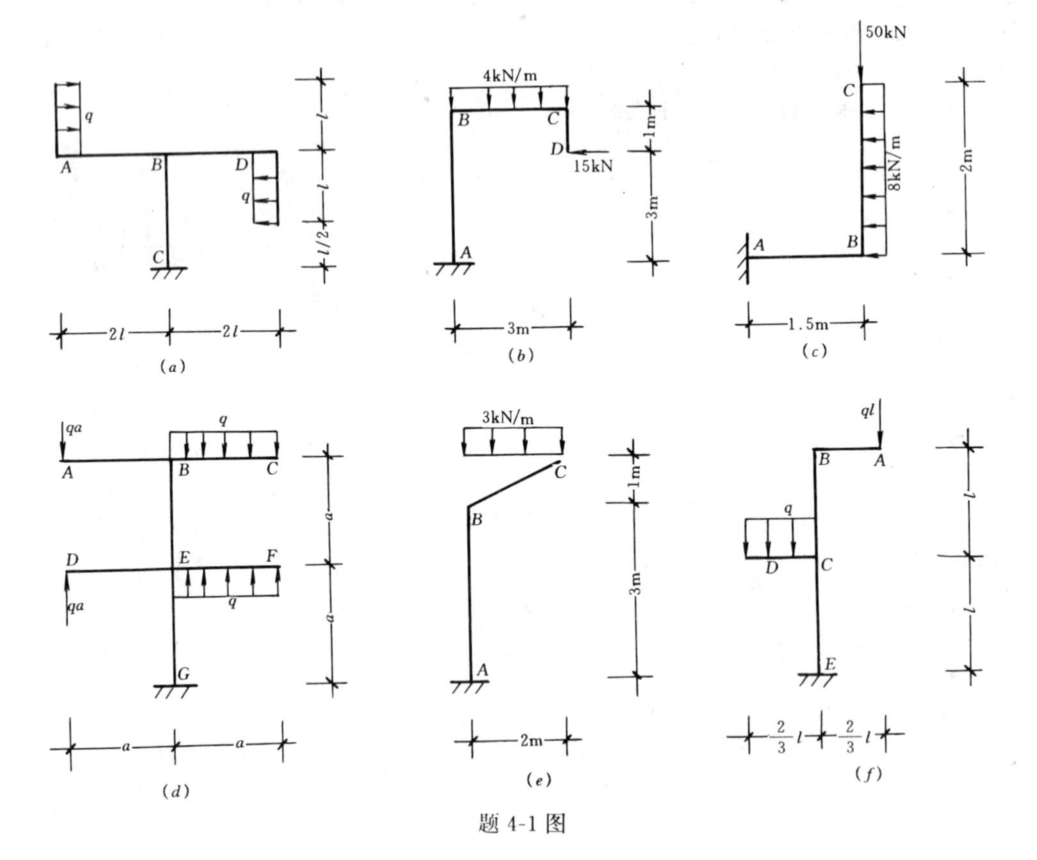

题 4-1 图

4-2　作图示刚架的内力图。

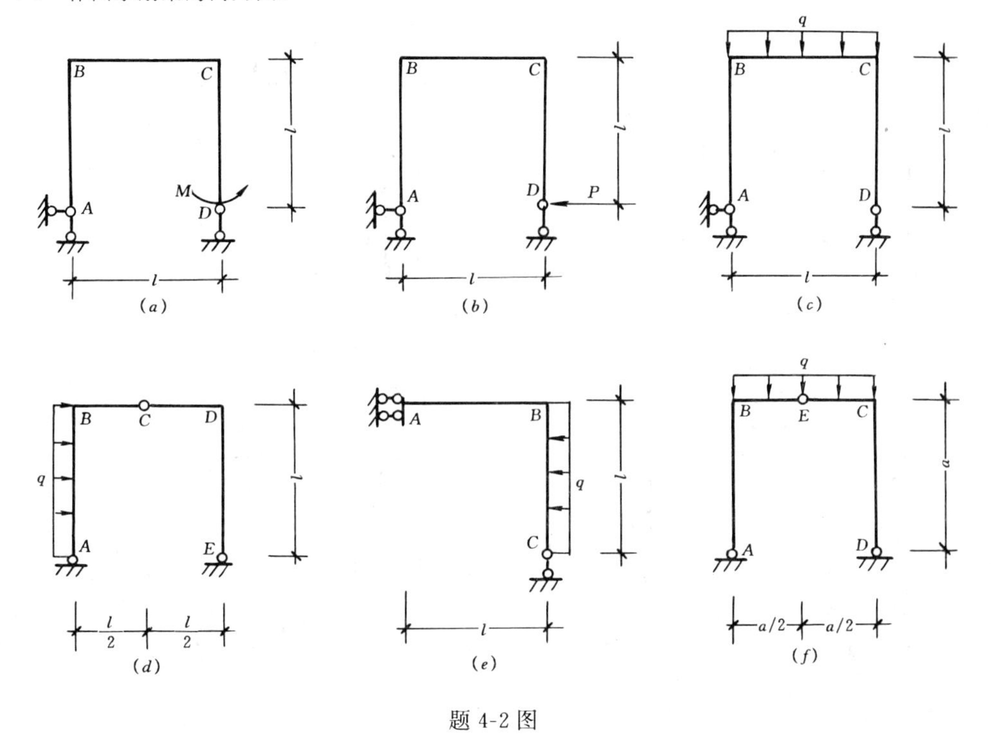

题 4-2 图

4-3　作图示刚架的弯矩图。

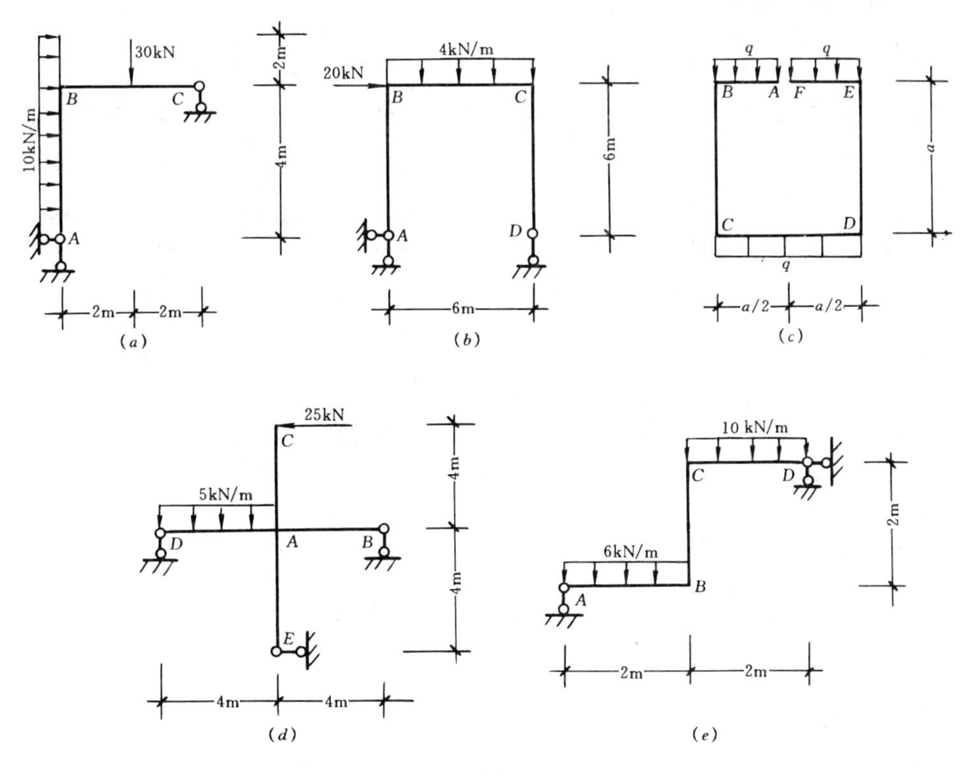

题 4-3 图（一）

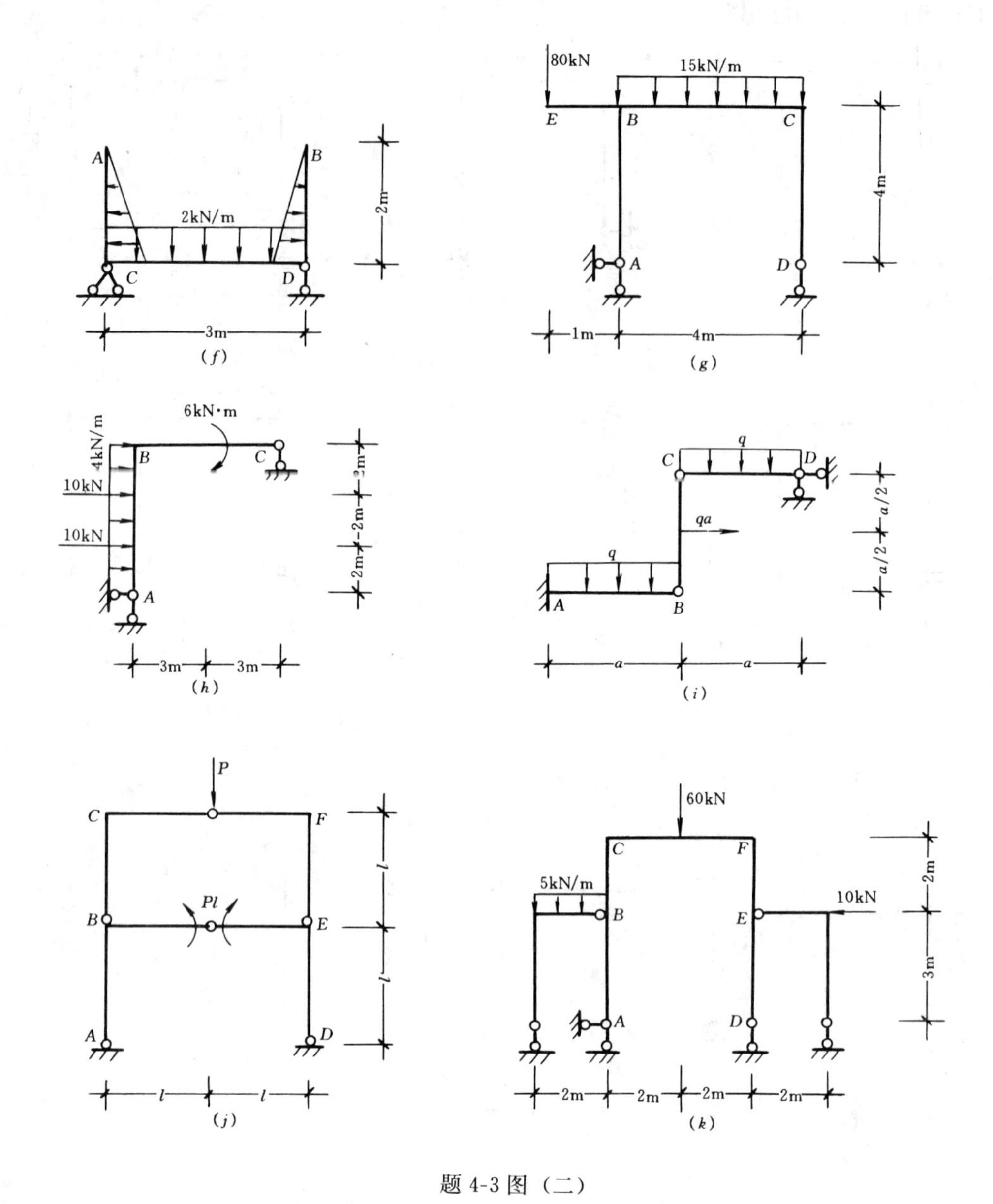

A
B
2kN/m
C
D
2m
3m
(f)
80kN
15kN/m
E
B
C
4m
A
D
1m
4m
(g)
6kN·m
4kN/m
B
C
10kN
10kN
A
3m
2m
2m
3m
3m
(h)
q
C
D
qa
q
A
B
a/2
a/2
a
a
(i)
P
C
F
Pl
B
E
A
D
l
l
l
l
(j)
60kN
C
F
5kN/m
B
E
10kN
A
D
2m
3m
2m
2m
2m
2m
(k)

题 4-3 图（二）

第五章　三铰拱的内力计算

第一节　概　　述

房屋建筑中，三铰拱常见于屋面承重结构。图 5-1 (*a*) 为一钢三铰拱结构的示意图，其计算简图及各部分名称如图 5-1 (*b*) 所示。

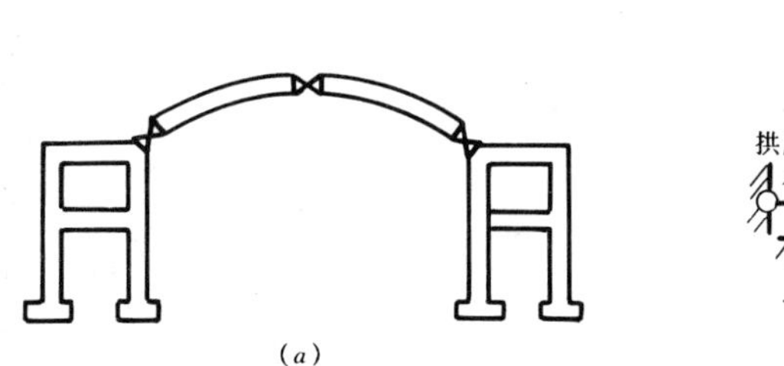

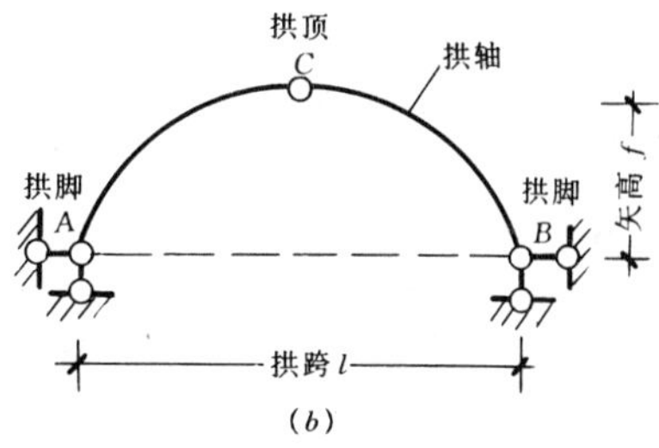

(*a*)　　(*b*)

图 5-1

在竖向荷载作用下，有无向内的水平支反力即推力，是拱与梁的本质区别。在竖向荷载作用下，图 5-2 (*a*) 所示曲杆结构，有向内的水平支反力产生，属拱结构。而图 5-2 (*b*) 所示曲杆结构无水平反力，是梁结构，称为曲梁。在竖向荷载作用下，三铰拱就有向内的推力。

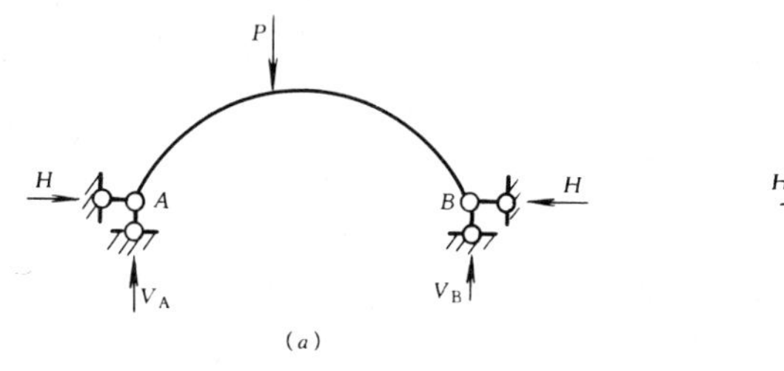

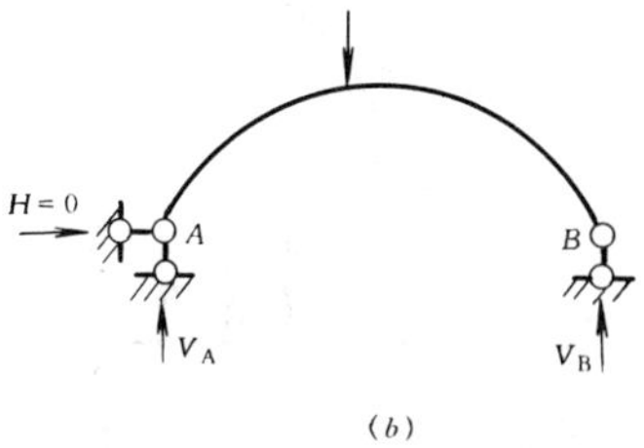

(*a*)　　(*b*)

图 5-2

水平推力对拱的下部结构极为不利。为消除这一不利影响，常加拉杆。拉杆阻止曲轴的水平移动，代替支承对拱的约束作用。带拉杆的三铰拱如图 5-3 所示。

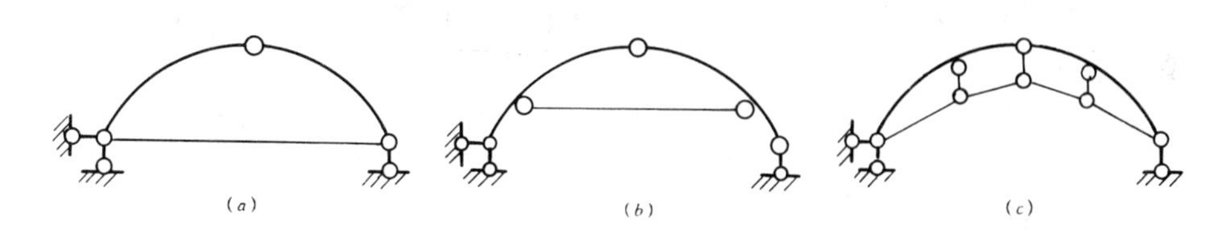

(*a*)　　(*b*)　　(*c*)

图 5-3

第二节　三铰拱的反力和内力

图 5-4（a）所示三铰拱，在竖向荷载作用下，其推力用 H_A、H_B 表示，竖向支反力用 V_A、V_B 表示。任一截面的内力用 M_K、V_K、N_K 表示（图 5-4b）。内力符号规定与梁的规定相同。弯矩 M 以使拱内侧纤维受拉为正号，使外侧纤维受拉为负号。弯矩图画在受拉纤维一侧，不标正负号。轴力 V 沿截面绕隔离体有顺时针向旋转趋势的为正号，有反时针向旋转趋势的为负号。轴力 N 以沿拱轴切线方向的拉力为正号，压力为负号。正号剪力图和轴力图习惯上可画在基线上方；负号剪力图和轴力图可画在基线下方，要标正负号。既然要标正负号，有时为表达清楚，V、N 图也可不遵守正号图在上方的规定，而画在任一方，标明符号。

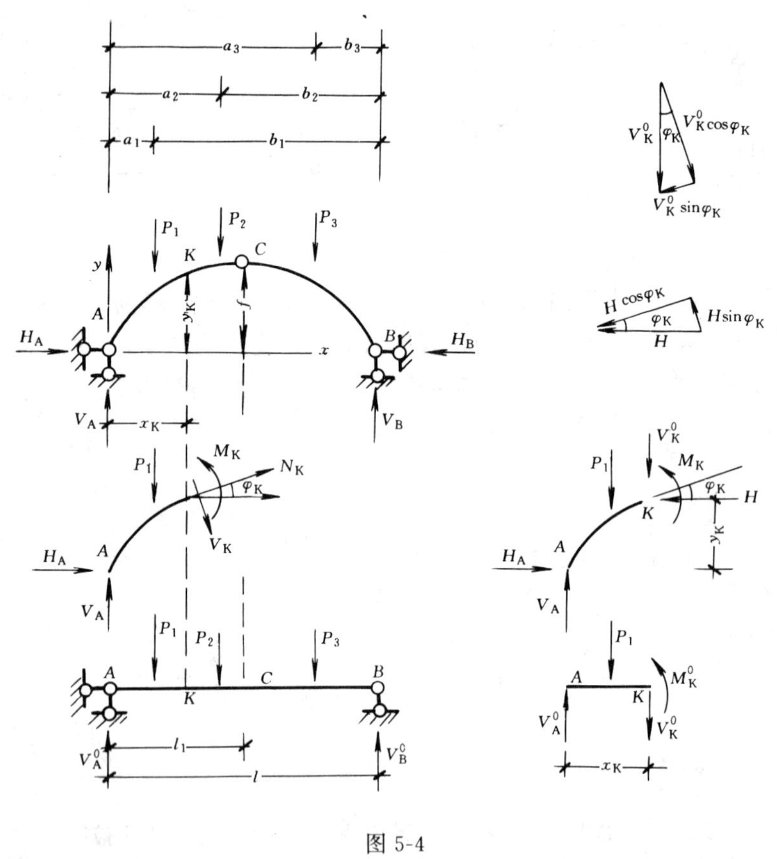

图 5-4

（一）支座反力的计算

三铰拱是静定结构，4 个支座反力，可通过 4 个平衡方程求解，对图 5-4（a）所示三铰拱，由整体平衡条件 $\Sigma M_B=0$，得

$$V_A l - P_1 b_1 - P_2 b_2 - P_3 b_3 = 0$$

$$V_A = \frac{\Sigma P_i b_i}{l} = V_A^0$$

同理，$V_B = V_B^0$

由 $\Sigma X=0$，有 $H_A=H_B=H$

取拱顶铰 C 以左（或以右）部分为隔离体，建立力矩方程 $\Sigma M_C=0$，或利用铰 C 处弯矩为零的条件，求推力 H。

$$M_C = V_A l_1 - P_1(l_1 - a_1) - P_2(l_1 - a_2) - Hf = 0$$

$$H = \frac{V_A^0 l_1 - \Sigma P_i(l_1 - a_i)}{f} = \frac{M_C^0}{f}$$

据此，支反力计算公式为

$$\left.\begin{aligned} V_A &= V_A^0 \\ V_B &= V_B^0 \\ H &= \frac{M_C^0}{f} \end{aligned}\right\} \tag{5-1}$$

由式（5-1）可知，三铰拱的推力 H，等于相应简支梁截面 C 的弯矩除以矢高 f。在一定荷载作用下，推力 H 只与 3 个铰的位置有关，而与拱轴形式无关。也就是说，推力 H 只与拱的矢跨比 $\frac{f}{l}$ 有关，矢跨比 $\frac{f}{l}$ 愈大，H 愈小；矢跨比 $\frac{f}{l}$ 愈小，则 H 愈大。当 $f=0$ 时，H 趋于无穷大。此时，三个铰在一条直线上，按几何组成规则属于瞬变体系。矢跨比 $\frac{f}{l}$ 是拱的重要几何特征，其值为 1/10～1，变化范围很大。跨度 l 与矢高 f 要根据工程使用条件来确定。

（二）内力的计算公式

为便于比较，三铰拱任意截面 K 的内力 M_K、V_K、和 N_K（图 5-4b），常用相应简支梁对应截面 K 的弯矩 M_K^0 和剪力 V_K^0（图 5-4g）来表示。为此，三铰拱任意截面 K 的内力分量，采用如图 4-9（f）所示的弯矩 M_K、水平内力分量和竖向内力分量来表示。图 5-4（f）所示隔离体，不过是图 5-4（b）同一隔离体的另一种内力表示法，两者是静力等效的。对图 5-4（f）用投影方程 $\Sigma x=0$ 及 $\Sigma y=0$，可直接得出水平内力分量的值等于 H，竖向内力分量的值等于 V_K^0。

将竖向内力分量 V_K^0 及水平内力分量 H 沿 K 截面杆轴法线和切线方向分解，即可求得剪力 V_K 及轴力 N_K，即

$$V_K = V_K^0 \cos\varphi_K - H\sin\varphi_K$$

$$N_K = - V_K^0 \sin\varphi_K - H\cos\varphi_K$$

其分解过程如图 5-4（d）、（e）所示。式中 φ_K 表示截面 K 处轴线切线与水平向 x 轴之间的夹角。

对图 5-4（b）或图 5-4（f），利用力矩平衡条件 $\Sigma M_K=0$，有

$$M_K - V_A x + P_1(x - a_1) + H \cdot y_K = 0$$

$$M_K = [V_A x - P_1(x - a_1)] - H \cdot y_K$$

而 $V_A^0 x - P_1(x - a_1) = M_K^0$，则

$$M_K = M_K^0 - H \cdot y_K$$

式中　y_K——K 点的竖向坐标，由拱轴线方程确定。

这样，在竖向荷载作用下，三铰拱内力计算公式为

$$\left.\begin{aligned} M_K &= M_K^0 - Hy_k \\ V_K &= V_K^0\cos\varphi_K - H\sin\varphi_K \\ N_K &= -V_K^0\sin\varphi_K - H\cos\varphi_K \end{aligned}\right\} \tag{5-2}$$

由以上内力计算公式可知，拱的内力不仅与竖向荷载分布、三个铰的位置有关，还与拱轴形式有关。φ_K 在左半拱取正号，在右半拱取负号。

三、三铰拱内力图的绘制

拱的内力图的意义和作法与梁相同，只是拱是曲轴，各截面位置是坐标 x 和 y 的函数，同时截面方向又随截面位置而变。因此，拱的内力方程不是一个简单的曲线方程。作图的一般方法只能描点连图，即先求出拱若干截面的内力，然后以拱轴为基线，按比例画出各内力竖标，再连以光滑曲线，即得所求内力图。

有时也以同跨长的水平线为基线，画拱的内力图。无论是以拱轴为基线，还是以水平线为基线，作图时，内力竖标线都应与相应基线垂直。

四、三铰拱的受力特点

通过以上分析，与相应水平简支梁比较，三铰拱有以下特点：

（1）在竖向荷载作用下，三铰拱的竖向支反力，与相应水平简支梁的竖向支反力相等，即

$$V_A = V_A^0, V_B = V_B^0$$

且与拱轴形状及拱高无关，只决定于荷载的大小和位置。

（2）在竖向荷载作用下，梁没有水平支反力，而拱有向内的水平推力 H，三铰拱的推力

$$H = \frac{M_C^0}{f}$$

由式可知，推力 H 只与三铰位置有关，而与拱轴线形状无关。f 越大，H 越小；f 越小，H 越大。

三铰拱水平推力的存在，要求有坚固的基础。在设计中，基础好的，f 可取小些；基础差的，f 可取大些，甚至加拉杆。

（3）由于水平推力 H 的存在，三铰拱的弯矩比相应水平简支梁的弯矩小得多，即

$$M_K = M_K^0 - Hy_K$$

（4）在竖向荷载作用下，拱截面上轴力较大，且一般为压力

$$N_K = -(V_K^0\sin\varphi_K + H\cos\varphi_K)$$

由于拱的弯矩小而压力大，便于使用抗压性能好而抗拉性能差的地方材料，如砖、石、混凝土等。

【例 4-1】　三铰拱所受荷载如图 5-5（a）所示，拱轴方程为 $y=\frac{4f}{l^2}x\ (l-x)$，绘内力图。

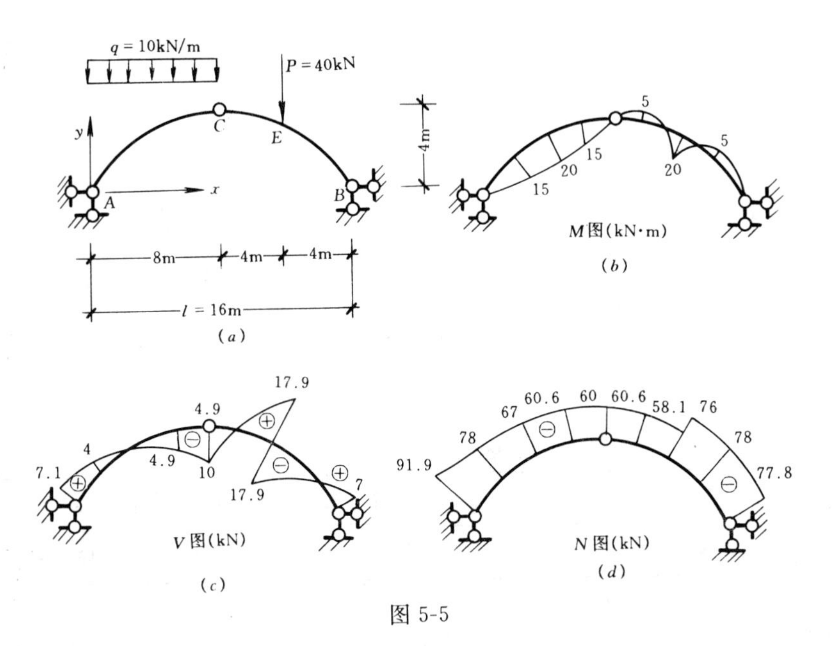

图 5-5

【解】 (1) 计算支反力

$$V_A = V_A^0 = \frac{40 \times 4 + 10 \times 8 \times 12}{16} = 70\text{kN}(\uparrow)$$

$$V_B = V_B^0 = \frac{8 \times 10 \times 4 + 40 \times 12}{16} = 50\text{kN}(\uparrow)$$

$$H = \frac{M_C^0}{f} = \frac{50 \times 8 - 40 \times 4}{4} = 60\text{kN}(\text{向内})$$

(2) 内力计算

将拱沿跨长方向分成8等份，以各分点为控制截面，分别计算出每个截面的内力值，以便描点连内力图。

现以 $x=12\text{m}$ 的 E 截面为例，说明内力的计算方法。

①计算几何参数

E 截面的水平坐标 $x=12\text{m}$，代入拱轴方程，得

$$y_E = \frac{4 \times 4}{16^2} \times 12(16 - 12) = 3\text{m}$$

$$\text{tg}\varphi_E = y'_E = \frac{4 \times 4}{16^2}(16 - 2 \times 12) = -0.5$$

查得 $\sin\varphi_E = -0.447$，$\cos\varphi_E = 0.894$

②计算内力

$$M_E = M_E^0 - Hy_E = 50 \times 4 - 60 \times 3 = 20\text{kN} \cdot \text{m}$$

$$\begin{aligned} V_{E左} &= V_{E左}^0 \cos\varphi_E - H\sin\varphi_E \\ &= (70 - 10 \times 8) \times 0.894 - 60 \times (-0.447) \\ &= 17.88\text{kN} \end{aligned}$$

$$V_{E右}=V^0_{E右}\cos\varphi_E-H\sin\varphi_E$$
$$=(70-10\times8-40)\times0.894-60\times(-0.447)$$
$$=-17.88\text{kN}$$
$$N_{E左}=-V^0_{E左}\sin\varphi_E-H\cos\varphi_E$$
$$=-(70-10\times8)(-0.447)-60\times0.894$$
$$=-58.11\text{kN}$$
$$N_{E右}=V^0_{E右}\sin\varphi_E-H\cos\varphi_E$$
$$=-(70-10\times8-40)(-0.447)-60\times0.894$$
$$=-75.99\text{kN}$$

用同样的方法和步骤，可求得其他控制截面的内力。这种计算常列表进行，如表 5-1 所示。

三铰拱内力计算　　表 5-1

截面几何参数						V^0	弯矩计算			剪力计算			轴力计算		
x	y	$\mathrm{tg}\varphi$	φ	$\sin\varphi$	$\cos\varphi$		M^0	$-Hy$	M	$V^0\cos\varphi$	$-H\sin\varphi$	V	$-V^0\sin\varphi$	$-H\cos\varphi$	N
0	0	1	45°	0.707	0.707	70	0	0	0	49.5	−42.4	7.1	−49.5	−42.4	−91.9
2	1.75	0.75	36°52′	0.600	0.800	50	120	−105	15	40.0	−36.0	4.0	−30.0	−48.0	−78.0
4	3.00	0.5	26°34′	0.447	0.894	30	200	−180	20	26.8	−26.8	0	−13.4	−53.6	−67.0
6	3.75	0.25	14°2′	0.243	0.970	10	240	−225	15	9.7	−14.6	−4.9	−2.4	−58.2	−60.6
8	4.00	0	0	0	1	−10	240	−240	0	−10.0	0	−10.0	0	−60.0	−60.0
10	3.75	−0.25	−14°2′	−0.243	0.970	−10	220	−225	−5	−9.7	14.6	4.9	−2.4	−58.2	−60.6
12	3.00	−0.50	−26°34′	−0.447	0.894	−10 −50	200	−180	20	−8.9 −44.7	26.8	17.9 −17.9	−4.5 −22.4	−53.6	−58.1 −76.0
14	1.75	−0.75	−36°52′	−0.600	0.800	−50	100	−105	−5	−40.0	36.0	−4.0	−30.0	−48.0	−78.0
16	0	−1	−45°	−0.707	0.707	−50	0	0	0	−35.4	42.4	7.0	−35.4	−42.4	−77.8

（3）绘内力图

求得各控制截面的内力值后，以拱轴为基线，绘得 M、V、N 图如图 5-5（b）、（c）、（d）所示。

【例 5-2】 计算图 5-6（a）所示带拉杆的圆弧形三铰拱截面 K 的内力。

【解】 （1）计算几何量

$$r=\frac{f^2+\left(\frac{l}{2}\right)^2}{2f}=\frac{3^2+9^2}{2\times3}=15\text{m}$$

则圆心坐标　$x_0=\dfrac{l}{2}=9\text{m}$

$y_0=-(r-f)=-12\text{m}$

由圆的方程　$(x-9)^2+(y+12)^2=15^2$

得到拱轴方程为　$y=\sqrt{15^2-(x-9)^2}-12$

K 截面的位置为 $x=4.5\text{m}$

则

$$y_K = \sqrt{15^2 - (4.5 - 9)^2} - 12 = 2.309\text{m}$$

$$\sin\varphi_K = \frac{4.5}{15} = 0.3$$

$$\cos\varphi_K = \frac{15 - (3 - 2.309)}{15} = 0.954$$

（2）求支反力和拉杆拉力

$$V_A = V_A^0 = \frac{30}{4} = 7.5\text{kN}(\uparrow)$$

$$V_B = V_B^0 = \frac{10}{4} = 2.5\text{kN}(\uparrow)$$

过铰 C 取结构以右部分为隔离体（图 5-6b）。由 $\Sigma M_C=0$，得

$$N_{AB} = (2.5 \times 9)/3 = 7.5\text{kN}(拉力)$$

（3）求截面 K 的内力

$$\begin{aligned} M_K &= M_K^0 - N_{AB}y_K \\ &= 7.5 \times 4.5 - 7.5 \times 2.309 \\ &= 16.432\text{kN} \cdot \text{m} \end{aligned}$$

$$\begin{aligned} V_{K左} &= V_{K左}^0\cos\varphi_K - N_{AB}\sin\varphi_K \\ &= 7.5 \times 0.954 - 7.5 \times 0.3 \\ &= 4.905\text{kN} \end{aligned}$$

$$\begin{aligned} V_{K右} &= V_{K右}^0\cos\varphi_K - N_{AB}\sin\varphi_K \\ &= (7.5 - 10) \times 0.954 - 7.5 \times 0.3 \\ &= -4.635\text{kN} \end{aligned}$$

$$\begin{aligned} N_{K左} &= -(V_{K左}^0\sin\varphi_K + N_{AB}\cos\varphi_K) \\ &= -(7.5 \times 0.3 + 7.5 \times 0.954) \\ &= -9.405\text{kN} \end{aligned}$$

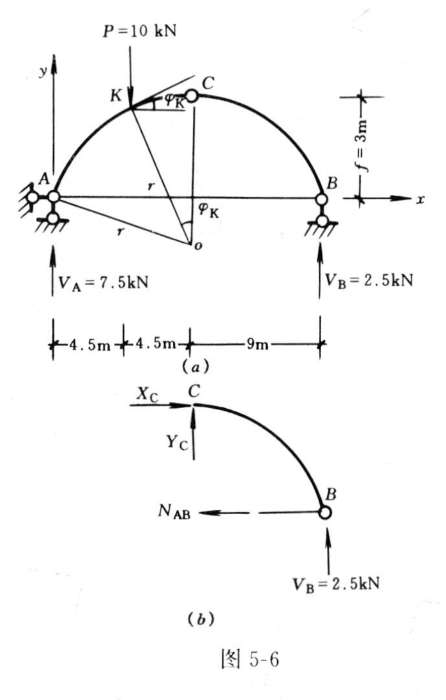

图 5-6

$$\begin{aligned} N_{K右} &= -(V_{K右}^0\sin\varphi_K + N_{AB}\cos\varphi_K) = -(-2.5 \times 0.3 + 7.5 \times 0.954) \\ &= -6.405\text{kN} \end{aligned}$$

三铰拱在非竖向荷载作用下的支反力和内力，不能套用前面推出的公式，应根据具体情况，用平衡条件计算。

利用三铰拱内力计算公式，计算在竖向荷载作用下有斜杆的刚架的内力较为简便。

【例 5-3】 绘图 5-7（a）所示刚架的内力图。

【解】 （1）计算支反力和拉杆拉力

$$V_A = V_A^0 = \frac{3}{4} \times 10 \times 4 = 30\text{kN}(\uparrow)$$

$$V_B = V_B^0 = \frac{1}{4} \times 10 \times 4 = 10\text{kN}(\uparrow)$$

拉杆拉力 $H = \dfrac{M_C^0}{f} = \dfrac{10\times4}{3+1} = 10\text{kN}$

（2）计算控制截面内力

$$M = M^0 - Hy$$
$$V = V^0\cos\alpha - H\sin\alpha$$
$$N = -V^0\sin\alpha - H\cos\alpha$$

在斜杆 DC 段 $\sin\alpha = \frac{3}{5} = 0.6$，$\cos\alpha = \frac{4}{5} = 0.8$

则刚架左侧 $M_{DF} = M_{DC} = -10\times1 = -10\text{kN}\cdot\text{m}$（外侧受拉）

剪力 $V_{DF} = -10\text{kN}$

$V_{DC} = +30\times0.8 - 10\times0.6 = 18\text{kN}$

$V_{CD} = (30 - 10\times4)\times0.8 - 10\times6 = -14\text{kN}$

轴力 $N_{DC} = -30\times0.6 - 10\times0.8 = -26\text{kN}$

$N_{CD} = -(30 - 10\times4)\times0.6 - 10\times0.8 = -2\text{kN}$

$N_{DA} = N_{AD} = -30\text{kN}$

刚架右侧 $M_{EG} = M_{EC} = -10\times1 = -10\text{kN}\cdot\text{m}$(外侧受拉)

剪力 $V_{EG} = V_{GE} = 10\text{kN}$

$V_{CE} = V_{EC} = -10\times0.8 - 10(-0.6) = -2\text{kN}$

轴力 $N_{CE} = N_{EC} = -(-10)(-0.6) - 10\times0.8 = -14\text{kN}$

$N_{EB} = N_{BE} = -10\text{kN}$

(3) 绘得 M、V、N 图如图 5-7 (b)(c)(d) 所示。

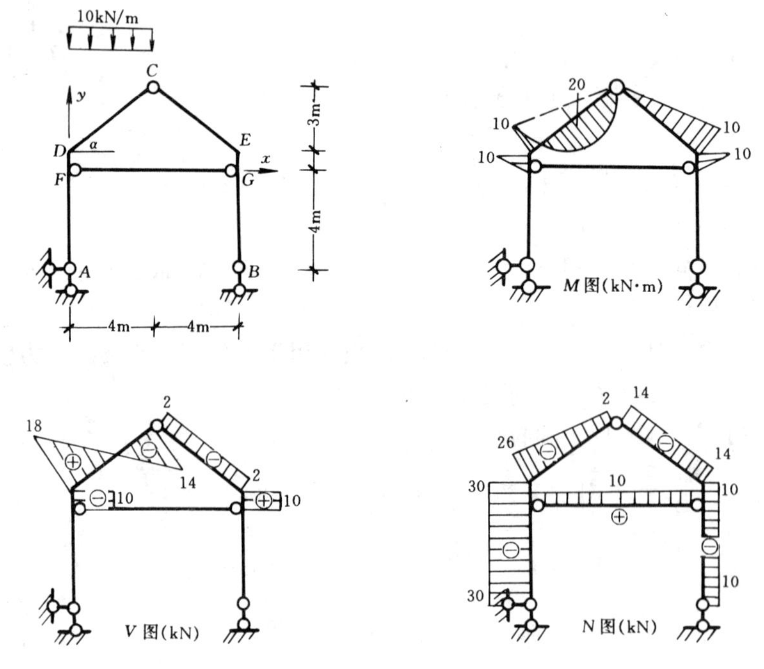

图 5-7

第三节　三铰拱的合理拱轴

在给定的荷载作用下，使拱处于无弯矩状态的轴线，称为合理拱轴线。由式（5-2）中任一截面的弯矩公式

$$M = M^0 - Hy = 0$$

得

$$y = \frac{M^0}{H} \tag{5-3}$$

上式表明，在给定的竖向荷载作用下，三铰拱的合理轴线与相应水平简支梁弯矩图的竖标成正比。

显然，利用合理拱轴概念，在设计中选择合理的结构形式，是能最合理地利用材料性能，使工程降低造价，达到安全和经济的有效途径。

【例 5-4】 设三铰拱承受沿水平方向均匀分布的竖向荷载，求其合理轴线（图 5-8*a*）。

【解】 由式（5-3）知

$$y = \frac{M^0}{H}$$

简支梁（图 5-8*b*）的弯矩方程为

$$M^0 = \frac{q}{2}x(l - x)$$

简支梁跨中 $M_C^0 = \frac{1}{8}ql^2$，则

$$H = \frac{M_C^0}{f} = \frac{ql^2}{8f}$$

所以

$$y = \frac{4f}{l^2}x(l - x) \tag{5-4}$$

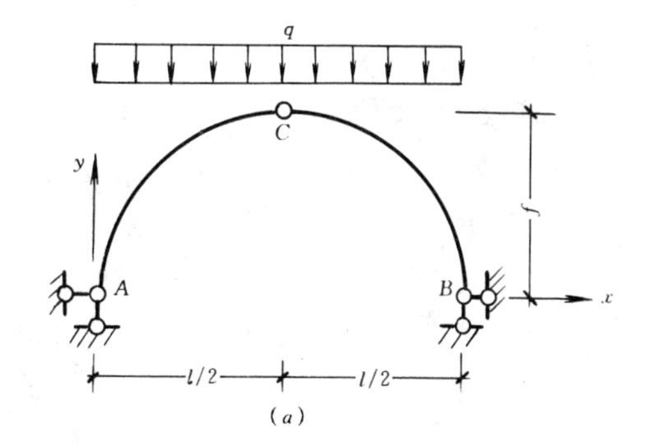

(*a*)

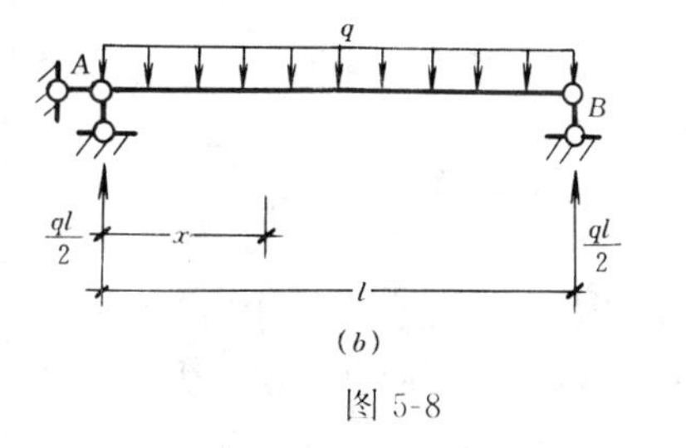

(*b*)

图 5-8

由此可知，三铰拱在沿水平线均匀分布的竖向荷载作用下，合理轴线为二次抛物线。

在合理拱轴的抛物线中，拱高 f 没有确定。具有不同高跨比的一组抛物线，都是合理轴线。

【例 5-5】 设三铰拱承受均匀径向水压力作用，试证明其合理轴线是圆弧曲线（图 5-9*a*）。

【解】 首先假定三铰拱在径向均匀水压力作用下处于无弯矩状态，然后根据平衡方程推算出拱轴线的形状。

从拱中截出微段 DE（图 5-9*b*），其弧长为 $\mathrm{d}s$，夹角为 $\mathrm{d}\varphi$，微段两端点的曲率半径分别为 r 和 $r+\mathrm{d}r$。由图可知以下几何关系

$$\mathrm{d}s = r\mathrm{d}\varphi$$

拱处于无弯矩状态，拱截面上只有轴力，而无弯矩和剪力。以曲率中心 O 为矩心，列出力矩平衡方程 $\Sigma m_0 = 0$，由于法向荷载指向曲率中心，其力矩为零，得到

$$N_D r - N_E(r + dr) = 0$$

略去式中的微量项，得

$$N_D = N_E = N$$

上式表明，各截面轴力是一个常数。

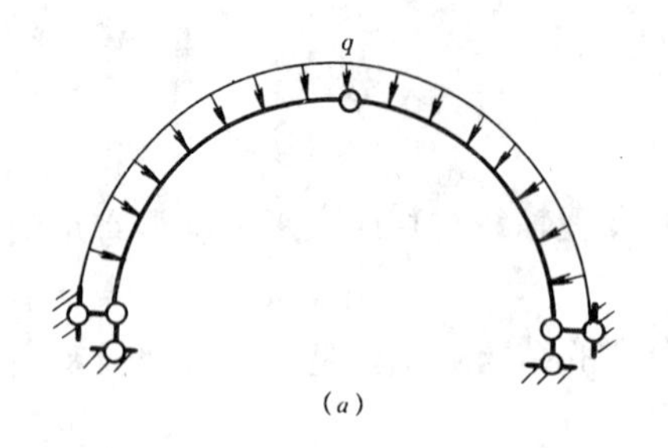

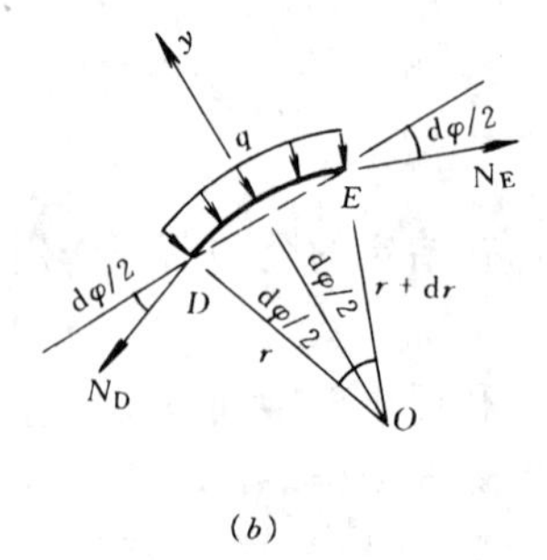

图 5-9

再沿微段法线方向写出平衡方程（图 5-9b）$\Sigma y=0$ 得

$$-N_D \sin\frac{d\varphi}{2} - N_E \sin\frac{d\varphi}{2} - q ds = 0$$

由于 $\sin\frac{d\varphi}{2} \approx \frac{d\varphi}{2}$，且 $N_D = N_E = N$，故

$$2N\frac{d\varphi}{2} = -q ds$$

$$\frac{ds}{d\varphi} = -\frac{N}{q}$$

$$\frac{r d\varphi}{d\varphi} = -\frac{N}{q}$$

$$\therefore \quad r = -\frac{N}{q}$$

由于 N 是常数，故 r 也是一个常数。

由上可见，在径向均匀水压力作用下，三铰拱的合理轴线是圆弧线。

由于推导中未涉及边界条件，故上述结论也适用于超静定拱结构。

思　考　题

1. 试问在竖向荷载作用下，两支座在同一水平线的三铰拱的反力、内力计算公式，对图 5-10 所示三铰拱式结构是否适用？如不适用应作如何修改？

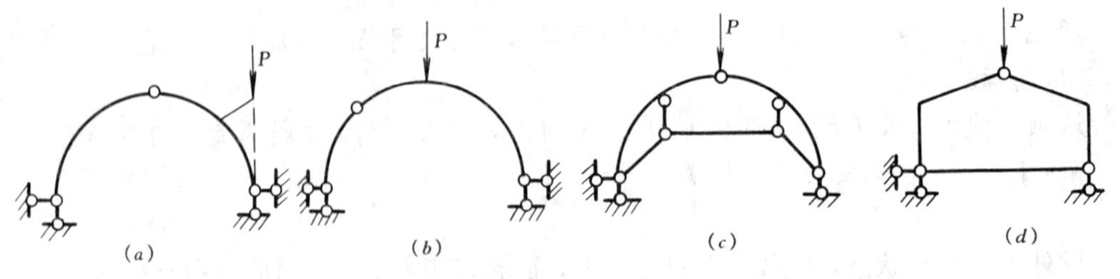

图 5-10

2. 图 5-11 所示半圆形三铰拱，$r=4\text{m}$，设 K 截面的轴力不得大于 50kN，弯矩不得大于 25kN·m，试求容许荷载 $[P]$。

3. 试确定图 5-12 所示三铰拱各截面的弯矩值。

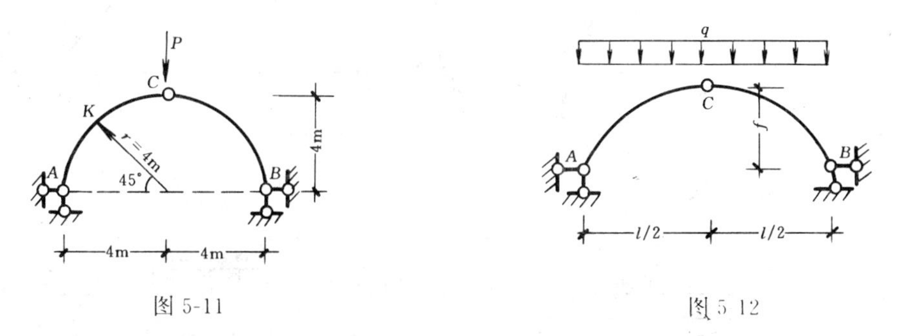

图 5-11　　　　图 5-12

4. 试绘图 5-13 所示三铰拱的合理拱轴线。

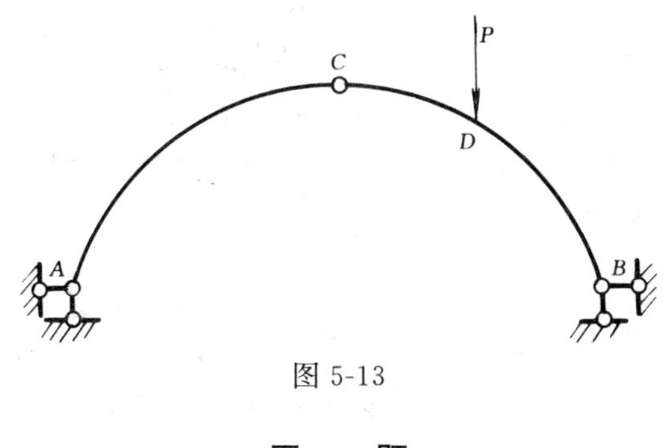

图 5-13

习　　题

5-1　试用数解法求图示三铰拱的支座反力和拉杆内力。

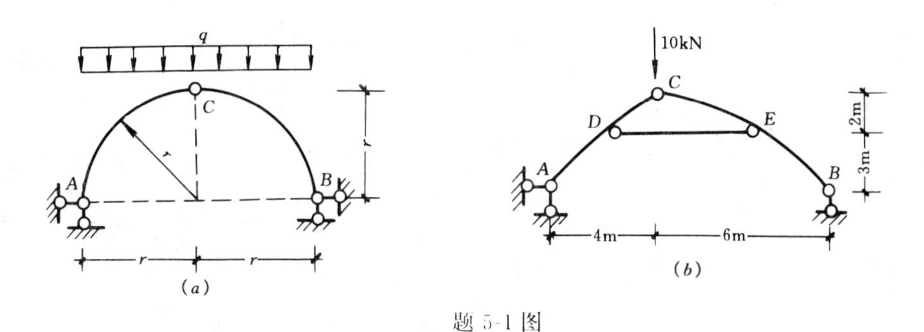

题 5-1 图

5-2　图示三铰拱的轴线方程为 $y=\frac{4f}{l^2}x\ (l-x)$，求荷载 P 作用下的支反力及截面 D、E 的内力。

5-3　求图示圆弧三铰拱的支座反力和 K 截面内力。

5-4　图示三铰拱的轴线方程为 $y=\frac{4f}{l^2}x\ (l-x)$，绘 M、V、N 图。

5-5　绘图示三铰拱的 M、V、N 图，拱轴线方程为 $y=\frac{4f}{l^2}x\ (l-x)$。

5-6　应用三铰拱的计算公式，计算图示刚架的约束力和各杆件控制截面内力，绘内力图。

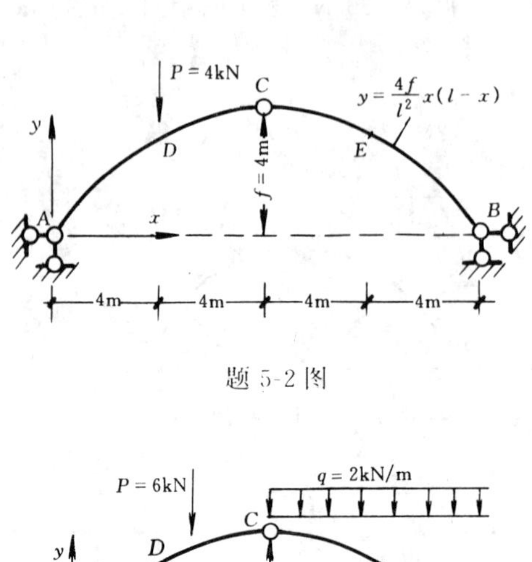

题 5-2 图

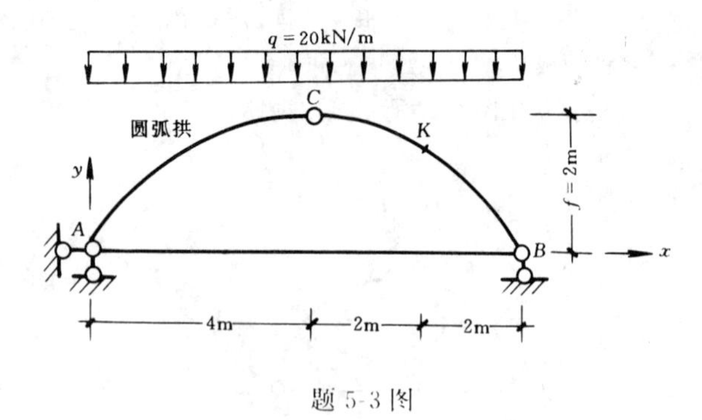

题 5-3 图

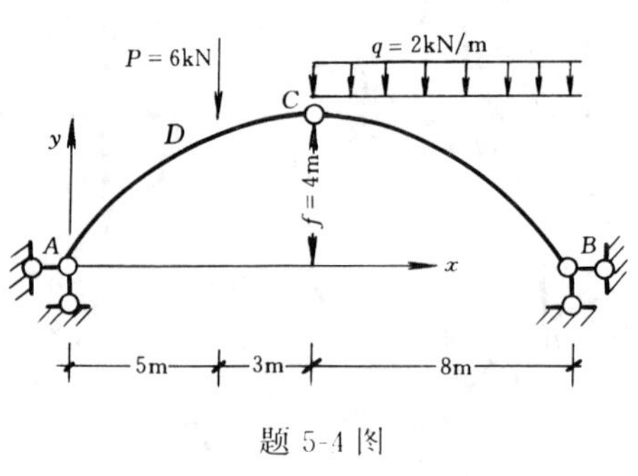

题 5-4 图

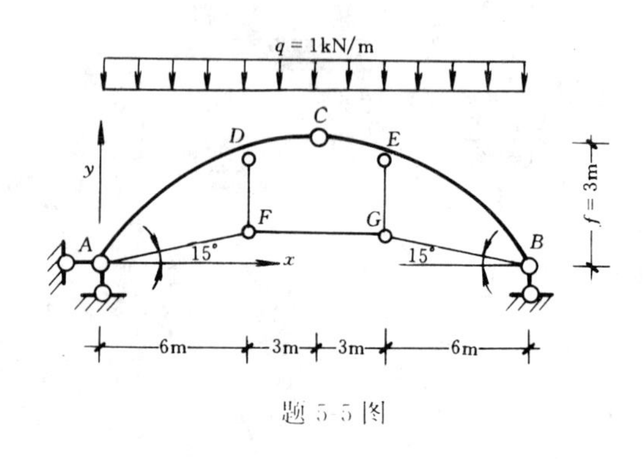

题 5-5 图

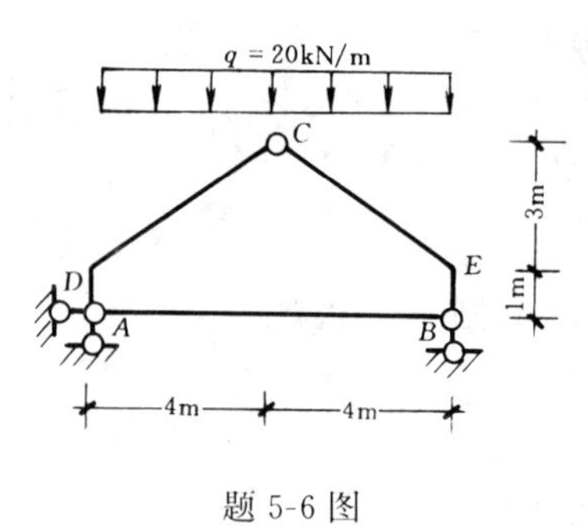

题 5-6 图

第六章　静定平面桁架

第一节　概　　述

一、一般概念

由第三、四章内容可知，在荷载作用下，静定梁和静定刚架各杆截面产生的内力为弯矩、剪力和轴力，且以弯矩为主。但弯曲正应力并不是均匀地分布在梁的截面上，而是在杆件截面边缘最大，在中性轴处为零（见图 6-1）。由于对梁截面进行设计时，通常要求截面最外纤维处的工作应力不超过某一允许值。因此在截面中部尤其是在中性轴附近，应力必然小于允许值。这样截面中部的材料不仅不能充分发挥抗力作用，反而增加了梁的自重。

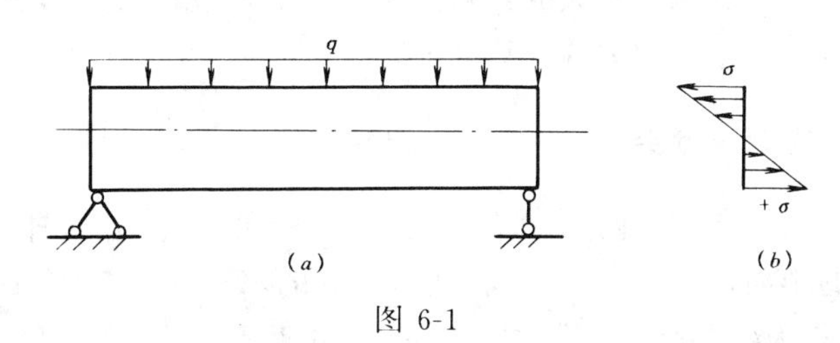

图 6-1

在轴心受拉或轴心受压的杆件中，截面上的应力是均匀分布的，因此截面上各点的应力将同时达到它的允许值。显然，轴心受力杆件的材料能被充分利用。倘若能把梁的受力状态从抗弯剪变为抗拉压，就能使杆件的材性得到充分发挥，从而可以节约材料。由于节省了用材，相应地将减轻自重，因此结构将能承受更大的荷载，跨越更大的跨度。这种把梁的抗弯剪性质变为各杆抗拉或抗压的结构类型就是桁架。

桁架是若干直杆两端用铰连接而成的几何不变体系(如图 6-2a 所示)。在桁架的计算简图中，通常作下述三条假定：

（1）各杆在结点处都是用光滑无摩擦的理想铰联结；

（2）各杆轴线均为直线，并通过轴心；

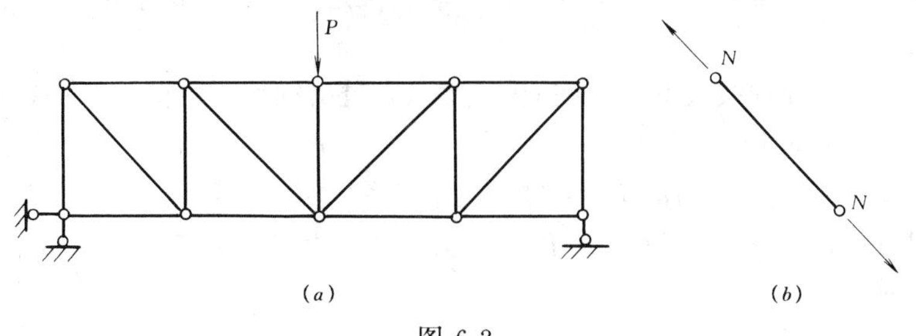

图 6-2

(3) 荷载和支座反力都作用在结点上，并通过铰心。

凡是符合上述假定的桁架称为理想桁架，理想桁架的各杆内力只有轴力。从图 6-2 (*a*) 中任取一杆如图 6-2 (*b*) 所示，由于杆件只在两杆端受力，因此要使杆件平衡，此二力就必须平衡，即大小相等、方向相反，并共同作用于杆轴线（见图 6-2*b*），故杆件只产生轴力。

然而，实际工程中的桁架与上述假定并不完全吻合。首先要得到一个光滑无摩擦的理想铰接构造是不可能的。例如，在钢结构中，结点通常都是铆接或焊接的，有些杆件在结点处是连续的，这就使得结点具有一定刚性；在钢筋混凝土结构中，由于整体浇注，因此结点具有更大的刚性；在木结构中，虽然各杆之间是用榫接或螺栓连接，各杆在结点处可作一些转动，但仍与理想铰的情况有出入。其次，要求各杆轴线绝对平直，结点上各杆轴线准确地交于一点，在工程中也不易做到。再有，桁架也不可能只受结点荷载的作用。例如，风荷载、杆件自重等都是作用于杆件上的。这些情况都可能使杆件在产生轴力的同时还产生其他内力如弯矩。

在工程设计中，把按理想桁架计算所得的轴力称为主内力（或相应的主应力），把由于不满足理想桁架假定而产生的附加内力称为次内力（或相应的次应力）。计算与实验结果表明，一般情况下次应力的影响是不大的，可忽略不计。若设计必须考虑其影响时，请读者参阅有关书籍，本章只介绍主内力的计算问题。

二、桁架的几何组成及分类

桁架的杆件包括弦杆和腹杆两类。弦杆分为上弦杆和下弦杆。腹杆则分为竖杆和斜杆。弦杆上相邻两结点的距离 d 称为节间距离。两支座间的水平距离 l 称为跨度。支座连线至桁架最高点的距离 H 称为桁架高度，或称桁架高（图 6-3 示出了桁架各部分的名称）。桁高与跨度之比称为高跨比，屋架常用高跨比在 1/2～1/6 之间，桥梁的高跨比常在 1/6～1/10 之间。

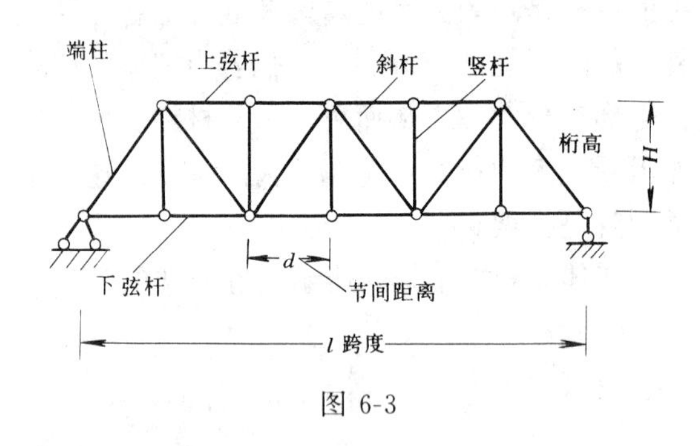

图 6-3

在实际工程中，桁架的种类很多，按照不同特征可以有不同的分类。

1. 按照空间观点，桁架可分为平面桁架和空间桁架。

平面桁架——若一空间桁架体系在分析时可忽略各榀平面桁架之间的连系杆件的空间受力作用，将原空间桁架分离成一榀平面桁架进行计算，该榀桁架就称为平面桁架（见图 6-4*b*）。

空间桁架——各杆轴线及荷载不在同一平面内，且必须按照空间力系进行计算的桁架，称为空间桁架（见图 6-4*a*）。

2. 按几何组成方式可分为简单桁架、联合桁架和复杂桁架。

简单桁架——在一个基本铰结三角形的基础上，依次增加二元体形成的桁架。如图 6-5 (*a*)、(*b*) 所示。

联合桁架——由几个简单桁架按几何不变体系的组成规则而构成的桁架。如图 6-5

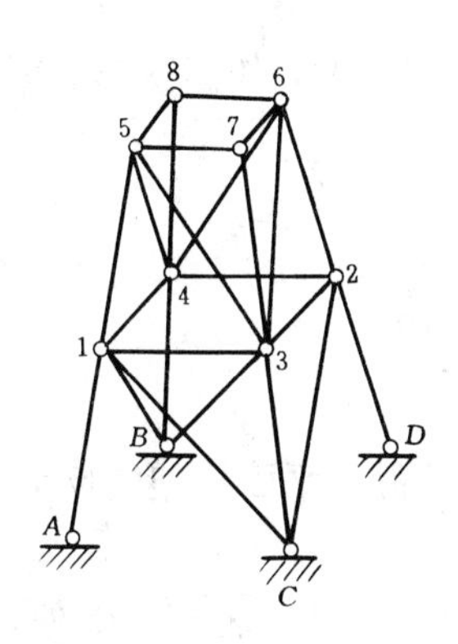

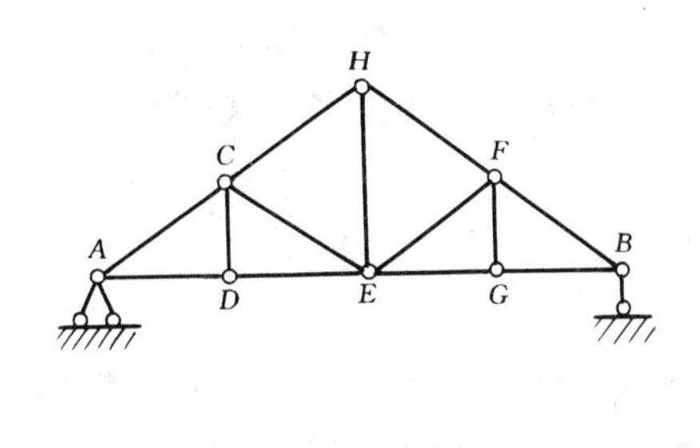

图 6-4

(*c*) 所示。

复杂桁架——不按上述两种方式组成的其它形式的桁架。如图 6-5 (*d*)。

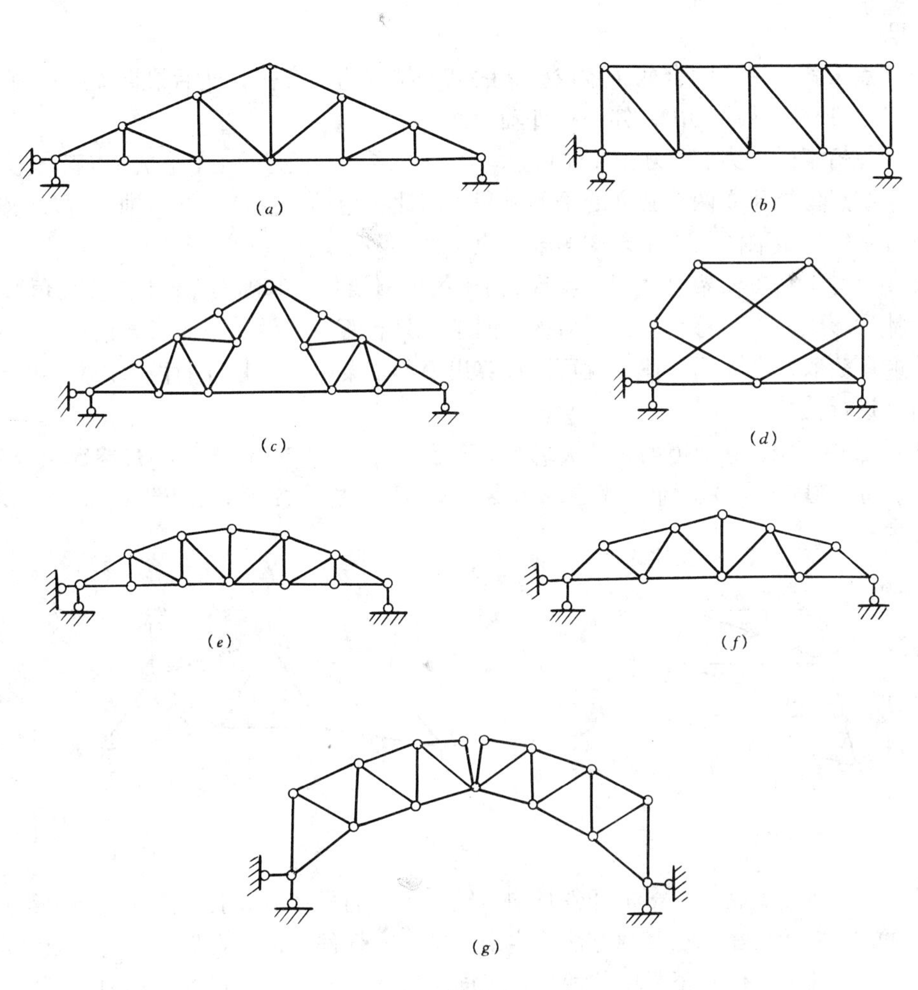

图 6-5

3. 按其外形的特点，桁架可分为平行弦桁架（图 6-5b）；三角形桁架（图 6-5a）；抛物线或折曲弦桁架（图 6-5e、f）。

4. 按支座反力的性质，桁架可分为梁式桁架（或称无推力桁架，如图 6-5a、b、c）和拱式桁架（或称有推力桁架，如图 6-5g）。

桁架的分类方式还有很多，这里不一一列举。

第二节　平面桁架的数解法

桁架内力分析的方法有数解法和图解法两大类，目前计算静定平面桁架的反力和内力主要采用数解法，对大型桁架则常采用矩阵位移法进行计算。

用数解法对桁架进行内力分析，通常先求出桁架的支反力（悬臂梁桁架可除外），然后用假想的截面将桁架截开，并取出一部分作为隔离体，最后考虑隔离体的静力平衡条件求解杆件轴力。由于所截取的隔离体可能形成两类力系，因此桁架内力数解法也有结点法和截面法之分。下面分别进行介绍。

一、结点法

所谓结点法就是用一闭合截面截取桁架的某一结点为隔离体，然后根据该结点的平衡条件建立平衡方程，从而求出未知的杆件轴力。

由于理想桁架的外力、反力和杆件轴力均作用于结点上且过铰心，形成平面汇交力系，所以对每一结点仅能建立两个独立的平衡方程。因此在用结点法计算杆件轴力时，为避免解联立方程，每次截取的结点上未知的轴力应不多于两根。

这一要求对于简单桁架显然能够实现。由于简单桁架是从基础（或基本铰接三角形）依次加二元体后形成的，而每个二元体所构成的结点只有两根杆件。因此只要依照与桁架构成相反的顺序截取结点为隔离体，就可以计算出简单桁架中任一杆件的内力。最后一个结点则可用来进行校核。

例如对图 6-6（a）所示桁架，可从结点 1 开始依次取 2、3、4、5、6，最终算出全部杆件的轴力。而对图 6-6（b）所示桁架在求出支座反力后，仍可按图中结点编码从 1～6 求出全部杆件的轴力。

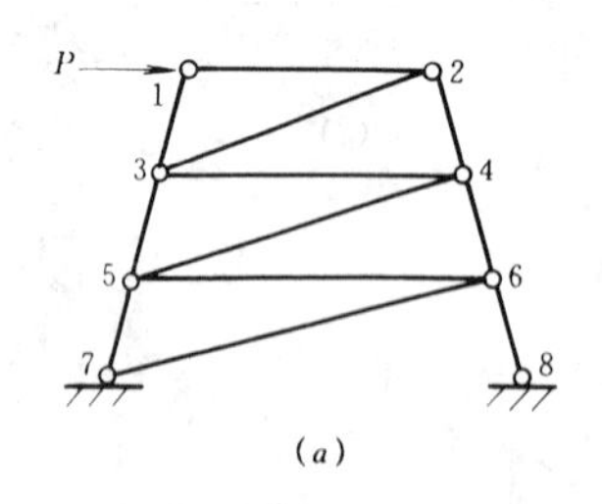

（a）

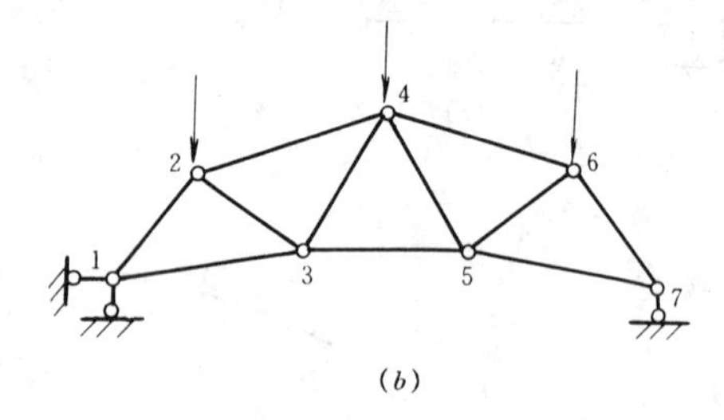

（b）

图 6-6

一般来说，当结点联结了三根杆件且均是轴力未知的杆件时，我们不能直接用结点法求解出杆件的轴力，而需先用其他方法确定出其中一根杆件的内力，然后才可以用结点法求出余下杆件的轴力。但若三杆中的两根处于同一直线上，则第三根杆的轴力仍可用结点法求出。例如图 6-7（a）所示隔离体。若垂直于 N_1N_2 所在直线作一投影方程，则方程中将不出现 N_1、N_2，由此即可求出 N_3。

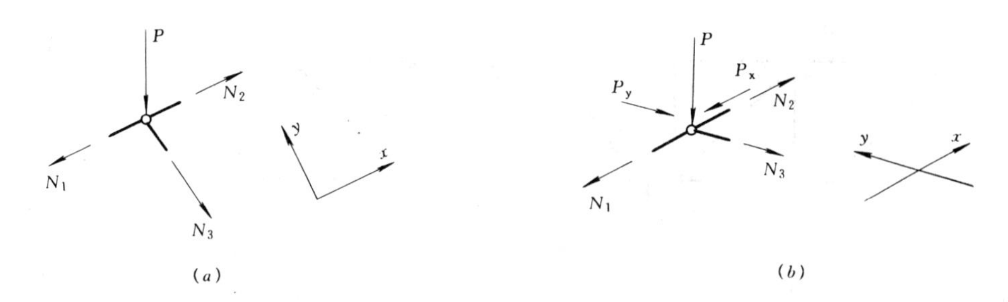

图 6-7

在计算中，我们可以采用水平轴和竖直轴作为投影轴；也可采用既不水平也不竖直，但相互垂直的投影轴；甚至可以采用相互倾斜的投影轴。例如图 6-7（b），可取 N_1N_2 方向为 x 轴，N_3 方向为 y 轴，将 P 沿 x、y 轴分解为 P_x、P_y，然后用 $\Sigma y=0$，求得 $N_3=-P_y$。在计算时应选择最方便的一种使用。当然，使用较多的是相互垂直的投影轴。

杆件的轴力以 N_{ij}表示，i、j 为该杆两端结点号。在进行桁架内力分析时，一般先假定杆件的未知轴力为拉力，计算结果为正值，说明该力即为拉力；若为负值，则为压力。

此外，在建立结点平衡方程式时，常需要将斜杆轴力 N 分解为水平分力 x 和竖直分力 y，若该斜杆杆长 l 的水平投影为 l_x，竖向投影为 l_y，则根据相似三角形的比例关系（见图 6-8），可知：

$$\frac{N}{l}=\frac{x}{l_x}=\frac{y}{l_y} \tag{a}$$

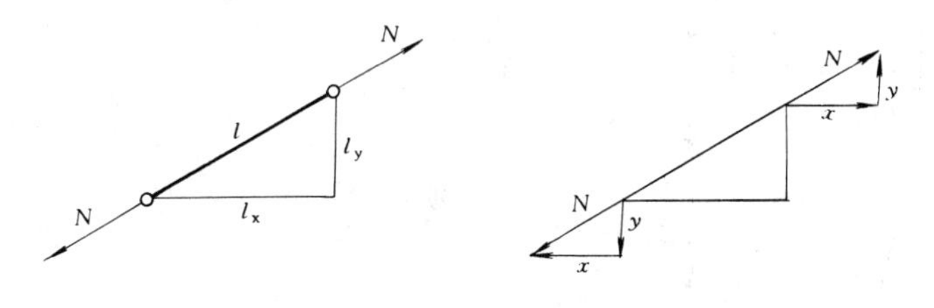

图 6-8

利用这个比例关系由 N 推算 x、y 或由 x、y 推算 N，比使用三角函数更为简便。

下面举例说明结点法的应用。

【例 6-1】 试用结点法计算图 6-9（a）所示桁架的各杆轴力。

【解】 图示桁架为悬臂桁架，不必先求支座反力。计算时，按图中结点编码顺序从 1～6 依次截取结点，各隔离体上的未知力均不多于两个。

1. 计算各杆轴力

取结点 1 为隔离体（图 6-9①）

由 $\Sigma x=0$，得 $N_{14}=0$， 由 $\Sigma y=0$， 得 $N_{12}=0$

取结点 2 为隔离体（图 6-9②）

由 $\Sigma y=0$， $y_{24}-P=0$， 所以 $y_{24}=P$

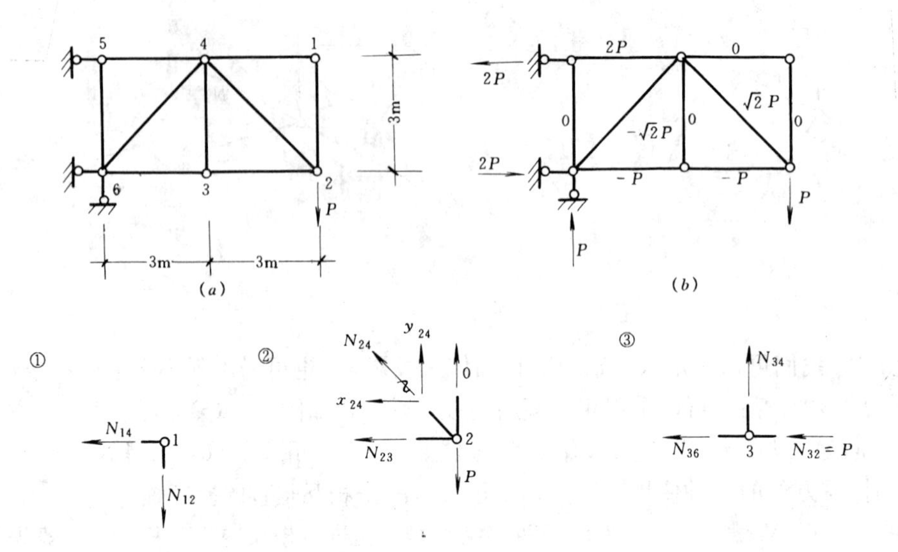

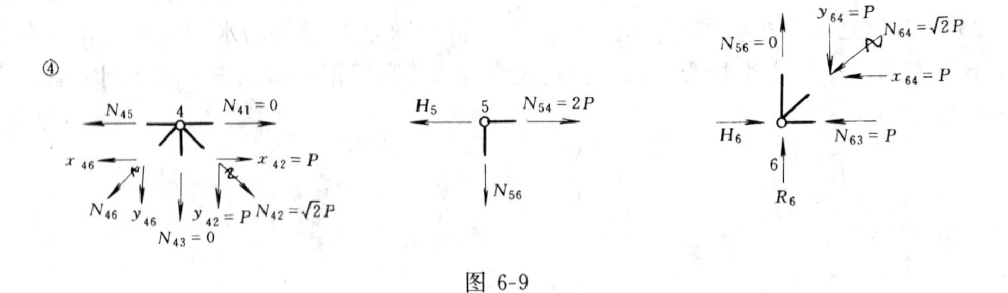

图 6-9

又由式（a），可得

$$\frac{N_{24}}{\sqrt{2}}=\frac{y_{24}}{1}, \qquad \text{所以 } N_{24}=\sqrt{2}P$$

因 $$\frac{x_{24}}{1}=\frac{y_{24}}{1}, \qquad \text{所以 } x_{24}=P$$

由 $\Sigma x=0$，$x_{24}+N_{23}=0$，　　所以 $N_{23}=-x_{24}=-P$(压)

取结点 3 为隔离体（图 6-9③）

由 $\Sigma x=0$，$N_{36}+P=0$，　　所以 $N_{36}=-P$(压)

由 $\Sigma y=0$，$N_{34}=0$

取结点 4 为隔离体（图 6-9④）

由 $\Sigma y=0$，$y_{46}+P=0$，　　所以 $y_{46}=-P$

根据 $\dfrac{N_{46}}{\sqrt{2}}=\dfrac{y_{46}}{1}=\dfrac{x_{46}}{1}$，　得 $N_{46}=-\sqrt{2}P$(压)，　$x_{46}=-P$

由 $\Sigma x = 0$， $N_{45} + x_{46} - P = 0$， 所以 $N_{45} = 2P$

取结点 5 为隔离体（图 6-9⑤）

由 $\Sigma y = 0$， $N_{56} = 0$

至此各杆轴力已全部求出。为进行校核，求出桁架的支反力。

由 $\Sigma x = 0$， $H_5 - 2P = 0$， 所以 $H_5 = 2P$

取结点 6 为隔离体（图 6-9⑥）

由 $\Sigma y = 0$， $R_6 - y_{64} = 0$ 所以 $R_6 = y_{64} = P$

由 $\Sigma x = 0$， $H_6 - N_{63} - x_{64} = 0$ 所以 $H_6 = 2P$

2. 校核

考虑整体平衡

有 $$\Sigma x = H_5 - H_6 = 2P - 2P = 0$$

$$\Sigma y = R_6 - P = P - P = 0$$

$$\Sigma M_4 = P \times 3 - H_6 \times 3 + R_6 \times 3 = 3P - 6P + 3P = 0$$

满足平衡条件，说明计算结果正确。

3. 绘轴力图

将各杆轴力值标于桁架轴线图上，见图 6-9（b）。

分析桁架时，根据结点平衡的一些特殊情况，可直接判断出某些杆件的内力。现将几种主要的特殊情况列举如下：

1. 两杆结点无荷载作用，则此两杆均为零杆。见图 6-10（a）。

零杆即轴力为零的杆件。虽然零杆的轴力为零，但并不能认为该杆在几何组成上也是多余的杆件。零杆只是桁架在特定荷载作用时所出现的特殊情况。

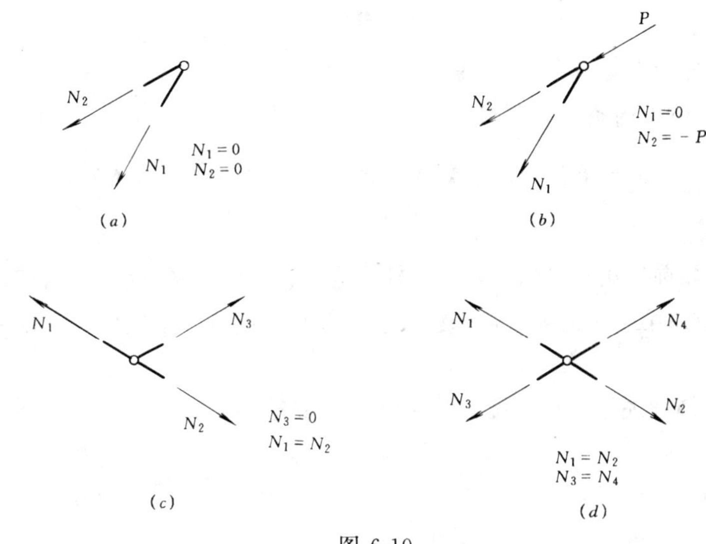

图 6-10

2. 两杆结点受荷载作用，且荷载与其中一杆共线，则不共线杆的轴力必为零，而共线杆的轴力与荷载相平衡。见图 6-10（b）。

3. 三杆结点无荷载作用，且其中两杆共线，则不共线杆的轴力必为零，而共线两杆的轴力大小相等，性质相同。见图 6-10（c）。

4. 四杆结点无荷载作用，且杆件两两共线，则共线杆件的轴力两两相同。见图 6-10（d）。

以上结论均是根据投影平衡方程得出的，读者可自行验证。利用这些结论可使计算工作得到简化。

【例 6-2】 求图 6-11（a）所示桁架的各杆轴力。

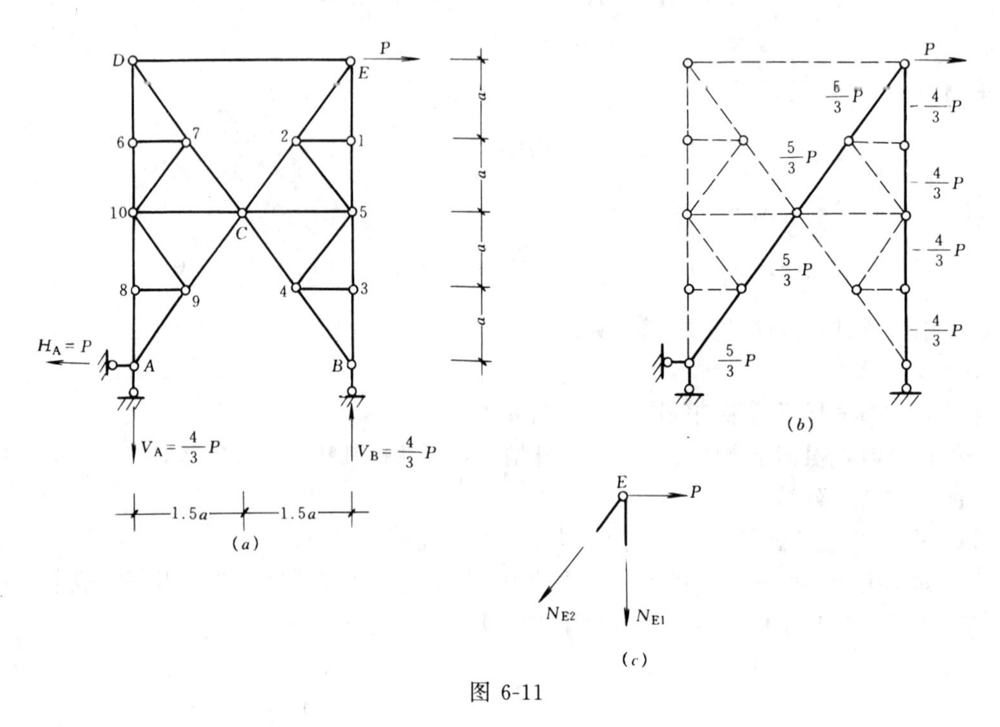

图 6-11

【解】 首先计算支反力。

利用桁架的整体平衡条件，可求得

$$H_A = P(\leftarrow),\quad V_A = \frac{4}{3}P(\downarrow),\quad V_B = \frac{4}{3}P(\uparrow)$$

其次判断零杆。

观察结点 1，属前述第三种情况，可知杆$\overline{12}$为零杆。再观察结点 2，因$\overline{12}$杆已判定为零杆，所以它也属前述第三种情况，可知杆$\overline{25}$也为零杆。同理，依次取结点 3～10 可判断出相应的零杆。

观察结点 B，属前述第二种情况，所以杆$\overline{B4}$为零杆。再由 4、C、7 结点的平衡条件，可知$\overline{4C}$、$\overline{C7}$、$\overline{7D}$杆亦为零杆。

因$\overline{D7}$杆为零杆，所以结点 D 为前述第一种情况，则$\overline{DE}$、$\overline{D6}$杆为零杆。再由 6、10、8 结点的平衡条件，可知$\overline{6\ 10}$、$\overline{10\ 8}$、$\overline{8A}$杆亦为零杆。

全部零杆如图 6-11（b）中虚线所示。

再计算其余杆的轴力。

取结点 E 为隔离体（见图 6-11c）

由 $\Sigma X = 0$， $X_{E2} - P = 0$ 得 $X_{E2} = P$

根据
$$\frac{N_{E2}}{5} = \frac{X_{E2}}{3} = \frac{Y_{E2}}{4}$$

有
$$N_{E2} = \frac{5}{3}P, \quad Y_{E2} = \frac{4}{3}P$$

由 $\Sigma Y = 0$， $N_{E1} + Y_{E2} = 0$， 所以 $N_{E1} = -\frac{4}{3}P$

显然，位于 EB 线上各杆轴力均与$\overline{E1}$杆相同，位于 EA 线上各杆轴力均与$\overline{E2}$杆相同。

最后根据计算结果作轴力图，见 6-11（b）。

二、截面法

所谓截面法就是用一适当截面将拟求杆件切断，取出桁架的一部分（至少包含两个结点）为隔离体，然后利用其平衡条件建立平衡方程，从而解出拟求杆件的轴力。

由于隔离体包含两个或两个以上结点，形成平面一般力系，因此对每一隔离体可建立三个独立的平衡方程，解出三个未知轴力。在用截面法计算杆件轴力时，只有当所取隔离体上轴力未知的杆件数目不多于三根，且它们既不全交于一点也不全平行，杆件的轴力才能直接求解出来。

截面法适用于求简单桁架指定杆件的轴力和对联合桁架进行内力分析。用截面法分析桁架时，根据具体情况可采用力矩平衡方程计算杆件轴力，也可采用投影方程计算杆件轴力。前者称为力矩法，后者称为投影法。

【例 6-3】 用截面法求图 6-12（a）所示桁架指定杆件的轴力。

【解】 计算支反力

由桁架的整体平衡条件，求得

$$V_A = 20\text{kN}(\uparrow) \quad V_B = 20\text{kN}(\uparrow) \quad H_A = 0$$

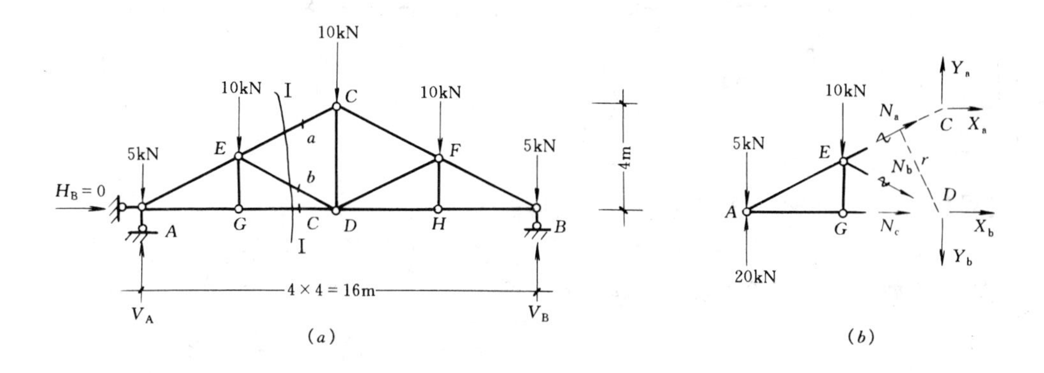

图 6-12

作Ⅰ-Ⅰ截面，并取截面以左为隔离体（见图 6-12*b*），设 N_a、N_b、N_c 均为拉力，

以 N_a、N_b 的交点 E 为矩心，建立力矩平衡方程

即 $\Sigma M_E = 0$， $N_C \times 2 + 5 \times 4 - 20 \times 4 = 0$， 所以 $N_C = 30\text{kN}$(拉)

以 N_b、N_c 的交点 D 为矩心，建立力矩平衡方程，此时为避免求力臂 r，可将 N_a 在 C 点分解为 X_a 和 Y_a，这时，由

$$\Sigma M_D = 0,\quad X_a \times 4 + 20 \times 8 - 10 \times 4 - 5 \times 8 = 0 \quad 所以\ X_a = -20\text{kN}$$

由比例关系 $\dfrac{N_a}{\sqrt{5}} = \dfrac{X_a}{2}$， 得 $N_a = -10\sqrt{5}\text{kN}$(压)

同理，对 N_a、N_c 的交点 A 取矩，并将 N_b 在 D 处分解为 X_b、Y_b，则有

$$\Sigma M_A = 0,\quad Y_b \times 8 + 10 \times 4 = 0,\quad 得\ Y_b = -5\text{kN}$$

由比例关系 $\dfrac{N_b}{\sqrt{5}} = \dfrac{Y_b}{1}$， 得 $N_b = -5\sqrt{5}\text{kN}$(压)

【例 6-4】 求图 6-13（*a*）所示桁架指定杆件内力。

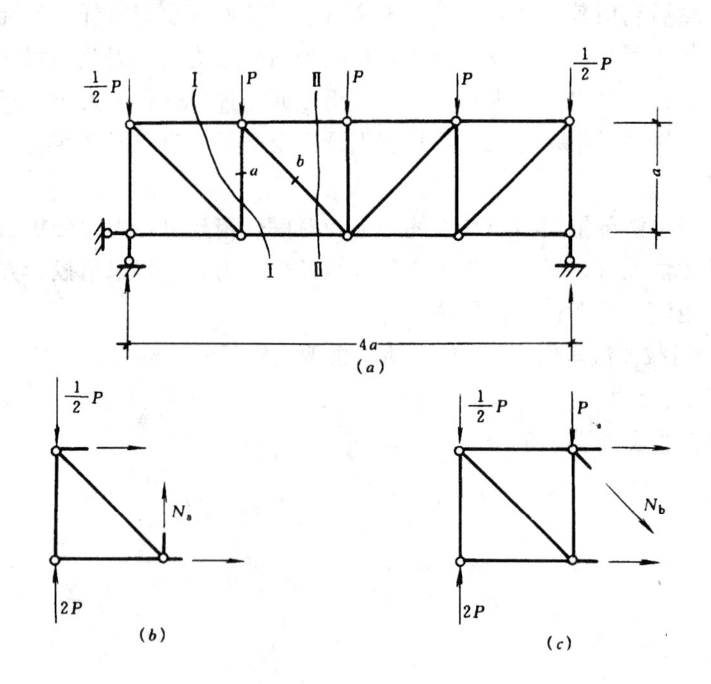

图 6-13

【解】 由桁架的整体平衡条件求得支座反力

$$V_A = 2P(\uparrow),\quad V_B = 2P(\uparrow),\quad H_A = 0$$

作Ⅰ-Ⅰ截面，并取截面以左为隔离体（见图 6-13*b*）

由 $\Sigma Y = 0$， $-N_a + \dfrac{1}{2}P - 2P = 0$， 所以 $N_a = -\dfrac{3}{2}P$

作Ⅱ-Ⅱ截面，取截面以左为脱离体（见图 6-13*c*）

由 $\Sigma Y=0$， $Y_b+P+\frac{P}{2}-2P=0$， 所以 $Y_b=\frac{P}{2}$

根据比例关系 $\frac{N_b}{\sqrt{2}}=\frac{Y_b}{1}$， 所以 $N_b=\frac{\sqrt{2}}{2}P$

由以上例题可看出，在分析桁架时，如能够选择合适的截面，恰当的矩心或投影轴，并将杆件轴力在适当的位置进行分解，就可以做到一个方程解出一个未知轴力，从而使计算工作大大简化。

在比较复杂的桁架中，有时所作截面可能切断三根以上的杆件，但如果被切断各杆中，除一根外，其余均平行或均交于一点，则该杆的内力仍可用垂直于其余各杆的投影方程或以其余各杆的交点为矩心的力矩方程求出。

例如对图 6-14 (*a*) 所示桁架，欲求 N_a，可取截面 I - I 以左为隔离体，并以 0 为矩心，由 $\Sigma M_0=0$，即可求出 N_a。

又如图 6-14 (*b*) 所示桁架，欲求 N_a，可取截面 I - I 以上为隔离体，由 $\Sigma X=0$，即可求出 N_a。

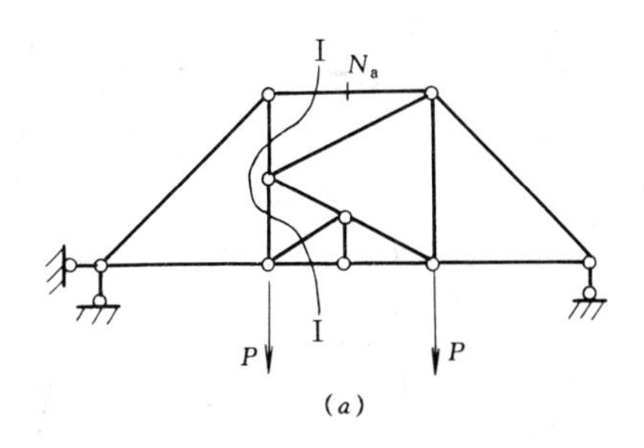

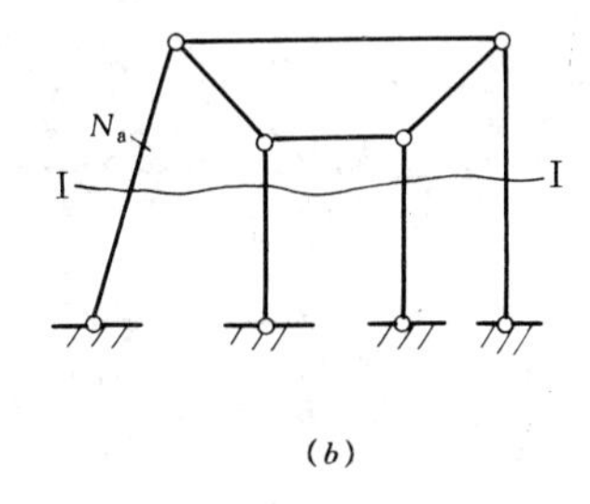

图 6-14

三、结点法与截面法的联合运用

在简单桁架的计算中，有时单用结点法或截面法不能一次求出指定杆件的轴力，这时联合使用结点法或截面法或许更为方便。在分析联合桁架时，通常单用结点法不能确定全部杆件的轴力，这时必须联合运用结点法和截面法方能求出全部杆件的轴力。

例如图 6-15 所示联合桁架，由于每个结点都有三个或三个以上的未知轴力，因此不能用结点法直接求出全部内力。这时应先用截面法求出两个简单桁架之间联系杆件的轴力 N_1、N_2、N_3，再分别运用结点法对两个简单桁架进行分析，即可求出杆件的轴力。

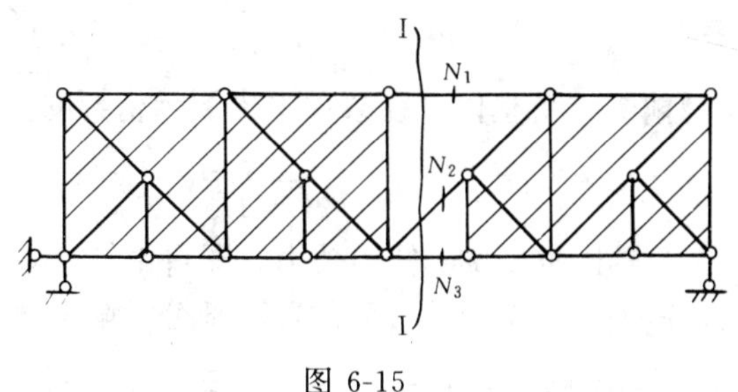

图 6-15

又如欲求图 6-16 所示桁架 *a* 杆的轴力，若取 I - I 截面，并由 $\Sigma Y=0$ 计算 N_a，则需要先知道 N_{AG}。为此，可取结点 *E* 为隔离体，用结点法求出 N_{AE}，再由结点 *A* 求得 N_{AG}，最后截取 I - I 截面以左为隔离体，由 $\Sigma Y=0$ 求出 N_a。

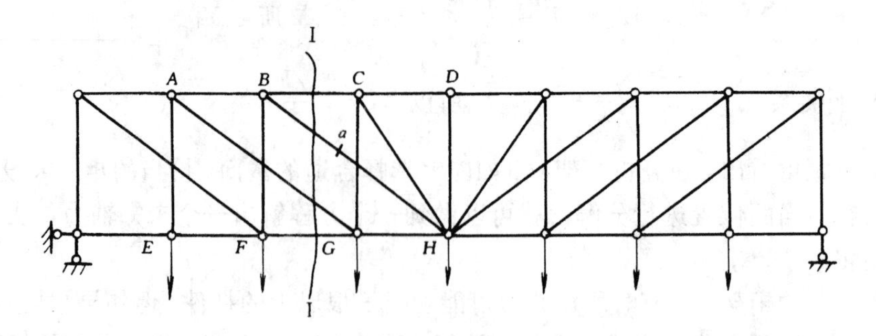

图 6-16

【例 6 5】 求图 6-17（a）所示桁架指定截面的轴力。

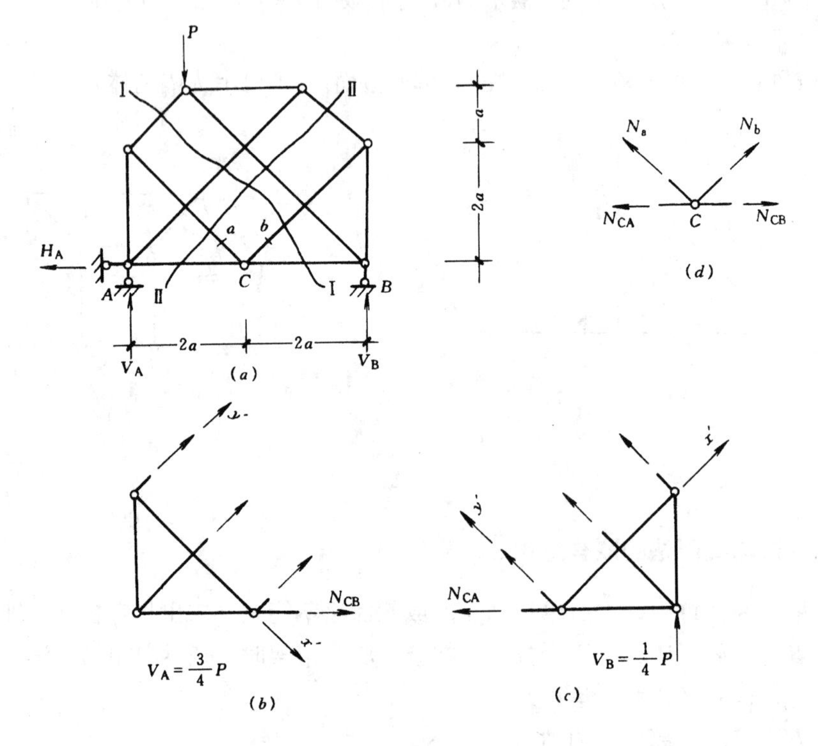

图 6-17

【解】 由整体平衡条件求出图示桁架的支座反力为：

$$V_A=\frac{3}{4}P(\uparrow)\quad V_B=\frac{P}{4}(\uparrow)\quad H_A=0$$

若求出 AC、BC 杆的轴力，即可由结点 C 的平衡条件确定 N_a 和 N_b。

作截面 I - I，取截面的左下部分为隔离体，见图 6-17（b），除 CB 杆外，其余三杆均平行，故由投影方程 $\Sigma x'=0$，　得 $X_{CB}-\frac{3P}{4}\times\frac{\sqrt{2}}{2}=0$

所以
$$X_{CB}=\frac{3\sqrt{2}}{8}P$$

则
$$N_{CB}=\sqrt{2}X_{CB}=\frac{3}{4}P$$

同理，取截面Ⅱ-Ⅱ右下部分为隔离体，见图 6-17（c），由 $\Sigma x'=0$ 得 $X_{CA}=\frac{\sqrt{2}}{8}P$

所以 $$N_{CA}=\sqrt{2}X_{CA}=\frac{1}{4}P$$

最后取结点 C 为隔离体，见图 6-17（d）

由 $$\Sigma Y=0,\quad 得\quad N_a=-N_b \quad ①$$

由 $$\Sigma X=0,\quad 得\quad \frac{\sqrt{2}}{2}N_a-\frac{\sqrt{2}}{2}N_b-\frac{3P}{4}+\frac{P}{4}=0 \quad ②$$

联立求解①、②式，得

$$N_a=\frac{\sqrt{2}}{4}P$$

故 $$N_b=-N_a=-\frac{\sqrt{2}}{4}P$$

第三节 桁架外形与受力性能的比较

为了更好地理解各种桁架的受力性能，以便在设计中能视工程的具体情况选择合理的桁架形式。下面对三种有代表性的桁架的受力性能进行分析比较。这三种桁架是：①平行弦桁架；②抛物线形桁架；③三角形桁架。为方便起见，三种桁架的跨度、节间数目和节间长度均相同，桁架中央的高度也相等，并承受相同的均布荷载（为计算方便，图 6-19 中用单位等效荷载代替）。

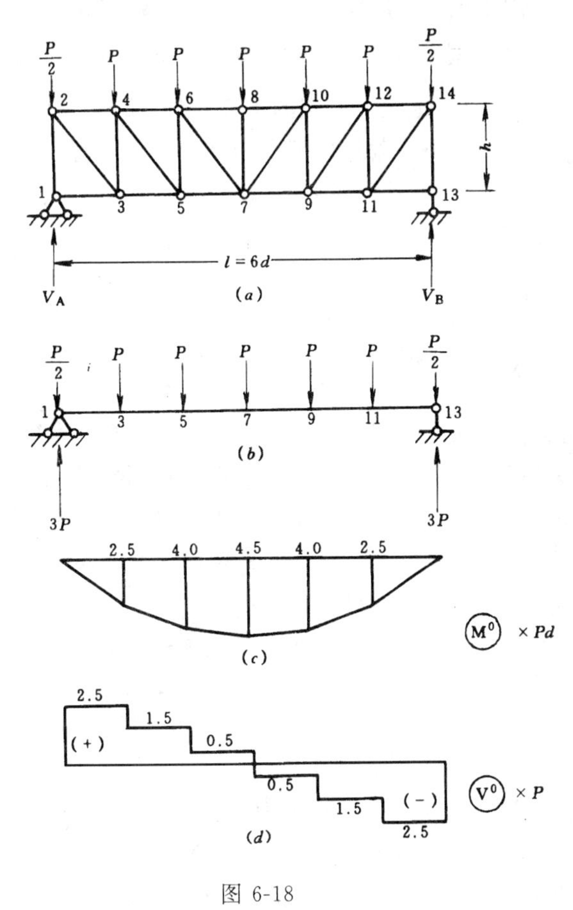

图 6-18

一、平行弦桁架

图 6-18（a）为一上弦承受均布结点荷载的平行弦桁架，图 6-18（b）为与该桁架等跨且受相同荷载作用的简支梁（相应简支梁），图 6-18（c）、（d）分别为相应简支梁的弯矩图和剪力图。

上、下弦杆的轴力可由力矩法计算，其公式为

$$N=\pm\frac{M^0}{h}$$

式中 M^0——相应简支梁中对应力矩点的弯矩；

h——平行弦桁架的高度。

显然，由于平行弦桁架的高度

h 为一定值，所以其上、下弦杆的轴力变化与弯矩 M^0 的变化相同，即两端小、中间大，且下弦杆受拉，上弦杆受压。

腹杆（包括竖杆和斜杆）的轴力可用投影法计算，其公式为

$$N_y = \pm V^0$$

式中 V^0——相应简支梁上对应于桁架节间的剪力；

N_y——竖杆轴力或斜杆的竖向分力。

由上式和图 6-18（d）可知，平行弦桁架腹杆的轴力是中间小、两端大。腹杆的拉压性质则取决于斜杆的布置。图 6-18（a）中的斜杆布置，使该桁架的竖杆受压、斜杆受拉；若各斜杆布置方向均与图 6-18（a）所示方向相反，则斜杆受压，竖杆受拉。

二、抛物线形桁架

图 6-19（b）所示抛物线形桁架，其上、下弦杆的轴力公式也可由力矩法得到，即

$$N = \pm \frac{M^0}{r}$$

式中 M^0——含义与前述相同；

r——为弦杆至力矩点的力臂。

桁架的外形为一抛物线，相应简支梁的弯矩图也为一抛物线，因此桁架竖杆的高度和相应简支梁弯矩图的竖标均按抛物线规律变化。由于 M^0 和 r 两者的增减相同，因而按式 $N = \pm \frac{M^0}{r}$ 进行计算，下弦杆轴力和各上弦杆的水平分力大小相等。又因上弦杆倾斜角度变化不大，所以上弦杆轴力也相差很小。至于腹杆，由上弦结点的平衡条件（$\Sigma X=0$）可知，各斜杆内力均为零。从而竖杆的内力也等于零（当荷载作用于上弦结点时）或等于所承受的荷载（当荷载作用于下弦结点时）。

三、三角形桁架

图 6-19（c）所示三角形桁架的弦杆轴力计算公式亦为

$$N = \pm \frac{M^0}{r}$$

式中，M^0、r 的含义与前述相同。

在三角形桁架中，各弦杆对应的 r 值从中间向两端按直线递减，而与各结点对应的弯矩值 M^0 则按抛物线变化。由于力臂 r 的减小比弯矩 M^0 快，因而弦杆的轴力中间小、两端大。而腹杆的轴力，由截面法可知，为中间大、两端小。当斜杆按图 6-19（c）布置时，斜杆受压、竖杆受拉；当斜杆均反向布置时，斜杆受拉、竖杆受压。

上述分析表明，桁架各杆的内力分布及腹杆的内力性质不仅与荷载有关，同时还与桁架的外形、斜杆的倾斜方向有关。当桁架的外形和斜杆的倾斜方向改变后，桁架各杆之间的内力分布和腹杆的符号也将随之改变。

根据对上述三种不同外形的桁架的分析结果，可得出如下结论：

1. 平行弦桁架弦杆轴力中间大、两端小，而腹杆的轴力中间小、两端大。因此，若每一弦杆采用不同的截面会增加拼接困难；若采用同一截面又浪费材料。但是，由于采用相同截面在构造上有其优点，如结点构造统一，杆件类型少，便于制造和施工，因而平行弦

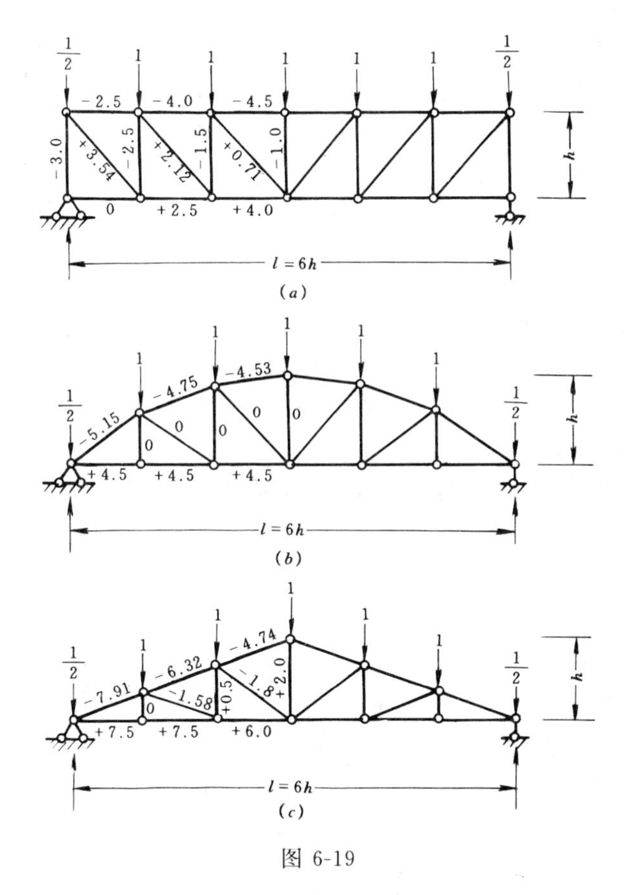

图 6-19

桁架仍得到了广泛应用。不过一般限于轻型桁架，以避免因弦杆采用一致的截面带来的过大浪费。

2. 抛物线形桁架弦杆轴力变化不大，因而在材料使用上最为经济。但上弦杆转折太多，构造复杂，施工困难。在大跨度屋架（18～30m）和大跨度桥梁（100～150m）中，因节约材料意义较大，故常被采用。

3. 三角形桁架的内力分布不均匀，支座处弦杆轴力最大。端结点处杆件之间的夹角很小，构造复杂，制作困难。但由于其外形利于排水，所以这种桁架形式宜用于跨度较小，坡度要求较大的屋架结构。

第四节　组　合　结　构

组合结构是由两类受力性质不同的杆件组合而成。一类杆件为仅承受轴力的链杆，另一类杆件为同时承受弯矩、剪力和轴力的梁式杆。

在图 6-20（*a*）所示组合结构中，*AB*、*BC* 杆为梁杆，其余均为链杆。在图 6-20（*b*）所示组合结构中，①、②杆为链杆，其余则为梁式杆。

静定组合结构的计算方法仍为截面法和结点法，计算步骤也与其他静定结构相同。但在取隔离体时，应特别注意所截断的杆件属于哪一类型。若截断的杆件为链杆，则该杆件

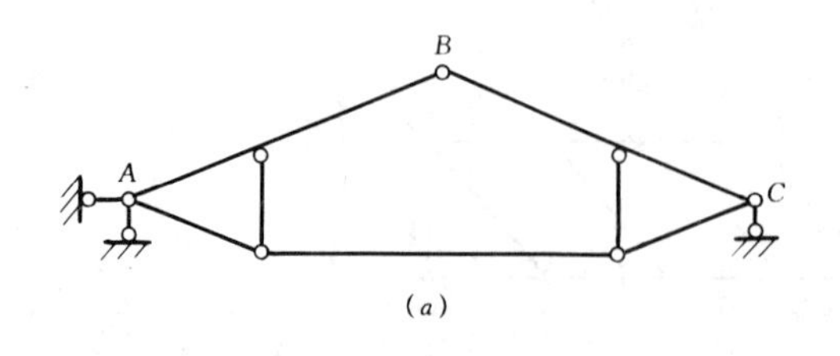

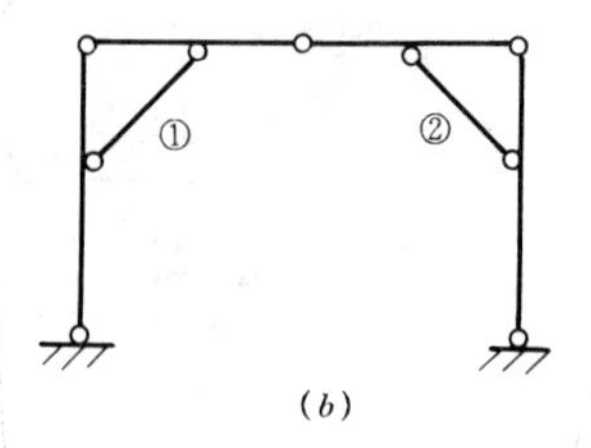

图 6-20

的内力只有轴力。若截断的杆件为梁式杆，则杆件的内力应为弯矩、剪力和轴力。由于梁杆的内力为三个，若先将其截断，就可能导致隔离体上的未知力过多，从而给计算带来困难。因此在分析组合结构时，一般首先截断链杆求出其轴力，然后再根据荷载和所求得的链杆轴力计算梁杆的内力。

【例 6-6】 求图 6-21（a）所示组合结构的内力，并绘内力图。

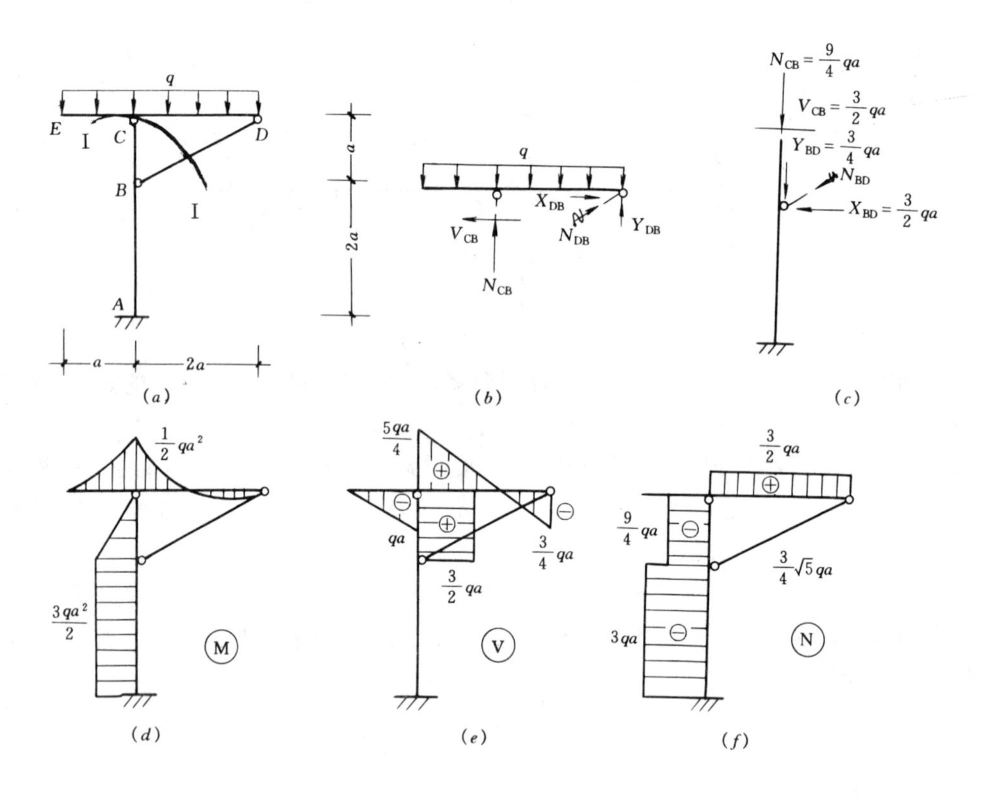

图 6-21

【解】 作截面Ⅰ-Ⅰ，并取上部为隔离体，见图 6-21（b），由

$$\Sigma M_{C}=0,\quad q\times 2a\times a-q\times a\times\frac{a}{2}-Y_{DB}\times 2a=0$$

所以

$$Y_{DB}=\frac{3}{4}qa$$

由比例关系 $$\frac{N_{\mathrm{DB}}}{\sqrt{5}}=\frac{Y_{\mathrm{DB}}}{1}=\frac{X_{\mathrm{DB}}}{2}$$

所以 $$N_{\mathrm{DB}}=\frac{3\sqrt{5}}{4}qa(\text{压})\quad X_{\mathrm{DB}}=\frac{3}{2}qa$$

又由 $$\Sigma X=0,\quad V_{\mathrm{CB}}=\frac{3}{2}qa$$

$$\Sigma Y=0,\quad N_{\mathrm{CB}}=\frac{9}{4}qa(\text{压})$$

取 I - I 截面以下为隔离体，见图 6-21 (c)。

根据图 6-21 (b)、(c)，即可作出相应杆件的内力图。该组合结构的弯矩图、剪力图、轴力图如图 6-21 (d)、(e)、(f) 所示。

思 考 题

1. 实际桁架与理想桁架有无区别？为什么能用理想桁架作为实际桁架的计算简图？
2. 理想桁架采用了哪些假定？
3. 什么是"主内力"？什么是"次内力"？
4. 在某一荷载作用下，静定桁架中可能存在零杆。由于零杆表示该杆不受力，因此该杆可以拆去。此种说法是否正确？
5. 怎样利用简单桁架和联合桁架的几何组成特点计算桁架内力？
6. 组合结构在构造上有哪些特点？链杆和梁式杆的受力性能如何？分析时应注意什么？

习 题

6-1 试指出图示各桁架中的零杆。

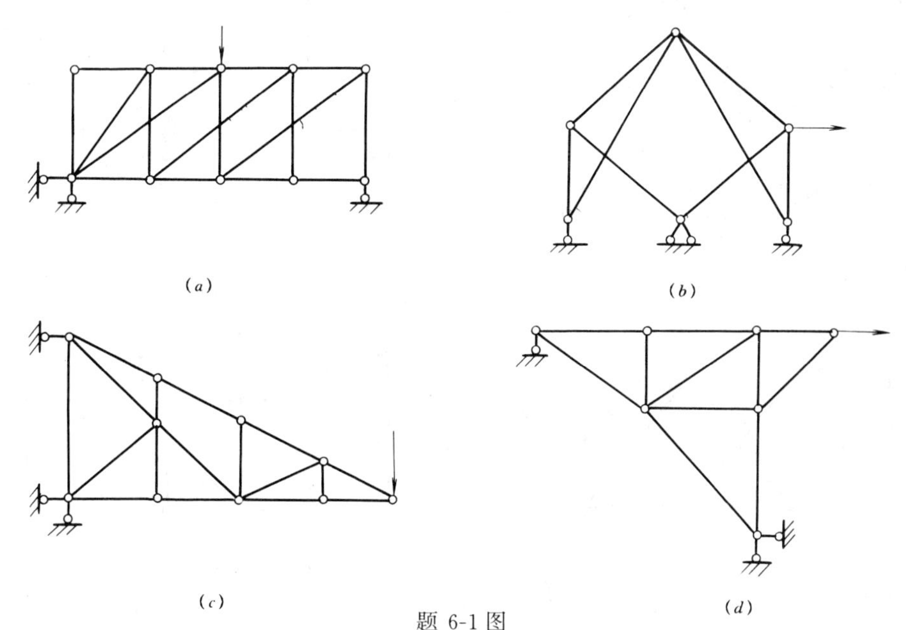

题 6-1 图

6-2 试用结点法计算图示各桁架的内力。

6-3 采用较简捷方法计算图示各桁架指定杆件的内力。

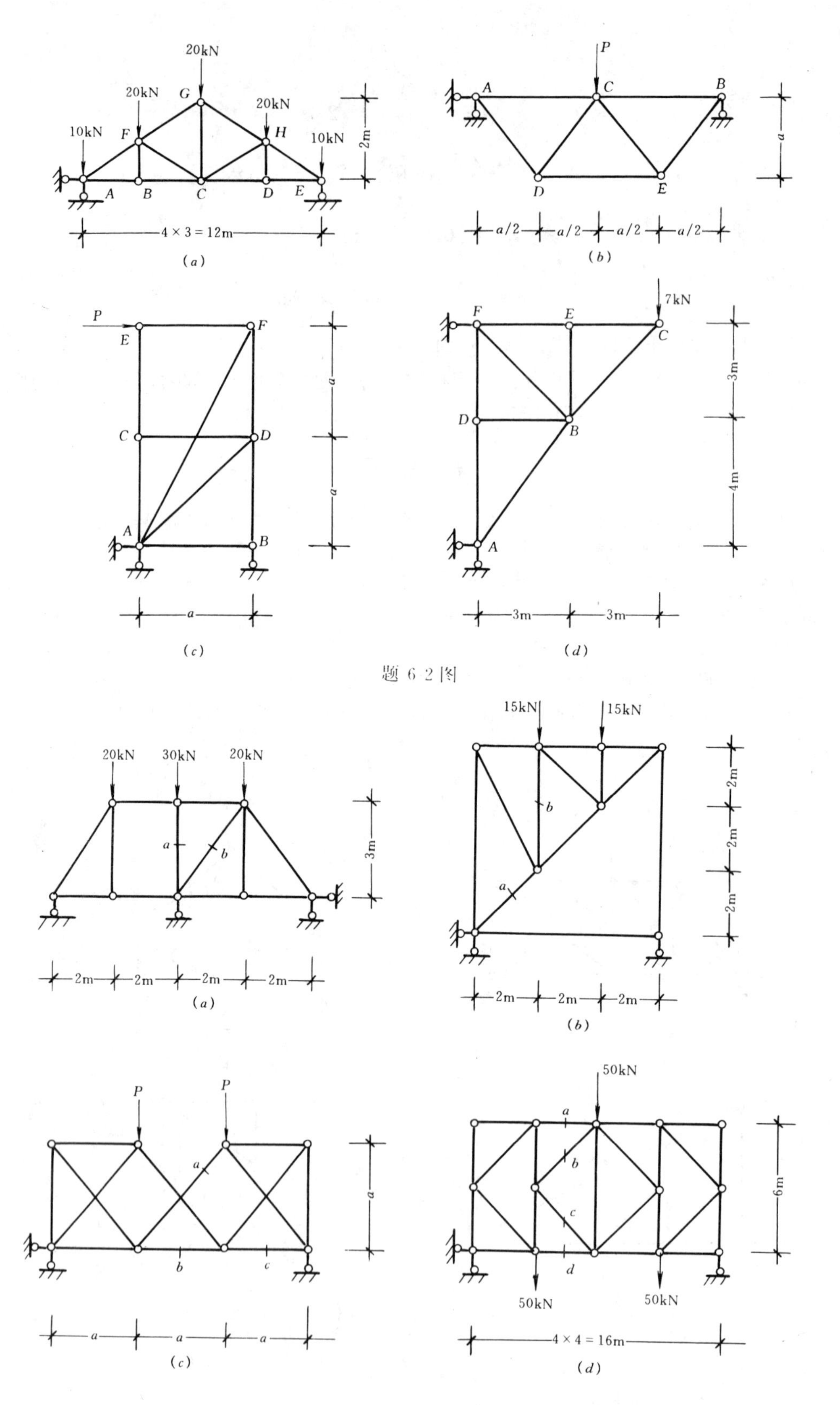
20kN
20kN
G
20kN
10kN
F
H
10kN
2m
A
B
C
D
E
4 × 3 = 12m
(a)
P
A
C
B
a
D
E
a/2
a/2
a/2
a/2
(b)
P
E
F
a
C
D
a
A
B
a
(c)
7kN
F
E
C
3m
D
B
4m
A
3m
3m
(d)
15kN
15kN
20kN
30kN
20kN
2m
b
a
b
3m
2m
a
2m
2m
2m
2m
2m
(a)
2m
2m
2m
(b)
50kN
P
P
a
a
b
a
c
6m
a
b
c
d
50kN
50kN
a
a
a
(c)
4 × 4 = 16m
(d)

题 6-2 图

题 6-3 图（一）

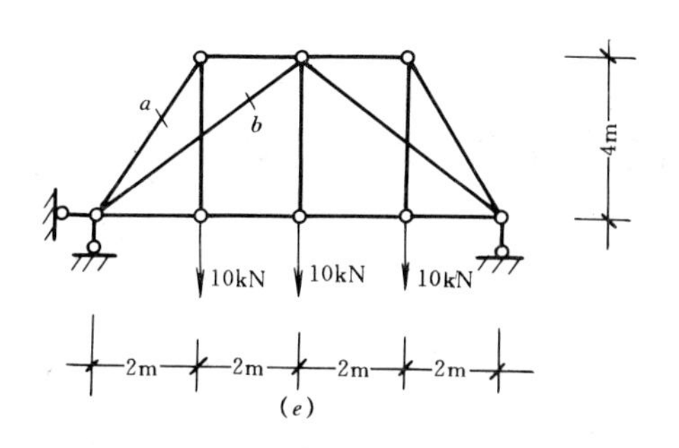

(e)

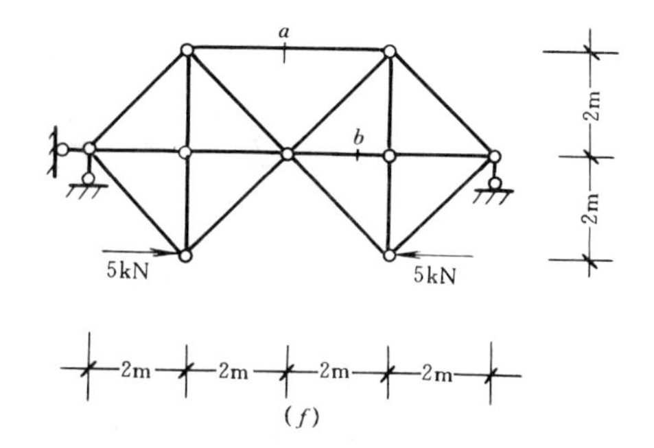

(f)

题 6-3 图（二）

6-4 计算图示组合结构的内力，并作内力图。

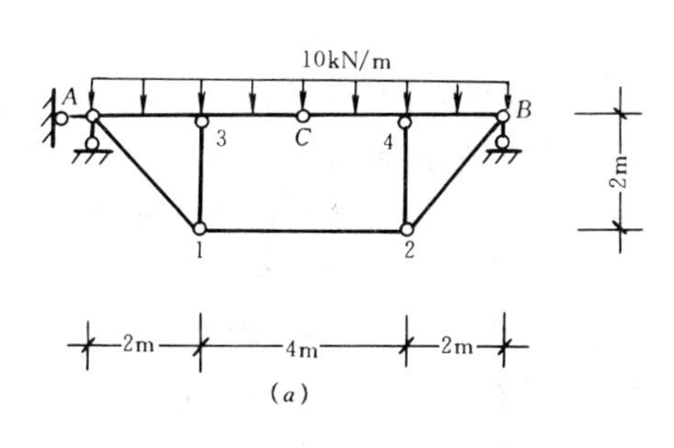

(a)

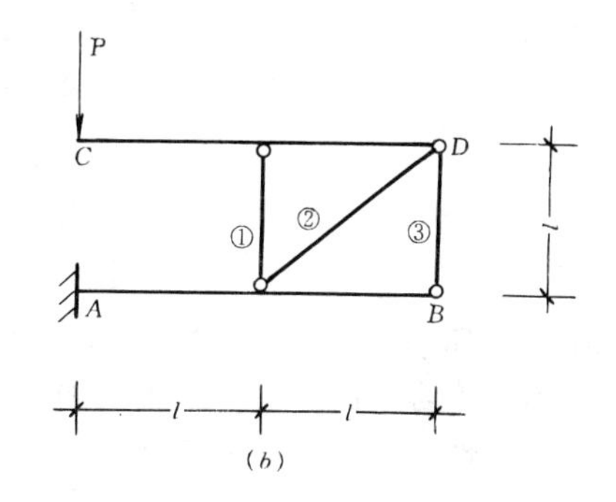

(b)

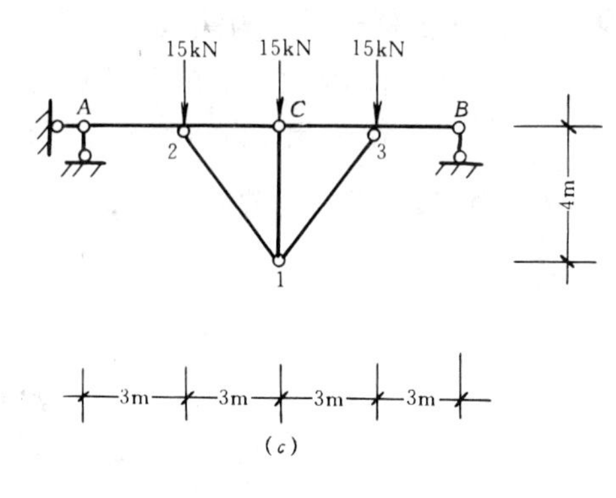

(c)

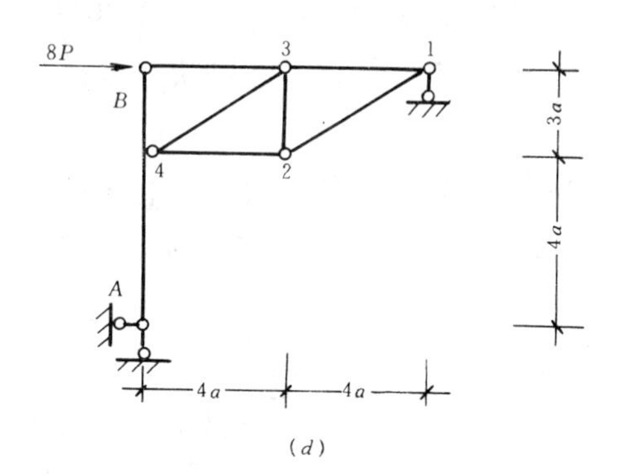

(d)

题 6-4 图

第七章　虚功原理和静定结构的位移计算

第一节　概　　述

结构位移计算的方法有多种，归纳起来可分为两大类：一类是几何物理方法，它是以杆件变形关系为基础的，例如材料力学中计算梁挠度、转角的重积分法；另一类方法是以功能原理为基础，其中，以虚功原理为基础导出的单位荷载法应用最广泛。所以，本章讨论两个主要内容：第一个是虚功原理，此处只涉及变形体虚功原理；第二个是研究结构在各种外因影响下的位移计算问题。

在材料力学中学过用重积分法计算挠度和转角，但用来计算结构力学的多跨静定梁、刚架、桁架、组合结构和拱式结构的位移是不适合的。它们通常采用由虚功原理导出的单位荷载法（即虚功法）计算上述结构的位移，尤其，用来计算结构的任意点处的位移具有简便的优点。所以，应用虚功法计算结构位移，在结构分析中占有重要地位。结构力学中许多重要原理，也能直接由虚功原理导出，因此，虚功原理在力学分析中得到了广泛的应用。

弹性结构在荷载作用下，要产生应力和应变，从而导致杆件尺寸和形状的改变，这种改变称为变形。变形能使结构各点的位置发生相应的改变。这种由于在外荷载作用下，所引起的结构各点位置的改变，称为结构的位移。结构的位移一般分为线位移和角位移。

例如图 7-1 (*a*) 所示刚架在荷载 P 作用下发生如虚线所示的变形，截面 A 的形心 A 点沿某一方向移到了 A'，则线段 $\overline{AA'}$ 称为 A 点的线位移，用 Δ_A 表示。也可用竖向线位移 Δ_{AV} 和水平线位移 Δ_{AH} 两个位移分量表示，如图 7-1 (*b*) 所示。同时，截面 A 还转动了一个角度 φ_A，称为截面 A 的转角位移。

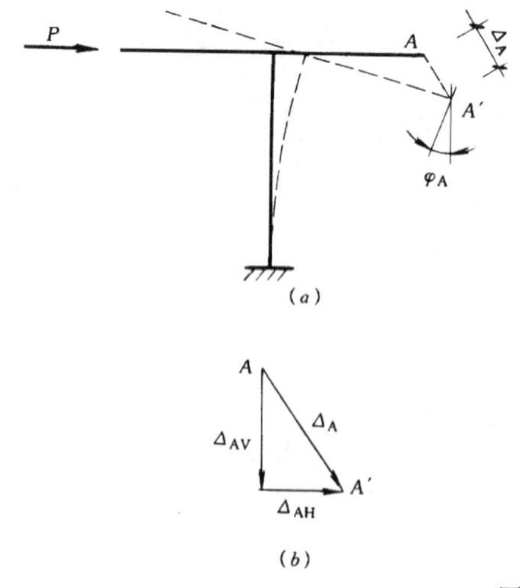

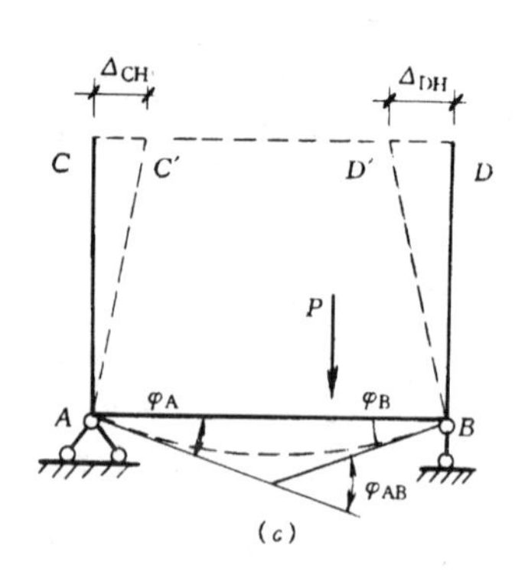

图 7-1

又如图 7-1（c）所示简支刚架，在荷载 P 作用下发生虚线所示变形，截面 A 处产生角位移 φ_{A}；截面 B 处产生角位移 φ_{B}，这两个截面的转角之和，构成了 A、B 两截面的**相对转角**，即 $\varphi_{AB}=\varphi_{A}+\varphi_{B}$。同时，$C$、$D$ 两点沿水平方向产生线位移 Δ_{CH}、Δ_{DH}，这两点线位移之和称为 C、D **两点的水平相对线位移**，即

$$\Delta_{CD}=\Delta_{CH}+\Delta_{DH}$$

除荷载引起结构位移外，其他因素如支座移动、温度变化、材料收缩和制造误差等，也能使结构产生位移。

由此看出，掌握结构位移的计算原理和方法，对学好结构力学是十分重要的。

计算结构位移的主要目的有如下三个方面：

1．校核结构的刚度

为保证结构在使用过程中不致发生过大的变形而影响结构的正常使用。例如，建筑结构中楼面主梁的最大挠度一般不可超过其跨度的 1/400；工业厂房中的吊车梁的最大挠度不可超过跨度的 1/500～1/600。又如，当列车通过桥梁时，假如桥梁挠度太大，将会导致线路不平，引起较大的冲击和振动，甚至影响列车运行。按规定，在静荷载作用下桥梁的最大挠度不可超过其跨度的 1/700～1/900。

2．结构在制作和施工架设中的位移计算

某些结构在制作、施工架设等过程中需要预先知道结构可能发生的位移、以便采取必要的防范和加固措施。例如图 7-2（a）所示桁架，在屋盖自重作用下其下弦各结点将产生虚线所示的竖向位移，结点 C 的竖向位移（挠度）为最大。为了减少桁架在使用时下弦各结点的竖向位移，在制作时要将下弦部分按“建筑起拱”的做法下料制作（图 7-2b），当拼装后结点 C' 恰好落在 C 点的水平位置上。确定“建筑起拱”必须要计算桁架下弦结点 C 的竖向位移，以便确定起拱的高度。

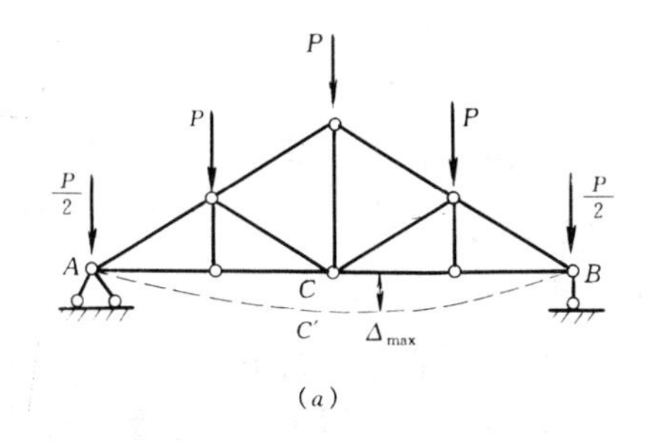

（a）

（b）

图 7-2

3．为分析超静定结构创造条件

因为超静定结构的内力计算单凭静力平衡条件是不能完全确定的，还必须考虑变形条件才能求解，建立变形条件就需要进行结构位移的计算。

另外，在结构动力计算和稳定性计算均要用到结构位移的计算。所以，结构位移计算在结构分析和实践上都具有重要的意义。

应指出的，这里所研究的结构仅限于线弹性变形体结构，或者说，结构的位移是与荷载成正比直线关系增减的。因此，计算位移时荷载的影响可以应用叠加原理。换句话说，结

构必须具备如下条件：

（1）材料的受力在弹性范围内，应力与应变的关系满足虎克定律；

（2）结构的位移（或变形）是微小的。

线性变形结构也称为线性弹性结构，简称弹性结构。对于位移与荷载不成正比变化的结构，叫做非线性变形结构。线性和非线性变形结构，统称为变形体结构。

第二节　功、广义力、广义位移、外力实功和应变能

首先简略地复习功和能的概念。

一、常力功

在力学中，功的定义是：一个不变的集中力 P 所作的功等于该力的大小与其作用点沿

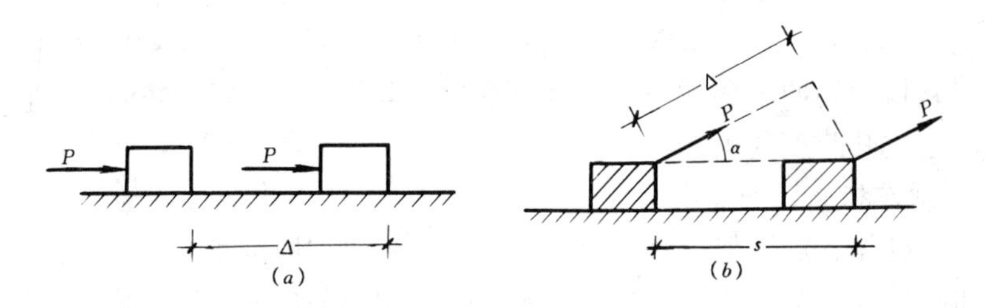

图 7-3

力作用线方向相应位移 Δ 的乘积（图 7-3a），其表达式为

$$W = P \cdot \Delta \tag{7-1}$$

式中　W——表示功；

P——表示作功的力；

Δ——表示沿力作用线方向的相应位移。

图 7-3（b）表示力与位移的方向不一致，而两者间夹角为 α 时，则力 P 所作的功等于

$$W = P \cdot \Delta = P \cdot S\cos\alpha \tag{7-2}$$

式中　$\Delta = S\cos\alpha$ 它是物体的水平位移在 P 力方向的投影。

对于其他形式力或力系所作的功，可用两个因子的乘积来表示，其中与力相应的因子称为**广义力**，而另一个与位移相应的因子称为**广义位移**。这样，可用统一而紧凑的形式将功表示为广义力与广义位移的乘积。它具有功的单位，kN·m。

如图 7-4（a）所示结构，在 A、B 两点沿 AB 受有一对大小相等、方向相反并沿 AB 连线作用的力 P。当此结构由于某种其他原因发生图 7-4（b）中虚线所示的变形时，A、B 两点分别移至 A' 和 B'。设用 Δ_A 和 Δ_B 分别代表 A、B 两点沿 AB 连线方向的位移，则这一对力 P 所作功之功（作功过程中二力大小和方向保持不变）为

$$W = P\Delta_A + P\Delta_B = P(\Delta_A + \Delta_B) = P \cdot \Delta \tag{7-3}$$

式中　$\Delta = \Delta_A + \Delta_B$ 代表 A、B 两点沿其连线方向的相对线位移。

由上式可见，广义力是作用于 A、B 两点并沿该两点连线作用的一对等值反向的力，在

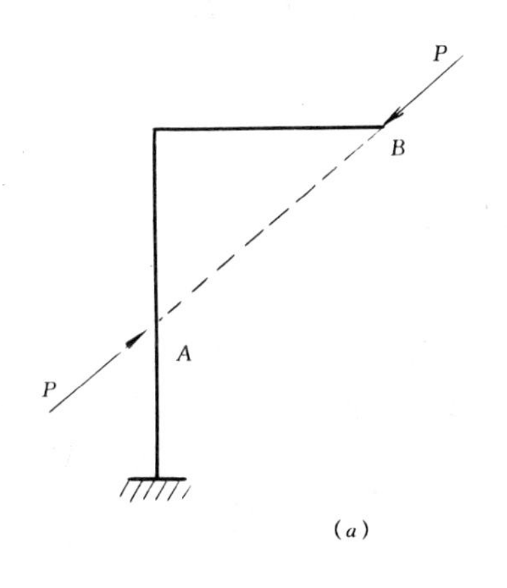

(a)

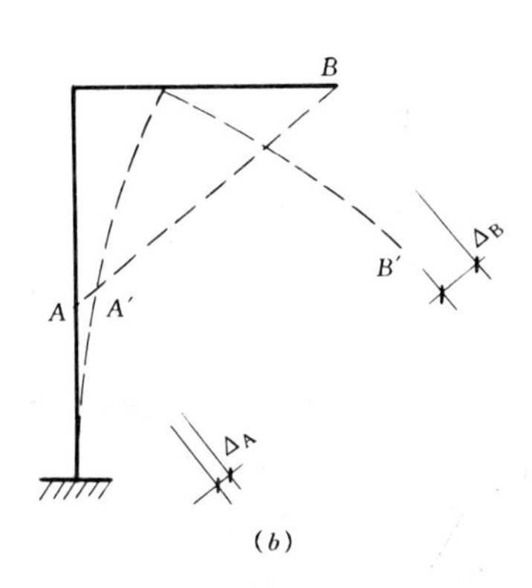

(b)

图 7-4

式中以 P 代表，而取 A、B 两点沿力的方向的相对线位移 Δ 代表广义位移。

又如图 7-5 所示圆盘受一常力偶 $M=P\cdot d$ 作用使圆盘转动角度 φ，则力偶所作的功可由构成力偶的两力所作功之和来计算：

$$W = 2P \times r \times \varphi = P \times 2r \times \varphi = M \cdot \varphi \tag{7-4}$$

即力偶所作的功等于力偶矩与角位移的乘积。其中，广义力为力偶矩 M，广义位移为转角 φ。很明显，它们乘积的单位符合功的单位。

再看图 7-6（a）所示简支梁 AB，其两端作用力偶矩 M，当由于其他某种原因发生图 7-6（b）中虚线所示的变形，则两端的力偶矩 M 所作的功（在作功过程中 M 的大小保持不

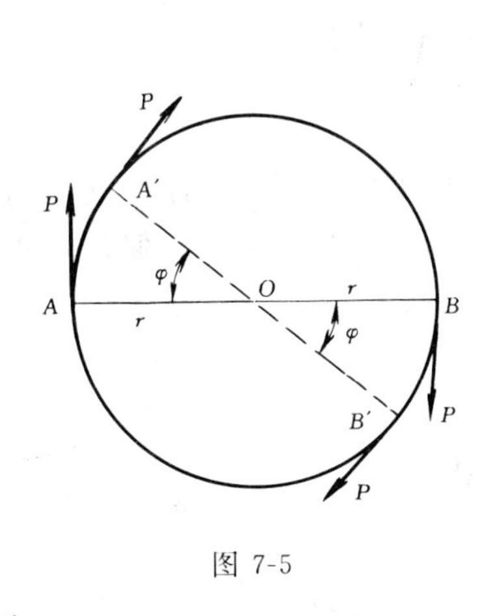

图 7-5

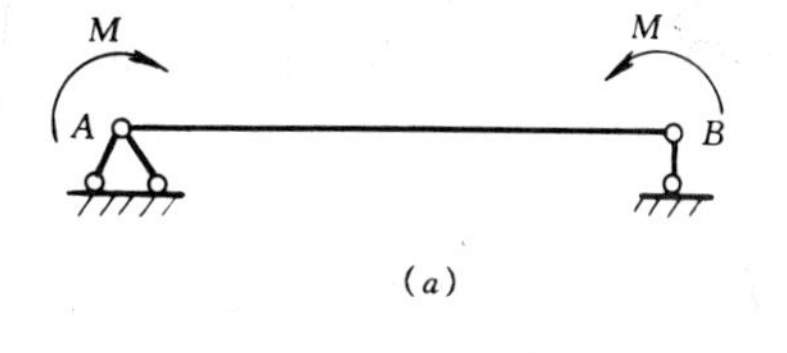

(a)

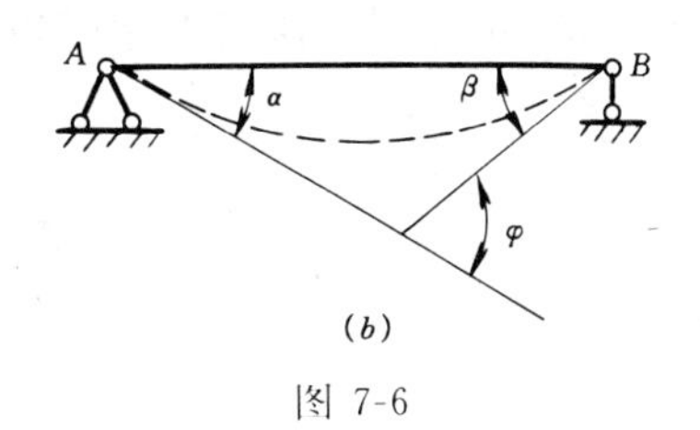

(b)

图 7-6

变）为：

$$W = M\alpha + M\beta = M(\alpha + \beta) = M \cdot \varphi \tag{7-5}$$

取作用在 A、B 两端等值反向的力偶矩 M 为广义力，又取 A、B 两端截面的相对转角 $\varphi=\alpha+\beta$ 为广义位移。

从上面示例看出，一个广义力可以是一个力或一个力偶，其对应的广义位移是一个线位移或一个角位移；也可以是一对力或一对力偶，这时对应的广义位移就是两个力作用点的相对线位移或两个截面的相对转角。故广义力可有不同的量纲，相应的广义位移也可有不同的量纲。但在作功时广义力与广义位移的乘积却恒有相同的量纲，即功的量纲。其单

位常用牛顿米（N・m）或千牛顿米（kN・m）。当力与位移方向一致时，功为正值，相反时功为负值。

二、外力实功

作为结构的大多数材料均可视为弹性体，因此，作用在弹性体上的外力在由它所引起的力方向的位移上所作的功，称为外力实功。

与功的概念密切相联的另一个物理量是“能”，它表示物体作功的能力大小。自然界中能量具有多种不同的形式，例如机械能、热能、电能、化学能、原子核能等等。人类从长期实践中认识到，各种形式的能量间具有一定的内在联系，能量既不能创造，也不能消失，它只能从一种形式转化为另一种形式，而能的总量则始终保持不变，这就是能量守恒和转化定律。功则是能量变化的量度。

弹性结构受到外力作用而发生变形，则外力在发生变形过程中作了功。如果结构处于弹性阶段范围，当外力去掉之后，该结构将能恢复到原来的变形前位置。这种由于弹性变形使结构积蓄具有作功的能量，通常称为弹性体的应变能或称为变形能。由此可见，结构之所以有这种变形，实际上是结构受到外力作功的结果，也就是功与能的转化。

图 7-7（a）所示简支梁，在静力荷载 P 作用下发生了虚线所示的变形。所谓“静力荷载”是指所加的荷载 P 是从零缓慢逐渐的加到其最终值。也就是说，施力过程是平稳地进行并不使结构产生加速度，因而也就不产生惯性力。通常认为加载速度不大，所产生的惯性力与荷载相比很小可忽略不计，就把该过程看作是静力过程。对于线性变形结构，荷载 P 由零逐渐加到最终值时，其作用点沿力 P 方向上的位移 Δ，也相应地从零逐渐增加到最终的位移值。在任一位置上的 Δ_x 和作用力 P_x 之间均保持线性关系，则有

$$\Delta_x = fP_x \tag{7-6}$$

式中 f 为比例常数。如图 7-7（b）所示，当荷载由 P_x 增加 dP_x 时，相应的位移也增加 $d\Delta_x$。由于 $d\Delta_x$ 是一个很小微量，如略去高阶微量，则微小变形中的力 P_x 可以近似看作为常数，因此在产生 $d\Delta_x$ 的过程中荷载 P_x 所作的微功（略去高阶微量）为

$$dW = P_x \cdot d\Delta_x$$

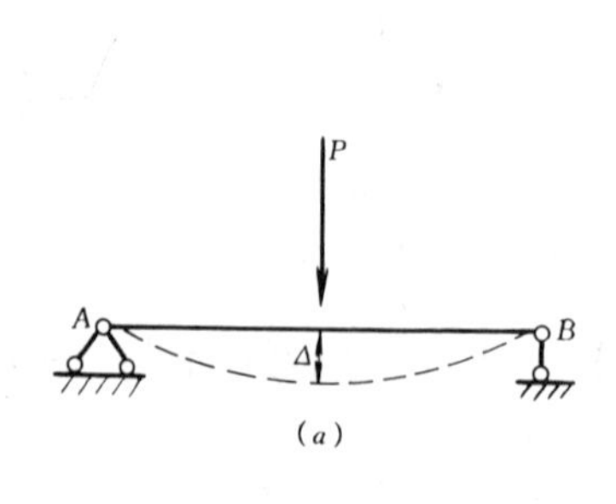

（a）

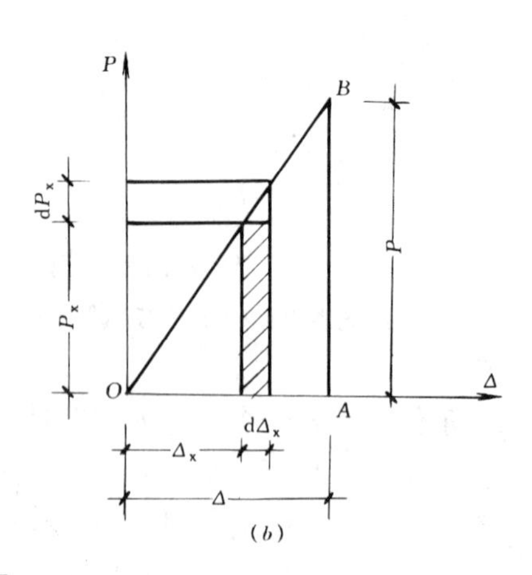

（b）

图 7-7

它等于图 7-7（b）中有阴影线的窄条面积。由于作用的外力 P 是变量，因此，欲求力 P 在产生位移 Δ 过程中所作的功应按积分法求得。所以，在荷载由零增加到 P 的全部加载过程中，荷载 P 所作的总功为

$$W=\int_0^{\Delta}\mathrm{d}W=\int_0^{\Delta}P_x\mathrm{d}\Delta_x=\int_0^{\Delta}\frac{P}{\Delta}\Delta_x\mathrm{d}\Delta_x=\frac{1}{2}P\cdot\Delta \tag{7-7}$$

即等于图 7-7（b）中三角形 OAB 的全面积。

此外，位移 Δ 是由荷载 P 的作用下所引起的，因而功 W 是荷载 P 在自身所引起的位移 Δ 上所作的功，就称为外力实功。由于 P 是从零逐渐增加到最终值，所以它和常力所作的功不同，在计算公式前面有系数$\frac{1}{2}$。又由于荷载是在自身引起作用线方向的位移上作功，两者方向永远一致，故外力实功恒为正值。

类似上述推导，可得图 7-8 所示简支梁在 A 端力矩 M 作用下发生图中虚线所示的变形上所作的功，应等于

$$W=\frac{1}{2}M\varphi_A \tag{7-8}$$

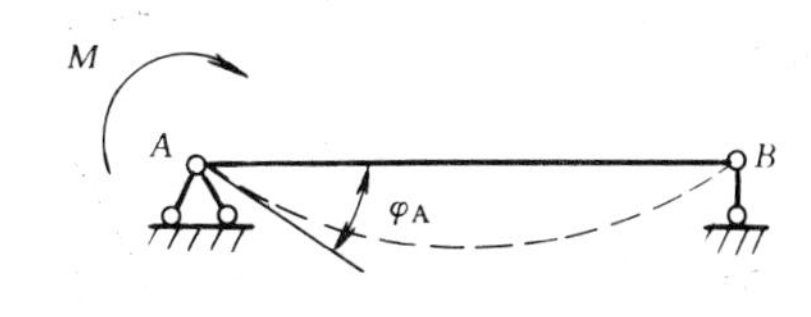

图 7-8

上式在形式和式（7-7）是一样的。因此，可以概括的说，静力荷载作用在弹性结构上，且截面应力不超过材料的弹性极限时，荷载在其作用点沿自身方向的位移上所作的外力实功，等于外力与其相应的位移乘积之半。所谓“相应”，是指集中力与其线位移相对应；集中力偶与其角位移相对应。同样，可将集中力和集中力偶统称为广义力，将线位移和角位移统称为广义位移，则广义实功等于广义力与广义位移乘积之半。

三、**内力实功**（应变能）

弹性结构在荷载作用下产生变形，其结构内部将积蓄应变能。由于我们研究的是静力平衡过程，因而动能无变化，又略去其他微小能量的损耗，如摩擦发生的热量，则根据能量守恒定律可知，在加载过程中外力所作的实功 W 全部转化为结构的弹性应变能（或弹性变形能），用 U 表示，即

$$W=U \tag{7-9}$$

从另一个角度来讲，结构在荷载作用下产生内力和变形，那么内力也将在其相应的变形上作功，而结构的应变能又可用内力所作的功来度量。所以，外力实功等于内力实功又等于应变能。这个功能原理，通常称为弹性结构的实功原理。利用该原理只能求解荷载本身作用点沿其作用线方向所产生的位移，不能求出其他任何点的位移，因而该原理应用范围是非常有限的。

第三节　虚功和虚功原理

为了能普遍地求解结构上任意一点沿任何方向的位移计算问题，现在讨论虚功和虚功原理。

一、虚功

如图 7-9 所示简支梁，设该结构分别受两组荷载作用，为清楚起见，先作用第一组荷载后作用第二组荷载。当第一组荷载 P_1 作用在梁上并达到平衡状态，在 P_1 作用点沿其 P_1 方向上产生的位移为 Δ_{11}。此处 Δ_{11} 用双脚标来表示：第一个脚标表示位移所发生的地点和方向，即该位移是 P_1 作用点沿 P_1 方向上的位移；第二个脚标表示引起位移的原因，即该位移是由 P_1 作用而引起的。则荷载 P_1 在位移 Δ_{11} 上所作的外力实功用 W_{11} 来表示，其表达式为

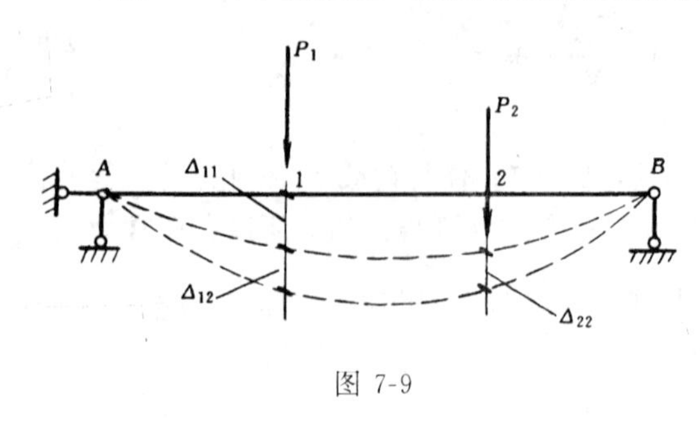

图 7-9

$$W_{11}=\frac{1}{2}P_1\cdot\Delta_{11} \tag{7-10}$$

同时，因第一组荷载 P_1 所引起的内力亦将在其相应的变形上作内力实功，即是应变能 U_{11}。根据实功原理，则有

$$W_{11}=U_{11} \tag{7-11}$$

当第一组外力 P_1 作用下结构达到平衡状态位置，则开始加上第二组外力 P_2，使结构又发生新的变形，当达到新的平衡状态，P_2 在位移 Δ_{22} 上所作的外力实功为

$$W_{22}=\frac{1}{2}P_2\cdot\Delta_{22} \tag{7-12}$$

同理，P_2 所引起的内力也将在它本身所引起的相应的变形上作内力实功，即应变能 U_{22}，根据实功原理，可得

$$W_{22}=U_{22} \tag{7-13}$$

从图中可发现，在 P_2 的施力过程中，P_1 仍作用在结构上而且保持不变，由于 P_2 的作用，P_1 的作用点将沿 P_1 方向下移，这个新的位移可以写成 Δ_{12}，那么 P_1 在其 Δ_{12} 所作的功为

$$W_{12}=P_1\cdot\Delta_{12} \tag{7-14}$$

很明显，Δ_{12} 虽然是 P_1 作用点沿 P_1 方向上的位移，但引起这个位移的原因却不是 P_1 而是 P_2，所以 W_{12} 不是 P_1 在自身引起的位移上所作的功，而是由于其他因素引起的位移上 P_1 所作的功，把这种功称为**外力虚功**，简称为**虚功**。

同样，在 P_2 的加载过程中，原来第一组荷载 P_1 所引起的内力亦将在第二组荷载 P_2 引起的相应的变形上作功，称为**内力虚功**或称为**虚应变能**，用 U_{12} 表示。

这里要特别强调说明实功和虚功的区别：

(1) 实功是指力在自身所引起的位移上所作的功；而虚功是指力在其他原因所引起的位移上所作的功。所谓“虚”字是相对于“实”字而言，并不是虚无的意思，而是强调作功的力与产生位移的原因无关这个特点。

(2) 作实功时，力与位移成正比，由于两者都是由零逐渐增加到最终值的，故计算式中有系数$\frac{1}{2}$；作虚功时，力始终保持常量，故虚功中没有系数$\frac{1}{2}$。

(3) 实功的值恒为正；而虚功的值可能为正，也可能为负，这要看其它原因所引起的

位移与作功的力方向是否一致而定。

二、虚功原理

现在来写图 7-9 所示结构，两组荷载分别作用下的外力和内力所作的总功，先 P_1 作用，后 P_2 作用（或先 P_2 后 P_1）的情况。

外力总功为 $W_{11}+W_{12}+W_{22}$

内力总功为 $U_{11}+U_{12}+U_{22}$

根据能量守恒定律，则有

$$W_{11}+W_{12}+W_{22}=U_{11}+U_{12}+U_{22} \tag{7-15}$$

由于 $W_{11}=U_{11}$，$W_{22}=U_{22}$，因此上式可写成

$$W_{12}=U_{12} \tag{7-16}$$

上式称为**虚功原理**或称为**虚功方程**。

它表明：第一组外力在第二组外力所引起的位移上所作外力虚功，等于第一组内力在第二组内力所引起的变形上所作的内力虚功（虚应变能）。

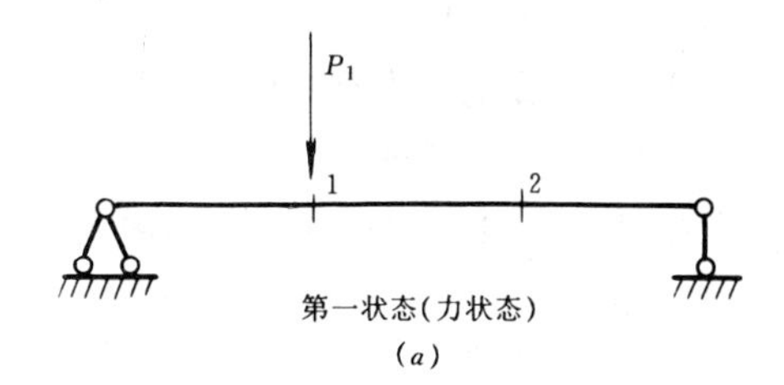

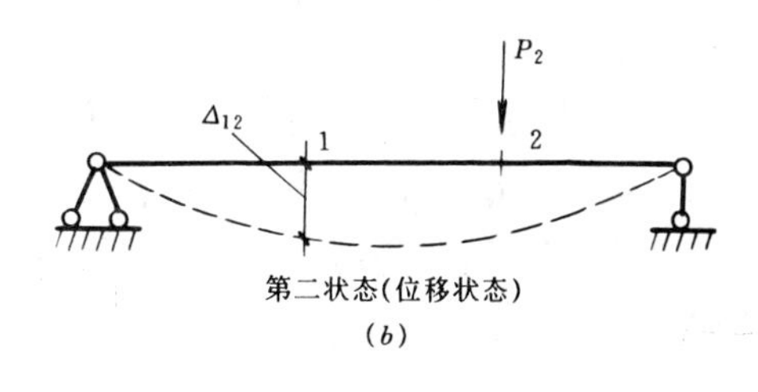

图 7-10

两组外力 P_1 和 P_2 是彼此独立无关的，为清楚起见，通常对 P_1 和 P_2 分别独立作用的两种情况（或称为状态）研究，如图 7-10 所示。把 P_1 作用下的平衡状态叫做第一状态（或叫力状态），图 7-10 (*a*) 所示；而把 P_2 作用下的平衡状态叫做第二状态（或叫位移状态），图 7-10 (*b*) 所示。这样，虚功原理可表述为：第一状态的外力和内力在第二状态的相应位移和变形上所作的虚功相等。

这里，作功的外力和内力都属于第一状态，而相应的位移和变形都属于第二状态。由于两个状态是彼此独立无关的，所以结构无论处于两个什么状态，只要力状态是平衡的，位移状态的位移是微小的，并且为结构约束条件和变形条件所允许，则虚功原理都可适用的。且在位移状态中，引起位移的原因是多种的，如荷载、支座移动、温度变化等等。正因为这样，虚功原理应用范围是非常广泛的。

虚功原理不仅适用于变形体结构，也适用于刚体结构。由于变形体虚功原理未涉及材料的物理性质，在小变形范围内，对于弹性、非弹性 线性、非线性的变形体，虚功原理均能适用。

在具体应用变形体虚功原理时，必须具有两个状态（即力状态和位移状态），则相应有两种表达形式：

1. 当力状态为实际状态，位移状态为虚设状态时，虚功原理就称为**虚位移原理**。可用它求解力状态中的未知力，此时的虚功方程实际上代表平衡方程；

2. 当位移状态为实际状态，力状态为虚设状态时，虚功原理就称为**虚力原理**。可用它

求解位移状态中的未知位移，此时的虚功方程实际上代表几何方程。

本章主要讨论结构的位移计算，因此是以变形体虚力原理作为理论依据的。

第四节　静定结构在荷载作用下的位移计算

现在讨论如何利用虚功原理求结构在荷载作用下的位移计算问题。

如图 7-11 (*a*) 所示结构在给定荷载 P 作用下产生图中虚线所示的变形，现在要求结构上某一点沿某一指定方向上的位移，例如求 i 点的竖向位移 Δ_{iP}。

为应用虚功原理来解决这个问题，就需要建立两个状态：即力状态和位移状态。已知引起结构位移的实际原因是给定的荷载 P，就以此作为结构的位移状态(即为第二状态)，称之为实际状态。另外，还要建立一个力状态（即第一状态）。由于第一状态和第二状态无关，因此，它完全可以根据计算的要求来假设力状态。为使第一状态上的外力能够在第二状态上对应的位移 Δ_{iP}上作虚功，就需要在 i 点的位置上沿所拟求位移方向上虚设一个无量纲的集中力$\overline{P}_i$。为了计算方便，一般令$\overline{P}_i=1$ 如图 7-11 (*b*) 所示。由于$\overline{P}_i=1$ 是为了计算实际状态上的 Δ_{iP}所虚设的，故通常把它称为**虚拟荷载**或**虚设单位荷载**，对应的第一状态称为**虚拟状态**或叫虚设力状态。

下面计算虚设力状态的外力和内力在实际状态相应的位移和变形上所作的虚功。

外力虚功为

$$W_{12}=\overline{P}_i\cdot\Delta_{iP}=1\cdot\Delta_{ip}=\Delta_{ip} \tag{a}$$

即外力虚功在数值上恰好等于所要求的位移 Δ_{ip}。

计算内力虚功

先从虚设力状态的结构上截取长度为 ds 的微段（图 7-11*b*），它的两侧由于单位力$\overline{P}_i=1$ 作用下所引起的截面上内力为$\overline{M}_i$、$\overline{V}_i$、$\overline{N}_i$；而对应的实际状态中微段 ds（图 7-11*a*）在实际荷载作用下所引起的内力（M_p、V_p、N_p）和相应的变形（$d\varphi_p$、dv_p、du_p）上所作的内力虚功为

$$dU_{12}=\overline{M}_i d\varphi_p+\overline{V}_i dv_p+\overline{N}_i du_p \tag{b}$$

将上式沿杆长进行积分，然后对结构各杆求和，便得到结构的内力虚功（即虚应变能）为

$$U_{12}=\Sigma\int\overline{M}_i d\varphi_p+\Sigma\int\overline{V}_i dv_p+\Sigma\int\overline{N}_i dv_p \tag{c}$$

对于线性弹性范围内的变形，由材料力学可知上述变形分别按下列各式计算：

$$\left.\begin{aligned}&d\varphi_p=k_p ds,\quad dv_p=\gamma_p ds,\quad du_p=\varepsilon_p ds\\&k_p=\frac{M_p}{EI},\quad \gamma_p=\mu\frac{V_p}{GA},\quad \varepsilon_p=\frac{N_p}{EA};\\&d\varphi_p=\frac{M_p}{EI}ds,\quad dv_p=\mu\frac{V_p}{GA}ds,\quad du_p=\frac{N_p}{EA}ds\end{aligned}\right\} \tag{d}$$

式中　$d\varphi_p$、dv_p、du_p 分别为微段两端截面的弯曲、剪切、轴向变形；

EI、GA、EA 分别为抗弯、抗剪、抗拉刚度；

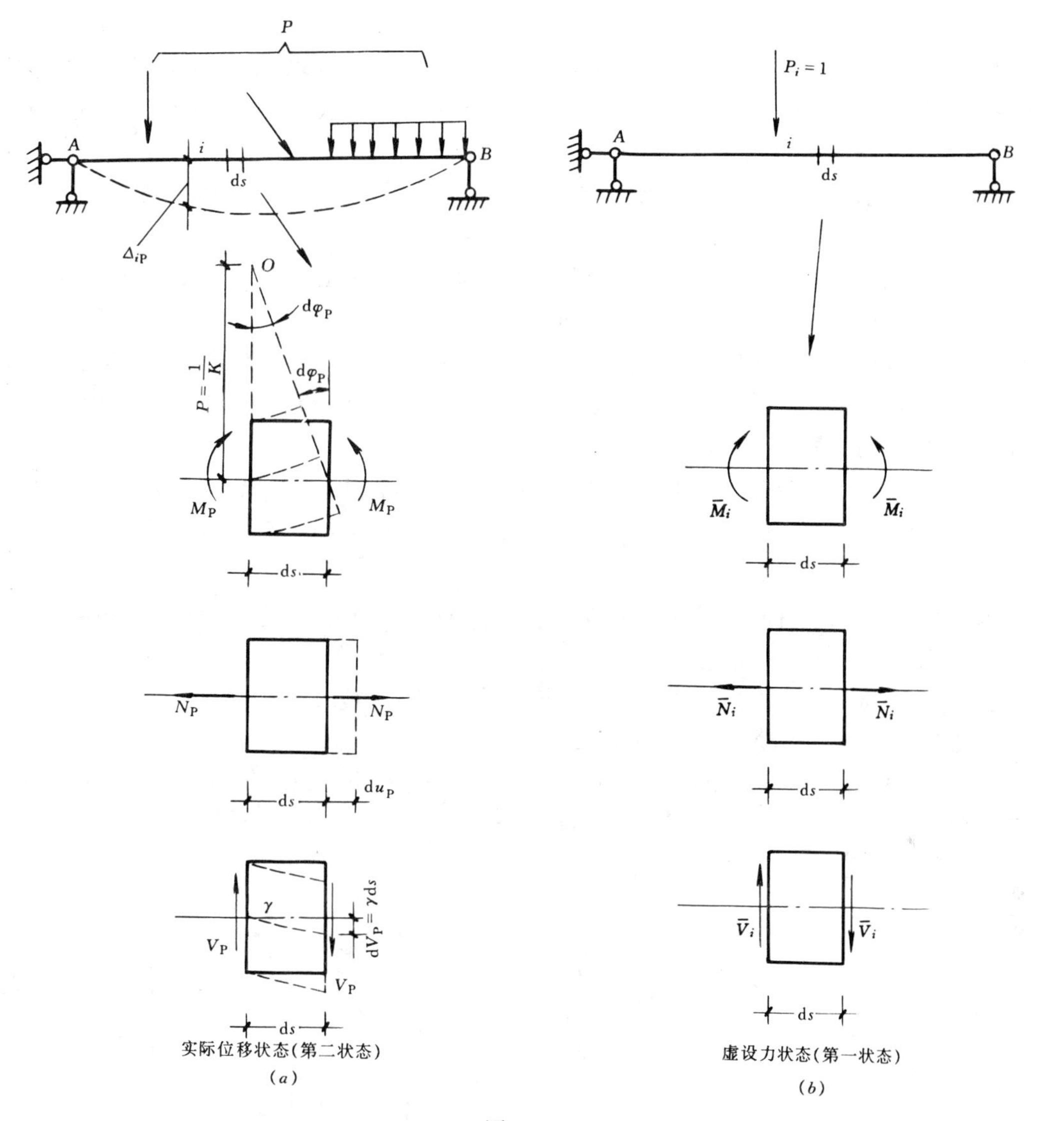

图 7-11

μ 是考虑剪应力沿截面非均匀分布的而引入的修正系数，它只与截面的形状有关，当截面为矩形时 $\mu=1.2$。

将上式代入（c）式，则有

$$U_{12}=\Sigma\int\frac{\overline{M}_i M_p}{EI}ds+\Sigma\int\mu\frac{\overline{V}_i V_p}{GA}ds+\Sigma\int\frac{\overline{N}_i N_p}{EA}ds \qquad (e)$$

式中 $\overline{M}_i$、$\overline{V}_i$、$\overline{N}_i$ 为单位荷载$\overline{P}_i=1$ 所引起的内力；

M_p、V_p、N_p 为实际荷载 P 所引起的内力。

根据虚功原理，$W_{12}=U_{12}$，可得

$$\Delta_{ip}=\Sigma\int\frac{\overline{M}_i M_p}{EI}ds+\Sigma\int\mu\frac{\overline{V}_i V_p}{GA}ds+\Sigma\int\frac{\overline{N}_i N_p}{EA}ds \qquad (7\text{-}17)$$

上式就是用虚功原理求得荷载作用下结构的位移计算公式。它适用于直杆以及曲率不大的曲杆所组成的结构。

从上述位移计算公式的建立过程中，可归纳出用虚功原理求结构位移的基本方法为：

(1) 把结构在实际各种外因作用下的平衡状态视为第二状态（位移状态），即为实际变形状态。

(2) 在拟求位移的某点处沿所求位移的方向上加上一个虚设单位荷载$\overline{P}_i=1$（或$\overline{M}_i=1$），以此作为结构的第一状态（力状态），即为虚设力状态。

(3) 分别写出虚设力状态上的外力和内力在实际变形状态相应的位移和变形上所作的虚功，并由虚功原理得到结构所求位移的计算公式。

这个方法称为虚功法或称为单位荷载法。该法不仅适用于静定结构，而且也适用于超静定结构；适用于弹性材料和非弹性材料结构。虚功原理除荷载外，对于支座移动、温度变化等所引起的位移计算都普遍适用。

应用单位荷载法一次只能求得一个位移，当计算结果为正时，表明所求位移Δ_{ip}的实际指向与假设单位力$\overline{P}_i=1$的指向相同；若计算结果为负时，表明实际位移方向与所设单位力相反。

虚设力状态的设置问题，应根据拟求位移的类型来选择相应的虚设的单位荷载。常用的选择情况如下：

当拟求某点沿某方向的线位移时，应该在该点沿所求位移方向加一个虚设单位力$\overline{P}_i=1$。如图 7-12 (*a*) 所示求 *A* 点水平位移的虚设力状态。

当拟求某截面 *A* 的角位移时，则应在该截面处加上一个虚设单位力偶矩$\overline{M}_i=1$，如图 7-12 (*b*) 所示。

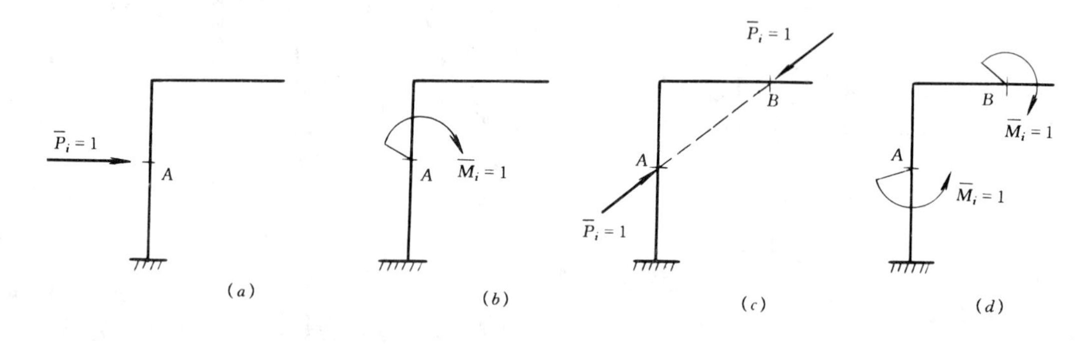

图 7-12

当需要求出某两点间的距离变化时，为求得两点间的相对线位移，拟在两点沿其联线方向上加上一对大小相等方向相反的单位力$\overline{P}_i=1$。图 7-12 (*c*) 就是求 *A*、*B* 两点间的相对线位移虚设力状态。

同理，当拟求 *A*、*B* 两截面的相对角位移，应在 *A*、*B* 两截面处加上一对大小相等方向相反的单位力偶矩$\overline{M}_i=1$，如图 7-12 (*d*) 所示。

关于求桁架某杆件的角位移或求某两杆的相对角位移时，由于桁架杆件只承受轴力，故应将单位力偶矩$\overline{M}_i=1$ 转化为$\frac{1}{d}$的结点力作用在该杆两端上，等效构成求角位移的单位力偶矩虚设力状态。图 7-13 (*a*)、(*b*) 为分别求杆件角位移和两杆间的相对角位移的虚设力状态。

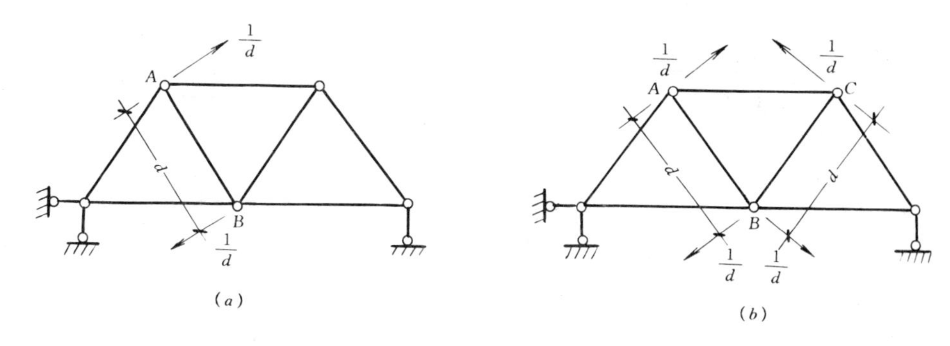

图 7-13

总之，要求虚设力状态的单位荷载是一个广义力，它必须与所求的位移，即广义位移相对应。

在实际计算结构位移时，根据杆件结构的类型不同，对位移计算公式（7-17）作一些简化，如略去剪切和轴向变形的影响等等。

对于梁和刚架结构，例如：一般略去轴力和剪力的影响，只考虑弯矩的影响，则式（7-17）就简化为

$$\Delta_{ip} = \Sigma\int \frac{\overline{M}_i M_p}{EI} ds \tag{7-18}$$

对于桁架结构，由于在结点荷载作用下杆件只产生轴力，而每根杆的$\overline{N}_i$、N_p、EA均为常数，故式（7-17）就简化为

$$\Delta_{ip} = \Sigma\int \frac{\overline{N}_i N_p}{EA} ds = \Sigma \frac{\overline{N}_i N_p}{EA}\int ds = \Sigma \frac{\overline{N}_i N_p}{EA} l \tag{7-19}$$

对于组合结构，受弯构件只考虑弯矩一项，略去轴力和剪力的影响，而桁架杆只有轴力影响，故式（7-17）就简化为

$$\Delta_{ip} = \left(\Sigma\int \frac{\overline{M}_i M_p}{EI} ds\right)_{梁} + \left(\Sigma \frac{\overline{N}_i N_p}{EA} l\right)_{杆} \tag{7-20}$$

对于一般的曲杆和拱式结构，通常也只考虑弯曲变形的影响。只有当拱轴线与压力线比较接近或计算扁平拱$\left(f<\frac{l}{5}\right)$中的水平位移时，才需要同时考虑弯曲变形和轴向变形的影响。

【例 7-1】 试求图 7-14（a）所示悬臂刚架 A 点的竖向位移 Δ_{AV}。已知刚架各杆均为 20a 号工字钢，$l=2$m，钢材的弹性模量 $E=2.1\times10^8$kN/m²，$G=8.1\times10^7$kN/m²。

【解】

1. 在结构的 A 点上加上一竖向单位荷载$\overline{P}_i=1$ 作为虚设力状态如图 7-14（b）所示。

2. 写出实际变形状态中刚架各杆的内力表达式为

$$AB杆 \quad M_p = -\frac{qx^2}{2}, \quad V_p = qx, \quad N_p = 0$$

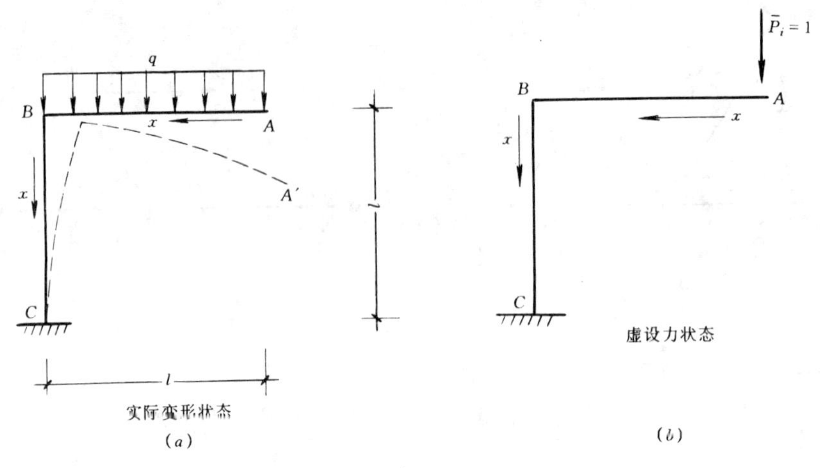

图 7-14

$$BC\text{杆}\quad M_p=-\frac{ql^2}{2},\quad V_p=0,\quad N_p=ql$$

3. 写出虚设力状态中刚架各杆的内力表达式为

$$AB\text{杆}\quad \overline{M}_i=-x,\quad \overline{V}_i=1,\quad \overline{N}_i=0$$

$$BC\text{杆}\quad \overline{M}_i=-l,\quad \overline{V}_i=0,\quad \overline{N}_i=-1$$

4. 将上述内力代入式 (7-17)，则有

$$\begin{aligned}\Delta_{AV}&=\Sigma\int\frac{\overline{M}_iM_p}{EI}ds+\Sigma\int\frac{\mu\overline{V}_iV_p}{GA}ds+\Sigma\int\frac{\overline{N}_iN_p}{EA}ds\\&=\int_0^1\left(-\frac{qx^2}{2}\right)(-x)\frac{dx}{EI}+\int_0^l\left(-\frac{ql^2}{2}\right)(-l)\frac{dx}{EI}+\int_0^l\mu(qx)(+1)\frac{dx}{GA}\\&\quad+\int_0^1(-ql)(-1)\frac{dx}{EA}\\&=\frac{5ql^4}{8EI}+\mu\frac{ql^2}{2GA}+\frac{ql^2}{EA}\\&=\frac{5ql^4}{8EI}\left[1+\frac{4}{5}\frac{\mu EI}{GAl^2}+\frac{5I}{8Al^2}\right](\downarrow)\end{aligned}$$

所得计算结果为正值，表明 Δ_{AV}与所虚设单位荷载的指向一致，即位移向下。

5. 根据工字钢型号在查得有关数据如下：

$I=2370\text{cm}^4$，　$A=35.5\text{cm}^2$，　$A_f=(h-2t)\ d=(20-2\times1.44)\times0.7=12.4\text{cm}^2$，

$\mu=\dfrac{A}{A_f}=\dfrac{35.5}{12.4}=2.86$

则 Δ_{AV}为

$$\Delta_{AV}=\frac{5ql^4}{8EI}\left[1+\frac{4}{5}\times\frac{2.86\times2.1\times10^4\times2370}{8.1\times10^3\times35.5\times200^2}+\frac{5}{8}\times\frac{2370}{35.5\times200^2}\right]$$

$$=\frac{5ql^4}{8EI}[1+0.0099+0.0027]$$

由该例可见，剪力和轴力对位移的影响分别是弯矩影响的 0.99%和 0.27%。因此，计算梁和刚架在荷载作用下的位移时，一般可以略去剪力和轴力的影响，只考虑弯矩的影响，其计算结果已足够精确了。

【例 7-2】 试求图 7-15 (a) 所示等截面简支梁跨中点 C 的竖向位移 Δ_{CV} 和 A 端截面的角位移 φ_A，已知 EI=常数。

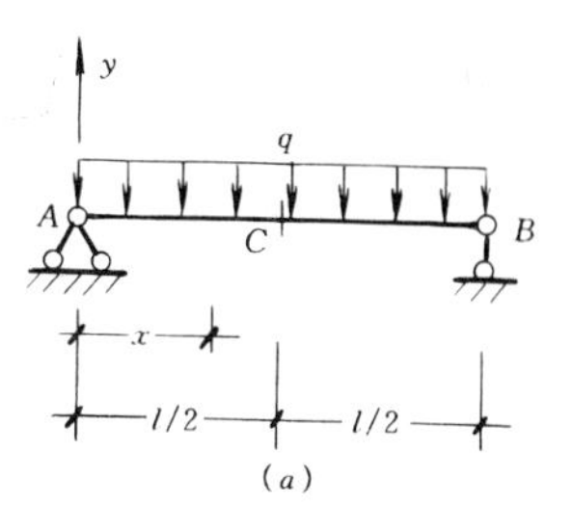

(a)

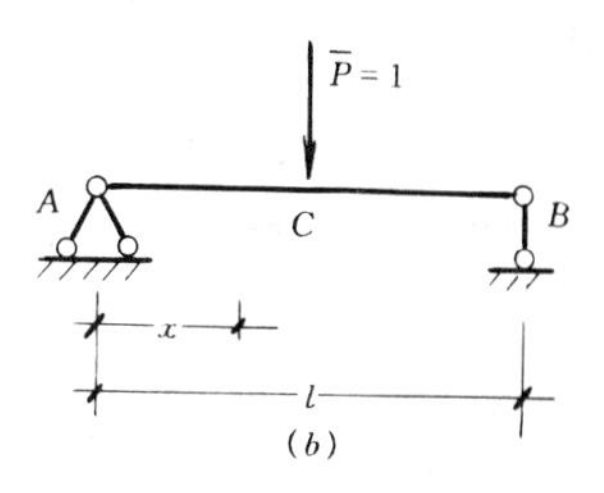

(b)

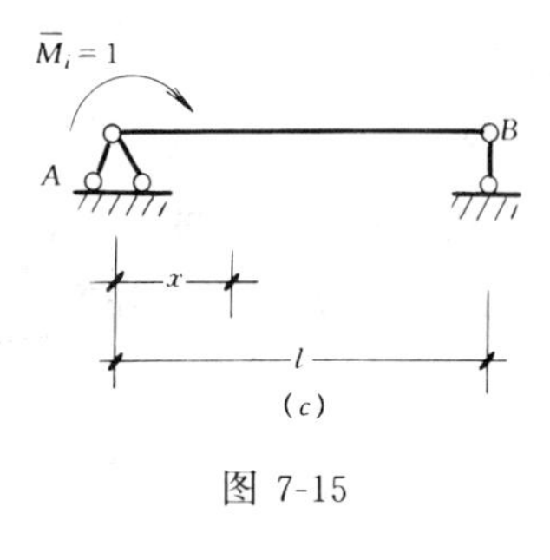

(c)

图 7-15

【解】

1. 在梁中点加一竖向单位荷载 $\overline{P}_i=1$ 作为虚设力状态如图 7-15 (b) 所示。

2. 分别写出实际荷载和虚设荷载作用下梁的弯矩表达式。设 A 点为坐标原点，则有

求 Δ_{CV}：

$$\left.\begin{aligned} M_p &= \frac{ql}{2}x - \frac{qx^2}{2} = \frac{q}{2}(lx - x^2) \\ \overline{M}_i &= \frac{1}{2}x \end{aligned}\right] \left(0 \leqslant x \leqslant \frac{l}{2}\right)$$

求 φ_A：

$$\left.\begin{aligned} M_p &= \frac{ql}{2}x - \frac{qx^2}{2} = \frac{q}{2}(lx - x^2) \\ \overline{M}_i &= 1 - \frac{x}{l} \end{aligned}\right] (0 \leqslant x \leqslant l)$$

3. 因简支梁在竖向荷载作用下支座 A 的水平反力 $H_A=0$，则该梁 C 点左右对称，所以 Δ_{CV} 只需计算一半，把计算结果乘 2 倍即得

$$\begin{aligned} \Delta_{CV} &= 2\int_0^{\frac{l}{2}}\left(\frac{1}{2}x\right)\frac{q}{2}(lx - x^2)\frac{dx}{EI} \\ &= \frac{q}{2EI}\int_0^{\frac{l}{2}}(lx^2 - x^3)dx \\ &= \frac{5ql^4}{384EI}(\downarrow) \end{aligned}$$

计算结果为正值，表明 C 点的竖向位移方向与虚设单位荷载方向相同，即向下。

4. 在简支梁的 A 端加单位力偶 $\overline{M}_i=1$ (图 7-15c)

由式 (7-18)，得

$$\begin{aligned} \Delta_{ip} = \varphi_A &= \int_0^l \frac{M_p \overline{M}_i}{EI}dx = \frac{1}{EI}\int_0^l\left(\frac{ql}{2}x - \frac{qx^2}{2}\right)\left(1 - \frac{x}{l}\right)dx \\ &= \frac{ql^3}{24EI}(\curvearrowright) \end{aligned}$$

计算结果为正，说明角位移 φ_A 的转角与所加单位力偶的指向相同，即是顺时针方向。

【例 7-3】 试求图 7-16（a）所示对称桁架结点 C 的竖向位移 Δ_{CV}，桁架各杆 EA＝常数。

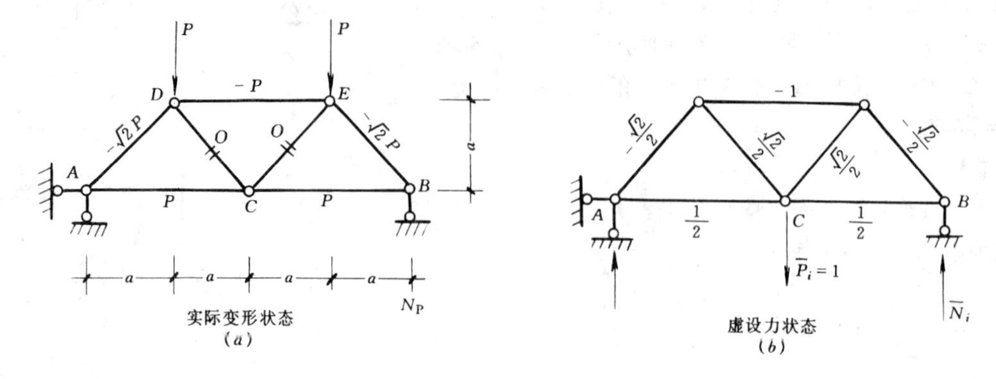

图 7-16

【解】

1．在拟求位移的 C 点竖向加一单位荷载$\overline{P}_i=1$ 以构成虚设力状态如图 7-16（b）所示。其单位荷载作用下产生的各杆轴力$\overline{N}_i$ 标在各杆件上。

2．用结点法计算桁架在实际荷载作用下的各杆轴力 N_P。

3．由于桁架是对称的，计算一半乘以二倍，即可用式（7-19）求得结点 C 的竖向位移

$$\Delta_{CV}=\Sigma\frac{1}{EA}\overline{N}_iN_Pl=\frac{Pa}{EA}2\left(\sqrt{2}+2+2+0\right)$$

$$=\frac{2Pa}{EA}\left(\sqrt{2}+2\right)=6.83\frac{Pa}{EA}(\downarrow)$$

计算结果为正，说明 C 点的竖向位移与假设的单位荷载方向相同，即位移向下。

通常将计算数据列表进行，详见表 7-1

例 7-3 的计算数据 **表 7-1**

杆 件		N_i	N_P	A（面积）	l（长度）	$\overline{N}_iN_Pl$
上 弦	AD	$-\sqrt{2}/2$	$-\sqrt{2}P$	A	$\sqrt{2}a$	$\sqrt{2}Pa$
	DE	-1	$-P$	A	$2a$	$2Pa$
	ED	$-\sqrt{2}/2$	$-\sqrt{2}P$	A	$\sqrt{2}a$	$\sqrt{2}Pa$
斜 杆	DC	$+\sqrt{2}/2$	O	A	$\sqrt{2}a$	O
	EC	$+\sqrt{2}/2$	O	A	$\sqrt{2}a$	O
下 弦	AC	$+1/2$	$+P$	A	$2a$	Pa
	BC	$+1/2$	$+P$	A	$2a$	Pa
						$\Sigma=2Pa(\sqrt{2}+2)$

【例 7-4】 试求如图 7-17（a）所示等截面曲梁 B 点的竖向位移 Δ_{BV}，半径为 R、I 和 A 均为常数，略去剪切和轴向变形的影响。因曲梁的截面厚度远较其半径 R 为小，故计算时可略去曲率影响而采用直杆的位移计算公式。

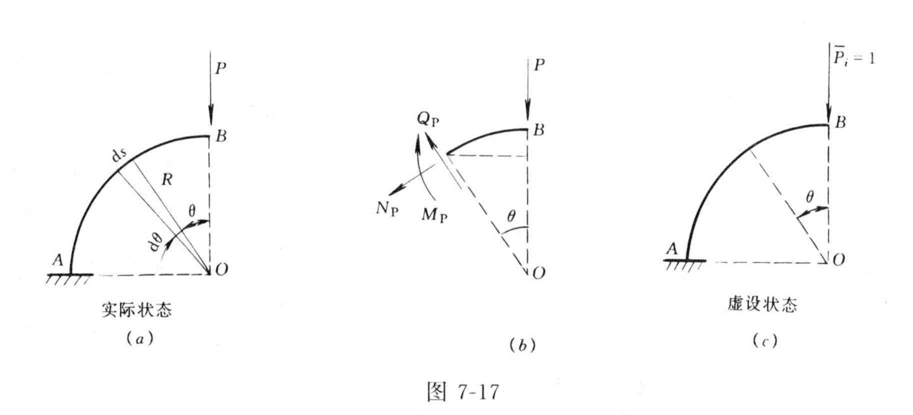

图 7-17

【解】

1. 在实际状态中，取图 7-17（b）所示隔离体，可得任一截面上的弯矩为

$$M_P=-PR\sin\theta$$

2. 求 B 点竖向位移 Δ_{BV}，则虚设力状态如图 7-17（c）所示。显然在上面结果中令 $P=1$，可得虚设力状态的弯矩为

$$\overline{M}_i=-R\sin\theta$$

3. 将以上各项及 $ds=Rd\theta$，则由式（7-18）计算位移

$$\Delta_{BV}=\Sigma\int\frac{\overline{M}_iM_P}{EI}ds=\int_B^A\frac{\overline{M}_iM_P}{EI}Rd\theta=\int_B^A\frac{(-R\sin\theta)(-PR\sin\theta)}{EI}Rd\theta$$

$$=\frac{PR^3}{EI}\int_0^{\frac{\pi}{2}}\sin^2\theta d\theta=\frac{PR^3\pi}{4EI}(\downarrow)$$

因为积分$\int_0^{\frac{\pi}{2}}\sin^2\theta d\theta=\left[\frac{1}{2}\theta-\frac{1}{4}\sin2\theta\right]_0^{\frac{\pi}{2}}=\frac{\pi}{4}$，

$$\int_0^{\frac{\pi}{2}}\cos^2\theta d\theta=\left[\frac{1}{2}\theta+\frac{1}{4}\sin2\theta\right]_0^{\frac{\pi}{2}}=\frac{\pi}{4}。$$

计算结果为正，表明所设方向与实际位移方向相同，即位移 Δ_{BV}向下。

第五节 图 乘 法

计算梁或刚架等受弯结构的位移，要经常应用式（7-18）

$$\Delta_{ip}=\Sigma\int\frac{\overline{M}_iM_p}{EI}ds$$

进行积分运算，这种计算仍然比较麻烦。但是，如果结构的各杆段符合下列条件：（1）杆段的弯曲刚度 EI 为常数；（2）杆段的轴线为直线；（3）$\overline{M}_i$ 和 M_p 两个弯矩图中至少有一个

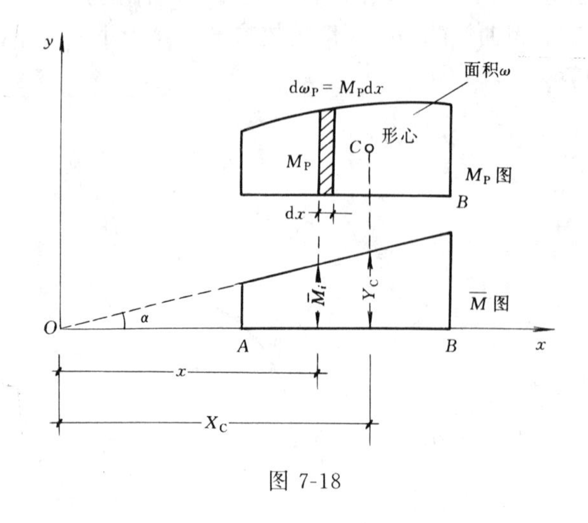

图 7-18

为直线图形。则可用下述的图乘法代替上式的积分运算，从而简化了计算工作。

下面推导图乘法计算结构位移的基本公式：

如图 7-18 所示一等截面直杆段 AB 上的两个弯矩图，其中$\overline{M}_i$ 图为直线图形，M_p 图为任意形状图形。选直线图$\overline{M}_i$ 的基线（平行杆轴）为坐标 x 轴，它与$\overline{M}_i$ 图的直线的延长线的交点 O 为原点，建立 xoy 坐标系如图示。

由于 AB 杆段为直杆，故 ds 可用 dx 代替，EI 为常数可提到积分号外面。

$$\int_A^B \frac{\overline{M}_i M_p}{EI} ds = \frac{1}{EI}\int_A^B \overline{M}_i M_p dx$$

又因$\overline{M}_i$ 图为直线变化，故有

$$\overline{M}_i = x\mathrm{tg}\alpha \tag{a}$$

这里，$\mathrm{tg}\alpha$ 为常数，也可把它提到积分号外面，则积分式可简化为

$$\frac{1}{EI}\int_A^B \overline{M}_i M_p dx = \frac{1}{EI}\int_A^B x\mathrm{tg}\alpha \cdot M_p dx = \frac{\mathrm{tg}\alpha}{EI}\int_A^B x M_p dx = \frac{\mathrm{tg}\alpha}{EI}\int_A^B x d\omega_p \tag{b}$$

式中　$d\omega_p = M_p dx$ 表示 M_p 图中画有阴影线的微分面积。而 $xd\omega_p$ 表示该微分面积对 y 轴的静矩，则积分式$\int_A^B xd\omega_p$ 表示 AB 杆段上所有微分面积对 y 轴的静矩之和，即为整个 M_p 图总面积对 y 轴的静矩。根据合力矩定理，它应等于 M_p 图面积 ω 乘以其形心 C 到 y 的距离 x_C，即

$$\int_A^B x d\omega_p = \omega \cdot x_C$$

把它代入式（b），有

$$\frac{\mathrm{tg}\alpha}{EI}\int_A^B x d\omega_p = \frac{\mathrm{tg}\alpha}{EI}\omega \cdot x_C = \frac{1}{EI}\omega \cdot x_C \cdot \mathrm{tg}\alpha \tag{c}$$

由直线$\overline{M}$图可知，$x_C \cdot \mathrm{tg}\alpha = y_C$，$y_C$ 是 M_P 图的形心 C 处对应于$\overline{M}_i$ 图中的纵距。故最后可得：

$$\int_A^B \frac{\overline{M}_i M_p}{EI} ds = \frac{1}{EI}\omega \cdot y_C \tag{d}$$

由此可见，上述积分运算等于一个弯矩图的面积 ω 乘以其形心处所对应另一个直线弯矩图上的纵距 y_C，再除以 EI。这就是所谓**图形互乘法**，简称为**图乘法**。

若结构所有各杆件都符合图乘条件，则对式（d）求和即得计算结构位移的图乘法公式

$$\Delta_{ip} = \Sigma\int \frac{\overline{M}_i M_p}{EI} dx = \Sigma \frac{\omega \cdot y_C}{EI} \tag{7-21}$$

根据推导图乘法计算位移公式的过程，可见在使用图乘法时应须注意如下几点：

（1）结构必须符合上述的三个条件；

（2）纵距 y_C 的值必须从直线图形上选取，且与另一图形面积形心相对应；

（3）图乘法的正负号规定是：面积 ω 和纵距 y_C 若在杆件的同一侧，其乘积取正号，否则取负号。

下面就图乘法在应用中所遇到的计算问题说明如下：

1. 如果 M_p 和 $\overline{M}$ 两个弯矩图均为直线图形（图 7-19），可取其中任一个图形作为面积 ω，乘上其形心所对应的另一直线图线上的纵距 y_C，所得计算结果不变，即

$$\Delta_{ip}=\frac{\omega_p\cdot\overline{y}_C}{EI}=\frac{\overline{\omega}_C\cdot y_p}{EI}$$

2. 如果一个图形是曲线，另一个图形是由若干直线段组成的折线图形（图 7-20），则应按折线分段进行图乘。

$$\Delta_{ip}=\frac{1}{EI}(\omega_1y_1+\omega_2y_2+\omega_3y)$$

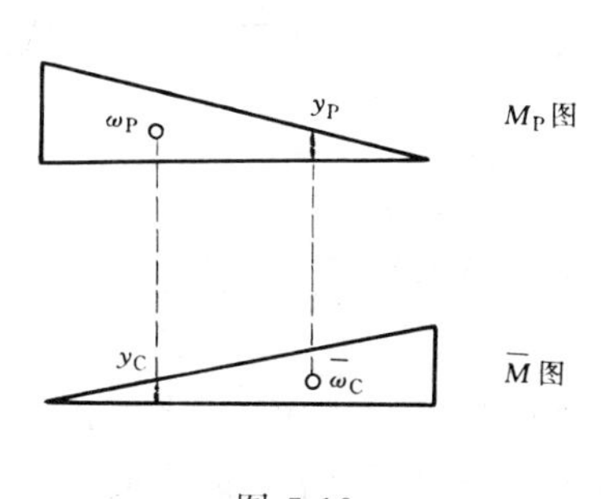

图 7-19

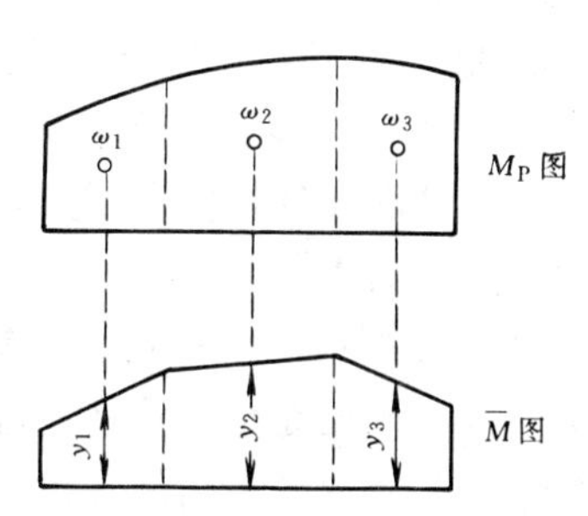

图 7-20

3. 如果两个图形都是在同一边的梯形（图 7-21），不必求出梯形的形心位置或面积，而是将 M_p 图的梯形分解为两个三角形（或一个矩形和一个三角形），分别与另一个梯形对应相乘后再进行叠加，即

$$\Delta_{ip}=\frac{1}{EI}(\omega_1y_1+\omega_2y_2)$$

式中，　$\omega_1=\frac{a}{2}l$，　$y_1=\frac{2}{3}c+\frac{1}{3}d$；　$\omega_2=\frac{b}{2}l$，

$y_2=\frac{1}{3}c+\frac{2}{3}d$

又如图 7-22 所示的两个反梯形的直线图形，仍可用梯形分解法，将 M_p 图分解为位于基线两侧的两个三角形，其面积分别为 ω_1 和 ω_2，它们所对应的图形纵距分别为 y_1 和 y_2，则有

$$\Delta_{ip}=\frac{1}{EI}(\omega_1y_1+\omega_2y_2)$$

式中，　$\omega_1=\frac{1}{2}al$，　$\omega_2=\frac{1}{2}bl$；　$y_1=\frac{2}{3}c-\frac{1}{3}d$，　$y_2=\frac{2}{3}d-\frac{1}{3}c$

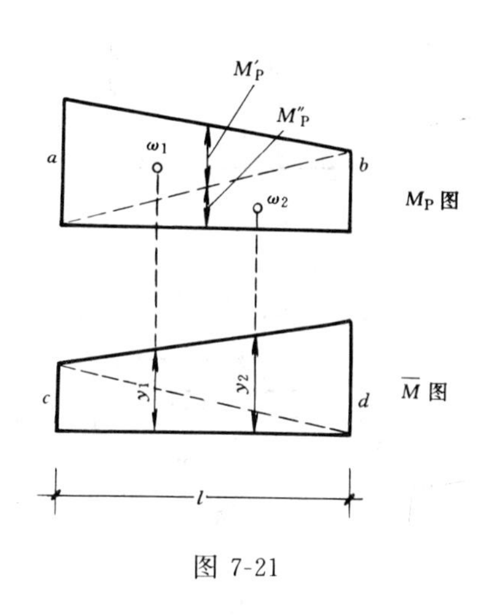

图 7-21

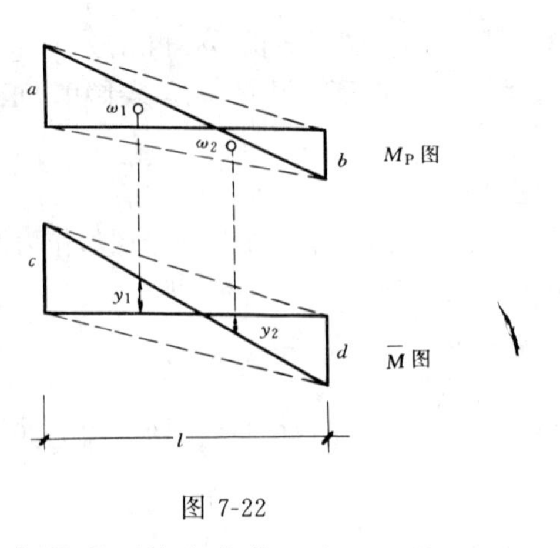

图 7-22

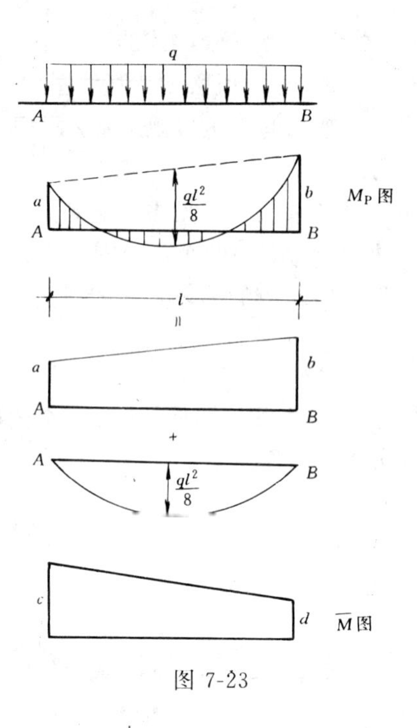

图 7-23

4. 如果遇到均布荷载 q 作用下某杆段较复杂的 M_p 图（图 7-23），可根据弯矩图叠加原理将其分解为一个梯形和一个标准二次抛物线图形的叠加。再分别与$\overline{M}$图相乘，取其代数和，就能较方便地求得计算结果。

应当指出，所谓弯矩图的叠加，是指其纵距的叠加，而不是原图形的简单拼合。理解上述道理，对于分解复杂的弯距图是非常有用的。

为了计算方便，现将常用的几种图形的面积和形心列入图 7-24 中，以备查用。在各抛物线图形中，“顶点”是指其切线平行于底边的点，而顶点在中间或端点的图形为标准抛物线图形，即在顶点处的斜率等于零，这也表示该顶点处的截面剪力等于零。

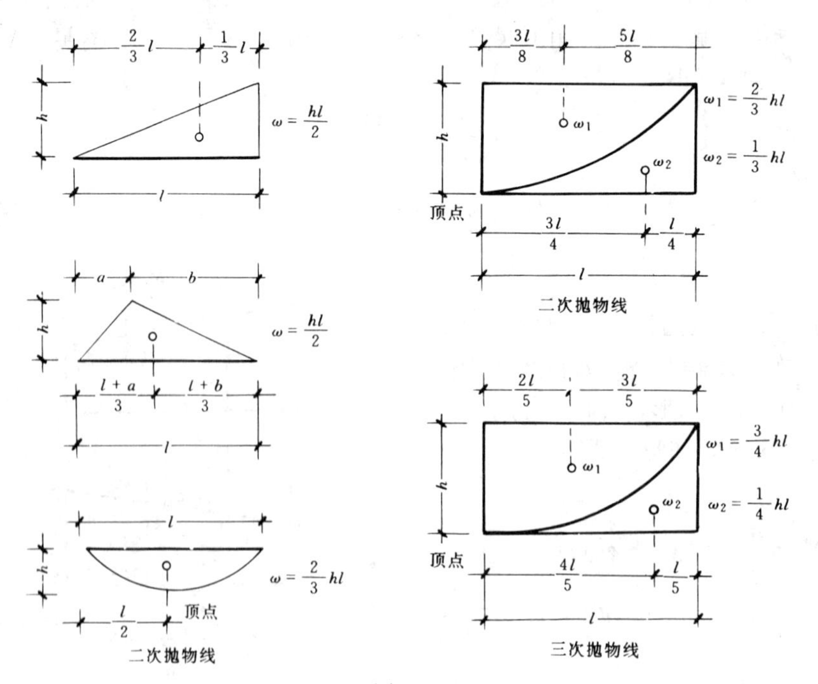

图 7-24

【例 7-5】 试用图乘法求图 7-25（a）所示悬臂梁端点 B 的竖向位移 Δ_{BV} 和截面 B 的转角 φ_B，EI 为常数。

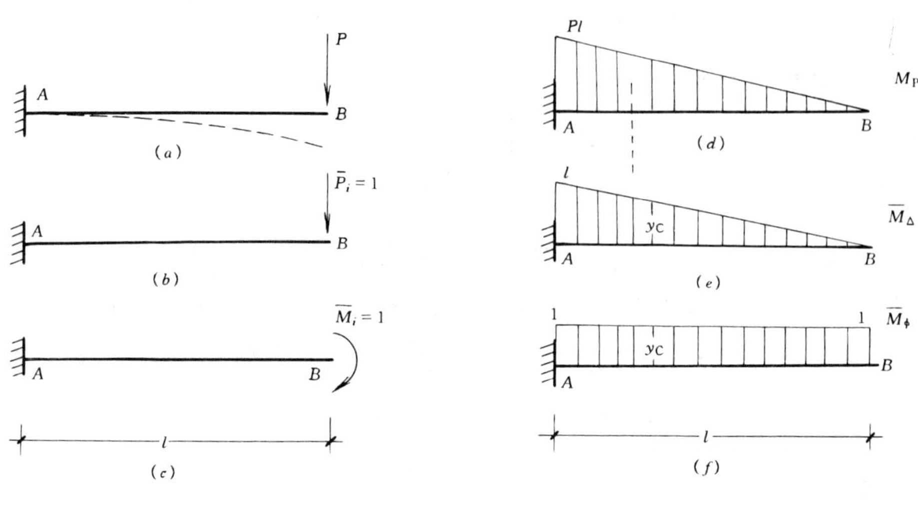

图 7-25

【解】

1. 分别作出求相应位移的虚设力状态：在 B 点竖向加单位荷载 $\overline{P}_i=1$，求 Δ_{BV}（图 b）；在 B 点加单位力偶 $\overline{M}_i=1$，求 φ_B（图 c）。

2. 分别作出梁在实际荷载作用下的 M_p 图、虚单位力和单位力偶作用如下的 $\overline{M}_\Delta$ 图和 $\overline{M}_\varphi$，如图 7-25（d）、（e）、（f）所示。

3. 计算 B 端的竖向位移 Δ_{BV}

取图（d）的 M_p 图作为面积，$\omega_p=\frac{1}{2}\times pl\times l=\frac{pl^2}{2}$；

再从图（e）表示 $\overline{M}_\Delta$ 图中取形心对应的纵距 $y_C=\frac{2}{3}l$。应用图乘法便得

$$\Delta_{BV}=\frac{1}{EI}(\omega_p\cdot y_C)=\frac{1}{EI}\left(\frac{pl^2}{2}\times\frac{2}{3}l\right)=\frac{pl^3}{3EI}(\downarrow)$$

由于 M_p、$\overline{M}_\Delta$ 图都在基线同一边取正值，即位移向下。

4. 计算 B 端截面的转角 φ_B。

仍取图（d）的 M_p 图为面积 $\omega_p=\frac{pl^2}{2}$；

又从图 f 的 $\overline{M}_p$ 图中取形心对应纵距 $y_C=1$

$$\varphi_B=\frac{1}{EI}(\omega_p\cdot y_C)=\frac{1}{EI}\left(\frac{pl^2}{2}\times 1\right)=\frac{pl^2}{2EI}(\downarrow)$$

由于 M_p、$\overline{M}_\varphi$ 图形均在基线同一边取正值，故转角 φ_B 顺针旋转。

【例 7-6】 试用图乘法求图 7-26（a）所示简支梁跨中点 C 的竖向位移 Δ_{CV}。EI 为常数。

【解】 实际荷载作用下的 M_p 为二次标准抛物线，顶点在跨中（图 7-26b）。虚设力状

态的$\overline{M}$图为折线图形（图 7-26c），应分段图乘。由于梁的对称关系取半边图形计算，则半个标准抛物线 M_p 图形的面积和形心均可求得。

$$\omega_p = \frac{2}{3} \times \frac{ql^2}{8} \times \frac{l}{2} = \frac{ql^3}{24},$$

y_C 可由三角形比例关系求得

$$y_C = \frac{5}{8} \times \frac{l}{4} = \frac{5}{32}l。$$

由图乘法公式，得

$$\Delta_{CV} = 2\,\frac{\omega_p \cdot y_C}{EI} = \frac{2}{EI}\left(\frac{ql^3}{24} \times \frac{5l}{32}\right) = \frac{5ql^4}{384EI}(\downarrow)$$

计算结果为正值，表明实际位移方向与单位荷载所设方向一致，即位移向下。

【例 7-7】 试用图乘法求如图 7-27（a）所示简支梁的 B 端转角 φ_B。EI 为常数。

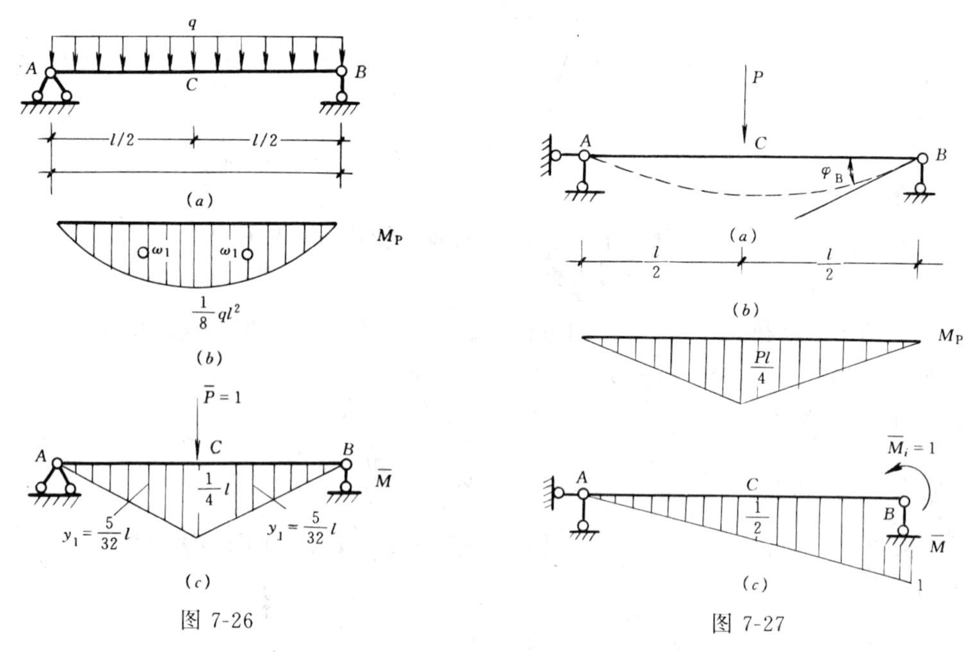

图 7-26　　图 7-27

【解】 实际状态下的 M_p 图如图 7-27（b）所示为三角形图形。

虚设力状态根据所求的位移，在 B 端截面加一单位力偶矩$\overline{M}_i=1$，由此引起梁的$\overline{M}_i$ 图如图 7-27（c）所示。

根据图乘法要求，取 M_p 图为面积 ω_p，而纵距 y_C 应取自直线图形上，因两图形在同一边乘积取正号，则有

$$\varphi_B = \frac{1}{EI}(\omega_p \cdot y_C)$$

$$= \frac{1}{EI}\left(\frac{1}{2} \times l \times \frac{Pl}{4} \times \frac{1}{2}\right)$$

$$= \frac{Pl^2}{16EI}(\circlearrowleft)$$

计算结果为正，表明 φ_B 转动方向与单位荷载假设方向一致，即逆时针旋转。

【例 7-8】 试用图乘法求图 7-28 (a) 所示多跨静定梁 B 铰两侧的相对转角 φ_{BB}，EI 为常数。

【解】 先作实际荷载作用下的 M_P 图，主梁上弯矩图为直线图形，次梁上弯矩图为抛物线图形，如图 7-28 (b) 所示。

再作虚设力状态下的 $\overline{M}_i$ 图如图 7-28 (c) 所示。

根据图乘法要求，ω_P 取自图 b 中 M_P 图，y_C 取自图 c 中 $\overline{M}_i$ 图，则有

$$\varphi_{BB}=\frac{1}{EI}\left[\frac{1}{2}\times\frac{l}{2}\times\frac{5ql^2}{8}\times\left(\frac{2}{3}\times 2+\frac{1}{3}\times 1\right)+\left(\frac{2}{3}\times\frac{l}{2}\times\frac{ql^2}{32}\times\frac{1}{2}\right)\right]=\frac{7ql^3}{64EI}(\downarrow\curvearrowright)$$

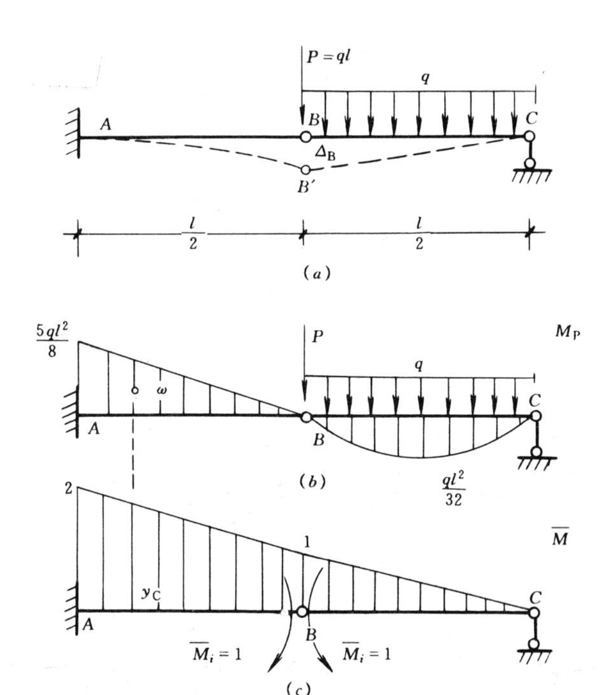

图 7-28

计算结果为正值，实际位移方向与所设单位荷载指向一致（↓↶）。

【例 7-9】 试用图乘法求图 7-29 (a) 所示刚架在水平力 P 作用下，B 点的水平位移 Δ_{BH}。EI 均标注在图 (a) 中。

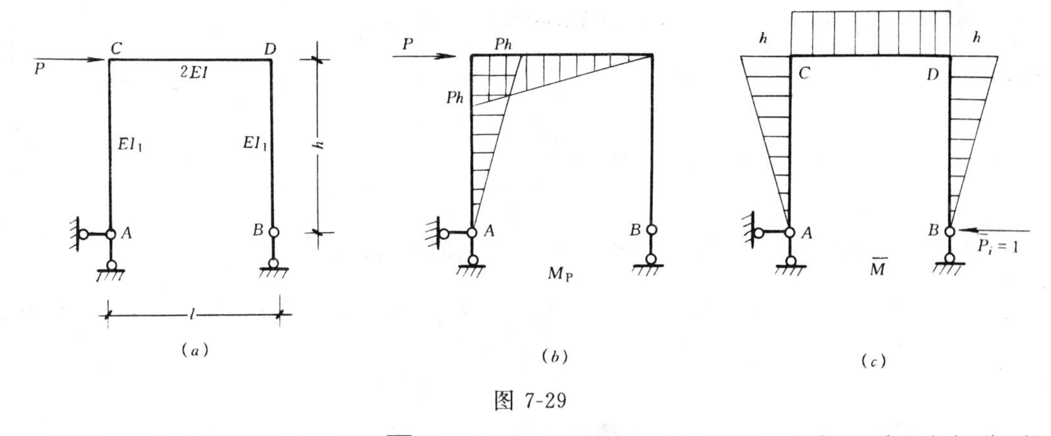

图 7-29

【解】 绘出刚架的 M_P 图和 $\overline{M}$ 图，如图 7-29 (b)、(c) 所示。根据图乘法各杆分别图乘再叠加，得

$$\Delta_{BH}=\frac{-1}{EI_1}\left(\frac{1}{2}\times Ph\times h\times\frac{2}{3}h\right)-\frac{1}{2EI_1}\left(\frac{1}{2}\times Ph\times l\times h\right)$$

$$=-\frac{Ph^2}{12EI_1}(4h+3l)(\rightarrow)$$

计算结果为负值，表明 B 点的实际位移与假设单位荷载指向相反，即位移向右。

【例 7-10】 试用图乘法求图 7-30（a）所示悬臂梁 B 端的竖向位移 Δ_{BV} 和 B 端截面的转角 φ_B，EI 为常数。

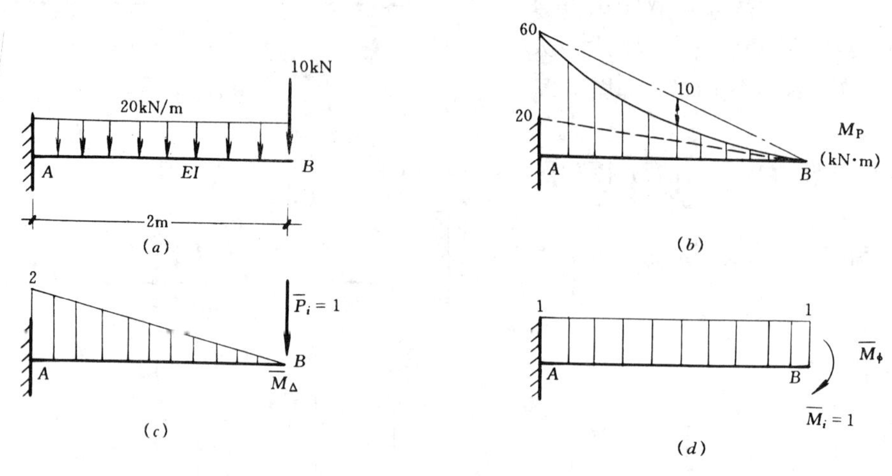

图 7-30

【解】 绘出 M_p 图和虚设力状态下的 $\overline{M}_\Delta$、$\overline{M}_\varphi$ 图，如图 7-30（b）、（c）、（d）所示。

由于悬臂梁受均布荷载 q 和 B 点受有集中荷载 P 作用，故画出的 M_p 图不是标准的二次抛物线图形，就不能应用其面积和形心位置。为计算方便，可将 M_p 图分为三角形和标准二次抛线图形的叠加或将 M_p 图加辅助线（虚线）成为一个大三角形，再减去一个相应简支梁在均布荷载作用下的标准二次抛物图形的叠加（图 7-30b）。这两种处理均可，现用后者计算如下：

1. 求 Δ_{BV}

由图（b）与图（c）图乘，因两图同在基线一边取正号，有

$$\Delta_{BV}=\frac{1}{EI}\left(\frac{1}{2}\times 60\times 2\times\frac{2}{3}\times 2-\frac{2}{3}\times 10\times 2\times\frac{1}{2}\times 2\right)$$

$$=\frac{1}{EI}\left(\frac{240}{3}-\frac{40}{3}\right)=\frac{200}{3EI}(\downarrow)$$

2. 求 φ_B

由图（b）与图（d）图乘，两个图形同在一边取正号，得

$$\varphi_B=\frac{1}{EI}\left(\frac{1}{2}\times 60\times 2\times 1-\frac{2}{3}\times 10\times 2\times 1\right)=\frac{1}{EI}\left(60-\frac{40}{3}\right)$$

$$=\frac{140}{3EI}\text{弧度}(\downarrow)$$

两个计算结果均为正值，表示所设单位荷载的方向与实际位移方向相同。

【例 7-11】 试用图乘法求图 7-31（a）所示刚架 C、D 两点之间的距离变化。EI 为常数。

【解】 给出 M_p 图如图 7-31（a）所示；沿 C、D 两点连线上加上一对大小相等，方向相反的单位荷载 $\overline{P}_i=1$，画出刚架的 $\overline{M}$ 图如图 7-31（c）所示。由图乘法可得

$$\Delta_{CD}=\frac{1}{EI}\left(\frac{1}{2}\times l\times\frac{Pl}{4}\times a\right)=\frac{Pl^2a}{8EI}(\rightarrow\leftarrow)$$

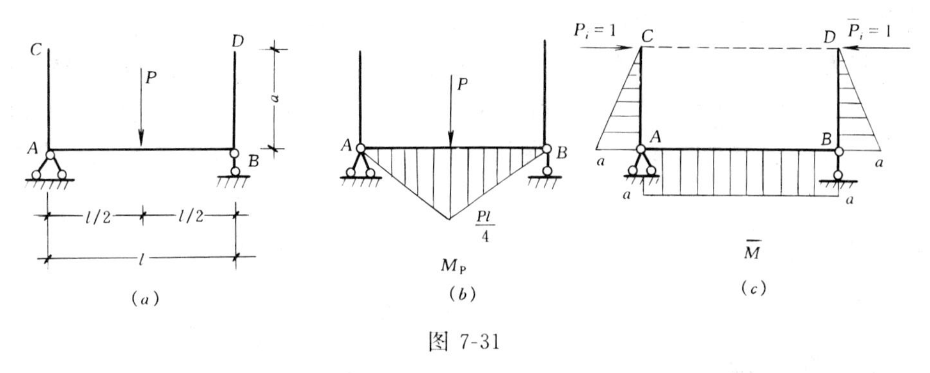

图 7-31

计算结果为正值，表明假设方向与实际方向相同，即 C、D 两点相互靠拢。

第六节　静定结构由于温度变化引起的位移计算

对静定结构而言，除荷载外，其它外因如温度变化、支座移动、制造误差、材料收缩等，都不引起内力。

温度变化时，静定结构虽然不产生内力，但由于材料的热胀冷缩，却使结构产生变形和位移。

如图 7-32(a)所示的结构，下面将研究其因温度改变的情况。设结构外缘温度升高 t_1℃，内缘温度升高 t_2℃，且 $t_2>t_1$，由此引起结构的变形如图中虚线所示。现在要求计算该结构

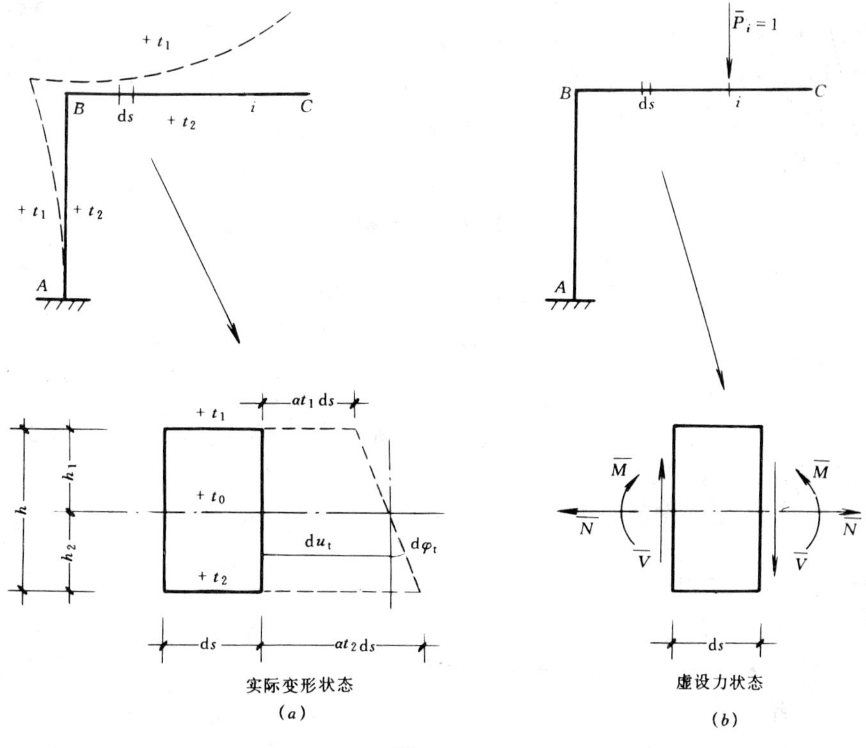

图 7-32

上任一点沿任何方向的位移，例如求 i 点的竖向位移 Δ_{it}。我们仍然用虚功原理来求解这个问题。实际变形状态和虚设力状态分别如图 7-32（a）、（b）所示。

先研究实际变形状态的温度引起的变形情况。从结构中截取长度为 ds 的微段，其上、下边缘分别伸长 $\alpha t_1 ds$、$\alpha t_2 ds$。α 表示材料的线膨胀系数（即温度升高 1℃时的线应变值）。为简化计算，假定温度沿杆件截面高度按直线规律变化，这样截面在温度变化过程中仍保持为平面。

当杆件截面对称于形心轴时，即 $h_1=h_2=\frac{h}{2}$，则形心轴处的温度为

$$t_0 = \frac{1}{2}(t_1 + t_2) \tag{7-22}$$

式中，　t_0 称为平均温度。

当杆件截面不对称于形心轴时，即 $h_1 \neq h_2$，则由几何关系求得微段 ds 在轴线处的温度为

$$t_0 = t_1 + (t_2 - t_1)\frac{h_1}{h} = \frac{t_1 h_2 + t_2 h_1}{h} \tag{7-23}$$

从图 7-32（c）可求得温度变化时微段的变形，它可以看作是一个均匀的伸长 du_t 和截面的转动，转角为 $d\varphi_t$ 的叠加，其中微段的均匀伸长，可由杆轴处的温度计算得到

$$du_t = \alpha t_0 ds$$

微段两侧截面的相对转角为

$$d\varphi_t = \frac{\alpha t_2 ds - \alpha t_1 ds}{h} = \frac{\alpha(t_2 - t_1)ds}{h} = \frac{\alpha \Delta t}{h}ds$$

上式中　$\Delta t = t_2 - t_1$，为杆件上下边缘温度变化之差。

另外，在温度变化时并不引起微段的剪切变形，即 $d_{v_t}=0$。

下面计算结构 i 点处的竖向位移 Δ_{it}，取虚设力状态如图 7-32（b）所示，截取的微段 ds 两侧有内力$\overline{M}_i$、$\overline{V}_i$、$\overline{N}_i$（图 7-32d），它们在实际状态的相应微段上的 $d\varphi_t$、du_t 作内力虚功，根据虚功原理得到

$$1 \cdot \Delta_{it} = \Sigma(\pm)\int \overline{M}_i d\varphi_t + \Sigma(\pm)\int \overline{N}_i du_t$$

$$\Delta_{it} = \Sigma(\pm)\int \overline{M}_i \frac{\alpha \Delta t}{h}ds + \Sigma(\pm)\int \overline{N}_i \alpha t_0 ds$$

$$= \Sigma(\pm)\frac{\alpha \Delta t}{h}\int \overline{M}_i ds + \Sigma(\pm)\alpha t_0 \int \overline{N}_i ds$$

即

$$\Delta_{it} = \Sigma(\pm)\frac{\alpha \Delta t}{h}\omega_{\overline{M}} + \Sigma(\pm)\alpha t_0 \omega_{\overline{N}} \tag{7-24}$$

式中　$\omega_{\overline{M}} = \int \overline{M}_i ds$ 为$\overline{M}_i$ 图的面积；

　　$\omega_{\overline{N}} = \int \overline{N}_i ds$ 为$\overline{N}_i$ 图的面积。

式（7-24）就是**温度变化引起结构位移的计算公式**。应用时等式中的正负号（±）的确定，可按下述办法以来确定，即：比较杆件由温度产生的实际变形与所加的虚设单位荷载引起的变形，若两者变形方向相同，则取正号，反之取负号，详见例题说明。

对于梁和刚架，在计算温度变化所引起的位移时，一般不能略去轴向变形的影响。

对于桁架，在温度变化时，其位移计算公式可简化为

$$\Delta_{it} = \Sigma(\pm)\ \overline{N}_i \alpha t_0 l \tag{7-25}$$

桁架因制造误差所引起的位移计算与温度变化时的计算相似。设桁架中某些杆件长度有制造误差 Δl，则其位移计算公式为

$$\Delta_{i\Delta} = \Sigma\ \overline{N}_i \Delta l \tag{7-26}$$

【例 7-12】 如图 7-33（a）所示刚架外侧温度升高 10℃，内侧升高 20℃，试求 C 点的竖向位移 Δ_{cvt}各杆均为 20a 工字钢 $l=2$m，$\alpha=1\times10^{-5}$。

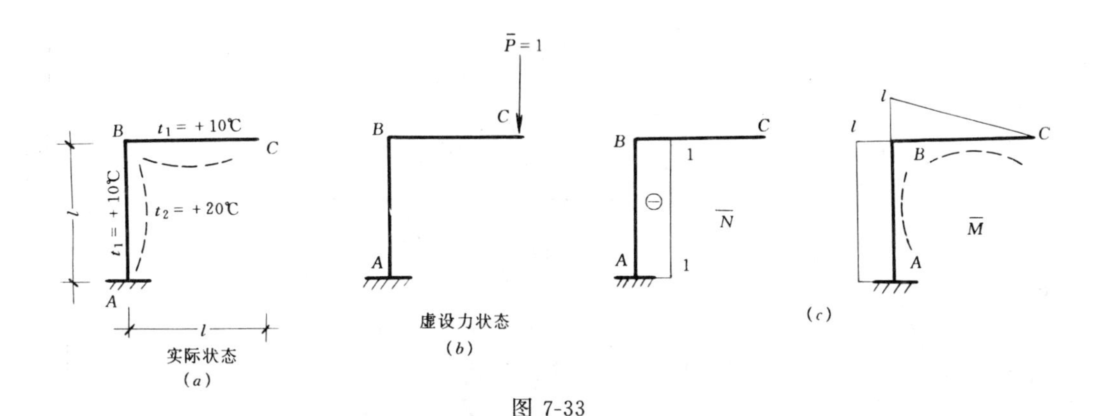

图 7-33

【解】 在刚架 C 点加一竖向单位荷载$\overline{P}_i=1$（图 7-33b），分别绘出虚设力状态的$\overline{M}_i$ 图和$\overline{N}_i$ 图如图 7-33（c）、（d）所示。图中的虚线分别为实际状态和虚设力状态的变形。

$$t_0 = \frac{t_1+t_2}{2} = \frac{10+20}{2} = 15℃,\quad \Delta t = 20-10 = 10℃$$

将上述数据代入式（7-24）。其中，关于正负号选取方法如下：如对 AB 杆而言，因 t_0 为正值，使杆件伸长，而$\overline{P}_i=1$ 引起杆件$\overline{N}_i$ 为压力，使杆件缩短，故两者的变形相反，则式中取负号；从弯曲变形来讲，因 $t_2>t_1$，温度引起杆件弯曲向内侧凸，而$\overline{P}_i=1$ 引起的弯矩$\overline{M}_i$，使杆件外侧受拉，变形凸向外侧，两者也不一致，故式中也应取负号。

$$\Delta_{CV} = -\frac{\alpha\times10}{h}\left(\frac{l^2}{2}+l^2\right) - \alpha\times15\times(1\times l)$$

$$= -15\alpha l - 15\alpha\frac{l^2}{h} = -15\alpha l\left(1+\frac{l}{h}\right)$$

已知，$\alpha=1\times10^{-5}$，$l=200$cm，$h=20$cm　　将其代入上式

$$\Delta_{CV} = -15\times10^{-5}\times200\left(1+\frac{200}{20}\right) = -0.33\text{cm}(\uparrow)$$

计算结果为负值，表明 C 点的竖向位移与所设单位荷载的方向相反，即不是向下，而是向上。

【例 7-13】 如图 7-34（a）所示桁架的 AB 杆制造时比设计长度短了 0.5cm，试求由此引起 C 点的竖向位移 Δ_{CV}。

【解】 在实际状态中只有 AB 杆做短 $\Delta l=-0.5$cm，其余各杆件 $\Delta l=0$（图 7-34a）。

虚设力状态在 C 点加一竖向单位荷载$\overline{P}_i=1$ 作用下各杆的内力$\overline{N}_i$ 如图 7-34（b）所示。

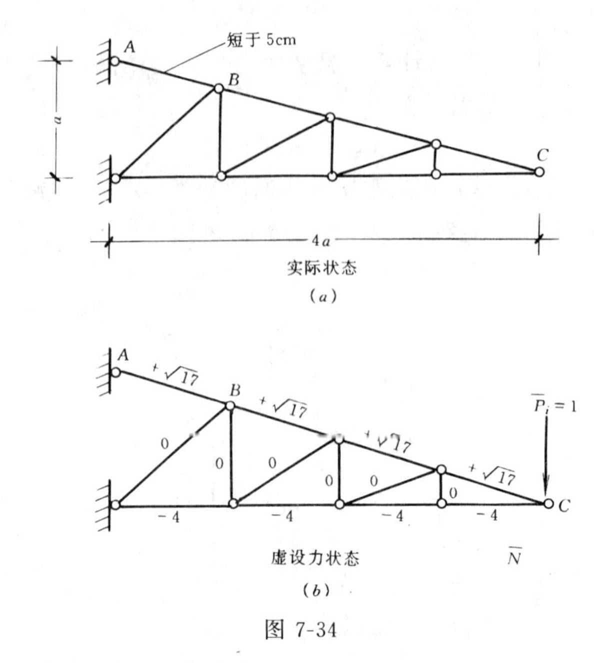

图 7-34

因此内力虚功只有 AB 杆一项。于是由式（7-26）得

$$\Delta_{CV}=\Sigma\overline{N}\Delta l=(+\sqrt{17})(-0.5)$$
$$=-2.06\text{cm}(\uparrow)$$

计算结果为负值，表明 C 点的竖向位移与虚设单位荷载方向相反，即位移向上。

第七节　静定结构由于支座移动所引起的位移计算

静定结构在发生支座移动时，不产生任何内力与变形，由此产生的结构位移纯属于结构的刚体移动或转动，这种位移虽然从几何关系上可以求得；但对一个结构，通常仍采用虚功原理所导出的公式计算，显得更加方便可行。由虚功原理可知，因结构为刚体移动，故内力虚功（虚应变能）U_{12}等于零，则虚功方程变为

$$W_{12}=0 \tag{7-27}$$

这就是刚体体系的虚功原理。表示外力在虚位移上所作的功等于零。

如图 7-35（a）所示结构，设其支座 A 发生水平移动为 C_1。竖向下沉为 C_2，转动为 C_3。现拟求结构上 i 点的竖向位移 Δ_{iC}。

虚设力状态如图 7-35（b）所示，即在 i 点处加上一个单位荷载$\overline{P}_i=1$，由此使结构产生了水平支座反力$\overline{R}_1$，竖向支座反力$\overline{R}_2$ 和支座反力矩$\overline{R}_3$。

计算外力虚功，外力包括单位荷载和所有的支座反力，由式（7-27）可得

$$W_{12}=1\cdot\Delta_{iC}=\overline{R}_1C_1+\overline{R}_2C_3+\overline{R}_3C_3=\Delta_{ic}+\Sigma\overline{R}_iC_i=0$$

移项后得

$$\Delta_{iC}=-\Sigma\overline{R}_iC_i \tag{7-28}$$

式中　$\overline{R}_i$——是虚设单位荷载$\overline{P}_i=1$（或$\overline{M}_i=1$）引起结构支座处的反力；

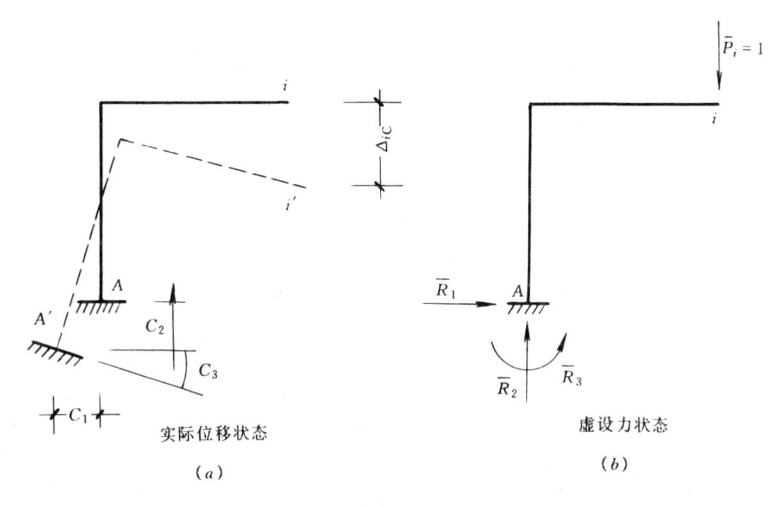

图 7-35

C_i——表示结构支座处的移动或转动值。

式(2-28)就是用虚功原理推导的静定结构在支座移动时的位移计算公式。式中右端项的负号是公式固有的，而$\overline{R}_iC_i$乘积本身还应有正负之分，当$\overline{R}$与c方向一致时为正功取正号，不一致时为负功取负号。

【例 7-14】 如图 7-36 (a) 所示刚架，支座 A 处产生水平移动 $a=10\text{cm}$，竖向下沉 $b=5\text{cm}$，转角 $\varphi_A=0.001$ 弧度，试求由此引起的 B 点的水平位移 Δ_{BH}和竖向位移 Δ_{BV}。

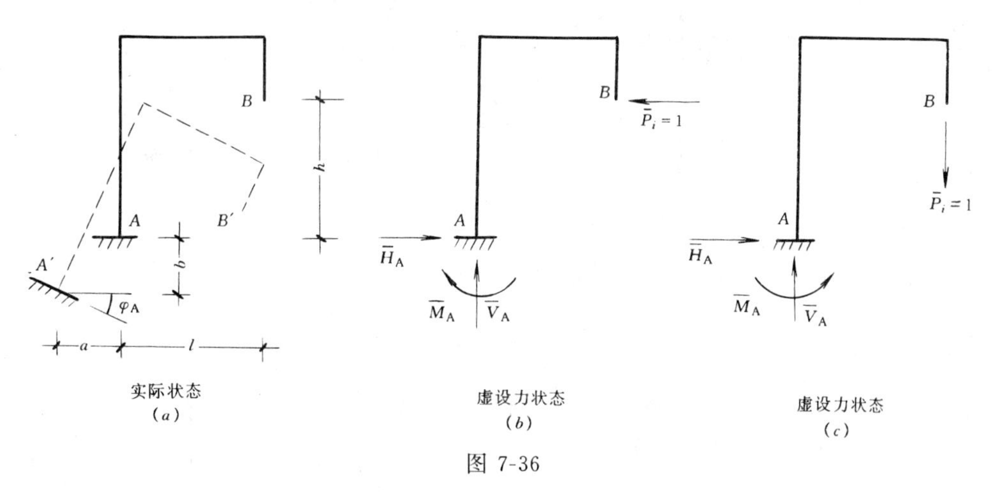

图 7-36

【解】

(一) 求 Δ_{BH}

1. 在 B 点加一水平单位荷载$\overline{P}_i=1$，如图 7-36 (b) 所示。

2. 由刚架的整体平衡条件，求支座反力$\overline{R}$

$$\Sigma X=0,\qquad \overline{R}_1=\overline{H}_A=1\quad(\rightarrow)$$

$$\Sigma M_A=0,\qquad \overline{R}_2=\overline{M}_A=4\text{m}(\downarrow)$$

$$\Sigma Y=0,\qquad \overline{R}_3=\overline{V}_A=0$$

3. 由式（7-28）求得

$$\Delta_{BH}=-\Sigma\overline{R}_iC_i=-(-1\times0.1+4\times0.001)$$
$$=0.1-0.004=0.096\text{m}(\leftarrow)$$

（二）求 Δ_{BV}

1. 在 B 点加一竖向单位荷载 $\overline{P}_i=1$ 如图 7-36（c）所示。

2. 由刚架的整体平衡条件，求支座反力 $\overline{R}$

$$\Sigma X=0,\qquad \overline{R}_1=\overline{H}_A=0$$
$$\Sigma M_A=0,\qquad \overline{R}_2=\overline{M}_A=6\text{m}(\curvearrowleft)$$
$$\Sigma Y=0,\qquad \overline{R}_3=\overline{V}_A=1(\uparrow)$$

3. 由式（7-28）求得

$$\Delta_{BV}=-\Sigma\overline{R}_iC_i=-(-1\times0.05-6\times0.001)=0.05+0.006=0.056\text{m}(\downarrow)$$

【例 7-15】 图 7-37（a）所示三铰刚架的右边支座 B 垂直下沉 a=6cm，水平移动 b=4cm，试求由此引起左边支座 A 处杆端截面的转角 φ_A。已知 l=12m， h=8m。

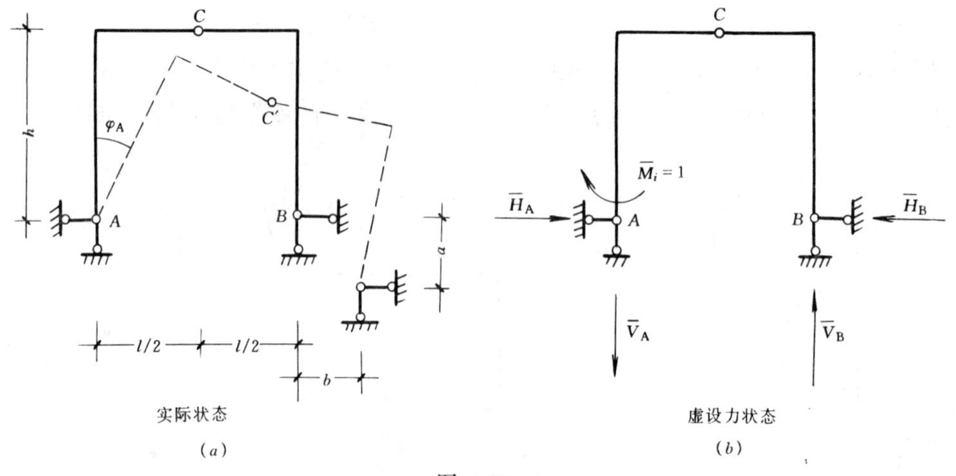

图 7-37

【解】

1. 在支座 A 处加一单位力偶矩 $\overline{M}_i=1$ 如图 7-37（b）所示。

2. 由整体平衡条件求支座反力 $\overline{R}$

$$\Sigma M_A=0,\qquad \overline{V}_B=\frac{1}{l}(\uparrow)$$
$$\Sigma Y=0,\qquad \overline{V}_A=-\frac{1}{l}(\downarrow)$$
$$\Sigma X=0,\qquad \overline{H}_A=\overline{H}_B(\rightarrow\leftarrow)$$

再选取右边半刚架为隔离体，由 $\Sigma M_C=0$ 求得

$$\overline{H}_B=\frac{1}{2h}(\leftarrow)\qquad \therefore \overline{H}_A=\frac{1}{2h}(\rightarrow)_B$$

3. 由式（7-28）得

$$\begin{aligned}\varphi_A&=-\Sigma\overline{R}_iC_i=-(-\overline{V}_B\times a-\overline{H}_B\times b)\\&=+\left(\frac{1}{l}\times a+\frac{1}{2h}\times b\right)\\&=+\frac{6}{1200}+\frac{4}{2\times 800}=0.0075\text{rad}(\downarrow)\end{aligned}$$

第八节　弹性体系的互等定理

弹性结构有四个互等定理，其中最基本的是功的互等定理，其余三个定理可由功的互等定理推导得到。本书只讨论常用的功的互等定理、位移互等定理和反力互等定理。这几个定理在计算位移和求解超静定结构时是很有用的，也是今后学习、研究其他有关内容的基础。

一、功的互等定理

设有两组外力 P_1 和 P_2 先后作用在同一结构上 1 点和 2 点如图 7-38（a）、（b）所示两个状态。如果我们先计算第一状态上的外力和内力在第二状态上相应的位移和变形上所作的外力虚功 W_{12} 和内力虚功 U_{12}，根据虚功原理可知 $W_{12}=U_{12}$ 则有

$$P_1\cdot\Delta_{12}=\Sigma\int\frac{M_1M_2}{EI}dx+\Sigma\int\mu\frac{V_1V_2}{GA}dx+\Sigma\int\frac{N_1N_2}{EA}dx \qquad (a)$$

反过来，计算第二状态上的外力和内力在第一状态上相应的位移和变形上所作的外力虚功 W_{21} 和内力虚功 U_{21}，根据虚功原理可知 $W_{21}=U_{21}$，则得

$$P_2\cdot\Delta_{21}=\Sigma\int\frac{M_2M_1}{EI}dx+\Sigma\int\mu\frac{V_2V_1}{GA}dx+\Sigma\int\frac{N_2N_1}{EA}dx \qquad (b)$$

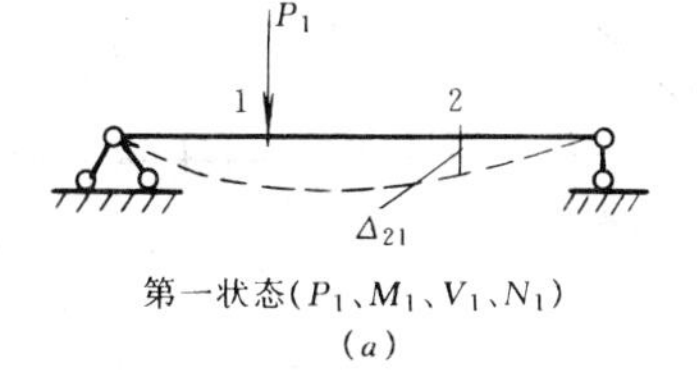

第一状态（P_1、M_1、V_1、N_1）
（a）

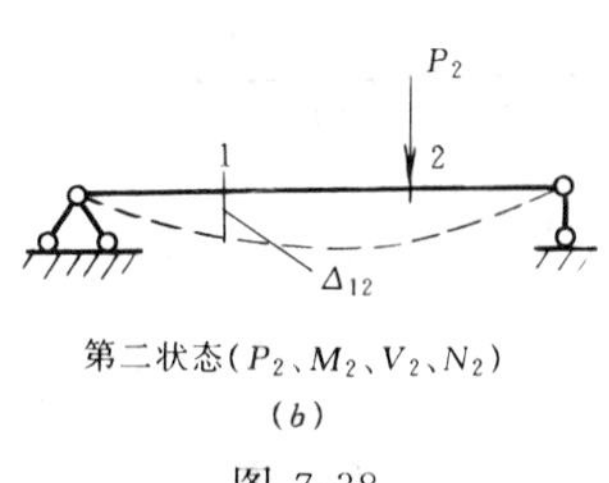

第二状态（P_2、M_2、V_2、N_2）
（b）

图 7-38

比较式（a）、（b），可知两式右边部分相等，即 $U_{12}=U_{21}$。因此，两式左边部分也应相等，即

$$P_1\cdot\Delta_{12}=P_2\cdot\Delta_{21} \qquad (7\text{-}29)$$

或写为

$$W_{12}=W_{21} \qquad (7\text{-}30)$$

上式表明：第一状态的外力在第二状态的位移上所作的虚功，等于第二状态的外力在第一状态的位移上所作的虚功。这就是**功的互等定理**。它适用于任何类型的弹性结构。

二、位移互等定理

现在应用功的互等定理研究一种特殊情况。如图 7-39（a）、（b）所示两个状态下的荷载相等且均等于单位荷载即 $P_1=P_2=P=1$，则由式（7-30）的功互等定理，可得 $P\cdot\Delta_{12}=P\cdot\Delta_{21}$

或
$$1\cdot\Delta_{21}=1\cdot\Delta_{21}$$
故
$$\Delta_{21}=\Delta_{21}$$
此处的 Δ_{12}和 Δ_{21}都是单位力 $P=1$ 所引起的位移，为明确起见，将 Δ_{12}和 Δ_{21}改用小写字母来表示，即

$$\delta_{12}=\delta_{21} \tag{7-31}$$

这就是**位移互等定理**。它表明：第一个单位力在第二个单位力的作用点沿其方向上所引起的位移，等于第二个单位力在第一个单位力的作用点沿其方向上所引起的位移。这里，单位力 P_1 和 P_2 均指广义力，相应的 δ_{12}和 δ_{21}则是广义位移。该定理将在力法中求解超静定结构时用到，并起到简化计算的作用。

例如图 7-40（a）、（b）所示的两个状态中，根据位移互等定理，则有 $\varphi_{21}=\delta_{12}$，虽然 φ_{21}表示角位移，δ_{12}表示线位移，两者的含义明显不同，但两者在数值上是相等的。由材料力学可知：

$$\varphi_{21}=\frac{Pl^2}{16EI},\qquad \delta_{12}=\frac{Ml^2}{16EI}$$

现在 $P=1$，$M=1$，故有 $\varphi_{21}=\delta_{12}=\dfrac{l^2}{16EI}$。

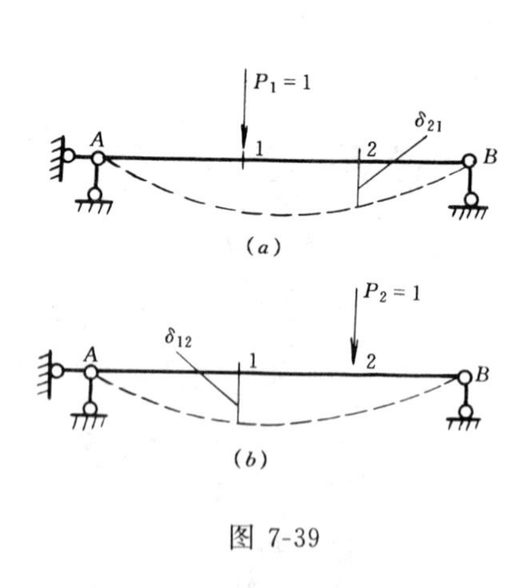

图 7-39

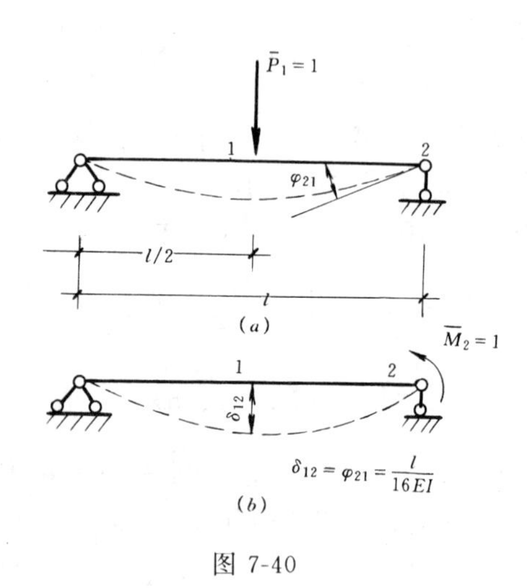

图 7-40

三、反力互等定理

这个定理也是功的互等定理的一个特殊情况。可用它来说明超静定结构在两个支座间分别产生单位位移时，在两个状态中的反力互等关系。

如图 7-41（a）则表示支座 1 发生单位位移 $\Delta_1=1$ 的状态，此时在支座 2 将产生反力 r_{21}；

图 7-41 (b) 则表示支座 2 发生单位位移 $\Delta_2=1$ 的状态，此时在支座 1 产生反力 r_{12}。根据功的互等定理，有

$$r_{21}\cdot\Delta_2=r_{12}\cdot\Delta_1$$

因 $\Delta_1=\Delta_2=1$ 得

$$r_{21}=r_{12} \tag{7-32}$$

这就是**反力互等定理**。它表明：支座 1 由于支座 2 产生单位位移所引起的反力 r_{12}，等于支座 2 由于支座 1 产生单位位移所引起的反力 r_{21}。

这个定理对结构上任何两个支座都适用，但应注意反力与位移在作功的关系上要相对应，即力对应线位移，力偶对应角位移。该原理将在位移法求解超静定结构时应用。

图 7-42 表示反力互等的另一个例子，由上述定理可知，反力 r_{12}与反力矩 r_{21}互等。虽然它们中一个为力，另一个为力偶矩，其含义不同，但在数值上是相等的。

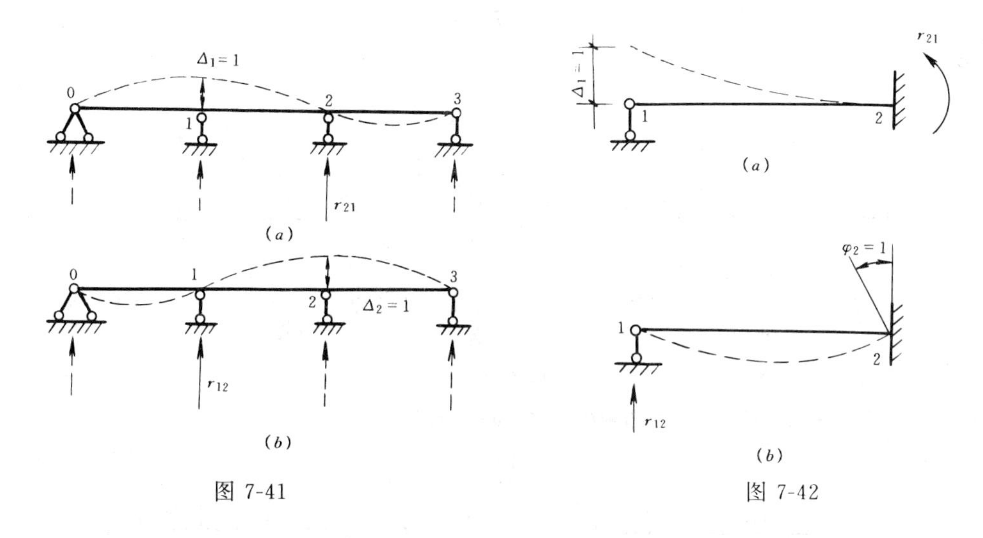

图 7-41　　　　图 7-42

思　考　题

1. 结构位移计算的目的是什么？
2. 结构的位移通常分为几种位移？什么是广义力和广义位移？
3. 引起结构产生位移的原因是什么？
4. 何谓外力实功和外力虚功？两者有何区别？
5. 变形体虚功原理有几种表达方法？求位移时用的是什么原理？
6. 单位荷载法适用于求哪些位移？如何确定位移的实际方向？
7. 满足哪些条件才能用图乘法求位移？其位移的正负号如何确定？
8. 式 $\Delta_{ic}=-\Sigma\,\overline{R}_iC_i$ 中的$\overline{R}_i$ 和 C_i 各表示什么含义？如何确定该式中反力虚功的正负号？
9. 计算曲杆或拱式结构的位移时，可否用图乘法？计算阶梯柱或 EI 不等杆段能否用图乘法？
10. 在什么方法中应用位移互等定理和反力互等定理？
11. 反力互等定理能否用于静定结构？为什么？

习　题

7-1　试用积分法求图示各结构指定的位移。*EI* 为常数，只考虑弯曲变形的影响。

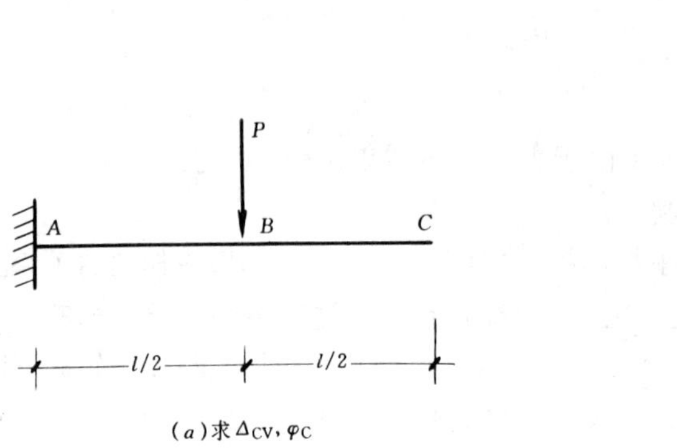

(*a*)求 Δ_{CV}、φ_C

(*b*)求 Δ_{BV}

题 7-1 图

7-2　试用图乘法求图示各悬臂梁指定的位移。*EI* 为常数。

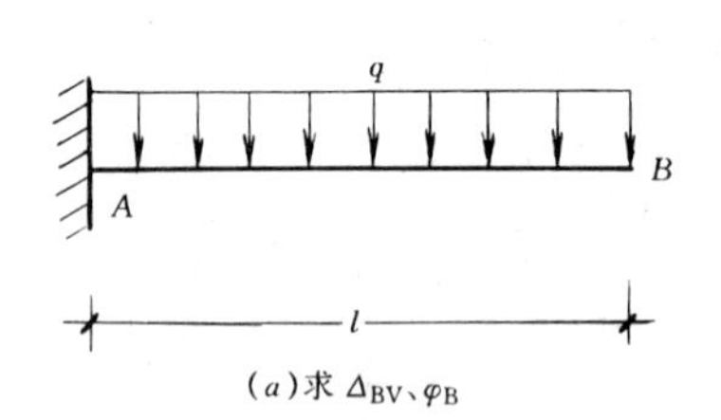

(*a*)求 Δ_{BV}、φ_B

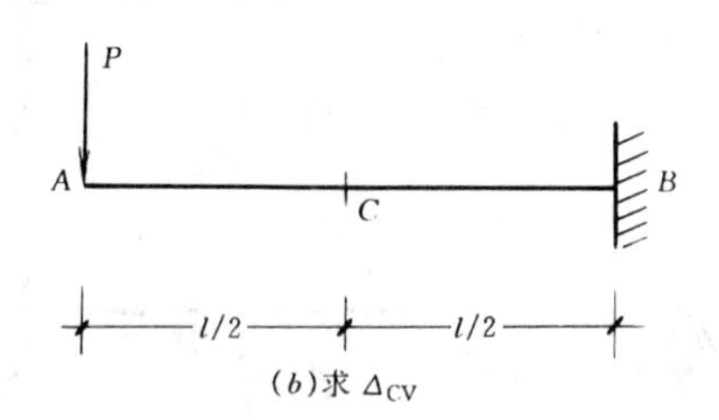

(*b*)求 Δ_{CV}

题 7-2 图

7-3　试用图乘法求图示各简支梁指定的位移。*EI* 为常数。

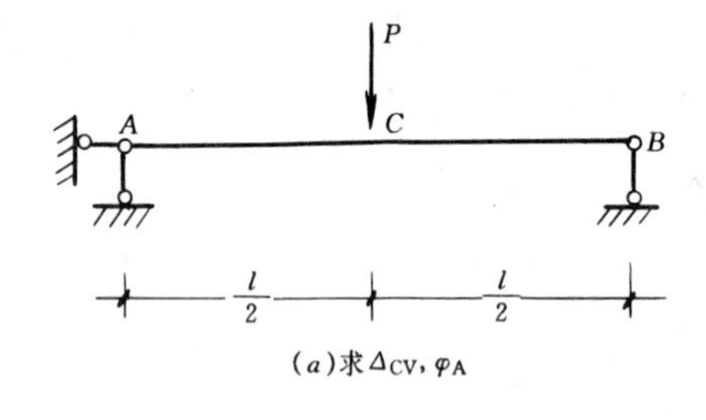

(*a*)求 Δ_{CV}、φ_A

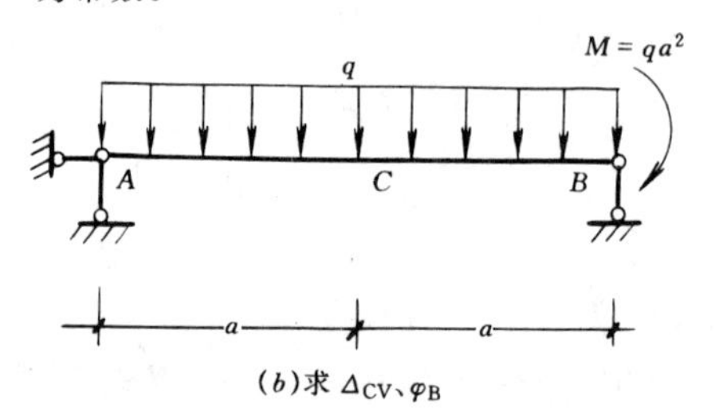

(*b*)求 Δ_{CV}、φ_B

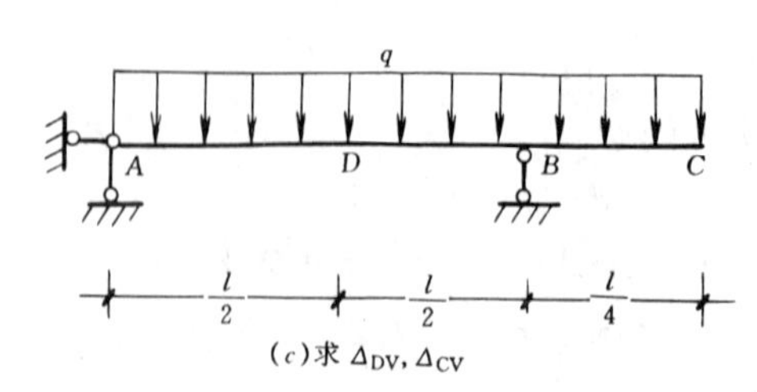

(*c*)求 Δ_{DV}、Δ_{CV}

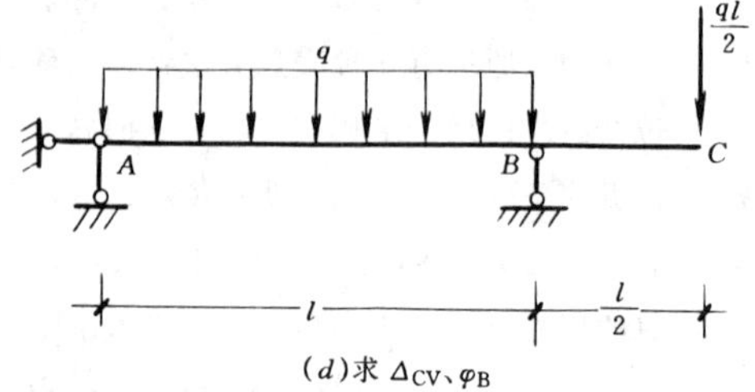

(*d*)求 Δ_{CV}、φ_B

题 7-3 图

7-4　试用图乘法求图示多跨静定梁指定的位移。*EI* 为常数。

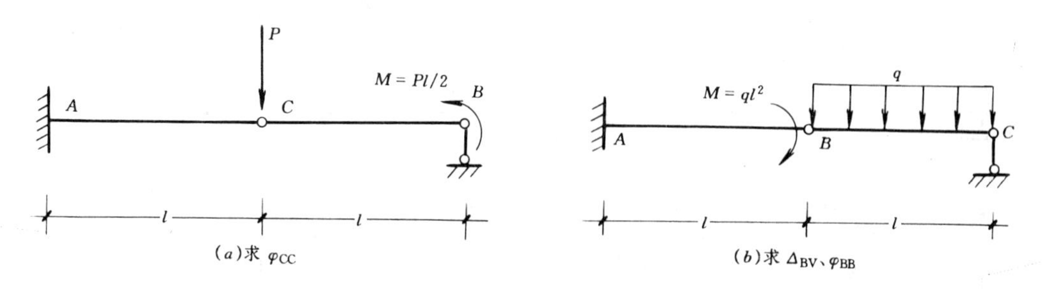

题 7-4 图

7-5　试用图乘法求图示各刚架指定的位移。*EI* 为常数。

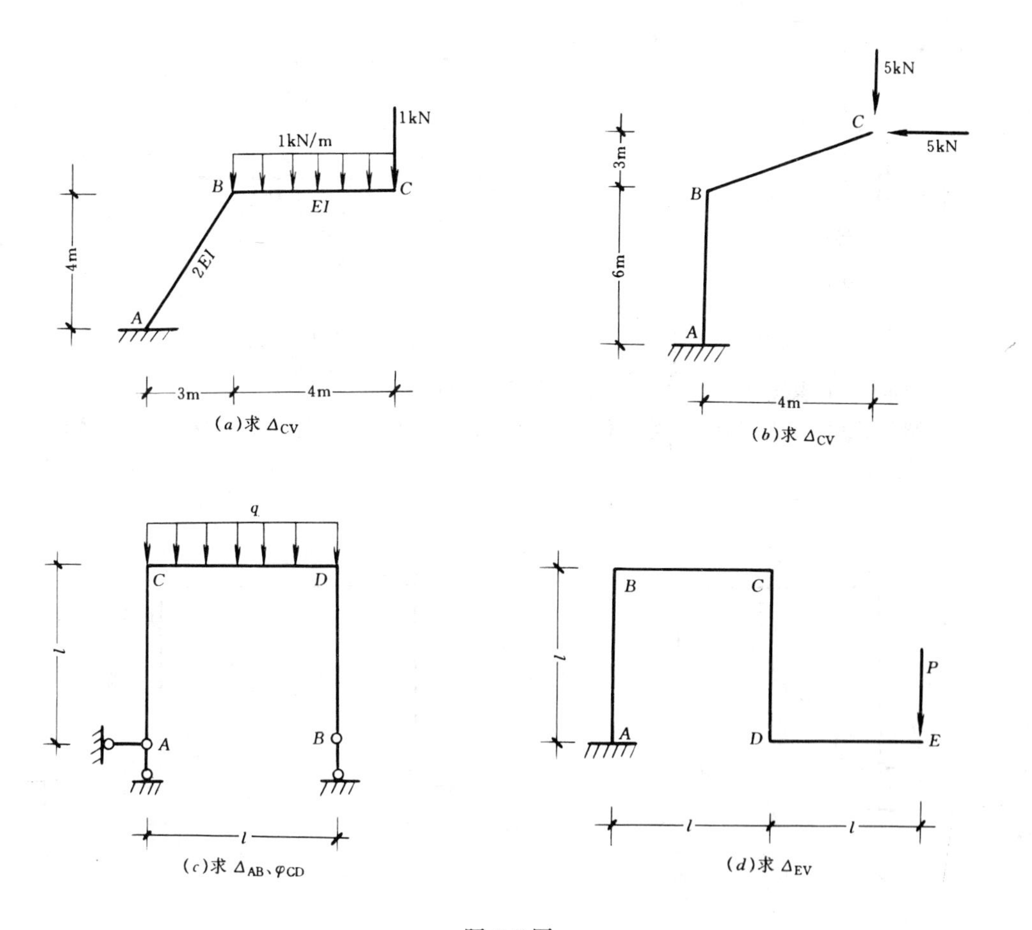

题 7-5 图

7-6　试求图示桁架 *D* 点的竖向位移 Δ_{DV}。*EA* 为常数。

7-7　试求图示桁架由于杆件 *AD* 制造过长 *k* 值时，*BC* 杆件的转角 φ_{BC} 是多少？

7-8　求图示刚架因温度变化 *A*、*C* 两点的相对位移 Δ_{AC}。已知杆件均为矩形（20cm×60cm），

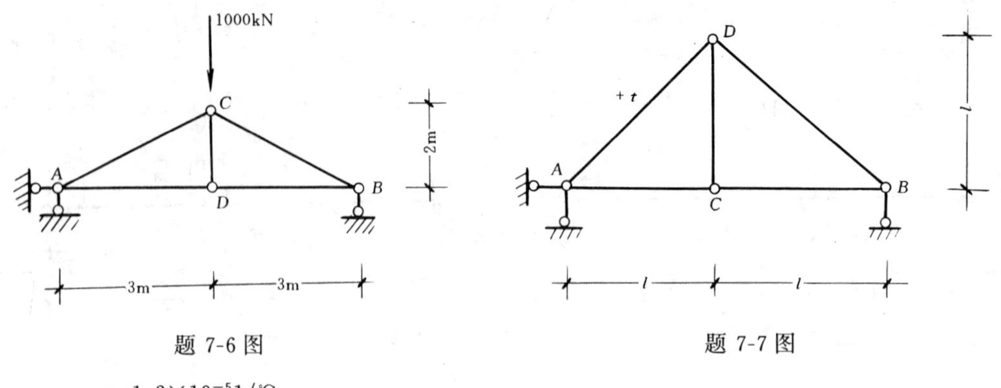

题 7-6 图　　　　题 7-7 图

$\alpha=1.2\times10^{-5}1/℃$。

7-9　图示桁架中 AD 杆温度上升 t℃，试求 C 点的竖向位移 Δ_{CV}。

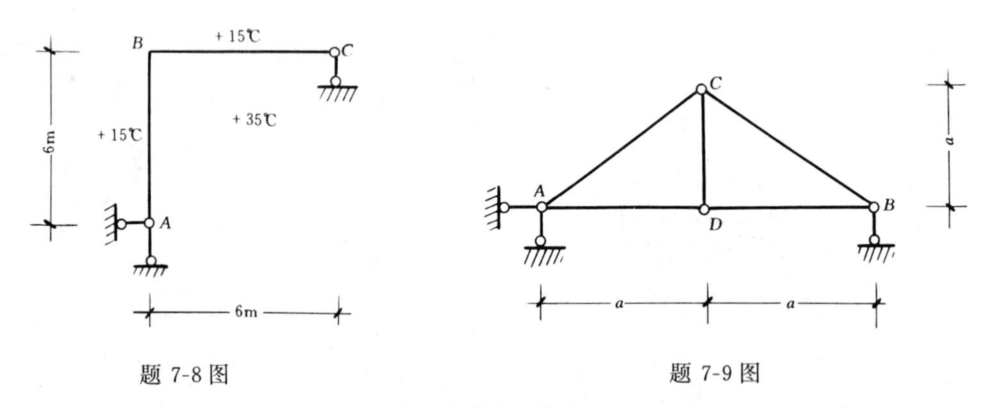

题 7-8 图　　　　题 7-9 图

7-10　图示简支刚架支座 B 下沉 b，试求 C 点的水平位移 Δ_{CH}。

7-11　图示三铰刚架支座 B 发生水平位移 c，试求由此引起刚架 D 点的水平位移 Δ_{DH}，和铰 C 的竖向位移 Δ_{CV}。

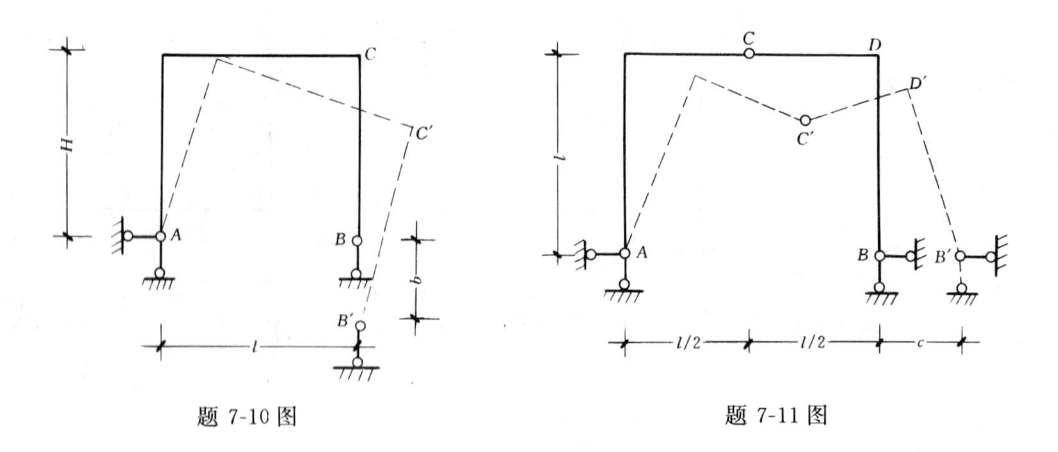

题 7-10 图　　　　题 7-11 图

第八章　用力法计算超静定结构

第一节　概　　述

在前面各章中，已详尽讨论了各种类型的静定结构的内力计算和位移计算，但在实际工程中，采用得更多的是超静定结构。从本章开始，将讨论超静定结构的计算问题。

超静定结构与静定结构之间的两个基本区别是：

（1）在几何组成方面，静定结构是没有多余联系的几何不变体系，超静定结构是有多余联系的几何不变体系。

（2）在受力分析方面，静定结构的反力、内力仅由静力平衡条件就可完全确定，而超静定结构的反力、内力不能完全由静力平衡条件确定。

如图 8-1（a）所示连续梁，它与基础由四根支杆相连，通过几何组成分析可知，该体系为有一个多余联系的几何不变体系。同时，该连续梁的四个支反力也不能用三个静平衡方程求解出来，所以该梁是超静定结构。

总之，凡存在多余联系，其反力和内力不能完全由静力平衡条件确定的结构，称为超静定结构。

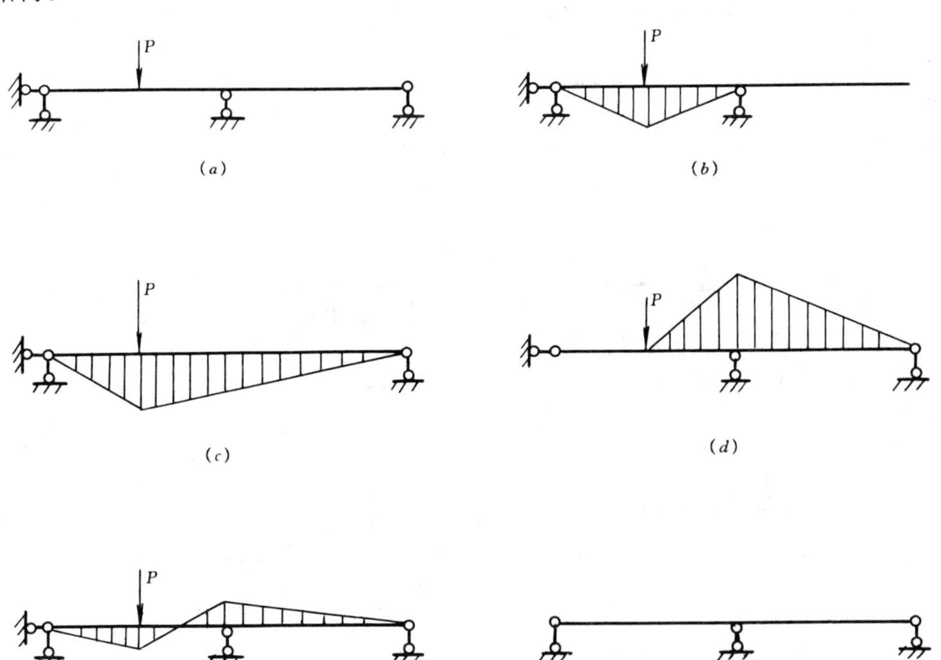

图 8-1

所谓“多余联系”是指对维持体系的几何不变性来说是不必要的那些联系；而对维持体系的几何不变性来说是不可缺少的那些联系则为必要联系。多余联系中产生的与约束对应的力称为多余力。在图 8-1（*a*）中，连续梁的三个竖向支杆中的任一个去掉后，体系仍为几何不变体系（见图 8-1*b*、*c*、*d*），所以，三个竖向支杆中的任一个都可视为多余联系。但若取消水平支杆，体系将成为几何可变体系（见图 8-1*f*），因此，水平支杆是必要联系。多余联系的存在与否虽然不改变体系的几何组成性质，但却直接影响结构的内力和变形的大小，方向及分布规律。如同在集中力 P 作用下，图 8-1（*b*）、（*c*）、（*d*）、（*e*）所示结构的弯矩大小及分布情况是各不相同的。

超静定杆件结构的类型为：

超静定梁（图 8-2*a*）；

超静定刚架（图 8-2*b*）；

超静定桁架（图 8-2*e*、*f*）；

超静定拱（图 8-2*c*、*d*）；

超静定组合结构（图 8-2*g*、*h*）。

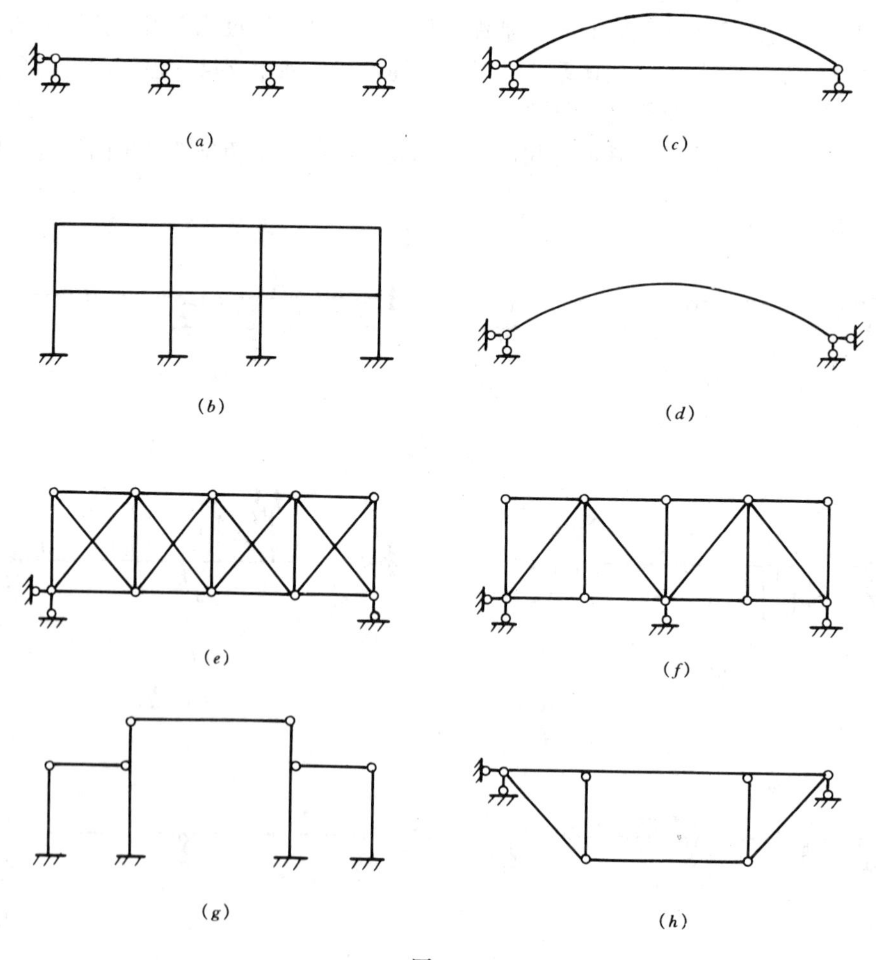

图 8-2

分析超静定结构的基本方法有两种：力法和位移法。除此之外，还有以这两种方法为基础演变而来的多种渐近法和近似法。另外，结构分析的计算机方法——结构矩阵分析，也与力法和位移法密切相关。

本章将结合各种超静定结构讨论力法的基本原理和方法。

第二节 超静定次数的确定

由上节可知，在超静定结构中，除了有维持体系几何不变所必需的必要联系外，还存在多余联系。我们把一个结构所含多余联系的数目称为结构的超静定次数。

确定一个结构的超静定次数最直接的方法就是解除该结构的多余联系，即在原结构上解除多余联系，使超静定结构成为一个（或几个）静定结构，则所解除的多余联系的数目就是原结构的超静定次数。解除多余联系后形成的静定结构则称为力法基本结构。

解除超静定结构多余联系的方法归纳起来有如下几种：

（1）去掉一根支杆或切断一根链杆，相当于解除一个联系（图 8-3*a*、*e*）；

（2）去掉一个不动铰支座或一个单铰，相当于解除两个联系（图 8-3*b*、*f*）；

（3）去掉一个固定支座或切断一根梁式杆件，相当于解除三个联系（图 8-3*c*、*g*）；

（4）将固定支座改为不动铰支座或将梁式杆件中某截面改成铰结，相当于解除一个联系（图 8-3*d*、*h*）。

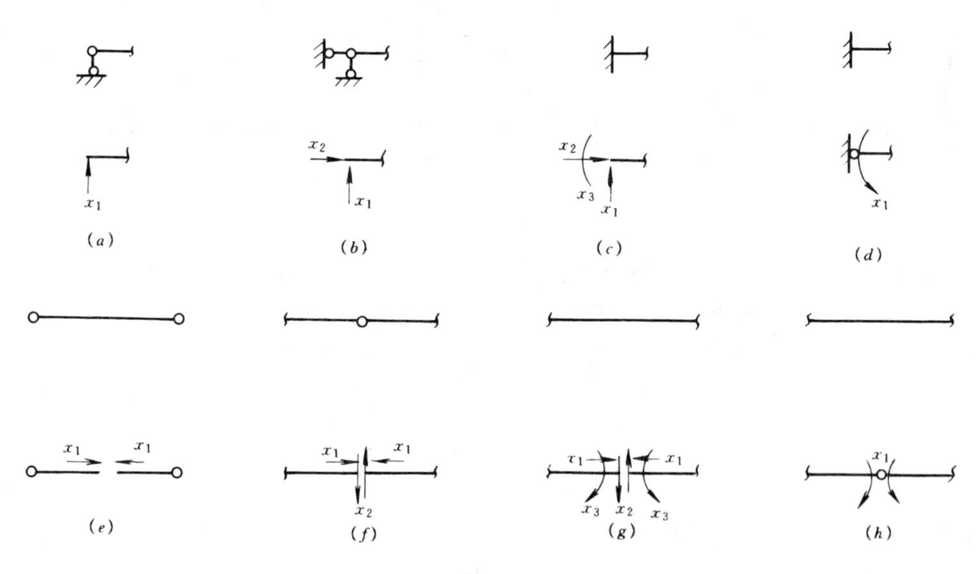

图 8-3

运用上述方法确定超静定结构的超静定次数时，应特别注意：①不能把必要联系去掉，使解除多余未联系后的体系成为几何可变体系；②应把全部多余联系去掉，不要遗漏。运用该方法可以确定任何超静定结构的超静定次数。通常应尽量使解除多余联系后余下的部分为我们所熟悉的简支式、悬臂式、三铰式等静定结构形式。

例如图 8-4（*a*）所示超静定折梁，如去掉 *B* 支座的支杆并代以多余未知力 x_1，则成为

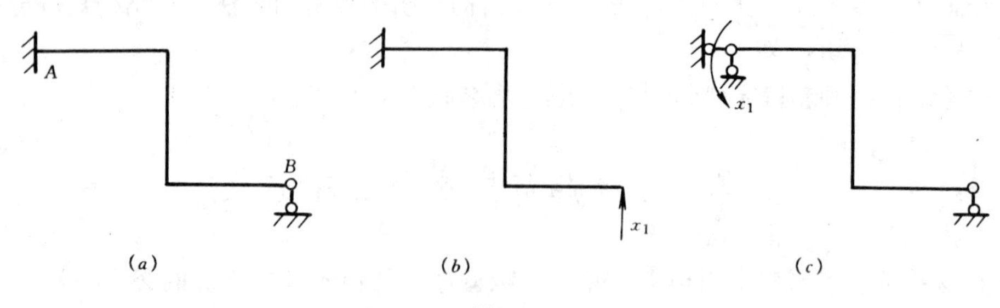

图 8-4

图 8-4（b）所示静定悬臂折梁；若将固定支座 A 改为铰支座并代以多余未知力 x_1，则成为图 8-4（c）所示简支折梁。故原结构为一次超静定结构。

图 8-5（a）所示桁架，当切断链杆 AD、CF，去掉 F 支座的水平支杆，并代以多余未知力 x_1、x_2、x_3 后，成为静定桁架（图 8-5b），所以原结构为三次超静定结构。当然，也可切断链杆 BC、DE 和 EF，得图 8-5（c）所示静定桁架。

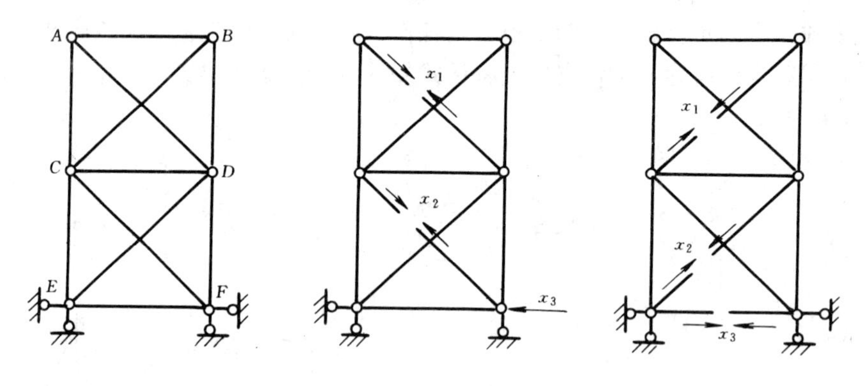

图 8-5

对图 8-6（a）所示刚架，若将 B 端的固定支座去掉，并代以多余未知力 x_1、x_2、x_3，则得图 8-6（b）所示静定悬臂刚架，所以原结构为三次超静定结构。若把其它约束作为多余

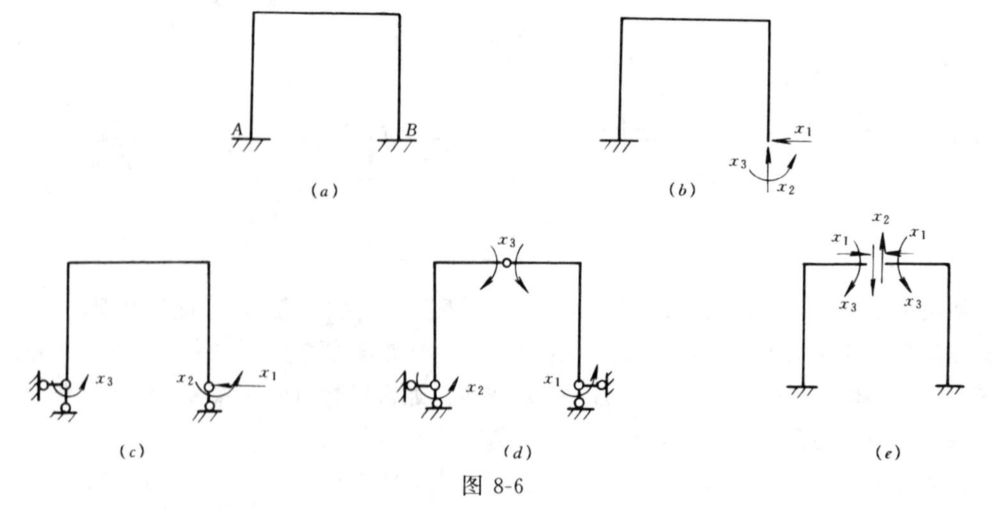

图 8-6

联系去掉，还可得到简支刚架、三铰刚架或两个悬臂刚架（如图 8-6c、d、e 所示）。

上述例题表明，同一超静定结构可以有不同种解除多余联系的方式，因而所得到的静定结构（即基本结构）也是多种多样的，但去掉的多余联系的数目却是相同的。

第三节　力法基本概念

力法计算超静定结构的基本思路是把超静定结构的问题转化为静定结构的问题，并利用前述各章中介绍的静定结构的内力和位移的计算方法来分析解决超静定结构的问题。

下面通过一个简单例子具体阐述力法的基本概念。

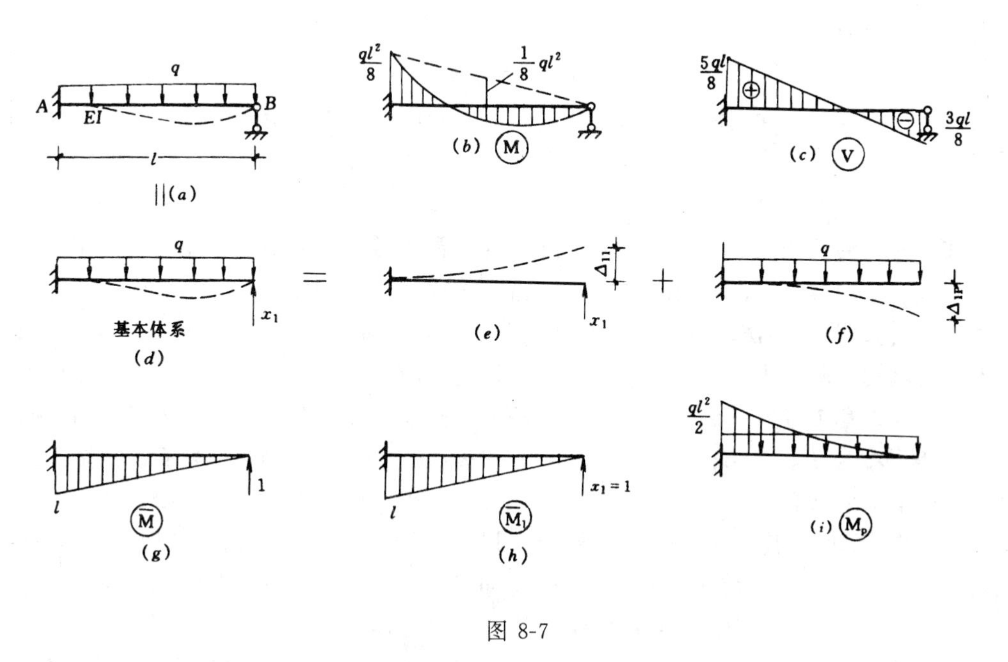

图 8-7

图 8-7（a）所示一端固定一端活动铰支的梁，通过几何组成分析可知，为有一个多余联系的几何不变体系，即超静定结构。由梁的整体平衡条件不能确定出四个支座反力，进而也无法求出内力。如果将支杆 B 作为多余联系去掉，并用支杆 B 中相应的多余未知力 x_1 代替其作用，则受均布荷载作用的原超静定梁就转化为受均布荷载和多余未知力 x_1 共同作用的静定悬臂梁了（图 8-7d）。显然图 8-7（d）所示静定梁的内力和变形与图 8-7（a）所示超静定梁的内力和变形是完全一样的。因此，只要设法求出多余未知力 x_1，就可按静定结构的计算方法求出图 8-7（d）所示静定梁的内力和变形，当然也即是图 8-7（a）所示原结构的内力和变形。从而一个超静定问题就转化为静定问题了。

由此可见，确定多余未知力 x_1 是解决问题的关键。但是如果仅用静力平衡条件，在图 8-7（a）所示超静定梁上或在图 8-7（d）所示静定梁上均不能求出 x_1。

为了确定 x_1 的数值，需进一步考虑变形条件以建立补充方程。对比图 8-7（a）原结构与图 8-7（d）静定梁，原结构在支座 B 处由于支杆 B 的约束作用不可能产生竖向位移，而

图 8-7 (d) 所示静定梁在荷载与多余未知力 x_1 共同作用下的变形状态又与原结构相同，所以它在支座 B 处的竖向位移 Δ_1（即在 x_1 作用点并沿其方向的位移）也应等于零。即

$$\Delta_1 = \Delta_B = 0 \qquad (a)$$

这就是求解 x_1 的变形协调条件或称位移条件。

用 Δ_{11} 和 Δ_{1P} 分别表示多余未知力 x_1 和荷载 q 单独作用于该悬 臂梁上 B 点沿 x_1 方向的位移（见图 8-7e、f），并规定与 x_1 方向相同者为正。则根据叠加原理，上述变形协调条件式（a）可表示为：

$$\Delta_1 = \Delta_{11} + \Delta_{1P} = 0 \qquad (b)$$

式中 Δ 的两个下标的含义是：第一个下标表示产生位移的地点和方向；第二个下标表示引起位移的原因。

再用 δ_{11} 表示 x_1 为单位力（$\overline{x}_1=1$）时 B 点沿 x_1 方向的位移，则有 $\Delta_{11}=\delta_{11}x_1$，于是（$b$）式又可表示为

$$\delta_{11}x_1 + \Delta_{1P} = 0 \qquad (c)$$

由于 δ_{11} 和 Δ_{1P} 都是静定结构在已知荷载作用下的位移，均可用静定结构的位移计算方法求出，因此多余未知力 x_1 即可由（c）式确定：

$$x_1 = -\Delta_{1P}/\delta_{11}$$

至此，原结构已完成了从超静定问题到静定问题的转变。由图 8-7（d）可看出，当多余未知力 x_1 求出后，其余反力和内力均可按静力平衡条件求得。

上述分析表明，用力法求解超静定结构的关键问题是求出多余未知力 x_1，一旦 x_1 确定，其余未知量就能据此求出。我们把这种只有先行确定出它们之后，其他未知数才能得以求解的未知量称为基本未知量。显然，力法的基本未知量是多余联系中的多余未知力。而计算 x_1，还需要本身是静定结构、同时又能用它代表原超静定结构的中间媒介。这个中间媒介就是去掉了多余联系并用相应多余未知力代替原约束作用、同时还受原荷载及原外因作用的静定结构，我们称其为基本体系。最后利用基本体系的变形状态与原结构一致的条件，建立确定 x_1 的补充方程，称力法基本方程，即可解出 x_1。所以，确定基本未知量、选择基本体系、建立力法方程是力法解超静定结构的三个重要环节。

力法计算超静定结构的基本思路可表述为：以多余联系中的多余未知力为基本未知量，根据基本体系在去掉多余联系处的变形或位移应与原结构一致的原则，建立力法方程。解方程求出多余未知力，其后就是静定结构的计算问题了。

下面继续介绍利用力法方程 $\delta_{11}x_1+\Delta_{1P}=0$ 计算多余未知力 x_1 的具体方法。

先计算 δ_{11} 和 Δ_{1P}。根据第七章的内容可知，用图乘法求静定结构在荷载作用下的位移时，首先应作出荷载作用下的弯矩图 M_P，然后在拟求位移截面施加与位移相应的虚设单位力，并作出弯矩图 $\overline{M}$，将 M_P 与 $\overline{M}$ 图乘即得拟求位移。因此，为求 δ_{11} 和 Δ_{1P}，应分别作出基本结构在 $\overline{x}_1=1$ 作用下的弯矩图 $\overline{M}_1$（称为单位弯矩图）和荷载作用下的弯矩图 M_P（称为荷载弯矩图），如图 8-7（h）、(i) 所示；再作出沿 x_1 方向由于虚设单位荷载在基本结构上产生的弯矩图 $\overline{M}$，如图 8-7（g）所示；将 $\overline{M}_1$ 与 $\overline{M}$ 图乘得 δ_{11}，将 M_P 与 $\overline{M}$ 图乘得 Δ_{1P}。观察图 8-7（g）、(h)，两图完全相同，故省略 $\overline{M}$，用 $\overline{M}_1$ 代替。这样在计算 δ_{11} 时，用 $\overline{M}_1$ 与 $\overline{M}_1$ 图乘，称为 $\overline{M}_1$ 图的“自乘”；在计算 Δ_{1P} 时，用 M_P 与 $\overline{M}_1$ 图乘，称为 M_P 与 $\overline{M}_1$ 的“互乘”。

即 $$\delta_{11}=\Sigma\int\frac{\overline{M}_1\overline{M}_1}{EI}\mathrm{d}x=\frac{1}{EI}\left[\frac{1}{2}\times l\times l\times\frac{2}{3}\times l\right]=\frac{l^3}{3EI}$$

$$\Delta_{1P}=\Sigma\int\frac{\overline{M}_1\overline{M}_1}{EI}\mathrm{d}x=\frac{-1}{EI}\left[\frac{1}{3}\times l\times\frac{1}{2}ql^2\times\frac{3}{4}\times l\right]=-\frac{ql^4}{8EI}$$

将 δ_{11}、Δ_{1P}代入（c）式，得

$$x_1=-\Delta_{1P}/\delta_{11}=-\left(\frac{ql^4}{8EI}\right)\bigg/\frac{l^3}{3EI}=\frac{3}{8}ql(\uparrow)$$

计算结果为正，说明 x_1 的实际方向与基本体系中假设的方向相同。多余未知力 x_1 求出后，即可在基本体系上按静定结构的计算方法解出其余反力和内力，并绘出内力图。而该内力图也是原结构的内力图，如图 8-7（b）、（c）所示。

根据叠加原理，基本体系中各点的弯矩可用下式计算：

$$M=\overline{M}_1x_1+M_P$$

因而最后弯矩图 M 也可利用已绘出的$\overline{M}_1$ 图和 M_P 图按上式叠加得到。

第四节　力法典型方程

由本章第三节中介绍的力法基本概念可知：根据基本体系在解除多余联系处的位移与原结构相应处位移一致的条件建立的力法方程，才能求出多余未知力。而解出多余未知力是超静定问题转变成静定问题的前提。因此，在选定基本未知量并得到相应的基本体系后，求解多余未知力的关键问题就是建立力法方程了。下面按前述力法解题思路以一个二次超静定刚架为例，说明多次超静定结构的力法方程是如何建立的，然后再将其推广到 n 次超静定结构。

1. 多次超静定结构力法典型方程的建立

图 8-8（a）所示刚架为二次超静定结构，分析时应解除两个多余联系，去掉支座 B 并以相应的多余未知力 x_1、x_2 代替，得到基本体系（如图 8-8b 所示）。由于原结构在 B 端不能移动，因此与之变形完全相同的基本体系在 B 端也不能移动，

即 $$\left.\begin{aligned}\Delta_1=0\\\Delta_2=0\end{aligned}\right\}$$

这就是建立力法方程的位移条件。其中，Δ_1 是基本体系沿 x_1 方向的总位移，即 B 点的水平位移；Δ_2 是基本体系沿 x_2 方向的总位移，即 B 点的竖向位移。

根据叠加原理，基本结构在全部多余未知力和荷载共同作用下产生的总位移应等于各多余未知力和荷载单独作用产生的位移之和。因此，若用 Δ_{11}、Δ_{12}、Δ_{1P}分别表示基本结构在 x_1、x_2 和荷载单独作用时 B 点沿 x_1 方向的位移，用 Δ_{21}、Δ_{22}、Δ_{2P}分别表示基本结构在 x_1、x_2 和荷载单独作用时 B 点沿 x_2 方向的位移，那么，上述变形条件可写为

$$\left.\begin{aligned}\Delta_1=\Delta_{11}+\Delta_{12}+\Delta_{1P}=0\\\Delta_2=\Delta_{21}+\Delta_{22}+\Delta_{2P}=0\end{aligned}\right\}\qquad(d)$$

进一步，设单位多余力$\overline{x}_1=1$ 单独作用于基本结构引起的沿 x_1、x_2 方向的位移为 δ_{11}、δ_{21}，则当多余未知力 x_1 单独作用时，其位移为 $\Delta_{11}=\delta_{11}x_1$、$\Delta_{21}=\delta_{21}x_1$；

设单位多余力$\overline{x}_2=1$ 单独作用于基本结构引起的沿 x_1、x_2 方向的位移为 δ_{12}、δ_{22}，则当

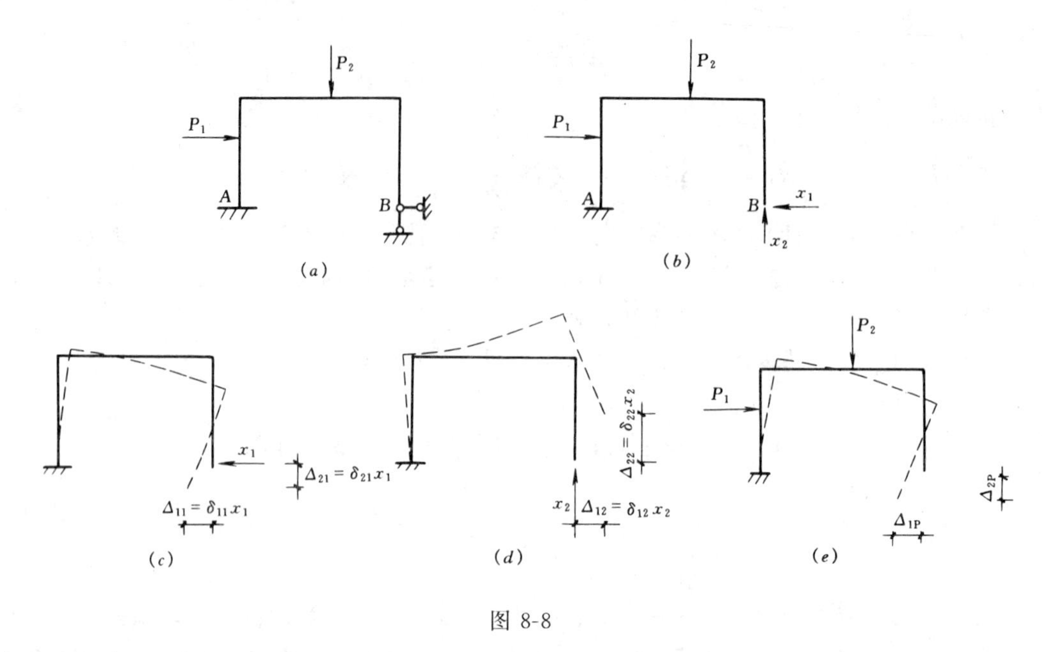

图 8-8

多余未知力 x_2 单独作用时，其位移为 $\Delta_{12}=\delta_{12}x_2$、$\Delta_{22}=\delta_{22}x_2$。

这样式（d）又可表示为

$$\left.\begin{aligned}\delta_{11}x_1+\delta_{12}x_2+\Delta_{1P}=0\\ \delta_{21}x_1+\delta_{22}x_2+\Delta_{2P}=0\end{aligned}\right\}\qquad(e)$$

（e）式即为根据位移条件建立的求解多余未知力 x_1、x_2 的力法典型方程。

2.n 次超静定结构力法典型方程的建立

一个 n 次超静定结构有 n 个多余联系，因此有 n 个多余未知力。由于每一多余联系处对应着一个已知的位移条件，所以 n 个多余联系就有 n 个已知的位移条件。于是按此 n 个位移条件可建立 n 个力法方程，从而可求解出 n 个多余未知力。若原结构上对应于各多余未知力作用处的位移都为零，则这 n 个方程为

$$\left.\begin{array}{lllll}\delta_{11}x_1+ & \delta_{12}x_2+ & \cdots & +\delta_{1n}x_n & +\Delta_{1P}=0\\ \delta_{21}x_1+ & \delta_{22}x_2+ & \cdots & +\delta_{2n}x_n & +\Delta_{2P}=0\\ \vdots & \cdots\cdots & & \cdots\cdots & \cdots\cdots\\ \delta_{n1}x_1+ & \delta_{n2}x_2+ & \cdots & +\delta_{nn}x_n & +\Delta_{nP}=0\end{array}\right\}\qquad(f)$$

上式即为 n 次超静定结构的力法典型方程。

方程组中每一等式都表示基本体系沿某一多余未知力方向的位移与原结构的相应位移相等，而方程中的每一项都表示基本结构在某一多余未知力或荷载单独作用下沿某一多余未知力方向的位移。

在力法典型方程中，主对角线上多余未知力的系数 δ_{ii}（$i=1,2,\cdots n$）称为主系数，它表示基本结构由于 $\overline{x_i}=1$ 的单独作用，在 x_i 的作用点并沿其方向产生的位移；其余系数 δ_{ij}（$i\neq j$）称为副系数，它表示基本结构由于 $\overline{x_j}=1$ 的单独作用，在 x_i 的作用点并沿其方向产生的位移；各式中的 Δ_{iP} 称为自由项，它表示基本结构由于荷载的单独作用，在 x_i 的方向并

沿其作用点产生的位移。系数和自由项的正负号采用如下规定：当位移 δ_{ij}（i、$j=1$，2，…n）或 Δ_{iP}的方向与相应多余未知力 x_i 的方向一致时为正，反之为负。所以主系数 δ_{ii}恒为正值，而副系数 δ_{ij}和自由项 Δ_{iP}则可能为正、为负或为零。

3. 力法典型方程中系数和自由项的计算

当力法典型方程建立以后，只需计算出其中的系数和自由项，并“对号入座”代入方程，而后即可由方程组确定出各多余未知力。

因为力法方程中的系数和自由项都是基本结构在单位力或已知荷载作用下的位移，故均可按第七章所介绍的计算静定结构位移的方法求得。

对于梁和刚架，当忽略剪切变形和轴向变形的影响时，可按下式计算

$$\left.\begin{aligned}\delta_{ii} &= \Sigma\int\frac{\overline{M}_i^2}{EI}\mathrm{d}x\\ \delta_{ij} &= \Sigma\int\frac{\overline{M}_i\,\overline{M}_j}{EI}\mathrm{d}x\\ \Delta_{iP} &= \Sigma\int\frac{\overline{M}_i\,M_P}{EI}\mathrm{d}x\end{aligned}\right\}\tag{g}$$

对于桁架，只考虑轴向变形的影响时，可按下式计算

$$\left.\begin{aligned}\delta_{ii} &= \Sigma\int\frac{\overline{N}_i^2}{EA}\mathrm{d}x = \Sigma\frac{\overline{N}_i^2}{EA}\cdot l\\ \delta_{ij} &= \Sigma\int\frac{\overline{N}_i\,\overline{N}_j}{EA}\mathrm{d}x = \Sigma\frac{\overline{N}_i\,\overline{N}_j}{EA}\cdot l\\ \Delta_{iP} &= \Sigma\int\frac{\overline{N}_i\,N_P}{EA}\mathrm{d}x = \Sigma\frac{\overline{N}_i\,N_P}{EA}\cdot l\end{aligned}\right\}\tag{h}$$

根据位移互等定理，副系数存在如下关系：

$$\delta_{ij} = \delta_{ji}$$

将求得的系数和自由项代入力法典型方程，便可求出 x_1、x_2……x_n，然后再将已求出的多余力和荷载作用于基本结构，由静力平衡条件确定出其余反力和内力。结构的最后内力图可利用基本结构的单位内力图和荷载内力图按叠加法绘出。即

$$\begin{aligned}M &= \overline{M}_1x_1 + \overline{M}_2x_2 + \cdots + \overline{M}_nx_n + M_P\\ V &= \overline{V}_1x_1 + \overline{V}_2x_2 + \cdots + \overline{V}_nx_n + V_P\\ N &= \overline{N}_1x_1 + \overline{N}_2x_2 + \cdots + \overline{N}_nx_n + N_P\end{aligned}$$

或者先用叠加公式 $M=\overline{M}_1x_1+\overline{M}_2x_2+\cdots+\overline{M}_nx_n+M_P$ 计算出杆端弯矩并作出弯矩图，再根据平衡条件计算出剪力、轴力，进而绘出剪力图和轴力图。

第五节　荷载作用下各种超静定结构的力法计算

用力法求解超静定结构可按下列步骤进行：

1. 确定超静定次数，去掉原结构的多余联系并以多余未知力代之，得到基本体系。

2. 根据基本体系在去掉多余联系处的位移与原结构相应处位移相等的条件建立力法方程。

3. 依次作出基本结构在各多余未知力为单位荷载时的单位弯矩图 $\overline{M}_i$ 和荷载弯矩图

M_P（或写出其弯矩表达式），然后利用图乘法（或积分法）计算系数和自由项。

4. 将求得的系数和自由项代入力法方程，解方程得多各余未知力。

5. 多余未知力求出后，按分析静定结构的方法绘出原结构的内力图。

6. 校核。

下面结合具体示例说明力法的应用。

一、超静定梁

【例 8-1】 试用力法分析图 8-9（*a*）所示超静定梁。

【解】 该梁与前述图 8-3（*a*）所示超静定梁完全相同，现在选取另一种基本体系进行计算。

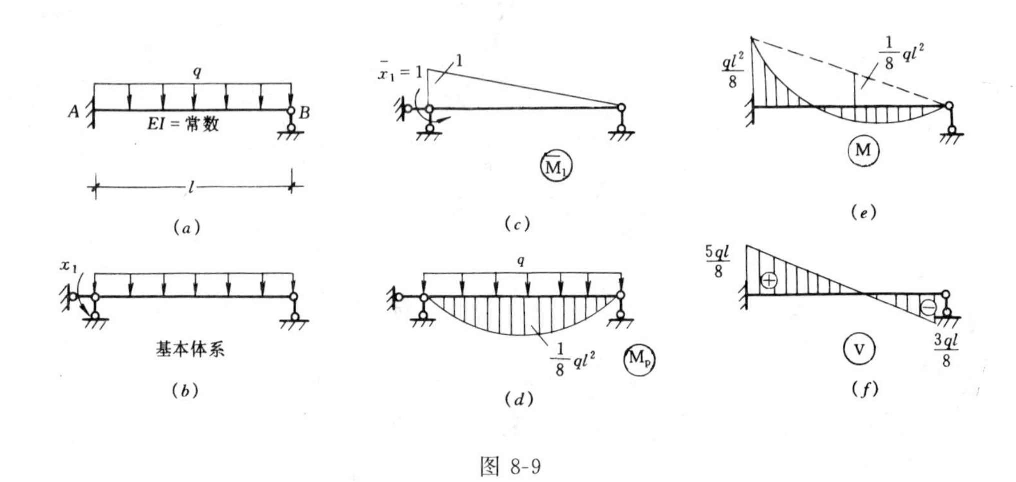

图 8-9

1. 选择基本体系

去掉支座 A 的转动约束用相应的多余未知力 x_1 代替，得到基本体系（图 8-9*b*）。

2. 位移条件及力法方程

原结构 A 端为固定支座不能转动，因此基本体系的 A 截面沿 x_1 方向的转动应为零，因此，位移条件为

$$\Delta_1 = 0$$

力法方程为

$$\delta_{11} x_1 + \Delta_{1P} = 0$$

式中 δ_{11}为$\overline{x}_1 = 1$ 单独作用在基本结构上引起的沿 x_1 方向的转动，Δ_{1P}为荷载单独作用引起的沿 x_1 方向的转动。

3. 计算系数和自由项

分别作出$\overline{x}_1 = 1$ 单独作用下的单位弯矩图$\overline{M}_1$ 和荷载单独作用下的荷载弯矩图 M_P，见图 8-9（*c*）、（*d*）。

由图乘法，得

$$\delta_{11} = \frac{1}{EI}\left(\frac{1}{2} \times l \times 1 \times \frac{2}{3} \times 1\right) = \frac{l}{3EI}$$

$$\Delta_{1P} = \frac{-1}{EI}\left(\frac{2}{3} \times l \times \frac{ql^2}{8} \times \frac{1}{2} \times 1\right) = -\frac{ql^3}{24EI}$$

4. 求解多余未知力

将 δ_{11}与 Δ_{1P}代入力法方程，解得

$$x_1 = -\frac{\Delta_{1P}}{\delta_{11}} = -\frac{-\dfrac{ql^3}{24EI}}{\dfrac{l}{3EI}} = \frac{ql^2}{8}$$

计算结果为正值，说明 x_1 与实际方向相同。

5. 绘内力图

作弯矩图

利用在基本结构上绘出的单位弯矩图$\overline{M}_1$ 和荷载弯矩图 M_P，按公式 $M=\overline{M}_1x_1+M_P$ 计算出杆端弯矩，然后按叠加法绘弯矩图。

$$M_{AB} = \frac{1}{8}ql^2 \times 1 + 0 = \frac{ql^2}{8}\text{（上侧受拉）}$$

$$M_{BA} = 0 + 0 = 0$$

将两杆端弯矩竖标画在杆件受拉边，连以虚线，再叠加荷载产生的简支弯矩，即得最后弯矩图 M（见图 8-9e）。

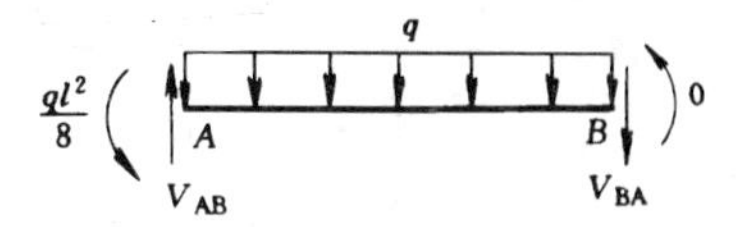

图 8-10

作剪力图

取杆件 AB 为隔离体，作出受力图（图 8-10），图中杆端弯矩按已知值标出，未知剪力按正向标出，轴力未标。

由 $\quad \Sigma M_B = 0 \quad V_{AB} \times l - q \times l \times \dfrac{l}{2} - \dfrac{ql^2}{8} = 0$， 得 $V_{AB} = \dfrac{5ql}{8}$

由 $\quad \Sigma M_A = 0 \quad V_{BA} \times l + q \times l \times \dfrac{l}{2} - \dfrac{ql^2}{8} = 0$， 得 $V_{BA} = -\dfrac{3ql}{8}$

利用杆端剪力和荷载与内力的微分关系作出最后剪力图（如图 8-9f 所示）。

将该例中的位移条件、力法方程和内力图(图 8-9e、f)，与第二节示例中的位移条件、力法方程和内力图(图 8-3b、c)进行比较，可以看出，用力法求解超静定结构，按不同的基本体系计算所得到的最后内力图完全相同，而表现形式相同的基本未知量、位移条件和力法方程的实际含义却是各不相同的。不过尽管对同一结构可以选取多种不同的基本体系进行计算，并且得到的最终内力也相同，但计算的繁简程度却可能不同，有时甚至差别很大。

此外计算还表明，仅在荷载作用下的超静定结构，其力法方程中的系数和自由项均含有公因子 EI，在解方程时将被消去。所以，荷载作用下的超静定结构的内力仅与各杆 EI 值的相对值有关，而与 EI 的绝对值无关。

【例 8-2】 用力法分析图 8-11（a）所示连续梁，绘出弯矩图和剪力图，并求 B 支座的支座反力。各杆 EI 为常数。

【解】 1. 确定基本体系

图（a）所示连续梁有两个多余联系，去掉不同的多余联系可得不同的基本体系（图 8-11b、c、d、e）。本题只选用图（e）所示第四种基本体系进行计算。

2. 建立力法方程

由于原结构 A 端为固定支座不可能转动，所以在基本体系铰 A 处沿 x_1 方向也不应有

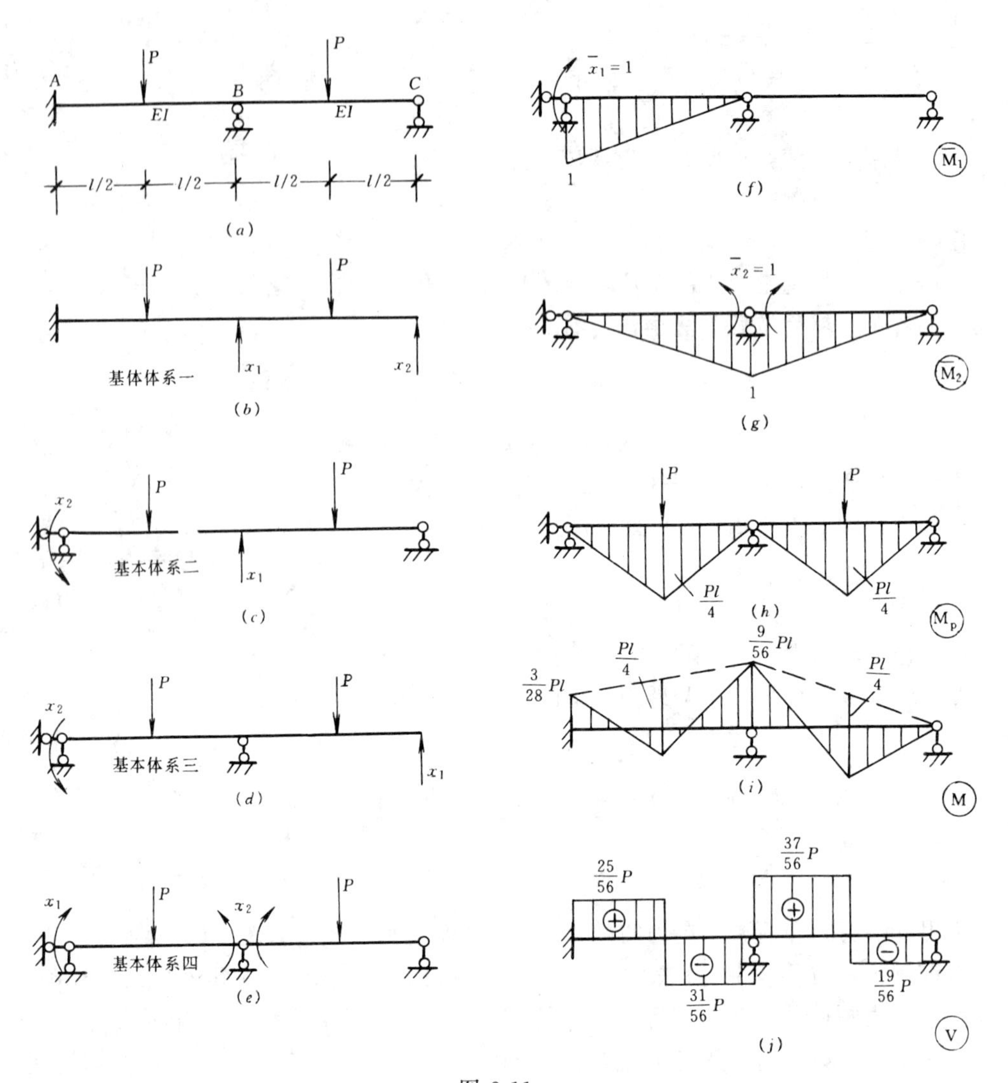

图 8-11

转动；又由于原结构在 B 截面杆件是连续的，所以基本体系铰 B 的左、右截面也不能产生相对转动，

故位移条件为

$$\left.\begin{array}{l}\Delta_1 = 0\\ \Delta_2 = 0\end{array}\right\}$$

力法方程则为

$$\left.\begin{array}{l}\delta_{11}x_1 + \delta_{12}x_2 + \Delta_{1P} = 0\\ \delta_{21}x_1 + \delta_{22}x_2 + \Delta_{2P} = 0\end{array}\right\}$$

3. 计算系数和自由项

作单位弯矩图 $\overline{M}_1$、$\overline{M}_2$ 和荷载弯矩图 M_P（图 8-11f、g、h）

$$\delta_{11} = \frac{1}{EI}\left(\frac{1}{2} \times l \times 1 \times \frac{2}{3} \times 1\right) = \frac{l}{3EI}$$

$$\delta_{22} = \frac{2}{EI}\left(\frac{1}{2} \times l \times 1 \times \frac{2}{3} \times 1\right) = \frac{2l}{3EI}$$

$$\delta_{21} = \delta_{12} = \frac{1}{EI}\left(\frac{1}{2} \times l \times 1 \times \frac{1}{3} \times 1\right) = \frac{l}{6EI}$$

$$\Delta_{1P} = \frac{1}{EI}\left[\frac{1}{2} \times \frac{l}{2} \times \frac{pl}{4} \times \frac{2}{3} \times \frac{1}{2} + \frac{1}{2} \times \frac{l}{2} \times \frac{pl}{4} \times \left(\frac{2}{3} \times \frac{1}{2} + \frac{1}{3} \times 1\right)\right]$$
$$= \frac{Pl^2}{16EI}$$

$$\Delta_{2P} = \frac{2}{EI}\left[\frac{1}{2} \times \frac{l}{2} \times \frac{pl}{4} \times \frac{2}{3} \times \frac{1}{2} + \frac{1}{2} \times \frac{l}{2} \times \frac{pl}{4} \times \left(\frac{2}{3} \times \frac{1}{2} + \frac{1}{3} \times 1\right)\right]$$
$$= \frac{Pl^2}{8EI}$$

4. 求解多余未知力 x_1、x_2

将各系数和自由项代入力法方程，得

$$\left.\begin{aligned}\frac{l}{3EI}x_1 + \frac{l}{6EI}x_2 + \frac{Pl^2}{16EI} = 0\\ \frac{l}{6EI}x_1 + \frac{2l}{3EI}x_2 + \frac{Pl^2}{8EI} = 0\end{aligned}\right\}$$

整理后，得

$$\left.\begin{aligned}16x_1 + 8x_2 + 3Pl = 0\\ 8x_1 + 32x_2 + 6Pl = 0\end{aligned}\right\}$$

故
$$x_1 = -\frac{3}{28}Pl \qquad x_2 = -\frac{9}{56}Pl$$

5. 绘内力图

作弯矩图，与上例相同，先利用公式 $M=\overline{M}_1x_1+\overline{M}_2x_2+M_P$ 求出各杆端弯矩，然后由叠加法作出弯矩图（见图 8-11i）。

作剪力图　分别取各杆为隔离体，并利用力矩平衡条件求出各杆端剪力，再根据荷载与内力的微分关系作出剪力图（见图 8-11j）。

6. 计算 B 支座的反力

根据剪力图可以很容易地求出支座反力，取结点 B 为隔离体见图 8-12。

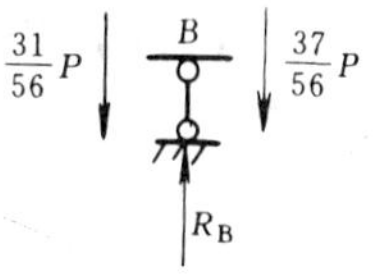

由
$$\Sigma Y = 0, \qquad R_B - \frac{31}{56}P - \frac{37}{56}P = 0$$

得
$$R_B = \frac{17}{14}P(\uparrow)$$

图 8-12

建议读者对其余三种基本体系进行计算，并比较繁简程度。

【例 8-3】　用力法分析图 8-13（a）所示两端固定梁。

【解】　1. 选择基本体系

图 8-13（a）所示结构为三次超静定梁，选取简支梁为基本体系。如图 8-13（b）所示。

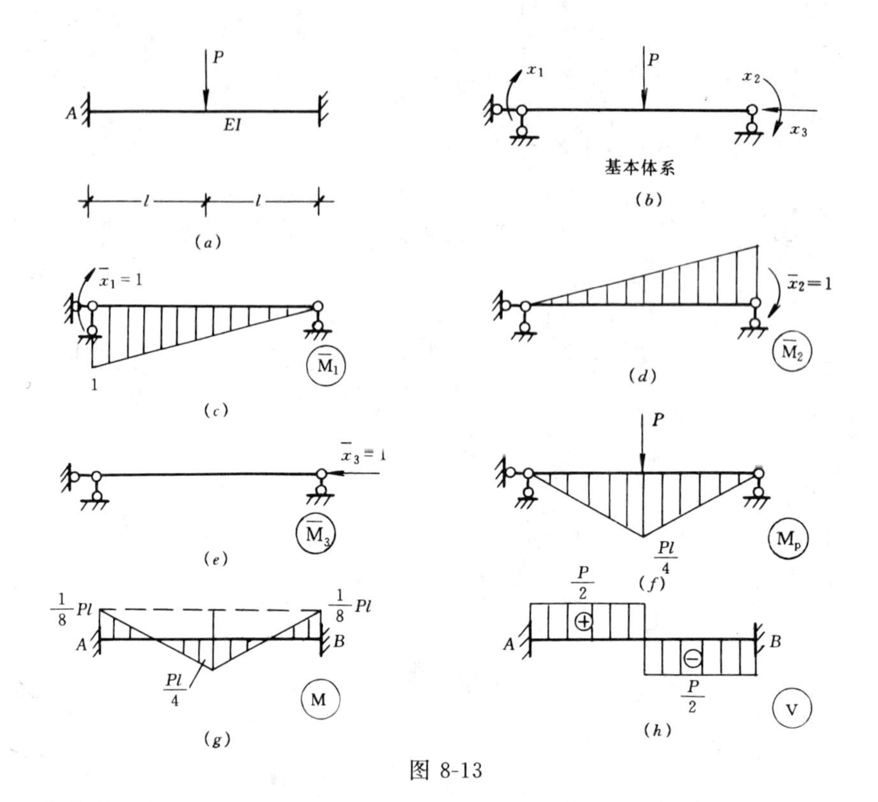

图 8-13

2. 力法典型方程

根据基本体系沿多余未知力方向的位移与原结构相应处位移相等的条件，得力法方程

$$\begin{cases}\delta_{11}x_1+\delta_{12}x_2+\delta_{13}x_3+\Delta_{1P}=0\\ \delta_{21}x_1+\delta_{22}x_2+\delta_{23}x_3+\Delta_{2P}=0\\ \delta_{31}x_1+\delta_{32}x_2+\delta_{33}x_3+\Delta_{3P}=0\end{cases}$$

3. 求系数和自由项

作基本结构的单位弯矩图和荷载弯矩图（图 8-13c、d、e、f）。

因$\overline{M}_3=0$，由图乘法可知 $\delta_{13}=\delta_{31}=0$，　$\delta_{23}=\delta_{32}=0$，　$\Delta_{3P}=0$，所以力法方程中的第三式为

$$\delta_{33}x_3=0$$

而在计算 δ_{33}时，若同时考虑弯矩和轴力的影响，

则有 $$\delta_{33}=\Sigma\int\frac{\overline{M}_3\cdot\overline{M}_3}{EI}\mathrm{d}x+\Sigma\int\frac{\overline{N}_3^2}{EA}\mathrm{d}x=0+\frac{l}{EA}\neq 0$$

于是 $$x_3=0$$

这表明两端固定梁在竖向荷载作用下并不产生水平反力，因此原结构实际上是一个二次超静定问题，故典型方程为：

$$\begin{cases}\delta_{11}x_1+\delta_{12}x_2+\Delta_{1P}=0\\ \delta_{21}x_1+\delta_{22}x_2+\Delta_{2P}=0\end{cases}$$

利用图乘法求得各系数和自由项

$$\delta_{11}=\frac{l}{EI},\quad \delta_{22}=\frac{l}{EI},\quad \delta_{12}=\delta_{21}=-\frac{1}{6EI}$$

$$\Delta_{1P}=\frac{Pl^2}{16EI}\qquad \Delta_{2P}=-\frac{Pl^2}{16EI}$$

4．求解多余未知力 x_1、x_2

将系数和自由项代入力法方程，整理后，

得
$$\begin{cases}16x_1-8x_2+3Pl=0\\8x_1-16x_2+3Pl=0\end{cases}$$

解方程，得

$$x_1=-\frac{Pl}{8},\qquad x_2=\frac{Pl}{8}$$

5．绘最后弯矩图和剪力图

利用基本结构的单位弯矩图和荷载弯矩图及已求出的多余力按叠加法绘出最后弯矩图，见图 8-13（*g*）。

再取杆件为脱离体，由力矩平衡条件求出杆端剪力，并绘出最后剪力图，见图 8-13（*h*）。

二、超静定刚架

【例 8-4】 用力法分析图 8-14（*a*）所示刚架，并作内力图。各杆 EI 为常数。

【解】 1．确定基本体系

去掉支杆 C，所解除的约束用相应的多余未知力 x_1 代替，得基本体系（见图 8-14*b*）。

2．建立力法方程

由于原结构在 C 处不发生竖向位移，所以基本体系在 C 处沿 x_1 方向的位移也为零，即

$$\Delta_1=0$$

故力法方程为

$$\delta_{11}x_1+\Delta_{1p}=0$$

3．计算系数和自由项

作单位弯矩图 $\overline{M}_1$ 和荷载弯矩图 M_P，如图 8-14（*c*）、（*d*）所示。

$$\delta_{11}=\frac{1}{EI}\left[\frac{1}{2}\times4\times4\times\frac{2}{3}\times4+4\times4\times4)\right]=\frac{256}{3EI}$$

$$\Delta_{1P}=\frac{-1}{EA}\left[\frac{1}{3}\times4\times16\times\frac{3}{4}\times4+16\times4\times4+\frac{1}{2}\times32\times4\times4\right]=-\frac{576}{EI}$$

4．计算多余未知力 x_1

将 δ_{11} 和 Δ_{1p} 代入力法方程，得

$$\frac{256}{3EI}x_1-\frac{576}{EI}=0$$

故
$$x_1=\frac{27}{4}(\text{kN})$$

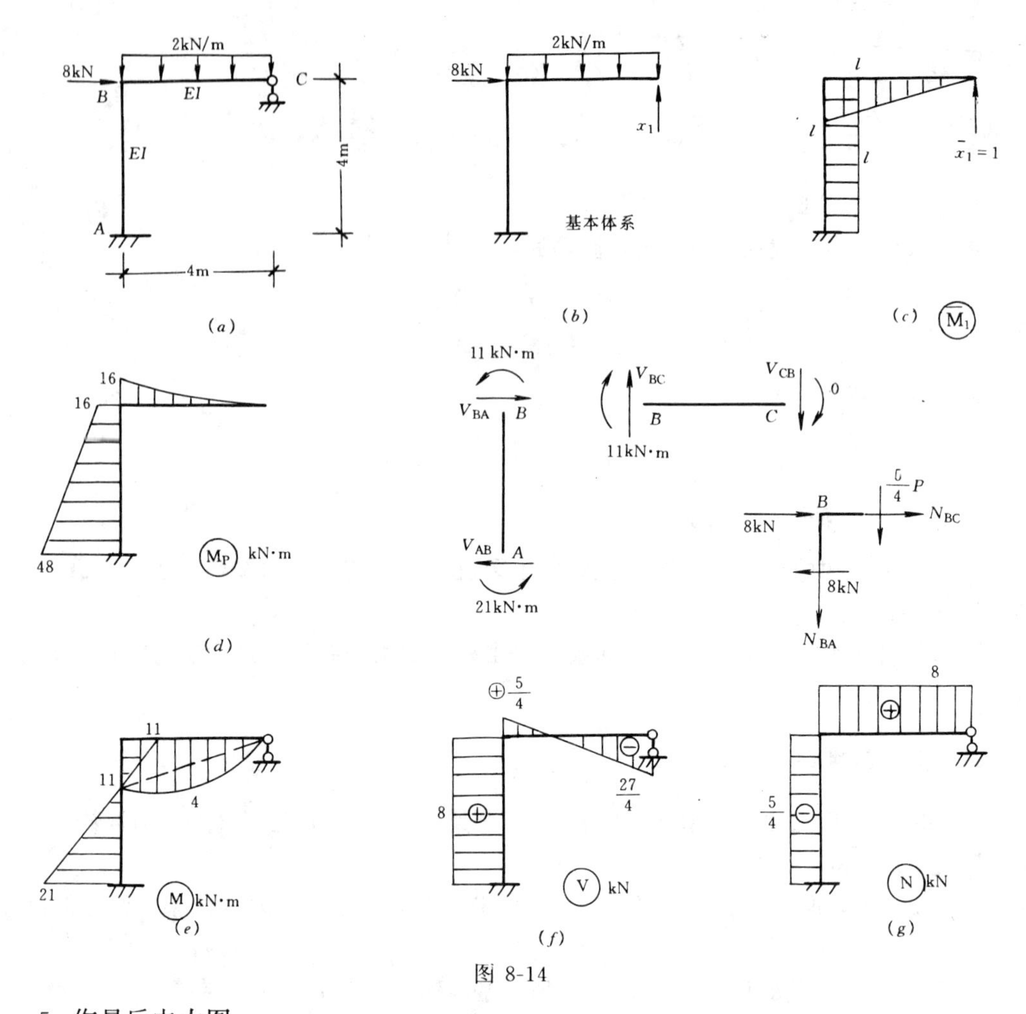

图 8-14

5. 作最后内力图

作弯矩图　与前述例题相同，利用叠加法可作最后弯矩图，如图 8-14（e）所示。

作剪力图　分别取 AB、BC 为隔离体（见图 8-14h），利用杆件的力矩平衡方程求出杆端剪力，再作剪力图。如图 8-14（g）所示。

作轴力图　求刚架各杆轴力时，可取结点为隔离体，利用已知的杆端剪力，由投影平衡方程求杆端轴力。取结点 B 为隔离体如图 8-14（h）所示，由

$$\Sigma X=0, \quad 得\ N_{BC}=0$$

$$\Sigma Y=0, \quad 得\ N_{BA}=-\frac{5}{4}(\mathrm{kN})$$

根据求出的杆端轴力作出轴力图（见图 8-14g）。

三、超静定桁架

用力法计算超静定桁架的原理和步骤与力法计算超静定梁和刚架相同。但由于桁架承受结点集中荷载作用时，各杆只产生轴力，故力法方程中的系数和自由项按前述公式（h）

计算。

桁架各杆的最后轴力则按下式计算：

$$N = \overline{N}_1 x_1 + \overline{N}_2 x_2 + \cdots + \overline{N}_n x_n + N_P$$

【例 8-5】 用力法计算图 8-15（a）所示桁架的轴力。各杆 EA 值相等且为常数。

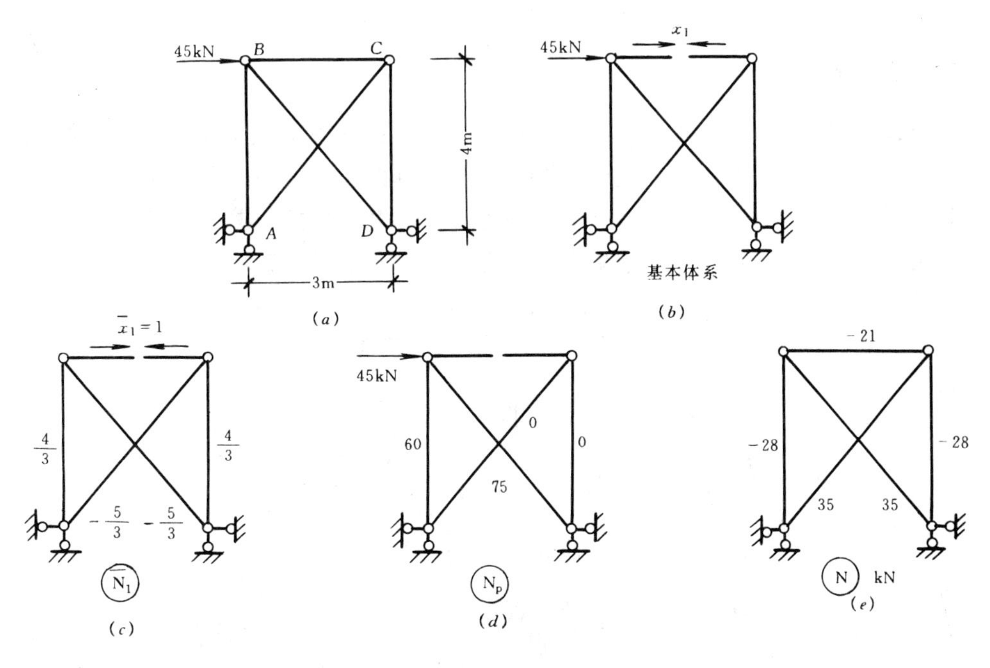

图 8-15

【解】 1. 确定基本体系

此桁架为一次超静定结构，以 BC 杆为多余联系，将其截断并代以多余未知力 x_1，得图 8-15（b）所示基本体系。

2. 建立力法方程

由于原结构 BC 杆是连续的，切口所在截面不可能发生沿 x_1 方向的相对位移。所以建立力法方程的位移条件为：基本体系在切口两边截面沿 x_1 方向的相对位移为零，即 $\Delta_1=0$。力法方程则为 $\delta_{11}x_1+\Delta_{1p}=0$

3. 计算系数和自由项

利用结点法或截面法求出基本结构在 $\bar{x}_1=1$ 单独作用时的轴力 $\overline{N}_1$ 和荷载单独作用时的轴力 N_P，见图 8-15（c）、（d）。所以

$$\delta_{11} = \frac{1}{EA}\left[1 \times 1 \times 3 + \frac{4}{3} \times \frac{4}{3} \times 4 \times 2 + \left(-\frac{5}{3}\right)\left(-\frac{5}{3}\right) \times 5 \times 2\right] = \frac{45}{EA}$$

$$\Delta_{1p} = \frac{1}{EA}\left[(-75)\left(-\frac{5}{3}\right) \times 5 + 60 \times \frac{4}{3} \times 4\right] = \frac{945}{EA}$$

4. 计算多余未知力 x_1

将系数和自由项代入力法方程，解得

$$x_1 = -\frac{\Delta_{1P}}{\delta_{11}} = -\frac{\frac{945}{EA}}{\frac{45}{EA}} = -21(\mathrm{kN})$$

5. 作最后轴力图

利用公式 $N=\overline{N}_1x_1+N_P$ 即可算出各杆轴力，计算结果如图 8-15（e）所示。

四、超静定组合结构

与静定组合结构一样，超静定组合结构也是由梁式杆件和链杆组成。用力法计算超静定组合结构的原理和步骤也与力法计算超静定梁和刚架相同。一般是通过把链杆作为多余联系截断而得到其基本体系。计算系数和自由项时，对链杆只考虑轴向变形的影响；对梁式杆件只考虑弯曲变形的影响，忽略其剪切变形和轴向变形的影响，即

$$\delta_{ii} = \Sigma\int\frac{\overline{M}_i\,\overline{M}_i}{EI}\mathrm{d}x + \Sigma\int\frac{\overline{N}_i\,\overline{N}_i}{EA}\mathrm{d}x = \Sigma\int\frac{\overline{M}_i^2}{EI}\mathrm{d}x + \Sigma\frac{\overline{N}_i^2}{EA}\cdot l$$

（梁式杆）　　（链杆）

$$\delta_{ij} = \Sigma\int\frac{\overline{M}_i\,\overline{M}_j}{EI}\mathrm{d}x + \Sigma\int\frac{\overline{N}_i\,\overline{N}_j}{EA}\mathrm{d}x = \Sigma\int\frac{\overline{M}_i\,\overline{M}_j}{EI}\mathrm{d}x + \Sigma\frac{\overline{N}_i\,\overline{N}_j}{EA}\cdot l$$

（梁式杆）　　（链杆）

$$\Delta_{iP} = \Sigma\int\frac{\overline{M}_i\,\overline{M}_P}{EI}\mathrm{d}x + \Sigma\int\frac{\overline{N}_i\,\overline{N}_P}{EA}\mathrm{d}x = \Sigma\int\frac{\overline{M}_i\,\overline{M}_P}{EI}\mathrm{d}x + \Sigma\frac{\overline{N}_i\,\overline{N}_P}{EA}\cdot l$$

（梁式杆）　　（链杆）

【例 8-6】 试用力法分析图 8-16（a）所示组合结构，设梁的抗弯刚度为 E_1I，各链杆的抗拉刚度为 E_2A。

【解】 1. 基本体系及力法方程

选取图 8-16（b）所示基本体系。

根据基本体系在切口处左、右截面沿 x_1 方向的相对线位移应为零的位移条件，得力法方程

$$\delta_{11}x_1 + \Delta_{1P} = 0$$

2. 计算系数和自由项

作出基本结构在 $\overline{x}_1=1$ 单独作用下梁的弯矩图 $\overline{M}_1$ 和各链杆的轴力 $\overline{N}_1$（见图 8-16c）；

作出基本结构在荷载单独作用下梁的弯矩图 M_P 和各链杆的轴力 N_P（见图 8-16d）。

$$\delta_{11} = \frac{1}{E_1I}\left[\frac{1}{2}\times a\times a\times\frac{2}{3}\times a\times 2 + a\times a\times 2a\right]$$

$$+\frac{1}{E_2A}\left[(-1)(-1)\times a\times 2 + 1\times 1\times 2a + \sqrt{2}\times\sqrt{2}\times\sqrt{2}a\times 2\right]$$

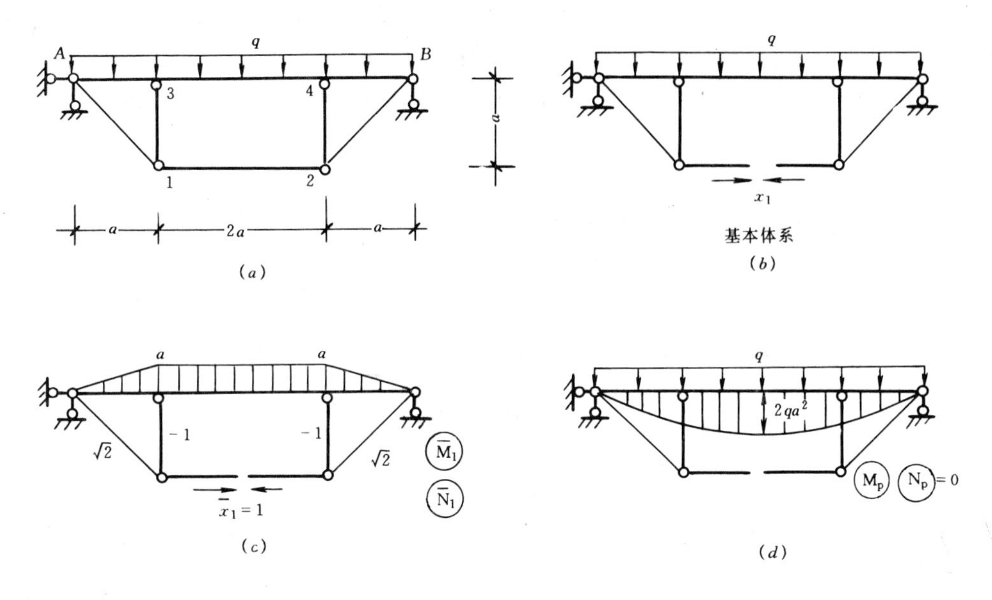

图 8-16

$$=\frac{8a^3}{3E_1I}+\frac{4(1+\sqrt{2})a}{E_2A}$$

$$\Delta_{1P}=\frac{-1}{E_1I}\left[\left(\frac{1}{2}\times a\times\frac{3}{2}qa^2\times\frac{2}{3}\times a+\frac{2}{3}\times a\times\frac{qa^2}{8}\times\frac{a}{2}\right)\times 2\right.$$

$$\left.+\frac{3}{2}qa^2\times 2a\times a+\frac{2}{3}\times 2a\times\frac{1}{2}qa^2\times a\right]$$

$$=-\frac{19qa^4}{4E_1I}$$

3. 将系数和自由项代入力法方程，可解出

$$x_1=-\Delta_{1P}/\delta_{11}$$

4. 作梁的最后弯矩图，求各链杆的最后轴力

利用公式：

$$M=\overline{M}_1x_1+M_P$$

$$N=\overline{N}_1x_1+N_P=\overline{N}_1x_1$$

确定出各杆端内力后，即可作出内力图。

五、铰接排架

铰接排架是由屋架（或屋面大梁）、吊车梁、柱及基础组成的结构，见图 8-17（*a*）。单层工业厂房常常采用此种结构。在排架中通常将柱与基础简化为刚性联结，而屋架与柱顶之间的联系可将其简化为铰结。当屋面受竖向荷载作用时，屋架按两端铰支的桁架计算。柱受水平荷载和偏心荷载（如风荷载、地震荷载或吊车荷载）作用时，屋架对柱顶只起联系

作用。由于屋架本身沿跨度方向的轴向变形很小，故可略去其变形的影响，而近似地将屋架看成轴向刚度 EA 为无穷大的链杆。图 8-17（b）为单跨铰接排架的计算简图。从排架的计算简图可以看出，排架也属于组合结构。而对排架进行内力分析，主要是计算排架柱的内力。此外，由于厂房的柱子需要放置吊车梁，因此常常被设计成阶梯状变截面柱。

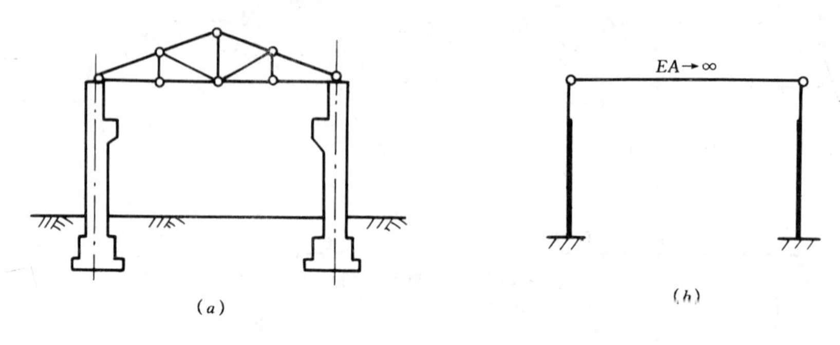

图 8-17

用力法计算铰接排架的原理、步骤与超静定梁和刚架的计算相同。下面举例说明。

【例 8-7】 用力法分析图 8-18（a）所示铰接排架，并作弯矩图。

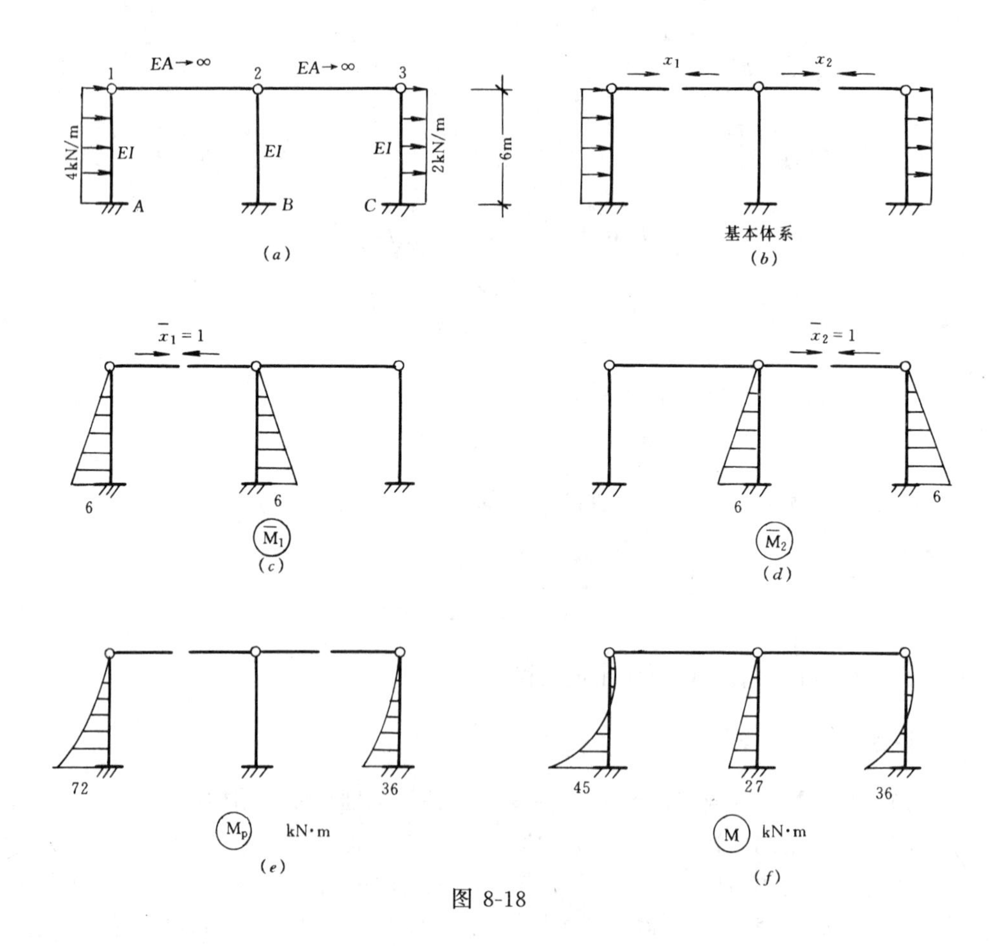

图 8-18

【解】 1. 选择基本体系，建立力法方程

此排架为二次超静定结构，将链杆作为多余联系截断，并代以多余未知力 x_1、x_2，得图 8-18（*b*）所示基本体系。

根据切口两侧截面沿多余未知力方向的相对线位移为零的条件，建立力法方程：

$$\left.\begin{aligned}\delta_{11}x_1+\delta_{12}x_2+\Delta_{1P}=0\\ \delta_{21}x_1+\delta_{22}x_2+\Delta_{2P}=0\end{aligned}\right\}$$

2. 计算系数和自由项

绘各单位弯矩图和荷载弯矩图，见图 8-18（*c*）、（*d*）、（*e*）所示。

$$\delta_{11}=\frac{2}{EI}\left[\frac{1}{2}\times6\times6\times\frac{2}{3}\times6\right]=\frac{144}{EI}$$

$$\delta_{22}=\frac{2}{EI}\left[\frac{1}{2}\times6\times6\times\frac{2}{3}\times6\right]=\frac{144}{EI}$$

$$\delta_{12}=\delta_{21}=\frac{-1}{EI}\left[\frac{1}{2}\times6\times6\times\frac{2}{3}\times6\right]=-\frac{72}{EI}$$

$$\Delta_{1P}=\frac{1}{EI}\left[\frac{1}{3}\times6\times72\times\frac{3}{4}\times6\right]=\frac{648}{EI}$$

$$\Delta_{2P}=\frac{-1}{EI}\left[\frac{1}{3}\times6\times36\times\frac{3}{4}\times6\right]=-\frac{324}{EI}$$

3. 计算 x_1、x_2

将系数、自由项代入力法方程，得

$$\left.\begin{aligned}\frac{144}{EI}x_1-\frac{72}{EI}x_2+\frac{648}{EI}=0\\ -\frac{72}{EI}x_1+\frac{144}{EI}x_2-\frac{324}{EI}=0\end{aligned}\right\}$$

整理后，得

$$\left.\begin{aligned}4x_1-2x_2+18=0\\ -2x_1+4x_2-9=0\end{aligned}\right\}$$

故 $\qquad x_1=-4.5(\text{kN}) \qquad x_2=0$

4. 绘最后弯矩图

利用叠加法绘得弯矩图，见图 8-18（*f*）。

六、两铰拱

在土建工程中，拱结构是一种常用的结构型式。超静定拱多数为两铰拱或无绞拱。下面仅介绍两铰拱的计算方法。

两铰拱（图 8-19*a*）是一次超静定结构。用力法计算时，通常采用简支曲梁为基本体系，并以支座的水平推力为多余未知力（图 8-19*b*）。由于两铰拱 *B* 支座的水平位移为零，因此基本体系在该处沿 x_1 方向的位移也等于零。于是可建立力法方程：

$$\delta_{11}x_1+\Delta_{1P}=0$$

拱是曲杆，系数 δ_{11}和自由项 Δ_{1P}只能用积分法。在计算系数和自由项时，一般可略去剪力的影响，而轴力的影响仅在拱高 $f<\frac{l}{5}$的情况下在 δ_{11}中予以考虑。因此

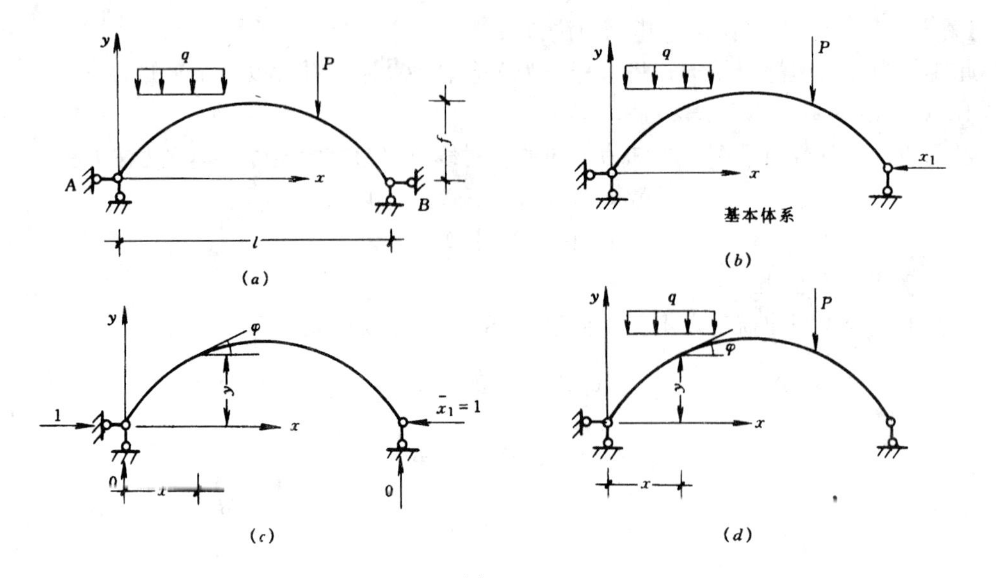

图 8-19

$$\left.\begin{aligned}\delta_{11} &= \Sigma\int\frac{\overline{M}_1^2}{EI}\mathrm{d}s + \Sigma\int\frac{\overline{N}_1^2}{EA}\mathrm{d}s\\ \Delta_{1\mathrm{P}} &= \Sigma\int\frac{\overline{M}_1 M_{\mathrm{P}}}{EI}\mathrm{d}s\end{aligned}\right\}\qquad(i)$$

内力表达式$\overline{M}_1$、M_{P}、$\overline{N}_1$ 均可在基本结构上求出。

基本结构在$\bar{x}_1=1$ 作用下（图 8-19c），竖向支反力为零，任意截面的弯矩和轴力为：

$$\overline{M}_1 = -1\cdot y = -y$$

$$\overline{N}_1 = 1\cdot\cos\varphi_{\mathrm{x}} = \cos\varphi_{\mathrm{x}}$$

基本结构在竖向荷载作用下（图 8-19d），任意截面的弯矩与相应简支梁相应截面的弯矩 M^0 相等，即 $M_{\mathrm{P}}=M^0$

以此三式代入式（i），可得

$$\delta_{11} = \int\frac{y^2}{EI}\mathrm{d}s + \int\frac{\cos^2\varphi_{\mathrm{x}}}{EA}\mathrm{d}s$$

$$\Delta_{1\mathrm{P}} = -\int\frac{yM^0}{EI}\mathrm{d}s$$

于是多余未知力 x_1 即水平推力 H 为：

$$H = x_1 = -\frac{\Delta_{1\mathrm{P}}}{\delta_{11}} = \frac{\int\frac{yM^0}{EI}\mathrm{d}s}{\int\frac{y^2}{EI}\mathrm{d}s + \int\frac{\cos^2\varphi_{\mathrm{x}}}{EA}\mathrm{d}s}\qquad(j)$$

这里弯矩 M 以内侧受拉为正，轴力 N 以受压为正。

如果拱截面为变截面，且按规律 $A_{\mathrm{x}}=A_{\mathrm{c}}\cos\varphi_{\mathrm{x}}$、$I_{\mathrm{x}}=I_{\mathrm{c}}\cos\varphi_{\mathrm{x}}$ 变化，A_{c}、I_{c} 为拱顶截面的截

面积和惯性矩，则上式又可表示为

$$H = x_1 = \frac{\int \frac{yM^0}{EI_c\cos\varphi_x}ds}{\int \frac{y^2}{EI_c\cos\varphi_x}ds + \int \frac{\cos^2\varphi_x}{EA_c\cos\varphi_x}ds}$$

$$= \frac{\int yM^0 ds}{\int y^2 ds + \int \cos^2\varphi_x \cdot \frac{I_c}{A_c}ds} \tag{k}$$

水平推力 H 求出后，两铰拱的内力计算方法和计算公式完全与三铰拱相同。在竖向荷载作用下，两铰拱上任一截面的内力可按下式确定：

$$\left.\begin{aligned} M &= M^0 - Hy_x \\ V &= V^0\cos\varphi_x - H\sin\varphi_x \\ N &= V^0\sin\varphi_x + H\cos\varphi_x \end{aligned}\right\} \tag{l}$$

式中，M^0、V^0 均为相应简支梁相应截面的弯矩、剪力。

由式（l）可见，两铰拱和三铰拱的内力计算公式在形式上完全相同。所不同的只是两铰拱的水平推力由位移条件确定，三铰拱的水平推力由平衡条件确定。

【例 8-8】 试计算图 8-20（a）所示等截面两铰拱的内力。拱轴线方程为抛物线 $y=\frac{4f}{l^2}x\ (l-x)$，拱较扁平，计算时忽略轴力、剪力对位移的影响。

【解】 因为拱较扁平，可近似地取 $ds=dx$，$\cos\varphi=1$。又据题意，忽略轴力、剪力对位移的影响，所以该等截面两铰拱的水平推力 H_B（或 x_1）的计算公式可由（j）式简化为

$$H_B = x_1 = \frac{\int yM^0 dx}{\int y^2 dx}$$

式中，$\int_0^l y^2 dx = \int_0^l \left[\frac{4f}{l}x(l-x)\right]^2 dx = \frac{8f^2 l}{15}$；

M^0 为相应简支梁的弯矩，其方程为：

$$0 \leqslant x < \frac{l}{4} \text{ 段}, \quad M^0 = \frac{3}{4}Px$$

$$\frac{l}{4} < x \leqslant \frac{3l}{4} \text{ 段}, \quad M^0 = \frac{Pl}{4} - \frac{Px}{4}$$

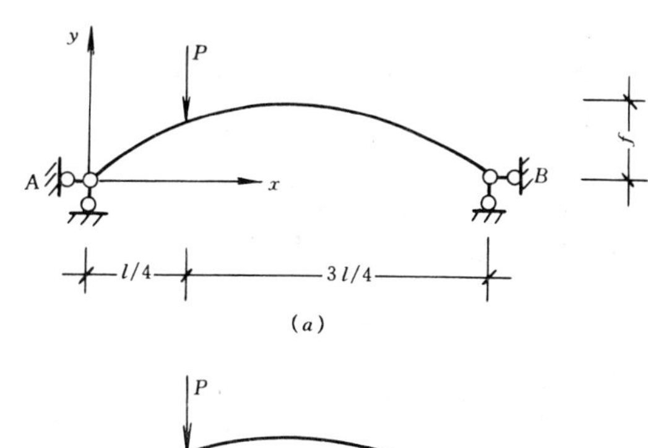

(a)

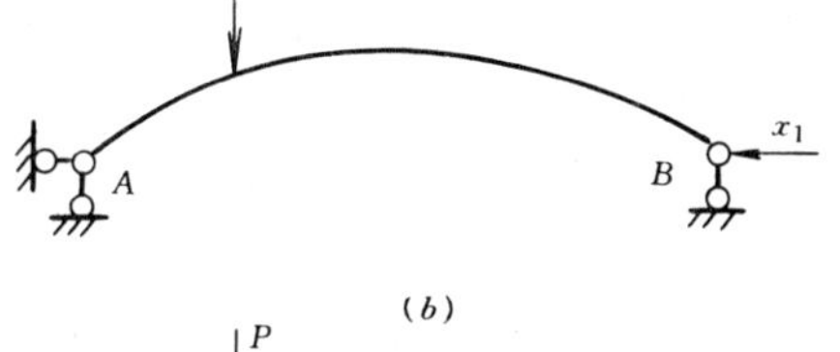

(b)

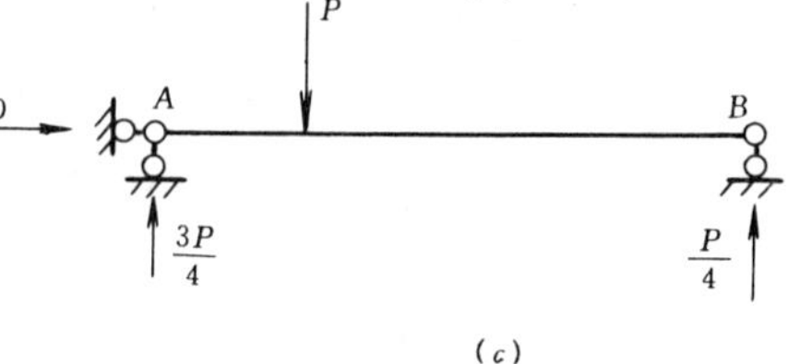

(c)

图 8-20

所以 $\int M^0 y\mathrm{d}x = \int_0^{\frac{l}{4}} \frac{3}{4}Px \cdot \frac{4f}{l^2}x(l-x)\mathrm{d}x + \int_{\frac{l}{4}}^{l} \frac{P}{4}(l-x) \cdot \frac{4f}{l^2}x(l-x)\mathrm{d}x$

$= 0.0742Pfl^2$

故 $$H_B = x_1 = \frac{0.0742Pfl^2}{\frac{8}{15}f^2 l} = 0.139\frac{Pl}{f}$$

H_B 求出后，利用公式（l），即可求出弯矩、剪力和轴力，从而可绘出内力图。

有时为了不把两铰拱的支座推力传给下部的支承结构，可采用图 8-21（a）所示的带拉杆的拱。计算带拉杆的两铰拱时，一般将拉杆切断取图 8-21（b）所示基本体系。多余未知力 x_1 即是拉杆中的轴力，也是拱肋所受的推力。根据基本体系在切口两侧截面沿 x_1 方向的相对线位移为零的条件，得力法方程

$$\delta_{11}x_1 + \Delta_{1P} = 0$$

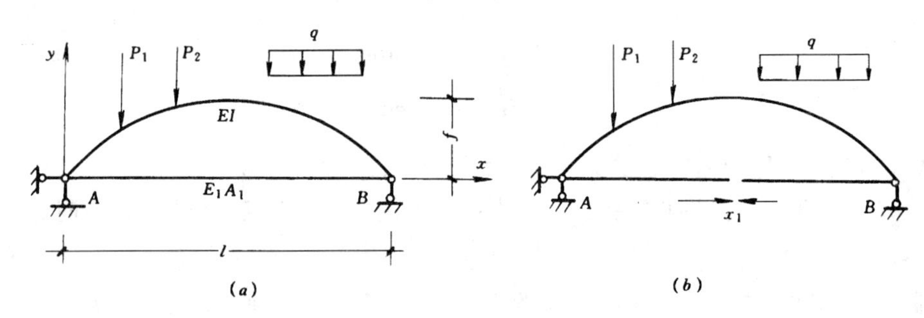

图 8-21

式中自由项 Δ_{1P}的计算与不带拉杆的两铰拱完全相同，即为 $\Delta_{1P} = \int \frac{\overline{M}_1 M_P}{EI}\mathrm{d}s$，而系数 δ_{11}的计算除考虑拱肋的弯曲变形和轴向变形外，还应考虑拉杆的轴向变形，即

$$\delta_{11} = \int \frac{\overline{M}_1^2}{EI}\mathrm{d}s + \int \frac{\overline{N}_1^2}{EA}\mathrm{d}s + \int \frac{\overline{N}_l}{E_1 A_1}\mathrm{d}x$$

（拱肋）　　　（拉杆）

因基本结构在$\overline{x}_1=1$ 作用下，拉杆的轴力$\overline{N}_l=1$，所以上式又可写为

$$\delta_{11} = \int \frac{\overline{M}_1^2}{EI}\mathrm{d}s + \int \frac{\overline{N}_1^2}{EA}\mathrm{d}s + \frac{l}{E_1 A_1} \quad (m)$$

同样将$\overline{M}_1=-y$，$\overline{N}_1=\cos\varphi_x$ 代入前述系数和自由项的计算式中，再一并代入力法方程，得

$$H = x_1 = -\frac{\Delta_{1P}}{\delta_{11}} = \frac{\int \frac{yM^0}{EI}\mathrm{d}s}{\int \frac{y^2}{EI}\mathrm{d}s + \int \frac{\cos^2\varphi_x}{EA}\mathrm{d}s + \frac{l}{E_1 A_1}} \quad (n)$$

由上式可看出，带拉杆的两铰拱的推力比相应不带拉杆的两铰拱的推力小。

第六节　对称性的利用

在建筑工程中很多结构是对称的，利用结构的对称性，可以使计算工作得到很大简化。

如果一个结构的几何形状、支承情况、杆件的截面尺寸和弹性模量均对称于某一几何

轴线，该结构就是对称结构。图 8-22（a）、（b）所示均为对称结构。下面介绍利用对称性简化计算的两种方法。

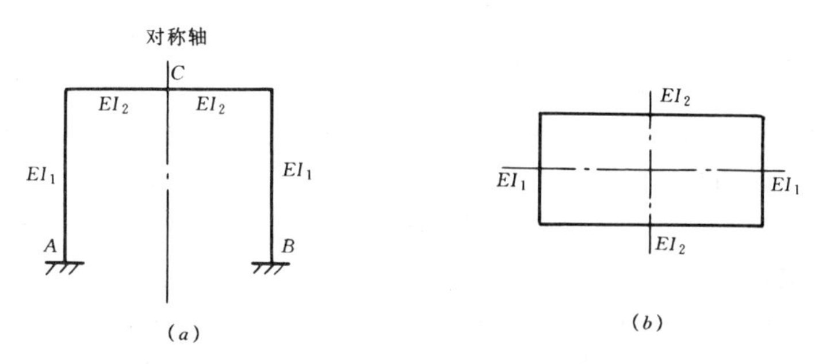

图 8-22

一、选取对称的基本结构

图 8-23（a）所示刚架为一对称结构，若将对称轴截面切开并以多余未知力 x_1（弯矩）、x_2（轴力）和 x_3（剪力）代替，便得到一个对称的基本结构（图 8-23b）。其中 x_1、x_2 为对称未知力，x_3 为反对称未知力。所谓对称力是指对称轴两边的力大小相等，将结构绕对称轴对折后其力的作用位置和方向均相同的力；所谓反对称力是指对称轴两边的力大小相等，将结构绕对称轴对折后其力的作用位置相同但方向相反的力。分别绘制各单位弯矩图，如图 8-23（c）、（d）、（e）所示。

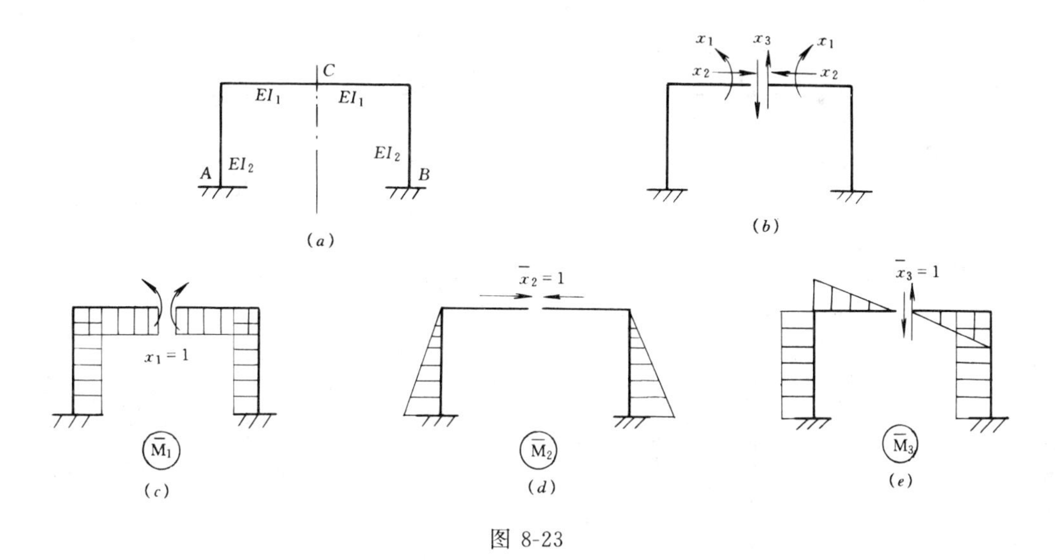

图 8-23

显然，在对称结构上由对称力$\overline{x}_1=1$和$\overline{x}_2=1$引起的单位弯矩图及相应的变形曲线是正对称的，由反对称力$\overline{x}_3=1$引起的单位弯矩图及相应的变形曲线是反对称的。用图乘法计算力法方程中的系数时，因对称图形与反对称图形“互乘”其结果必然为零，所以有

$$\delta_{13}=\delta_{31}=\Sigma\int\frac{\overline{M}_1\,\overline{M}_3}{EI}\mathrm{d}x=0$$

$$\delta_{23}=\delta_{32}=\Sigma\int\frac{\overline{M}_2\,\overline{M}_3}{EI}\mathrm{d}x=0$$

代入力法典型方程，得

$$\left.\begin{aligned}\delta_{11}x_1+\delta_{12}x_2+\Delta_{1P}=0\\ \delta_{21}x_1+\delta_{22}x_2+\Delta_{2P}=0\end{aligned}\right\}\tag{o}$$

$$\delta_{33}x_3+\Delta_{3P}=0\tag{p}$$

原三元一次方程组被分解为两组，一组是只包含对称未知力的二元一次方程组，另一组是只包含反对称未知力的一元一次方程。由此可见，一个对称结构只要选取对称的基本结构，那么对称未知力和反对称未知力之间的副系数就为零；同时力法方程组将由高阶方程组降为两个低阶方程组。从而使计算系数和解方程的工作得以简化。

下面进一步讨论对称结构在对称荷载或反对称荷载或任意荷载作用下的简化计算。

当对称结构上作用对称荷载时，见图 8-24（a）。如选取对称的基本结构，则荷载弯矩图也为对称图形（图 8-24b），所以它与由反对称力$\overline{x}_3=1$引起的单位弯矩图$\overline{M}_3$图乘，必有$\Delta_{3P}=0$。由方程（p）可知，$x_3=0$。这样作用在基本结构上的荷载和多余未知力 x_1、x_2 都是对称力，因此最后弯矩图 $M=\overline{M}_1x_1+\overline{M}_2x_2+M_P$ 也是对称图形。由此可知，对称力在对称结构中只引起对称的反力、内力和变形。

同样，当对称结构上作用反对称荷载时，见图 8-24（c）。如选取对称的基本结构，则荷载弯矩图应为反对称图形（图 8-24d），所以它与由对称力$\overline{x}_1=1$，$\overline{x}_2=1$ 引起的单位弯矩图$\overline{M}_1$、$\overline{M}_2$ 图乘，则有 $\Delta_{1P}=0$ 和 $\Delta_{2P}=0$。根据方程（0），解得 $x_1=0$，$x_2=0$。这样作用在基本结构上的荷载和多余未知力 x_3 都是反对称力，因此最后弯矩图 $M=\overline{M}_3x_3+M_P$ 也是反对称图形。由此可知，反对称力在对称结构中只引起反对称的反力、内力和变形。

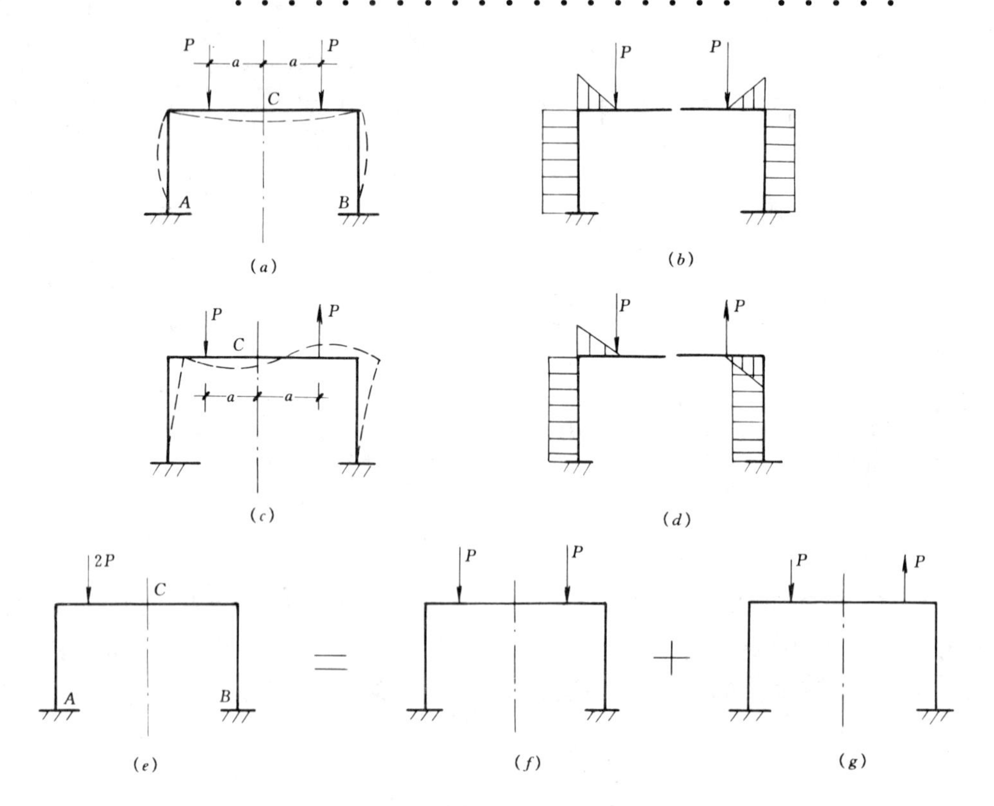

图 8-24

综上所述，可得如下结论：对称结构在对称荷载作用下，其反力、内力和变形均是对称的，且对称轴截面上的反对称未知力必为零，因此只需计算对称未知力；对称结构在反对称荷载作用下，其反力、内力和变形均是反对称的，且对称轴截面上的对称未知力必为零，因此只需计算反对称未知力。

当对称结构上作用任意荷载时，可以把荷载分解为对称荷载和反对称荷载两部分，如图 8-24（*e*）、（*f*）、（*g*）所示，按两种荷载情况分别计算后再把结果叠加起来即可。

【例 8-9】 利用对称性计算图 8-25（*a*）所示刚架，并绘弯矩图。

【解】 1. 选择基本体系

该结构为对称刚架上作用反对称荷载的情况，为简化计算应利用结构的对称性，即采用对称的基本结构。为此可沿对称轴截面将杆件切开，并用多余未知力 x_1、x_2、x_3 代替，基本体系如图 8-25（*b*）所示。

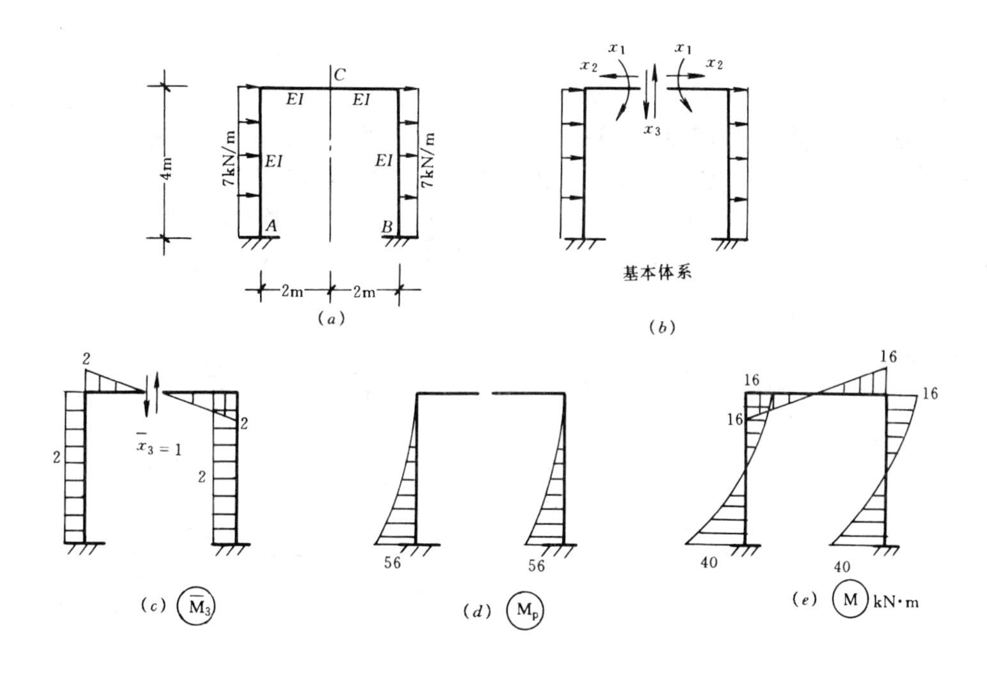

图 8-25

2. 建立力法方程

根据前述结论可知，对称结构上作用反对称荷载时，在对称轴截面只有反对称未知力 x_3，而对称未知力 x_1、x_2 均为零。

由切口处两侧截面的相对竖向位移为零的条件，得力法方程

$$\delta_{33}x_3 + \Delta_{3P} = 0$$

3. 计算系数和自由项

绘单位弯矩图和荷载弯矩图（见图 8-25*c*、*d*）

$$\delta_{33} = \frac{2}{EI}\left(\frac{1}{2} \times 2 \times 2 \times \frac{2}{3} \times 2 + 2 \times 4 \times 2\right] = \frac{112}{3EI}$$

$$\Delta_{3P} = \frac{2}{EI}\left[\frac{1}{3} \times 4 \times 56 \times 2\right] = \frac{896}{3EI}$$

4. 将系数和自由项代入力法方程，解得

$$x_3 = -\frac{\Delta_{3P}}{\delta_{33}} = -\frac{\frac{896}{3EI}}{\frac{112}{3EI}} = -8\text{kN}$$

5. 绘最后内力图

利用叠加公式 $M = \overline{M}_3 x_3 + M_P$ 即可绘出最后弯矩图，见图 8-25 (*e*)。

二、选取半结构进行计算

根据对称结构在对称荷载或反对称荷载作用下其内力与变形的特点，可以只截取结构的一半进行计算。下面具体说明奇数跨对称结构和偶数跨对称结构在对称或反对称荷载作用下截取半结构的方法。

1. 奇数跨对称结构

根据前述结论，图 8-26 (*a*) 所示刚架在对称荷载作用下其内力和变形都是对称的。由于对称轴截面 C 处的对称内力为弯矩、轴力，反对称内力为剪力；对称位移为竖向位移，反对称位移为转角和水平位移。因此，C 截面的内力只有弯矩和轴力，而剪力为零；位移则只有竖向位移，而转角和水平位移为零。这样 C 截面的受力与位移情况相当于定向支座。故截取半结构计算时，可在对称轴截面 C 处代以定向支座，如图 8-26 (*c*) 所示。

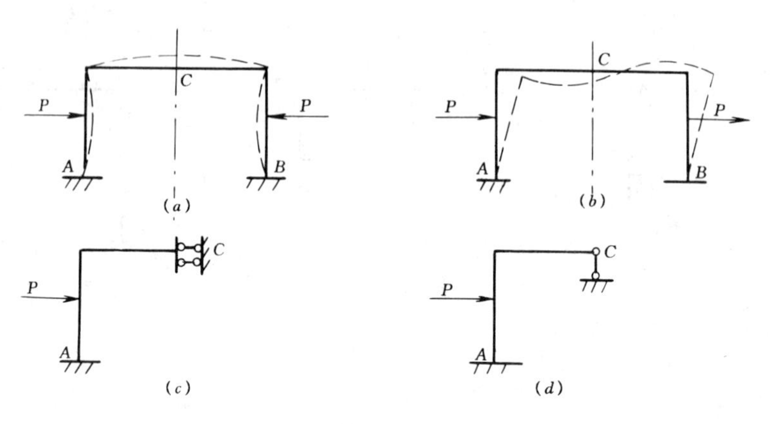

图 8-26

同理，图 8-26 (*b*) 所示刚架在反对称荷载作用下其内力和变形都是反对称的。因此在对称轴截面 C 处，只存在反对称内力即剪力、只发生反对称位移即转角和水平位移，而没有弯矩、轴力，也不会产生竖向位移。所以 C 截面的受力与位移情况相当于一竖向支杆，故截取半结构时，可在对称轴截面处代以竖向支杆，如图 8-26 (*d*) 所示。

2. 偶数跨对称结构

偶数跨对称结构在对称轴处恰好有一竖杆，因此其受力和变形情况与奇数跨不同。

偶数跨对称刚架受对称荷载作用时，如图 8-27 (*a*) 所示，其对称轴截面 C 不发生转动和水平移动，若略去柱的轴向变形，C 截面也不能上下移动。同时，若将中间竖柱左、右侧邻近截面切开，横梁杆端截面 C 处将有弯矩、轴力和剪力。因此 C 截面实际上相当于一固

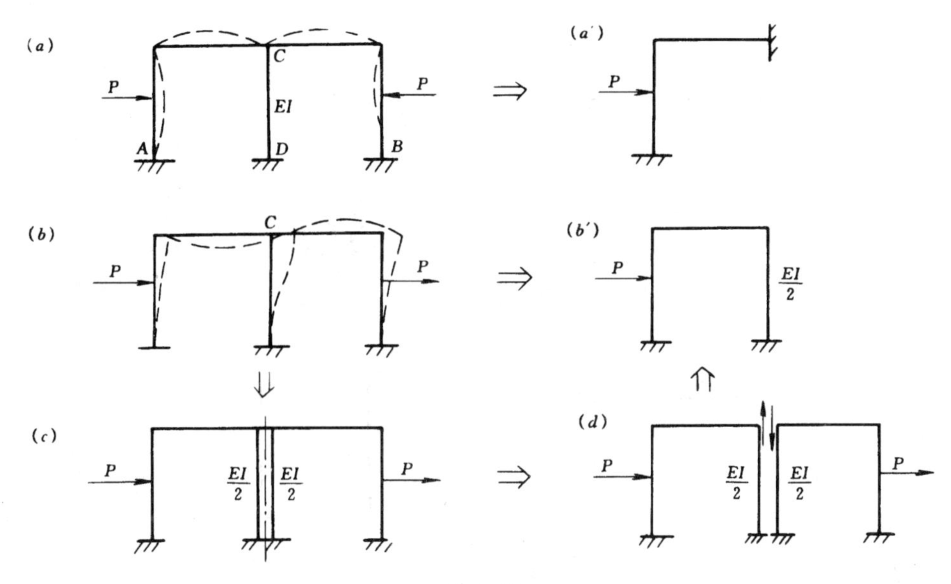

图 8-27

定支座，故截取半结构时，在 C 截面可用固定支座代替原约束，如图 8-27（a'）所示。

偶数跨对称刚架受反对称荷载作用时，如图 8-27（b）所示，可先假设中间柱由两根刚度为 $EI/2$ 的竖柱组成，它们分别在对称轴两侧且与横梁刚接，这样原刚架可看成奇数跨对称结构受反对称荷载作用的情况（见图 8-27c）。若沿对称轴截面 C 将横梁切开，由于荷载是反对称的，所以该截面上只有反对称内力（即剪力）存在，如图 8-27（d）所示。这对剪力只能使对称轴两侧的两根竖柱分别产生大小相等、性质相反的轴力。而中间柱的内力等于此两根竖柱内力之和，因此由剪力产生的轴力则恰好抵消。故可知该剪力对原结构的内力和变形没有任何影响，于是可将其略去，取图 8-27（b'）所示半结构进行计算。

【例 8-10】 求作图 8-28（a）所示刚架的弯矩图。各杆 EI 值相同。

【解】 图示刚架为对称刚架，且有两个对称轴，即 $G-H$ 轴和 $F-E$ 轴。此外，外力对 $F-E$ 轴也是对称的。由于外力不关于 $G-H$ 轴对称，因此可将其分解为对称和不对称两组，见图 8-28（c）、（d）。

在图 8-28（d）中，每一竖柱受自相平衡的一对压力的作用。如果计算时忽略轴向变形对位移的影响，则刚架的横梁无内力，而竖柱只有轴力（两边柱为$\frac{P}{2}$，中间柱为 P）。

下面分析图 8-28（c）所示刚架。对于 $F-E$ 轴来说，刚架属于受对称荷载作用的偶数跨刚架，所以可取图（e）所示半刚架。而图（e）所示半刚架对 $G-H$ 轴来说则属于受反对称荷载作用的奇数跨刚架，故可进一步取图（f）所示四分之一刚架进行计算。

去掉水平支杆用多余未知力 x_1 代替，得基本体系，如图 8-28（g）所示。

以基本体系在去掉多余联系处的水平位移为零的条件，建立力法方程

$$\delta_{11}x_1 + \Delta_{1P} = 0$$

作单位弯矩图和荷载弯矩图（图 8-28h、i）

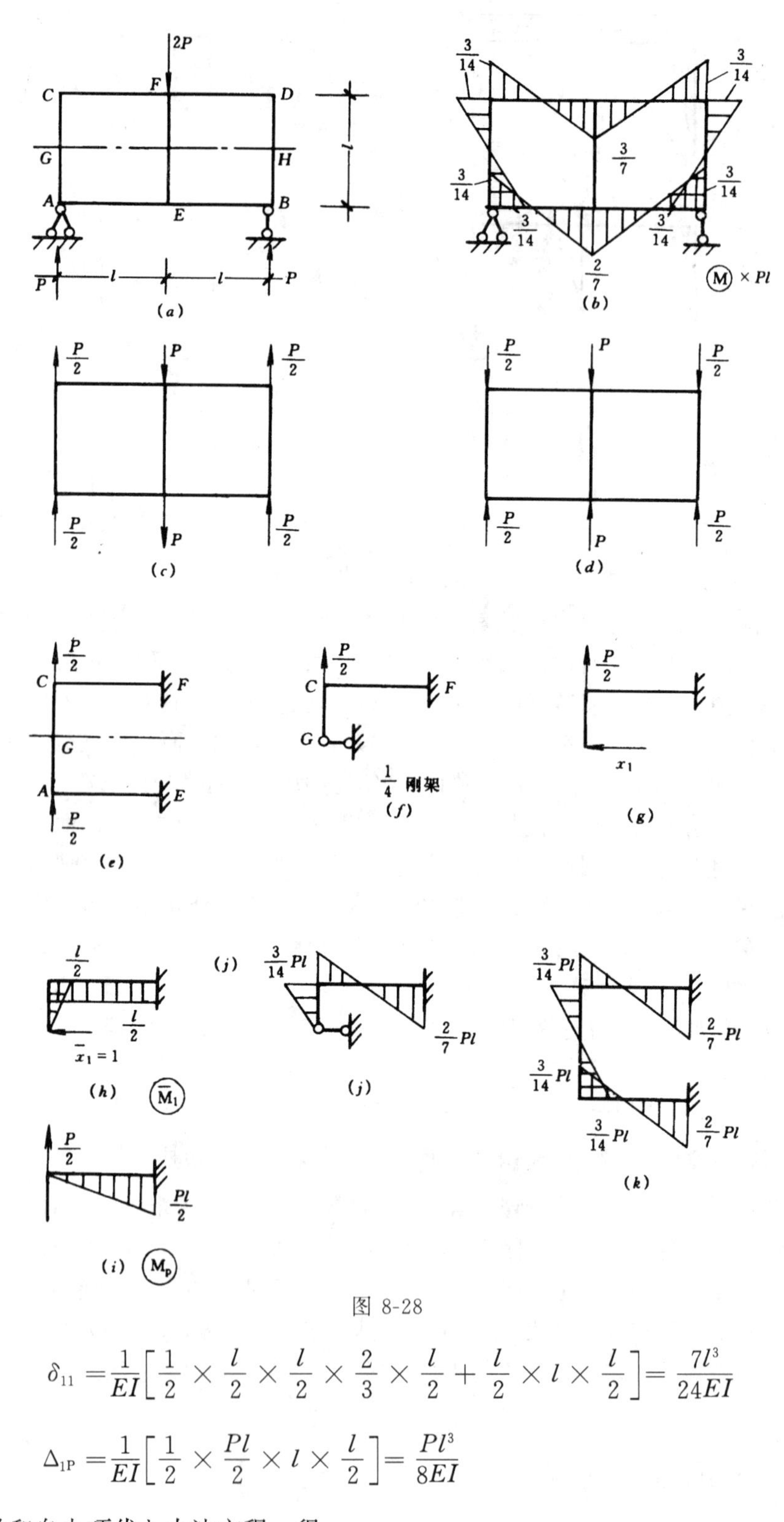

图 8-28

$$\delta_{11}=\frac{1}{EI}\left[\frac{1}{2}\times\frac{l}{2}\times\frac{l}{2}\times\frac{2}{3}\times\frac{l}{2}+\frac{l}{2}\times l\times\frac{l}{2}\right]=\frac{7l^3}{24EI}$$

$$\Delta_{1P}=\frac{1}{EI}\left[\frac{1}{2}\times\frac{Pl}{2}\times l\times\frac{l}{2}\right]=\frac{Pl^3}{8EI}$$

将系数和自由项代入力法方程，得

$$x_1 = -\frac{\Delta_{1P}}{\delta_{11}} = -\frac{\frac{Pl^3}{8EI}}{\frac{7l^3}{24EI}} = -\frac{3}{7}P$$

据此可作出四分之一刚架的弯矩图，见图 8-28（j）。

因对称结构作用反对称荷载时，结构的弯矩图亦是反对称的，所以按图形反对称的方法可由图（j）绘出图 8-28 示半刚架的弯矩图（见图 8-28k）。

同样，因对称结构作用对称荷载时，结构的弯矩图亦为对称的，所以按图形对称的方法可由图（k）绘出原刚架的弯矩图（见图 8-28b）。

第七节　支座移动时超静定结构的内力计算

静定结构在支座移动时并不产生内力和反力。如图 8-29（a）为一悬臂静定梁，若支座 A 有一微小转动 θ，则梁将与支座一起发生刚体转动（如图 a 中虚线所示），在整个转动过程并不引起内力。但对超静定结构情况就不同了。如图 8-29（b）所示单跨超静定梁，若支座 A 发生微小转动 θ，梁也将与支座一起转动，但梁的位移受到 B 支杆的约束，因而梁将发生弯曲，同时各支座产生反力、梁内产生内力。

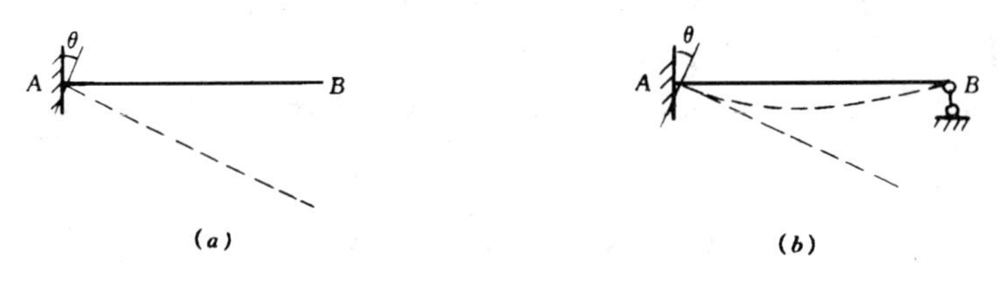

图 8-29

用力法计算超静定结构在支座移动情况下的内力，原则上与受荷载作用下的情况相同。唯一的区别在于力法典型方程中的自由项是由支座移动引起而不是由荷载作用产生的，因此自由项的计算方法是不同的。

例如图 8-30（a）所示超静定梁，由于某种原因支座 A 产生了转角 θ，支座 B 产生了 Δ 的竖向位移。用力法对其进行分析时，可去掉支杆 B 取图 8-30（b）所示基本体系。根据基本结构在多余未知力 x_1 和支座移动的共同影响下，沿多余未知力方向的位移应与原结构相应位移相同的条件，即 $\Delta_1 = -\Delta$（因 Δ 的位移方向与 x_1 相反，故在 Δ 前应加负号），建立力法方程

$$\delta_{11}x_1 + \Delta_{1P} = -\Delta$$

式中，系数 δ_{11} 仍表示基本结构由于多余未知力为单位力（$\overline{x}_1 = 1$）单独作用时引起的沿 x_1 方向的位移（见图 8-30c），其计算方法与荷载作用的情况相同；自由项 Δ_{1c} 表示基本结构由于支座位移引起的沿 x_1 方向的位移（见图 8-30d），可按第七章介绍的公式计算：

$$\Delta_{ic} = -\Sigma \overline{R}_i C_i$$

其中 C_i 为支座移动，$\overline{R}_i$ 为虚拟力状态中由单位荷载引起的与支座位移 C_i 相应的支座反力。

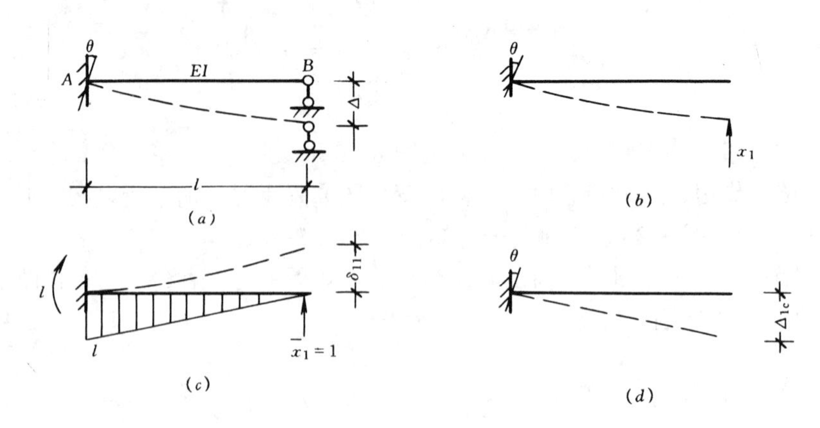

图 8-30

将求出的系数和自由项代入力法方程，便可求出多余未知力 x_1。

从图 8-30 (*d*) 中可看出，在支座移动影响下，静定的基本结构只产生刚体位移，不产生内力，所以最后内力图是由多余力 x_1 引起的。因此，

$$M=\overline{M}_1x_1$$

【例 8-11】 图 8-31 (*a*) 所示两端固定梁 *AB* 之间产生了竖向相对位移 Δ_{AB}，试用力法分析其内力并作弯矩图和剪力图。*EI* 为常数。

【解】 该梁为三次超静定结构，选取简支梁为基本体系（见图 8-31*b*)。其力法典型方程为

$$\left.\begin{aligned}\delta_{11}x_1+\delta_{12}x_2+\delta_{13}x_3+\Delta_{1c}=0\\ \delta_{21}x_1+\delta_{22}x_2+\delta_{23}x_3+\Delta_{2c}=0\\ \delta_{31}x_1+\delta_{32}x_2+\delta_{33}x_3+\Delta_{3c}=0\end{aligned}\right\}$$

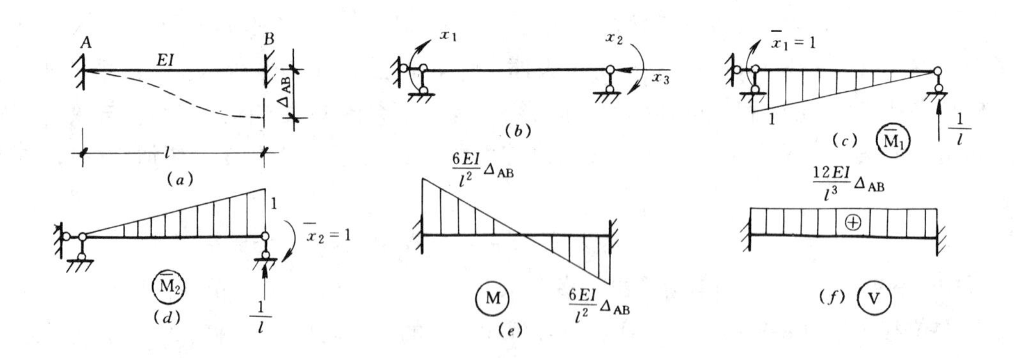

图 8-31

作单位弯矩图$\overline{M}_1$ 和$\overline{M}_2$，如图 8-31 (*c*)、(*d*) 所示。当$\bar{x}_3=1$ 单独作用时，在 *AB* 杆上只产生轴力，所以$\overline{M}_3=0$。由图乘法求得各系数为

$$\delta_{11}=\frac{l}{3EI},\quad \delta_{22}=\frac{l}{3EI},\quad \delta_{33}=\frac{l}{EA}$$

$$\delta_{12}=\delta_{21}=-\frac{l}{6EI},\quad \delta_{13}=\delta_{31}=\delta_{23}=\delta_{32}=0$$

自由项 Δ_{1c}、Δ_{2c}分别为基本结构由于 Δ_{AB}的作用在 A 端和 B 端引起的角位移。由图 8-31（c）和（d）可分别求出与 Δ_{AB}相应的支座反力。所以，

$$\Delta_{1c}=-\left(-\frac{1}{l}\times\Delta_{AB}\right)=\frac{\Delta_{AB}}{l}$$

$$\Delta_{2c}=-\left(-\frac{1}{l}\times\Delta_{AB}\right)=\frac{\Delta_{AB}}{l}$$

自由项 Δ_{3c}则表示基本结构由 Δ_{AB}引起的沿 x_3 方向的位移，若忽略轴向变形的影响，则 $\Delta_{3c}=0$。

将系数和自由项代入力法方程，得

$$\frac{l}{3EI}x_1-\frac{l}{6EI}x_2+\frac{\Delta_{AB}}{l}=0$$

$$-\frac{l}{6EI}x_1+\frac{l}{3EI}x_2+\frac{\Delta_{AB}}{l}=0$$

$$\frac{l}{EA}x_3=0$$

解得 $$x_1=-\frac{6EI}{l^2}\Delta_{AB},\quad x_2=-\frac{6EI}{l^2}\Delta_{AB},\quad x_3=0$$

根据 $M=\overline{M}_1x_1+\overline{M}_2x_2$，绘出最后弯矩图 M（见图 8-31e）。

再利用最后弯矩图求出剪力图（见图 8-31f）。

计算结果说明：超静定结构在支座移动影响下，其力法方程中的自由项 Δ_{ic}中不含 EI，所以在解方程时无法将 EI 作为公因子消去。故在支座移动影响下，超静定结构的内力与各杆的弯曲刚度的绝对值有关。

第八节　温度变化时超静定结构的内力计算

对于静定结构来说，温度变化只引起结构的变形，并不引起内力和反力。如图 8-32（a）所示静定悬臂梁，当其上侧温度升高 t_1℃，下侧温度升高 t_2℃，且 $t_1>t_2$ 时，梁将不受任何约束的伸长和弯曲，如图 8-32（a）虚线所示。但对图 8-32（b）所示超静定梁，由于存在多余约束，在温度变化时梁的变形将不能自由地伸展，因此必将在支杆中引起反力，在梁中引起内力。

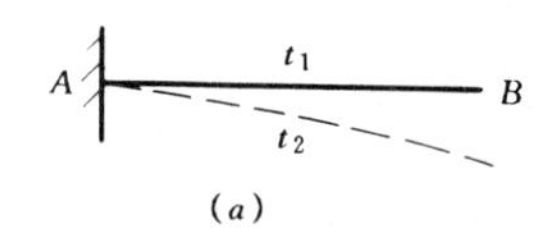

（a）

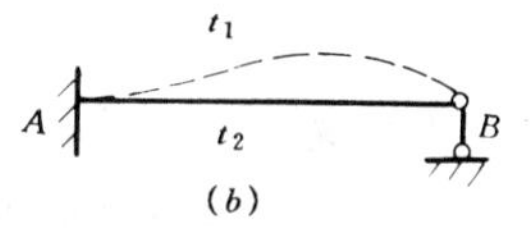

（b）

图 8-32

用力法分析受温度变化影响的超静定结构，其基本原理和计算方法也与受荷载作用的

情况相同。不同之处仅在于力法典型方程中自由项是由温度变化引起的，而不是由荷载引起的。

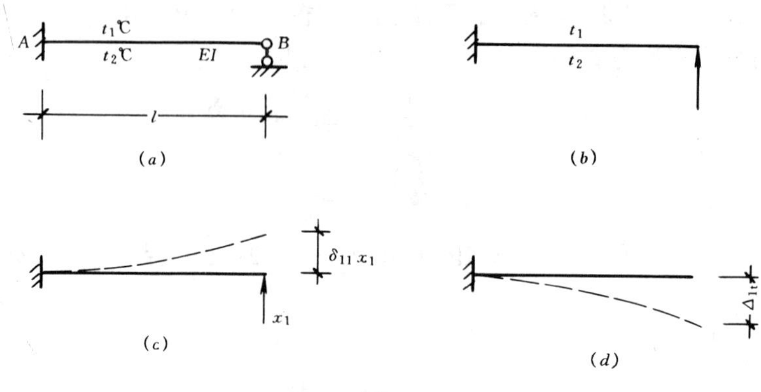

图 8-33

例如图 8-33（a）所示超静定梁，设上侧温度升高 t_1℃，下侧升高 t_2℃，且 $t_1>t_2$。把 B 支杆作为多余联系去掉，并代以多余未知力 x_1，得图 8-33（b）所示基本体系。由于基本结构在温度变化和多余未知力共同作用下，支杆 B 处的位移与原结构一致，可知位移条件为 $\Delta_1=0$，利用叠加原理得力法方程：

$$\delta_{11}x_1+\Delta_{1t}=0$$

同样，系数 δ_{11} 是基本结构在 $\overline{x}_1=1$ 单独作用下沿 x_1 方向引起的位移（见图 8-33c），其计算方法与荷载作用情况相同；自由项 Δ_{1t} 则是基本结构由于温度变化在 x_1 方向的位移（见图 8-33d），该位移属于静定结构在温度变化下的位移，可按第七章已介绍的方法求出。计算公式为：

$$\Delta_{1t}=\pm\ \Sigma\alpha t_0\ \overline{N}l\pm\Sigma\frac{\alpha\cdot\Delta t}{h}\int\overline{M}\mathrm{d}x$$

$$=\pm\ \Sigma\alpha t_0\omega_{\overline{N}}\pm\Sigma\frac{\alpha\cdot\Delta t}{h}\omega_{\overline{M}}$$

式中，$\omega_{\overline{N}}$、$\omega_{\overline{M}}$ 分别为虚拟力状态下的单位轴力图和单位弯矩图的面积。

系数和自由项求出后，代入力法典型方程，便可求出多余未知力 x_1。

由于温度变化只使静定结构产生变形而不产生内力，因此最后内力图只由多余力 x_1 引起，即

$$M=\overline{M}_1x_1$$

【例 8-12】 试分析图 8-34（a）所示刚架的内力，并作弯矩图。设刚架各杆内侧温度升高了 20℃，外侧温度无变化，各杆线膨胀系数为 λ，EI 和截面高度 h 均为常数，且 $h=0.1a$。

【解】 1. 选取基本体系

去掉支座 D 的水平支杆代以多余未知力 x_1，得基本体系如图 8-34（b）所示。

2. 建立力法方程

由于原结构在 D 支座无水平位移，所以基本体系在该处的水平位移也应为零，即 $\Delta_1=0$，故力法方程为

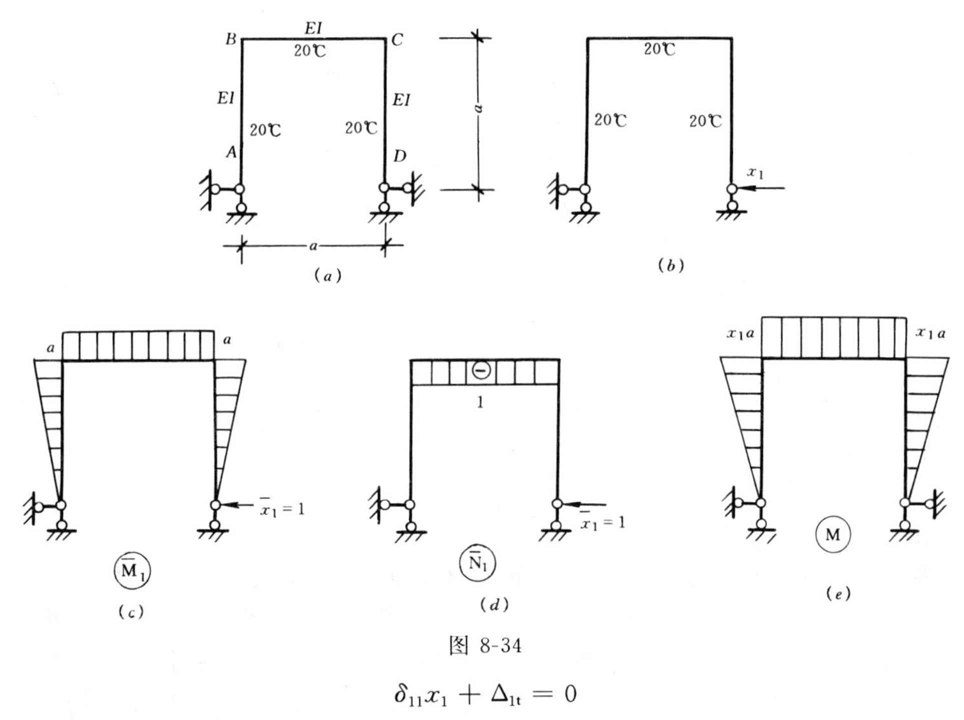

图 8-34

$$\delta_{11}x_1+\Delta_{1t}=0$$

3. 计算系数和自由项

绘单位弯矩图$\overline{M}_1$和单位轴力图$\overline{N}_1$，见图 8-34（c）、（d）。计算系数 δ_{11}

$$\delta_{11}=\frac{1}{EI}\left\{\frac{1}{2}\times a\times a\times\frac{2}{3}\times a\times 2+a\times a\times a\right]=\frac{5a^3}{3EI}$$

计算自由项 Δ_{1t}

因 $\quad t=\frac{20}{2}=10℃ \qquad \Delta t=20℃$

所以 $\quad \Delta_{1t}=\pm\Sigma\alpha t\omega_{\overline{N}}\pm\Sigma\frac{\alpha\cdot\Delta t}{h}\omega_{\overline{M}}$

$$=-\alpha\times 10\times(1\times a)-\frac{\alpha\times 20}{h}\left(\frac{1}{2}\times a\times a\times 2+a\times a\right)$$

$$=-10a\alpha-\frac{40a^2\alpha}{h}$$

$$=-410a\alpha$$

4. 求解多余未知力 x_1

将系数和自由项代入力法方程，得

$$x_1=-\frac{\Delta_{1t}}{\delta_{11}}=-\frac{-410a\alpha}{\frac{5a^3}{3EI}}=246\frac{\alpha EI}{a^2}$$

5. 绘最后弯矩图

根据 $M=\overline{M}_1x_1$，可直接绘出最后弯矩图，见图 8-34（e）。

计算结果表明，温度变化在超静定结构中引起的内力亦与杆件 EI 的绝对值有关，且成正比。因此加大截面尺寸，不是改善温度应力的有效途径。此外最后弯矩图绘在低温一侧，说明低温一侧受拉，高温一侧受压。

第九节　超静定结构的位移计算

求解超静定结构位移的基本思路与用力法求解超静定结构内力的思路相同，即把超静定结构的问题转化为静定结构的问题。由于基本结构在荷载和全部多余未知力共同作用下，其内力和位移与原结构完全一致，因此只要把求出的多余力作为荷载加在基本结构上，然后计算出基本结构在已知荷载和多余力共同作用下的位移，这个位移也就是原超静定结构的位移。由于基本结构是静定结构，因此原超静定结构的位移计算问题就转变成静定结构的位移计算问题了。

根据第七章介绍的内容可知，静定结构在荷载作用下，当忽略了剪力对位移的影响时，位移计算公式为：

$$\Delta=\Sigma\int\frac{\overline{M}M}{EI}\mathrm{d}s+\Sigma\int\frac{\overline{N}N}{EA}\mathrm{d}s$$

式中，$\overline{M}$、$\overline{N}$分别为在虚拟的力状态下静定结构由于单位荷载作用引起的弯矩和轴力；M、N 则为在实际的变形状态下静定结构由于实际荷载作用引起的弯矩和轴力。而当计算超静定结构的位移，即计算基本体系在相应处的位移时，式中的$\overline{M}$、$\overline{N}$就分别表示基本结构在单位荷载作用下产生的弯矩和轴力；而 M、N 则分别表示基本结构在荷载和多余力共同作用下产生的弯矩、轴力，即原结构的最后弯矩和最后轴力。

计算超静定结构位移的具体步骤如下：

1．求解超静定结构的内力，作出最后内力图；

2．在基本结构拟求位移的截面加虚设单位力，并作出单位内力图或写出内力表达式。

3．按位移公式积分或按图乘法求出位移值；结构在荷载作用下，

梁和刚架的位移计算公式为　　$\Delta=\Sigma\int\frac{\overline{M}M}{EI}\mathrm{d}s$

桁架的位移计算公式为　　$\Delta=\Sigma\frac{\overline{N}N}{EA}l$

【例 8-13】　求图 8-35（*a*）所示刚架 B 截面的水平位移 Δ_{BH}。

【解】　1．作图示超静定结构的最后弯矩图

计算过程详见例 8-4，最后弯矩图如图 8-35（*b*）所示。

2．作虚拟力状态下的单位弯矩图

取图 8-35（*c*）所示静定结构为基本结构，在拟求位移的 B 截面加虚设单位力，作出单位弯矩图（图 8-35*c*）。

3．计算位移，由图乘法，得

$$\Delta_{BH}=\frac{1}{EI}\left[\frac{1}{2}\times21\times4\times\frac{2}{3}\times4-\frac{1}{2}\times11\times4\times\frac{1}{3}\times4\right]=\frac{248}{3EI}(\rightarrow)$$

由于超静定结构的内力不随基本结构的不同而变化，因此可以把超静定结构的内力图

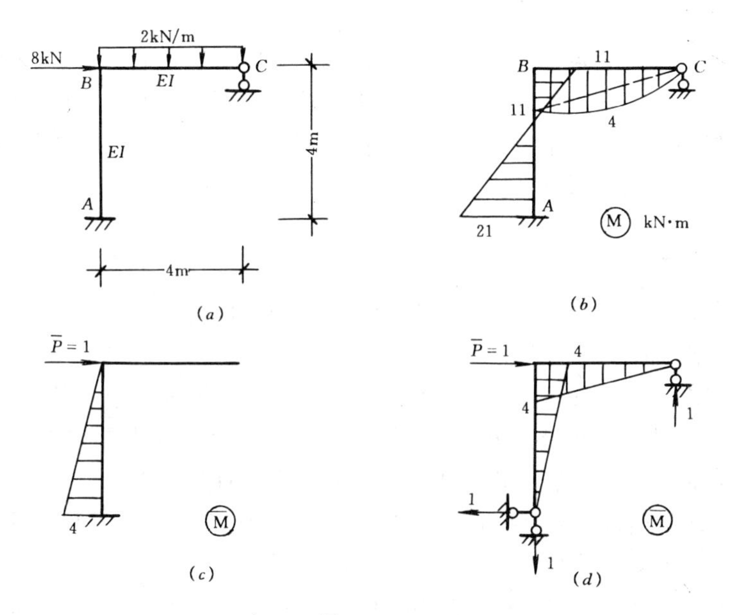

图 8-35

看成是由任取的基本结构求得的。求解位移时应选取较为简单的基本结构，以简化计算。

如上例可选取图 8-35（d）所示基本结构，这时位移为

$$\Delta_{BH}=\frac{1}{EI}\left[\frac{1}{2}\times 11\times 4\times\frac{2}{3}\times 4+\frac{2}{3}\times 4\times 4\times 2\right.$$

$$\left.+\frac{1}{2}\times 11\times 4\times\frac{2}{3}\times 4-\frac{1}{2}\times 21\times 4\times\frac{1}{3}\times 4\right]$$

$$=\frac{248}{3EI}$$

两者结果相同。显然前者比后者简单。

第十节　超静定结构最后内力图的校核

最后内力图是结构设计的依据，是保证结构设计顺利进行和安全可靠的先决条件。由于超静定结构的计算步骤多、运算繁、易出错，因此要确保内力图的正确无误，在整个计算过程中，应分阶段对前面的计算进行校核，还应对最后内力图进行校核。正确的内力图必须同时满足平衡条件和变形条件，因此对内力图的校核也就是对其是否满足这两个条件进行验算。

一、平衡条件的校核

校核内力图平衡条件的方法与静定结构相同，即任取结构的一部分为隔离体，则作用在其上的外力、内力应满足平衡条件（$\Sigma X=0$，$\Sigma Y=0$ ，$\Sigma M=0$）。

校核弯矩图通常取刚结点为隔离体，考虑其上作用的内、外力矩是否满足力矩平衡条件；校核剪力图、轴力图可取结点、杆件或结构的一部分为隔离体，看其是否满足 X 和 Y

两个方向的投影平衡条件。总之，超静定结构平衡条件的校核与静定结构的方法一样，这里不再详述。

但既便最后内力图满足平衡条件，也不保证内力图一定正确。这是因为最后内力图是把由力法方程求出的多余力作为荷载加在基本结构上，再按平衡条件作出的。因此多余力是否正确，显然不能由平衡条件检查出来。由于多余未知力是根据位移条件确定的，所以还必须验算最后内力图是否满足位移条件。

二、位移条件的校核

校核位移条件就是检查按最后内力图计算出的结构的位移值是否与该处已知的实际位移值相同。由于结构上已知位移处一般为：① 沿支座约束方向的位移为零或为一已知值；② 在杆件任一切口左、右两侧截面的相对位移应等于零。因此校核位移条件实际上就是计算出原结构的仕一种基本结构沿多余力方向的位移，并将所得结果与原结构的已知位移进行比较。若相等，说明满足位移条件；否则，说明多余力计算有误。

n 次超静定结构是根据 n 个位移条件求出 n 个多余未知力的，因此从理论上讲，应对 n 个位移条件进行校核。但通常只需校核少数几个即可。

【例 8-14】 已知图 8-36（a）所示刚架的最后内力图（图 8-36b、c、d），试对其进行平衡条件和位移条件的校核。

【解】 此刚架为超静定结构，应同时校核平衡条件和位移条件。

1. 校核平衡条件

分别取 AB、BC 为隔离体，并根据图 8-36（a）、（b）、（c）、（d）作出受力图（见图 8-36e）。

AB 杆：

$$\Sigma X = \frac{qa}{16} - \frac{qa}{16} = 0$$

$$\Sigma Y = \frac{9qa}{16} - \frac{9qa}{16} = 0$$

$$\Sigma M_A = \frac{qa^2}{16} - \frac{qa^2}{16} = 0$$

BC 杆：

$$\Sigma x = \frac{7qa}{16} - \frac{7qa}{16} = 0$$

$$\Sigma y = \frac{9qa}{16} + \frac{7qa}{16} - qa = 0$$

$$\Sigma M_B = \frac{qa^2}{16} + \frac{7qa^2}{16} - \frac{1}{2}qa^2 = 0$$

故　满足平衡条件。

2. 校核位移条件

选图 8-36（f）所示基本结构，计算 C 截面的水平位移，为此作虚拟力状态下的单位弯矩图（图 8-36f），将结构的最后弯矩图（图 b）与单位弯矩图（图 f）图乘，得

$$\Delta_{CH} = \frac{1}{EI}\left[\frac{1}{2} \times a \times \frac{qa^2}{16} \times \frac{2}{3} \times a \times 2 - \frac{2}{3} \times \frac{qa^2}{8} \times a \times \frac{a}{2}\right]$$

$$= 0$$

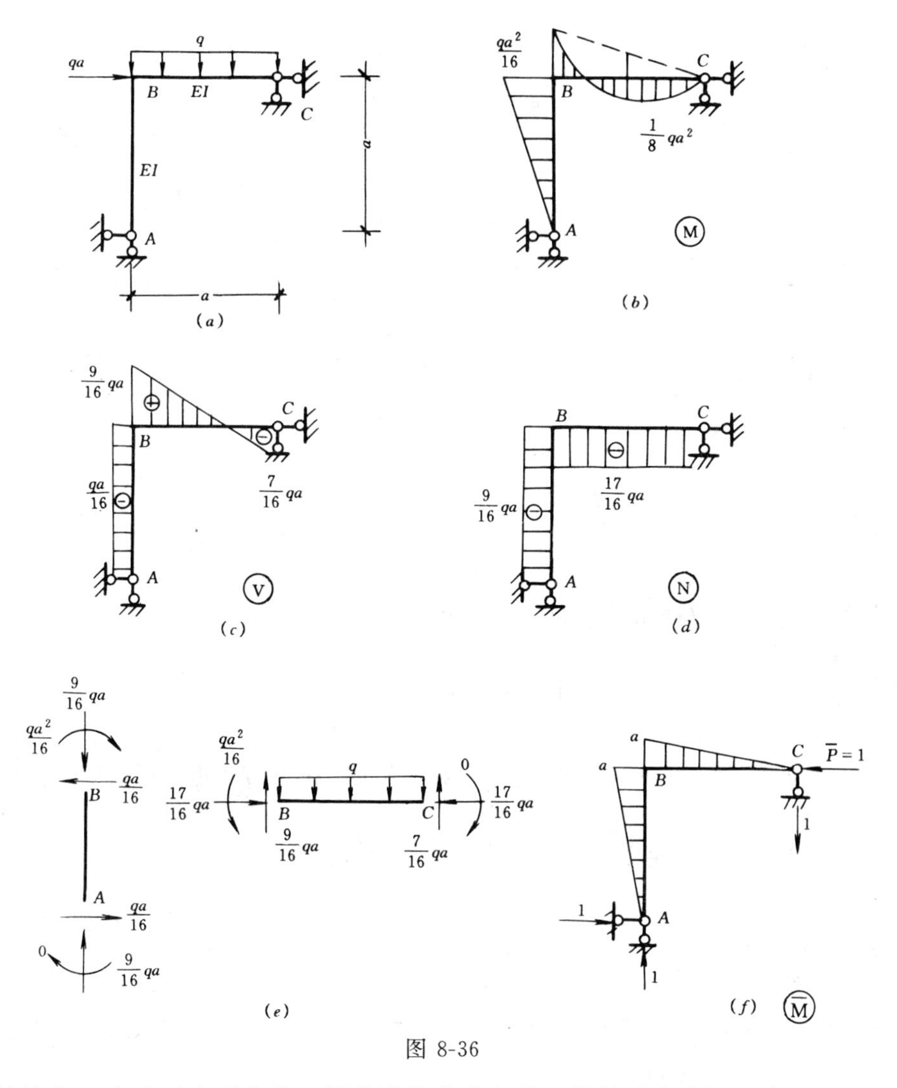

图 8-36

原结构在 C 支座无水平位移，因此满足位移条件。故最后内力图正确。

【例 8-15】 校核图 8-37（a）所示封闭刚架的最后弯矩图（图 8-37b）是否正确。

【解】 取图 8-37（c）所示基本结构，利用切口两侧截面相对转角为零的条件进行验算。

作出虚拟力状态下的单位弯矩图（图 8-37c），用 M 与 $\overline{M}$ 图乘，得

$$\theta = \frac{1}{EI}\left[-\frac{Pa}{16} \times a \times 4 + \frac{1}{2} \times \frac{Pa}{4} \times \frac{a}{2} \times 4\right] = 0$$

故　满足位移条件。

再通过校核平衡条件后，可知弯矩图正确。

由此例看出，对于一封闭框架利用切口截面相对转角等于零进行位移条件的校核是很方便的，结构受荷载作用时，此条件可表示为

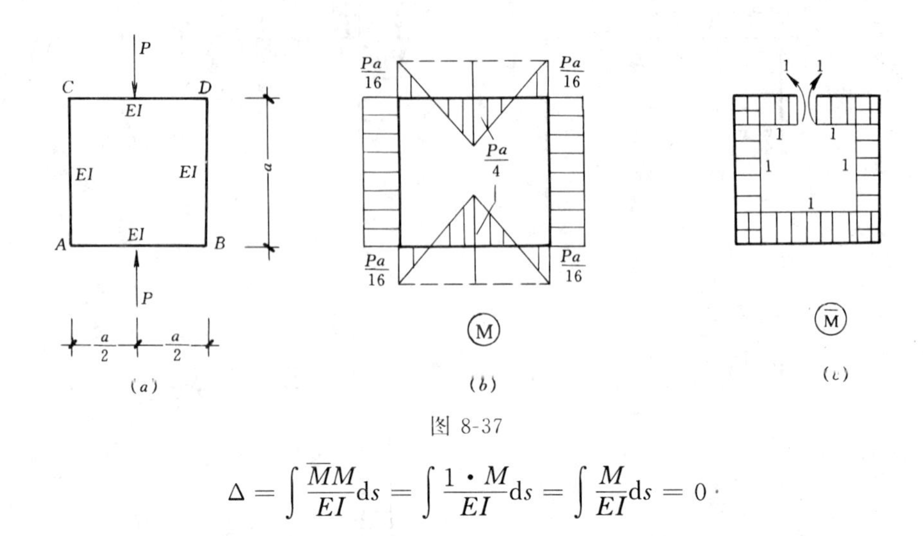

图 8-37

$$\Delta = \int \frac{\overline{M}M}{EI}\mathrm{d}s = \int \frac{1 \cdot M}{EI}\mathrm{d}s = \int \frac{M}{EI}\mathrm{d}s = 0$$

若各杆 EI 值为常数且相等，上式则为

$$\Sigma \frac{1}{EI}\int M\mathrm{d}s = 0, \text{或} \ \Sigma\int M\mathrm{d}s = 0$$

该式的含义为：在荷载作用下，任一封闭框架上的正、负弯矩图形面积之和为零。

第十一节　超静定结构与静定结构比较

超静定结构具有许多不同于静定结构的特点，现综述如下：

1. 超静定结构是具有多余联系的几何不变体系。

有无多余联系是区别超静定结构与静定结构的重要特征。多余联系的存在对超静定结构的受力和变形状态产生了很大影响。

2. 由于存在多余联系和相应的多余未知力，超静定结构的反力和内力单凭静力平衡条件是不能唯一确定的，必须同时考虑变形协调条件才能得到唯一解答。

3. 由于存在多余联系，超静定结构在支座移动、温度变化、材料收缩和制造误差等因素的影响下会产生内力。

4. 由于存在多余联系，使得超静定结构具有较强的防护能力。

超静定结构在多余联系被破坏后，结构仍为几何不变体系，因而结构能继续承受荷载并维持平衡；但静定结构在任何一个联系被破坏后，就立即成为几何可变体系而丧失承载能力。因此从抗震防灾、国防建设等方面看，超静定结构具有较强的防御能力。

5. 由于多余联系的存在，使结构的内力和变形分布趋于均匀，同时峰值减小。

在荷载、跨度、刚度、结构类型相同的情况下，超静定结构的最大内力和变形一般都小于静定结构，如图 8-38 (*a*)、(*b*) 所示。对图 8-38 (*c*)、(*d*) 所示局部荷载作用的情况，同样可得出上述结论。从图 8-38 (*c*)、(*d*) 还可看出，超静定结构的内力分布范围比静定结构广。

此外，多余联系的存在，还使结构的刚度和稳定性有所提高。

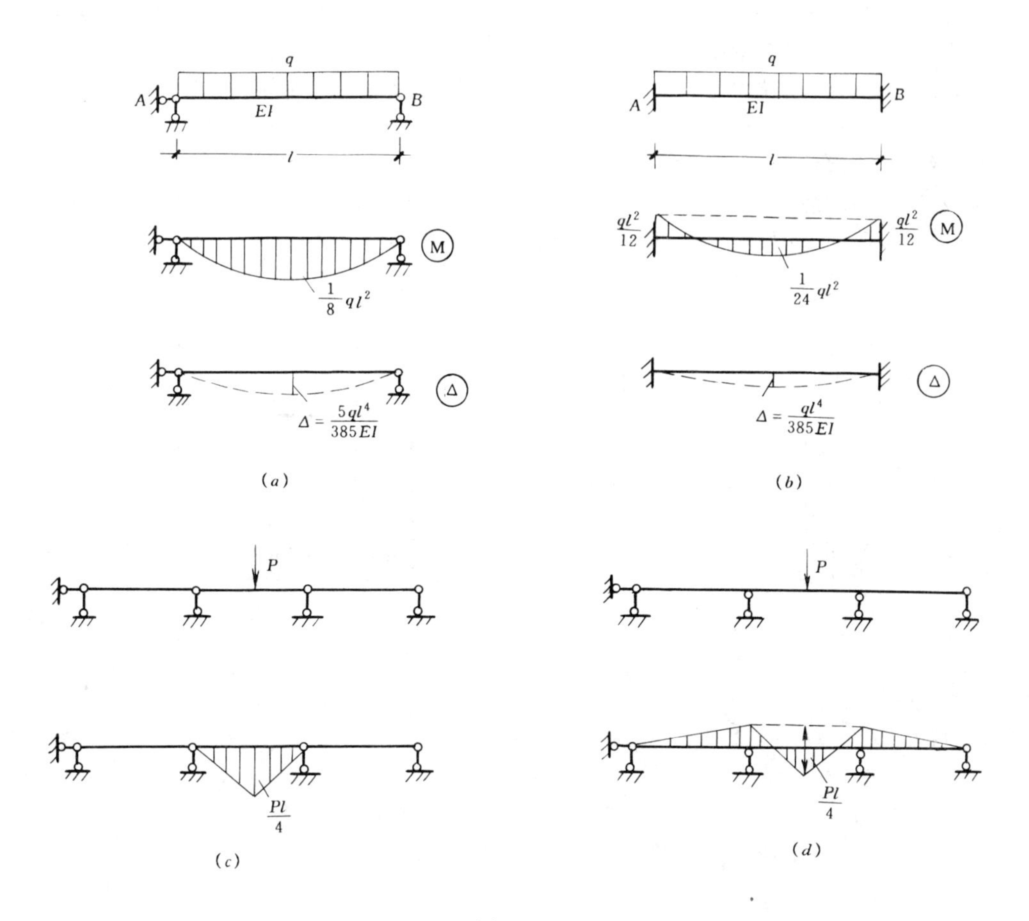

图 8-38

6. 超静定结构在荷载作用下，其反力和内力与各杆刚度的相对值有关；在支座移动、温度变化、材料收缩、制造误差等因素下，其反力和内力则与各杆刚度的绝对值有关。

静定结构的反力、内力由静力平衡条件确定，与各杆刚度无关；改变各杆刚度或其相对值，对静定结构内力分布没有影响。而超静定结构的反力、内力均与各杆刚度有关，改变各杆刚度或刚度的比值，就会引起内力重新分布。利用这一特点，可以通过改变各杆刚度的办法来调整结构的内力分布，使之更为合理。

由于超静定结构的内力状态与各杆刚度或其比值有关，因此在设计超静定结构时，必须事先假定出各杆截面尺寸后，才能进行内力计算。然后根据求出的内力重新确定截面。若此时截面的尺寸与原先假定的截面尺寸相差过大，则应重新选择截面后再进行计算。反复试算，直到得出满意的结果为止。

思　考　题

1. 什么是静定结构？什么是超静定结构？二者之间有什么区别？

2. 用力法分析超静定结构的思路是什么?

3. 什么是力法的基本未知量、基本体系和基本方程?

4. 如何确定超静定次数?

5. 超静定结构中多余联系数目、多余未知力数目和建立力法方程的变形条件三者之间有何关系?

6. 力法典型方程的物理意义是什么?方程中系数和自由项的物理意义是什么?

7. 试说明,为什么力法方程中的主系数恒为正值,而副系数、自由项则可为正值、负值或为零?

8. 比较用力法计算荷载作用下的超静定梁、刚架、桁架、组合结构及排架的异同。

9. 对称结构必须具备的条件是什么?

10. 对称结构在对称荷载和反对称荷载作用下,其内力和变形有什么特点?

11. 图 8-39 所示结构如何选取对称的基本结构?又如何选取半结构?

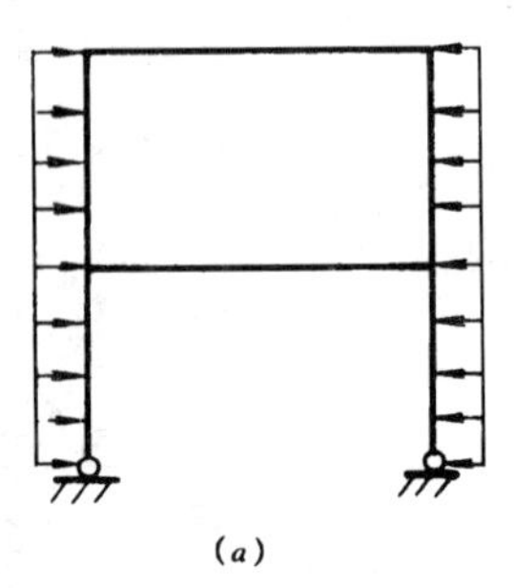

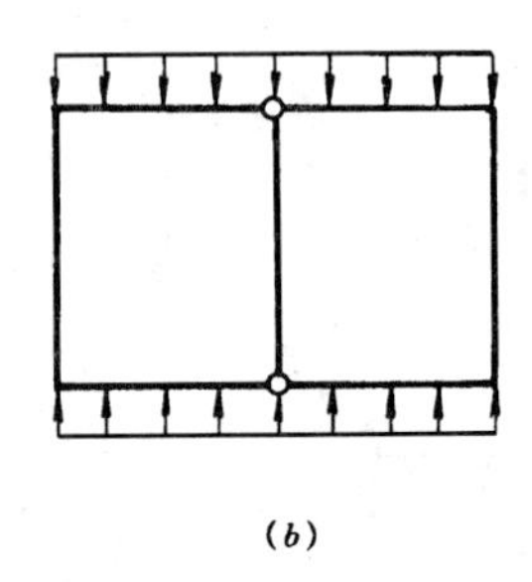

图 8-39

12. 用力法求解超静定结构由于支座移动、温度变化等因素引起的内力与荷载作用引起的内力在计算方法上有何异同?

13. 图 8-40 (*a*)、(*b*)、(*c*) 图为同一超静定结构的三种受荷状态,若都选用图 (*d*) 为基本结构,其力法方程分别为什么?各系数、自由项如何计算?

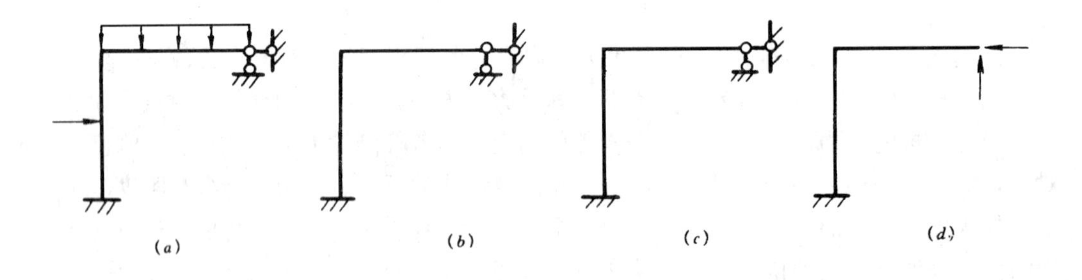

图 8-40

14. 计算超静定结构的位移时,为什么可以选择任一基本结构作为虚设状态?

15. 用超静定结构的最后弯矩图与基本结构的任一单位弯矩图相乘,其结果表示什么?

16. 超静定结构最后内力图必须进行哪些方面的校核?只校核平衡条件可以吗?为什么?

习　　题

8-1　确定下列图示结构的超静定次数。

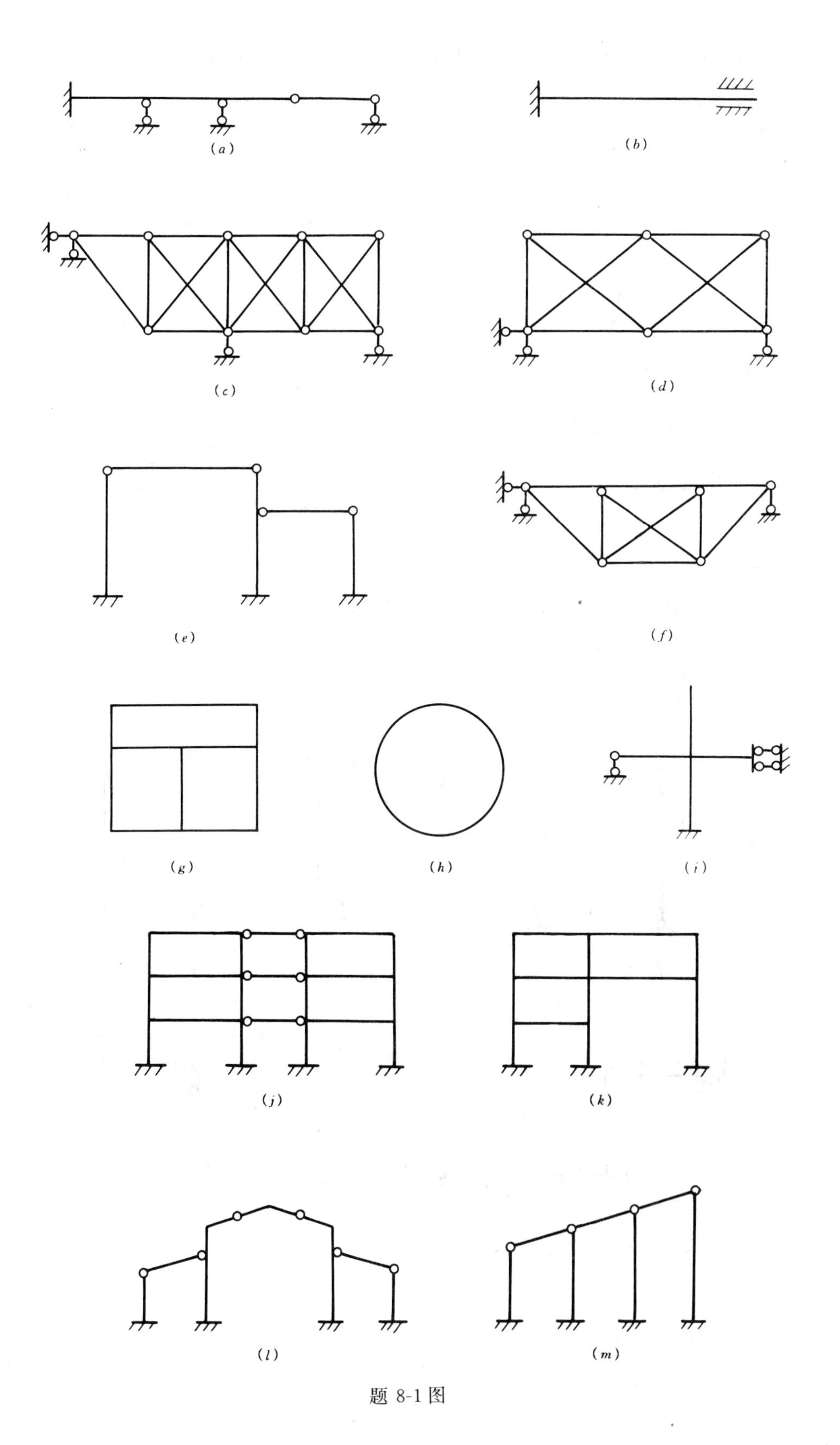

题 8-1 图

8-2　用力法计算图示超静定梁的内力，并作弯矩图和剪力图（EI 为常数）。

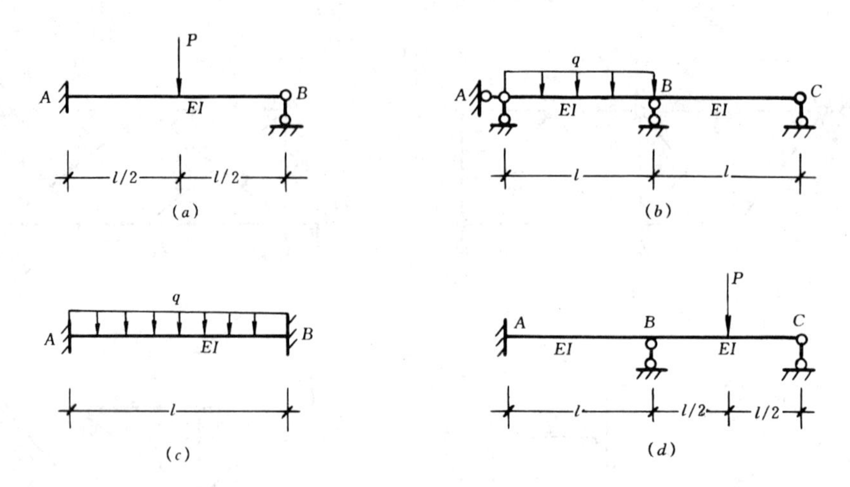

题 8-2 图

8-3　用力法计算图示刚架，并绘内力图（EI 为常数）。

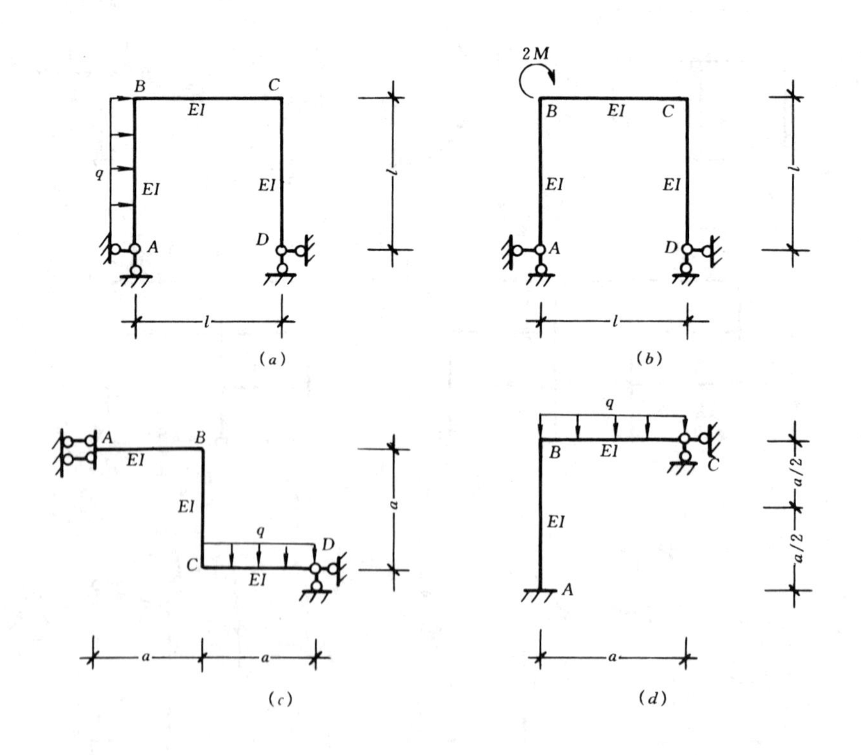

题 8-3 图

8-4　用力法计算图示刚架，并绘弯矩图（各杆 EI 为常数）。

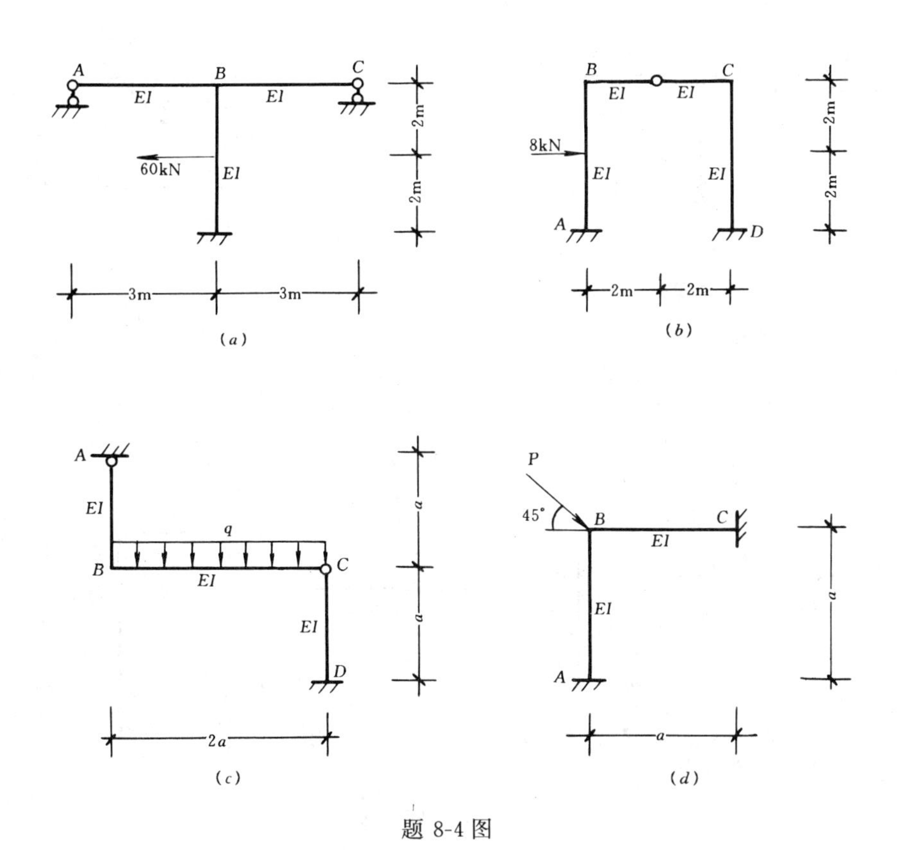

题 8-4 图

8-5　用力法计算图示桁架（各杆 EA 为常数）。

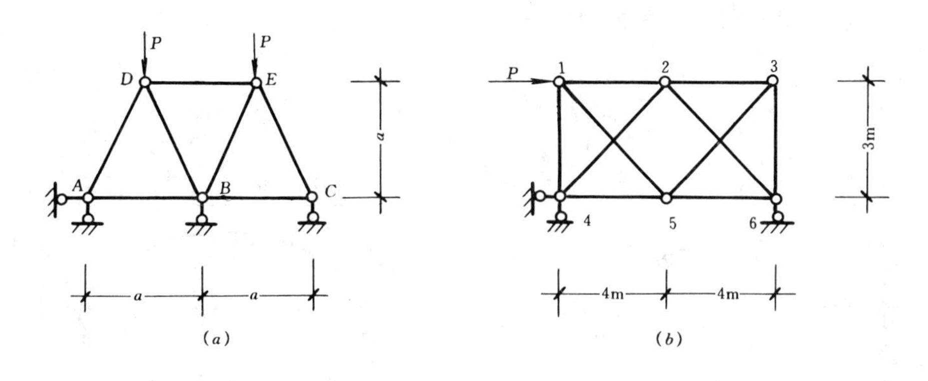

题 8-5 图

8-6　用力法计算图示组合结构。

8-7　用力法计算图示排架，并作弯矩图。

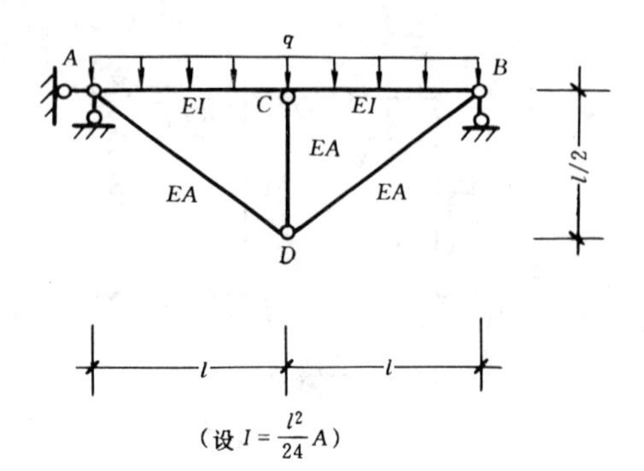

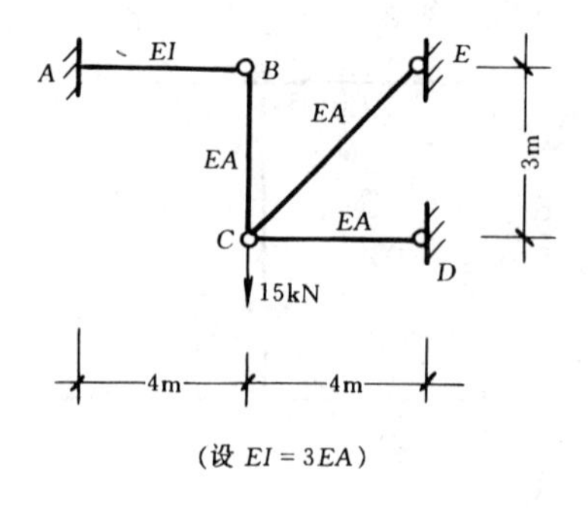

题 8-6 图

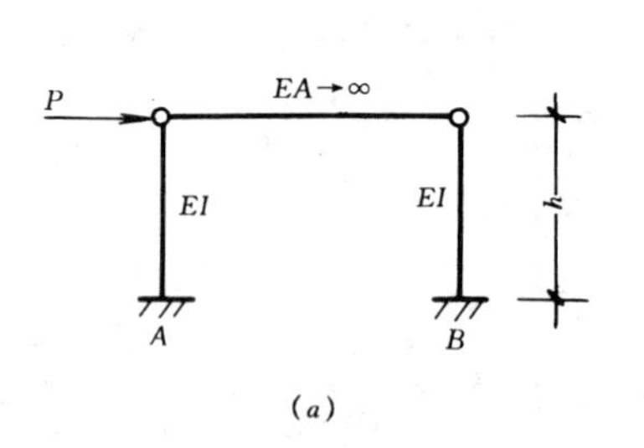

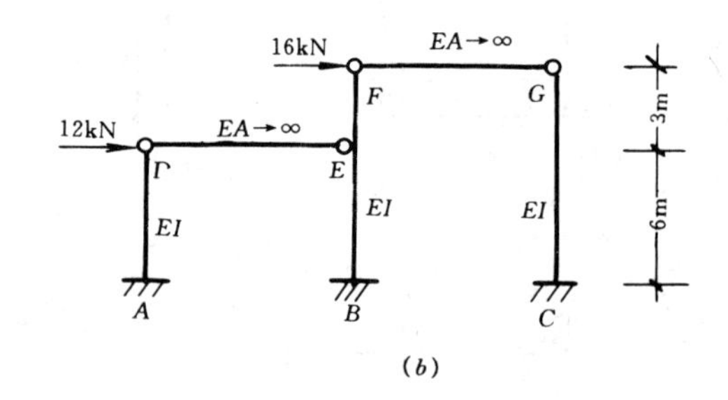

题 8-7 图

8-8　试用力法计算等截面两铰拱的支座反力和截面 D 的内力，拱轴线为 $y=\frac{4f}{l^2}x\ (l-x)$。计算时忽略轴力、剪力对位移的影响，因抛物线比较平缓，所以可设 $ds=dx$。

8-9　试用力法计算等截面两铰拱拉杆的拉力和 D 截面的内力，拱轴线为 $y=\frac{4f}{l^2}x\ (l-x)$。计算时忽略轴力、剪力对拱肋的影响，且设 $ds=dx$。

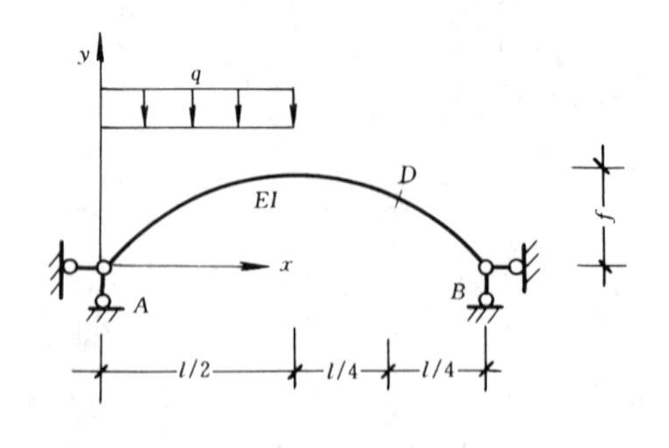

题 8-8 图

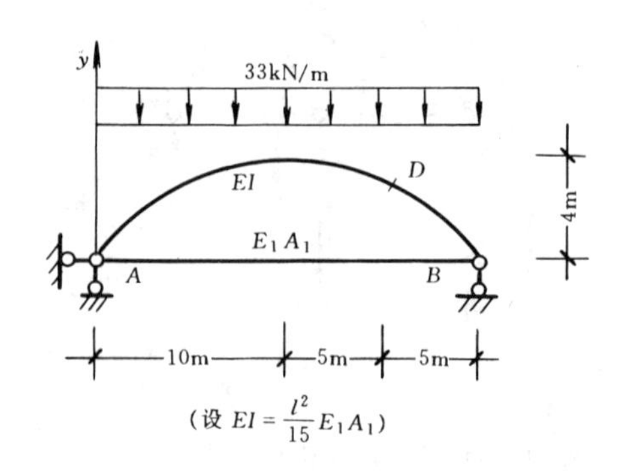

题 8-9 图

8-10　用力法计算下列对称结构，并作弯矩图（各杆 EI 相等且为常数）。

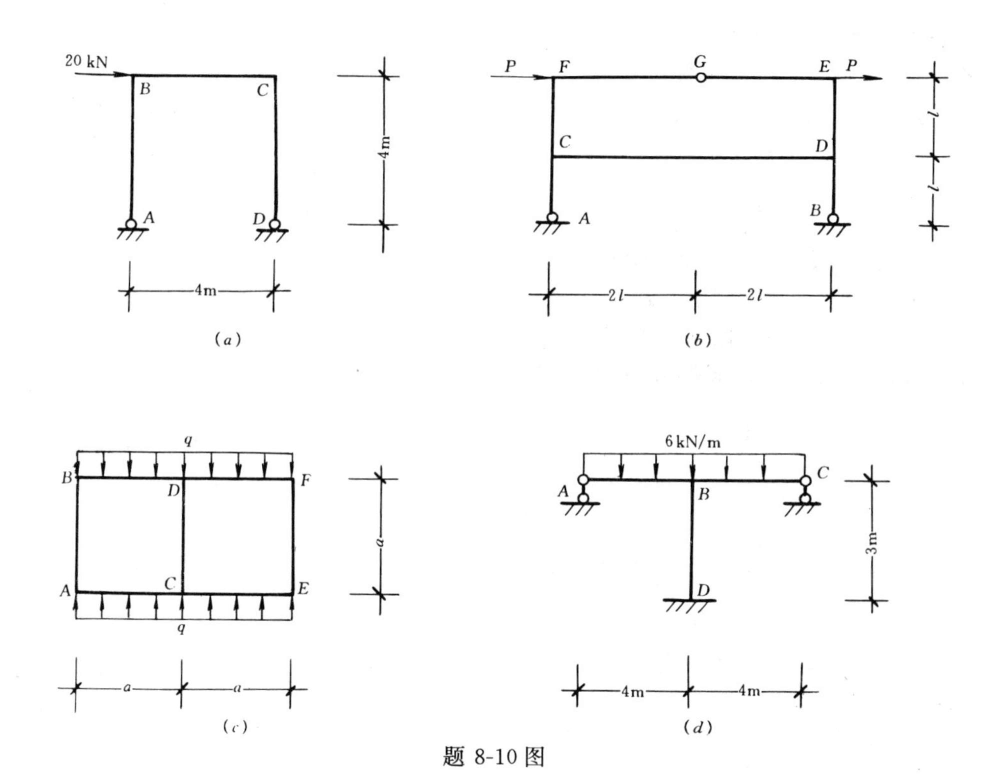

题 8-10 图

8-11　试求图示结构由于支座移动引起的内力，并绘弯矩图。

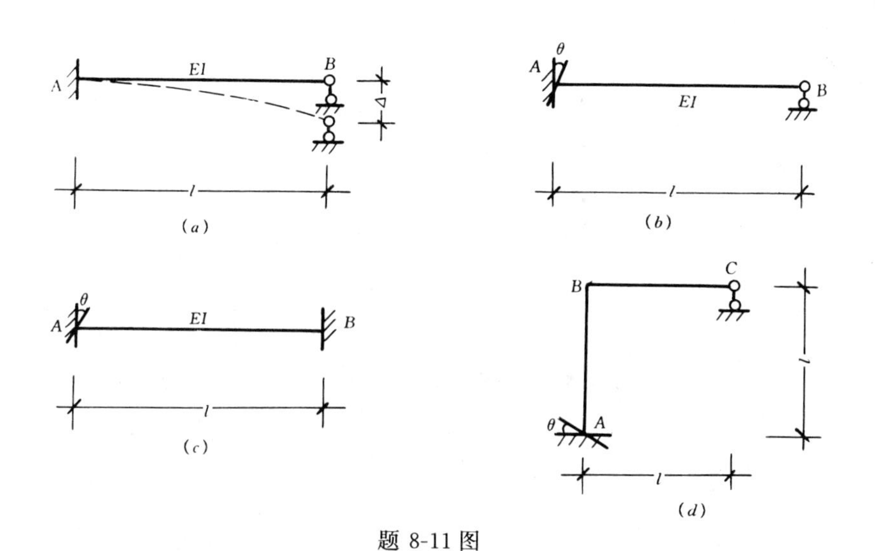

题 8-11 图

8-12　求图示结构由于温度改变引起的内力，并绘内力图。设梁的上侧温度升高 t_1℃，下侧温度升高 t_2℃，且 $t_2>t_1$，梁截面高度为 h，线膨胀系数为 α。

8-13　图示结构受温度作用，试绘制弯矩图。设截面高度为 h，线膨胀系数为 α。

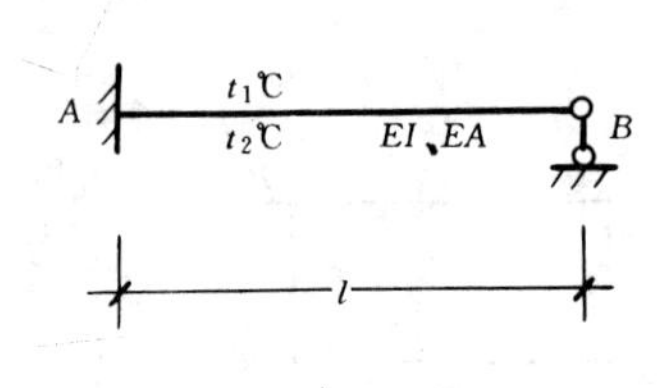

题 8-12 图

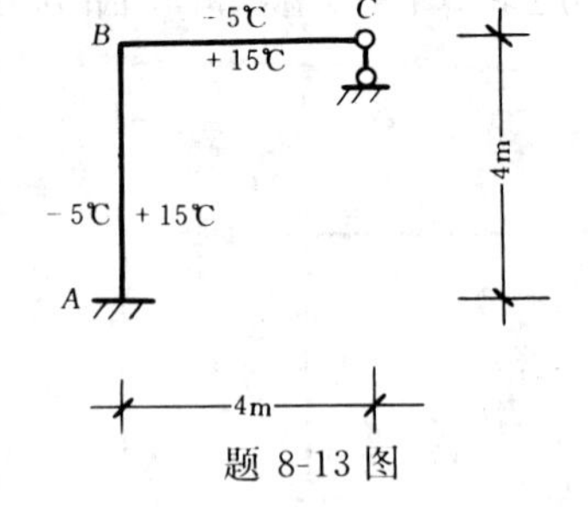

题 8-13 图

8-14　求题 8-2（c）所示梁的跨中挠度。

8-15　求题 8-3（a）所示刚架 B 截面的水平位移。

8-16　求题 8-4（a）所示刚架 B 截面的转角。

8-17　校核题 8-3（d）所示刚架的最后内力图。

第九章　位　移　法

第一节　概　　述

上一章学习的力法，是分析超静定结构最基本的方法。它是以多余未知力为基本未知量，以变形条件来建立力法的基本方程。本章学习用位移法分析结构。位移法不仅适用于分析超静定结构，也适用于分析静定结构，具有通用性。位移法是以结点的独立位移为基本未知量，以力的平衡条件来建立位移法的基本方程。当然，力法和位移法所建立的基本方程，都同时满足平衡条件和变形条件。

在线性弹性的前提下，结构的外力与内力，位移与内力，都是成正比的。因此，既可以未知力作基本未知量，又可以结点的位移作基本未知量。结点的独立位移，包括结点的独立线位移与结点的独立角位移。

在手算阶段，人们十分重视节省劳力和工作量。为了以较少的工作量，达到相同的计算精度，就必须注意选择适当的计算方法。对某些结构，用力法计算时未知量少，用位移法计算时未知量多；而对另一些结构，位移法未知量数目少，而力法未知量数目多。未知量少，联立方程数目少，工作量小。因此，位移法也是结构计算最基本的计算方法。由于其具有通用性，位移法原理在计算机程序设计中，更是得到了普遍的应用。

第二节　等截面直杆的转角位移方程

位移法计算的思路，是先离散结构，建立每一杆件的杆端力与杆端位移的关系；而后利用变形协调关系，又将杆件组合成结构，再根据平衡条件建立结构的结点外力与结点位移之间的关系，并求出结点位移。

对于一分离出来的杆件，所建立的由杆端位移表示杆端力的关系式，称为**转角位移方程**。杆端力包括杆端弯矩、杆端剪力、杆端轴力三个力分量；杆端位移，包括杆端角位移

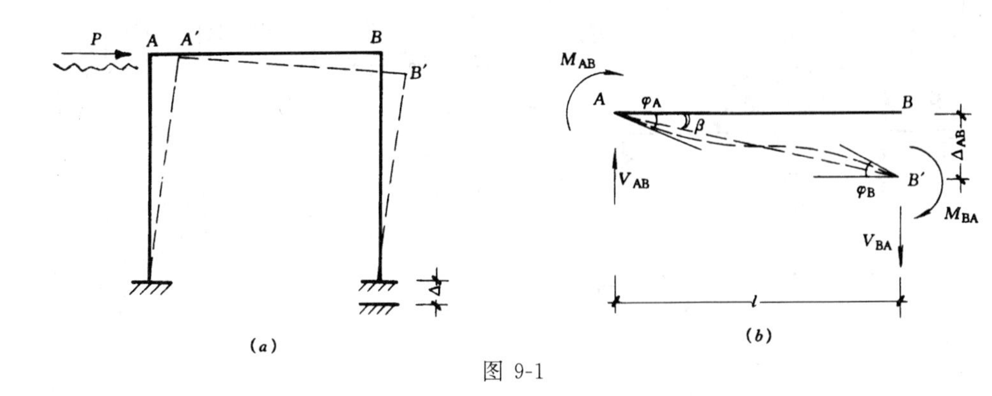

图 9-1

和两个杆端线位移分量。每一杆件，有时又称为单元。杆件的转角位移方程，亦称为单元的刚度方程。

设图 9-1（a）所示结构承受荷载 P 和支座沉陷 Δ。取出单元 AB，如图 9-1（b）所示，两端有转角 φ_A、φ_B，杆件两端还有相对线位移 Δ_{AB}。$A'B'$连线与杆轴原轴线之间的夹角 $\beta=\frac{\Delta_{AB}}{l}$，叫做弦转角。杆端转角 φ_A、φ_B，弦转角 β 规定为顺时针方向转动为正，反之为负。相对线位移 Δ_{AB}以绕杆件顺时针方向转动为正，反之为负。

杆件 A、B 两端暴露出来的内力或杆端力 M_{AB}、V_{AB}、M_{BA}、V_{BA}亦规定为绕杆件顺时针方向转动为正，反之为负。

（一）由杆端位移引起的杆端力

在位移法计算中，结构中常遇到三种典型的杆件，即两端为固定端、一端固定端另一端铰支、一端为固定端另一端为滑动端等三种，如图 9-2 所示。现分别讨论这三种杆件，在杆端位移作用下，引起怎样的杆端力，即推导出三种杆件的转角位移方程。

图 9-3(a)为两端固定梁承受杆端转角 φ_A、φ_B 及杆端相对线位移 Δ 的作用。取力法基本结构如图 9-3(b)所示。力法典型方程为

$$\begin{cases}\delta_{11}X_1+\delta_{12}X_2+\delta_{13}X_3+\Delta_{1c}=\varphi_A\\ \delta_{21}X_1+\delta_{22}X_2+\delta_{23}X_3+\Delta_{2c}=\varphi_B\\ \delta_{31}X_1+\delta_{32}X_2+\delta_{33}X_3+\Delta_{3c}=0\end{cases}$$

用图乘法求出：

$$\delta_{11}=\delta_{22}=\frac{l}{3EI}$$

$$\delta_{12}=\delta_{21}=-\frac{l}{6EI}$$

$$\delta_{13}=\delta_{31}=\delta_{23}=\delta_{32}=0$$

$$\delta_{33}=\Sigma\int\frac{\overline{N}_3^2}{EA}\mathrm{d}x=\frac{l}{EA}$$

(a)

(b)

(c)

图 9-2

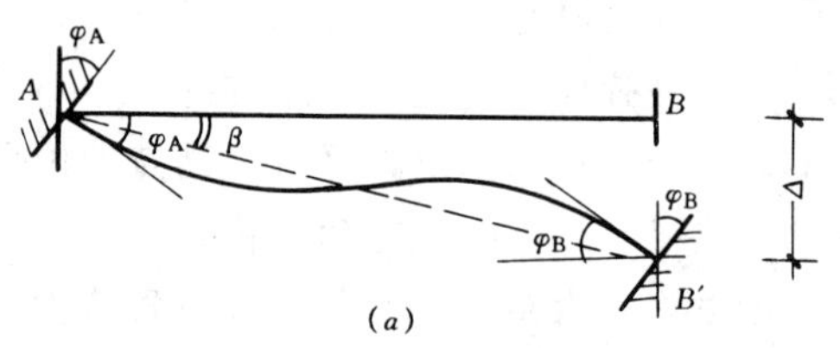

(a)

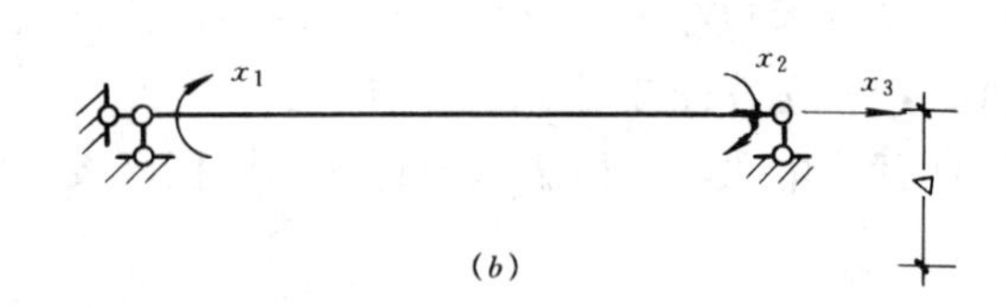

(b)

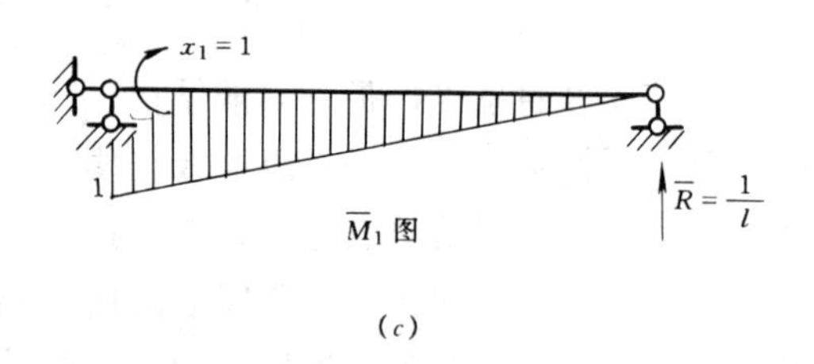

(c)

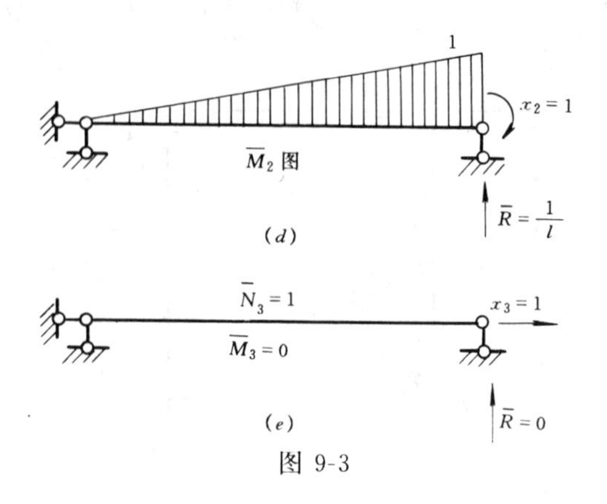

(d)

(e)

图 9-3

由公式 $\Delta_{1c}=\Delta_{2c}=-\Sigma\overline{R}C=-\left[-\frac{1}{l}\cdot\Delta\right]=\frac{\Delta}{l}$ 其中，$\overline{R}$ 是多余未知力 X_1 或 X_2，分别为 1 时所引起支杆 B 的支反力，见图 9-3（c）、（d）。

将系数和自由项代入方程，同时注意到实际结构 EA 并非无穷大，总是有限值。这样，$\delta_{33}\neq0$，得到 $X_3=0$，进一步解得

$$\begin{cases} X_1=\dfrac{4EI}{l}\varphi_A+\dfrac{2EI}{l}\varphi_B-\dfrac{6EI}{l^2}\Delta \\ X_2=\dfrac{2EI}{l}\varphi_A+\dfrac{4EI}{l}\varphi_B-\dfrac{6EI}{l^2}\Delta \end{cases}$$

我们注意到抗弯刚度 EI，反映的是截面的抗弯能力，不能代表杆件的抗弯能力，而若由 EI 和杆长 l 两个参数组成的 $i=\frac{EI}{l}$，却能很好地反映构件的抗弯能力。等截面杆件愈长，抗弯刚度就愈小。反之，杆件愈短，抗弯能力就愈大。我们称 $i=\frac{EI}{l}$ 为**线刚度**。

这样，上述解答可写成

$$\begin{cases} M_{AB}=4i\varphi_A+2i\varphi_B-6i\dfrac{\Delta}{l} \\ M_{BA}=2i\varphi_A+4i\varphi_B-6i\dfrac{\Delta}{l} \end{cases} \tag{9-1}$$

此即两端固端梁的**转角位移方程**。

设图 9-2（b）所示一端固定一端铰支的单跨超静定梁，固定端有转角 φ_A，两端有相对线位移 Δ（图 9-4a），为求由此而引起的杆端力，取力法基本结构如图 9-4（b）所示，多余未知力 X_1 即 M_{AB}。不难解得

$$\begin{cases} M_{AB}=3i\varphi_A-3i\dfrac{\Delta}{l} \\ M_{BA}=0 \end{cases} \tag{9-2}$$

此即一端固端一端铰支的单跨超静定梁的**转角位移方程**。

给图 9-2（c）所示单跨梁的两端以转角 φ_A、φ_B（图 9-5a），取力法基本结构如图 9-5

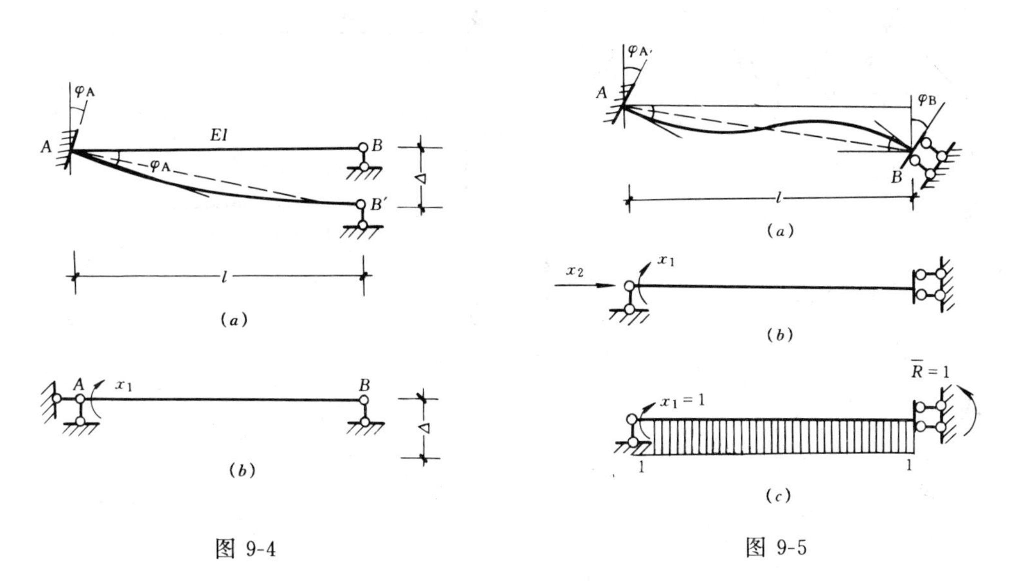

图 9-4　　图 9-5

(b) 所示。由两端固定梁的计算可知，轴向力 $X_2=0$，作一个未知量计算。力法方程为

$$\delta_{11}X_1+\Delta_{1c}=\varphi_A$$

$$\delta_{11}=\Sigma\int\frac{\overline{M}_1^{\,2}}{EI}\mathrm{d}x=\frac{1}{EI}[1\times l\times 1]=\frac{l}{EI}=\frac{1}{i}$$

$$\Delta_{1c}=-\Sigma\overline{R}c=-[-1\times\varphi_B]=\varphi_B$$

代入方程

$$\frac{1}{i}X_1+\varphi_B=\varphi_A$$

$$X_1=i\varphi_A-i\varphi_B$$

或

$$\begin{cases}M_{AB}=i\varphi_A-i\varphi_B\\M_{BA}=-i\varphi_A+i\varphi_B\end{cases}\tag{9-3}$$

此即一端固定一端滑动单跨梁的**转角位移方程**。

（二）由荷载引起的杆端力

图 9-2 所示三种形式的单跨超静定梁，在各种不同形式的荷载作用下所引起的杆端力，亦称为**固端力**，都可以由力法解出，并将结果汇集于表 9-1 中，以备查用。

今以图 9-6 (a) 所示一端为固定另一端为滑动支座的单跨梁为例。此系二次超静定结构，其力法基本结构如图 9-6 (b) 所示，力法基本方程为

$$\begin{cases}\delta_{11}X_1+\delta_{12}X_2+\Delta_{1P}=0\\\delta_{21}X_1+\delta_{22}X_2+\Delta_{2P}=0\end{cases}$$

利用图乘法求系数和自由项：

$$\delta_{11}=\frac{1}{EI}[1\times l\times 1]=\frac{l}{EI}$$

$$\delta_{22}=\int\frac{\overline{M}_2^2}{EI}\mathrm{d}x+\int\frac{\overline{N}_2^2}{EA}\mathrm{d}x=\frac{l}{EA}$$

$$\delta_{12}=\delta_{21}=0$$

$$\Delta_{1P}=\frac{1}{EI}\left[\frac{1}{3}\cdot\frac{1}{2}ql^2\cdot l\cdot 1\right]=\frac{ql^3}{6EI}$$

$$\Delta_{2P}=0$$

$$\begin{cases}\dfrac{l}{EI}X_1+\dfrac{ql^3}{6EI}=0\\[2mm]\dfrac{l}{EA}X_2=0\end{cases}$$

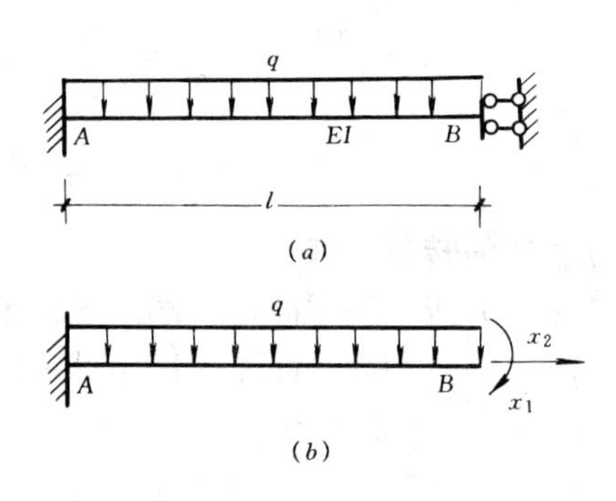

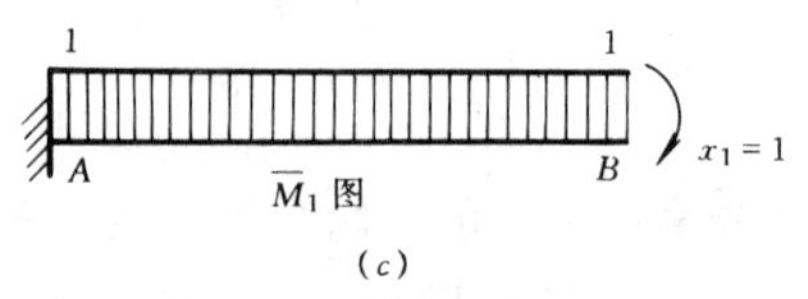

(c)

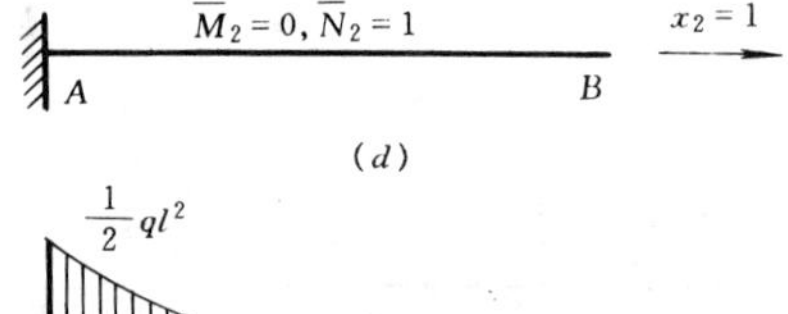

(d)

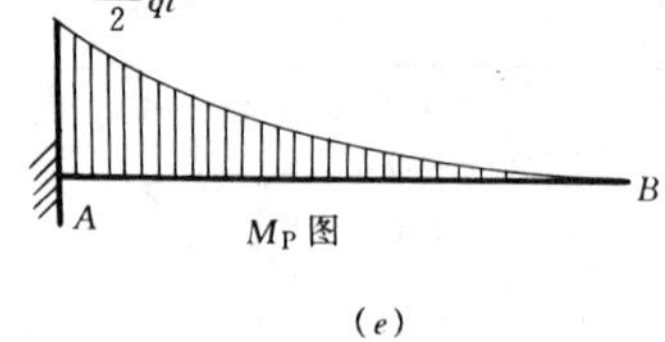

(e)

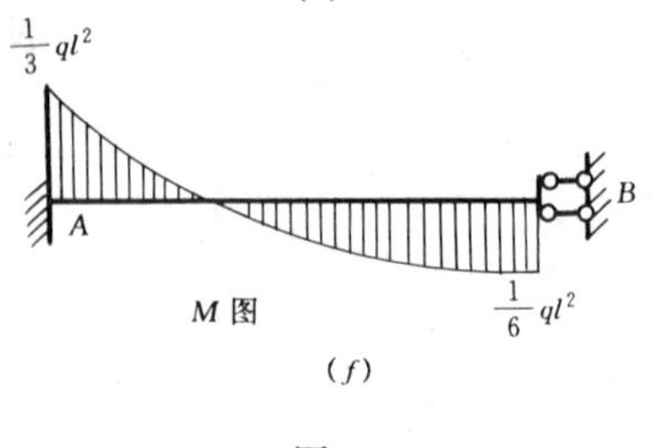

(f)

图 9-6

实际构件材料，不可能 $EA=\infty$，是一有限值，故$\frac{l}{EA}\neq 0$，可解得

$$\begin{cases} X_2 = 0 \\ X_1 = -\frac{1}{6}ql^2 \end{cases}$$

$$M_{AB} = \overline{M}_1 X_1 + M_P = -1(-\frac{1}{6}ql^2) - \frac{1}{2}ql^2 = -\frac{1}{3}ql^2$$

绘得弯矩图，如图 9-6（f）所示。

单跨超静定梁在荷载作用下的杆端弯矩若已求出，可利用杆件平衡条件求出杆端剪力。为简化计，先作如下分解（图 9-7）：

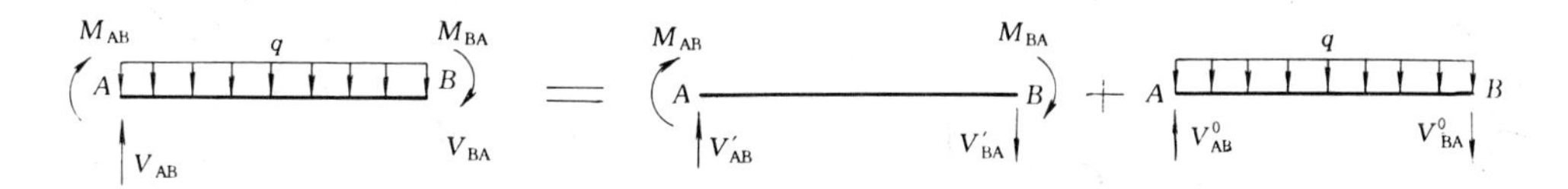

图 9-7

其中，V^0_{AB}、V^0_{BA}为简支梁在跨中荷载作用下的剪力，由杆件平衡条件可求得。V'_{AB}、V'_{BA}是杆件在杆端弯矩 M_{AB}、M_{BA}单独作用下产生的杆端剪力，仍由杆件平衡条件，$\Sigma M_B=0$，或$\Sigma M_A=0$ 有

$$V'_{AB} = V'_{BA} = -\frac{M_{AB} + M_{BA}}{l}$$

叠加可得杆端剪力计算公式

$$\begin{cases} V_{AB} = -\frac{M_{AB} + M_{BA}}{l} + V^0_{AB} \\ V_{BA} = -\frac{M_{AB} + M_{BA}}{l} + V^0_{BA} \end{cases} \tag{9-4}$$

为求图 9-6（a）所示杆件的杆端剪力，将图 9-6（f）所示杆端弯矩代入，利用式（9-4）得到

$$\begin{cases} V_{AB} = -\frac{-\frac{1}{3}ql^2 - \frac{1}{6}ql^2}{l} + \frac{1}{2}ql = ql \\ V_{BA} = -\frac{-\frac{1}{3}ql^2 - \frac{1}{6}ql^2}{l} - \frac{1}{2}ql = 0 \end{cases}$$

（三）单跨超静定梁在杆端位移和外荷载共同作用下的杆端力

对于两端固定梁，利用叠加原理，对引起内力的外因，可作如图 9-8 所示的分解。图9-8（b）、（c）状态内力的叠加，即为原结构图（a）的内力：

$$\begin{cases} M_{AB} = 4\frac{EI}{l}\varphi_A + 2\frac{EI}{l}\varphi_B - 6\frac{EI}{l^2}\Delta + M^g_{AB} \\ M_{BA} = 2\frac{EI}{l}\varphi_A + 4\frac{EI}{l}\varphi_B - 6\frac{EI}{l^2}\Delta + M^g_{BA} \end{cases} \tag{9-5}$$

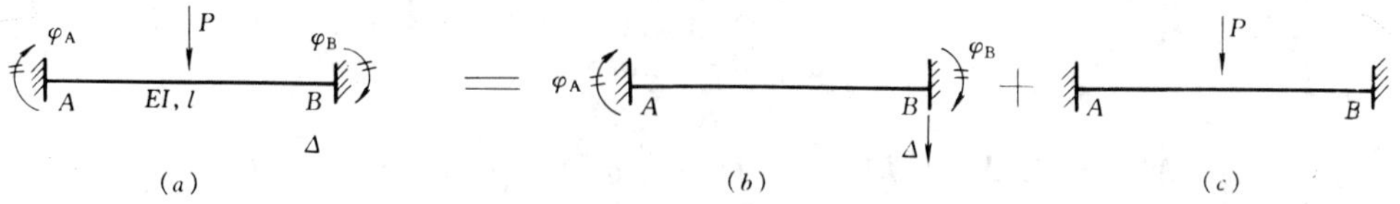

图 9-8

式中，M_{AB}^g、M_{BA}^g为结构单独在外荷载作用下引起的固端弯矩。

两端剪力亦可由杆件平衡条件求出，即用式（9-4）计算。将式（9-5）所示杆端弯矩，代入式（9-4）有

$$\begin{cases} V_{AB} = -\dfrac{6EI}{l^2}\varphi_A - \dfrac{6EI}{l^2}\varphi_B + \dfrac{12EI}{l^2}\Delta - \dfrac{M_{AB}^g + M_{BA}^g}{l} + V_{AB}^0 \\ V_{BA} = -\dfrac{6EI}{l^2}\varphi_A - \dfrac{6EI}{l^2}\varphi_B + \dfrac{12EI}{l^2}\Delta - \dfrac{M_{AB}^g + M_{BA}^g}{l} + V_{BA}^0 \end{cases}$$

令

$$\begin{cases} V_{AB}^g = -\dfrac{M_{AB}^g + M_{BA}^g}{l} + V_{AB}^0 \\ V_{BA}^g = -\dfrac{M_{AB}^g + M_{BA}^g}{l} + V_{BA}^0 \end{cases} \tag{9-6}$$

称 V_{AB}^g、V_{BA}^g为固端剪力。注意到，$i=\dfrac{EI}{l}$，则杆端弯矩、杆端剪力的转角位移方程可写成

$$\begin{cases} M_{AB} = 4i\varphi_A + 2i\varphi_B - 6i\dfrac{\Delta}{l} + M_{AB}^g \\ M_{BA} = 2i\varphi_A + 4i\varphi_B - 6i\dfrac{\Delta}{l} + M_{BA}^g \end{cases} \tag{9-7}$$

$$\begin{cases} V_{AB} = -\dfrac{6i}{l}\varphi_A - \dfrac{6i}{l}\varphi_B + \dfrac{12i}{l^2}\Delta + V_{AB}^g \\ V_{BA} = -\dfrac{6i}{l}\varphi_A - \dfrac{6i}{l}\varphi_B + \dfrac{12i}{l^2}\Delta + V_{BA}^g \end{cases} \tag{9-8}$$

同理，对于一端为固定另一端铰支的单跨超静定梁的转角位移方程为：

$$\begin{cases} M_{AB} = 3i\varphi_A - \dfrac{3i}{l}\Delta + M_{AB}^g \\ M_{BA} = 0 \end{cases} \tag{9-9}$$

$$\begin{cases} V_{AB} = -\dfrac{3i}{l}\varphi_A + \dfrac{3i}{l^2}\Delta + V_{AB}^g \\ V_{BA} = -\dfrac{3i}{l}\varphi_A + \dfrac{3i}{l^2}\Delta + V_{BA}^g \end{cases} \tag{9-10}$$

其中，固端剪力为

$$\begin{cases} V_{AB}^g = -\dfrac{M_{AB}^g}{l} + V_{AB}^0 \\ V_{BA}^g = -\dfrac{M_{AB}^g}{l} + V_{BA}^0 \end{cases} \tag{9-11}$$

对于一端为固定，另一端为滑动支座的单跨超静定梁的转角位移方程为

$$\begin{cases} M_{AB} = i\varphi_A - i\varphi_B + M_{AB}^g \\ M_{BA} = -i\varphi_A + i\varphi_B + M_{BA}^g \end{cases} \tag{9-12}$$

$$\begin{cases} V_{AB} = -\dfrac{M_{AB}^g + M_{BA}^g}{l} + V_{AB}^0 = V_{AB}^g \\ V_{BA} = V_{BA}^g = 0 \end{cases} \tag{9-13}$$

（四）为单跨超静定梁制表

等截面直杆的单跨超静定梁，其转角位移方程，是位移法计算的基础。为使用方便，现将杆端位移和外荷载中每一外因单独施加于梁上所引起的杆端弯矩、杆端剪力制成表 9-1。其中每一单位杆端位移分量，是在公式（9-7）～（9-13）中，设其他位移分量及荷载为零而得到的。三类等截面直杆在不同外荷载作用下的杆端力，都可以如第（二）部分中图 9-6（*a*）所示单跨梁的分析，用力法求解，并将结果记录于表 9-1 中。通常，将单位杆端位移引起的杆端力，称为形常数；将荷载引起的杆端力，称为载常数。

单跨等截面梁的杆端弯矩 **表 9-1**

分类	序号	简图	杆端弯矩		弯矩图
			M_{AB}	M_{BA}	
形常数	1		$4i$	$2i$	
	2		$-\dfrac{6i}{l}$	$-\dfrac{6i}{l}$	
	3		$3i$	0	
	4		$-\dfrac{3i}{l}$	0	
	5		i	$-i$	
载常数	6		$-\dfrac{1}{12}ql^2$	$\dfrac{1}{12}ql^2$	
	7		$-\dfrac{1}{8}Pl$	$\dfrac{1}{8}Pl$	

续表

分　类	序　号	简　　图	杆端弯矩		弯　矩　图
			M_{AB}	M_{BA}	
载常数	8	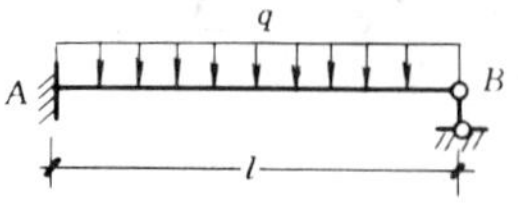	$-\frac{1}{8}ql^2$	0	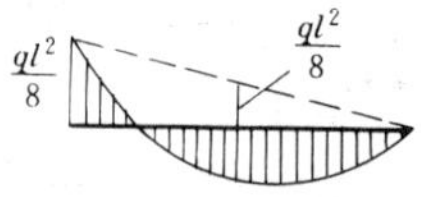
	9	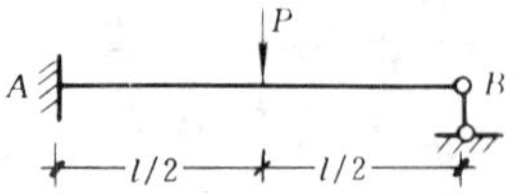	$-\frac{3}{16}Pl$	0	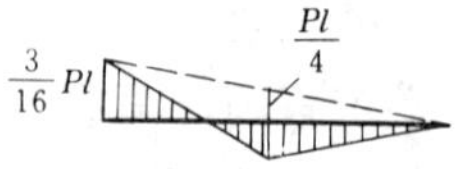
	10	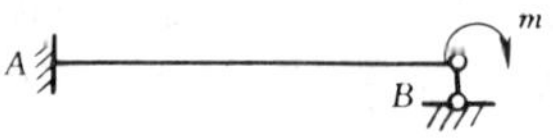	$\frac{1}{2}m$	m	
	11	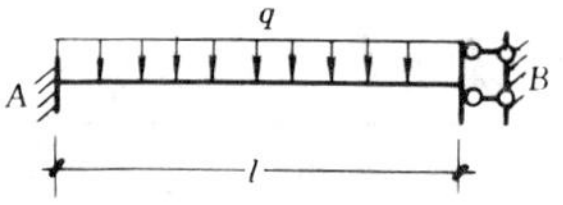	$-\frac{1}{3}ql^2$	$-\frac{1}{6}ql^2$	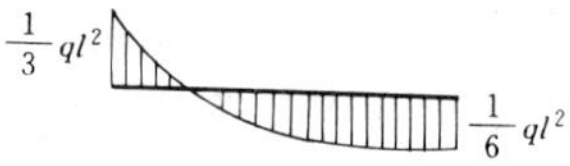
	12	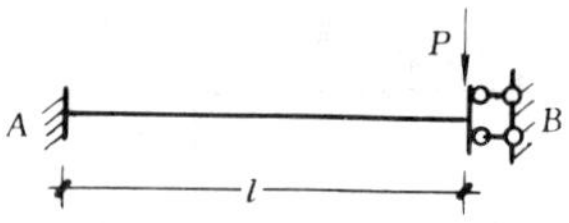	$-\frac{1}{2}Pl$	$-\frac{1}{2}Pl$	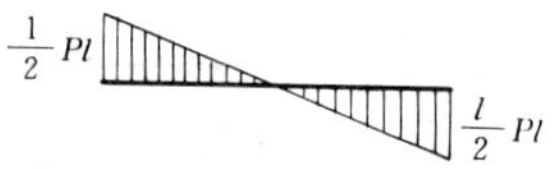

第三节　位移法的基本概念

（一）仅有结点独立角位移的刚架

1. 位移法的基本未知量 Z_1

图 9-9（a）所示刚架，由于 EI 为常量，即只考虑弯曲变形，不考虑轴向变形，而 A、C 两点是不动点，故 B 结点无线位移，只有转角 φ_B。位移法中习惯统一用 Z_i 表示各个结点独立位移，本题 $Z_1=\varphi_B$。汇交于结点 B 的 BA 杆 B 端转角和 BC 杆 B 端转角，由于刚结点的特性决定，两角相等且等于结点转角 Z_1，我们说成结点 B 有一个独立角位移。这反映了各杆端在刚结处的变形协调条件。φ_B 作为位移法的基本未知量，而 C 截面、A 截面的转角则不作为位移法的基本未知量。这是因为 C 端是固定端，杆件 C 端转角为零，系已知数勿需再求。而 A 截面转角虽不为零。但它能由 φ_B 导出，不是独立未知量。由图 9-9（c），B 端转角为 φ_B，A 端转角为 φ_A，按转角位移方程，并注意到 $M_A=0$ 有

$$M_A = 4i\varphi_A + 2i\varphi_B = 0$$

$$\therefore \qquad \varphi_A = -\frac{1}{2}\varphi_B$$

所以，φ_A 不独立，可由 φ_B 导出。在手算阶段，为节省计算工作量，不独立的结点转角，都不作为位移法的基本未知量。

本例只有一个位移法基本未知量 Z_1。

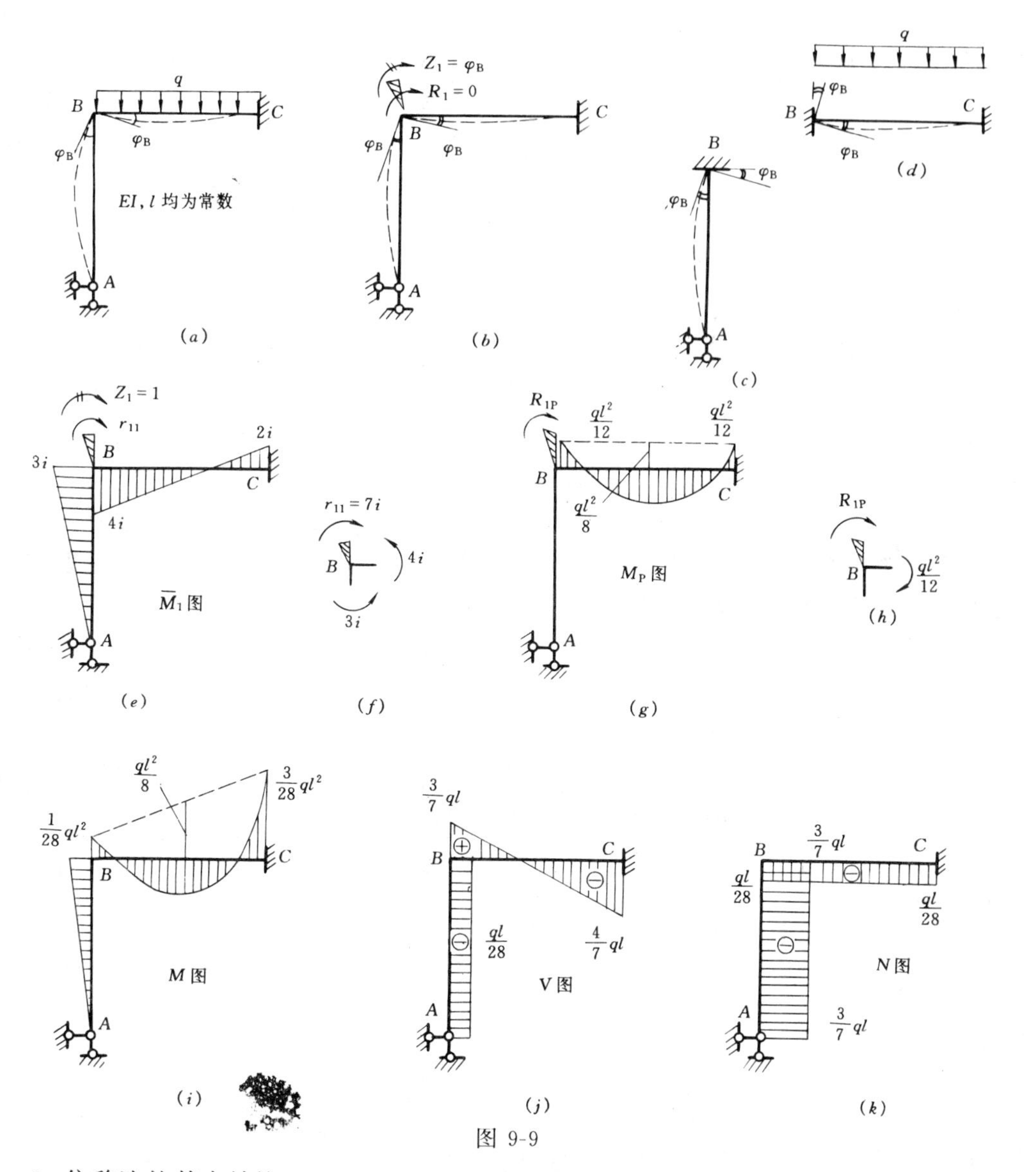

图 9-9

2．位移法的基本结构

按以上分析，刚架中有一个刚结点，便会有一个独立的结点角位移。为便于分析，位移法在刚结点处采取了增设刚臂的办法。刚臂是一种只控制结点转动，而不限制结点移动的附加约束。

在图 9-9（a）所示刚架上，于 B 结点增设刚臂如图 9-9（b）所示。为使图（b）完全等效于图（a），让刚臂转动一个角度刚好是 Z_1（$=\varphi_B$），角位移在图上用符号 ⤵ 表示，结点角位移规定顺时针旋转为正，反之为负。因原结构 B 点并无附加约束，有转角 Z_1 后刚臂上的约束力矩 R_1 应为零。这样一个增设附加刚臂后，荷载和结点位移与原结构等效的体系，称为**位移法的基本结构**。它是实现结构计算的一个桥梁和工具，基本结构的内力和变形，也必然与原结构的内力和变形完全等效。

刚臂的增设，等效于把结构离散成了两根单一的杆件，如图 9-9（c）、（d）所示。离散后便于进行单元分析，利用转角位移方程写出杆端力。分离体组装起来，便成为基本结构。各杆 B 端的转角皆等于刚臂的转角 Z_1，满足变形协调条件，当然该结点处也应满足内外力的平衡条件。在稍后的第五节，将直接利用这一概念。本节将此概念，在利用叠加原理分解外因（结点位移和荷载）后，分别应用。

3. 位移法的基本方程

将作用在基本结构上的两种外因，即结点转角 Z_1 和外荷载 q，分别作用在基本结构上引起的内力之和，应等于原结构的内力。分别作用引起刚臂上的约束力之和，也应等于原结构该点的约束力，而原结构无此刚臂，刚臂的约束力 R_1 应为零。转角 Z_1 是未知量，利用叠加原理，可写成 $Z_1=1\times Z_1$。当 $Z_1=1$ 时，刚臂上的约束力设为 r_{11}，那么转角 Z_1 引起的约束力矩是 $R_{11}=r_{11}Z_1$。设荷载 q 单独作用引起的刚臂约束力矩为 R_{1P}，那么刚臂上总的约束力矩

$$R_1 = R_{11} + R_{1P} = 0$$

或

$$r_{11}Z_1 + R_{1P} = 0 \tag{9-14}$$

此即**位移法的基本方程**。这个方程中，求刚臂约束力矩 r_{11} 和 R_{1P}，都得用结点的力矩平衡条件。因此，位移法基本方程反映的是一个平衡条件。

为求系数 r_{11} 和自由项 R_{1P}，令 $Z_1=1$ 时，绘得 $\overline{M}_1$ 图如图 9-9（e）所示。取结点 B 为脱离体（图 9-9f），$\Sigma M_B=0$，得到

$$r_{11} = 4i + 3i = 7i$$

刚臂不动，单独施加外荷载 q，得到 M_P 图（图 g）。荷载作用下的固端弯矩，查表 9-1 可以得到。取结点 B 为脱离体（图 9-9h），$\Sigma M_B=0$ 得到

$$R_{1P} = -\frac{1}{12}ql^2$$

将 r_{11}、R_{1P} 值代入方程（9-14）

$$7iZ_1 - \frac{1}{12}ql^2 = 0$$

解得

$$Z_1 = \frac{ql^2}{84i}$$

按以上叠加原理，在两种外因共同作用下的内力应为

$$M = \overline{M}_1 Z_1 + M_P$$

同理

$$V = \overline{V}_1 Z_1 + V_P$$

$$N = \overline{N}_1 Z_1 + N_P$$

以上各式既指图形的叠加，自然也是指各控制截面竖标的叠加。本例中

$$M_{AB} = 0$$

$$M_{BA} = 3i \times \frac{ql^2}{84i} = \frac{ql^2}{28}$$

$$M_{BC} = 4i \times \frac{ql^2}{84i} - \frac{ql^2}{12} = -\frac{ql^2}{28}$$

$$M_{CB} = 2i \times \frac{ql^2}{84i} + \frac{ql^2}{12} = \frac{3}{28}ql^2$$

绘 M 图如图 9-9（i）所示。

有了 M 图，可利用式（9-4）直接算出各杆杆端剪力，再用微分关系绘出 V 图，如图 9-9（j）所示。

利用结点平衡条件，由外载和已知剪力，求出杆端轴力。绘得 N 图如图 9-9（k）所示。

（二）仅有结点独立线位移的刚架

图 9-10 所示刚架，横梁刚度 EI_1 趋于无穷大，不可能弯曲，故 AB 杆的 B 端仅有侧移 Δ，不能转动。CD 杆的 C 端是铰结，转角不独立，但有侧移。由于横梁不伸长缩短，C 点侧移也是 Δ，与 B 点侧移相等。我们说，此结构仅有一个独立的结点线位移 Z_1（$=\Delta$）。

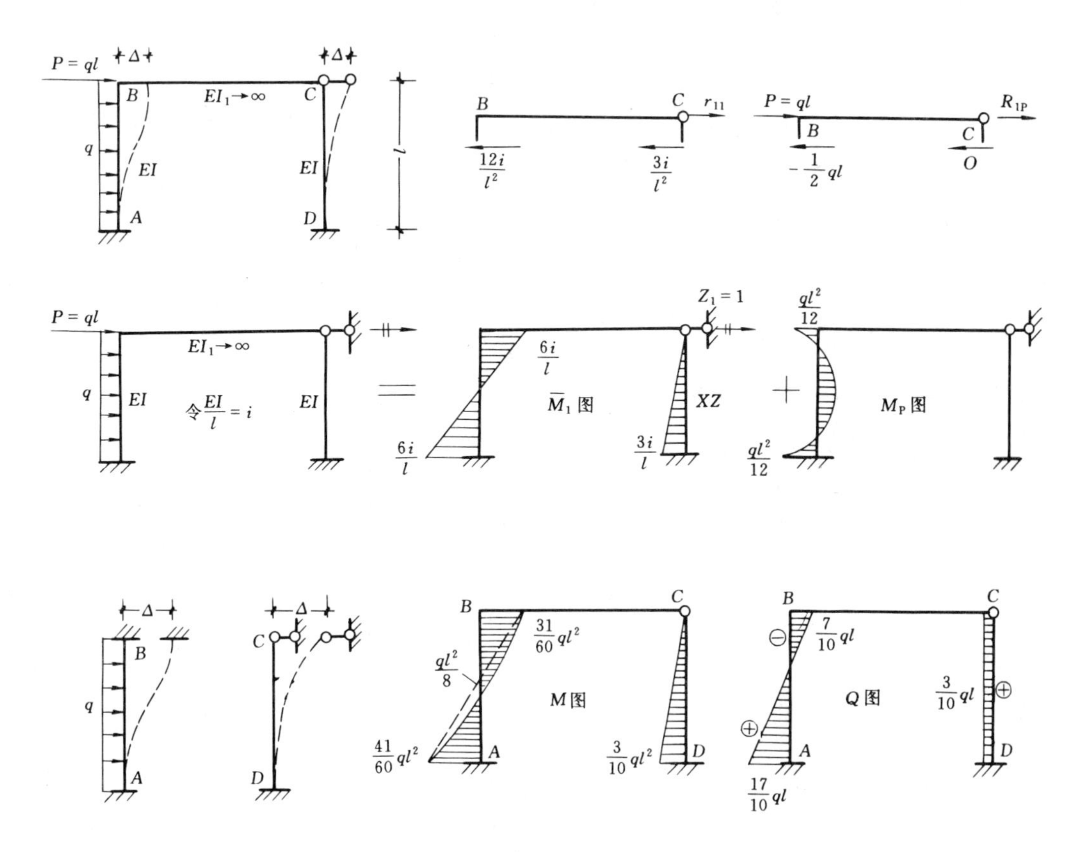

图 9-10

为构成位移法的基本结构，是在结点线位移方向适当位置施加一附加支杆，并给以线位移 Z_1（$=\Delta$），线位移的符号可用⫲➝表示。此位移法基本结构与原结构完全等效，附加支杆上的约束力 R_1 也必然为零。将结点位移 Z_1 与荷载 q 分别单独作用在结构上，其分解办法如图 9-10（c）、（d）所示。在图（c）中，仍令 $Z_1=1\times Z_1$。在 $Z_1=1$ 时可绘出 $\overline{M}_1$ 图。支杆不发生移动，仅作用荷载时的 M_P 图如图（d）所示。由于基本结构的选取，各杆可以离散开来，如图 9-10（g）、（h）所示。查表 9-1 或利用转角位移方程，可确定各杆端弯矩，同时利用微分关系和简支梁弯矩叠加法绘弯矩图，图 9-10（c）、（d）图中的 $\overline{M}_1$ 图、M_P 图，正是这样形成的。基本结构上，$Z_1=1$ 时，附加支杆的约束力为 r_{11}；$Z_1=0$，仅作用荷载 q 时，

附加支杆约束力为 R_{1P}。由叠加原理，图 9-10（b）所示基本结构附加支杆上的总约束力为

$$R_1 = R_{11} + R_{1P} = 0$$

或

$$r_{11}Z_1 + R_{1P} = 0$$

此即有侧移结构的位移法基本方程。

为求出系数 r_{11}，自图 9-10（c）图上取横梁为脱离体，如图 9-10（e）所示，竖柱截面的剪力是根据式（9-4）算得的，取 $\Sigma X=0$ 得到

$$r_{11} = \frac{12i}{l^2} + \frac{3i}{l^2} = \frac{15i}{l^2}$$

为求出自由项 R_{1P}，自图 9-10（d）取刚架横梁为脱离体，如图 9-10（f）所示，竖柱截面剪力仍由式（9-4）算出，$\Sigma X=0$ 算得

$$R_{1P} = -\frac{3}{2}ql$$

注意刚架上的结点外荷载 P，无论画脱离体受力图时，或用平衡条件计算时，都不要遗漏。

将算得的 r_{11} 和 R_{1P} 的结果代入位移法基本方程，即

$$\frac{15i}{l^2}Z_1 - \frac{3}{2}ql = 0$$

并解得

$$Z_1 = \frac{ql^3}{10i}$$

由迭加原理，$M=\overline{M}_1Z_1+M_P$，则可算得

$$M_{AB} = -\frac{6i}{l} \times \frac{ql^3}{10i} - \frac{ql^2}{12} = -\frac{41}{60}ql^2$$

$$M_{BA} = -\frac{6i}{l} \times \frac{ql^3}{10i} + \frac{ql^2}{12} = -\frac{31}{60}ql^2$$

$$M_{DC} = -\frac{3i}{l} \times \frac{ql^3}{10i} = -\frac{3}{10}ql^2$$

$$M_{CD} = 0$$

绘 M 图如图 9-10（i）所示。

$$V = \overline{V}_1Z_1 + V_P$$

$$V_{AB} = \frac{12i}{l^2} \times \frac{ql^3}{10i} + \frac{1}{2}ql = \frac{17}{10}ql$$

$$V_{BA} = \frac{12i}{l^2} \times \frac{ql^3}{10i} - \frac{1}{2}ql = \frac{7}{10}ql$$

$$V_{CD} = V_{DC} = \frac{3i}{l^2} \times \frac{ql^3}{10i} + 0 = \frac{3}{10}ql$$

也可直接用式（9-4）算得，绘 V 图如图 9-10（j）。

（三）位移法计算步骤

1. 确定位移法基本未知量

位移法基本未知量为结点独立转角或结点独立线位移。一般情况下，二者兼有。

2. 建立位移法的基本结构

结构若有刚结点，在该结点增设刚臂，并施以结点角位移未知量。结构若有独立结点

线位移，则在结点上沿线位移方向，增设附加支杆，并施以结点独立线位移未知量。刚臂只控制转动，不阻止移动；支杆只控制移动，不阻止转动。一般结构，既要加刚臂，又要加支杆，这样便构成了位移法基本结构。

3. 建立位移法的基本方程

根据叠加原理，先将作用于基本结构上的位移未知量和外荷载分解，让各因素单独作用时，都分别引起附加约束（刚臂和支杆）的约束反力。这些分体系约束反力之和，即基本结构附加约束上的总反力，它应与原结构结点上的约束力相等。而原体系根本无此附加约束，故总的约束反力应为零。对上面所分析的具有一个位移法基本未知量的结构，其位移法基本方程为

$$r_{11}Z_1 + R_{1P} = 0$$

4. 计算系数 r_{11} 和自由项 R_{1P}

利用表 9-1，先绘基本结构在结点独立位移 $Z_1=1$ 单独作用下的弯矩图 $\overline{M}_1$ 图；有结点线位移的，应计算出各杆的剪力，或绘 $\overline{V}_1$ 图；再绘基本结构单独在荷载作用下的 M_P 图，结构有侧移时，还得计算侧移杆的剪力或绘剪力图 V_P。

相应于独立结点角位移，分别在 $\overline{M}_1$ 图和 M_P 图中，取刚结点为脱离体，利用力矩平衡条件 $\Sigma M=0$，建立方程。相应于结点独立线位移，沿线位移方向取整体结构或结构一部分为脱离体，用投影方程如 $\Sigma X=0$，建立位移方程。在上述基本概念中，我们是取结构横梁为脱离体。特别地，有时为避免某些截面上的未知内力，也用力矩方程，取代投影方程，以利求出系数 r_{11} 和自由项 R_{1P}。

5. 解方程

$$Z_1 = -\frac{R_{1P}}{r_{11}}$$

6. 绘内力图

$$M = \overline{M}_1 Z_1 + M_P$$

$$V = \overline{V}_1 Z_1 + V_P$$

$$N = \overline{N}_1 Z_1 + N_P$$

通常，是在绘 M 图后，利用杆件平衡（式 9-4）求出杆端剪力绘 V 图；再用结点平衡条件，由杆端剪力和结点外力，求出杆端轴力后绘 N 图。

【例 9-1】 用位移法求图 9-11（*a*）所示刚架，绘 M、V 图。

【解】 (1)建立位移法的基本结构，如图 9-11（*b*）所示。

(2) 建立位移法基本方程

$$r_{11}Z_1 + R_{1P} = 0$$

(3) 求系数和自由项

绘 $\overline{M}_1$ 图如图 9-11（*c*），绘 M_P 图如图 9-11（*d*）所示。

分别取结点 B 为脱离体，受力图如图 9-11（*e*）所示，分别取 $\Sigma M_B=0$ 得到

$$r_{11} = 8i + 3i = 11i, R_{1P} = \frac{1}{12}ql^2$$

(4) 解方程

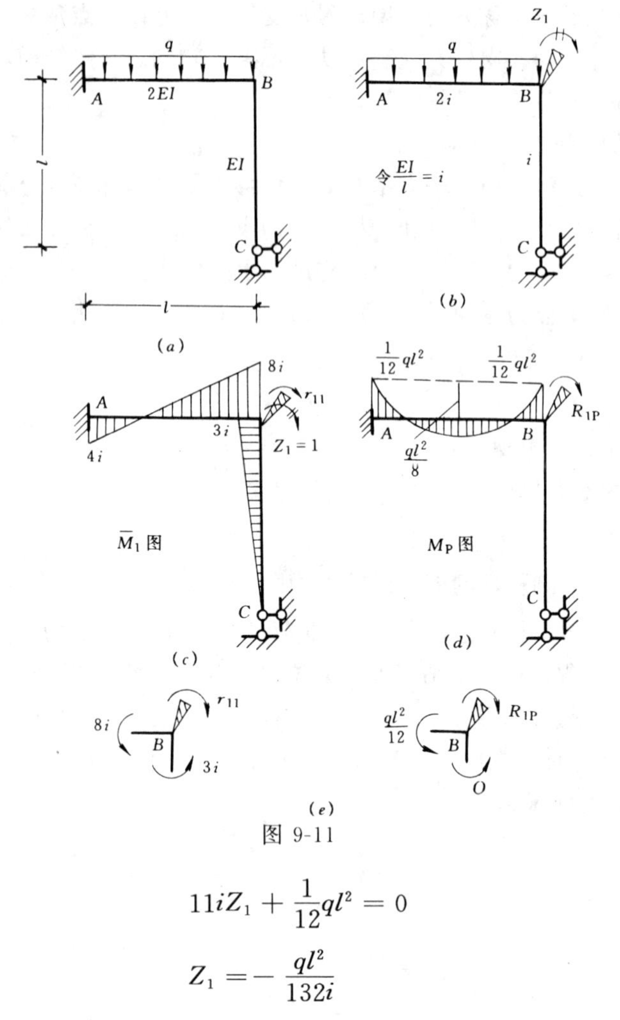

图 9-11

$$11iZ_1+\frac{1}{12}ql^2=0$$

$$Z_1=-\frac{ql^2}{132i}$$

(5) 绘 M、V 图

$$M_{AB}=4i\left(-\frac{ql^2}{132i}\right)-\frac{ql^2}{12}=-\frac{15}{132}ql^2$$

$$M_{BA}=8i\left(-\frac{ql^2}{132i}\right)+\frac{ql^2}{12}=\frac{3}{132}ql^2$$

$$M_{BC}=3i\left(-\frac{ql^2}{132i}\right)=-\frac{3}{132}ql^2$$

$$M_{CB}=0$$

绘 M 图如图 9-12 (a) 所示。

用式 (9-4) 计算杆端剪力:

$$V_{AB}=-\left(-\frac{15}{132}ql^2+\frac{3}{132}ql^2\right)/l+\frac{1}{2}ql=\frac{1}{11}ql+\frac{1}{2}ql=\frac{13}{22}ql$$

$$V_{BA}=\frac{1}{11}ql-\frac{1}{2}ql=-\frac{9}{22}ql$$

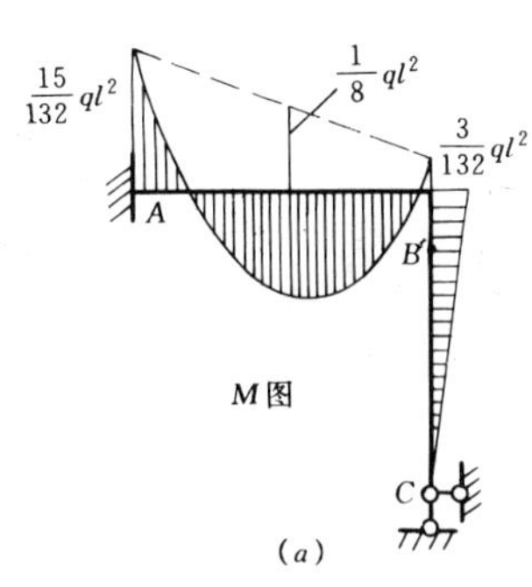

(a)

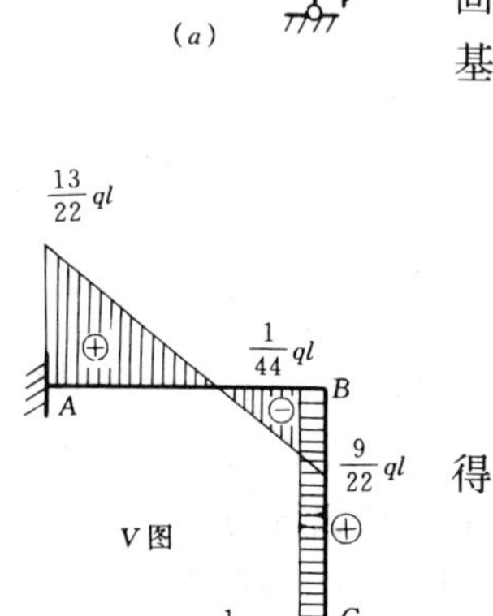

(b)

图 9-12

$$V_{BC}=V_{CB}=-\left(-\frac{3}{132}ql^2+0\right)/l=\frac{3}{132}ql$$

绘 V 图如图 9-12（b）所示。

【例 9-2】 用位移法计算图 9-13(a)所示刚架，绘 M 图。

【解】 (1)确定位移法基本结构

在横梁右侧增设水平支杆，给以基本未知量 Z_1。此结构上端有一定向支座，由于不考虑杆件的轴向变形，下端又是固定端，定向支座的约束作用，与固定端支座无异。位移法基本结构如图 9-13（b）所示。

(2）位移法基本方程

$$r_{11}Z_1+R_{1P}=0$$

(3）计算系数和自由项

绘$\overline{M}_1$ 图及 M_P 图，分别如图 9-13（c）、（e）所示。

自图（c）中取刚性横梁为脱离体（图 d），由 $\Sigma X=0$ 可得

$$r_{11}=\frac{36}{l^2}$$

自图（e）中取刚性横梁为脱离体（图 f），由 $\Sigma X=0$ 可得

$$R_{1P}=-P$$

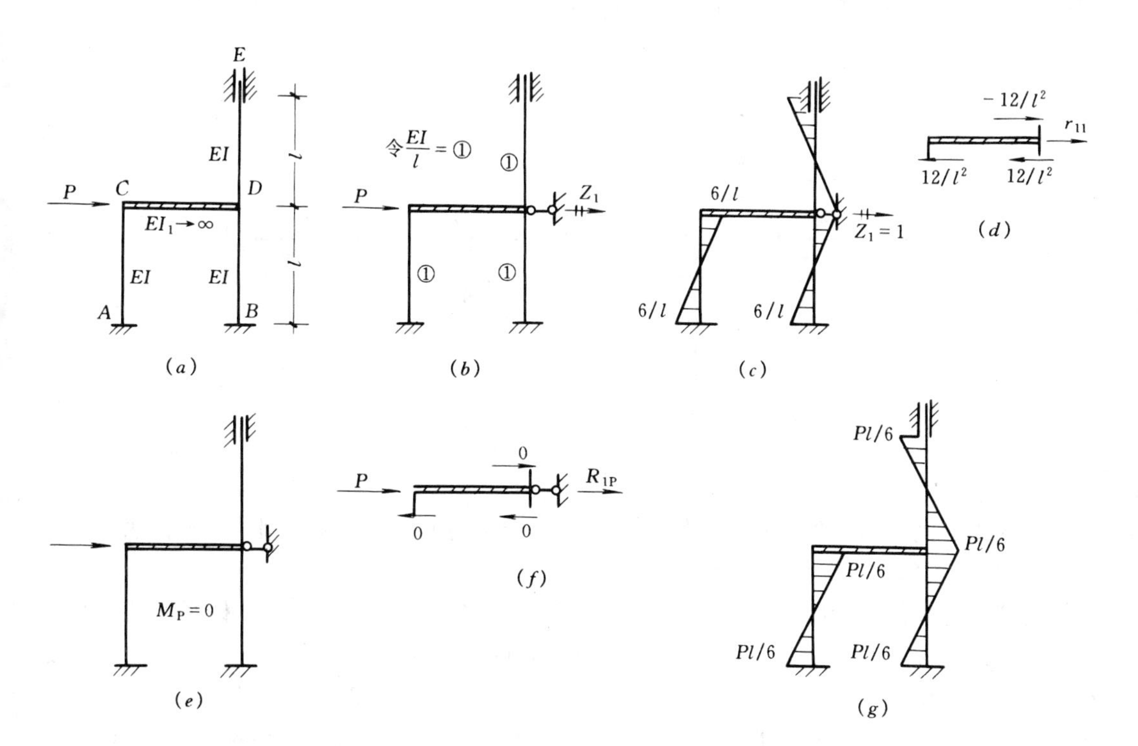

图 9-13

（4）解方程

$$Z_1 = -R_{1P}/r_{11} = -P/\frac{36}{l^2} = \frac{Pl^2}{36}$$

（5）绘 M 图

$$M = \overline{M}_1 Z_1$$

M 图如图 9-13（g）所示。

第四节　位移法基本未知量数目的确定

位移法所计算的结构，往往不止一个结点独立转角，也不止一个独立的结点线位移。这些独立结点位移的总数，就是位移法基本未知量的总数目。这是位移法计算首先要确定的问题。

（一）结点独立角位移数目 n_φ

由图 9-14 所示结构，不难判定其每个结点都无线位移。设 EI 为常数，该结构位移法未知量仅有结点独立转角。对于已知大小的结点转角，以及由结点独立转角能换算出来的结点转角，均不作为位移法计算的未知量。结点 3、4 为铰，杆件铰端转角不独立，故不作为待求的未知量。各固定支座处，杆件的固定端转角已知为零，更不必作为未知量去求。现考察半刚结点（亦称为半铰结或组合结点）的结点 1，由于水平杆连续，结点 1 左右两杆端转角相等，知其一必知其二，故说成结点 1 只有一个结点独立转角。结点 2 处汇交的有四根杆件，由于是刚结，四个杆端转角相等，知一角，其余三个角便已知了，所以说结点 2 也只有一个独立结点转角。这样，图 9-14 所示刚架共有 2 个结点独立转角。

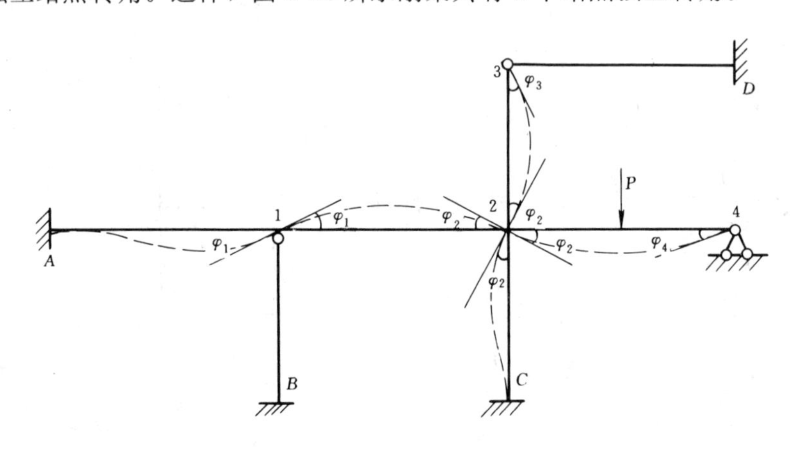

图 9-14

一般地，刚架结点独立角位移的数目 n_φ，等于结构上刚结点和半刚结点数目的总和。

（二）结点独立线位移的数目 n_Δ

若不考虑杆件的轴向变形，试考察图 9-15（a）、（b）、（c）、（d）四个体系的结点线位移。图（a）、（b）、（c）所示结构，各自左右两结点的侧移相等，都仅有一个独立的结点线位移 Δ。若仅为了确定结点独立线位移的数目，图（d）所示全盘铰结化的体系，其左右结点的侧移 Δ 也相等，此可变体系的自由度数目 1，恰等于结点独立线位移的数目。若要将图

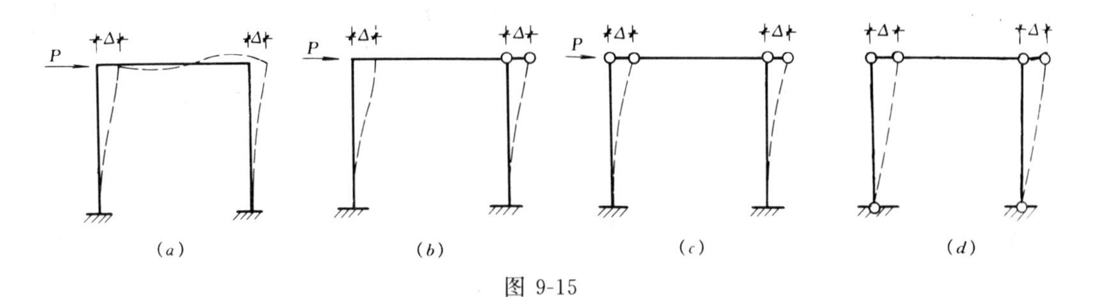

图 9-15

(*d*) 之可变体系转化为几何不变体系，在顶部左侧或右侧结点增设一附加支杆即可，如图 9-16 所示。而确定体系自由度数目，或确定体系限制此自由度所需增设附加支杆的数目，比较容易，因此可以此作为确定结构结点独立线位移数目的方法。那就是，结构的结点独立线位移数目 n_{Δ}，等于将结构所有结点全盘铰结化后，体系所具有的自由度数目，也等于将全盘铰结化的体系转化为几何不变体系，所需增设的附加支杆的数目。

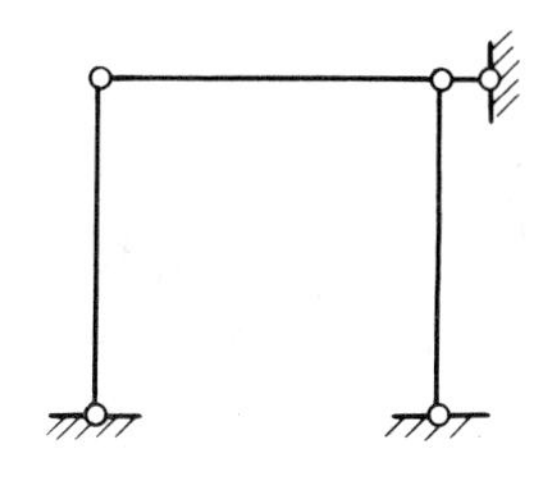

图 9-16

用此方法确定图 9-17 (*a*) 所示不等高柱刚结排架的结点独立线位移数目，将结构全盘铰结化如图 9-17 (*b*) 所示。在上部任一结点增设一水平支杆（图 9-17*c*)，作几何组成分析为几何不变，故此结构有一个结点独立线位移，$n_{\Delta}=1$。

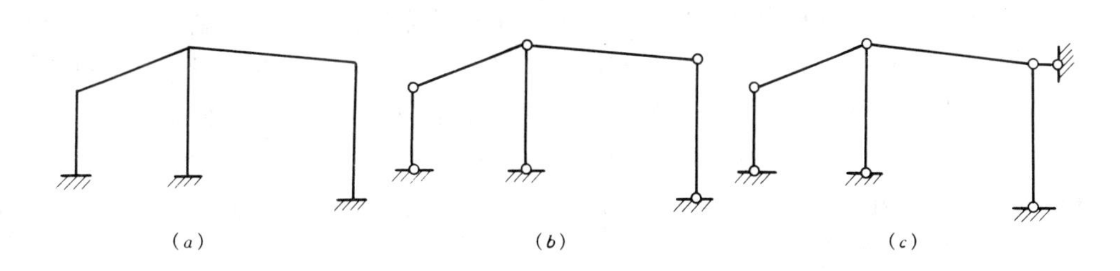

图 9-17

图 9-18 (*a*) 所示结构，全盘铰结化后如图 (*b*)，作几何组成分析，缺少 4 个约束，几何可变。为转化为几何不变体系，如图 (*c*) 增设了 4 根支杆，故此结构有 4 个结点独立线

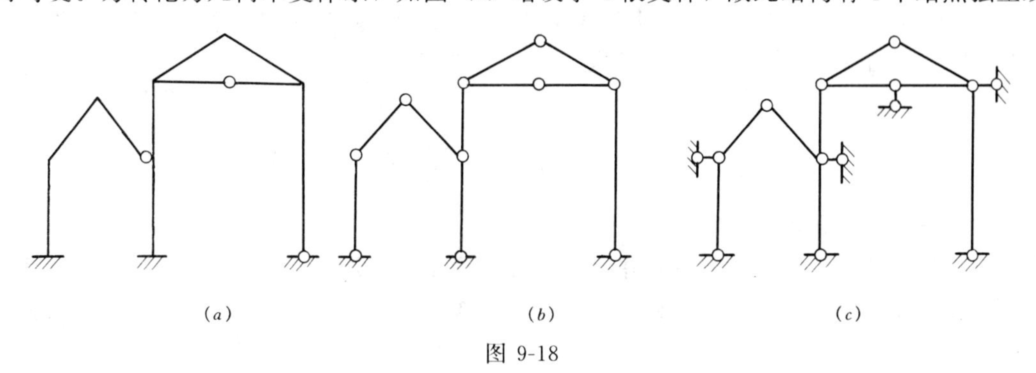

图 9-18

位移，即$n_{\Delta}=4$。应该注意到，结点独立线位移方向不一定都是水平，有不同方向。如图9-18（*c*）中，增设了一竖向支杆，该结点线位移方向便是竖向的。

图 9-19（*a*）所示静定结构，全盘铰结化（图*b*）后有 3 个自由度。如图 9-19（*c*），增设 3 根支杆后，铰结体系便几何不变，故图（*a*）所示结构有 3 个结点线位移。但此题手算时，可减少一个角位移和一个线位移，有 3 个独立结点位移，即$n_{\varphi}=1$，$n_{\Delta}=2$。

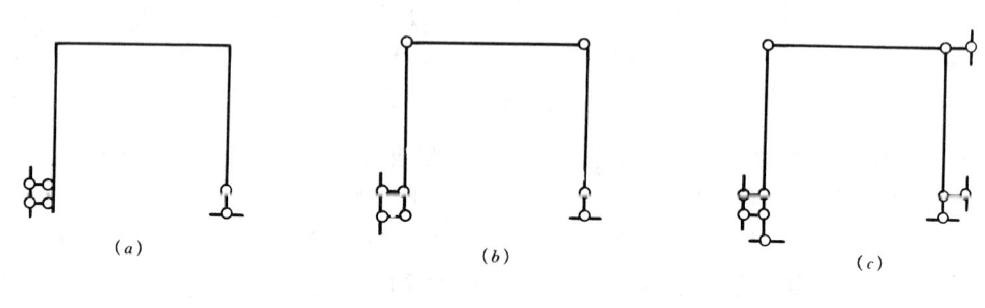

图 9-19

（三）结构结点独立位移总数 n 及位移法基本结构

结构结点独立位移总数 n，应为结点独立角位移数目 n_{φ}，与结点的独立线位移数目 n_{Δ} 之和，即

$$n = n_{\varphi} + n_{\Delta} \tag{9-15}$$

基本结构是一个与原结构完全等效的，可供控制和操作的体系。如果在荷载或广义荷载作用下的结构中，同时具有结点独立角位移和结点独立线位移，那么在所有刚结点和半刚结点都增设刚臂，在所有具结点独立线位移的结点，沿线位移方向增设附加支杆，均给以相应的位移法未知量，便构成一般的位移法的基本结构。由于要增设附加约束，因此位移法基本结构是一个比原结构超静定次数更高的结构。

【例 9-3】 不考虑杆件的轴向变形，试确定图 9-20（*a*）所示刚架的结点独立位移数目，并建立位移法的基本结构。

【解】 (1)确定结点独立角位移的数目 n_{φ}

图 9-20（*a*）中，刚结点数为 4，半刚结数为 3，故$n_{\varphi}=4+3=7$。

(2) 确定结点独立线位移的数目 n_{Δ}

将图（*a*）结构全盘铰结化，如图（*b*）所示。为使图（*b*）铰结体系几何不变，增设了 4 根支杆，如图（*c*），故$n_{\Delta}=4$。

(3) 结点独立位移总数 n

$$n = n_{\varphi} + n_{\Delta} = 7 + 4 = 11$$

(4) 建立位移法的基本结构

在刚结和半刚结点增设刚臂，并保留图（*c*）增设的附加支杆，均给以相应的位移法基本未知量，结构承受荷载为零，此即与原结构等效的位移法基本结构，如图 9-20（*d*）所示。

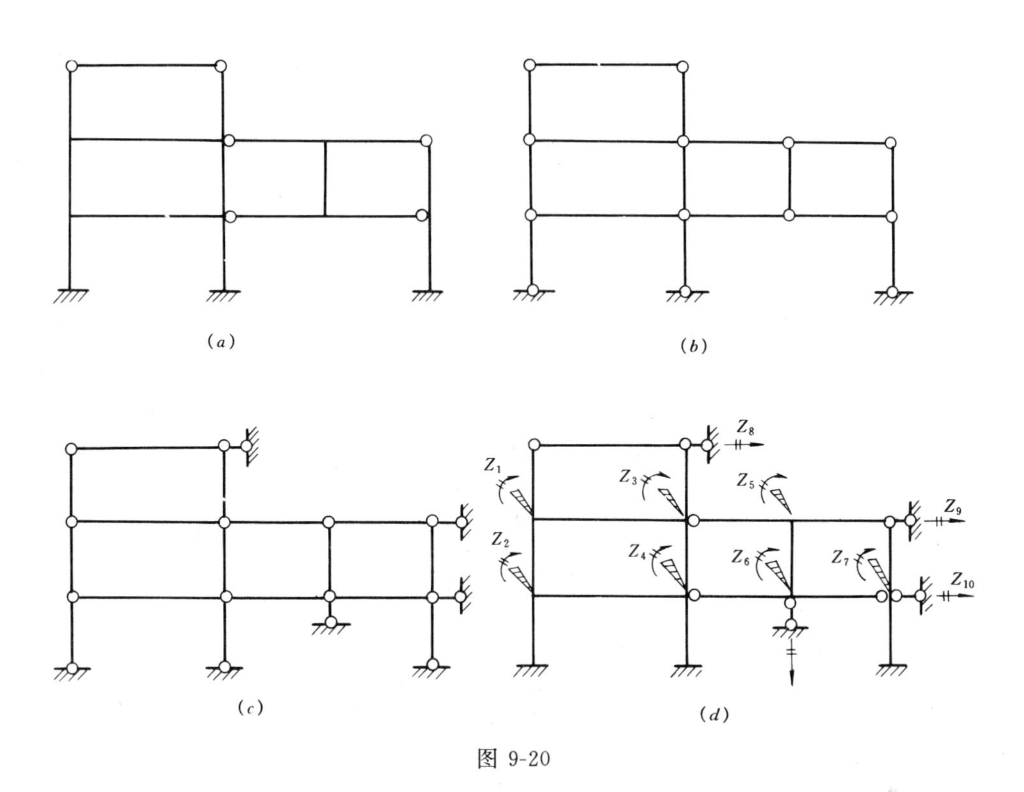

图 9-20

第五节　位移法的典型方程

图 9-21（a）所示结构有三个独立结点转角，位移法基本结构如图 9-21（b）所示。在三个刚臂上的约束力 R_1、R_2、R_3，应等于三个位移未知量和荷载，分别作用在结构上，引起附加刚臂上约束力之总和，而对照原结构，R_1、R_2、R_3 均应为零。由叠加原理有

$$\begin{cases} r_{11}Z_1 + r_{12}Z_2 + r_{13}Z_3 + R_{1P} = 0 \\ r_{21}Z_1 + r_{22}Z_2 + r_{23}Z_3 + R_{2P} = 0 \\ r_{31}Z_1 + r_{32}Z_2 + r_{33}Z_3 + R_{3P} = 0 \end{cases} \tag{9-16}$$

一般地，若结构有 n 个结点独立位移，对应着如下 n 个方程：

$$\begin{cases} r_{11}Z_1 + r_{12}Z_2 + \cdots + r_{1n}Z_n + R_{1P} = 0 \\ r_{21}Z_1 + r_{22}Z_2 + \cdots + r_{2n}Z_n + R_{2P} = 0 \\ \cdots\cdots\cdots\cdots\cdots\cdots\cdots\cdots\cdots\cdots \\ r_{n1}Z_1 + r_{n2}Z_2 + \cdots + r_{nn}Z_n + R_{nP} = 0 \end{cases} \tag{9-17}$$

式中　r_{ii}——这种脚标相同的元素，分布于主对角线上，称为**主系数**。它是在基本结构上，

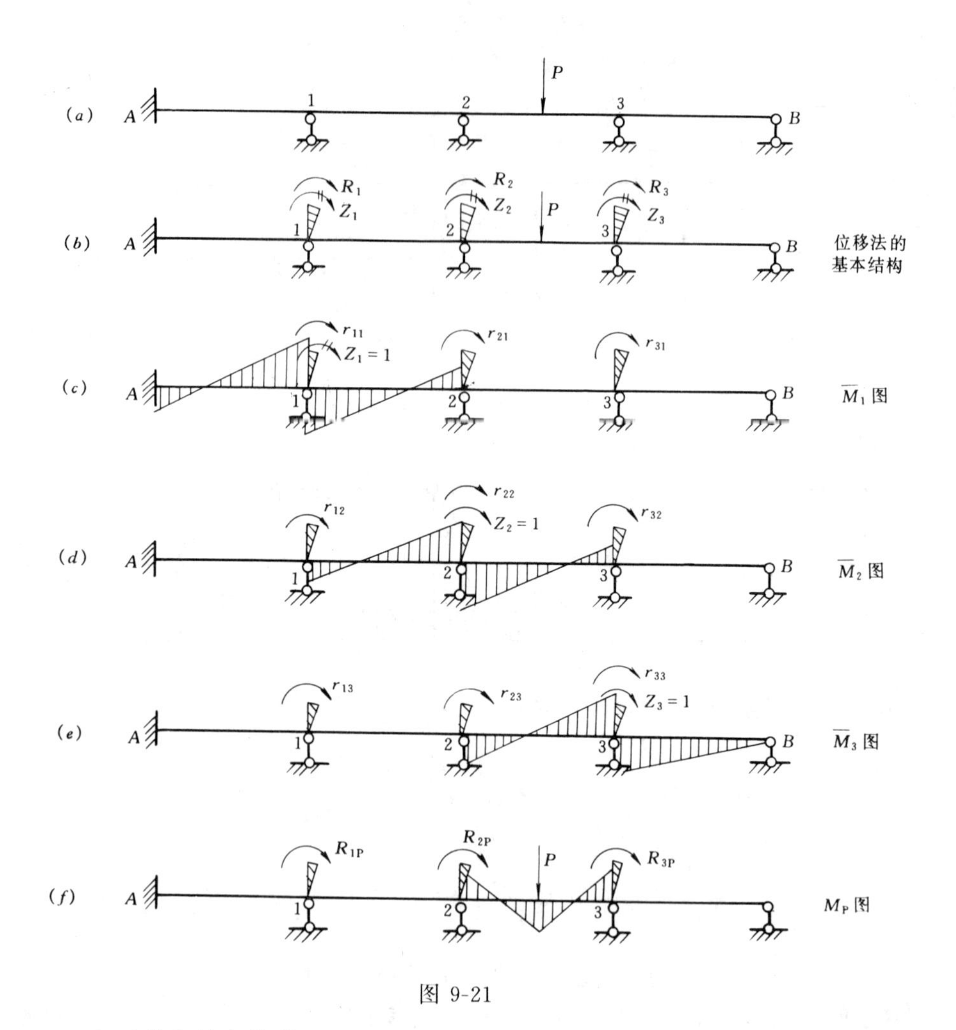

图 9-21

由于单位结点位移$Z_i=1$的作用，引起位移所在处约束上的约束力，恒为正；

r_{ij}——这种脚标不同的元素，称为副系数。它是由于单位结点位移$Z_j=1$作用在第j附加约束上时，所引起的第i个附加约束上的约束力。根据支反力互等定理，$r_{ji}=r_{ij}$。因此，副系数r_{ij}（或r_{ji}）是对称地分布于主对角线的两侧，可为正、负，也可为零；

R_{iP}——为方程中的常数项，通常称为自由项。它是在基本结构上，由于荷载单独作用时，在第i约束上引起的约束力，可为正、负，也可为零。

式(9-17)系数和自由项及它们的脚标排列很有规律，无论结构形式多么不同，所建立的位移法方程，都具有这样的形式，因此称为位移法典型方程。一旦确定了结构位移法未知量的数目，其位移法方程可照上述规律直接写出。

各系数和自由项，不难根据物理概念绘出相应弯矩图，计算杆件有关剪力或轴力，再利用平衡条件算出各系数和自由项。最后内力图，亦按叠加原理，即

$$M=\overline{M}_1Z_1+\overline{M}_2Z_2+\cdots+\overline{M}_nZ_n+M_P$$

$$V=\overline{V}_1Z_1+\overline{V}_2Z_2+\cdots+\overline{V}_nZ_n+V_P$$

$$N=\overline{N}_1Z_1+\overline{N}_2Z_2+\cdots+\overline{N}_nZ_n+N_P$$

（一）连续梁和无侧移刚架的位移法计算

图 9-22（a）所示连续梁，有两个结点独立角位移，属于多未知量的计算。首先建立位移法的基本结构，在 B、C 处施加刚臂和未知量 Z_1、Z_2，如图 9-22（b）所示。

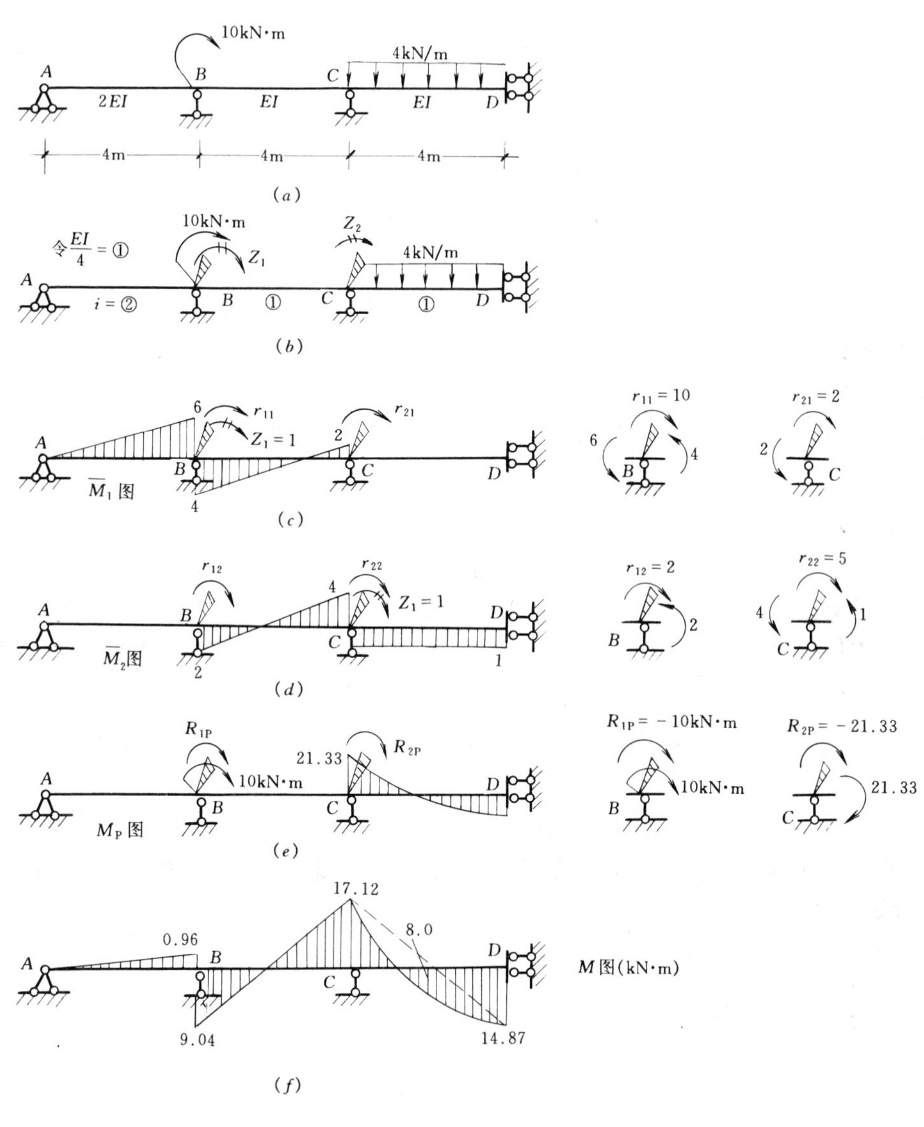

图 9-22

按叠加原理，基本结构分别单独作用 $Z_1=1$（图 c）、$Z_2=1$（图 d）、荷载（图 e）引起相应的弯矩图 $\overline{M}_1$ 图、$\overline{M}_2$ 图、M_P 图。

对图（c）取结点 B、C 为脱离体，见图（c）之右侧，由结点力矩平衡可算得 $r_{11}=10$，$r_{21}=2$。

对图（d）取结点 B、C 为脱离体图，如图（d）之右侧，由 $\Sigma M=0$ 得 $r_{12}=2$，$r_{22}=5$。

取图（e）的 B、C 结点为脱离体，如图（e）之右侧，由 $\Sigma M=0$ 得 $R_{1P}=-10\text{kN}\cdot\text{m}$，$R_{2P}=-21.33\text{kN}\cdot\text{m}$。

解方程

$$\begin{cases}10Z_1+2Z_2-10=0\\2Z_1+5Z_2-21.33=0\end{cases}$$

$$\therefore\quad\begin{cases}Z_1=0.16\\Z_2=4.20\end{cases}$$

由 $M=\overline{M}_1Z_1+\overline{M}_2Z_2+M_P$ 有

$$M_{AB}=0$$

$$M_{BA}=6\times0.16=0.96$$

$$M_{BA}=4\times0.16+2\times4.20=9.04$$

$$M_{CB}=2\times0.16+4\times4.20=17.12$$

$$M_{CD}=1\times4.20-21.33=-17.13$$

$$M_{DC}=-1\times4.20-10.67=-14.87$$

绘得 M 图如图 9-22（f）所示。

【例 9-4】 用位移法计算图 9-23（a）所示刚架，绘 M、V、N 图。

【解】 (1)建立位移法的基本结构，如图 9-23（b）所示。

(2) 建立位移法的典型方程

$$\begin{cases}r_{11}Z_1+r_{12}Z_2+R_{1P}=0\\r_{21}Z_1+r_{22}Z_2+R_{2P}=0\end{cases}$$

(3) 计算系数和自由项

在基本结构上，令 $Z_1=1$，绘 $\overline{M}_1$ 图（图 c），分别取结点 C、D（图 d），由 $\Sigma M=0$ 得

$$r_{11}=11i,\quad r_{21}=2i$$

单独作用 $Z_2=1$，绘 $\overline{M}_2$ 图（图 e），取结点 C、D 为脱离体（图 f），由 $\Sigma M=0$，分别得到

$$r_{12}=2i,\quad r_{22}=5i$$

基本结构单独在荷载作用下，绘 M_P 图（图 g），取结点 C、D 为脱离体（图 h），由 $\Sigma M=0$，分别得到

$$R_{1P}=-\frac{1}{8}ql^2,\quad R_{2P}=\frac{1}{8}ql^2$$

(4) 解方程

$$\begin{cases}11iZ_1+2iZ_2-\dfrac{1}{8}ql^2=0\\[2ex]2iZ_1+5iZ_2+\dfrac{1}{8}ql^2=0\end{cases}$$

$$\text{解得}\quad\begin{cases}Z_1=\dfrac{7ql^2}{408i}\\[2ex]Z_2=-\dfrac{13ql^2}{408i}\end{cases}$$

(5) 绘 M、V、N 图

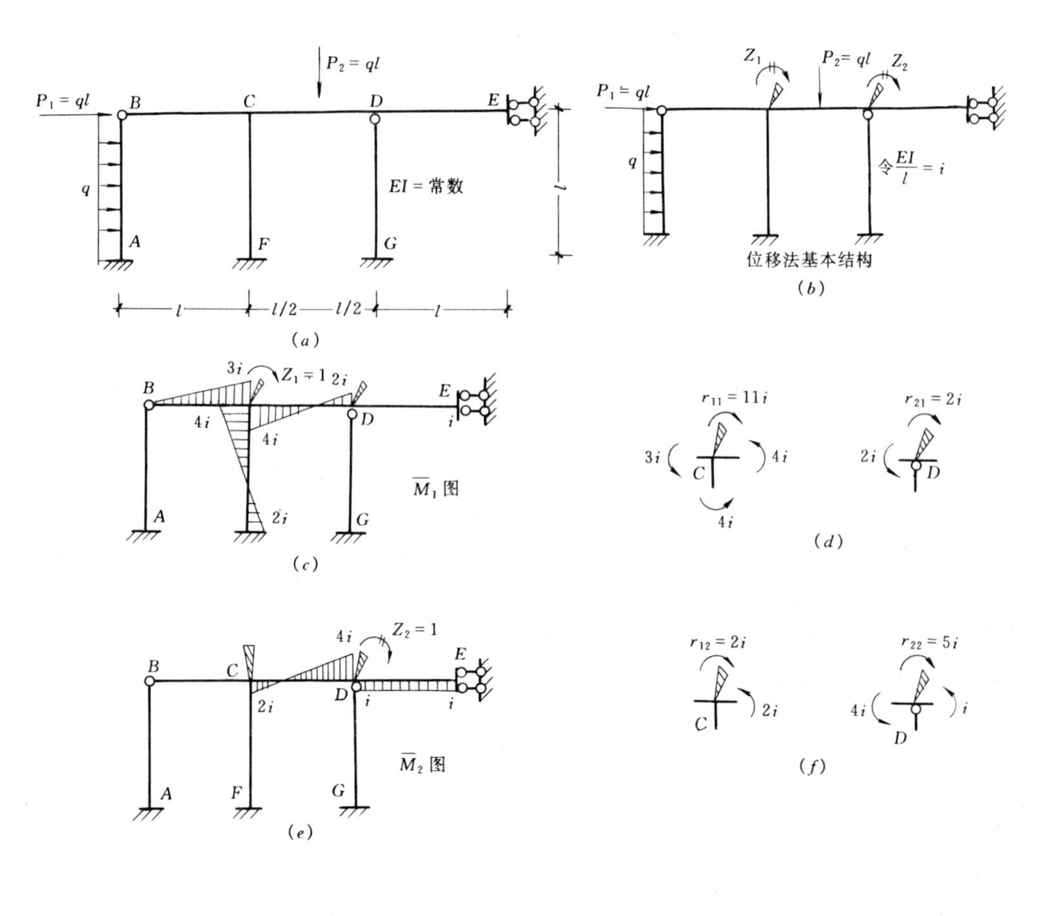

图 9-23

$$M=\overline{M}_1Z_1+\overline{M}_2Z_2+M_P$$

$$M_{AB}=M_P=-\frac{1}{8}ql^2$$

$$M_{CB}=3i\times\frac{7ql^2}{408i}=\frac{21ql^2}{408}$$

$$M_{CP}=4i\times\frac{7ql^2}{408i}+2i\left(-\frac{13ql^2}{408i}\right)-\frac{1}{8}ql^2=-\frac{49}{408}ql^2$$

$$M_{DC}=2i\times\frac{7ql^2}{408i}+4i\left(-\frac{13ql^2}{408i}\right)+\frac{1}{8}ql^2=\frac{13}{408}ql^2$$

$$M_{DE}=i\left(-\frac{13ql^2}{408i}\right)=-\frac{13ql^2}{408}$$

$$M_{ED}=-i\left(-\frac{13ql^2}{408i}\right)=\frac{13ql^2}{408}$$

$$M_{CF}=4i\times\frac{7ql^2}{408i}=\frac{28ql^2}{408}$$

$$M_{FC}=2i\times\frac{7ql^2}{408i}=\frac{14ql^2}{408}$$

其他铰端弯矩为零，绘 M 图如图 9-24（a）所示。

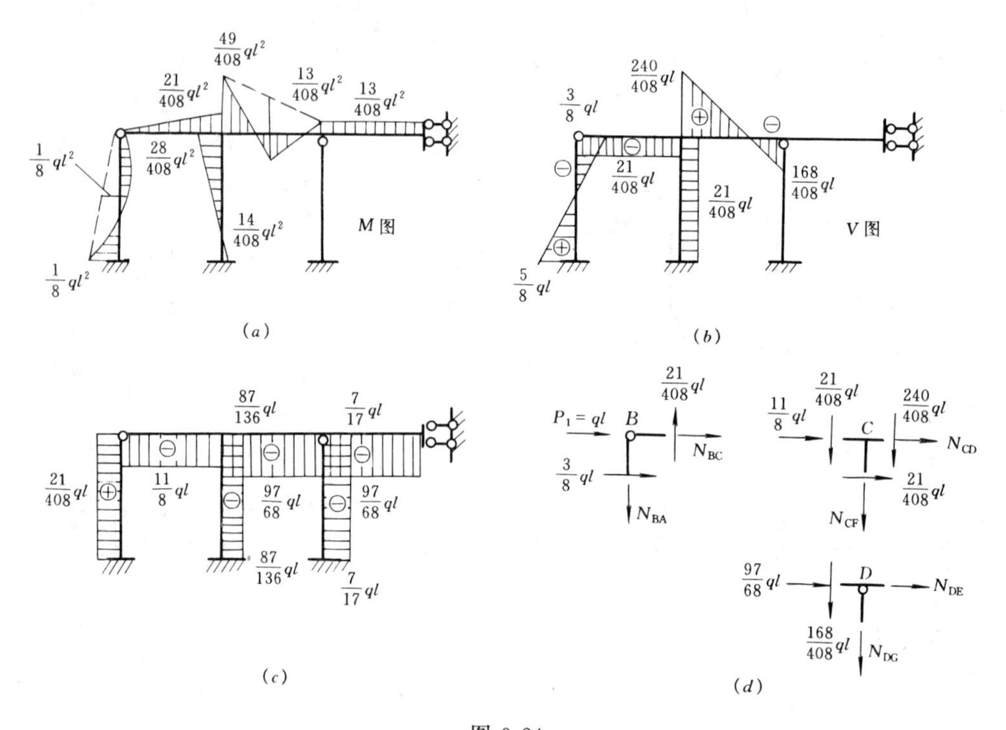

图 9-24

根据荷载和图（a）的 M 图，由式（9-4）计算各杆的杆端剪力，如 CD 杆的杆端剪力

$$V_{CD}=-\left(-\frac{49}{408}ql^2+\frac{13}{408}ql^2\right)/l+\frac{1}{2}ql=\frac{240}{408}ql$$

$$V_{DC}=-\left(-\frac{49}{408}ql^2+\frac{13}{408}ql^2\right)/l-\frac{1}{2}ql=-\frac{168}{408}ql$$

各杆端剪力求出后，按微分关系连图，V 图如图 9-24（b）所示。

在 V 图的基础上，取结点为脱离体，用投影方程，可由杆端剪力求出杆端轴力。如图（d）所示结点 B 的脱离体受力图，要特别注意的是该结点承受有结点外荷载 $P_1=ql$，应参与结点平衡计算。$\Sigma X=0$ 有

$$N_{BC}+ql+\frac{3}{8}ql=0$$

$$N_{BC}=-\frac{11}{8}ql(压力)$$

$\Sigma Y=0$ 有

$$-N_{BA}+\frac{21}{408}ql=0$$

$$N_{BA}=\frac{21}{408}ql(拉力)$$

将 N_{BC}代入结点 C 的平衡，可得到

$$N_{CD}=-\frac{21}{408}ql-\frac{11}{8}ql=-\frac{582}{408}ql=\frac{-97}{68}ql(压力)$$

$$N_{CF}=-\frac{21}{408}ql-\frac{240}{408}ql=-\frac{261}{408}ql=-\frac{87}{136}ql(压力)$$

同理，由结点 D（图 9-24d）取 $\Sigma X=0$ 得

$$N_{DE}=-\frac{97}{68}ql(压力)$$

$$N_{DG}=-\frac{168}{408}ql=-\frac{7}{17}ql(压力)$$

绘 N 图如图 9-24（c）所示。

（二）有侧移刚架的计算

图 9-25（a）所示刚架，不仅有一个结点独立角位移未知量 $Z_1=\varphi_C$，还有一个侧移即结点的独立线位移未知量 $Z_2=\Delta$，位移法基本结构如图（b）所示。结点 B 此类带伸臂的半刚结点，由于结点处截面的弯矩已知，$M_{BA}=M_{BC}=P\times\frac{l}{2}$（上拉），不作为有独立结点转角的刚结点处理，该结点转角不作为位移法未知量。

位移法的典型方程为

$$\begin{cases}r_{11}Z_1+r_{12}Z_2+R_{1P}=0\\r_{21}Z_1+r_{22}Z_2+R_{2P}=0\end{cases}$$

在基本结构上，当仅 $Z_1=1$，绘得图（c）所示$\overline{M}_1$ 图，并在$\overline{M}_1$ 图右侧，取结点 C，$\Sigma M=0$ 得

$$r_{11}=10i$$

取横梁为脱离体，$\Sigma X=0$ 得

$$r_{21}=-\frac{6i}{l}$$

在基本结构上，当仅 $Z_2=1$，绘得图（d）所示$\overline{M}_2$ 图，并在$\overline{M}_2$ 图右侧，取结点 C，$\Sigma M=0$ 得

$$r_{12}=-\frac{6i}{l}$$

取横梁为脱离体，$\Sigma X=0$，得到

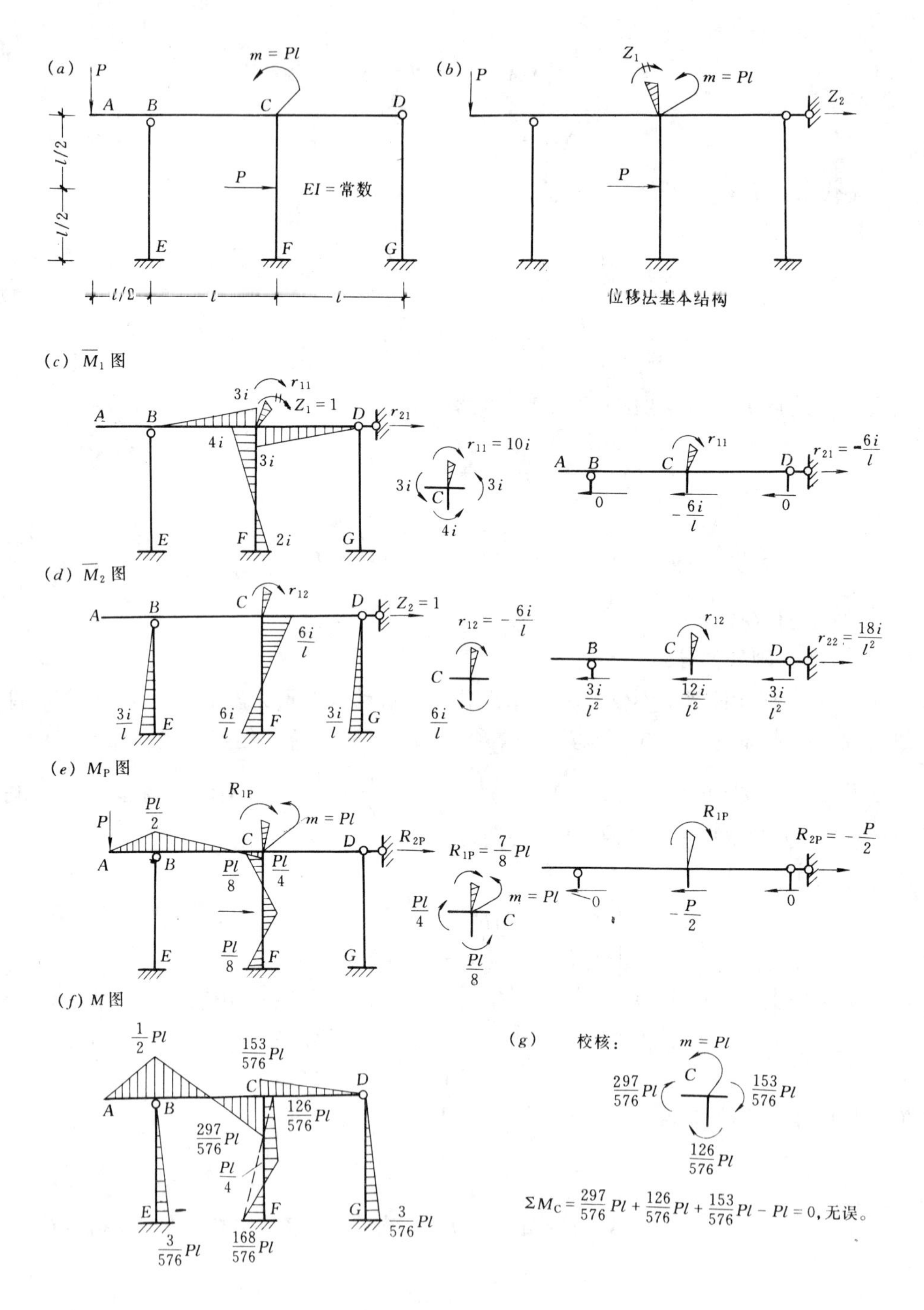

(a)
m = Pl
P
A
B
C
D
l/2
l/2
P
EI = 常数
E
F
G
l/2
l
l
(b)
P
Z_1
m = Pl
Z_2
P
位移法基本结构
(c) $\overline{M}_1$ 图
(d) $\overline{M}_2$ 图
(e) M_P 图
(f) M 图
(g) 校核:
m = Pl
$\frac{297}{576}Pl$
$\frac{153}{576}Pl$
$\frac{126}{576}Pl$
$\Sigma M_C = \frac{297}{576}Pl + \frac{126}{576}Pl + \frac{153}{576}Pl - Pl = 0$,无误。

图 9-25

$$r_{22} = \frac{18i}{l}$$

在基本结构上，当仅有外荷载作用下，M_P 如图（*e*）所示，由右图结点 C 的平衡条件，$\Sigma M=0$，得到 $R_{1P}=\frac{7}{8}Pl$；取横梁为脱离体，$\Sigma X=0$，得到 $R_{2P}=-\frac{P}{2}$。

将以上数据，代入方程求得

$$\begin{cases} Z_1 = -\dfrac{51Pl}{576i} \\ Z_2 = -\dfrac{Pl^2}{576i} \end{cases}$$

$$M = \overline{M}_1 Z_1 + \overline{M}_2 Z_2 + M_P$$

绘得 M 图，如图 9-25（*f*）所示。

位移法计算结果的校核，变形连续条件不作为重点，一般以校核平衡条件为主。如取结点 C 为脱离体，如图（*c*）所示。

$$\Sigma M_C = Pl - \frac{297}{576}Pl - \frac{126}{576}Pl - \frac{153}{576}Pl = 0$$

满足平衡条件，计算无误。

【例 9-5】 用位移法计算图 9-26（*a*）所示有侧移刚架，绘 M 图。

【解】 (1)建立位移法基本结构，如图 9-26（*b*）所示。

(2) 建立位移法典型方程

$$\begin{cases} r_{11}Z_1 + r_{12}Z_2 + R_{1P} = 0 \\ r_{21}Z_1 + r_{22}Z_2 + R_{2P} = 0 \end{cases}$$

(3) 计算系数和自由项

$Z_1=1$ 时，绘得$\overline{M}_1$ 图（图 9-26*c*），再取结点 C 为脱离体，$\Sigma M_C=0$，得 $r_{11}=19$（图 *d*），取横梁为脱离体，$\Sigma X=0$，得 $r_{21}=-1.5$（图 *d*）。

$Z_2=1$ 时，绘得$\overline{M}_2$ 图（图 9-26*e*），再取结点 C 为脱离体，$\Sigma M_C=0$，得 $r_{12}=-1.5$（图 *f*）；取横梁为脱离体，$\Sigma X=0$，得 $r_{22}=0.75$（图 *f*）。

基本结构仅作用荷载时，绘得 M_P 图（图 9-26*g*）。取结点 C（图 *h*），$\Sigma M_C=0$，$R_{1P}=-20$；取横梁为脱离体（图 *h*），$\Sigma X=0$ 得 $R_{2P}=-10$。

(4) 解方程

$$\begin{cases} 19Z_1 - 1.5Z_2 = 20 \\ -1.5Z_1 + 0.75Z_2 = 10 \end{cases}$$

解得 $\begin{cases} Z_1=2.5 \\ Z_2=18.33 \end{cases}$

(5) 绘 M 图

$$M = \overline{M}_1 Z_1 + \overline{M}_2 Z_2 + M_P$$

绘得弯矩图 M 图如图 9-27 所示。

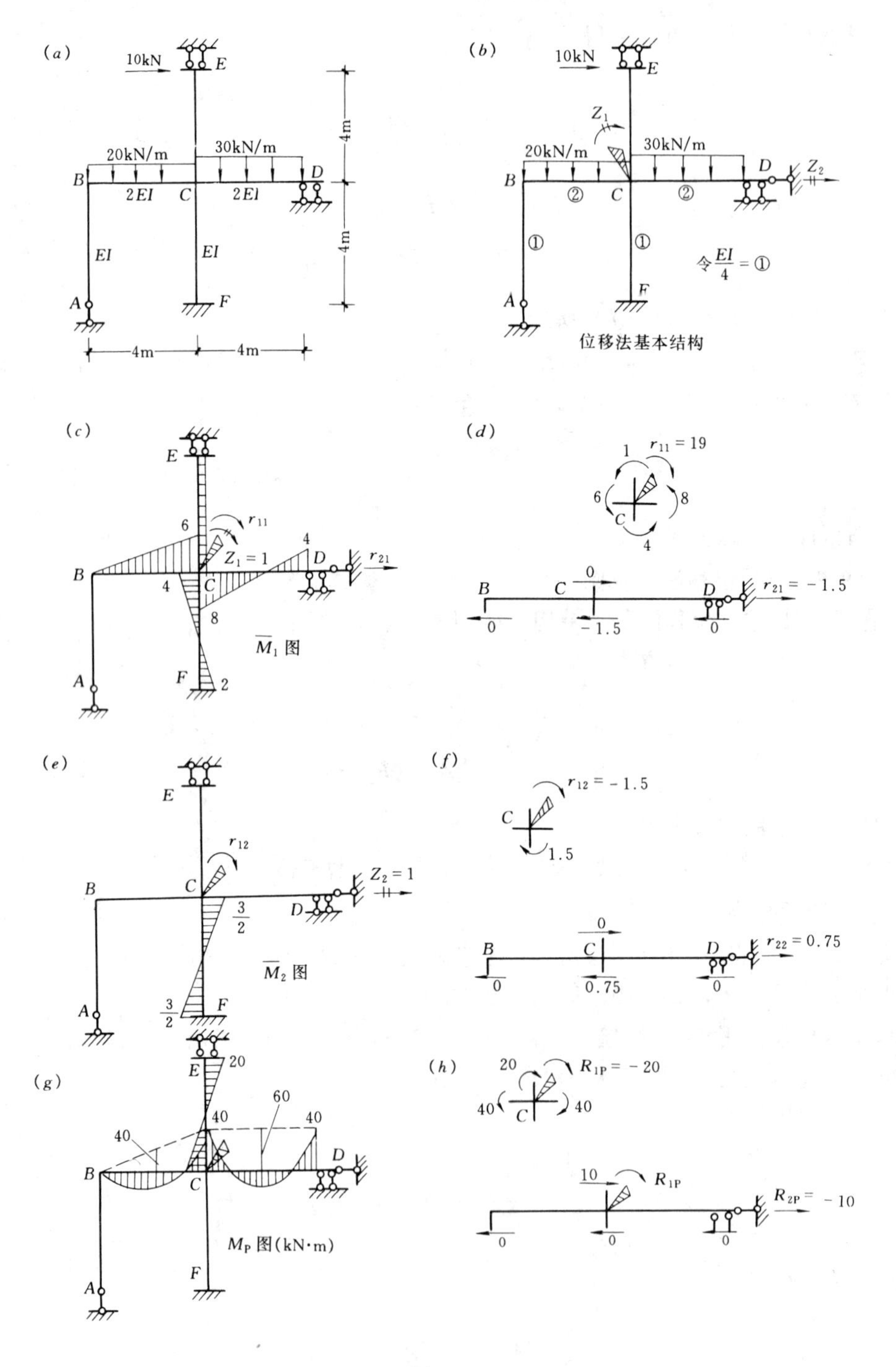
(a)
10kN
E
20kN/m
30kN/m
B
2EI
C
2EI
D
4m
4m
EI
EI
A
F
4m
4m
(b)
10kN
E
Z1
20kN/m
30kN/m
B
②
C
②
D
Z2
①
①
令 EI/4 = ①
A
F
位移法基本结构
(c)
E
6
r11
4
Z1 = 1
D
r21
B
4
C
8
M1 图
A
F
2
(d)
1
r11 = 19
6
8
C
4
B
C
0
D
r21 = −1.5
0
−1.5
0
(e)
E
r12
B
C
Z2 = 1
3/2
D
M2 图
A
3/2
F
(f)
r12 = −1.5
C
1.5
0
B
C
D
r22 = 0.75
0
0.75
0
(g)
20
E
60
40
40
40
D
B
C
MP 图(kN·m)
F
A
(h)
20
R1P = −20
40
C
40
10
R1P
R2P = −10
0
0
0

图 9-26

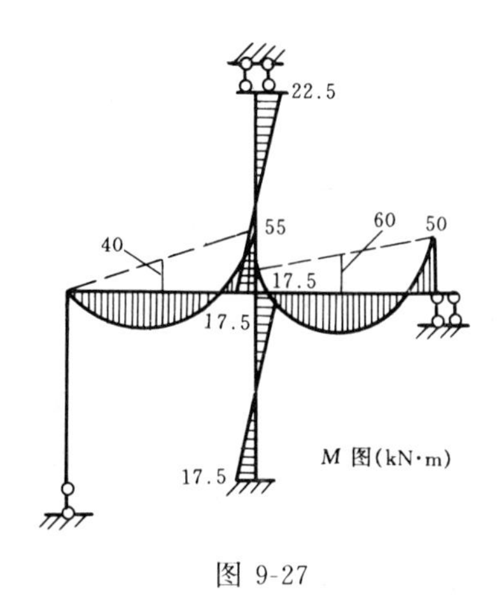

图 9-27

第六节 剪 力 分 配 法

对于有刚性横梁的有侧移刚架，通过位移法计算，可以导出计算简便的剪力分配法。

图 9-28 (a)、(b) 所示两立柱，当柱顶有单位侧移时所引起的剪力或所需施加的外力 r，称为柱的侧移刚度系数。

图 (a) 为上下均为固定端，$r=\frac{12i}{h^2}$；

图 (b) 为下端固定上端为铰支，$r=\frac{3i}{h^2}$。

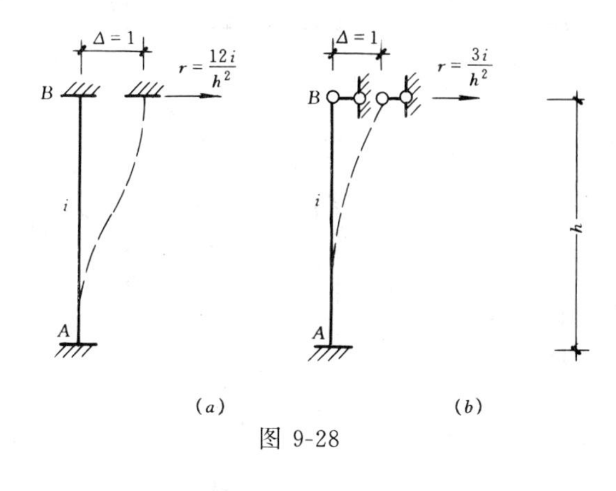

图 9-28

对于图 9-29 (a) 所示一个楼层，设楼盖简化为刚性横梁，层间发生一单位相对位移 $\Delta=1$，所需的总剪力 K，称为层间侧移刚度。图 9-29 (b) 为其弯矩图。取横梁为脱离体，如图 9-29 (c) 所示，r_1、r_2 为各柱的剪力，亦为各柱的侧移刚度。$\Sigma X=0$，可得

$$K=\sum_{i=1}^{n} r_i \tag{9-18}$$

即楼层的层间侧移刚度，等于该楼层各立柱侧移刚度之总和。

有了侧移刚度的概念，现在对图 9-30 (a) 所示铰接排架进行位移法计算。

此结构有一个水平结点独立线位移 Z_1，增设一水平支杆如图 9-30 (b) 所示。位移法基本方程为

$$r_{11}Z_1+R_{1P}=0$$

令基本结构上，仅 $Z_1=1$，绘得 $\overline{M}_1$ 图（图 c），由柱端弯矩计算得各柱剪力，此处即各

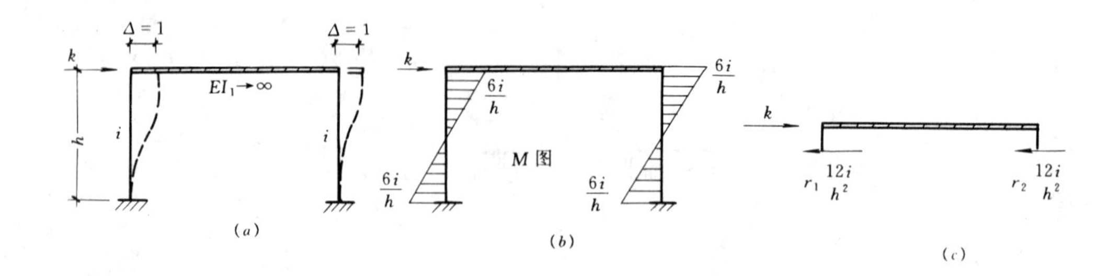

图 9-29

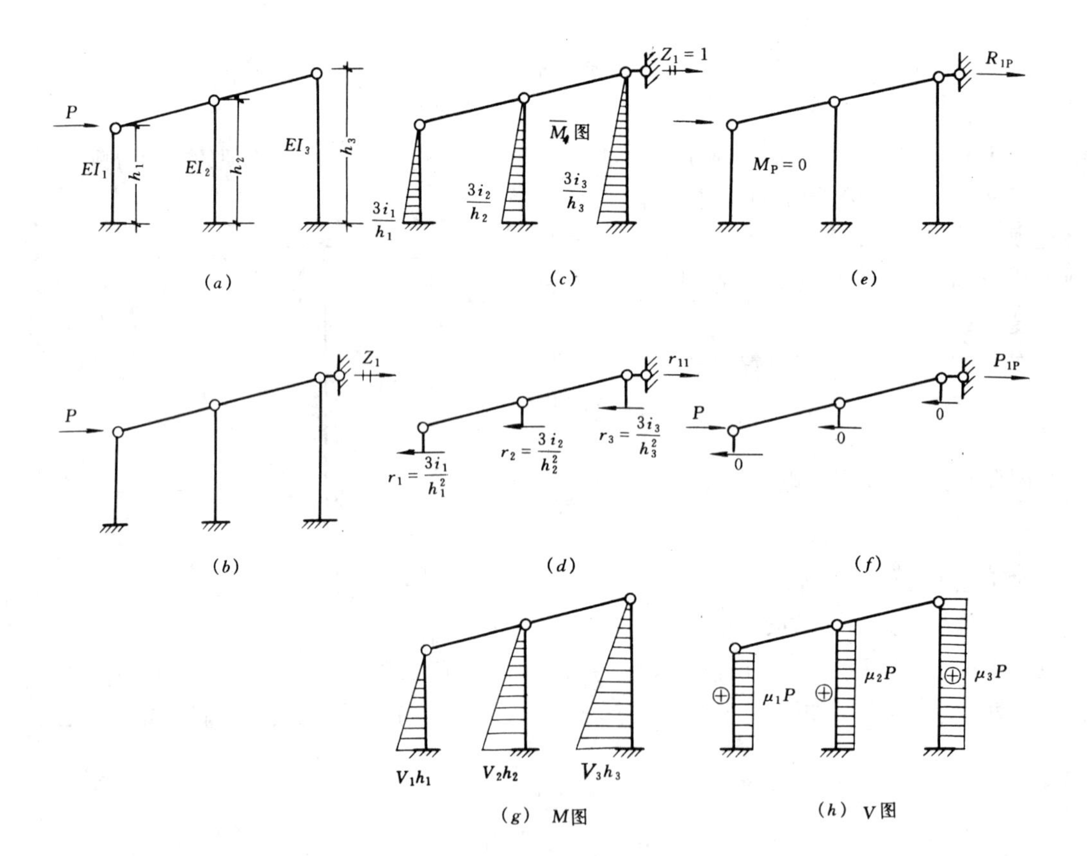

图 9-30

柱的侧移刚度 r_1、r_2、r_3。取横梁为脱离体（图 d），$\Sigma X=0$ 得到

$$r_{11}=\frac{3i_1}{h_1^2}+\frac{3i_2}{h_2^2}+\frac{3i_3}{h_3^2}=\sum_{i=1}^{3}r_i$$

在基本结构上，仅作用荷载 P（图 e），取横梁为脱离体（图 f），$\Sigma X=0$ 得到

$$R_{1P}=-P$$

将 r_{11}、R_{1P}代入方程解得

$$Z_1 = -\frac{R_{1P}}{\delta_{11}} = -\frac{-P}{\sum_{i=1}^{3} r_i} = \frac{1}{\sum_{i=1}^{3} r_i} P$$

可以计算各杆剪力为（各杆 $V_P = 0$）

$$V_1 = r_1 \cdot Z_1 = \frac{r_1}{\Sigma r_i} P = \mu_1 \cdot P$$

$$V_2 = r_2 \cdot Z_1 = \frac{r_2}{\Sigma r_i} P = \mu_2 \cdot P$$

$$V_3 = r_3 \cdot Z_1 = \frac{r_3}{\Sigma r_i} P = \mu_3 \cdot P$$

各杆柱脚弯矩为（各杆 $M_P = 0$）

$$M_1 = M_1 Z_1 = \frac{3i_1/h_1}{\Sigma r_i} P = \frac{r_1}{\Sigma r_i} P h_1 = V_1 h_1$$

$$M_2 = M_2 Z_1 = \frac{3i_2/h_2}{\Sigma r_i} P = \frac{r_2}{\Sigma r_i} P h_2 = V_2 h_2$$

$$M_3 = M_3 Z_1 = \frac{3i_3/h_3}{\Sigma r_i} P = \frac{r_3}{\Sigma r_i} P h_3 = V_3 h_3$$

绘得 M 图、V 图如图 9-30（g）、（h）所示。

通过以上计算我们看到，r_i 是第 i 根立柱的侧移刚度。Σr_i 为层间各立柱侧移刚度之和。这些侧移刚度分别是立柱或楼层的固有力学特征，事先均可算出，这样 μ_1、μ_2、μ_3 也可确定。μ_i 是立柱侧移刚度与楼层层间侧移刚度之比值，称为剪力分配系数，即

$$\mu_i = \frac{r_i}{\Sigma r_i} \tag{9-19}$$

利用剪力分配系数，可根据层间承受的总剪力（对于多层结构，即该层以上所有水平荷载之总和）计算各柱剪力，即

$$V_i = \mu_i P \tag{9-20}$$

由剪力可算出杆端弯矩

$$M_i = V_i h_i \tag{9-21}$$

这是计算悬臂梁固端弯矩的算式，如图 9-31 所示悬臂梁，V_i 为暴露出来的弯矩为零值的截面的剪力。弯矩零值点，常称为反弯点。

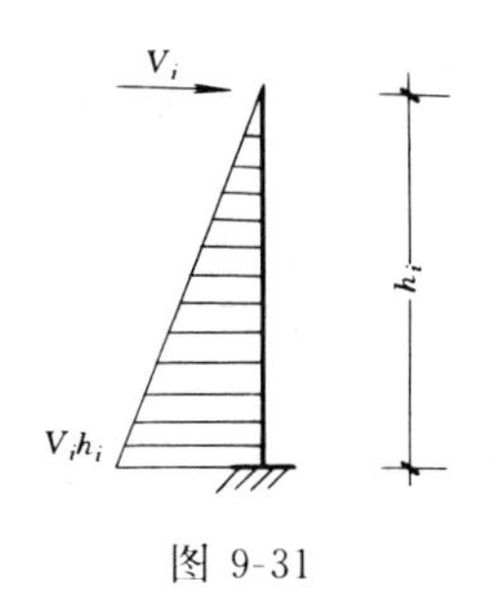

图 9-31

剪力分配法计算步骤是：

（1）计算各立柱的剪力分配系数，见式（9-19）；

（2）计算楼层总剪力 $V_m = \Sigma P$；

（3）计算各立柱剪力 $V_i = \mu_i \cdot V_m$；

（4）计算各立柱杆端弯矩 $M_i = V_i h'_i$，h'_i 为反弯点到柱端的距离。

【例 9-6】 图 9-32（a）所示结构，横梁均为刚性横梁，绘 M 图。

【解】 （1）计算剪力分配系数 μ

顶层：边柱侧移刚度

$$r_1=r_3=\frac{3i}{h^2}=\frac{3\times1}{5^2}=0.12$$

中柱侧移刚度 $r_2=\frac{3i}{h^2}=\frac{3\times2}{5^2}=0.24$

$$\mu_1=\mu_3=\frac{r_1}{\Sigma r_i}=\frac{0.12}{0.12+0.24+0.12}=0.25$$

$$\mu_2=\frac{r_2}{\Sigma r_i}=\frac{0.24}{0.48}=0.5$$

底层：边柱 $r_1=r_3=\frac{12i_1}{h^2}=\frac{12\times2}{5^2}=0.96$

中柱 $r_2=\frac{12i_2}{h^2}=\frac{12\times5}{5^2}=2.4$

$$\mu_1=\mu_3=\frac{r_1}{\Sigma r_i}=\frac{0.96}{0.96\times2+2.4}=0.22$$

$$\mu_2=\frac{r_2}{\Sigma r_i}=\frac{2.4}{0.96\times2+2.4}=0.56$$

（2）计算各层总剪力 P

顶层：$P=50\text{kN}$

底层：$P=50+100=150\text{kN}$

（3）计算各柱剪力

顶层：$V_1=V_3=\mu_1\times P=0.25\times50=12.5\text{kN}$

$V_2=0.5\times50=25\text{kN}$

底层：$V_1=V_3=\mu_1\times P=0.22\times150=33\text{kN}$

$V_2=\mu_2 P=0.56\times150=84\text{kN}$

（4）计算各柱弯矩

顶层柱底弯矩：

$$M_1=M_3=V_1h'=12.5\times5=62.5\text{kN}\cdot\text{m}$$

$$M_2=V_2h=25\times5=125.0\text{kN}\cdot\text{m}$$

底层柱柱端弯矩：

$$M_1=M_2=V_1h'=33\times2.5=82.5\text{kN}\cdot\text{m}$$

$$M_2=84\times2.5=210\text{kN}\cdot\text{m}$$

（5）绘 M 图。如图 9-32（b）所示。

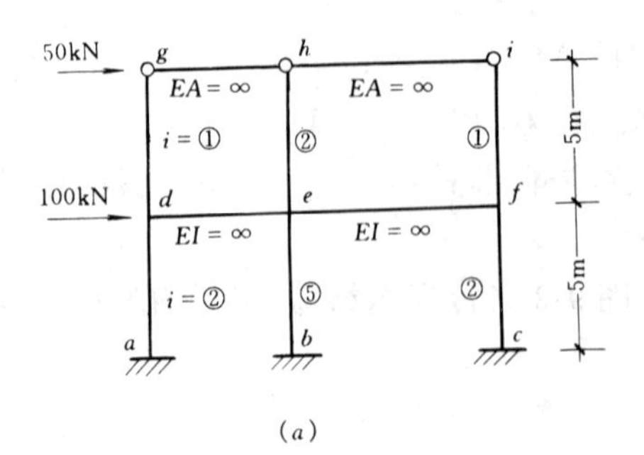

（a）

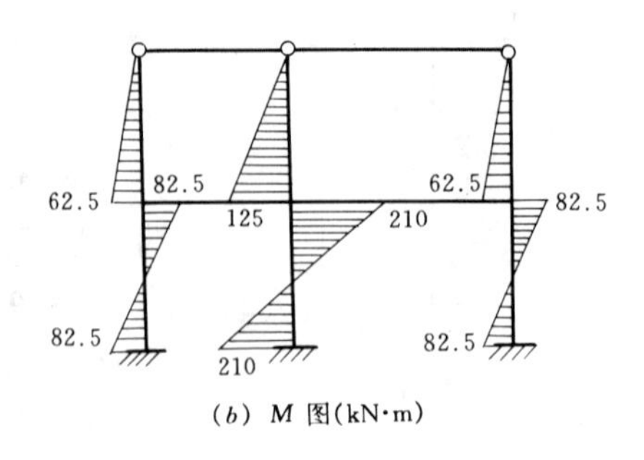

（b）M 图(kN·m)

图 9-32

第七节　直接利用平衡条件建立位移法方程

前面用建立位移法典型方程的办法作位移法计算，用了叠加原理，将结点位移、外荷载分别单独作用于基本结构，求附加约束的约束力，然后再取和。其实，将结点位移和荷载同时作用在基本结构上，对每根离散杆件，直接用转角位移方程分析，最后组合成结构，再选取结点或结构一部分为脱离体，建立平衡方程，求出结点未知位移，也不失为一简便方法。

图 9-33 (*a*) 所示刚架，有一个结点独立角位移 $Z_1=\varphi_B$，和一个独立结点线位移 $Z_2=\Delta$，位移法基本结构如图 9-33 (*b*) 所示。将各杆离散开来，如图 9-33 (*c*)、(*d*)、(*e*)、(*f*)，分

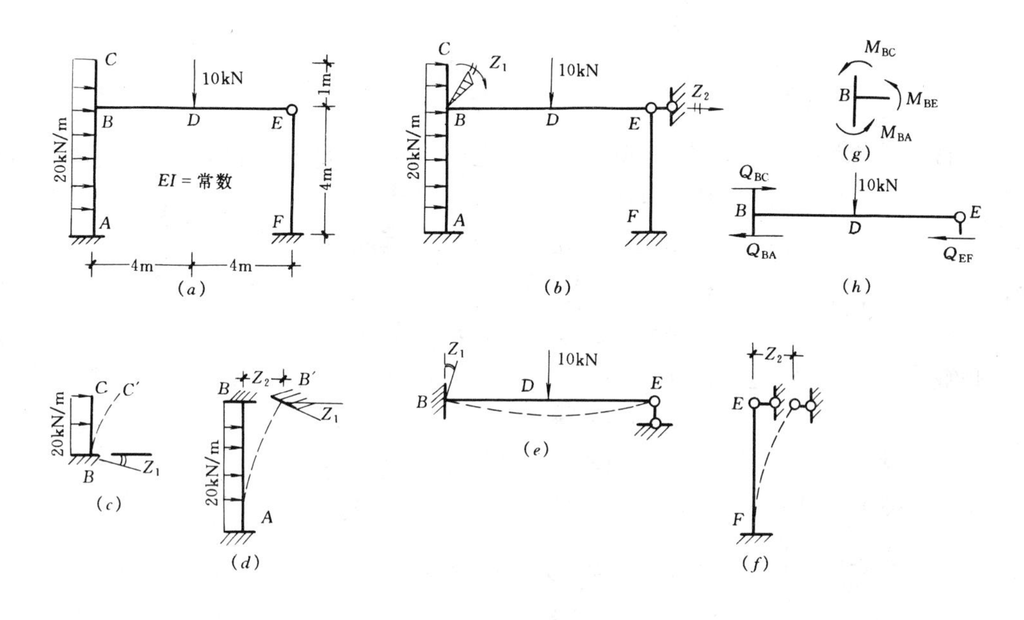

图 9-33

别写出转角位移方程如下：

$$\begin{cases} M_{AB}=2\dfrac{EI}{4}Z_1-6\dfrac{EI}{4^2}Z_2-\dfrac{1}{12}\times 20\times 4^2 \\ M_{BA}=4\dfrac{EI}{4}Z_1-6\dfrac{EI}{4^2}Z_2+\dfrac{1}{12}\times 20\times 4^2 \end{cases}$$

$$\begin{cases} M_{BC}=-\dfrac{1}{2}\times 20\times 1^2 \\ M_{CB}=0 \end{cases}$$

$$\begin{cases} M_{BE}=3\dfrac{EI}{8}Z_1-\dfrac{3}{16}\times 10\times 8 \\ M_{EB}=0 \end{cases}$$

$$\begin{cases} M_{FE} = -3\dfrac{EI}{4^2}Z_2 \\ M_{EF} = 0 \end{cases}$$

$$\begin{cases} V_{AB} = -\dfrac{M_{AB}+M_{BA}}{l} + V_{AB}^0 = -6\dfrac{EI}{4^2}Z_1 + 12\dfrac{EI}{4^3}Z_2 + 40 \\ V_{BA} = -\dfrac{M_{AB}+M_{BA}}{l} + V_{BA}^0 = -6\dfrac{EI}{4^2}Z_1 + 12\dfrac{EI}{4^3}Z_2 - 40 \end{cases}$$

$$V_{EF} = V_{FE} = 3\frac{EI}{4^3}Z_2$$

$$\begin{cases} V_{BC} = 20 \times 1 \\ V_{CB} = 0 \end{cases}$$

$$\begin{cases} V_{BE} = 3\dfrac{EI}{8^2}Z_1 + \dfrac{55}{8} \\ V_{EB} = -3\dfrac{EI}{8^2}Z_1 - \dfrac{25}{8} \end{cases}$$

再将各杆重新组装为结构，除变形条件满足外，还应满足平衡条件。故取结点 B 为脱离体（图 g），$\Sigma m_B = M_{BA} + M_{BC} + M_{BE} = 0$ 有

$$1.375EIZ_1 - 0.375EIZ_2 + 1.667 = 0 \tag{1}$$

取横梁为脱离体（图 h），$\Sigma X = V_{BA} + V_{EF} - V_{BC} = 0$ 有

$$-0.375EIZ_1 + 0.234EIZ_2 - 60 = 0 \tag{2}$$

联解式（1）与式（2）得到：

$$\begin{cases} Z_1 = 122.15/EI \\ Z_2 = 452.35/EI \end{cases}$$

将此解答代回转角位移方程，便得到杆端弯矩和杆端剪力。

$$M_{AB} = 2\frac{EI}{4} \times 122.15/EI - 6\frac{EI}{4^2} \times 452.35/EI - 26.67 = -135.23\text{kN}\cdot\text{m}$$

$$M_{BA} = 4\frac{EI}{4} \times \frac{122.15}{EI} - 6\frac{EI}{4^2} \times \frac{452.35}{EI} + 26.67 = -20.81\text{kN}\cdot\text{m}$$

$$M_{BC} = -10\text{kN}\cdot\text{m}$$

$$M_{BE} = 3 \times \frac{EI}{8} \times \frac{122.15}{EI} - \frac{3}{16} \times 10 \times 8 = 30.81\text{kN}\cdot\text{m}$$

$$M_{FE} = -3\frac{EI}{4^2} \times \frac{452.35}{EI} = -84.82\text{kN}\cdot\text{m}$$

$$V_{AB} = -6\frac{EI}{4^2} \times \frac{122.15}{EI} + 12\frac{EI}{4^3}\frac{452.35}{EI} + 40 = 79\text{kN}$$

$$V_{BA} = -6\frac{EI}{4^2} \times \frac{122.15}{EI} + 12\frac{EI}{4^3}\frac{452.35}{EI} - 40 = -0.99\text{kN}$$

$$V_{EF} = V_{FE} = 3\frac{EI}{4^3} \times \frac{452.35}{EI} = 21.20\text{kN}$$

$$V_{BC}=20$$

$$V_{BE}=-3\frac{EI}{8^2}\times\frac{122.15}{EI}+\frac{55}{8}=1.145\text{kN}$$

$$V_{EB}=-3\frac{EI}{8^2}\times\frac{122.15}{EI}-\frac{25}{8}=-8.85\text{kN}$$

绘 M、V 图如图 9-34（a）、（b）所示。由结点平衡，从剪力可算得各杆轴力，绘得 N 图如图 9-34（c）。

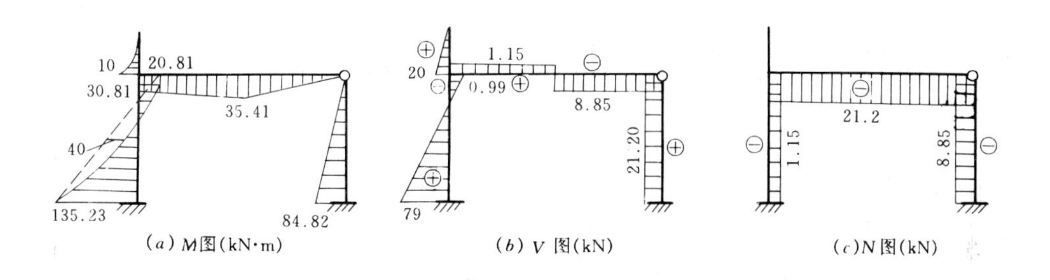

图 9-34

【例 9-7】 利用对称性，对图 9-35（a）所示刚架进行位移法计算，各杆 EI 为常数，绘 M 图。

【解】 （1）在力法中利用对称性简化计算的原理和方法，同样适用于位移法。对图

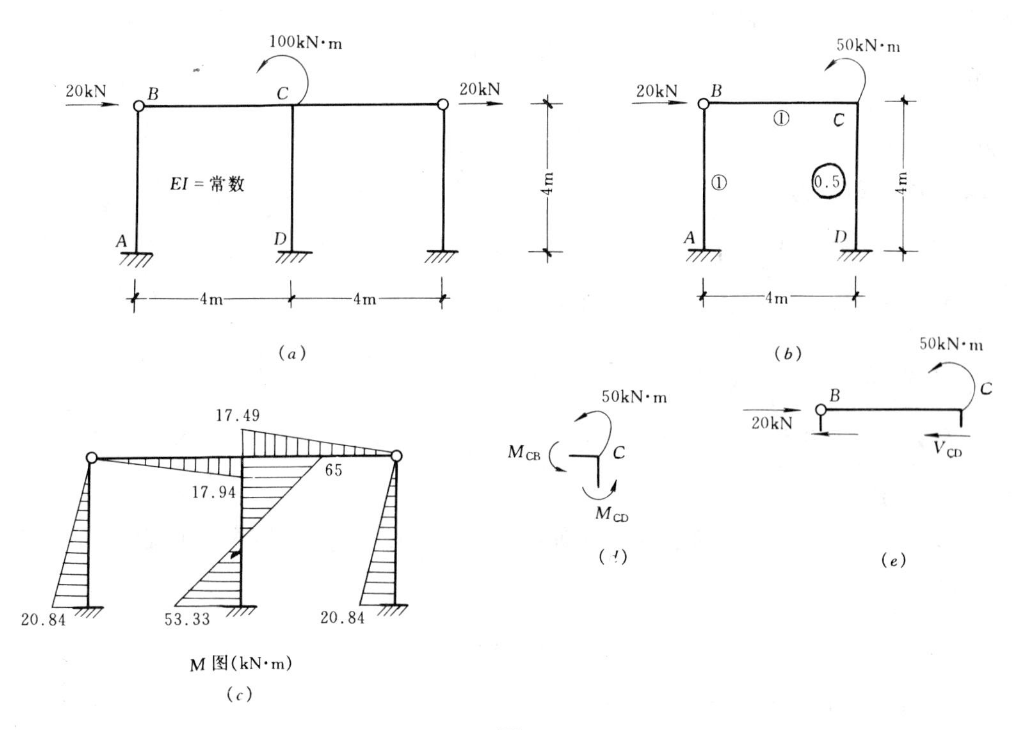

图 9-35

(a) 取等效半刚架，如图 (b) 所示。令$\frac{EI}{4}=1$，$Z_1=\varphi_C$，$Z_2=\Delta$。

(2) 列各杆的转角位移方程

$$M_{AB}=-3\times1\times\frac{1}{4}Z_2$$

$$M_{CB}=3\times1Z_1$$

$$M_{CD}=4\times0.5Z_1-6\times0.5\times\frac{1}{4}Z_2$$

$$M_{DC}=2\times0.5Z_1-6\times0.5\times\frac{1}{4}Z_2$$

$$V_{BA}=\frac{3}{4^2}Z_2$$

$$V_{CD}=-\frac{3}{4}Z_1+6\frac{Z_2}{4^2}$$

(3) 建立位移法方程

取结点 C 为脱离体（图 9-35d），$\Sigma M_C=0$

$$M_{CB}+M_{CD}+50=0$$

$$5Z_1-0.75Z_2=-50 \tag{1}$$

取横梁 BC 为脱离体（图 9-35e），$\Sigma X=0$，

$$V_{BA}+V_{CD}-20=0$$

$$-0.75Z_1+0.5625Z_2=20 \tag{2}$$

(4) 解方程

联解方程 (1)、(2) 得到

$$\begin{cases}Z_1=-5.83\\Z_2=27.78\end{cases}$$

(5) 计算杆端弯矩

将以上解答代回转角位移方程：

$$M_{AB}=-3\times1\times\frac{1}{4}\times27.78=-20.84\text{kN}\cdot\text{m}$$

$$M_{CB}=3\times(-5.83)=-17.49\text{kN}\cdot\text{m}$$

$$M_{CD}=4\times0.5(-5.83)-6\times0.5\times\frac{1}{4}\times27.78=-32.50\text{kN}\cdot\text{m}$$

$$M_{DC}=2\times0.5(-5.83)-6\times0.5\times\frac{1}{4}\times27.78=-26.67\text{kN}\cdot\text{m}$$

(6) 绘 M 图

M 图如图 9-35 (c) 所示，要注意的是原结构 CD 柱的内力值，是等效半刚架 CD 柱内力值的 2 倍。

思 考 题

1. 图 9-36 所示悬臂杆，线刚度为 i，固端 A 产生单位转角 $\varphi_A=1$ 时，杆端弯矩 M_{AB}为多大？

2. 图 9-37 中，若 A 端有一独立结点转角 φ_A，为什么可以说 B 端滑动端的线位移，不是独立的位移？

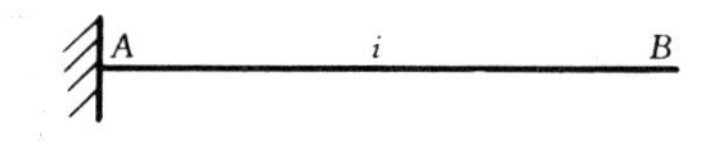

图 9-36

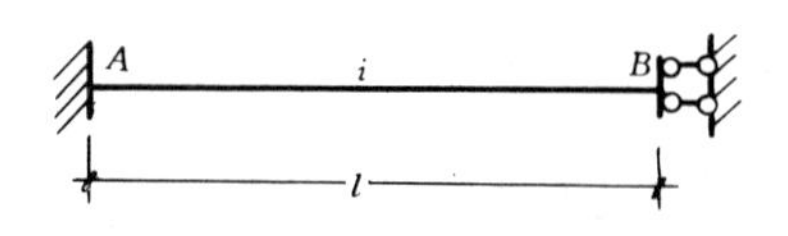

图 9-37

3. 对桁架能进行位移法计算吗？设桁架杆$\frac{EA}{l}$为常数，试建立单元刚度方程。

4. 对称结构如不取半边结构，而直接利用原结构进行计算，是否也能利用对称性简化计算？

5. 对一结构，用其各杆刚度比值计算出的结点独立位移，是位移的真实值吗？

习　　题

9-1　若只考虑各杆的弯曲变形，试确定图示结构位移法基本未知量的数目。

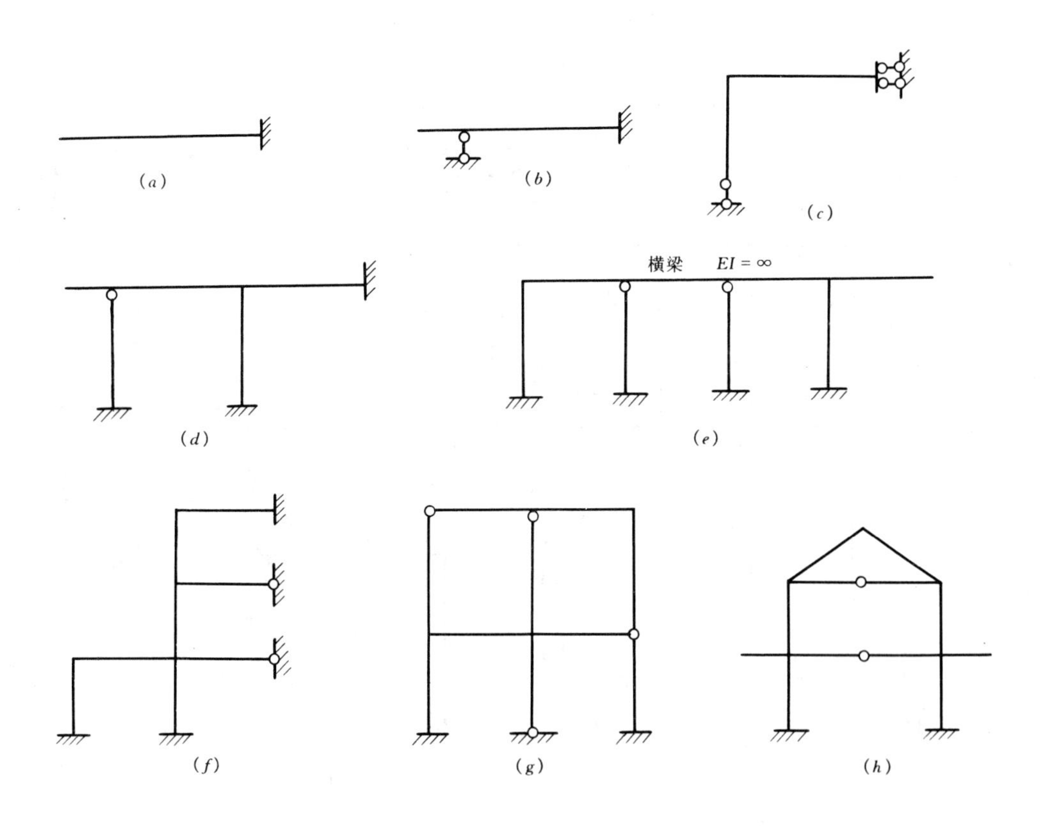

题 9-1 图

9-2　图示结构，无需建立方程求解，试用位移法概念，直接绘 M 图，EI 为常数。

9-3　用位移法计算图示结构，绘 M 图。

9-4　位移法计算图示有侧移刚架，绘 M 图。

9-5　位移法计算图示结构，绘 M 图。

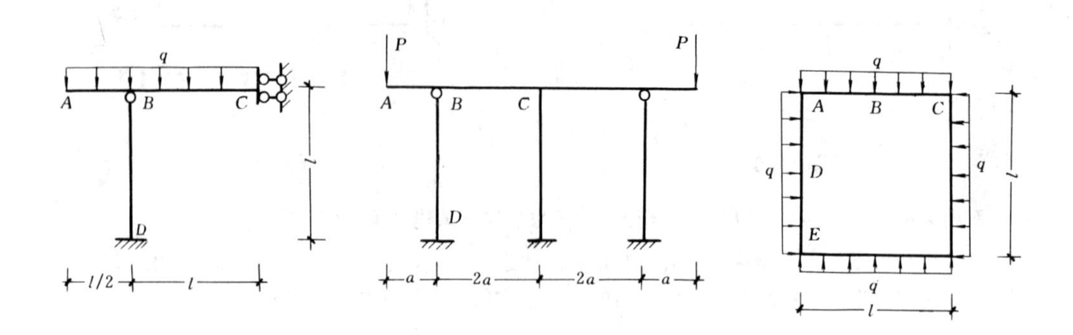

题 9-2 图

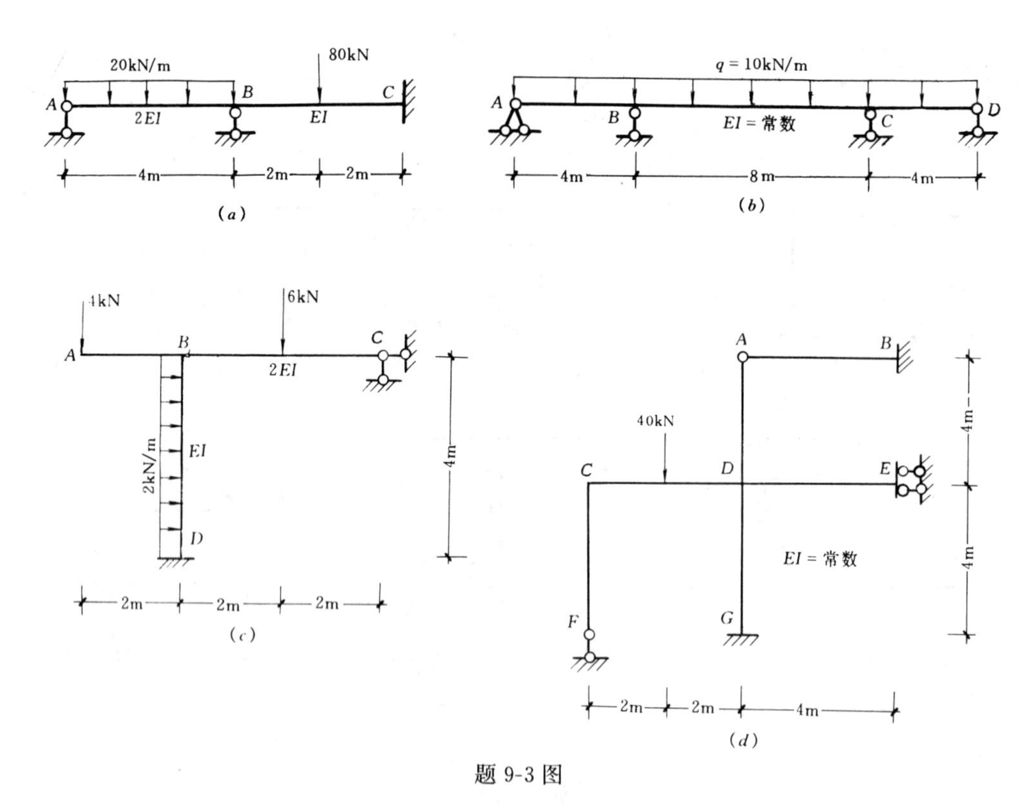

题 9-3 图

9-6　图示六边形结构，内部为交叉放置的刚性链杆，利用对称性进行位移法计算，绘 M 图。

9-7　用剪力分配法计算图示排架，图中圆圈内的数字为相对线刚度值，绘 M 图。

9-8　图示刚架，各杆 $EI=20000\text{kN}\cdot\text{m}^2$，$l=4\text{m}$，若支座 B 下沉 $\Delta=0.1l$，求由此所引起的 M 图。

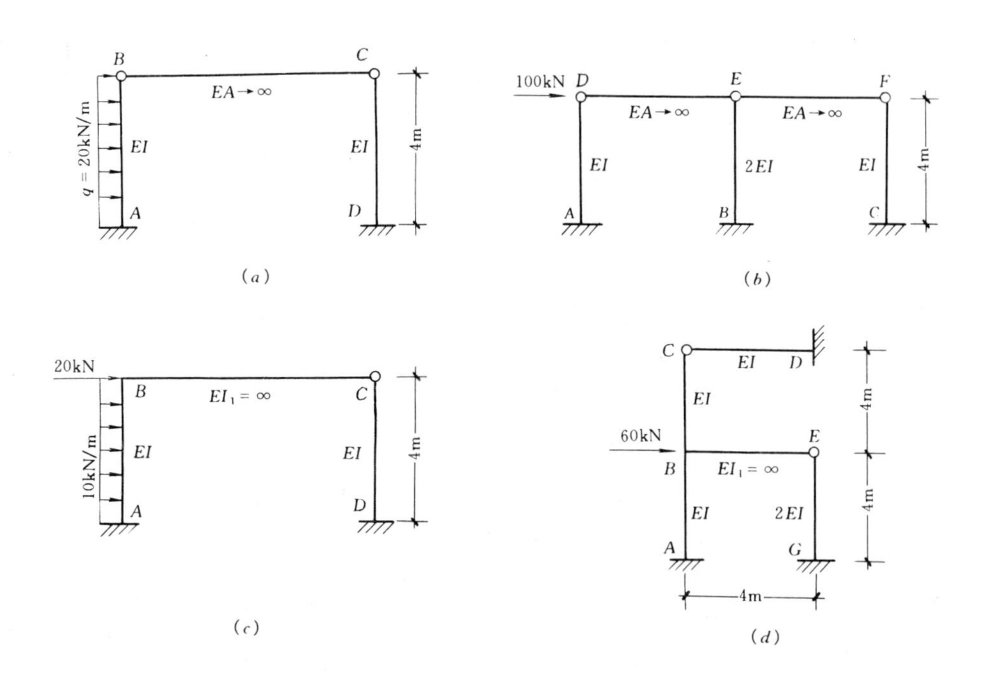
B
C
EA→∞
q = 20kN/m
EI
EI
4m
A
D
(a)
100kN
D
E
F
EA→∞
EA→∞
EI
2EI
EI
4m
A
B
C
(b)
20kN
B
$EI_1=\infty$
C
10kN/m
EI
EI
4m
A
D
(c)
C
EI
D
EI
60kN
E
B
$EI_1=\infty$
EI
2EI
A
G
4m
4m
4m
(d)

题 9-4 图

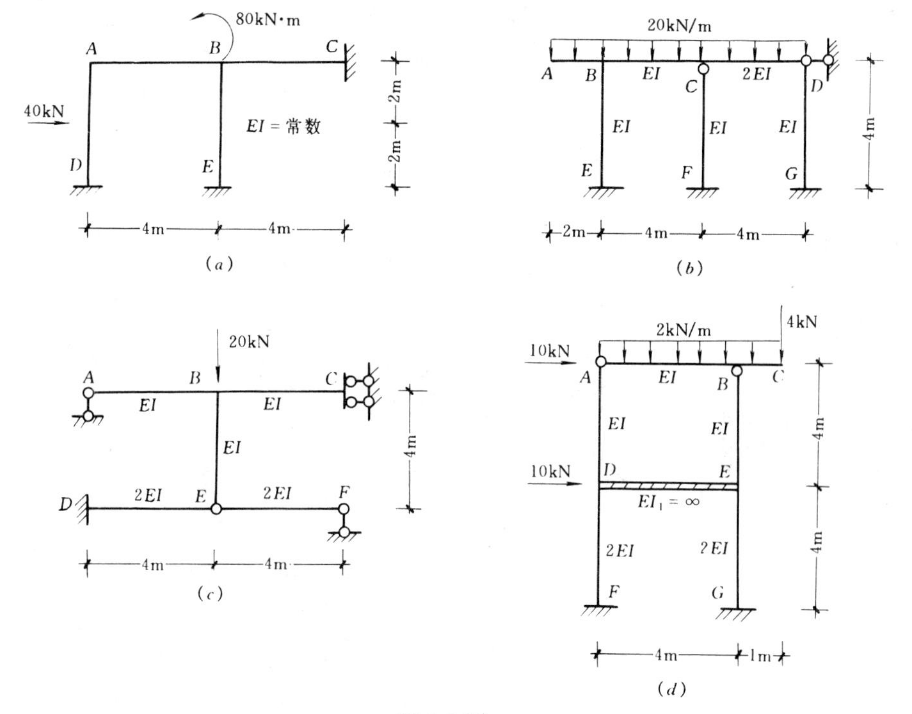
80kN·m
A
B
C
40kN
EI = 常数
D
E
2m
2m
4m
4m
(a)
20kN/m
A
B
EI
C
2EI
D
EI
EI
EI
E
F
G
4m
2m
4m
4m
(b)
20kN
A
B
C
EI
EI
EI
D
2EI
E
2EI
F
4m
4m
4m
(c)
2kN/m
4kN
10kN
A
EI
B
C
EI
EI
10kN
D
E
$EI_1=\infty$
2EI
2EI
F
G
4m
4m
4m
1m
(d)

题 9-5 图

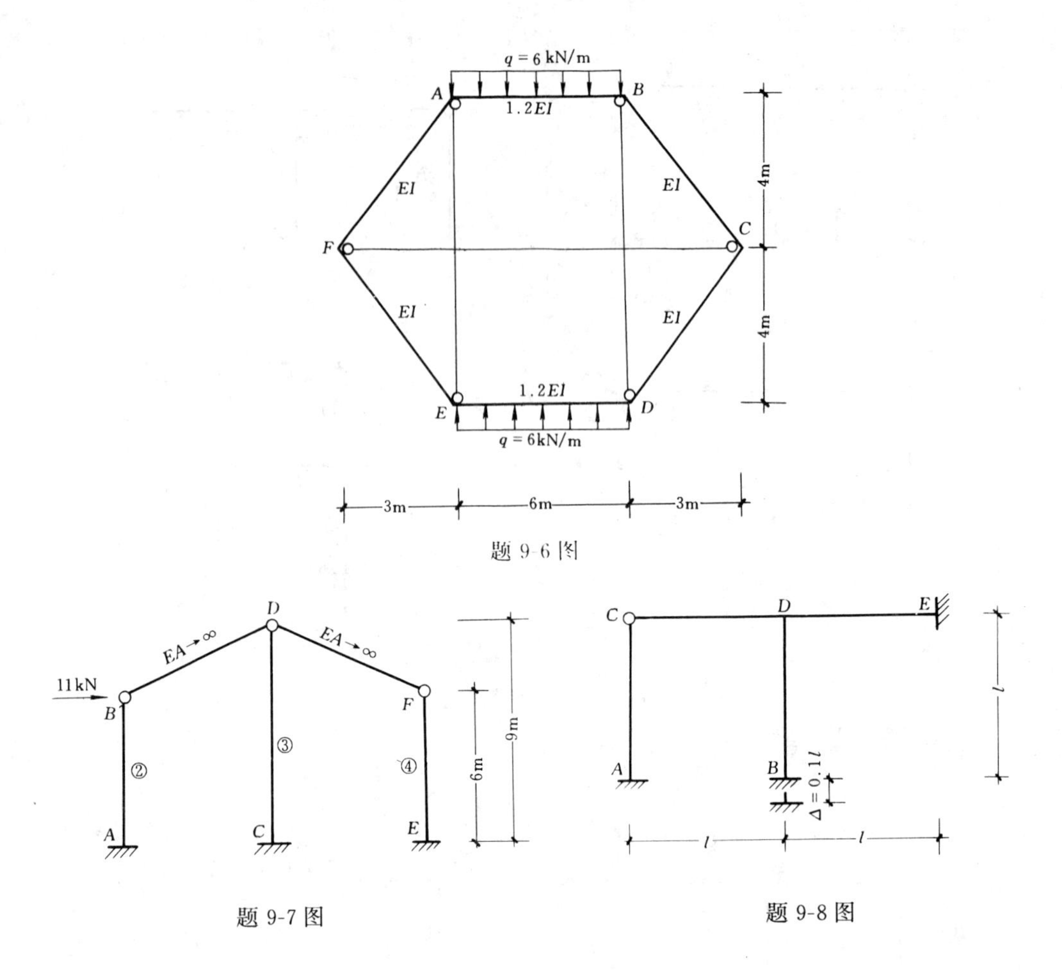
q = 6 kN/m
A
B
1.2EI
EI
EI
F
C
EI
EI
4m
4m
1.2EI
E
D
q = 6kN/m
3m
6m
3m
题 9-6 图
11kN
D
EA→∞
EA→∞
B
F
②
③
④
A
C
E
6m
9m
C
D
E
A
B
Δ = 0.1l
l
l
l
题 9-7 图

题 9-8 图

第十章　力 矩 分 配 法

第一节　概　　述

力法和位移法都要解方程，未知量越多，联立方程越庞大，计算工作量也十分繁重。为了避免解联立方程，人们研究了不少的实用计算方法，力矩分配法是其中最常用的一种方法。力矩分配法在计算过程中进行弯矩的分配与传递，逐步接近精确解答，所以它是一种渐近法。随着计算轮次增加，精确度随之提高。只要计算轮次足够，都能得出精确结果。

第二节　力矩分配法的基本概念

力矩分配法是位移法的延伸，它是在位移法计算结点无线位移刚架的过程中发现和归纳出来的一种简便方法。因此，力矩分配法的应用范围，仅限于结点无线位移的刚架。连续梁是这种刚架的特例，故也可用力矩分配法。

（一）转动刚度 S

在表 9-1 中，我们列出了远端为固端、或为铰端、或为定向支座三种类型，而近端无结点线位移的单跨梁，当近端产生单位转角时，所引起两端的杆端弯矩。力矩分配中，相应于这几种近端无结点线位移的单跨梁，我们定义使杆件近端产生单位转角所需施加的外力矩，称为**转动刚度** S，如图 10-1 所示。

$$\begin{aligned}
&\text{远端固端}\quad S_{AB}=4i_{AB}\\
&\text{远端铰支}\quad S_{AB}=3i_{AB}\\
&\text{远端滑动}\quad S_{AB}=i_{AB}\\
&\text{远端自由}\quad S_{AB}=0
\end{aligned}\tag{10-1}$$

（二）传递系数 C

对图 10-1 (a)、(b)、(c) 三种情况，在表 9-1 中给出了两端的杆端弯矩，我们定义

$$C_{AB}=\frac{M_{BA}}{M_{AB}}=\frac{\text{远端弯矩}}{\text{近端弯矩}}\tag{10-2}$$

为杆件 A 端向杆件 B 端的弯矩**传递系数**。

在杆端单位转角 $\varphi_A=1$ 作用下，三类单跨梁的弯矩图如图 10-2 所示，它们的传递系数 C_{AB}分别为

$$\begin{aligned}
&\text{远端固端}\quad C_{AB}=\frac{1}{2}\\
&\text{远端铰支}\quad C_{AB}=0\\
&\text{远端滑动}\quad C_{AB}=-1
\end{aligned}\tag{10-3}$$

这样，一旦近端弯矩已知，便可利用传递系数 C_{AB}求出远端弯矩

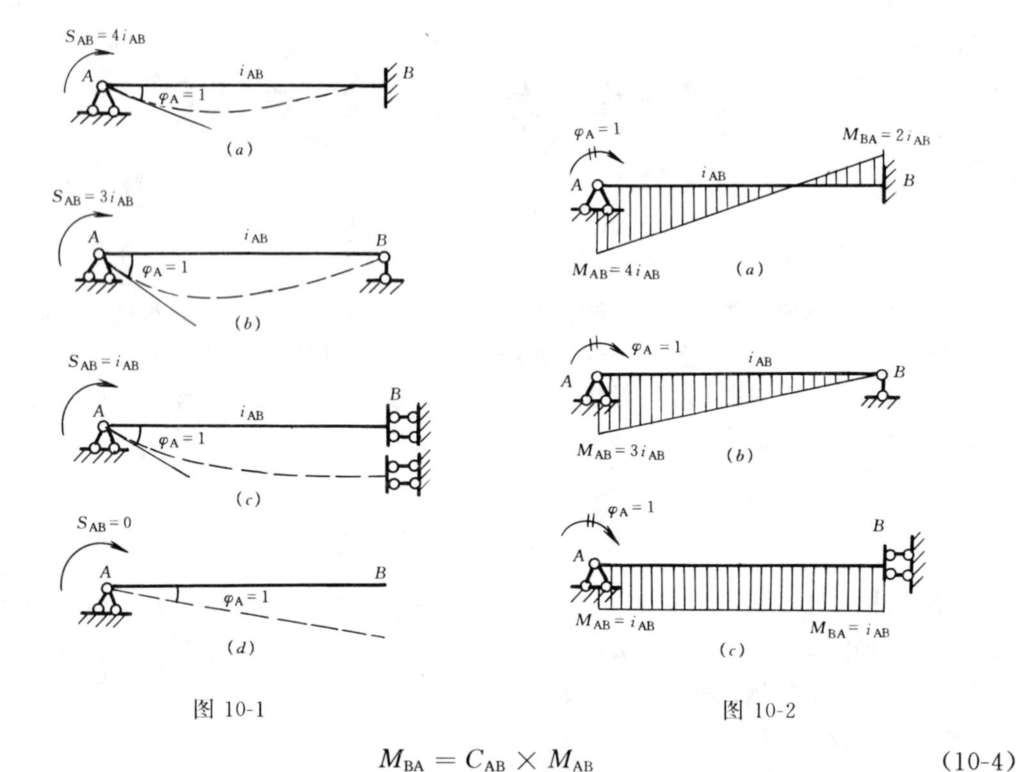

图 10-1　　　　图 10-2

$$M_{BA} = C_{AB} \times M_{AB} \tag{10-4}$$

(三) 分配系数 μ

位移法计算图 10-3 (a) 所示刚架，利用转动刚度的概念，可以导出分配系数 μ。图 10-3 (a)，结点 B 无线位移，有一个结点独立转角 φ_B，各杆的转角位移方程为

$$M_{BA} = 3i_{AB}\varphi_B = S_{BA}\varphi_B \qquad M_{AB} = 0$$

$$M_{BD} = 4i_{BD}\varphi_B = S_{BD}\varphi_B \qquad M_{DB} = 2i_{BD}\varphi_B = \frac{1}{2}S_{BD}\varphi_B$$

$$M_{BC} = i_{BC}\varphi_B = S_{BC}\varphi_B \qquad M_{CB} = -i_{BC}\varphi_B = -S_{BC}\varphi_B$$

$$M_{BE} = 4i_{BE}\varphi_B = S_{BE}\varphi_B \qquad M_{EB} = 2i_{BE}\varphi_B = \frac{1}{2}S_{BE}\varphi_B$$

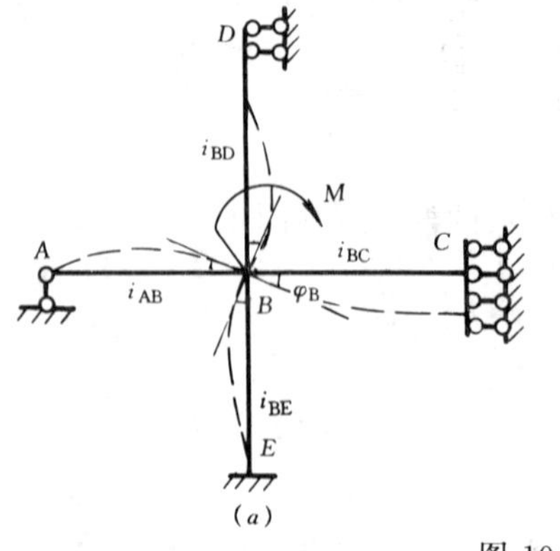

M
MBD
MBA
MBC
B
MBE
(b)

图 10-3

取结点 B 为脱离体，如图 10-3（b）所示，$\Sigma M_B=0$

$$M_{BA}+M_{BD}+M_{BC}+M_{BE}=M$$

$$(S_{BA}+S_{BD}+S_{BC}+S_{BE})\varphi_B=M$$

∴
$$\varphi_B=\frac{M}{\sum_{j=1}^{n}S_{Bj}}$$

代回转角位移方程，则

$$M_{BA}=\frac{S_{BA}}{\Sigma S_{Bj}}M=\mu_{BA}\cdot M \qquad M_{AB}=0$$

$$M_{BD}=\frac{S_{BD}}{\Sigma S_{Bj}}M=\mu_{BD}\cdot M \qquad M_{DB}=\frac{1}{2}S_{BD}\cdot\frac{M}{\Sigma S_{Bj}}=C_{BD}\cdot M_{BD}$$

$$M_{BC}=\frac{S_{BC}}{\Sigma S_{Bj}}M=\mu_{BC}\cdot M \qquad M_{CB}=-1\times\frac{S_{BC}}{\Sigma S_{Bj}}M=C_{BC}\cdot M_{BC}$$

$$M_{BE}=\frac{S_{BE}}{\Sigma S_{Bj}}M=\mu_{BE}\cdot M \qquad M_{EB}=\frac{1}{2}\times\frac{S_{BE}}{\Sigma S_{Bj}}M=C_{BE}\cdot M_{BE}$$

由杆端弯矩可绘出弯矩图。

观察以上转角位移方程的结果，不难发现各杆端弯矩，是按该杆端转动刚度在结点总转动刚度中所占的比例，对结点外力偶直接进行分配的结果。杆件 Ai 的弯矩分配系数是

$$\mu_{Ai}=\frac{S_{Ai}}{\sum_{j=1}^{n}S_{Aj}} \tag{10-5}$$

我们称 μ_{Ai} 为结点 A 的力矩分配系数，总和号上的 n 为汇交于结点 A 的杆件总数。杆端的转动刚度，只与杆件线刚度及远端的支承条件有关，可在事先算得。这样，问题得到了极大的简化。通过力矩分配获得杆端弯矩，故称此方法为**力矩分配法**。而结点 A 的各远端弯矩，又可通过近端弯矩乘以传递系数获得。

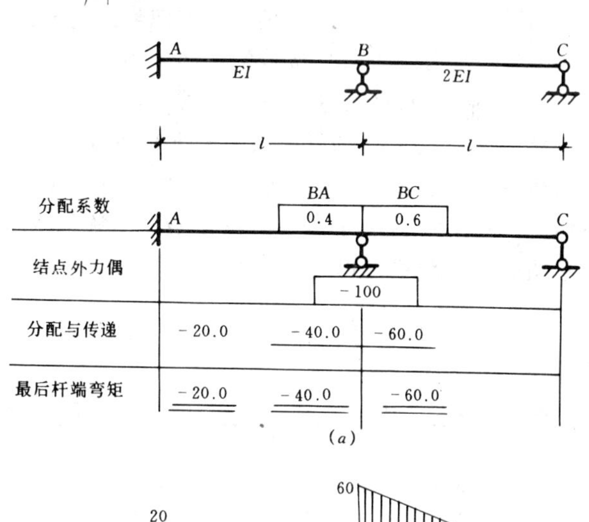

(a)

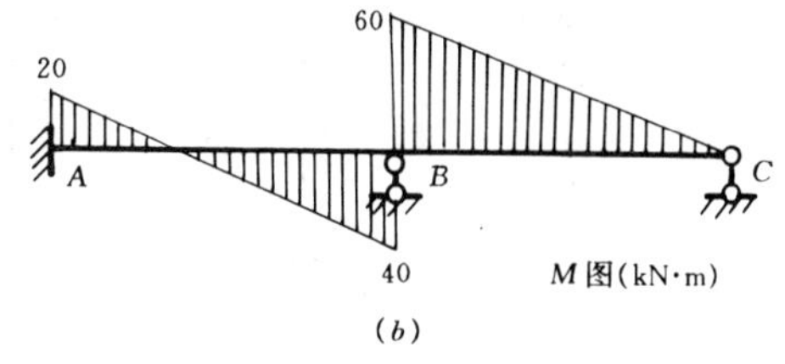

(b)

图 10-4

（四）单结点力矩分配法的步骤

图 10-4（a）所示连续梁，有一个结点独立角位移 φ_B，在 B 结点上若增设刚臂，则 AB 跨便为两端固端梁，此时 B 端的转动刚度

$$S_{BA}=4i_{AB}=4\frac{EI}{l}$$

传递系数 $C_{BA}=\frac{1}{2}$。BC 杆远端 C 铰支，近端 B 的转动刚度

$$S_{BC}=3i_{BC}=3\times\frac{2EI}{l}=\frac{6EI}{l}$$

传递系数 $C_{BC}=0$。

$$\mu_{BA}=\frac{S_{BA}}{S_{BA}+S_{BC}}=\frac{4\dfrac{EI}{l}}{4\dfrac{EI}{l}+6\dfrac{EI}{l}}=0.4$$

$$\mu_{BC}=\frac{S_{BC}}{S_{BA}+S_{BC}}=\frac{6\dfrac{EI}{l}}{4\dfrac{EI}{l}+6\dfrac{EI}{l}}=0.6$$

外力偶 $m=-100\text{kN}\cdot\text{m}$（反时针方向为负，顺时针方向为正）。则二杆端的分配弯矩及远端的传递弯矩为

$$M_{BA}^{\mu}=\mu_{BA}M=0.4(-100)=-40\text{kN}\cdot\text{m}$$
$$M_{BC}^{\mu}=\mu_{BC}M=0.6(-100)=-60\text{kN}\cdot\text{m}$$
$$M_{AB}^{C}=C_{BA}\cdot M_{BA}^{\mu}=\frac{1}{2}\times(-40)=-20\text{kN}\cdot\text{m}$$
$$M_{CB}^{C}=C_{BC}\cdot M_{BC}^{\mu}=0\times(-60)=0$$

以上计算可表示在一个表中，如图 10-4 (*a*) 下面的计算表所示。计算表可按结构几何图式样设计，这种作法比较直观、清楚。分配系数写在分配结点旁的相应杆端。结点外力偶 m，不属于哪一个杆端，可以记于结点下的矩形框中。计算最后杆端力时，不记入杆端。

由计算得的杆端弯矩绘 M 图，如图 10-4 (*b*)。

从以上分析可知，若对结点外力偶作出符号规定：顺时针向为正，反时针向为负；杆端弯矩是按照分配系数直接分配，即外力偶直接乘分配系数可得杆端弯矩；获得这种分配弯矩后，再按该杆的传递系数向远端传递。

对于图 10-5 (*a*) 所示刚架，B 结点是独立角位移对应的力矩分配结点，但荷载并不是作用在结点 B 上的外力偶，而是结点之外的荷载。为了形成如前分配结点外力偶的局面，对原结构作图 10-5 所示的处理。先如 (*b*) 图施加刚臂于结点 B，令刚臂不转动，在荷载作用下各超静定单跨梁可形成固端弯矩。自然在刚臂上产生约束力矩 R_B。取结点 B 为脱离体

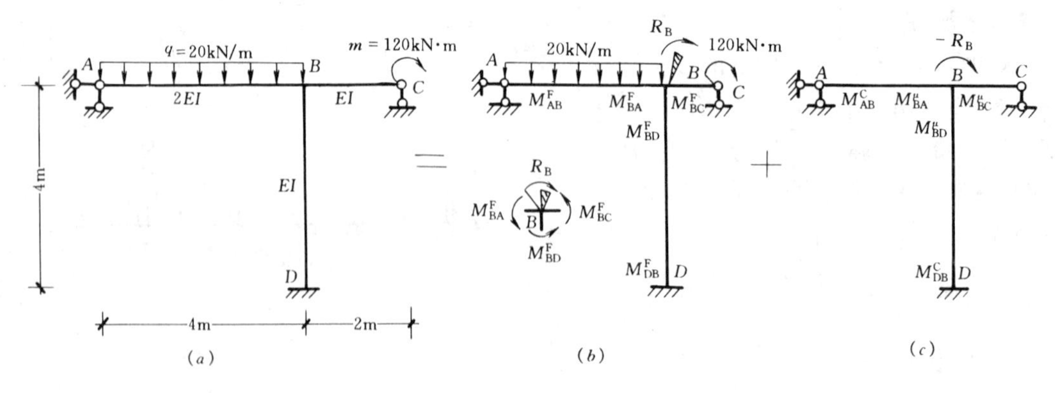

图 10-5

（图 10-5b），$\Sigma m_B=0$ 得到

$$R_B = M^F_{BA} + M^F_{BD} + M^F_{BC} = \Sigma M^F_{Bj} \tag{10-6}$$

原结构没有刚臂，也就没有约束力 R_B。约束力 R_B 也规定顺时针向为正，反之为负。为消除约束力，以便与原结构等效，如图 10-5（c）所示，在结点 B 上施以与 R_C 大小相等，方向相反的外力偶［$-R_B$］。图（b）结点 B 上的约束力矩 R_B，若与图（c）上结点 B 的不平衡力矩［$-R_B$］相加为零，那么就外力而言便与原结构（a）等效。外力与内力成正比，因此图（b）、图（c）的内力之和便等于原结构的内力。考察图（c），其特点是 B 结点直接承受外力偶［$-R_B$］的形式，只要计算出各杆 B 端的分配系数、传递系数，图（c）的内力也就确定了，见图示。这样有

$$\begin{aligned}
M_{AB} &= 0 \\
M_{BA} &= M^F_{BA} + M^\mu_{BA} \\
M_{BC} &= M^F_{BC} + M^\mu_{BC} \\
M_{CB} &= M^F_{CB} \\
M_{BD} &= M^\mu_{BD} \\
M_{DB} &= C_{BD} \cdot M^\mu_{BD}
\end{aligned}$$

一般地，

$$M_{ij} = M^F_{ij} + M^\mu_{ij} + M^C_{ij} \tag{10-7}$$

以上分析，也可在以结构几何图为基础的计算表格中进行。如下表所示，其中

$$\mu_{BA} = \frac{3 \times \dfrac{2EI}{4}}{3 \times \dfrac{2EI}{4} + 3 \times \dfrac{EI}{2} + 4 \times \dfrac{EI}{4}} = 0.375$$

$$\mu_{BC} = \frac{3 \times \dfrac{EI}{2}}{3 \times \dfrac{2EI}{4} + 3 \times \dfrac{EI}{2} + 4 \times \dfrac{EI}{4}} = 0.375$$

$$\mu_{BD} = \frac{4 \times \dfrac{EI}{4}}{3 \times \dfrac{2EI}{4} + 3 \times \dfrac{EI}{2} + 4 \times \dfrac{EI}{4}} = 0.25$$

$$\Sigma \mu_{Bj} = \mu_{BA} + \mu_{BC} + \mu_{BD} = 0.375 + 0.375 + 0.25 = 1$$

$$M^F_{BA} = \frac{1}{8} \times 20 \times 4^2 = 40\text{kN} \cdot \text{m}$$

$$M^F_{BC} = \frac{1}{2} \times 120 = 60\text{kN} \cdot \text{m}$$

$$M^F_{CB} = 120\text{kN} \cdot \text{m}$$

$$R_B = \Sigma M^F_{Bj} = 40 + 60 = 100\text{kN} \cdot \text{m}$$

$$M_{BA}^{\mu}=\mu_{BA}[-R_B]=0.375[-100]=-37.5\text{kN}\cdot\text{m}$$

$$M_{BC}^{\mu}=\mu_{BC}[-R_B]=0.375\times[-100]=-37.5\text{kN}\cdot\text{m}$$

$$M_{BD}^{\mu}=0.25\times[-100]=-25\text{kN}\cdot\text{m}$$

$$M_{DB}^{C}=C_{BD}\times M_{BD}^{\mu}=0.5\times[-25]=-12.5\text{kN}\cdot\text{m}$$

$$M_{AB}=0$$
$$M_{BA}=40-37.5=2.5\text{kN}\cdot\text{m}$$
$$M_{BC}=60-37.5=22.5\text{kN}\cdot\text{m}$$
$$M_{CB}=0$$
$$M_{BD}=0-25=-25\text{kN}\cdot\text{m}$$
$$M_{DB}=-12.5\text{kN}\cdot\text{m}$$

绘 M 图如图 10-6（b）所示。

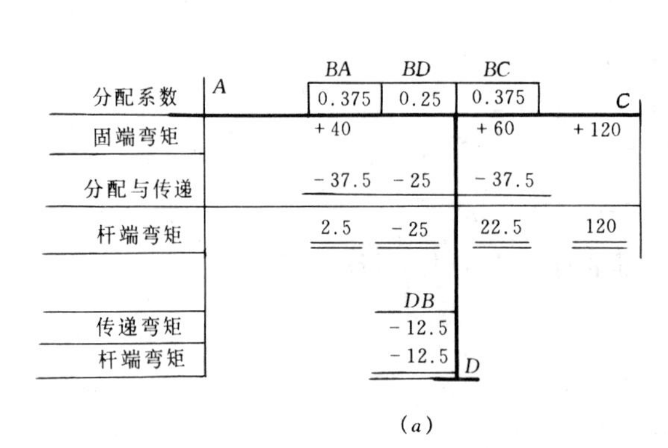

(a)

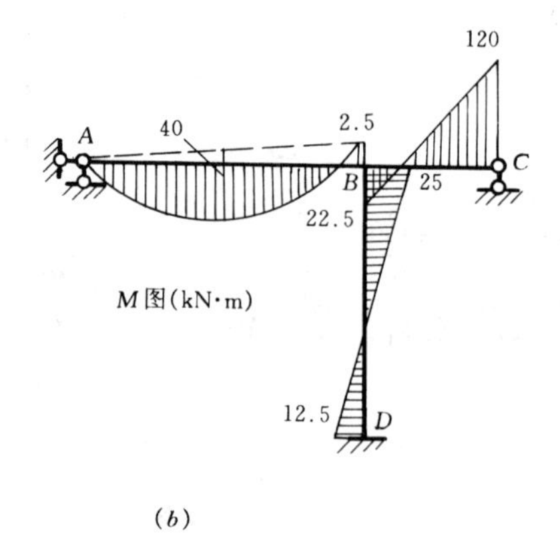

(b)

图 10-6

以上单结点力矩分配法的计算步骤可归纳如下：

（1）先在刚结点处增设刚臂，计算分配系数、传递系数、固端弯矩与结点刚臂上的约束力矩，公式为

分配系数 $\mu_{ij}=\dfrac{S_{ij}}{\Sigma S_{ik}}$。$\Sigma\mu_{ij}=1$ 用作校核。

刚臂约束力 $M_i=\Sigma M_{ij}^{F}$

（2）放松刚臂，在结点上施加不平衡力矩 $[-M_i]$，并进行弯矩分配和传递，公式为

分配弯矩 $M_{ij}^{\mu}=\mu_{ij}\ [-M_i]$

若结点上原作用有结点外力偶 m，对 m 是直接乘分配系数，不反号，即

分配弯矩 $M_{ij}^{\mu}=\mu_{ij}\ [-M_i+m]$

传递弯矩 $M_{ji}^{C}=C_{ij}\cdot M_{ij}^{\mu}$

（3）计算最后杆端弯矩

$$M_{ij}=M_{ij}^{F}+M_{ij}^{\mu}+M_{ij}^{C}$$

【例 10-1】 用力矩分配法计算图 10-7（a）所示刚架，绘 M 图。

【解】 刚架上有两个刚结点，但 AB 杆上无横向荷载，也无水平约束，故弯矩为零。这

样 BC 杆的 B 端弯矩也为零，可视 B 端为铰支端。这样，结构便只有一个独立结点角位移，力矩分配是一个单结点分配问题。

（1）计算分配系数、固端弯矩：

令 $i=\dfrac{EI}{4}$

$$\mu_{CB}=\frac{3i}{3i+4i+i}=\frac{3}{8}，\ C_{CB}=0$$

$$\mu_{CD}=\frac{i}{3i+4i+i}=\frac{1}{8}，\ C_{CD}=-1$$

$$\mu_{CE}=\frac{4i}{3i+4i+i}=\frac{1}{2}，\ C_{CE}=0.5$$

$$M_{CB}^{F}=\frac{3}{16}\times40\times4=30\text{kN}\cdot\text{m}$$

$$M_{CE}^{F}=-M_{EC}^{F}=\frac{1}{8}\times20\times4=10\text{kN}\cdot\text{m}$$

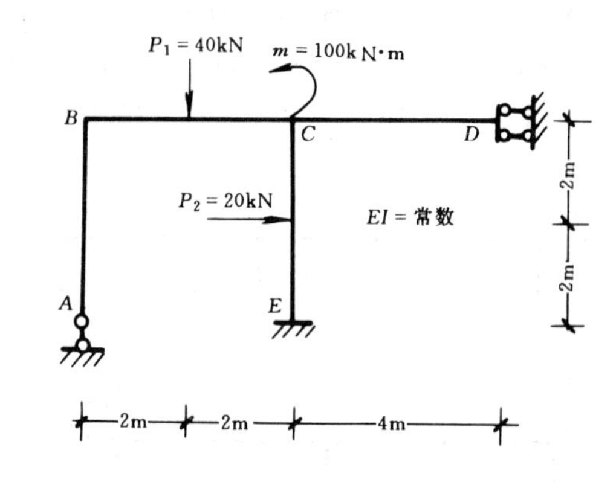

（2）分配与传递

结点 C 的约束力矩 $M_C=30+10=40\text{kN}\cdot\text{m}$

结点 C 总的不平衡力矩 M'_C 应为

$$M'_C=-M_C+m=-40-100$$

$$=-140\text{kN}\cdot\text{m}$$

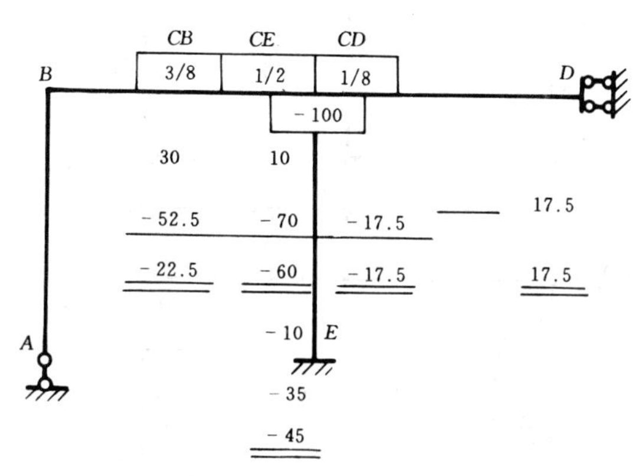

$$M_{CB}^{\mu}=\frac{3}{8}\times(-140)=-52.5\text{kN}\cdot\text{m}$$

$$M_{CD}^{\mu}=\frac{1}{8}\times(-140)=-17.5\text{kN}\cdot\text{m}$$

$$M_{CE}^{\mu}=\frac{1}{2}\times(-140)=-70\text{kN}\cdot\text{m}$$

$$M_{EC}^{C}=\frac{1}{2}\times(-70)=-35\text{kN}\cdot\text{m}$$

$$M_{DC}^{C}=-1\times(-17.5)=17.5\text{kN}\cdot\text{m}$$

$$M_{BC}=M_{BA}=M_{AB}=0$$

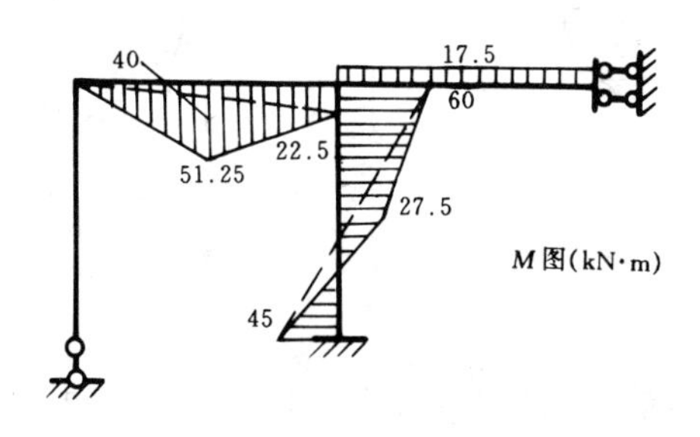

图 10-7

（3）计算最后杆端力

$$M_{ij}=M_{ij}^{F}+M_{ij}^{\mu}+M_{ij}^{C}$$

$$M_{CB}=30+(-52.5)=-22.5\text{kN}\cdot\text{m}$$

$$M_{CD}=-M_{DC}=-17.5\text{kN}\cdot\text{m}$$

$$M_{CE}=10+(-70)=-60\text{kN}\cdot\text{m}$$

$$M_{EC}=-10+\frac{1}{2}(-70)=-45kN\cdot m$$

（4）绘 M 图，如图 10-7（b）所示。

实际计算中，2、3 两步可以直接在计算表格中进行。

【例 10-2】 用力矩分配法计算图 10-8（a）所示对称结构。

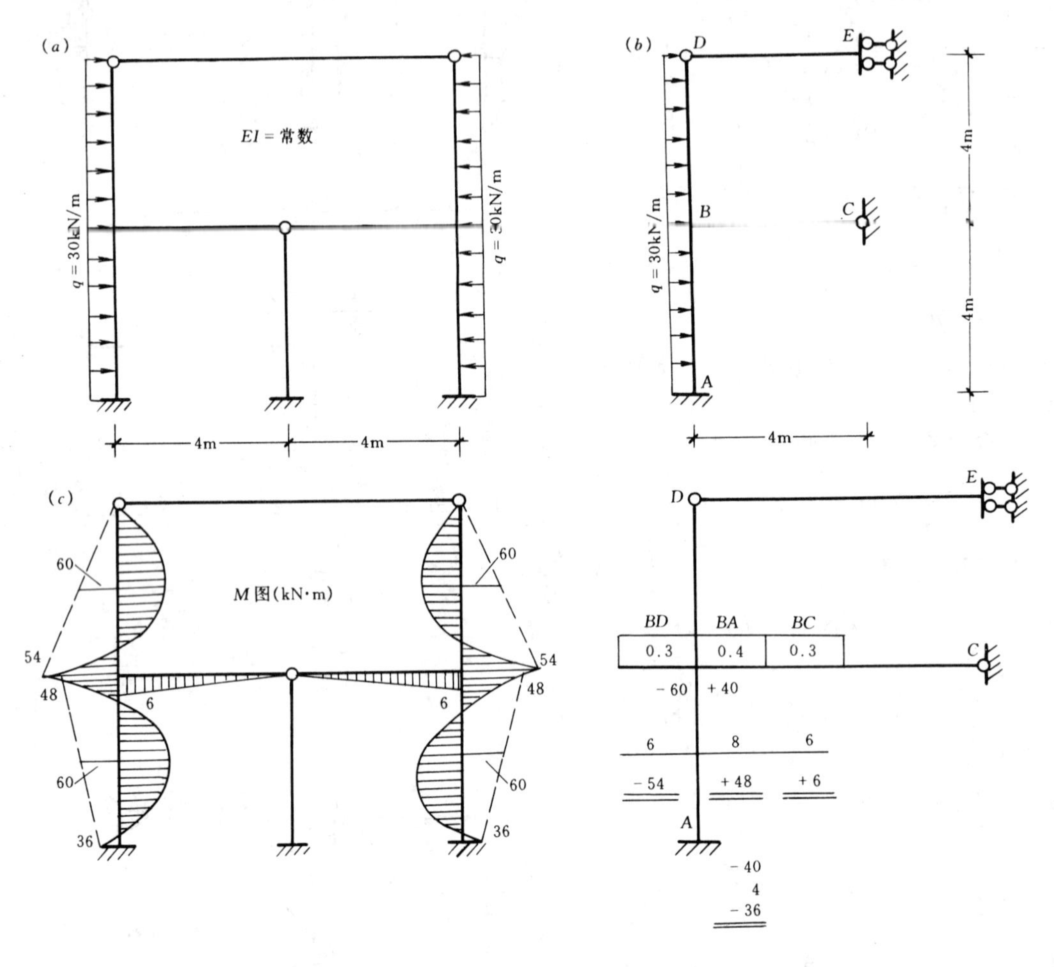

图 10-8

【解】 (1)利用对称性取半边结构如图 10-8（b）所示。

（2）计算半边结构的分配系数和固端弯矩令$\frac{EI}{4}=i$

$$\mu_{BA}=\frac{4i}{4i+3i+3i}=0.4$$

$$\mu_{BC}=\frac{3i}{4i+3i+3i}=0.3$$

$$\mu_{BD}=\frac{3i}{4i+3i+3i}=0.3$$

$$M_{AB}^{F}=-M_{BA}^{F}=-\frac{1}{12}\times30\times4^{2}=-40kN\cdot m$$

$$M_{BD}^{F}=-\frac{1}{8}\times 30\times 4^{2}=-60\text{kN}\cdot\text{m}$$

约束力矩 $M_B=M_{BA}^F+M_{BD}^F+M_{BC}^F=40-60=-20\text{kN}\cdot\text{m}$

（3）分配与传递，计算最后杆端弯矩，如图 10-8（*b*）下方计算图表所示。

（4）绘 M 图如图 10-8（*c*）。

第三节　多结点力矩分配法

前面以单结点分配单元，介绍了力矩分配法的基本原理。图 10-9（*a*）所示有多个结点独立角位移的结构，按单结点分配的办法，先用刚臂锁住各刚结点（图 10-9*b*）。刚臂不动，可以计算各杆的固端弯矩，由固端弯矩计算出各结点刚臂的约束力矩，如图上的 M_B、M_C。为消除约束力矩，每次只宜放松一个刚臂，其余刚臂不动。如图 10-9（*c*）所示，刚臂 C 不动，放松刚臂 B，即在结点 B 施加不平衡力矩［$-M_B$］，构成单结点分配的格式。此时，由于 A、C 端均为固定端，支承条件明确，各杆件的 B 端的转动刚度 S_{Bj}、分配系数 μ_{Bj} 均可确定，力矩分配可以进行；相反，若 C 点刚臂同时放松，C 结点属弹性固定端，弹簧刚度待求，这就无法确定 B 结点各杆端的转动刚度和分配系数，不能进行力矩分配。

同理，要消除 C 刚臂上的约束力矩 M_C，欲施加不平衡力矩［$-M_C$］，也需构成单结点分配的环境。这就是，B 结点处用刚臂重新锁住，放松刚臂 C，施加不平衡力矩。我们注意到，刚臂除约束力 M_C 外，自结点 B 有传递弯矩 M_{CB}^{C1} 传来，也为刚臂所约束。总约束力为［$M_C+M_{CB}^{C1}$］，则施加的总不平衡力矩为［$-(M_C+M_{CB}^{C1})$］。如图 10-9（*d*）所示，C 结点所连接的杆件的远端，B 为固定端，D 为铰支端，μ_{CB}、μ_{CD} 可求，力矩分配可进行，又有传递弯矩 M_{BC}^{C1} 传至 B 端为刚臂所约束。

结点 B、C 依次放松一次，称为一轮计算完毕。C 结点达到平衡，但 B 刚臂中又有了约束力 $M'_B=M_{BC}^{C1}$。B 结点虽处于新的不平衡，但经分配传递后，M'_B 就比较小了。

由于刚臂 B 上还有约束力矩 M'_B，需进行第二轮消除工作。仍依次放松刚臂 B、C，如图 10-9（*e*）、（*f*）所示。

按照经验，一般进行三、四轮计算，都能达到精确的结果。分配与传递什么时候终止，视精度要求而定。如要求精确到小数点后第二位，当某结点分配后，分配弯矩已为 0.01，达到精度；或分配弯矩为 0.02，但传至相邻结点并被分配，分配后该分配弯矩值小于 0.01，会超出精度；这样，前面结点分配后，就终止传递，结束分配与传递计算。如图 10-9（*g*），$M_{BC}^{\mu 3}$ 不再向 C 端传递。

分配与传递工作结束后，计算最后杆端弯矩时，除杆端固端弯矩外，一般杆端多次得到分配弯矩和传递弯矩，故

$$M_{ij}=M_{ij}^{F}+\Sigma M_{ij}^{\mu}+\Sigma M_{ij}^{C}$$

据上，多结点力矩分配的步骤如下：

（1）若刚架无结点线位移，在各刚结点上增设附加刚臂，计算结点各杆端的转动刚度 S_{ij}、分配系数 μ_{ij}、传递系数 C_{ij} 和固端弯矩 M_{ij}^F。固端弯矩查表 9-1，分配系数为

$$\mu_{ij}=\frac{S_{ij}}{\Sigma S_{ik}}$$

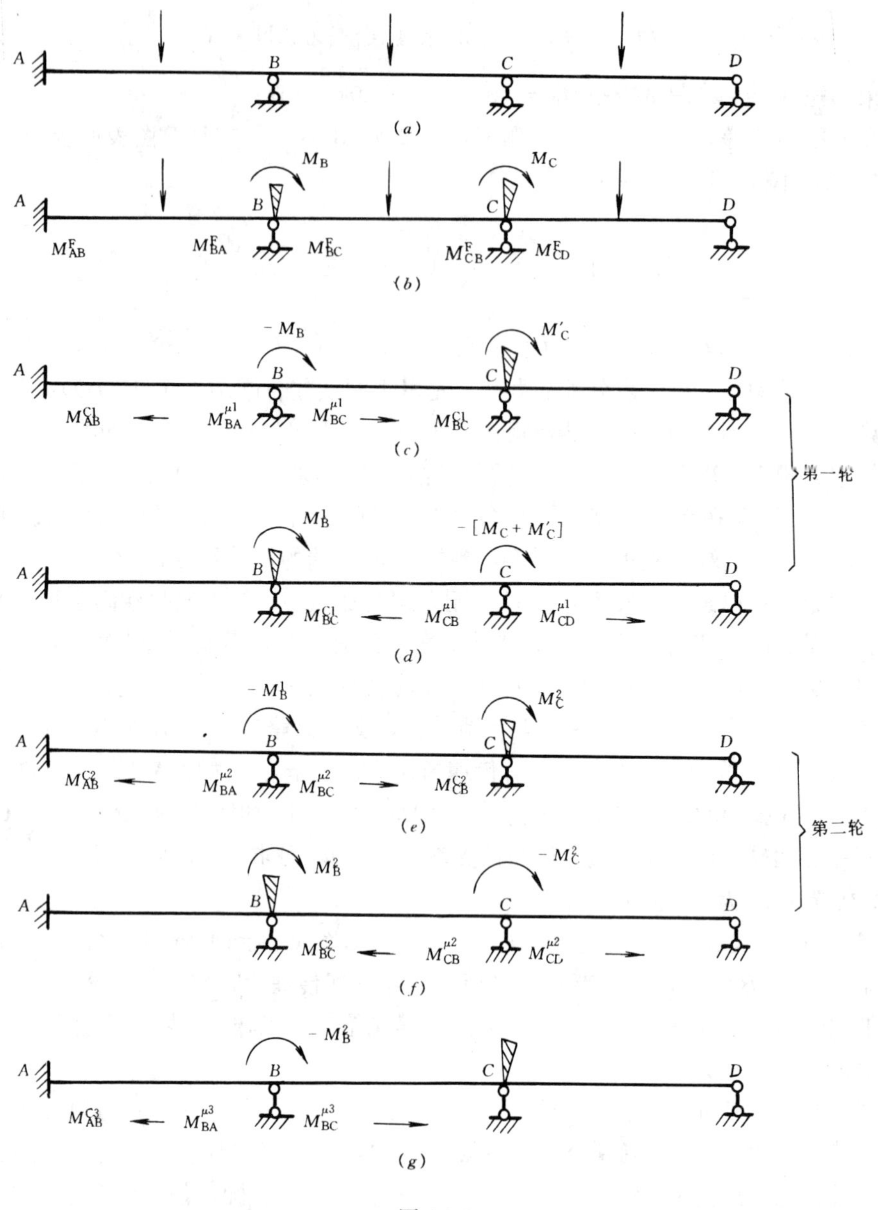

图 10-9

结点约束力矩为

$$M_i = \Sigma M_{ij}^{\mathrm{F}}$$

（2）依次放松刚臂，即施加不平衡力矩$-M_i$，进行力矩的分配与传递，传递弯矩又为远端结点刚臂所约束。经力矩分配已经平衡的结点，重新用刚臂锁住，再放松相邻结点的刚臂进行分配与传递。一般需进行三、四轮计算。

首先放松的刚臂，应是刚臂约束力矩绝对值$|M_i|$最大的结点，这样，计算收敛较快。

$$M_{ij}^{\mu} = \mu_{ij}[-M_i]$$

$$M_{ji}^{\mathrm{C}} = C_{ij} M_{ij}^{\mu}$$

（3）求最后杆端弯矩

$$M_{ij} = M_{ij}^{F} + \Sigma M_{ij}^{\mu} + \Sigma M_{ij}^{C}$$

(4) 绘内力图。

【例 10-3】 用力矩分配法计算图 10-10 (a) 所示连续梁，要求精确到小数点后第 2 位，绘 M、V 图，并求各支座支反力。

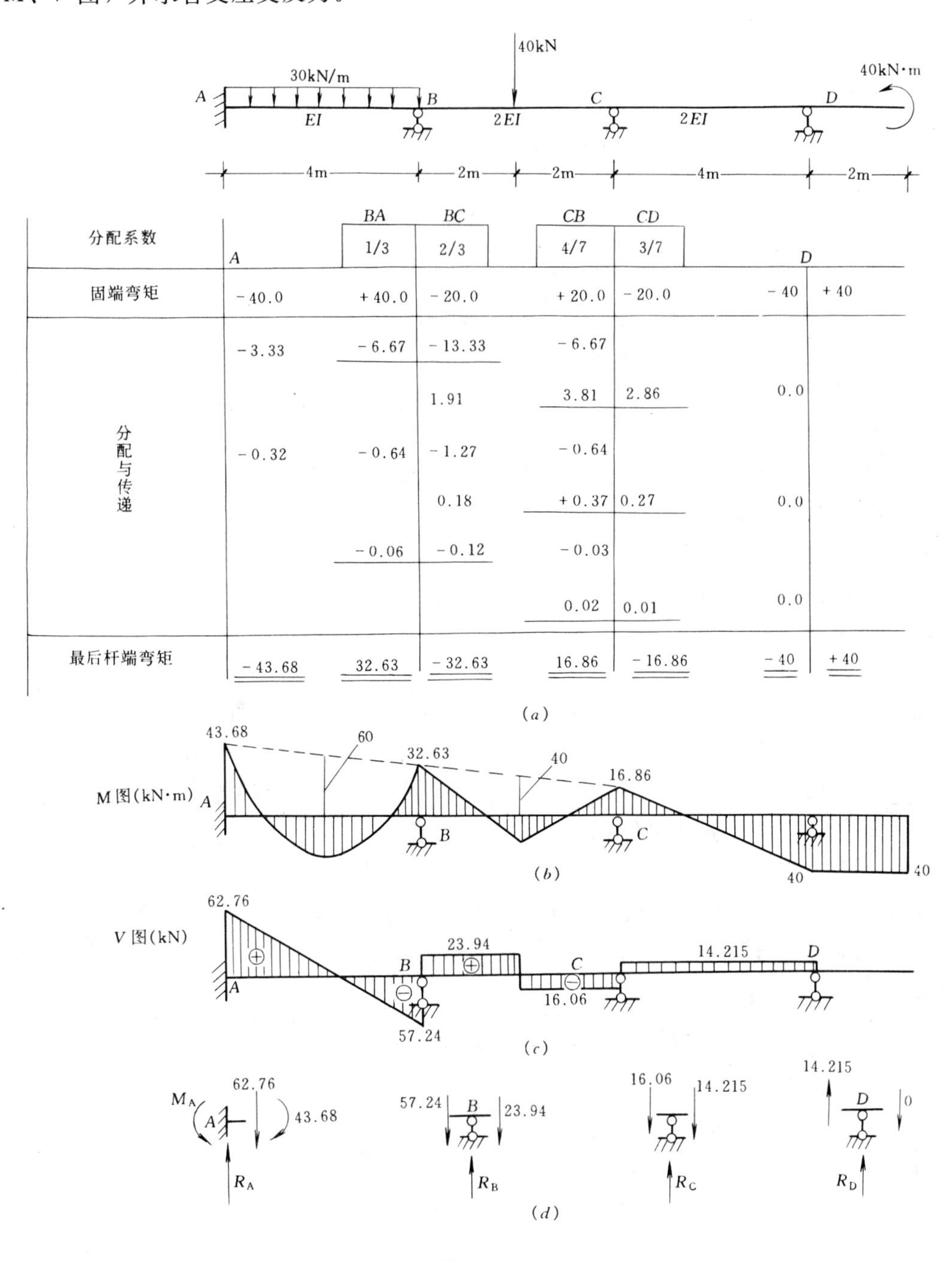

	A	BA	BC	CB	CD	D	
分配系数		1/3	2/3	4/7	3/7		
固端弯矩	-40.0	+40.0	-20.0	+20.0	-20.0	-40	+40
分配与传递	-3.33	-6.67	-13.33	-6.67			
			1.91	3.81	2.86	0.0	
	-0.32	-0.64	-1.27	-0.64			
			0.18	+0.37	0.27	0.0	
		-0.06	-0.12	-0.03			
				0.02	0.01	0.0	
最后杆端弯矩	-43.68	32.63	-32.63	16.86	-16.86	-40	+40

图 10-10

【解】 (1)计算分配系数和固端弯矩

$$\mu_{BA}=\frac{4\times\frac{EI}{4}}{4\times\frac{EI}{4}+4\times\frac{2EI}{4}}=\frac{1}{3}$$

$$\mu_{BC}=\frac{4\times\frac{2EI}{4}}{4\times\frac{EI}{4}+4\times\frac{2EI}{4}}=\frac{2}{3}$$

$$\mu_{CB}=\frac{4\times\frac{2EI}{4}}{4\times\frac{2EI}{4}+3\times\frac{2EI}{4}}=\frac{4}{7}$$

$$\mu_{CD}=\frac{3\times\frac{2EI}{4}}{4\times\frac{2EI}{4}+3\times\frac{2EI}{4}}=\frac{3}{7}$$

$$M_{AB}^{F}=-M_{BA}^{F}=-\frac{1}{12}\times30\times4^{2}=-40\text{kN}\cdot\text{m}$$

$$M_{BC}^{F}=-M_{CB}^{F}=-\frac{1}{8}\times40\times4=-20\text{kN}\cdot\text{m}$$

$$M_{DC}^{F}=-40\text{kN}\cdot\text{m}$$

$$M_{CD}^{F}=\frac{1}{2}\times(-40)=-20\text{kN}\cdot\text{m}$$

（2）分配与传递

如图 10-10（*a*）下面表格所示。我们注意到，第三轮计算结束时，$M_{CB}^{\mu}=0.02$，向 B 端传递，$M_{BC}^{C}=0.01$；若在 B 点再分配，分配弯矩的有效值便在小数点后第三位去了，超过了题目要求的精度。所以，在 C 结点分配后，便不再往外传，以保持各结点数值上的平衡。

（3）绘 M、V 图，分别如图 10-10（*b*）、（*c*）所示。

（4）求各支座反力

分别取连续梁的结点 A、B、C、D 为脱离体，如图 10-10（*d*）各脱离体受力图。截面上的已知弯矩、剪力取自图（*b*）、（*c*），假定未知反力方向如图示，由各结点的平衡条件可算出反力

$$M_{A}=-63.68\text{kN}\cdot\text{m}(\curvearrowright)$$

$$R_{A}=62.76\text{kN}(\uparrow)$$

$$R_{B}=57.24+23.94=81.18\text{kN}(\uparrow)$$

$$R_{C}=16.06+14.22=30.28\text{kN}(\uparrow)$$

$$R_{D}=-14.215\text{kN}(\downarrow)$$

【例 10-4】 用力矩分配法计算图 10-11 所示刚架，图中杆旁圆圈内的数字为杆件间的相对线刚度数值。

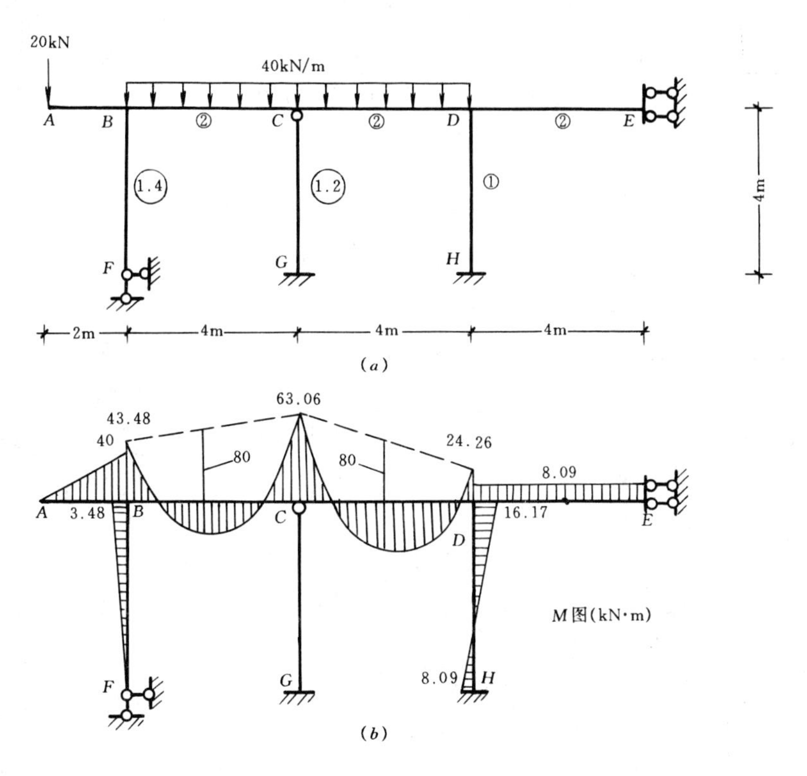

图 10-11

【解】 (1)计算分配系数与固端弯矩

$$\mu_{BA}=0\mu_{BF}=\frac{3\times1.4}{3\times1.4+4\times2}=0.344$$

$$\mu_{BC}=\frac{4\times2}{3\times1.4+4\times2}=0.656$$

$$\mu_{CB}=\mu_{CD}=0.5$$

$$\mu_{DC}=\frac{4\times2}{4\times2+4\times1+2}=0.571$$

$$\mu_{DH}=\frac{4\times1}{4\times2+4\times1+2}=0.286$$

$$\mu_{DE}=\frac{2}{4\times2+4\times1+2}=0.143$$

$$M_{BA}^{F}=20\times2=40\text{kN}\cdot\text{m}$$

$$M_{BC}^{F}=-M_{CB}^{F}=-\frac{1}{12}\times40\times4^{2}=-53.333\text{kN}\cdot\text{m}$$

$$M_{CD}^{F}=-M_{DC}^{F}=-53.333\text{kN}\cdot\text{m}$$

(2) 分配与传递

列表计算如下表所示，分配结点在 3 个以上，放松刚臂时可相间一个刚臂，同时放松若杆刚臂，进行分配与传递。这是因为，对于放松结点而言，其连接各杆的远端刚臂未动，支承明确，其近端分配系数确定，可视为一单结点分配单元进行分配。如本题可先同时放松 B、D 两结点，而 C 结点刚臂不动。B、D 平衡后，又同时再次用刚臂锁住，放松 C 结点刚臂，进行分配与传递。以后各轮，都这样相间轮流进行，直到达到精度要求。

BA	BF	BC	CB	CD	DC	DH	DE
0	0.344	0.656	0.5	0.5	0.571	0.286	0.143
40		−53.333	+53.333	−53.333	+53.333		
	4.58	8.75	4.73	−15.23	−30.45	−15.25	−7.63
		2.72	5.43	5.43	2.72		
	−0.94	−1.78	−0.89	−0.78	−1.55	−0.78	−0.39
		0.42	0.84	0.84	0.42		
	−0.14	−0.28	−0.14	−0.12	−0.24	−0.12	−0.06
		0.07	0.13	0.13	0.07		
	−0.02	−0.05	−0.03	−0.02	−0.04	−0.02	−0.01
			0.02	0.02			
40	3.48	−43.48	63.06	−63.06	24.26	−16.17	−8.09

F	G	H
		−7.63
		−0.39
		−0.06
		−0.01
		−8.09

(3) 绘 M 图

利用计算表中的最后杆端弯矩，绘 M 图如图 10-11 (b) 所示。

【例 10-5】 用力矩分配法计算图 10-12 (a) 所示正六边形刚架，每边长均为 l，荷载为 q。

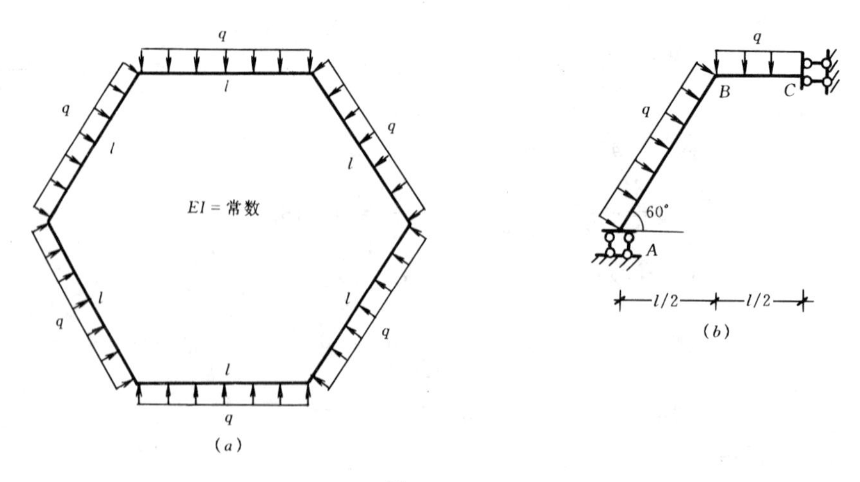

图 10-12

【解】 (1)取等效半刚架如图 10-12 (b) 所示。支座 A 虽为滑动支座，支承面与 AB 杆斜交，若以结点 B 作为不发生移动的参照点，则 A 点也是不动点，计算时视 A 如同固定端。

(2) 计算 B 结点的约束力矩

$$M_{BA}^{F}=-M_{AB}^{F}=\frac{1}{12}ql^{2}$$

$$M_{BC}^{F}=-\frac{1}{3}\times q\left(\frac{l}{2}\right)^{2}=-\frac{1}{12}ql^{2}$$

约束力矩 $M_{B}=M_{BA}^{F}+M_{BC}^{F}=\frac{1}{12}ql^{2}-\frac{1}{12}ql^{2}=0$

B 结点 $M_{B}=0$，说明结点杆端弯矩已处于平衡，即

$$M_{BA}=M_{BA}^{F}=\frac{1}{12}ql^{2}$$

$$M_{BC}=M_{BC}^{F}=-\frac{1}{12}ql^{2}$$

$$M_{AB}=M_{AB}^{F}=-\frac{1}{12}ql^{2}$$

(3) 绘 M 图如图 10-13。

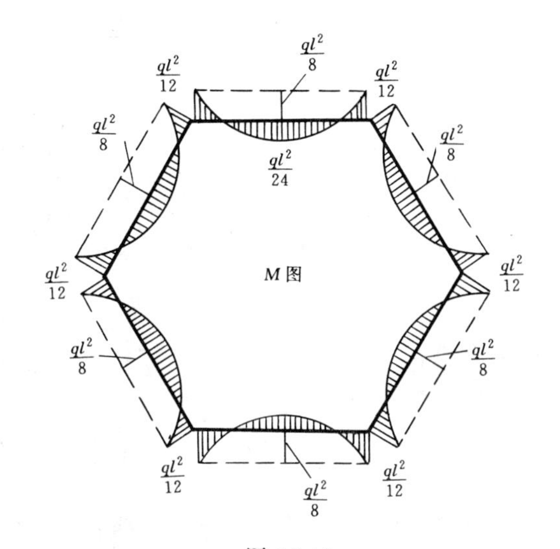

图 10-13

【例 10-6】 用力矩分配法计算图 10-14 (a) 所示连续梁，设各杆 $l=4$m，$EI=30000$kN·m，支座 C 下沉 $\Delta_{C}=2$cm。绘 M 图。

【解】 (1)计算分配系数、固端弯矩

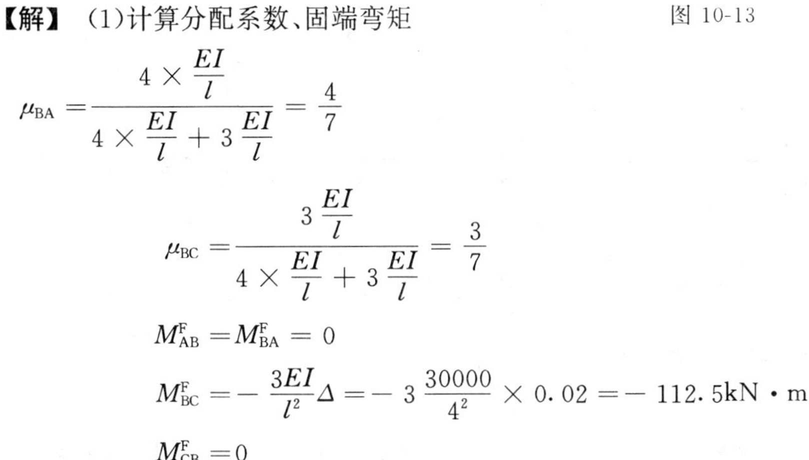

$$\mu_{BA}=\frac{4\times\dfrac{EI}{l}}{4\times\dfrac{EI}{l}+3\dfrac{EI}{l}}=\frac{4}{7}$$

$$\mu_{BC}=\frac{3\dfrac{EI}{l}}{4\times\dfrac{EI}{l}+3\dfrac{EI}{l}}=\frac{3}{7}$$

$$M_{AB}^{F}=M_{BA}^{F}=0$$

$$M_{BC}^{F}=-\frac{3EI}{l^{2}}\Delta=-3\frac{30000}{4^{2}}\times 0.02=-112.5\text{kN}\cdot\text{m}$$

$$M_{CB}^{F}=0$$

值得注意的是，此处的结点线位移值是已知的，可用力矩分配法计算；若是未知结点线位移，便不能用力矩分配法。

(2) 分配与计算见图 10-14 (a) 下面的表格。

(3) 绘 M 图如图 10-14 (b) 所示。

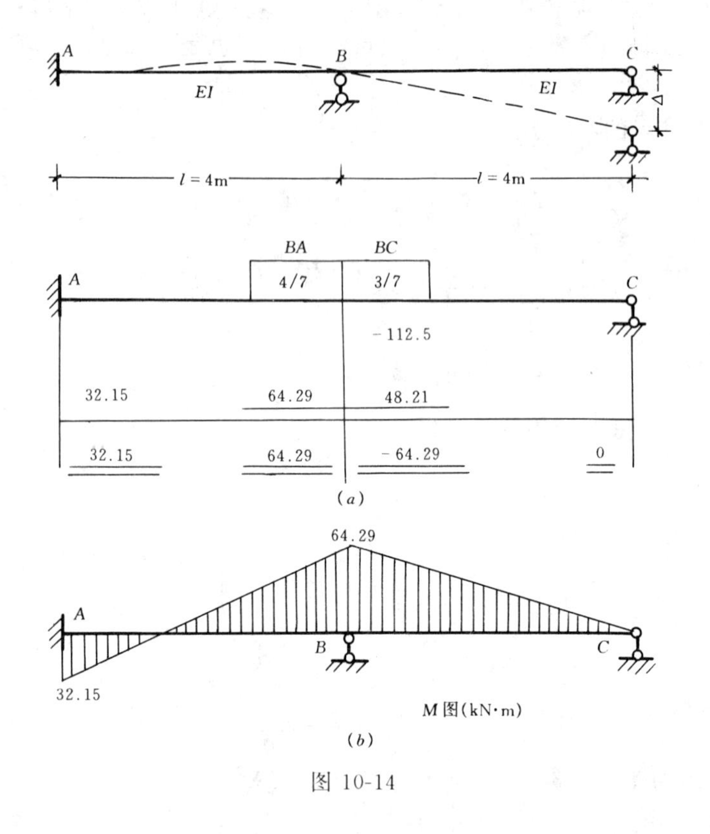

图 10-14

第四节 无剪力分配法

力矩分配法只适用于结点无线位移的刚架和连续梁，但对于图 10-15(a)所示这一类的有侧移的刚架，如果不把结点线位移作为独立结点线位移，也可用力矩分配法的思路求解。

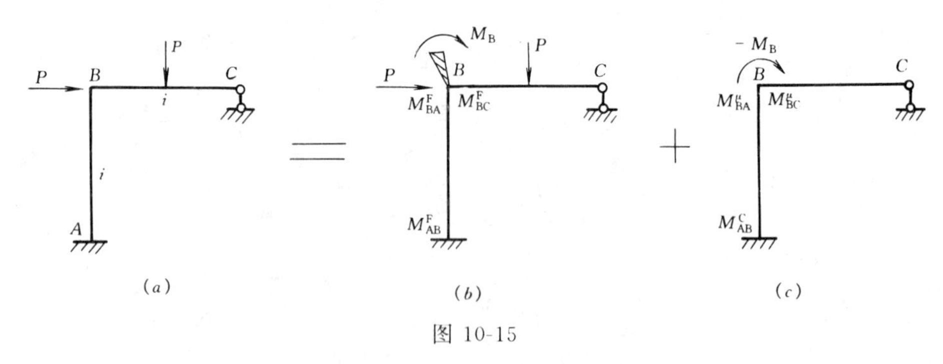

图 10-15

先用刚臂锁住结点 B（图 10-15b），刚臂只阻止转动，不限制移动，将结构分离成图 10-16（a）、(b) 两杆件。B 端约束条件如图所示，AB 杆上端，为滑动支座，无水平约束。BC 杆水平方向作刚性平移，两端无结点相对位移，视为一端固定端一端铰支。可查表 9-1 获得杆件在荷载作用下两端的固端弯矩 M^F_{ij}。但图（b）与原结构图（a）并不等效，必须消除约束力矩 M_B。因此要放松刚臂，即如图 10-15（c）所示施加一结点不平衡力矩 [$-M_B$]，

$-M_B=-\Sigma M_{Bj}^F$。如能计算出两杆件在 B 端的分配系数和传递系数，则可对结点外力偶 $[-M_B]$，直接进行分配与传递。

如图 10-16（a）所示，AB 杆 B 端的转动刚度为

$$S_{BA}=i_{AB}$$

BC 杆 B 端的转动刚度为

$$S_{BC}=3i_{BC}$$

从而可计算分配系数

$$\mu_{BA}=\frac{i_{AB}}{i_{AB}+3i_{BC}}$$

$$\mu_{BC}=\frac{3i_{BC}}{i_{AB}+3i_{BC}}$$

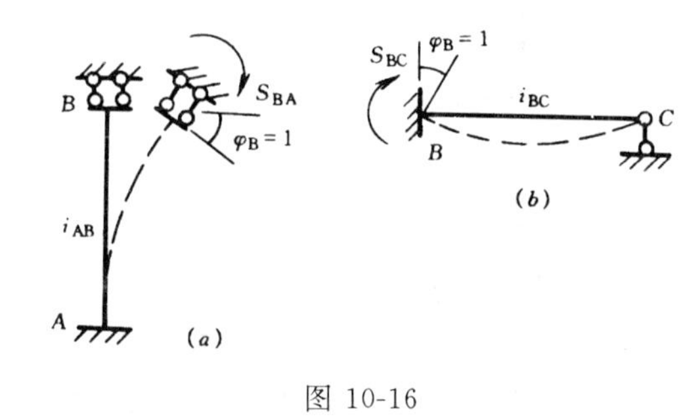

图 10-16

从表 9-1 查出杆端弯矩，可计算出传递系数

$$C_{BA}=\frac{M_{AB}}{M_{BA}}=\frac{-i_{AB}}{i_{AB}}=-1$$

$$C_{BC}=0$$

查得固端弯矩

$$M_{AB}^F=M_{BA}^F=-\frac{1}{2}Pl$$

$$M_{BC}^F=-\frac{3}{16}Pl$$

解决了 AB 杆的分配系数和传递系数，其他计算与力矩分配法的计算步骤和方法完全相同。

特别要提到的是，在对图 10-15（c）进行力矩分配时，AB 杆的剪力为零。因此，这种方法称为无剪力分配法。在图 10-15（a）所示原结构中，在外荷载 P 作用下，AB 杆剪力可由静平衡条件求出。若取横梁 BC 为脱离体，$\Sigma X=0$，可得 $Q_{AB}=P$。我们称 AB 杆这类杆件，叫做剪力静定杆。无剪力分配法的应用条件是：刚架中的侧移杆件都是剪力静定杆。

图 10-17（a）所示多层刚架，和图 10-17（b）所示多跨刚架，各竖杆均为剪力静定杆，其余杆件两端均无相对线位移，可用无剪力分配法计算。相反，图 10-18（a）、（b）的竖杆剪力均不能用静平衡条件求出，故不能用无剪力分配法计算。

图 10-19（a）所示两层单跨刚架，横梁 CD、BE 两端均无相对线位移。竖柱 CB、BA

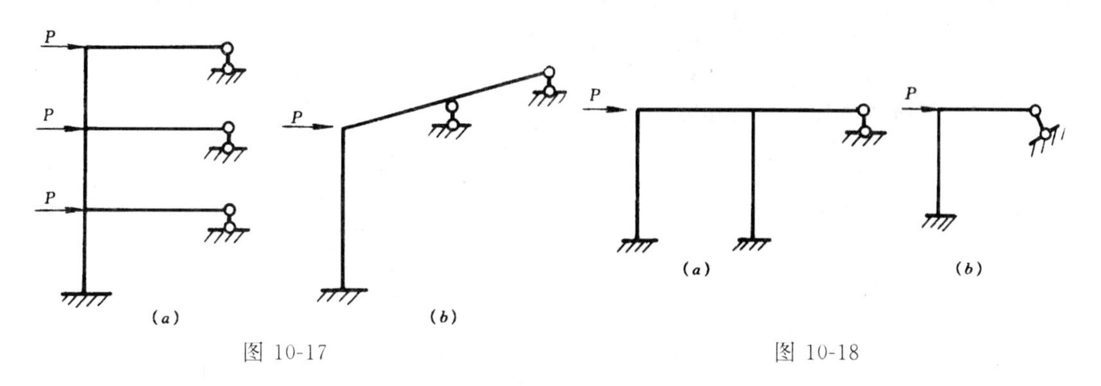

图 10-17　　图 10-18

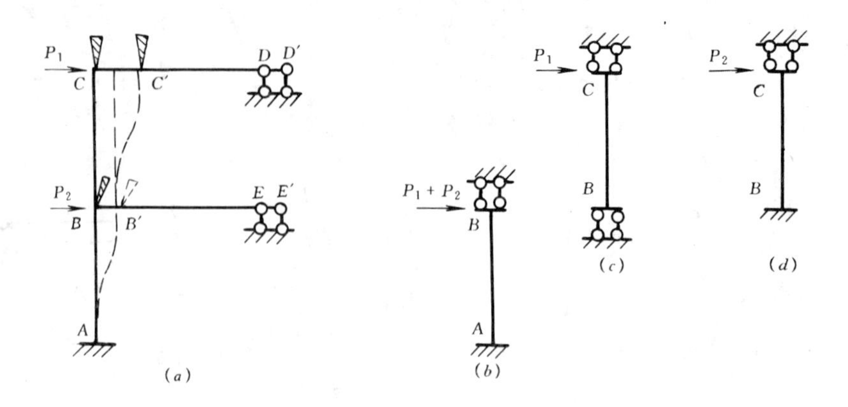

图 10-19

均为剪力静定杆，剪力 $V_{CB}=P_1$，$V_{BA}=P_1+P_2$。若用无剪力分配法计算，与力矩分配法一样，首先在刚结点 C 和 B 施加刚臂，求固端弯矩和分配系数、传递系数。观察图（a）的变形曲线，B 端在刚臂固定情况下，无转角但有侧移。刚臂的约束恰似一滑动支座，如图 10-19（b）所示，杆件受到总剪力 P_1+P_2 的作用。上层柱 BC，两端都发生侧移，上下端都可简化为滑动支承，见图（c）。但研究图（a）中 BC 杆的位移，可将其分解为平移和两端相对线位移两种情况。杆件刚性平移不产生内力，只有两端相对线位移引起内力。故可以 B' 点为参照，视为不动点，考察 $B'C'$ 两端的相对位移，计算图可简化为图 10-19（d），承受剪力 P_1。图（b）、（d）的固端弯矩和转动刚度的计算方法，与前述相同。

【例 10-7】 用无剪力分配法计算图 10-20（a）所示刚架，绘 M 图。

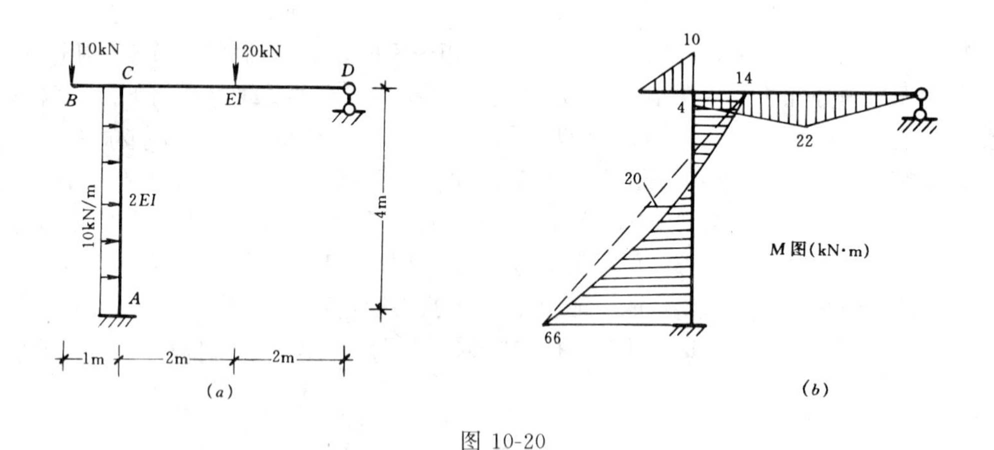

图 10-20

【解】 (1)计算分配系数和固端弯矩

$$\mu_{CB}=0$$

$$\mu_{CA}=\frac{S_{CA}}{S_{CA}+S_{CD}}=\frac{\dfrac{2EI}{4}}{\dfrac{2EI}{4}+3\times\dfrac{EI}{4}}=0.4$$

$$\mu_{CD}=\frac{S_{CD}}{S_{CA}+S_{CD}}=\frac{3\times\dfrac{EI}{4}}{\dfrac{2EI}{4}+3\times\dfrac{EI}{4}}=0.6$$

$$M_{CB}^{F}=10\times 1=10\text{kN}\cdot\text{m}$$

$$M_{CA}^{F}=-\frac{1}{6}\times 10\times 4^{2}=-26.67\text{kN}\cdot\text{m}$$

$$M_{AC}^{F}=-\frac{1}{3}\times 10\times 4^{2}=-53.33\text{kN}\cdot\text{m}$$

$$M_{CD}^{F}=-\frac{3}{16}\times 20\times 4=-15\text{kN}\cdot\text{m}$$

（2）分配和传递

与力矩分配法一样，可列表进行计算（见右侧）。

（3）绘 M 图如图 10-20（b）所示。

	CB	CA	CD	D
分配系数	0	0.4	0.6	
	+10	−26.67	−15	
	0	+12.67	+19	
	+10	−14.0	+4	

AC
−53.33
−12.67
−66.00
A

【例 10-8】 求作图 10-21（a）所示刚架在水平荷载作用下的弯矩图。

【解】 将荷载分解成对称荷载（图 10-21b）和反对称荷载（图 10-21c）。取对称荷载作用下的等效半刚架如图 10-21（d）所示，反对称荷载作用下的等效半刚架如图 10-21（e）所示。

（1）对称等效半刚架计算

如图（d）所示，半刚架结点无线位移，可用力矩

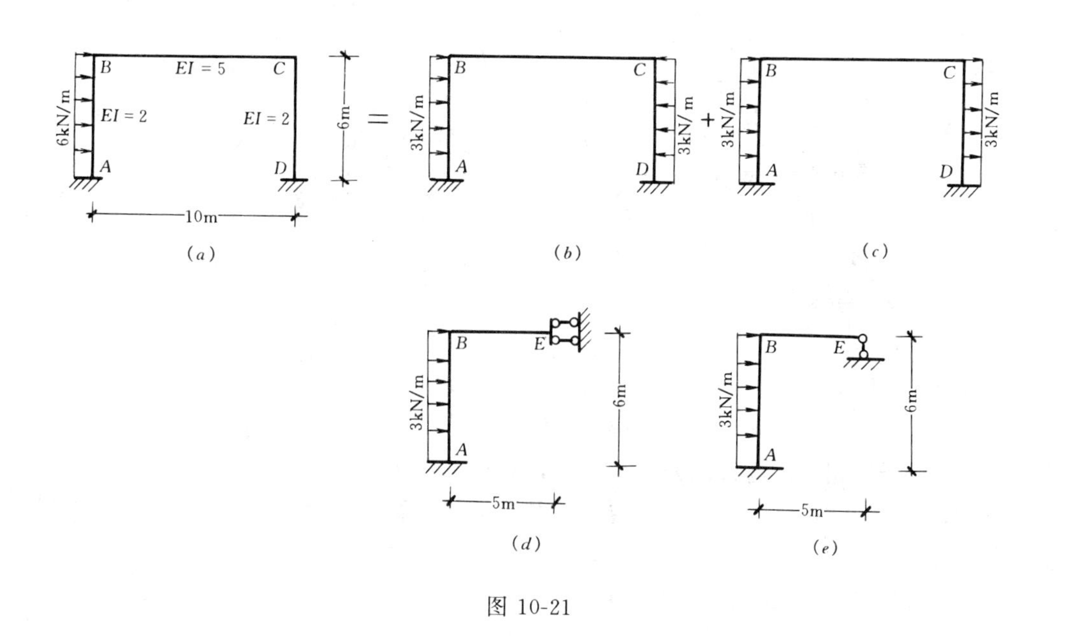

图 10-21

分配法计算。

$$\mu_{BA}=\frac{4\times\frac{2}{6}}{4\times\frac{2}{6}+\frac{5}{5}}=0.57$$

$$\mu_{BE}=\frac{\frac{5}{5}}{4\times\frac{2}{6}+\frac{5}{5}}=0.43$$

$$M_{AB}^{F}=-M_{BA}^{F}=-\frac{1}{12}\times 3\times 6^{2}=-9\text{kN}\cdot\text{m}$$

列表计算

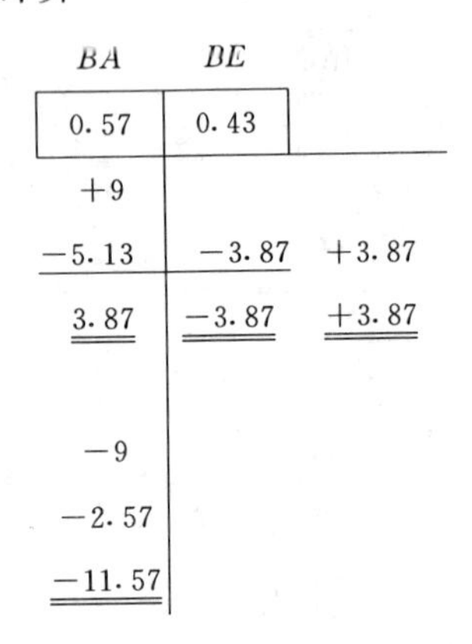

BA	BE	
0.57	0.43	
+9		
−5.13	−3.87	+3.87
3.87	−3.87	+3.87
−9		
−2.57		
−11.57		

由左侧力矩分配法计算结果，绘 $M^{对}$ 图如图 10-22：

(2) 反对称等效半刚架计算

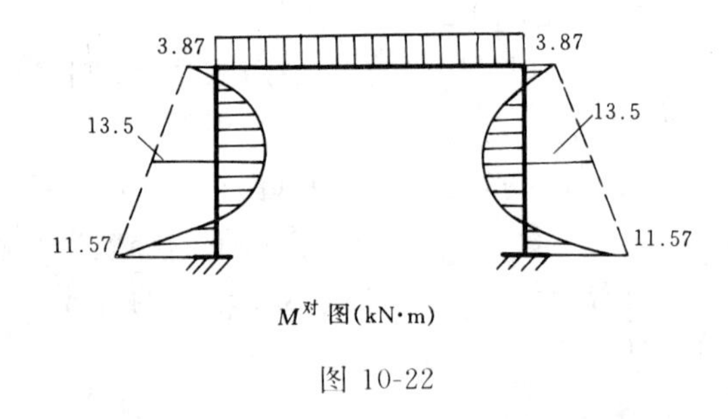

$M^{对}$ 图(kN·m)

图 10-22

如图 (*e*) 所示，*B* 结点有线位移，但 *BA* 杆剪力静定，*BE* 杆两端无相对线位移，可用无剪力分配法计算，如下表所示。绘 $M^{反}$ 图如图 10-23 所示。

BA	BE	E
0.1	0.9	
−18		
+1.8	+16.2	
−16.2	+16.2	
−36		
−1.8		
−37.8	A	

$$\mu_{BA}=\frac{\frac{2}{6}}{\frac{2}{6}+3\times\frac{5}{5}}=0.1$$

$$\mu_{BC}=1-0.1=0.9$$

$$M_{AB}^{F}=-\frac{1}{3}\times 3\times 6^{2}=-36\text{kN}\cdot\text{m}$$

$$M_{BA}^{F}=-\frac{1}{6}\times 3\times 6^{2}=-18\text{kN}\cdot\text{m}$$

(3) 绘原结构总弯矩图 *M*

$$M=M^{对}+M^{反}$$

将各控制截面竖标相加，再按微分关系连图，*M* 图如图 10-24 所示。

【例 10-9】 求作图 10-25 所示两层单跨刚架在水平荷载作用下的弯矩图，图中圆圈内数字为相对线刚度值。

【解】 (1)计算分配系数和固端弯矩

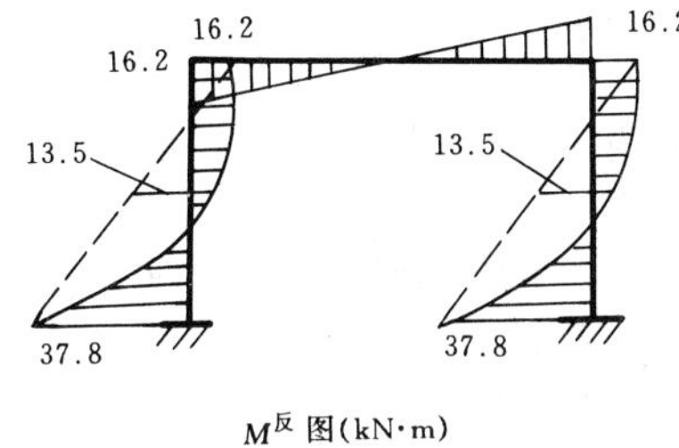

图 10-23

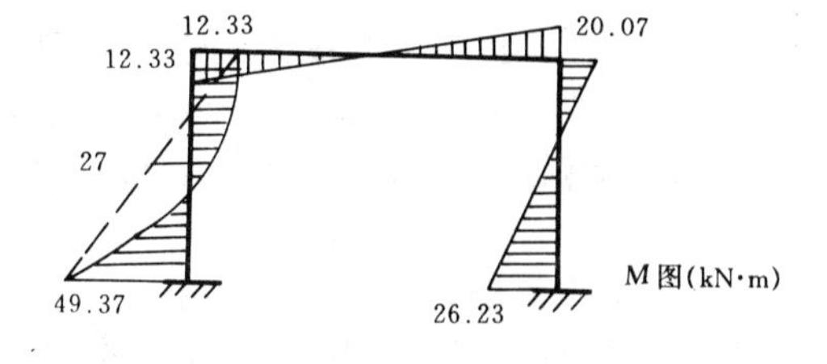

图 10-24

$$\mu_{AD} = \frac{3 \times 54}{3 \times 54 + 3.5} = 0.979$$

$$\mu_{AB} = \frac{3.5}{3 \times 54 + 3.5} = 0.021$$

$$\mu_{BA} = \frac{3.5}{3.5 + 5 + 3 \times 54} = 0.021$$

$$\mu_{BC} = \frac{5}{3.5 + 5 + 3 \times 54} = 0.029$$

$$\mu_{BE} = \frac{3 \times 54}{3.5 + 5 + 3 \times 54} = 0.950$$

$$M_{AB}^{F} = M_{BA}^{F} = -\frac{1}{2} \times 10 \times 3.3 = -16.5\text{kN} \cdot \text{m}$$

$$M_{BC}^{F} = M_{CB}^{F} = -\frac{1}{2} \times (10 + 20) \times 3.6 = -54\text{kN} \cdot \text{m}$$

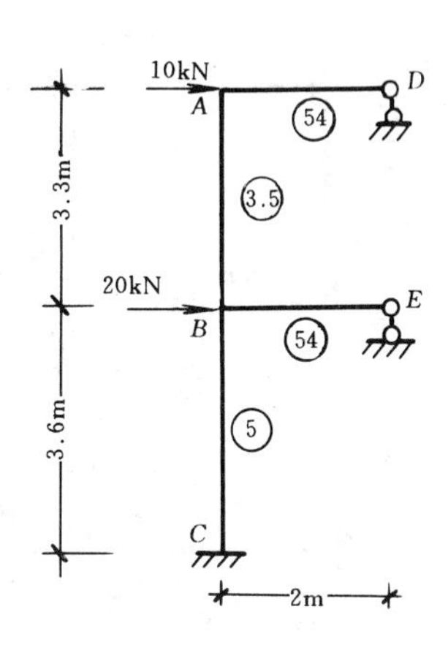

图 10-25

（2）分配与传递

列表计算如下：

（3）绘 M 图

AB	*AD*	
0.021	0.979	*D*
−16.5		
1.48		
0.38	17.60	
−17.60	17.60	

BA	*BC*	*BE*	
0.021	0.029	0.950	*E*
−16.5	−54		
1.48	2.04	66.98	
−0.38			
0.01	0.01	0.36	
−15.39	−51.95	67.34	

C	−54
	−2.04
	−0.01
	−56.05

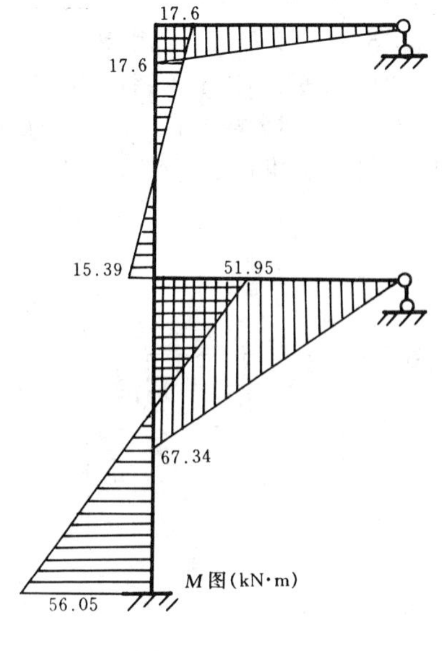

图 10-26

思　考　题

1. 什么叫固端弯矩？如何计算刚臂的约束力矩？不平衡力矩与约束力矩有何关系？

2. 什么叫转动刚度？什么叫分配系数？如何计算力矩分配系数？

3. 力矩分配法只适合解结点无线位移的刚架。但当支座有已知线位移时，为什么仍可以用力矩分配法计算？

4. 什么是无剪力分配法？它的应用条件怎样？

5. 无剪力分配法相对于力矩分配法，有哪些特点？

习　　题

10-1～10-4　用力矩分配法计算图示连续梁，绘 M 图。

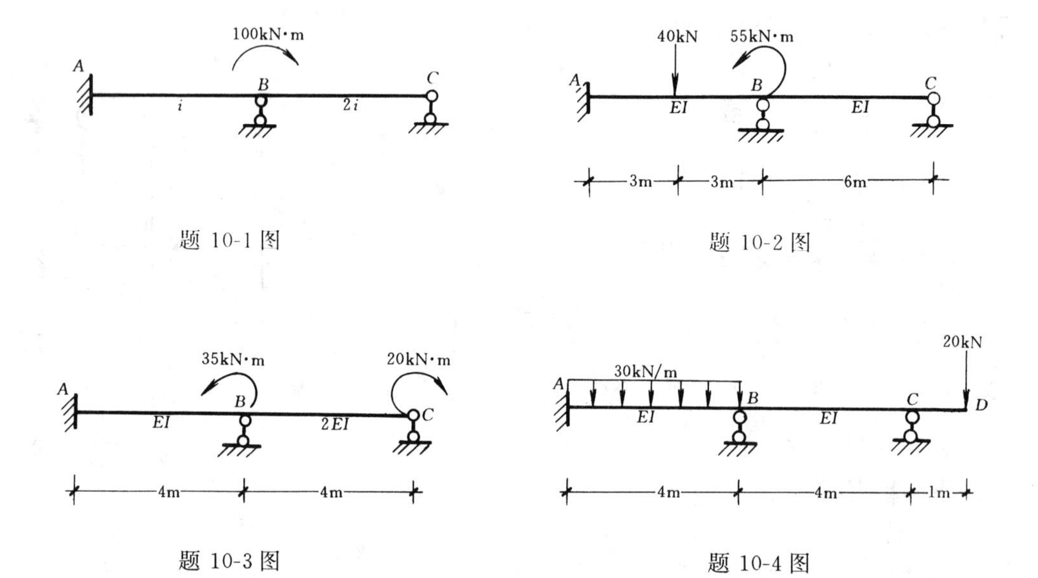

题 10-1 图　　题 10-2 图

题 10-3 图　　题 10-4 图

10-5～10-6　力矩分配法计算图示刚架，绘 M 图。

10-7～10-8　力矩分配法计算图示连续梁，绘 M、V 图，并求支座 B 的支反力 R_B。

10-9～10-10　试用力矩分配法计算图示刚架，绘弯矩图。

10-11～10-12　力矩分配法计算，绘 M 图。

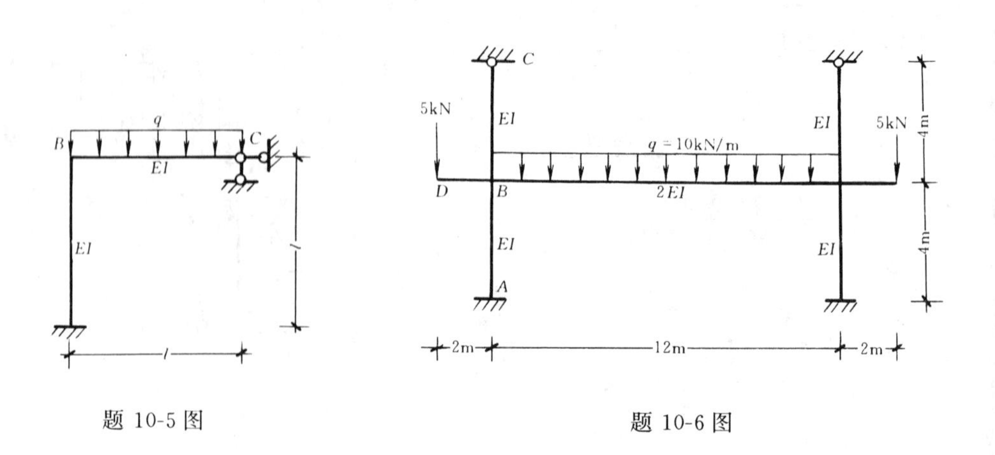

题 10-5 图　　题 10-6 图

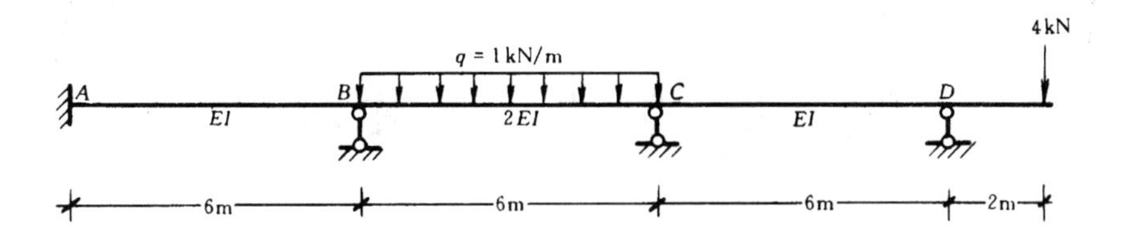

题 10-7 图

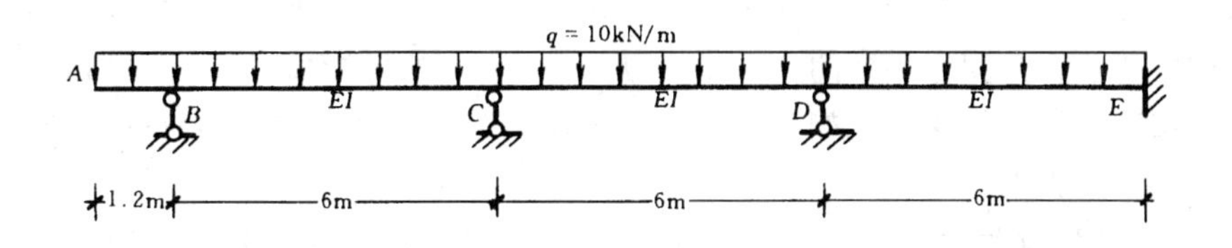

题 10-8 图

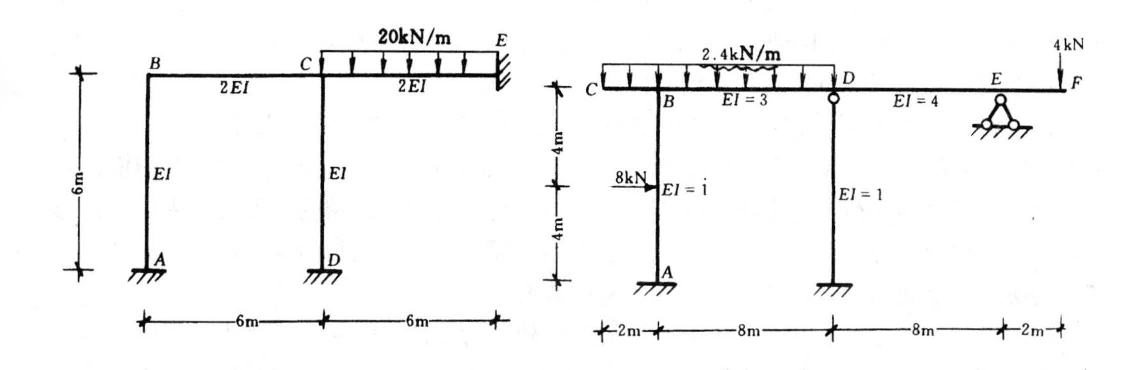

题 10-9 图

题 10-10 图

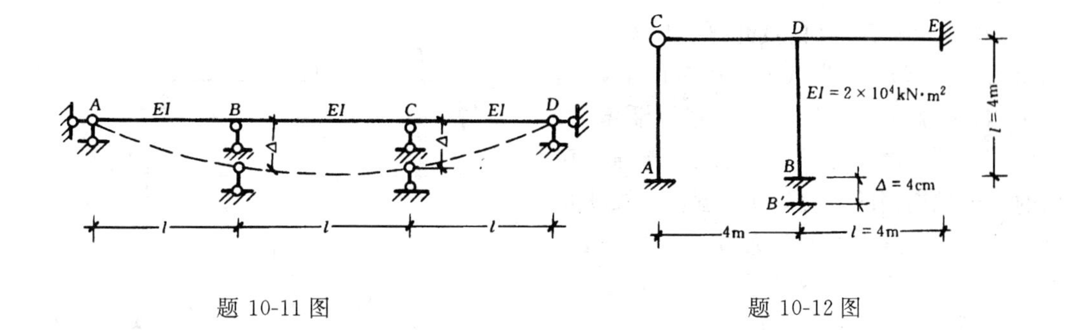

题 10-11 图

题 10-12 图

第十一章 影响线及其应用

第一节 影响线的概念

在前面各章讨论了各类结构在固定荷载作用下的内力分析。所谓固定荷载是指荷载作用点在结构上的位置是固定不变的，通常称为恒载。但一般工程结构，除承受恒载作用外，还常常受到移动荷载的作用。例如工业厂房中的吊车梁承受移动的吊车荷载，桥梁承受行驶的火车、汽车、人群等荷载。

移动荷载与固定荷载的显著区别有两点：一是移动荷载对结构要产生的动力作用，如吊车、火车开动时的启动力、停车时的刹车力以及车轮经过轨道接头时的冲击力等，都会对结构产生动力效应，引起结构的振动，这类问题属于结构动力学的范畴，本书不研究移动荷载对结构的动力作用;二是由于移动荷载位置的改变引起结构的反力和内力的变化,所以必须研究其变化规律。移动荷载可以是集中的也可以是均布的，如汽车的轮压是集中的，在桥梁上行走的人群就可以看作是均布的。

在进行结构设计时，我们必须算出结构在荷载作用下所产生的各种量值（如支座反力、内力、位移）的最大值及其所在的位置。在固定荷载作用下，这些最大值的计算前面已经讲述过。但是在移动荷载作用下，由于荷载的位置是变动的，故结构的反力、内力和位移也随着荷载位置的移动而变化。因此，不能再用前面讲过的方法来确定它们的最大值。应如何解决这两个问题？这就是本章所要研究的内容。

在移动荷载作用下，结构的反力和内力都将随着荷载位置的移动而变化。例如图 11-1（*a*）所示简支梁，当汽车在其上移动时，梁的支座反力以及梁上各截面的内力都将随之而变化。为了求出反力及内力的最大值，就必须研究荷载移动时反力和内力的变化规律。但是，不同的反力和不同截面内力的变化规律是各不相同的，而且就同一截面而言，不同的内力（如弯矩和剪力）的变化规律也不相同。例如图 11-1（*b*）中当汽车由左向右移动时，反力 R_A逐渐减小，而反力 R_B则逐渐增大。因此，我们一次只能研究一个反力或某一截面的某一项内力的变化规律。显然，要求出某一反力或某一内力的最大值，必须先确定产生这一最大值的荷载位置，这一荷载位置称为最不利荷载位置。要确定这一位置，影响线正是研究结构的反力和内力随荷载作用位置移动而变化的规律的有效工具。

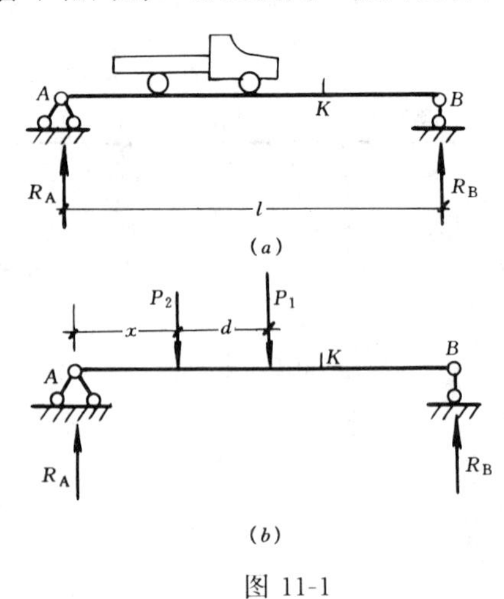

图 11-1

在工程实际中的移动荷载是多种多样和比较复杂的，通常是由多个间距不变的竖向荷载所组成的移动荷载组。如图 11-1（a）的汽车荷载就是由图 11-1（b）所示的间距为 d 的两个竖向荷载 P_1、P_2 组成的荷载组，在移动过程中间距 d 始终保持不变。为了使研究所得结果具有普遍意义和计算简便，我们先研究一个竖向的单位集中荷载 $P=1$（不带量纲）沿结构移动时，对某一量值（例如某一反力、某一内力或某一位移等）所产生的影响；然后根据叠加原理就可以进一步解决各种移动荷载组对某一量值的总影响。

图 11-2（a）所示一简支梁，当竖向单位荷载 $P=1$ 分别移动到 B、E、D、C、A 九个等分点时，反力 R_A 的数值分别为 0、$\frac{1}{4}$、$\frac{1}{2}$、$\frac{3}{4}$、1。若以水平线为基线，将以上各数值用竖距绘出，并将各竖距顶点联起来，则所得图形（图 11-2b）就表示了 $P=1$ 在梁上移动时反力 R_A 的变化规律。这一图形就称为 R_A 的影响线。

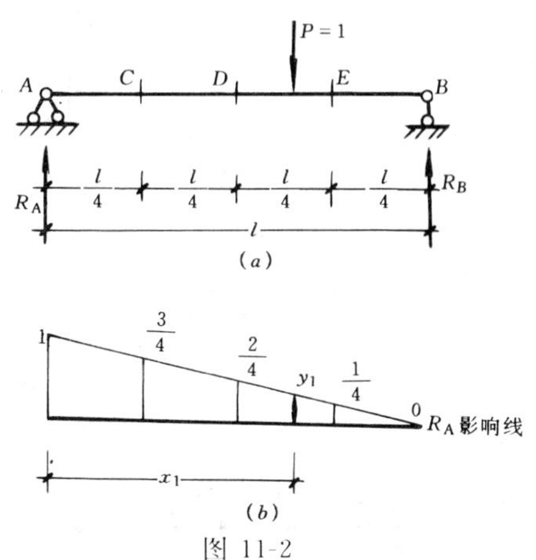

图 11-2

此处的“量值”是在讨论影响线时常用的一个广义的概念，它泛指任意一种反力（水平或竖向反力）和内力（弯矩、剪力或轴力）。

综上所述，我们引出影响线的定义如下：当一个竖向单位荷载沿结构移动时，表示某一量值（反力、内力、位移）变化规律的图形，称为该量值的影响线。

某量值的影响线一经绘出，即可利用它来确定最不利荷载位置，从而求出该量值的最大值，以供技术设计使用。

关于影响线有以下几点需要说明：

（1）影响线上任一点的横坐标 x 表示单位荷载的位置，纵坐标（或称竖标）表示当单位荷载作用于此位置时所研究截面某一反力或内力的数值。这是影响线的本质，必须深刻理解。

（2）在绘制影响线时，单位荷载 $P=1$ 是不带量纲的。因此，某反力或内力影响线竖标的单位等于该反力或内力的实际单位除以力的单位。例如弯矩影响线的竖标是长度单位，反力、剪力影响线的竖标是无量纲的。这样，在利用影响线研究实际荷载的影响时就比较方便，只需将某反力或内力影响线的竖标乘以实际荷载的单位就行了。

（3）符号规定：支反力以向上为正，反之为负；弯矩以使梁下侧受拉为正，反之为负；剪力使所取隔离体顺时针转为正，反之为负。一般规定，影响量的正值，画在横轴（基线）的上侧，负值则画在横轴（基线）的下侧，并要求注明正负号。

下面首先来讨论影响线的绘制方法。

第二节　用静力法作单跨静定梁的影响线

绘制影响线的基本方法有两种：即静力法和机动法。

用静力法绘制影响线时，先选定一坐标系，将单位荷载 $P=1$ 放在距坐标原点为 x 的位置上，然后由静力平衡条件求出所求量值（反力或内力）与荷载 $P=1$ 作用的位置 x 之间的关系。表示这种关系的方程称为影响线方程。根据影响线方程即可作出影响线。

一、简支梁的影响线

1. 反力影响线

如图 11-3（a）所示简支梁，现要求 A 支座反力 R_A 的影响线。设以梁的轴线为 x 轴，A 为坐标原点，将 $P=1$ 放在距 A 为 x 的位置上。由静力平衡方程 $\Sigma M_B=0$，即 $R_A l-P(l-x)=0$ 得

$$R_A=P\frac{l-x}{l}$$

$$=\frac{l-x}{l},(0\leqslant x\leqslant l)\quad(11\text{-}1)$$

式（11-1）就称为 R_A 的影响线方程。可见 R_A 为 x 的一次函数，故作出 R_A 的影响线是一直线。因此，只需定出两个竖标就可作出此影响线。

当 $x=0$ 时（$P=1$ 在 A 截面），$R_A=1$

当 $x=l$ 时（$P=1$ 在 B 截面），$R_A=0$

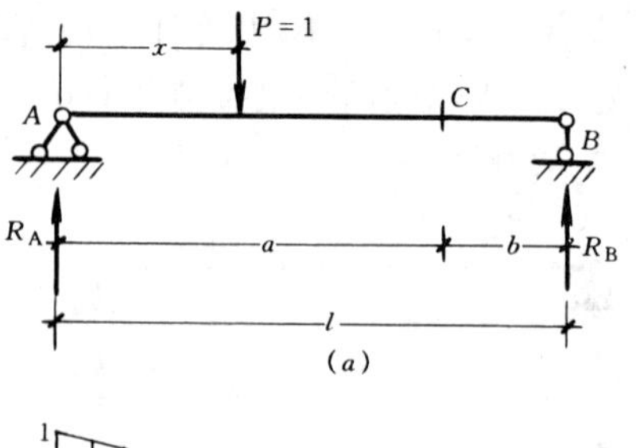

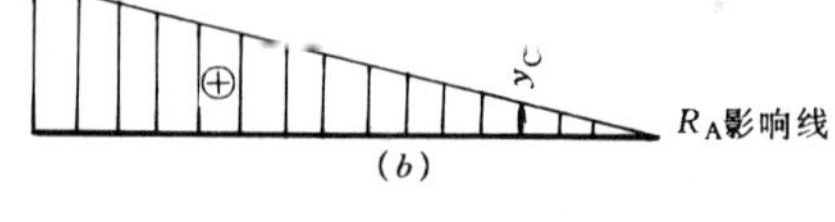

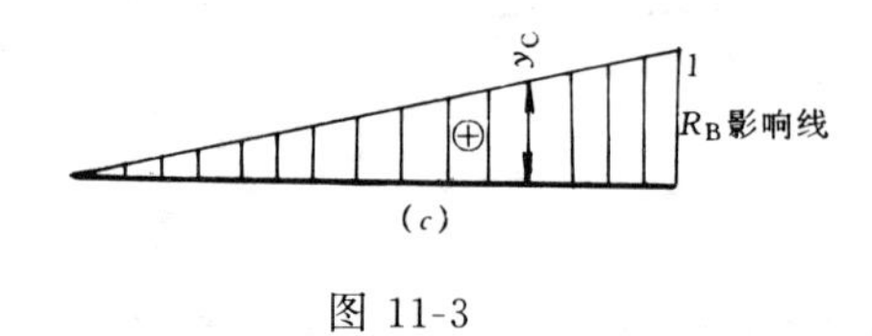

图 11-3

于是，只需在 A 支座处量出等于 1 的竖标，连其顶点与 B 支座零点，即得 R_A 的影响线，如图 11-3（b）所示。

同理，对于 R_B 影响线方程，可由 $\Sigma M_A=0$，

得

$$R_B l-Px=0$$

$$R_B=\frac{P}{l}x=\frac{1}{l}x,\quad(0\leqslant x\leqslant l)\qquad(11\text{-}2)$$

显然，R_B 影响线也是一条直线，可由两个竖标作出。

当 $x=0$ 时（$P=1$ 在 A 截面），$R_B=0$

当 $x=l$ 时（$P=1$ 在 B 截面），$R_B=1$

将上述两个竖标用直线相连，即得 R_B 的影响线，如图 11-3（c）所示。

根据影响线的定义，R_A（或 R_B）影响线中的任一竖标即代表荷载 $P=1$ 作用在该处时反力 R_A（或 R_B）的大小，如图中的竖标 y_C，即代表当荷载 $P=1$ 作用 C 点时，反力 R_A（或 R_B）的大小。说明 R_A（或 R_B）的影响线只能表示 R_A（或 R_B）的变化规律，而不能表示其他任何量值的变化规律。

在作影响线时，为了研究方便，假定荷载 $P=1$ 是不带任何单位的，即为一无名数。由此可知，反力影响线的竖标也是无名数。当以后利用影响线研究实际荷载的影响时，再乘上荷载相应的单位。

2. 弯矩影响线

现在绘制简支梁 AB（图 11-4a）上任一指定截面 C 的弯矩 M_C影响线。

坐标系仍为图 11-4（a）所示。当 P 位于截面 C 以左时，为计算方便，取 CB 段为隔离体，容易求得

$$M_C = R_B \cdot b = \frac{b}{l}x \quad (0 \leqslant x \leqslant a) \tag{11-3a}$$

可见 M_C影响线在截面 C 以左为一直线，称其为左直线。

$$当\ x = 0\ 时, M_C = 0$$

$$当\ x = a\ 时, M_C = ab/l$$

据此可绘出 M_C影响线的左直线（图 11-4b）。

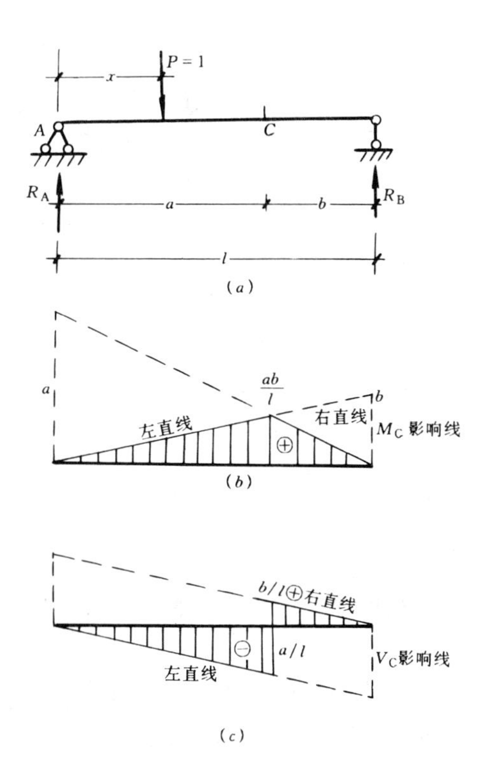

图 11-4

当 P 位于截面 C 以右时，前面求得的影响线方程不再适用，此时，可取截面 C 以左部分为隔离体，求得

$$M_C = R_A \cdot a = \frac{l-x}{l}a, \quad (a \leqslant x \leqslant l) \tag{11-3b}$$

可见 M_C影响线在截面 C 以右部分也是一直线，

$$当\ x = a\ 时, \quad M_C = ab/l$$

$$当\ x = l\ 时, \quad M_C = 0$$

由此可绘出 M_C影响线的右直线（图 11-4b）。

从 M_C的影响线方程(11-3a)、(11-3b)看出，M_C影响线的左直线可由反力 R_B的影响线乘以常数 b 并截取 CB 部分而得，右直线则可由反力 R_A的影响线乘以常数 a 并截取 AC 部分而得。这种利用已知量的影响线作其它量影响线的方法是很方便的。

弯矩影响线的量纲是长度单位。

3. 剪力影响线

下面绘制截面 C 的剪力 V_C影响线。仍以 A 点为坐标原点。当 $P=1$ 在截面 C 以左移动时，由 CB 段竖向的平衡条件，求得

$$V_C = -R_B, \quad (0 \leqslant x \leqslant a) \tag{11-4a}$$

因此，将 R_B的影响线反号并截取 AC 部分，即得 V_C影响线的左直线（图 11-4c）。按比例可求得 C 点左侧的竖标为$-\dfrac{a}{l}$。

当 $P=1$ 在截面 C 以右移动时，由 AC 段竖向平衡条件，求得

$$V_C = R_A, \quad (a \leqslant x \leqslant l) \tag{11-4b}$$

因此，直接利用 R_A的影响线并截取 CB 部分，即得 V_C影响线的右直线（图 11-4c）。按比例

可求得 C 点右侧的竖标为$\frac{b}{l}$。

由图可知，V_C影响线由两段平行的直线组成，间距为 1。当 P 从截面 C 左侧移动到其右侧时，V_C从$-\frac{a}{l}$变为$\frac{b}{l}$，产生了一个绝对值等于 1 的突变。

剪力影响线的竖标和反力一样，也是无量纲的。

为使读者避免把影响线与内力图混淆，应强调指出，影响线和内力图有着本质的区别。图 11-5（a）表示截面 C 的弯矩影响线，而图 11-5（b）则表示某一集中力 $P=1$ 作用在 C 处时梁的弯矩图。从外形来看两个图形似乎一样，但它们的含义是截然不同的。

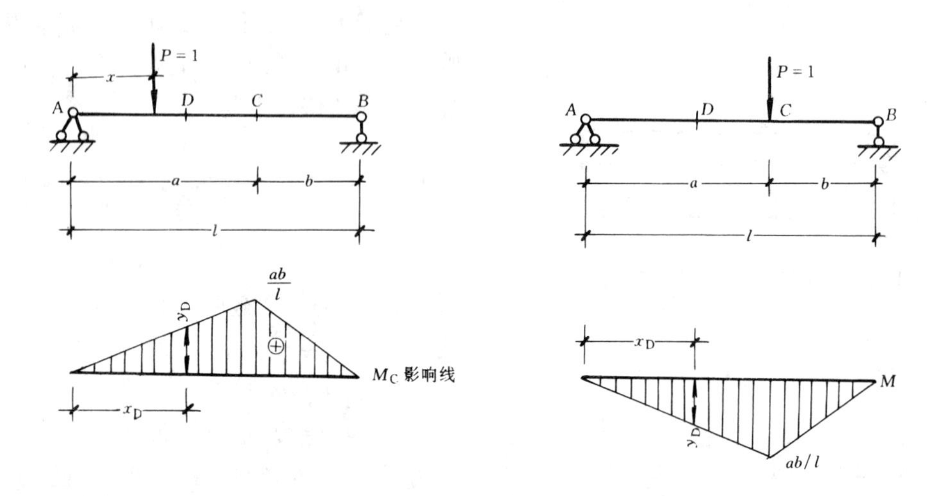

图 11-5

M_C影响线表示单位荷载 $P=1$ 沿结构移动时，截面 C 的弯矩值的变化情况。M_C影响线上所有竖标都是表示截面 C 的弯矩值。例如：截面 D 的竖标 y_D表示 $P=1$ 作用在 D 点时截面 C 的弯矩值。

而弯矩图 M 则表示在固定荷载 $P=1$ 作用下，梁上各个截面弯矩的分布情况。M 图上的竖标表示所在截面的弯矩值，不同截面的竖标表示不同截面的弯矩值。例如 M 图上截面 D 的竖标 y_D表示截面 D 的弯矩值。

另外，两者在量纲上也是不同的。

二、外伸梁的影响线

现在讨论图 11-6（a）所示外伸梁的影响线。

1. 反力影响线

取 A 点为坐标原点，x 以向右为正，建立的坐标系如图 11-6（a）所示。分别由 $\Sigma M_B=0$ 和 $\Sigma M_A=0$ 可求得

$$R_A=\frac{l-x}{l} \text{ 及 } R_B=\frac{x}{l}, \qquad (0\leqslant x\leqslant l)$$

上式对 $P=1$ 位于全梁任何位置都成立，但应注意当 $P=1$ 位于 EA 外伸段时，x 应为负值。可以看出，上述方程完全与简支梁的反力影响线方程式（11-1）和式（11-2）相同。因此，

只要将相应简支梁的反力影响线向两边外伸部分延长，即得到外伸梁的反力影响线，如图 11-6（b）、（c）所示。

2. 跨中截面的内力影响线

现在求截面 C 的弯矩 M_C 和剪力 V_C 影响线。

当 $P=1$ 位于截面 C 以左时，取 CD 段为隔离体，有

$$\begin{cases} M_C = R_B \cdot b \\ V_C = -R_B \end{cases}$$

当 $P=1$ 位于截面 C 以右时，取 EC 段为隔离体，有

$$\begin{cases} M_C = R_A \cdot a \\ V_C = R_A \end{cases}$$

上述两组方程仍与简支梁的弯矩、剪力影响线方程（11-3）和（11-4）相同。因此，也可将简支梁的弯矩、剪力影响线向左、右两边延长，即得外伸梁的弯矩、剪力影响线，如图 11-6（d）、（e）所示。

3. 外伸部分截面的内力影响线

外伸部分截面的内力影响线与跨中截面的内力影响线有所不同。现以截面 K 为例，作弯矩 M_K 和剪力 V_K 影响线。

为了讨论方便起见，重新建立坐标系 x_1。设以 K 为坐标原点，x_1 向左为正，如图 11-6（a）所示。

当 $P=1$ 位于截面 K 以右时，$M_K=0$，$V_K=0$。

当 $P=1$ 位于截面 K 以左 x_1 处时 （$0 \leqslant x_1 \leqslant l$），选取 EK 段为隔离体，求得

$$\begin{cases} M_K = -x_1 \\ V_K = -1 \end{cases}$$

由此作出 M_K、V_K 影响线，如图 11-6（f）、（g）所示。

由上述分析可知，对外伸梁来讲，作任一支座反力或中间部分任意截面的内力影响线时，只要先作出其中简支段的影响线，然后将影响线向伸臂部分延长即得。如作伸臂上任意截面

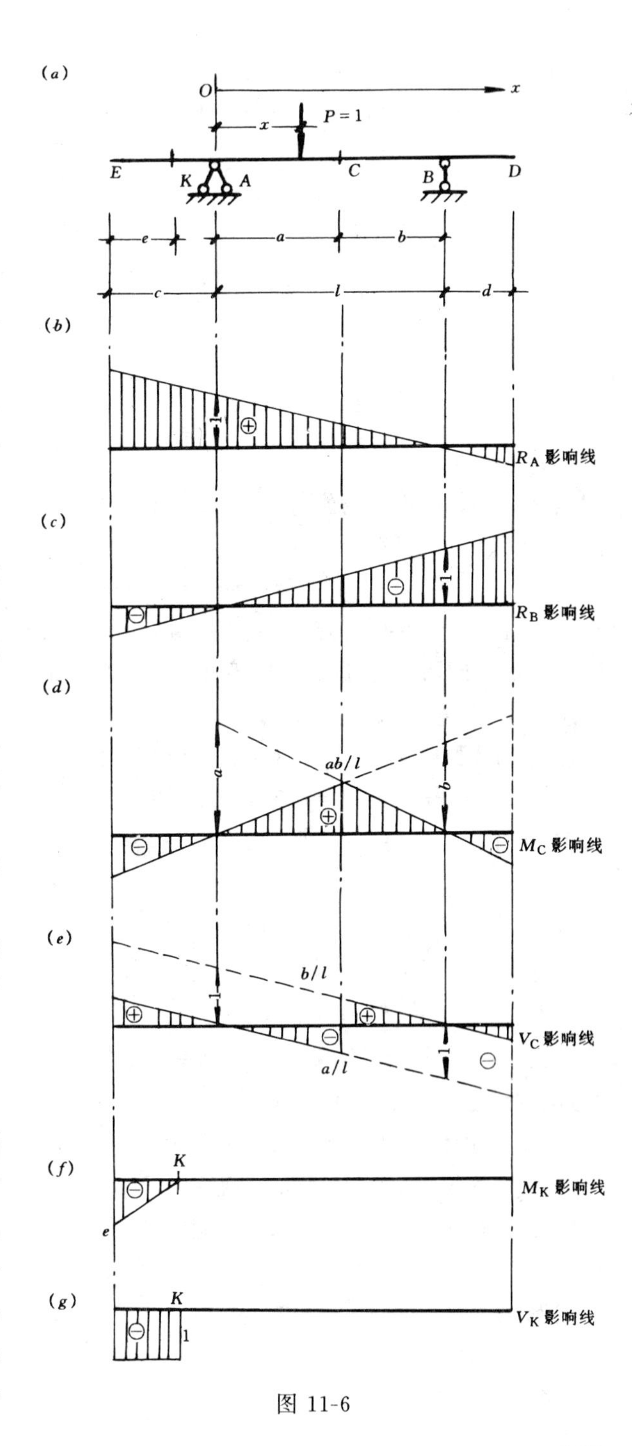

图 11-6

内力影响线，只须在该截面以外的伸臂部分作出影响线，而在该截面以内的影响线竖标均等于零。

最后说明一点，对于由直线杆件组成的静定结构，其反力和内力影响线方程都是 x 的一次函数，故其影响线总是由直线段组成的。

【例 11-1】 试作图 11-7（a）所示悬臂梁截面 A 的弯矩影响线。

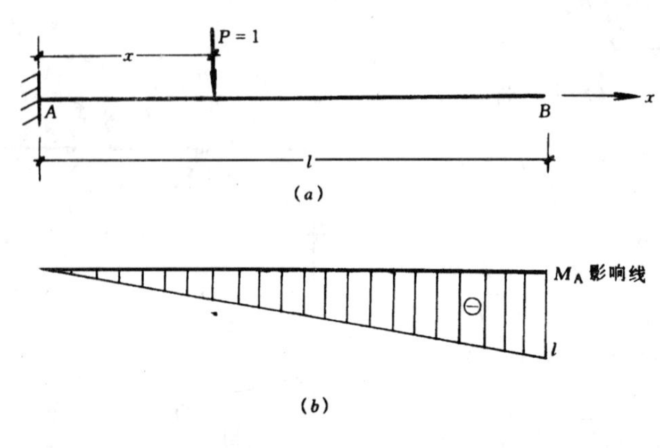

图 11-7

【解】 设以 A 点为坐标原点，$P=1$ 距离 A 点为 x，并规定弯矩使梁下侧受拉为正。由静力平衡条件可求得

$$M_{\mathrm{A}}=-Px=-x,\quad (0\leqslant x\leqslant l)$$

由上式看出，当 P 由 A 点向 B 点移动时，M_{A}为线性变化。若以梁的轴线为基线，以纵坐标表示 M_{A}，即可绘出截面 A 的弯矩 M_{A}随单位荷载 $P=1$ 的位置改变而变化的图形，即为截面 A 的弯矩影响线，如图 11-7（b）所示。

【例 11-2】 试作图 11-8（a）所示刚架固定端 A 弯矩 M_{AB}的影响线。

【解】 分段：当 $P=1$ 在梁 DC 上移动时，M_{AB}的影响方程只有一个，故全梁只需分为一段。

控制点：取点 D、C 为控制点。

当 $P=1$ 位于点 D 时，

$$M_{\mathrm{AB}}=-Pa=-a;$$

当 $P=1$ 位于点 C 时，$M_{\mathrm{AB}}=Pa=a$，式中弯矩为正值表示柱 AB 的右侧受拉。

注意：由于影响线的横坐标是表示单位荷载 $P=1$ 的位置，所以 M_{AB}影响线的基线应沿横梁 DC 方向，则作出 M_{AB}影响线如图 11-8（b）所示。

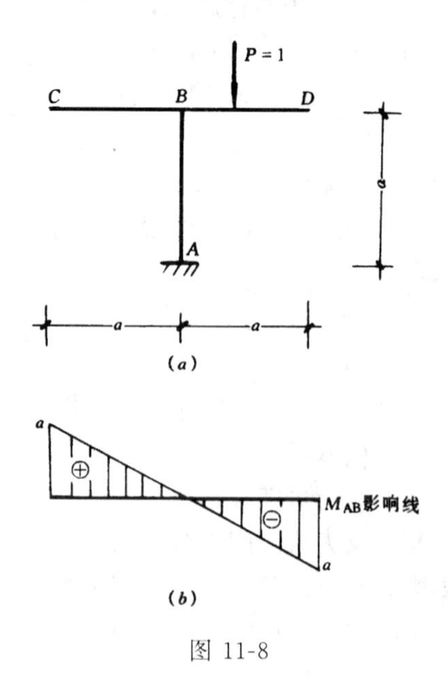

图 11-8

【例 11-3】 试作图 11-9（a）所示结构中 N_{BC}和 M_{D}的影响线。

【解】 1. N_{BC}的影响线

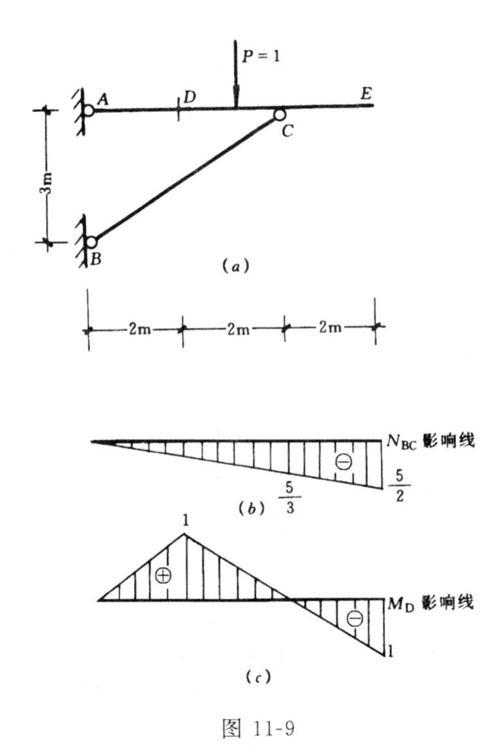

图 11-9

首先作出 N_{BC} 的垂直分力 N_{BCV} 的影响线，它相当于作外伸梁支座反力的影响线（杆 AE 可视为一根外伸梁）。然后把 N_{BCV} 影响线放大 5/3 倍 $\left(N_{BC}=\frac{5}{3}N_{BCV}\right)$，就得到 N_{BC} 的影响线，如图 11-9（b）所示。图中负号表示压力。

2. M_D 的影响线

作 M_D 影响线与作外伸梁中间指定截面的弯矩影响线的方法相同，所作的影响线如图 11-9（c）所示。

【例 11-4】 作图 11-10（a）所示两跨静定梁的支座反力 R_D、R_A、R_B 影响线及截面 K 的弯矩 M_K、剪力 V_K 影响线。

【解】 (1)支座反力影响线

如图 11-10（b）所示两跨静定梁的相互支承关系（基本部分与附属部分的关系），ABC 为基本部分，CD 为附属部分。当单位荷载 $P=1$ 在基本部分上移动时，R_D 为零；当 $P=1$ 在附属部分 CD 上移动时，可将它视为简支梁来求 R_D 的影响线，如图 11-10（c）所示。

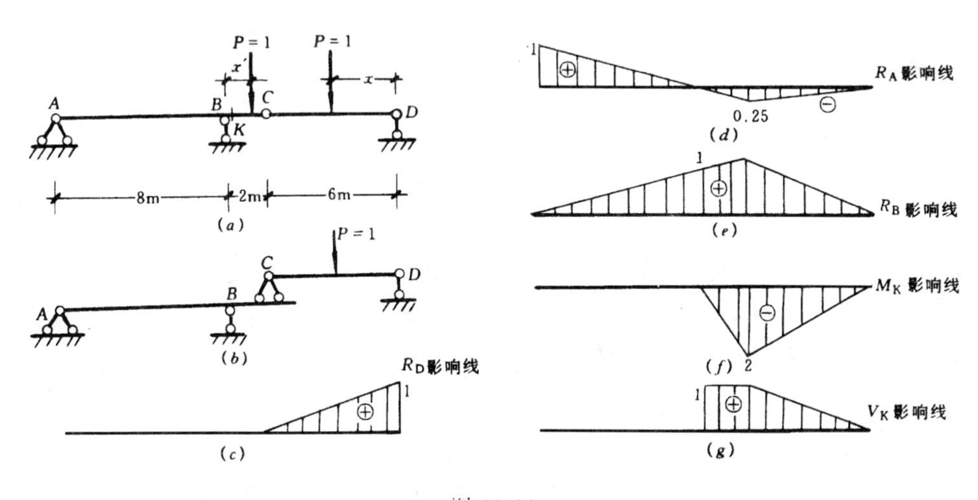

图 11-10

当荷载 $P=1$ 在基本部分上移动时，将 ABC 视为外伸梁以求 R_A 的影响线，A 点的竖标为 1，C 点的竖标为 $R_A=-\frac{2}{8}\times1=-0.25$。当 $P=1$ 在附属部分上移动时，得 $R_A=-\frac{2x}{8\times6}=\frac{x}{24}$。当 $x=0$ 时，$R_A=0$；当 $x=6$ 时，$R_A=-\frac{1}{4}=-0.25$。R_A 影响线如图 11-10（d）所

示。用同样方法可作出 R_B影响线如图 11-10（e）所示。

（2）M_K、V_K的影响线　当 $P=1$ 在附属部分上移动时，$M_K=-2\times\frac{x}{6}=-\frac{x}{3}$；$V_K=\frac{x}{6}$。当 $P=1$ 在 BC 部分上移动时 $M_K=-x'$；$V_K=1$。当 $P=1$ 在 AB 部分上移动时，M_K、V_K均为零。M_K、V_K的影响线如图 11-10（f）、（g）所示。

第三节　机动法作单跨静定梁的影响线

除了上节介绍的静力法外，也可用机动法作静定结构的影响线。这种机动法可不经具体计算就能迅速地绘出影响线的轮廓，这是很实用的，因为在结构设计中往往只需要知道影响线的轮廓。机动法的理论基础是虚功原理。

现以图 11 11（a）所示的外伸梁为例，说明用机动法作静定梁影响线的方法和步骤。

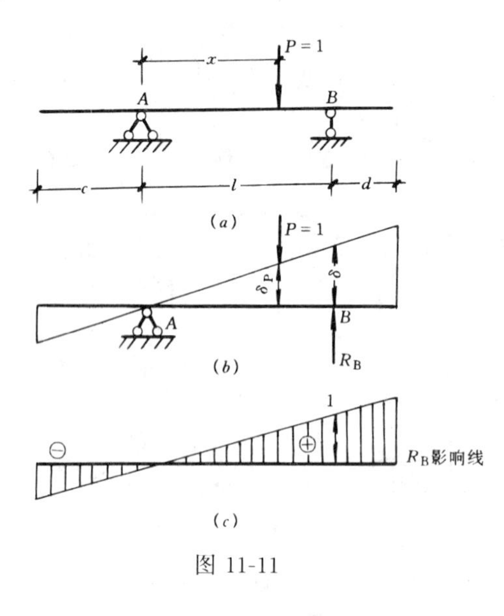

图 11-11

设欲求反力 R_B的影响线。首先除去与该反力相应的约束，即去掉 B 处支杆，同时在 B 点加一正方向反力 R_B代替原支杆的作用，原结构变成具有一个自由度的可变体系或机构。然后，使该体系发生微小的、约束所允许的刚体虚位移，并以 δ 表示 R_B作用点沿力作用方向的虚位移，以 δ_P表示 $P=1$ 作用点处的虚位移（设 δ_P向上为正），如图 11-11（b）所示。因为梁在 P、R_B、R_A共同作用下维持平衡，由虚功原理可知，它们在上述虚位移中所做虚功之和为零，即

$$R_B\delta - P\delta_P = 0$$

$$R_B = \frac{\delta_P}{\delta} \qquad (11\text{-}5)$$

式（11-5）表示：无论 $P=1$ 移动到梁上什么地方，B 支杆的反力总等于 $P=1$ 作用处的竖向位移 δ_P除以常数 δ。如令 $\delta=1$，则上式就变成 $R_B=\delta_P$，这样，梁上各点的竖向位移表示 $P=1$ 作用于该点所引起的 R_B值，此时的虚位移图就表示 $P=1$ 移动时 R_B的变化规律，即 R_B的影响线，如图 11-11（c）所示。

同理，可绘出反力 R_A的影响线。读者可自行绘制。

综上所述，用机动法绘制静定结构某反力或截面内力影响线的步骤可归纳如下：

（1）去掉与所求影响线的反力或内力所对应的约束，代之以相应的反力或内力，使原结构成为一个机构。

（2）使所得的机构沿该反力或内力的正方向发生单位虚位移。

（3）由此而得到的刚体虚位移图就是所要求的影响线。若虚位移图在基线上侧，则影响线的竖标取正号，否则取负号。

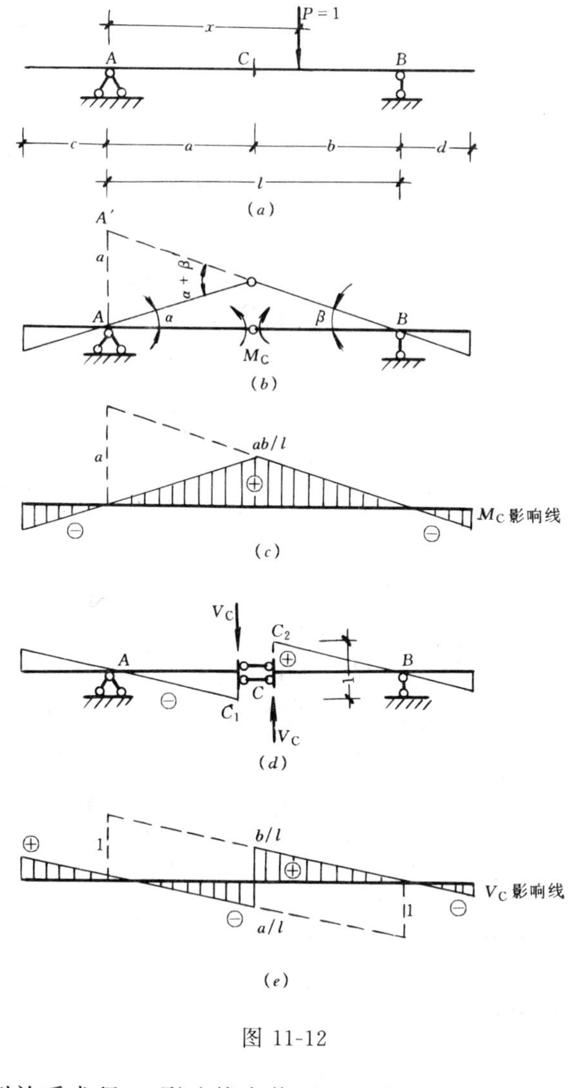

图 11-12

下面再举两例说明机动法的应用。图 11-12 (a) 所示为一外伸梁，现用机动法作截面 C 的弯矩 M_C影响线。首先去掉与 M_C对应的约束，即在截面 C 加铰，用一对力偶 M_C代替原约束的作用，使结构成为具有一个自由度的可变体系。令 AC、BC 两部分绕铰 C 作微小相对转动，转动方向与 M_C的正方向一致，得虚位移图如图 11-12 (b) 所示。若令 M_C方向的虚位移$(\alpha+\beta)$等于 1，便可绘出 M_C影响线，如图 11-12 (c) 所示。因 $(\alpha+\beta)$ 是微小相对角位移，则图中的竖标 $AA'=(\alpha+\beta)\cdot AC=a$。$C$ 点的竖标可按比例求出，为 ab/l，其它各点的竖标均可按比例求出。

同理，用机动法求截面 C 的剪力 V_C 影响线时，解除截面 C 处与剪力对应的约束。为此，在截面 C 处剪断杆件，用两平行连杆相联系，同时，在截面 C 左右两侧各加一个正方向剪力 V_C。然后使所得机构沿 V_C正方向作微小虚位移，如图 11-12 (d) 所示。V_C方向发生的虚位移为截面 C 左右两侧的相对线位移，即 (CC_1+CC_2)。若令 $CC_1+CC_2=1$，则得到 V_C影响线，如图 11-12 (e) 所示。值得注意的是，因为截面 C 两侧不能发生相对转动，故 $AC_1 /\!/ BC_2$，由此，可按比例关系求得 V_C影响线中截面 C 两侧的竖标，分别为 a/l、b/l。

第四节　利用影响线计算固定荷载作用下的反力和内力

前面三节介绍了影响线的定义及其绘制方法，以下各节将介绍影响线的应用。

当实际的移动荷载在结构上的位置一旦固定，或者结构本身在固定荷载作用下，均可利用反力或内力影响线求出该反力或内力的数值，这就是本节要介绍的问题。

一、集中荷载作用的情况

如图 11-13 (a) 所示的简支梁，在一组位置已知的集中荷载 P_1、P_2、P_3 作用下，要求截面 C 的剪力 V_C值。显然，可用求静定结构内力的截面法，很方便地求得答案。但现在则从另一途径，即利用影响线来求解。

首先，作出V_C影响线，如图 11-13 (*b*)所示，其在荷载作用点的竖标依次是y_1、y_2、y_3。根据影响线竖标的含义，应用叠加原理，可求得这组集中荷载作用下的V_C值为

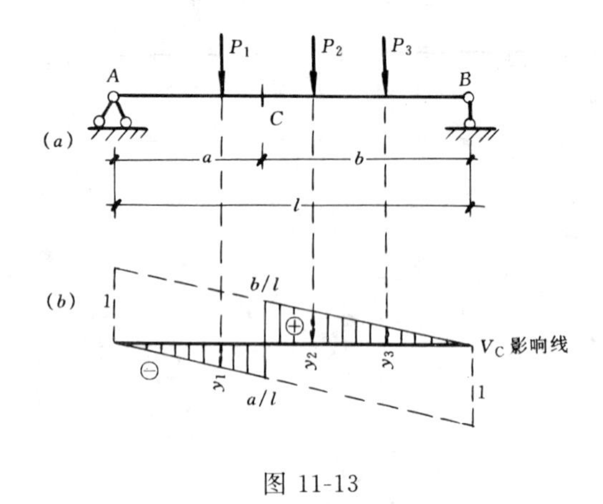

图 11-13

$$V_C = P_1y_1 + P_2y_2 + P_3y_3$$

一般，若结构上承受一组位置固定的 n 个集中荷载 P_1、P_2……P_n 的作用，某截面某一量 S 的影响线在各荷载作用点处相应的竖标依次为 y_1、y_2、…y_n，则在 n 个集中荷载的共同作用下，该量

$$S = P_1y_1 + P_2y_2 + \cdots + P_ny_n = \sum_{i=1}^{n} P_iy_i \qquad (11\text{-}6)$$

在应用时要注意上式为代数和。对于梁来说，荷载 P_i 以向下为正，影响线竖标 y_i 在基线上方为正。

【例 11-5】 图 11-14 (*a*) 所示简支梁，当汽车轮压作用于图示位置时，求梁截面 C 的弯矩和剪力。

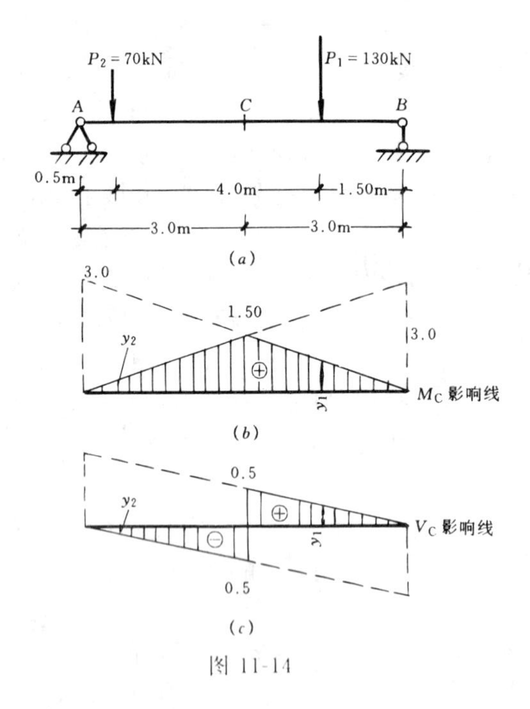

图 11-14

【解】 首先绘出 M_C和 V_C影响线（图 11-14*b*、*c*），然后分别算出 P_1、P_2 作用点处 M_C影响线上相应竖标为

$$y_1 = \frac{1.5}{3.0} \times 1.5 = 0.75,$$

$$y_2 = \frac{0.5}{3.0} \times 1.5 = 0.25$$

V_C影响线上相应竖标为

$$y_1 = \frac{1.5}{3.0} \times 0.5 = 0.25,$$

$$y_2 = \frac{0.5}{3.0} \times (-0.5) = -\frac{1}{12}$$

由式（11-6）得

$$M_C = 130 \times 0.75 + 70 \times 0.25 = 115\text{kN} \cdot \text{m}$$

$$V_C = 130 \times 0.25 - 70 \times \frac{1}{12} = 26.67\text{kN}$$

二、均布荷载作用的情况

当一均布荷载 q 位于图 11-15（a）所示梁中 DE 段时，若要求截面 C 的剪力 V_C，可将均布荷载沿其分布长度分成许多无穷小的微段 dx，视每一微段上的荷载 qdx 为一集中力，其对应的 V_C 影响线（图 11-15b）上的竖标为 y，则微段集中力 qdx 作用下截面 C 的剪力值为 $qdx \cdot y$。沿均布荷载分布范围积分，即得到整段分布荷载作用下的 V_C 值。

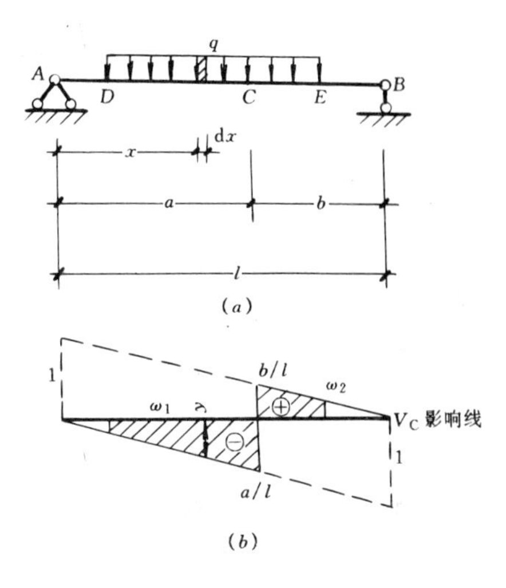

图 11-15

$$V_C = \int_D^E qdx \cdot y = q\int_D^E ydx = q\omega$$

式中，ω 表示影响线在荷载分布范围内的面积，即图 11-15b 中阴影部分面积。需注意，ω 应为图中正、负两部分面积的代数和。

由此可知，在均布荷载作用下，某一量的大小 S 等于荷载集度 q 与该量的影响线在荷载分布范围内的面积 ω 的乘积，即

$$S = q\omega \tag{11-7}$$

【例 11-6】 试利用影响线求简支梁在图 11-16（a）所示荷载作用下的 V_C 值。

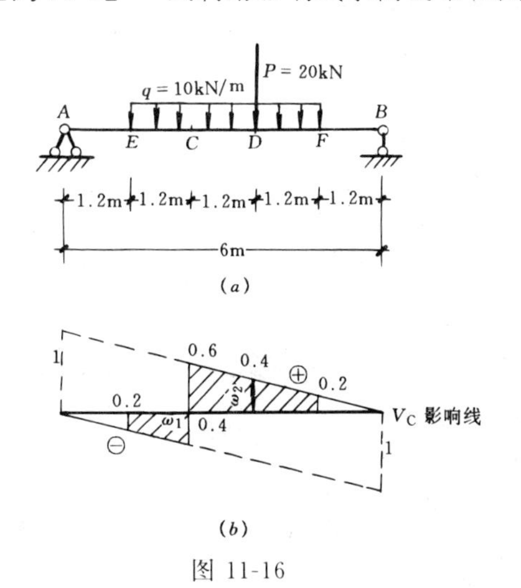

图 11-16

【解】 先作出 V_C 影响线，如图 11-16（b）所示。

在集中荷载 P 和均布荷载 q 共同作用下，根据叠加原理，可得

$$V_C = Py + q\omega$$

y 是集中荷载 P 作用点对应的影响线竖标，可算得

$$y = \frac{2.4}{3.6} \times 0.6 = 0.4$$

ω 为图 11-16(b)所示两部分阴影面积的代数和，即

$$\omega = \omega_2 - \omega_1 = \frac{1}{2} \times (0.2 + 0.6) \times 2.4 - \frac{1}{2} \times (0.2 + 0.4) \times 1.2 = 0.6$$

于是 $$V_C = 20 \times 0.4 + 10 \times 0.6 = 14\text{kN}$$

读者可用已掌握的截面法自行验证。

【例 11-7】 利用影响线计算图 11-17（a）所示吊车梁，在吊车自重 $q=4\text{kN/m}$ 和吊车轮压 P_1、P_2 作用于图示位置时，梁截面 C 的弯矩和剪力大小。

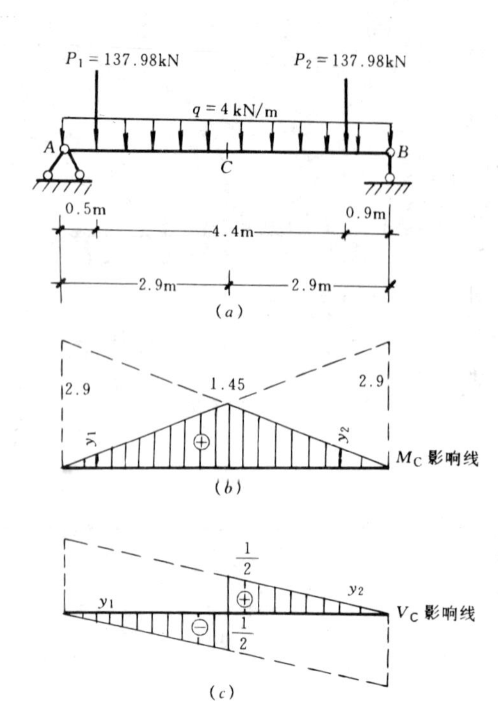

图 11-17

【解】 首先绘出截面 C 的弯矩影响线和剪力影响线，如图 11-17（b）、（c），并分别算出 P_1、P_2 作用点处弯矩影响线上相应竖标为

$$y_1=\frac{2.90}{5.80}\times 0.5=0.25,$$

$$y_2=\frac{2.90}{5.80}\times 0.9=0.45$$

剪力影响线上相应竖标为

$$y_1=-\frac{1}{5.80}\times 0.5=-0.0862,$$

$$y_2=\frac{1}{5.80}\times 0.9=+0.1552$$

弯矩、剪力影响线的面积分别为：

$$\omega_1=\omega_2=\frac{1}{2}\times 1.45\times 2.90=1.45\times 1.45=2.1025;$$

$$\omega'_1=\omega'_2=\frac{1}{2}\times\frac{1}{2}\times 2.9=0.725$$

$$\omega_M=\omega_1+\omega_2=2\times 2.1025=4.205;$$

$$\omega_V=-\omega'_1+\omega'_2=0$$

根据式（11-6）和式（11-7）可得

$$M_C=137.98\times(0.25+0.45)+4\times 4.205=96.59+16.82=113.41\text{kN}\cdot\text{m}$$

$$V_C=137.98\times(-0.0862+0.1552)+4\times(-\omega'_1+\omega'_2)=9.520\text{kN}$$

第五节 最不利荷载位置的确定

在工程设计中，对于承受移动荷载作用的结构，必须按结构反力和内力可能出现的最大值（亦称最大正值）或最小值（亦称最大负值）进行设计。使某量（反力或内力）产生最大（或最小）值的荷载位置称为该量的最不利荷载位置。影响线的一个重要作用就是用来确定最不利荷载位置。最不利荷载位置一旦确定，就可按上节所述方法或其它内力分析方法求出该量的最大（或最小）值。

一、单个移动集中荷载

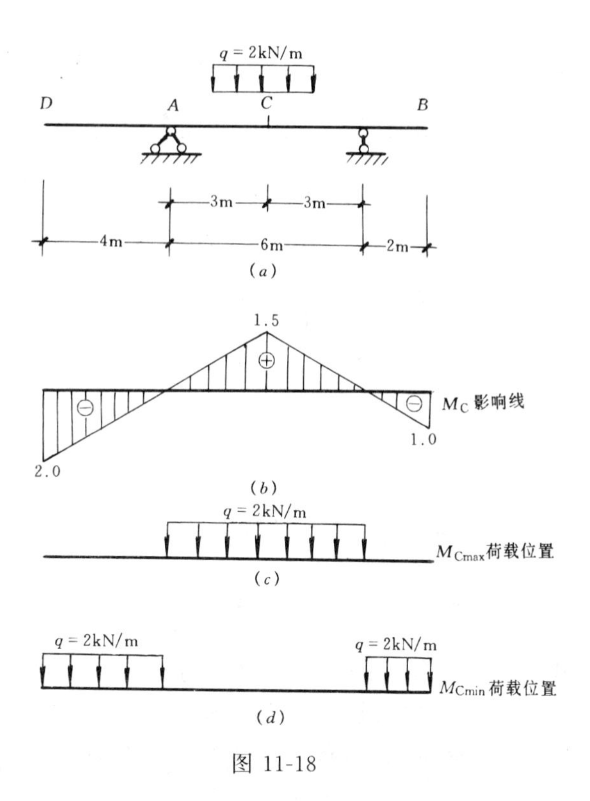

图 11-18

由 $S=Py$ 可知，P 作用于 S 影响线的最大竖标处时将引起 S 的最大值 S_{max}，P 作用于 S 影响线基线下侧的最低点，即竖标为负值最大时将使 S 产生最小值 S_{min}。

二、均布荷载

当活荷载是可移动的均布荷载，而且可以是任意断续布置（如人群、货物等）时，和由 $S=q\omega$ 可知，当荷载布满影响线所有正面积部分时，产生 S_{max}，当荷载布满所有负面积部分时，产生 S_{min}。

【例 11-8】 求图 11-18（*a*）所示外伸梁在均布荷载（其分布长度可任意布置）$q=2$kN/m 作用下截面 C 中的最大弯矩 M_{Cmax}和最小弯矩 M_{Cmin}。

【解】 首先作出 M_C影响线（图 11-18*b*）。将均布荷载布满影响线的正区段，则 M_C取最大值时的最不利荷载位置（图 11-18*c*）；将均布荷载布满影响线的负区段，则 M_C取最小值时的最不利荷载位置（图 11-18*d*）。

由式（11-7），得

$$M_{Cmax}=q\omega=2\times\left(\frac{1}{2}\times 6\times 1.5\right)=9\text{kN}\cdot\text{m}$$

$$M_{Cmin}=q\omega=2\times\left(-\frac{1}{2}\times 2\times 4-\frac{1}{2}\times 1\times 2\right)=-10\text{kN}\cdot\text{m}$$

在设计截面 C 时，必须同时考虑其产生最大、最小弯矩两种情况。

三、行列荷载

间距不变的一组移动集中荷载称为**行列荷载**，如吊车、汽车及火车的轮压等。对于一组集中行列荷载，其最不利荷载位置的确定，一般比较困难。但根据最不利荷载位置的定义可知，当荷载移动到该位置时，所求量值 S 为最大；因而荷载由该位置不论向左或向右移动到邻近位置时，S 值一定减小。据此我们可以从讨论荷载移动时 S 的增量入手来解决这个问题。

现以常用的影响线为三角形的情况进行讨论。如图 11-19（*a*）表示一组间距不变的移动荷载和某一量值的影响线（图 11-19*b*），当荷载处于任意位置时，集中荷载 P_1、P_2、……P_n 所对应于影响线的竖距为 y_1、y_2、……y_n，此时量值 S 为：

$$S=P_1y_1+P_2y_2+\cdots\cdots+P_ny_n=\sum_i^n P_iy_i$$

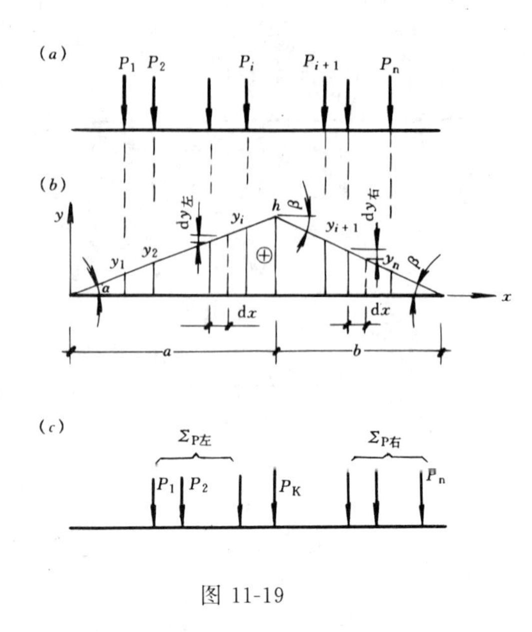

图 11-19

由于 P_i 为常数，y_i 为 x 的一次式函数，因此量值 S 是 x 的一次函数。如果 S 在 x 处取得极值，则在 x 左右的附近区域导数 dS/dx 必然要改变符号或为零。由数学极值判别条件可知，当 S 在 x 处取得极大值时，则在 x 的左边邻域 $\frac{dS}{dx}\geqslant 0$，而在 x 的右边邻域 $\frac{dS}{dx}\leqslant 0$；当 S 在 x 处取极小值时，在 x 的左边邻域 $\frac{dS}{dx}\leqslant 0$，而在 x 右边邻域 $\frac{dS}{dx}\geqslant 0$。通常把 S 取得极值时的荷载位置称为**临界荷载位置**，或简称为**临界位置**。它对应的荷载称为**临界荷载**。

因此要确定量值 S 的最不利荷载位置，可分为两步进行：①找出量值 S 的所有临界荷载位置并求出其对应极值；②比较各极值，从而确定最不利荷载位置。

由上述对 S 极值讨论，从图 11-19（b）看出，S 有极大值的条件应为：

当 P_K 位于影响线顶点的左边时，有

$$(P_1+P_2+\cdots+P_K)\frac{y_K}{a}\Delta x-(P_{K+1}+P_i+\cdots+P_n)\frac{y_K}{b}\Delta x\geqslant 0$$

当 P_K 位于影响线顶点的右边时，有

$$(P_1+P_2+\cdots+P_{K-1})\frac{y_K}{a}\Delta x-(P_K+P_i+\cdots+P_n)\frac{y_K}{b}\Delta x\leqslant 0$$

令 $\Sigma P^{左}$ 和 $\Sigma P^{右}$ 分别代表 P_K 以左和 P_K 以右的集中荷载的总和，并考虑到 $y_K\cdot\Delta x$ 为正值，则从以上两个不等式可得下列判别式

$$\left.\begin{aligned}\frac{\Sigma P^{左}+P_K}{a}\geqslant\frac{\Sigma P^{右}}{b}\\ \frac{\Sigma P^{左}}{a}\leqslant\frac{P_K+\Sigma P^{右}}{b}\end{aligned}\right\}\qquad(11\text{-}8)$$

上式即为**三角形影响线临界荷载的判别式**。该式说明，把不等式左边和右边均视为一个平均荷载。则当 P_K 计入影响线顶点的某一边，这一边的平均荷载就比另一边大些，那么，这个荷载 P_K 就是临界荷载。这时，只要把该临界荷载置于影响线的顶点，则所处的位置就是临界位置。

综上所述，量值 S 发生极大值时对应的行列荷载位置，应具备如下两个条件：

（1）有一个集中荷载位于影响线的顶点上；

（2）该集中荷载 P_K 应满足临界条件（式 11-8）。

至于哪个荷载在影响线顶点上时能满足临界条件，需要通过试算。临界荷载可能不止

一个，此时要分别计算其 S 值，取其最大者。

在实际应用时，并不一定要对每个集中荷载进行试算，等到求出所有极值后才确定最大正值（或最大负值）和最不利荷载位置。通常是通过观察判定最不利荷载位置的大概情况，从而减少求临界荷载的次数。

一般来讲，把数值大、排列密的集中荷载置于影响线竖标较大的范围内，以及置于同符号影响线范围内的荷载数目较多时，量 S 的数值必然较大。根据这个原则来判断，可以把需要试算的集中荷载数目减少。

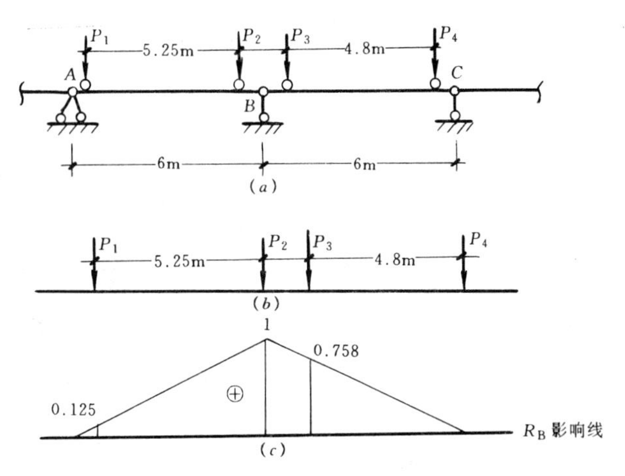

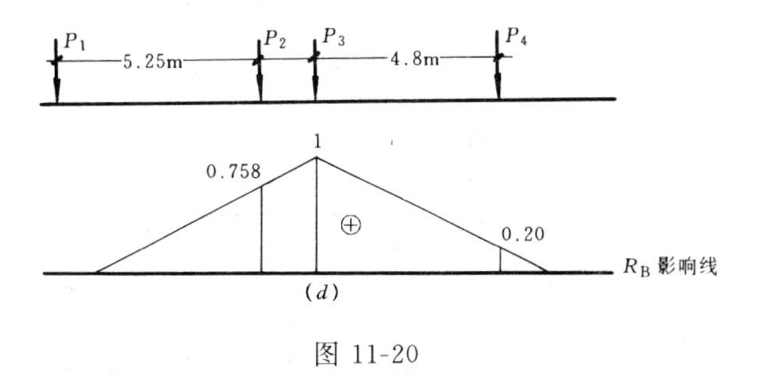

图 11-20

【例 11-9】 试求图 11-20（a）所示多跨简支梁在吊车荷载作用下的 B 支座最大反力 $R_{B\max}$。其中 $P_1=P_2=478.5\text{kN}$，$P_3=P_4=324.5\text{kN}$。

【解】 先作 R_B影响线，如图 11-20（c）所示。当 P_1 和 P_4 位于影响线顶点时不会是最不利荷载位置，将其排除，只考虑 P_2 和 P_3 位于影响线顶点时的情况。

P_2 位于影响线顶点时（图 11-20b），可根据比例关系求出各荷载对应的影响线竖标，如图 11-20（c）所示（P_4 位于梁外），则

$$R_{B1}=\Sigma P_i y_i=P_1\times 0.125+P_2\times 1+P_3\times 0.758=784.3\text{kN}$$

P_3 位于影响线顶点时（图 11-20d），同理可得（此时 P_1 位于梁外）：

$$R_{B2}=P_2\times 0.758+P_3\times 1+P_4\times 0.2=752.1\text{kN}$$

因 $R_{B1}>R_{B2}$，则 $R_{B\max}=R_{B1}=784.3\text{kN}$，图 11-20（$b$）所示荷载位置即为 $R_{B\max}$对应的最不利荷载位置。

【例 11-10】 两台吊车的轮压为 $P_1=P_2=P_3=P_4=280\text{kN}$，轮距 $a=4.8\text{m}$，吊车间距 $b=1.44\text{m}$，如图 11-21（a）所示。试求吊车梁跨中截面 C 的最大弯矩 $M_{C\max}$、最大剪力 $V_{C\max}$ 和最小剪力 $V_{C\min}$。

【解】 1. 求 $M_{C\max}$

作 M_C影响线，如图 11-21（b）所示。

由于当 P_2 或 P_3 位于影响线顶点时，有较多的荷载位于顶点附近，故只需考虑 P_2、P_3 位于影响线顶点的情况。又由于本例的特殊情况，即 $P_2=P_3$ 和影响线为对称图形，故 P_2 或 P_3 位于影响线顶点时 M_C相等，均为 $M_{C\max}$。

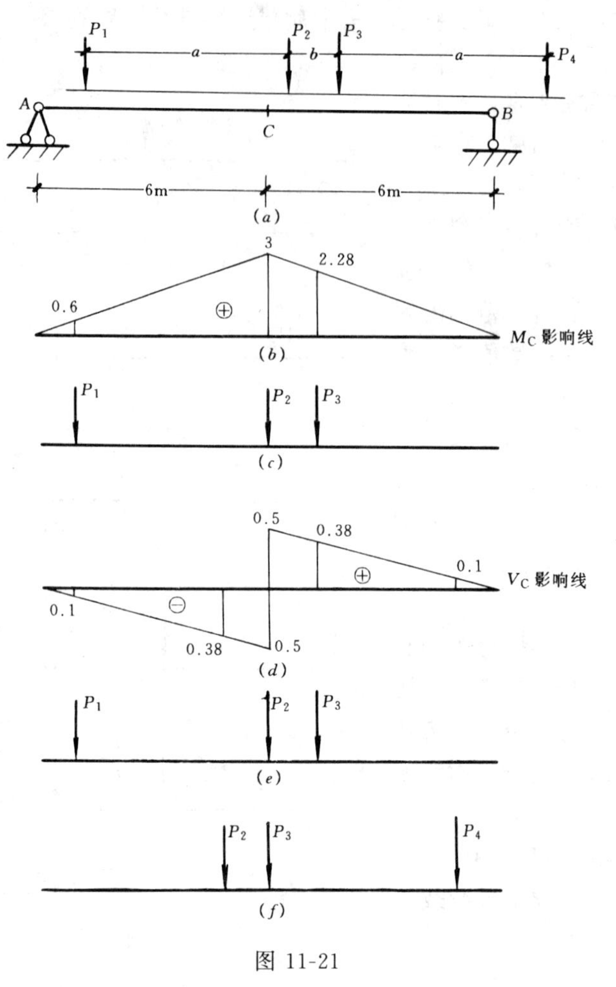

图 11-21

计算图 11-21（c）所示 P_2 位于顶点时的情况（此时 P_4 已位于简支梁以外），则

$$M_{C\max} = P_1y_1 + P_2y_2 + P_3y_3 = 280 \times (0.6 + 3 + 2.28) = 1646.4\text{kN} \cdot \text{m}$$

2. 求 $V_{C\max}$

作 V_C影响线，如图 11-21（d）所示。由观察可知，当 P_2 位于影响线正号图形的顶点。（图 11-14e）时，V_C达到最大。则

$$V_{C\max} = P_1y_1 + P_2y_2 + P_3y_3 = 280 \times (-0.1 + 0.5 + 0.38) = 218.4\text{kN}$$

3. 求 $V_{C\min}$

P_3 位于 V_C影响线负号图形的顶点时为 $V_{C\min}$的最不利荷载位置（图 11-21f）。

$$V_{C\min} = P_2y_2 + P_3y_3 + P_4y_4 = 280 \times (-0.38 - 0.5 + 0.1) = -218.4\text{kN}$$

第六节　简支梁的内力包络图

上面我们讨论了如何求得梁上某一指定截面中某内力的最大值和最小值。在设计承受

移动荷载作用的结构时，一般需要求出构件在恒载和移动荷载共同作用下各个截面的内力最大值和最小值。如果把这些最大值和最小值按同一比例标在梁轴线上，并连成曲线，这一曲线即称为**梁的内力包络图**。换言之，内力包络图就是在恒载和移动荷载共同作用下梁上各截面内力最大值和最小值的连线。因此，无论移动荷载位于梁上什么位置，所引起的内力图必然都在包络图以内，为包络图所包含。包络图是结构设计的主要依据，在吊车梁和楼盖设计中应用广泛。梁的内力包络图有弯矩包络图和剪力包络图两种。由各截面的弯矩最大值和最小值分别连成的图线，称为**弯矩包络图**；由各截面的剪力最大值和最小值分别连成的图线，称为**剪力包络图**。

现以例 11-10 中的吊车梁为例说明简支梁内力包络图的作法。首先沿梁的轴线把梁分为若干等分，如图 11-22（a）中的十等分。对吊车梁来说，恒载引起的弯矩要比活载引起的小得多，设计中通常把它略去，只考虑活载引起的弯矩。按例 11-10 所述方法求出吊车移动时，在 0、1、2、…10 截面的最大弯矩分别为 0.0、692.2、1182.7、…0.0kN·m（各截面的最小弯矩均为零），按同一比例量出各截面处的最大弯矩，并以光滑曲线连接（图 11-22b），此图称为吊车梁的弯矩包络图（其中，最小弯矩连成的曲线为梁的轴线）。

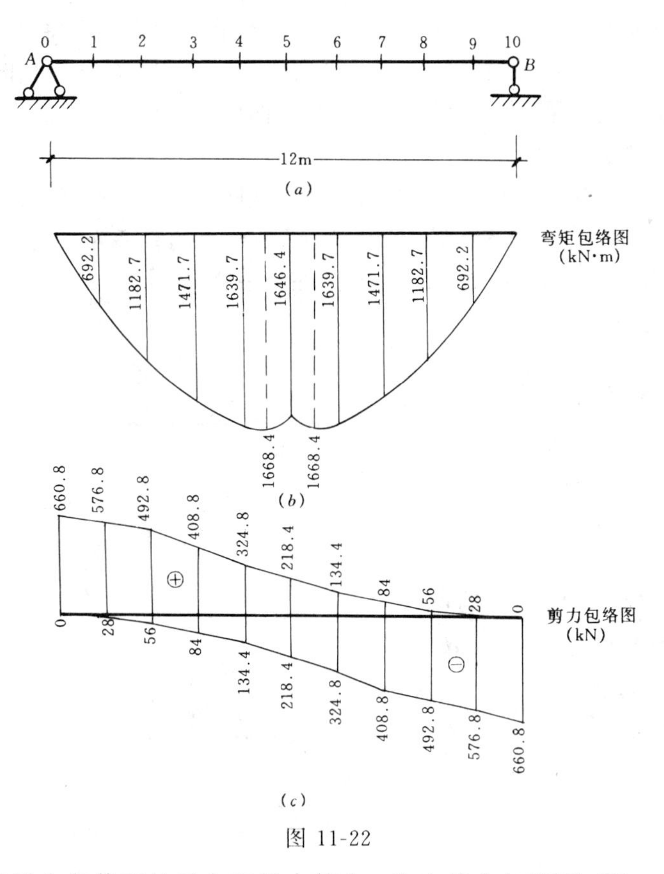

图 11-22

同理，可求出梁上各截面的最大和最小剪力，作出剪力包络图（图 11-22c）。由于每一截面都会产生最大剪力和最小剪力，因此剪力包络图有两条曲线，它们接近直线。工程上常这样简化：求出两端和跨中截面的最大、最小剪力值，连以直线，得到近似的剪力包络图。

第七节　简支梁的绝对最大弯矩

简支梁在恒载和活载共同作用下，各截面最大弯矩中的最大值，称为该梁的绝对最大弯矩。一般地，恒载作用下的弯矩比较容易确定，所以，只要求出了活载作用下各截面最大弯矩中的最大值，绝对最大弯矩也就能方便地求出。因此，在下面的讨论中，暂且把活载作用下各截面最大弯矩中的最大值称为绝对最大弯矩。

如上一节图 11-22 (*b*) 简支梁的弯矩包络图中虚线所标的竖标值 1668.4kN·m，就是该梁在移动的吊车轮压荷载作用下梁的绝对最大弯矩，它发生在梁在中央截面 5 两侧附近的截面上。

绝对最大弯矩所在的截面事先是不知道的，因而也就无法将其直接求出。由于梁上截面有无限多个，无法将梁上各截面的最大弯矩都求出来，一一加以比较。因此，必须寻求其它可行的途径来确定绝对最大弯矩所在的截面和它的值。

由于简支梁在一组集中荷载作用下的弯矩图由直线组成，且集中荷载作用点有转折，因此可以肯定，绝对最大弯矩必然发生在某一个集中荷载作用点的截面上。于是问题的求解分两步，首先分别研究当荷载移动时，每一个集中荷载作用点的弯矩何时达到最大值并求出该最大弯矩的数值，然后把求出的所有集中荷载作用点截面产生的最大弯矩加以比较，其中最大者即为绝对最大弯矩。

如图 11-23 所示简支梁上作用一组移动荷载，试取某一集中荷载 P_K，研究当 P_K 处于什么位置时其作用点截面的弯矩达到最大。设 P_K 到支座 A 的距离为 x，梁上所有荷载（包括 P_K 在内）的合力 R 至 P_K 的距离为 a，并设 P_K 在 R 左侧（图 11-23*a*），由 $\Sigma M_B=0$，得

$$R_A=\frac{R}{l}(l-x-a) \qquad (a)$$

取 P_K 以左部分为隔离体，可求得 P_K 作用点的弯矩

$$M_x=R_Ax-M_K$$

$$=\frac{R}{l}(l-x-a)x-M_K \qquad (b)$$

式中，M_K 表示梁上处于 P_K 左边的荷载（P_1、P_2）对 P_K 作用点的力矩的代数和，它是与 x 无关的常数。

为求 M_x 的极值，令

$$\frac{dM_x}{dx}=\frac{R}{l}(l-2x-a)=0$$

得

$$x=\frac{l}{2}-\frac{a}{2} \qquad (c)$$

如果 P_K 在合力 R 的右侧（图 11-23*b*），同理可得

$$x=\frac{l}{2}+\frac{a}{2} \qquad (d)$$

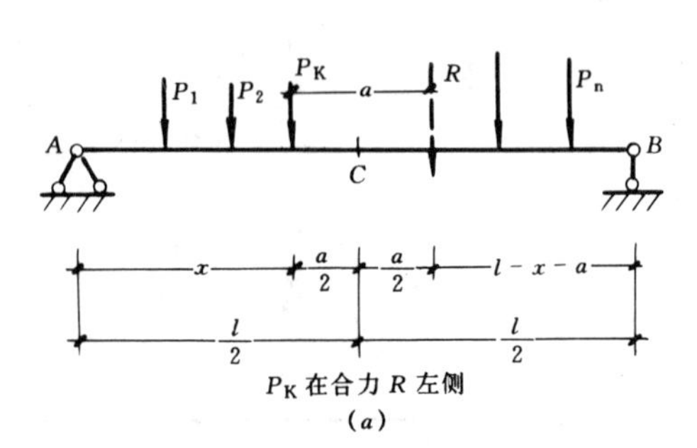

P_K 在合力 R 左侧

(*a*)

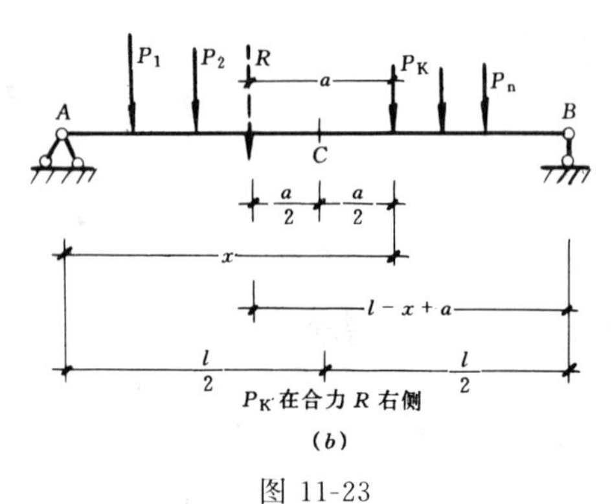

P_K 在合力 R 右侧

(*b*)

图 11-23

综合（c）、（d）两式，得到 P_K作用点所在截面弯矩为最大值的条件为

$$x=\begin{cases}\dfrac{l}{2}-\dfrac{a}{2} & (P_K\text{在}R\text{左侧时})\\[2ex] \dfrac{l}{2}+\dfrac{a}{2} & (P_K\text{在}R\text{右侧时})\end{cases} \tag{11-8}$$

从上式，并对照图 11-23 不难看出，当合力 R 与 P_K位于梁的中点两侧对称位置时，P_K所在截面的弯矩为最大值。将式（11-8）代入式（b），可得 P_K作用点下的弯矩最大值

$$M_{max}=\begin{cases}\dfrac{R}{l}\left(\dfrac{l}{2}-\dfrac{a}{2}\right)^2-M_K & (P_K\text{在}R\text{左侧时})\\[2ex] \dfrac{R}{l}\left(\dfrac{l}{2}+\dfrac{a}{2}\right)^2-M_K & (P_K\text{在}R\text{右侧时})\end{cases} \tag{11-9}$$

在应用公式（11-8）、（11-9）时，要注意 R 是所有位于梁上荷载的合力，包括 P_K在内。在安排 P_K与 R 的位置使它们对称于梁中点的过程中，有些荷载可能被挤出梁跨外或进入梁跨内，改变了原来在计算合力 R 时的荷载状态，这时应重新计算合力 R 的数值和位置。

按上述方法算出每一荷载作用处截面的最大弯矩，并加以比较，其中最大者就是绝对最大弯矩。当荷载数目较多时，这样做是很麻烦的。实际计算时，常常可以估计出哪一个或哪几个荷载需要考虑。经验表明：使梁跨中截面产生最大弯矩的荷载，通常也就是产生绝对最大弯矩的荷载。因此，在实际计算简支梁绝对最大弯矩时，可以按以下步骤进行：

（1）确定使梁中点截面产生最大弯矩的荷载 P_K。

（2）移动荷载组位置，使 P_K与全跨荷载的合力 R 对称于梁中点（此时应注意是否有荷载挤出或进入梁上）。

（3）按公式（11-9）或其它静力分析方法，求出 P_K作用点截面的弯矩，即得绝对最大弯矩。

计算表明，绝对最大弯矩只比跨中截面的最大弯矩稍大一些（5%以内），故设计时常用跨中的最大弯矩代替之。

【例 11-11】 试求图 11-24（a）（即例 11-10）所示吊车梁的绝对最大弯矩。

【解】 1. 由例 11-10 的计算结果可知，P_2 和 P_3 均为使梁跨中截面产生最大弯矩的荷载。

2. $P_K=P_2$ 时

设 P_2 位于截面 C 之左（图 11-24b），则

$$R=280\times 4=1120\text{kN}$$

$$a=\frac{1.44}{2}=0.72\text{m}$$

令 a 被 C 点等分，P_2 距 C 点的距离为$\dfrac{a}{2}=0.36$m，由式（11-9）得

$$M_{max}=\frac{1120}{12}\times\left(\frac{12}{2}-\frac{0.72}{2}\right)^2-280\times 4.8=1624.9\text{kN}\cdot\text{m}$$

设 P_2 位于截面 C 之右（图 11-24c），这时 P_4 已挤出梁外。作用于梁上的荷载合力

$$R=280\times 3=840\text{kN}$$

$$a=\frac{280\times 4.8-280\times 1.44}{840}=1.12\text{m}$$

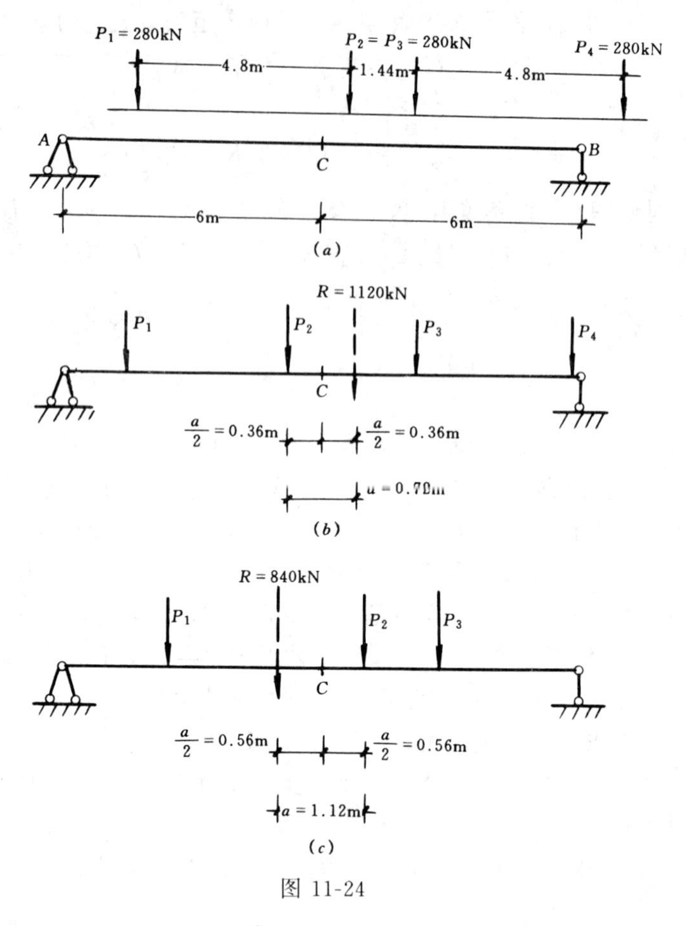

图 11-24

令 a 被 C 点等分，P_2 距 C 点的距离为$\frac{a}{2}=0.56\text{m}$。此时 P_4 距 C 点的距离为

$$0.56 + 1.44 + 4.8 = 6.8\text{m} > 6\text{m}$$

故 P_4 确已移至梁外。由式（11-9）得

$$M_{\max} = \frac{840}{12} \times \left(\frac{12}{2} + \frac{1.12}{2}\right)^2 - 280 \times 4.8 = 1668.4\text{kN} \cdot \text{m} > 1624.9\text{kN} \cdot \text{m}$$

由此可知，P_2 作用在 C 点之右且距 C 点为$\frac{a}{2}=0.56\text{m}$ 处时，最大弯矩为 1668.4kN·m。

3. $P_K = P_3$ 时

同理可求出 P_3 作用在 C 之左且距 C 点为 0.56m 处时，最大弯矩为 1668.4kN·m。

因此，梁的绝对最大弯矩为 1668.4kN·m，如图 11-22（b）所示。该值与梁跨中截面 C 的最大弯矩（1646.4kN·m）比较，仅大约 1%。

第八节　连续梁的影响线及其应用简介

由于连续梁是超静定结构，其影响线的绘制、最不利荷载位置的确定以及内力包络图的绘制等，均比简支梁要复杂得多。本节对连续梁的影响线绘制及其应用只作一简单的介绍。

一、利用挠度图作连续梁的影响线轮廓

和简支梁一样，可根据影响线的定义用静力法作出连续梁的影响线（读者可参阅有关结构力学教材），这一方法实际上是多次求解超静定结构，计算工作量很大，往往需要编制计算程序用计算机完成。

实际工程中的连续梁（如楼盖等）结构，主要承受货物、人群等可以任意分布的均布荷载作用，只要知道影响线的轮廓，而不必求出其具体数值，便可确定某一反力或内力的最不利荷载位置，然后用静力分析方法求出该反力或内力的最大（或最小）值。

利用挠度图能够迅速地绘出连续梁影响线的轮廓，此方法的依据是功的互等定理。

下面以作图 11-25（a）所示连续梁 B 支座的反力 R_B影响线为例，说明此方法的要点与原理。

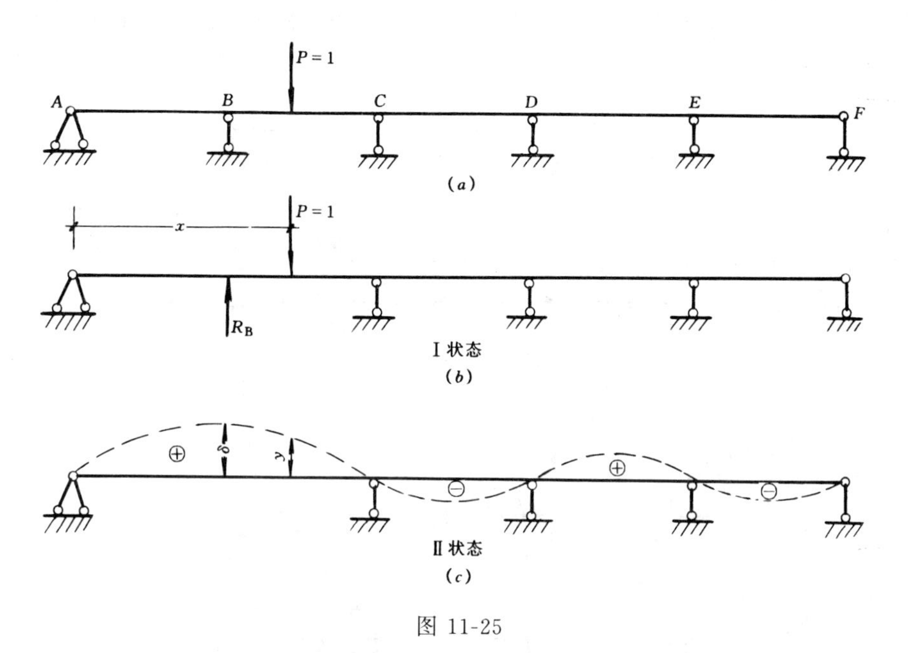

图 11-25

设 $P=1$ 作用在梁上某一位置，引起 B 支座的反力为 R_B。现除去 B 支座，代以反力 R_B，此时 B 截面处的竖向位移应为零，结构处于平衡状态，称此状态为Ⅰ状态（图 11-25b）。另外，设想去掉支座 B 后的连续梁，给 B 截面处沿 R_B的正向一个虚位移 δ，这时梁发生挠曲变形如图 11-25（c）所示，称此为Ⅱ状态，梁在 $P=1$ 处的对应位移是挠度 y。

由功的互等定理：Ⅰ状态的外力在Ⅱ状态的位移上作的虚功，等于Ⅱ状态的外力在Ⅰ状态的位移上作的虚功。得

$$R_B \cdot \delta - P \cdot y = 0$$

即

$$R_B = y/\delta \tag{11-10}$$

对图 11-25（c）所示的挠曲线，不论 $P=1$ 在梁上移动到何处，式（11-10）均成立。进一步令 $\delta=1$，说明所得的挠曲线就是影响线。因此，解除与 R_B相应的约束后，在该反力正向产生单位位移时的挠度图，即为 R_B的影响线。至于 y 的数值大小，必须通过计算多次超静定结构的位移才能得到，较为复杂。但在这里，并不需要具体知道大小，我们只要知道

由此而得到的挠曲线的正确轮廓、形状就可以了，关于这点，可以在以下的应用中看到。

由此，可将用挠度图作连续梁某量 S 影响线轮廓的步骤归纳如下：

（1）去掉与所求反力或内力 S 相应的约束，代以约束反力或内力 S。

（2）令 S 方向产生正向单位位移，作出体系的挠度图（一条满足约束条件的平滑挠曲线）。基线上方为正，下方为负，这样就得到 S 影响线的大致形状。

此法与机动法作静定多跨梁的影响线类似，区别在于：静定多跨梁去掉一个约束后，体系成为机构，因而其虚位移为刚体虚位移，故位移图是折线图形；连续梁去掉一个约束后仍然是几何不变体系，其虚位移为弹性虚位移，故位移图是曲线图形。

图 11-26 绘出了用挠度图法作出的连续梁的各种影响线。反力 R_{D}影响线是去掉支杆 D 后，代之以正向支反力 R_{D}，并令 R_{D}方向产生单位位移所画出连续梁的挠曲线得到的（图 11-26b）；D 截面弯矩 M_{D}影响线是在 D 截面处加铰，在铰的两侧截面作用正向弯矩 M_{D}，令 D 铰左右两侧截面产生相对角位移 $\theta=1$ 时所画出的挠曲线（图 11-26c）；弯矩 M_{G}影响线的得

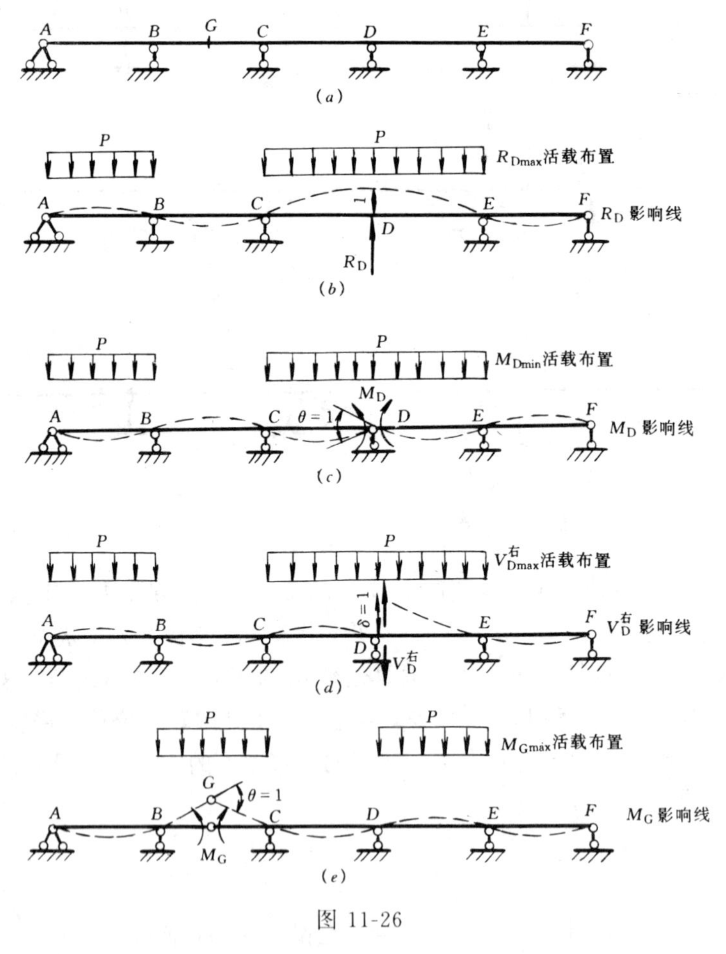

图 11-26

出与 M_{D}影响线类似（图 11-26 e）；剪力 $V_{\mathrm{D}}^{右}$影响线是将 D 截面去掉剪力约束后变成定向联系（图中未画出），加 $V_{\mathrm{D}}^{右}$，并令其正向产生单位相对位移 $\delta=1$ 后得到的，如图 11-26（d）所示。应注意 $V_{\mathrm{D}}^{右}$影响线在截面 D 左、右两侧的切线必须平行。

二、连续梁的最不利荷载位置

同简支梁一样，对于可以任意布置的均布荷载，将荷载布满 S 影响线的正值区段，负值区段不受载，即为 S 最大值的最不利荷载位置；将荷载布满 S 影响线的负值区段，正值区段不受载，则为 S 最小值的最不利荷载位置。通常，弯矩最大值的控制截面为跨中截面，弯矩最小值的控制截面为支座截面，剪力最大值的控制截面也是靠近支座处截面。图 11-26 中示出了各量在控制截面的最不利荷载位置。

由图 11-26 可以得出如下几个重要结论：

(1) 支座反力　在该支座左右相邻两跨布置活荷载，然后每隔一跨布置活载，可得到使连续梁的中间支座产生最大反力的最不利荷载位置，如图 11-26 (b) 所示。

(2) 跨中弯矩　跨中最大弯矩的最不利荷载位置为在本跨布置活载，然后每隔一跨布置活载，如图 11-26 (e) 所示。

(3) 中间支座弯矩或剪力　在该支座左右相邻两跨布置活载，然后每隔一跨布置活载，得相应最小（或最大）内力的最不利荷载位置，如图 11-26 (c)、(d) 所示。

三、连续梁的内力包络图

原则上，在某内力的最不利荷载位置确定后，可以用前面介绍的任何一种求解超静定梁的方法求出该内力的最大（或最小）值。在求出若干截面的最大（或最小）值后，连以曲线，便得到了该内力的包络图。

在作弯矩包络图时，任一截面的最大（或最小）弯矩都由两种荷载引起，即恒载和活载。由于在均布荷载作用下，连续梁各个截面弯矩的最不利荷载位置都是在若干跨内布满活载，因而其最大（或最小）弯矩的计算可以利用叠加原理而得到简化。恒载作用下各截面的弯矩是固定不变的，而活载部分对最大（或最小）弯矩的贡献可以这样求出：作出连续梁每一跨单独布满活载时的弯矩图，然后对于梁上任一截面，将所在这些弯矩图中对应的正值相加，就得到该截面在活载作用下的最大弯矩；同样，将所有弯矩图中对应的负值相加，就得到该截面在活载作用下的最小弯矩。由此，可将绘制连续梁弯矩包络图的步骤归纳如下：

(1) 绘出恒载作用下的弯矩图。

(2) 按每一跨上单独布满活载的情况，逐一绘出其弯矩图。

(3) 将各跨分为若干等分，对每一等分点处截面，将恒载弯矩图中该截面的竖标值与所有各跨活载弯矩图中对应的正（或负）值竖标相叠加，便得到各截面的最大（或最小）弯矩值。即

$$M_{max}=M_{恒载}+\Sigma(+M)_{活载}$$
$$M_{min}=-M_{max}=M_{恒载}+\Sigma(-M)_{活载}$$

(4) 将上述各截面的最大（或最小）弯矩值在同一图中按同一比例画出，并连成曲线，即得到所求的弯矩包络图。

剪力包络图的绘制步骤和方法与弯矩包络图相同。一般情况下，各支座两侧截面的剪力最大，跨中较小，因此在实际工程中，通常只将各跨两端靠近支座处截面上的最大剪力值和最小剪力值求出，而在各跨跨中以直线相连，近似地作为剪力包络图。

【例 11-12】 图 11-27 所示三跨等截面连续梁，承受恒载为 $q=20\text{kN/m}$，活载为 $P=37.5\text{kN/m}$，试作其弯矩包络图和剪力包络图。

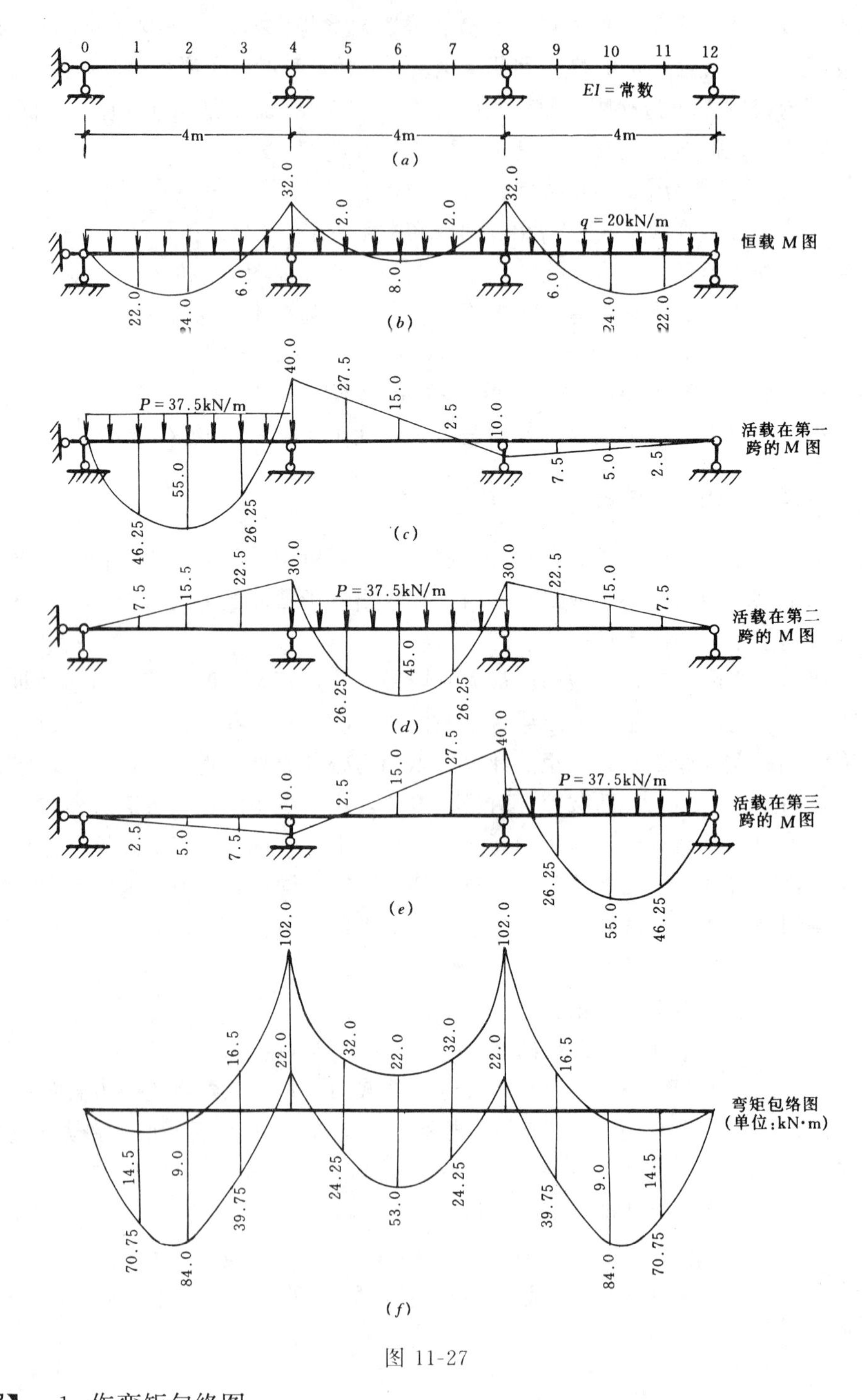

图 11-27

【解】 1. 作弯矩包络图

根据作弯矩包络图的步骤，首先用力矩分配法（也可用其他方法）逐一作出恒载作用下的弯矩图（图 11-27b）和各跨分别布满活载时的弯矩图（图 11-27c、d、e），并将梁的每一跨分为四等分，求出等分点截面上的弯矩图竖标值。将图（b）恒载作用的弯矩竖标值加上活载作用下的图（c）、（d）、（e）弯矩图中所有正值弯矩竖标值就得最大弯矩值；而图（b）的弯矩竖标值加上图（c）、（d）、（e）中所有负值弯矩竖标就得到最小弯矩值。在计算中，恒载作用的弯矩是固有的，必须考虑；而活载作用的弯矩则可选择，根据所求的是最大值或是最小值，选正值或选负值。例如在截面 6 处的最大和最小弯矩值分别为

$$M_{6\max}=8.0+45.0=53.0\text{kN}\cdot\text{m}$$

$$M_{6\min}=8.0+(-15.0)+(-15.0)=-22.0\text{kN}\cdot\text{m}$$

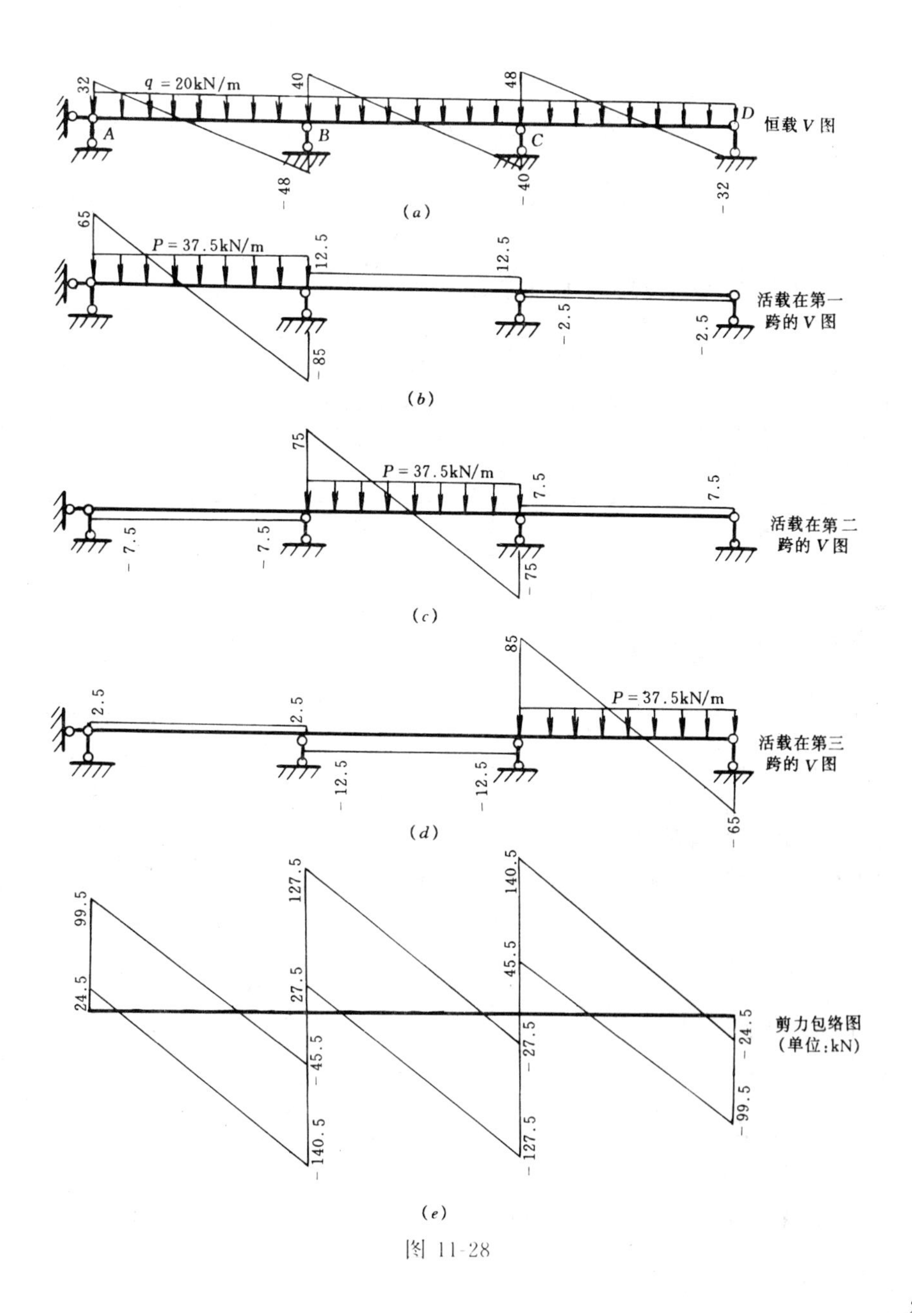

图 11-28

最后，把各截面的最大弯矩和最小弯矩分别用平滑曲线相连，即得弯矩包络图，如图 11-27（*f*）所示。

2. 作剪力包络图

先根据弯矩图逐一作出恒载作用下的剪力图（图 11-28*a*）和各跨分别承受活载时的剪力图（图 11-28*b*、*c*、*d*）。然后将图（*a*）中各支座左右两侧截面的竖标值分别和图（*b*）、（*c*）、（*d*）中对应的正值竖标相加，便得到支座两侧截面的最大剪力值；图（*a*）中各支座左右两侧截面的竖标值若分别和图（*b*）、（*c*）、（*d*）中对应的负值竖标相加则得到最小剪力值。例如 B 支座右侧截面的最大和最小剪力分别为

$$V_{B\max}^{右}=40+12.5+75=127.5\text{kN}$$

$$V_{B\min}^{右}=40+(-12.5)=27.5\text{kN}$$

把各支座两侧截面上的最大剪力值和最小剪力值分别用直线相连，便得到近似的剪力包络图，如图 11-28（*e*）所示。

思 考 题

1. 试举说明土建工程中移动荷载和固定荷载的例子。
2. 影响线的主要用途是什么？
3. 静力法作影响线的理论依据是什么？其步骤如何？
4. 按所给表格内容，总结归纳图 11-5 中影响线与内力图的区别？

	影 响 线	内 力 图
荷载性质		
横标 X_D 的意义		
纵标 y_D 的意义		
正负号规定		
量　　纲		

5. 作影响线为什么要选用一个无量纲的单位移动荷载 $P=1$？
6. 机动法作影响线的理论依据是什么？步骤如何？
7. 为什么不能用影响线求梁的绝对最大弯矩所在截面的位置？
8. 什么叫荷载的最不利位置？以及临界荷载？

习　　题

11-1　作图示悬臂梁支座 A 的反力 Y_A、反力矩 M_A 和截面 C 的剪力 V_C、弯矩 M_C 的影响线。

11-2　作图示斜梁 R_A、R_B、M_C、V_C 和 N_C 的影响线。

11-3　作图示伸臂梁的 R_A、M_C、V_C、M_E、V_E影响线。

11-4　作图示结构的 N_{EC}、M_H、V_H影响线。$P=1$ 在 FG 梁上移动。

11-5　用机动法重作题 11-3。

11-6　用机动法作图（*a*）多跨静定梁的 R_C、R_A、$V_B^{右}$、M_D影响线和图（*b*）的 C、D 处的 M、V 影响线。

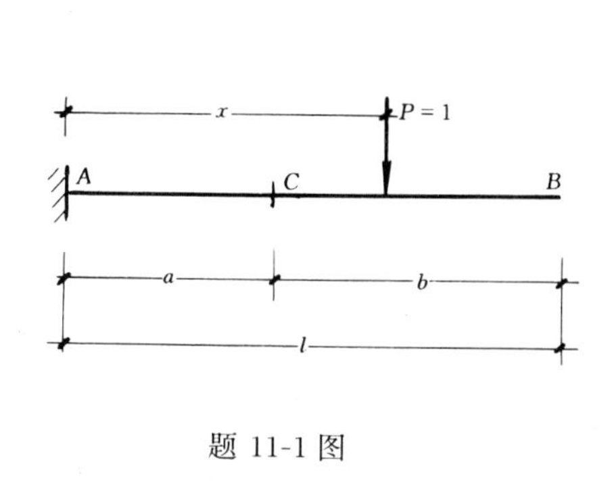

题 11-1 图

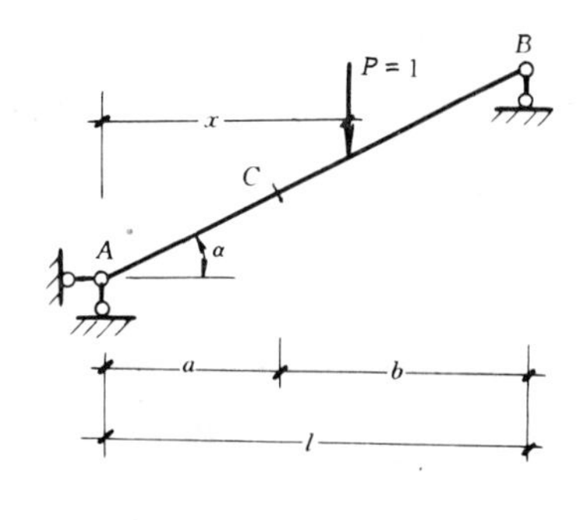

题 11-2 图

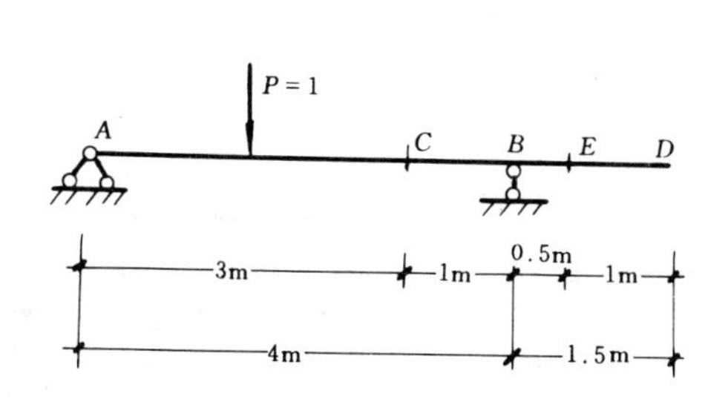

题 11-3 图

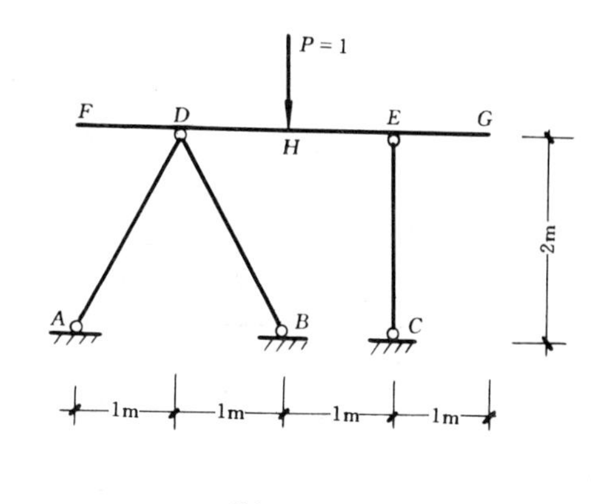

题 11-4 图

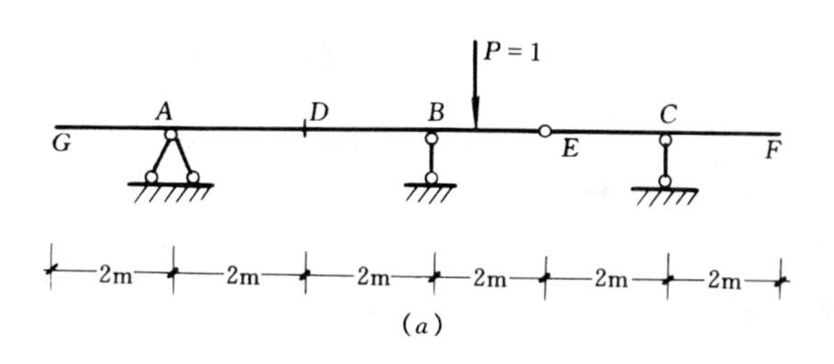

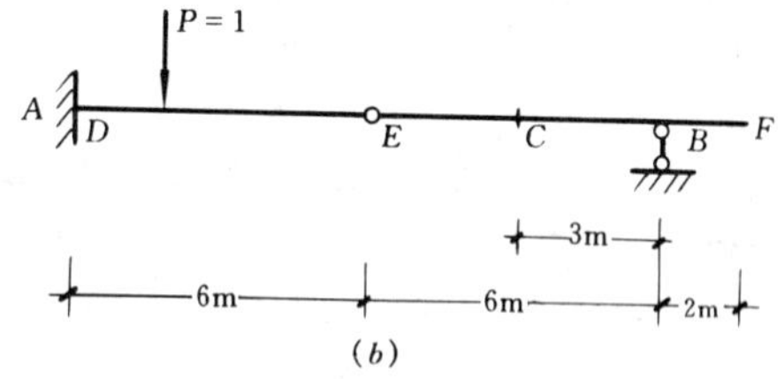

题 11-6 图

11-7　利用影响线求图示荷载作用下的 R_A 和截面 C 的弯矩、剪力值。

11-8　在图示移动荷载作用下，分别求 R_A、M_C、V_C 的最大值及其对应的最不利荷载位置。

11-9　条件同题 11-8，求 M_C、V_C 的最小值及其对应的最不利荷载位置。

11-10　求简支梁跨中截面 C 的最大弯矩，并求出绝对最大弯矩。

11-11　草绘图示连续梁的 M_K、M_B、$V_B^{左}$、$V_B^{右}$ 影响线的轮廓。若梁上有随意布置的 P 均布活荷载，请画出使截面 K 产生最小弯矩的荷载布置。

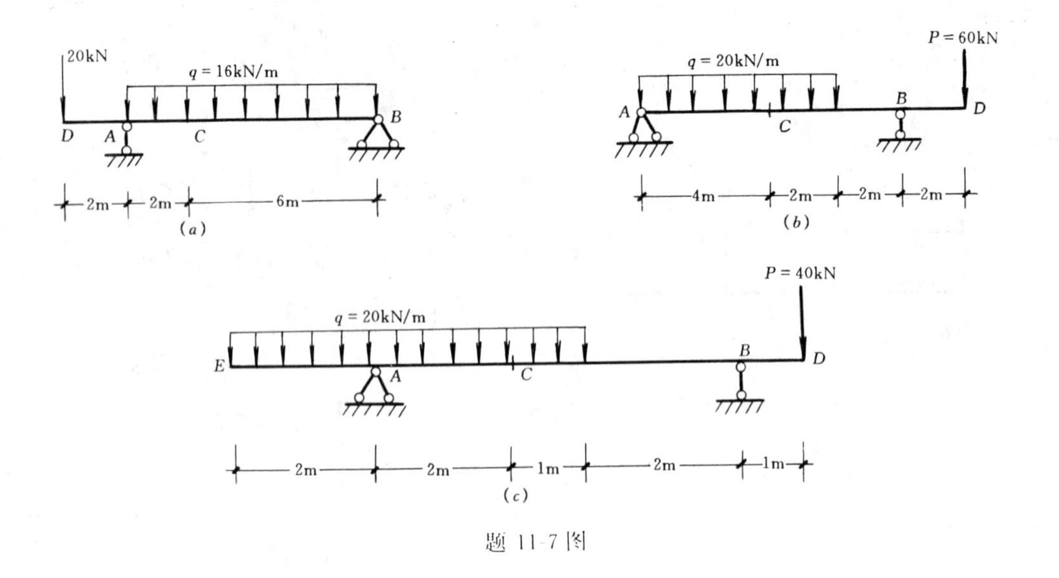

题 11-7 图

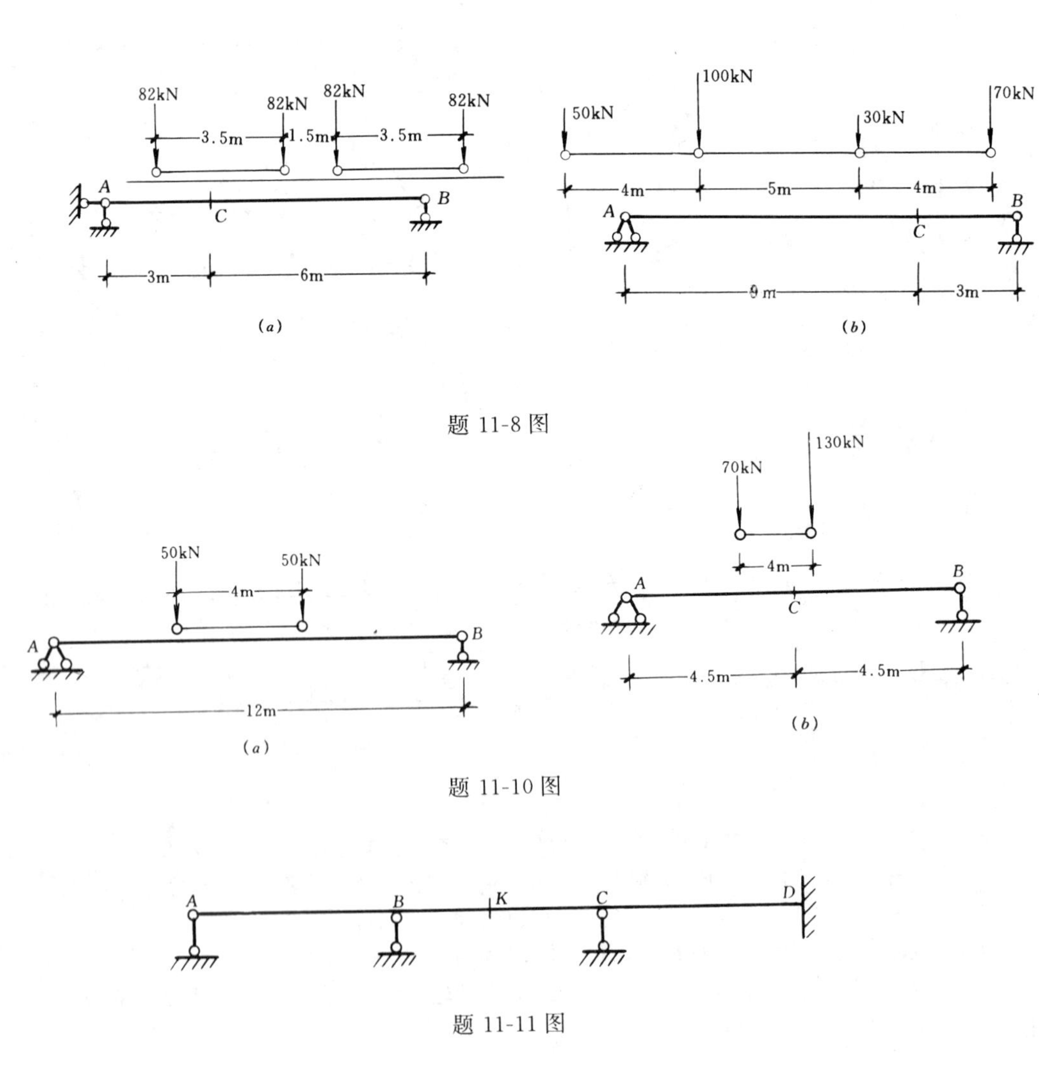

题 11-8 图

题 11-10 图

题 11-11 图

第十二章 矩阵位移法

第一节 概 述

前面介绍的计算超静定结构的力法、位移法和力矩分配法都是建立在手算基础上的传统结构力学计算方法。这些方法计算较简单的问题是十分有效的。但是当基本未知量较多时，手算就难以完成大型复杂结构的分析。

由于电子计算机的出现和广泛使用，上述传统的计算方法已不适应建筑科学技术的发展，因此，适合电算的结构矩阵分析方法便得到迅速的发展，成为结构分析的有效方法。该方法的原理与传统位移法并无异同，只是在理论推导中采用了矩阵代数，在计算工具上采用了计算机。这样，不仅使结构力学的原理和分析表达得十分简洁，更使结构力学的分析过程规范化，便于编制计算机程序，从而实现结构力学自动的高速计算。所以，矩阵位移法是由结构力学中有限元、矩阵代数和计算机三者形成的一种现代计算方法。与结构力学的力法和位移法相对应，结构矩阵分析方法也分为矩阵力法和矩阵位移法。

矩阵力法是以超静定结构的多余未知力作为基本未知量，因而基本结构的形式不是唯一的，这样就使分析过程与基本结构的选定联系在一起，因而不能编制通用程序，应用较少。

矩阵位移法是以结构的结点位移为基本未知量，在结构上加上附加约束得到一组单跨超静定梁的基本结构。因此，对应一定的结构，基本结构是一定的，另外，矩阵力法不能计算静定结构，而位移法适用于各种不同的静定和超静定结构，因而矩阵位移法成为计算结构力学中的一种重要分析方法。这一方法无论是在杆件结构还是在连续体结构的分析中都获得了广泛的应用。

矩阵位移法的基本思路是：先将整体结构拆开，分解成有限个单元进行分析，建立单元刚度方程。然后考虑整体平衡条件和几何条件，把这些单元集合成原来的结构，从而建立整体刚度方程以求解结构的内力和位移。在划分单元和集合成整体的过程中，将复杂结构的计算问题转化为简单单元分析和集合问题。其主要计算步骤如下：

1. 先将结构离散成若干杆件（单元），对单元进行分析，找出各单元杆端力和杆端位移之间的关系式，即为单元刚度方程。单元刚度方程的系数称为**单元刚度矩阵**。

2. 将单元集合成原结构的集合体，根据结点平衡，找出结点力与结点位移之间的关系式，即为结构刚度方程。结构刚度方程的系数称为**结构刚度矩阵**。

3. 解结构刚度方程，求得结点位移。

4. 将结点位移代入单元刚度方程求解，得到单元杆端力。

在这一分一合，先拆后搭（前者称为单元分析，后者称为整体分析）的过程中，建立单元刚度矩阵和形成结构刚度矩阵是矩阵位移法中的两个重要内容，下面分别加以讨论。

第二节　单元刚度矩阵

一、单元的划分

杆件结构是由若干根杆件组成的结构。对杆件结构进行单元划分时，通常是把每根等截面直杆划分为一个单元，单元之间通过结点连接，两个结点定出一个单元的位置。对单元、结点必须进行编号，这样，分割单元的结点应该是杆件的连结点、截面突变点和结构的支承点等处。有时为了计算方便也可把某些特殊点作为结点，例如集中力、集中力偶作用点等。例如图 12-1 所示刚架，可以分解成①、②、③三个单元，这三个单元的位置由 1、2、3、4 共四个结点定出。

图 12-1

二、单元的杆端力和杆端位移

在杆件结构中，各杆的方向不完全相同。为了分析方便，在单元分析时采用局部（单元）坐标系，在结构整体分析时，则必须采用统一的结构（整体）坐标系。

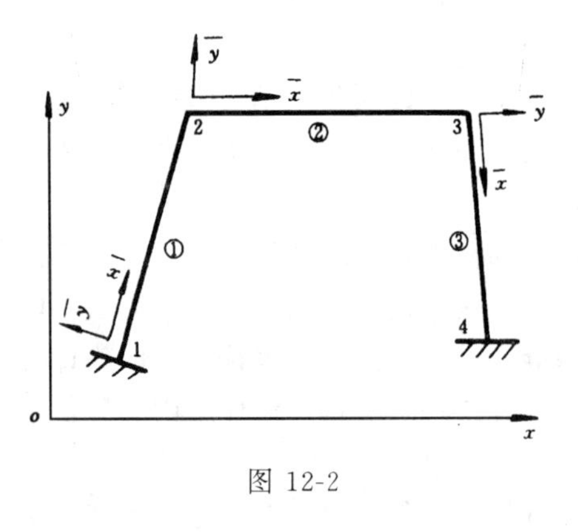

图 12-2

平面杆件结构坐标系用 $x-y$ 表示，局部坐标系用$\bar{x}-\bar{y}$表示。通常，局部坐标系以杆轴为$\bar{x}$轴，由杆件的始端到未端的方向作为$\bar{x}$的正方向，从$\bar{x}$的正方向逆时针旋转 90°，就得到$\bar{y}$轴。如图 12-2 所示。

一般的杆件单元，每一杆端有三个杆端位移，即两个线位移和一个角位移。与此相应的每一杆端有三个杆端力，即两个集中力和一个力矩。现将它们的表示方法说明如下：

图 12-3 所示为一等截面杆单元 ⓔ，它的两端分别用 i、j 表示。

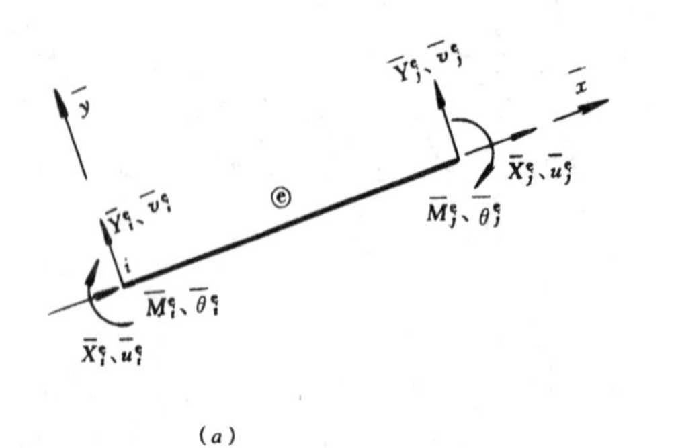

(a)

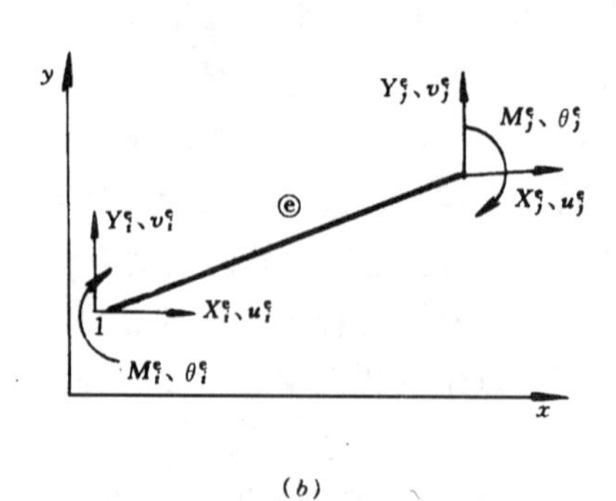

(b)

图 12-3

在局部坐标系中，设 i 端沿 $\bar{x}$，$\bar{y}$方向的杆端位移为 $\bar{u}_i^e$、$\bar{v}_i^e$，角位移为 $\bar{\theta}_i^e$，相应的杆端力为 $\bar{X}_i^e$、$\bar{Y}_i^e$，杆端弯矩为 $\bar{M}_i^e$；j 端沿 $\bar{x}$，$\bar{y}$方向的杆 端位移为 $\bar{u}_j^e$、$\bar{v}_j^e$，角位移为 $\bar{\theta}_j^e$，相应的杆端力为 $\bar{X}_j^e$、$\bar{Y}_j^e$，杆端弯矩为 $\bar{M}_j^e$。如图 12-3（a）所示。用 $\{\bar{F}\}^{(e)}$和 $\{\bar{\Delta}\}^{(e)}$表示单元杆端力向量和杆端位移向量，则有：

$$\{\bar{F}\}^{(e)}=\begin{Bmatrix}\bar{X}_i^e\\ \bar{Y}_i^e\\ \bar{M}_i^e\\ \bar{X}_j^e\\ \bar{Y}_j^e\\ \bar{M}_j^e\end{Bmatrix} \tag{12-1}$$

$$\{\bar{\Delta}\}^{(e)}=\begin{Bmatrix}\bar{u}_i^e\\ \bar{v}_i^e\\ \bar{\theta}_i^e\\ \bar{u}_j^e\\ \bar{v}_j^e\\ \bar{\theta}_j^e\end{Bmatrix} \tag{12-2}$$

同样，在结构坐标系中，设 i 端沿 x、y 方向的杆端位移为 u_i^e、v_i^e，角位移为 θ_i^e，相应的杆端力为 X_i^e、Y_i^e，杆端弯矩为 M_i^e；j 端沿 x，y 方向的杆端位移为 u_j^e、v_j^e，角位移为 θ_j^e，相应的杆端力为 X_j^e、Y_j^e，杆端弯矩为 M_j^e，如图 12-3b 所示。用 $\{F\}^{(e)}$和 $\{\Delta\}^{(e)}$分别表示在结构坐标系中的单元杆端力向量和杆端位移向量，则有：

$$\{F\}^{(e)}=\begin{Bmatrix}X_i^e\\ Y_i^e\\ M_i^e\\ X_j^e\\ Y_j^e\\ M_j^e\end{Bmatrix} \tag{12-3}$$

$$\{\Delta\}^{(e)}=\begin{Bmatrix}u_i^e\\ v_i^e\\ \theta_i^e\\ u_j^e\\ v_j^e\\ \theta_j^e\end{Bmatrix} \tag{12-4}$$

无论是局部坐标系还是结构坐标系，平面杆件单元杆端力和杆端位移方向与坐标系方向相同。力和线位移与坐标正向一致为正，力矩和转角以顺时针旋转方向为正。图 12-3 中所标注方向都是正方向。

三、局部坐标系中的单元刚度矩阵

单元位移 $\{\bar{\Delta}\}^{(e)}$ 与单元杆端力 $\{\bar{F}\}^{(e)}$ 之间的关系式称为单元刚度方程式，即

$$\{\bar{F}\}^{(e)}=[\bar{K}]^{(e)}\{\bar{\Delta}\}^{(e)} \tag{12-5}$$

式中 $[\bar{K}]^{(e)}$ 即为局部坐标系中的单元刚度矩阵。

在建立单元刚度方程式时，可分别考虑各个杆端位移单独作用的影响。如图 12-4 所示，表示由各单位杆端位移时所产生的杆端力，其中 E 为单元的弹性模量，l 为杆长，A 为横截面面积，I 为截面的惯性矩。

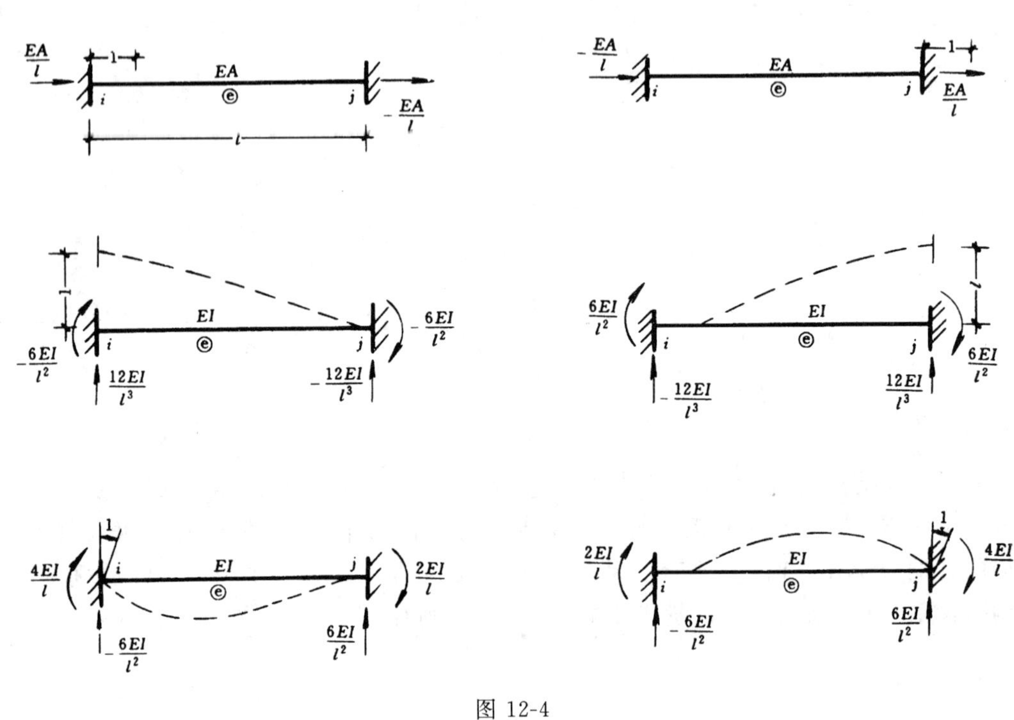

图 12-4

根据上述图形，不难写出杆端力与杆端位移的关系式如下：

$$\left.\begin{aligned}
\bar{X}_i^e &= \frac{EA}{l}\bar{u}_i^e-\frac{EA}{l}\bar{u}_j^e\\
\bar{Y}_i^e &= \frac{12EI}{l^3}\bar{v}_i^e-\frac{6EI}{l^2}\bar{\theta}_i^e-\frac{12EI}{l^3}\bar{v}_j^e-\frac{6EI}{l^2}\bar{\theta}_j^e\\
\bar{M}_i^e &= -\frac{6EI}{l^2}\bar{v}_i^e+\frac{4EI}{l}\bar{\theta}_i^e+\frac{6EI}{l^2}\bar{v}_j^e+\frac{2EI}{l}\bar{\theta}_j^e\\
\bar{X}_j^e &= -\frac{EA}{l}\bar{u}_i^e+\frac{EA}{l}\bar{u}_j^e\\
\bar{Y}_j^e &= -\frac{12EI}{l^3}\bar{v}_i^e+\frac{6EI}{l^2}\bar{\theta}_i^e+\frac{12EI}{l^3}\bar{v}_j^e+\frac{6EI}{l^2}\bar{\theta}_j^e\\
\bar{M}_j^e &= -\frac{6EI}{l^2}\bar{v}_i^e+\frac{2EI}{l}\bar{\theta}_i^e+\frac{6EI}{l^2}\bar{v}_j^e+\frac{4EI}{l}\bar{\theta}_j^e
\end{aligned}\right\} \tag{12-6}$$

上式写成矩阵形式：

$$\begin{Bmatrix} \bar{X}_i^e \\ \bar{Y}_i^e \\ \bar{M}_i^e \\ — \\ \bar{X}_j^e \\ \bar{Y}_j^e \\ \bar{M}_j^e \end{Bmatrix} = \left[\begin{array}{ccc:ccc} \frac{EA}{l} & 0 & 0 & -\frac{EA}{l} & 0 & 0 \\ 0 & \frac{12EI}{l^3} & -\frac{6EI}{l^2} & 0 & -\frac{12EI}{l^3} & -\frac{6EI}{l^2} \\ 0 & -\frac{6EI}{l^2} & \frac{4EI}{l} & 0 & \frac{6EI}{l^2} & \frac{2EI}{l} \\ \hdashline -\frac{EA}{l} & 0 & 0 & \frac{EA}{l} & 0 & 0 \\ 0 & -\frac{12EI}{l^3} & \frac{6EI}{l^2} & 0 & \frac{12EI}{l^3} & \frac{6EI}{l^2} \\ 0 & -\frac{6EI}{l^2} & \frac{2EI}{l} & 0 & \frac{6EI}{l^2} & \frac{4EI}{l} \end{array}\right] \begin{Bmatrix} \bar{u}_i^e \\ \bar{v}_i^e \\ \bar{\theta}_i^e \\ — \\ \bar{u}_j^e \\ \bar{v}_j^e \\ \bar{\theta}_j^e \end{Bmatrix} \tag{12-7}$$

其中矩阵

$$[\bar{k}]^{(e)} = \begin{bmatrix} \frac{EA}{l} & 0 & 0 & -\frac{EA}{l} & 0 & 0 \\ 0 & \frac{12EI}{l^3} & -\frac{6EI}{l^2} & 0 & -\frac{12EI}{l^3} & -\frac{6EI}{l^2} \\ 0 & -\frac{6EI}{l^2} & \frac{4EI}{l} & 0 & \frac{6EI}{l^2} & \frac{2EI}{l} \\ -\frac{EA}{l} & 0 & 0 & \frac{EA}{l} & 0 & 0 \\ 0 & -\frac{12EI}{l^3} & \frac{6EI}{l^2} & 0 & \frac{12EI}{l^3} & \frac{6EI}{l^2} \\ 0 & -\frac{6EI}{l^2} & \frac{2EI}{l} & 0 & \frac{6EI}{l^2} & \frac{4EI}{l} \end{bmatrix} \tag{12-8}$$

单元刚度矩阵 $[\bar{k}]^{(e)}$具有如下性质：

(1) $[\bar{k}]^{(e)}$中每个元素代表由于发生单元杆端单位位移所引起的杆端力。它的第 1 列 6 个元素是当 $\bar{u}_i^e=1$，其他杆端位移均为零时，所引起的 6 个杆端力；第二列的 6 个元素是当 $\bar{v}_i^e=1$，其他杆端位移都为零时，引起的 6 个杆端力；其余各列物理意义依次类推。例如 $[\bar{k}]^e$ 中的第 4 行第 1 列（$-\frac{EA}{l}$）代表第一个位移 $\bar{u}_i^e=1$ 时，引起的第 4 个杆端反力 $\bar{X}_j^e$。

(2) $[\bar{k}]^{(e)}$是对称方阵，处于对角线两侧的元素互等。这是由反力互等原理确定的。

(3) $[\bar{k}]^{(e)}$是奇异矩阵。也就是说，矩阵的行列式的值为零，即

$$|[\bar{k}]^{(e)}| = 0 \tag{12-9}$$

$[\bar{k}]^e$ 之所以为奇异矩阵，这是由于在建立单元刚度方程时没有考虑杆端约束，在给定杆端力情况下，杆件除了弯曲和轴向变形外，还有任意的刚体位移。因而位移解不唯一。

对于理想桁架，各杆件只有轴向变形，在局部坐标系中，杆端位移仅有 $\bar{u}_i^e$，$\bar{u}_j^e$，故由式(12-8) 中删去无关和未知量所对应的行和列，即得出平面桁架单元在局部坐标系中的单元刚度矩阵

$$[\bar{k}]^{(e)}=\begin{bmatrix}\frac{EA}{l} & -\frac{EA}{l}\\ -\frac{EA}{l} & \frac{EA}{l}\end{bmatrix} \tag{12-10}$$

但对于桁架中的斜杆单元，其轴力和轴向位移在结构坐标系中在 x 轴和 y 轴上有两个分量。为了便于局部坐标系和结构坐标系的转换，我们一般地将单元式（12-10）扩大为 4 阶形式，即

$$\begin{Bmatrix}\bar{X}_i^e\\ \bar{Y}_i^e\\ \hline \bar{X}_i^e\\ \bar{Y}_j^e\end{Bmatrix}=\frac{EA}{l}\left[\begin{array}{cc|cc}1 & 0 & -1 & 0\\ 0 & 0 & 0 & 0\\ \hline -1 & 0 & 1 & 0\\ 0 & 0 & 0 & 0\end{array}\right]\begin{Bmatrix}\bar{u}_i^e\\ \bar{v}_i^e\\ \hline \bar{u}_j^e\\ \bar{v}_j^e\end{Bmatrix}$$

其中单元刚度矩阵为

$$[\bar{k}]^{(e)}=\frac{EA}{l}\left[\begin{array}{cc|cc}1 & 0 & -1 & 0\\ 0 & 0 & 0 & 0\\ \hline -1 & 0 & 1 & 0\\ 0 & 0 & 0 & 0\end{array}\right] \tag{12-10'}$$

对于连续梁离散的单元，它只有两端的转角，其余杆端位移为零。故由（12-8）中删去无关的未知量所对应的行和列，即可得到连续梁在局部坐标系中的单元刚度矩阵为

$$[\bar{k}]^{(e)}=\begin{bmatrix}\frac{4EI}{l} & \frac{2EI}{l}\\ \frac{2EI}{l} & \frac{4EI}{l}\end{bmatrix} \tag{12-11}$$

四、坐标变换矩阵

由于一般刚架、桁架中的杆件的局部坐标系与结构坐标系不一致，为了利用局部坐标系中的单元杆端力和杆端位移来建立结构坐标系中的结构刚度方程，就必须要建立单元杆端力和杆端位移在两种坐标系中的转换关系，这种关系就是坐标变换矩阵。

图 12-5 所示单元ⓔ，局部坐标系 $\bar{X}$ 轴和整体坐标系 X 轴之间的夹角为 α，规定 α 以逆时针转角为正。下面讨论两种不同坐标系建立杆端力之间的关系。

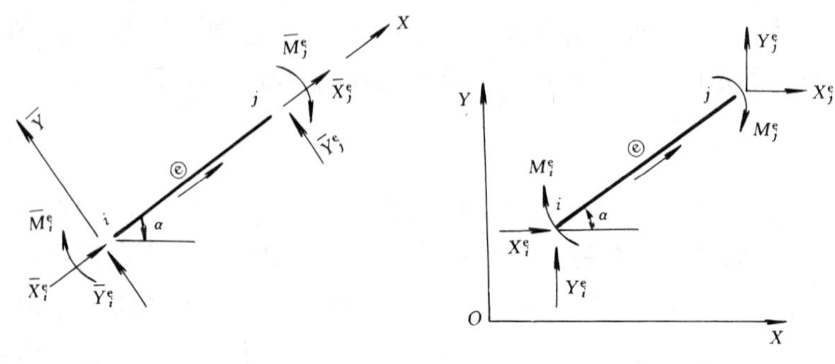

图 12-5

图 12-5（a）所示为局部坐标系中单元ⓔ的杆端力；图 12-5（b）所示为结构坐标系中单元ⓔ的杆端力，根据投影原理得：

$$\left.\begin{aligned}
\bar{X}_i^e &= X_i^e\cos\alpha + Y_i^e\sin\alpha \\
\bar{Y}_i^e &= -X_i^e\sin\alpha + Y_i^e\cos\alpha \\
\bar{M}_i^e &= M_i^e \\
\bar{X}_j^e &= X_j^e\cos\alpha + Y_j^e\sin\alpha \\
\bar{Y}_j^e &= -X_j^e\sin\alpha + Y_j^e\cos\alpha \\
\bar{M}_j^e &= M_j^e
\end{aligned}\right\} \tag{12-12}$$

将上式写成矩阵形式：

$$\begin{Bmatrix} \bar{X}_i^e \\ \bar{Y}_i^e \\ \bar{M}_i^e \\ — \\ \bar{X}_j^e \\ \bar{Y}_j^e \\ \bar{M}_j^e \end{Bmatrix} = \left[\begin{array}{ccc:ccc}
\cos\alpha & \sin\alpha & 0 & 0 & 0 & 0 \\
-\sin\alpha & \cos\alpha & 0 & 0 & 0 & 0 \\
0 & 0 & 1 & 0 & 0 & 0 \\
\hdashline
0 & 0 & 0 & \cos\alpha & \sin\alpha & 0 \\
0 & 0 & 0 & -\sin\alpha & \cos\alpha & 0 \\
0 & 0 & 0 & 0 & 0 & 1
\end{array}\right] \begin{Bmatrix} X_i^e \\ Y_i^e \\ M_i^e \\ — \\ X_j^e \\ Y_j^e \\ M_j^e \end{Bmatrix} \tag{12-13}$$

$$设 \quad [T] = \left[\begin{array}{ccc:ccc}
\cos\alpha & \sin\alpha & 0 & 0 & 0 & 0 \\
-\sin\alpha & \cos\alpha & 0 & 0 & 0 & 0 \\
0 & 0 & 1 & 0 & 0 & 0 \\
\hdashline
0 & 0 & 0 & \cos\alpha & \sin\alpha & 0 \\
0 & 0 & 0 & -\sin\alpha & \cos\alpha & 0 \\
0 & 0 & 0 & 0 & 0 & 1
\end{array}\right] \tag{12-14}$$

其中，$[T]$ 称为**坐标转换矩阵**。它建立了两种坐标系之间单元杆端力的变换关系。

桁架单元的坐标转换式，则在刚架单元的坐标转换式（12-14）中去掉与弯矩 M_i^e、M_j^e 对应的行和列，即为：

$$[T] = \left[\begin{array}{cc:cc}
\cos\alpha & \sin\alpha & & \\
-\sin\alpha & \cos\alpha & \multicolumn{2}{c}{0} \\
\hdashline
\multicolumn{2}{c:}{0} & \cos\alpha & \sin\alpha \\
 & & -\sin\alpha & \cos\alpha
\end{array}\right] \tag{12-14'}$$

连续梁梁单元，由于局部坐标系和结构坐标系一致，故不需要进行坐标变换。

不难验证，$[T][T]^T = [T]^T[T] = [I]$（$[I]$ 为单位矩阵），因此，$[T]$ 矩阵是正交矩阵，其逆矩阵等于其转置矩阵，即

$$[T] = [T]^T$$

式（12-13）可简写为：

$$\{\bar{F}\}^{(e)} = [T]\{F\}^{(e)} \tag{12-15a}$$

对上式两端乘以 $[T]$ 的逆阵，得

$$\{F\}^{(e)} = [T]^T\{\bar{F}\}^{(e)} \tag{12-15b}$$

式（12-15a）表示将结构坐标系中的杆端力变换为局部坐标系中的杆端力；式（12-15b）

表示将局部坐标系的杆端力变换为结构坐标系中的杆端力。

同理，这一变换关系也适用于两种坐标系之间的杆端位移，即

$$\{\bar{\Delta}\}^{(e)} = [T]\{\Delta\}^{(e)} \tag{12-16a}$$

$$\{\Delta\}^{(e)} = [T]^{T}\{\bar{\Delta}\}^{(e)} \tag{12-16b}$$

五、结构坐标系中的单元刚度矩阵

我们知道，单元ⓔ在局部坐标系中的单元刚度方程式（12—5）为

$$\{\bar{F}\}^{(e)} = [\bar{k}]^{(e)}\{\bar{\Delta}\}^{(e)}$$

将式（12-15a）和式（12-16a）代入上式得：

$$[T]\{F\}^{(e)} = [\bar{k}]^{(e)}[T]\{\Delta\}^{(e)}$$

$$\{F\}^{(e)} = [T]^{-1}[\bar{k}]^{(e)}[T]\{\Delta\}^{(e)}$$

由 $[T]^{-1}=[T]$，故上式可写成

$$\{F\}^{(e)} = [T]^{T}[\bar{k}]^{(e)}[T]\{\Delta\}^{(e)} \tag{12-17}$$

令 $$[k]^{(e)} = [T]^{T}\ [\bar{k}]^{(e)}\ [T] \tag{12-18}$$

则 $$\{F\}^{(e)} = [k]^{(e)}\ \{\Delta\}^{(e)} \tag{12-19}$$

式（12-19）表示了单元ⓔ杆端力和杆端位移在结构坐标系中的关系，它是结构坐标系中的单元刚度方程，因此 $[k]^{(e)}$就为单元ⓔ在结构坐标系中的单元刚度矩阵。

对于任意一单元，只要求出 $[\bar{k}]^{(e)}$和坐标变换矩阵 $[T]$，就可根据式（12-18）求出 $[k]^{(e)}$。

由式（12-18）不难看出，单元刚度矩阵 $[k]^{(e)}$ 与 $[\bar{k}]^{(e)}$具有相同的性质。

【例 12-1】 求图示刚架在结构坐标系中的单元刚度矩阵，设两杆杆长和截面尺寸相同，$l=5\text{m}$，$E=2.1\times10^{8}\text{kN/m}^2$，$A=0.4\text{m}^2$，$I=0.04\text{m}^2$。

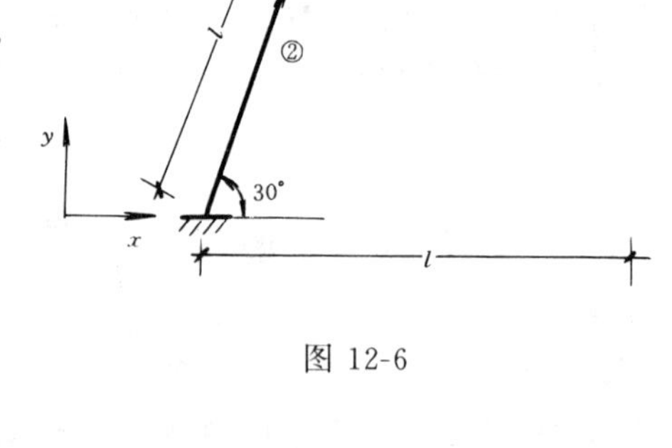

图 12-6

【解】 1. 求局部坐标系中的 $[\bar{k}]^{(e)}$

图中箭头表示各单元采用的局部坐标系。由于单元①、②的尺寸相同，故 $[\bar{k}]^{①} = [\bar{k}]^{②}$。

先计算有关数据：

$$\frac{EA}{l} = 1.68\times10^{7},\qquad \frac{EI}{l} = 1.68\times10^{6},$$

由式（12-8）得：

$$[\bar{k}]^{①} = [\bar{k}]^{②} = \left[\begin{array}{ccc|ccc} 168 & 0 & 0 & -168 & 0 & 0 \\ 0 & 8.064 & -20.16 & 0 & -8.064 & -20.16 \\ 0 & -20.16 & 67.2 & 0 & 20.16 & 33.6 \\ \hline -168 & 0 & 0 & 168 & 0 & 0 \\ 0 & -8.064 & 20.16 & 0 & 8.064 & 20.16 \\ 0 & -20.16 & 33.6 & 0 & 20.16 & 67.2 \end{array}\right]$$

2. 求结构坐标系中的 $[k]^{(e)}$

单元①，$\alpha=0$，$[T] = [I]$

$\therefore\ [k]^{(1)}=[\bar{k}]^{(1)}$

单元②，$\alpha=30°$，由式（12-14）得

$$
[T]=\left[\begin{array}{ccc:ccc}
\frac{\sqrt{3}}{2} & \frac{1}{2} & 0 & & & \\
-\frac{1}{2} & \frac{\sqrt{3}}{2} & 0 & & 0 & \\
0 & 0 & 1 & & & \\
\hdashline
 & & & \frac{\sqrt{3}}{2} & \frac{1}{2} & 0 \\
 & 0 & & -\frac{1}{2} & \frac{\sqrt{3}}{2} & 0 \\
 & & & 0 & 0 & 1
\end{array}\right]
$$

由式（12-18）$[k]^{(2)}=[T]^{\mathrm{T}}[\bar{k}]^{(2)}[T]$ 求得：

$$
[k]^{(2)}=\begin{bmatrix}
128.016 & 69.254 & 10.08 & -128.016 & -69.254 & 10.08 \\
69.254 & 48.08 & -17.459 & -69.254 & -48.064 & -17.459 \\
10.08 & -17.459 & 67.2 & -10.08 & 17.459 & 33.6 \\
-128.016 & -69.254 & -10.08 & 128.016 & 69.254 & -10.08 \\
-69.254 & -48.064 & 17.459 & 69.254 & 48.064 & 17.459 \\
10.08 & -17.459 & 33.6 & -10.08 & 17.459 & 67.2
\end{bmatrix}
$$

第三节　结构刚度矩阵

上节对结构进行了单元分析，建立了单元刚度方程和单元刚度矩阵，本节对结构进行整体分析，建立结构刚度方程和整体刚度矩阵。

实际结构都有边界约束，以保证其几何不变性。在建立结构刚度方程时，考虑边界条件方法有两种，一种叫“后处理法”，另一种叫“先处理法”。前者在建立单元刚度方程时不考虑约束条件，而在形成总体刚度后再引入边界条件；后者在建立单元刚度方程时就考虑各单元的约束情况。先处理法由于在建立单元刚度方程时考虑了单元约束情况，消除了相应的约束位移，因而单元刚度矩阵阶数较小，比较简洁。但对于不同约束条件的单元具有不同的单元刚度矩阵，因而不统一；后处理与此相反，由于在建立单元刚度方程时不考虑单元的约束，因而必须考虑所有杆端位移。单元刚度矩阵的阶数较大，但各单元的单元刚度矩阵形式是一样的，比较统一。两种处理方法没有本质的区别，本节所采用的是“单元定位向量法”，它是“先处理法”的一种形式。

在结构矩阵分析中，由于对支座约束进行先处理，因此在建立单元刚度方程时，就已经考虑边界条件，只把未知自由的结点位移和未知边界的可能结点位移列入结点位移矩阵中。这样，在建立结点平衡方程时，只需要列出与未知结点位移相应的平衡方程。因此，结构刚度矩阵中只有与未知结点位移相对应的刚度系数。

一、单元定位向量

由单元始端 i 和末端 j 的结点位移编号所组成的向量称为单元定位向量。用 $\lambda^{(e)}$表示。

图 12-7 (a) 中的平面刚架，结点编码为 1，2，3。结点 1 为一固定支座，三个位移分量编号为 (0，0，0)，结点 2 有沿 x、y 方向的线位移和角位移，故结点 2 的位移分量编号为 (1，2，3)；结点 3 为铰支座，其线位移 u_3 和 v_3 为零，只有转角 θ，故结点 3 的结点位移编号为 (0，0，4)。于是单元①的定位向量 $\lambda^{(1)}=$ (1，2，3，0，0，4)，单元②的定位向量 $\lambda^{(2)}=$ (0，0，0，1，2，3)。

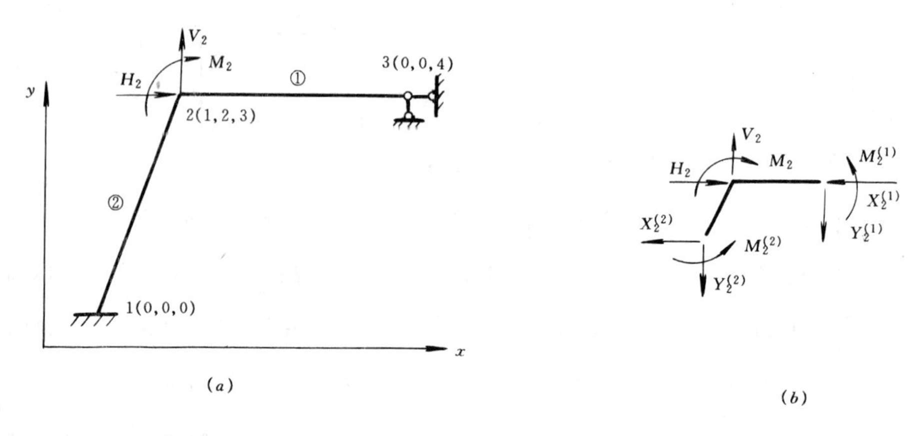

图 12-7

在确定单元定位向量时，单元始端 i 的位移分量 u_i，v_i，θ_i 的编号排在前面，单元末端结点 j 的位移分量 u_j，v_j，θ_j 的编号排在后面，即 $\{\lambda\}^{(e)}=[u_i, v_i, \theta_i, u_j, v_j, \theta_j]$。

二、结构刚度矩阵

图 12-7 (a) 刚架共有四个未知结点位移分量 u_2，v_2，θ_2，θ_3，用统一的 δ_i 表示，它们组成整体结构的结点位移向量 $\{\Delta\}$：

$$\{\Delta\}=\{u_2,v_2,\theta_2,\theta_3\}^{\mathrm{T}}=\{\delta_1,\delta_2,\delta_3,\delta_4\}^{\mathrm{T}}$$

相应的结点力向量为

$$\{P\}=\{H_2,V_2,M_2,0\}^{\mathrm{T}}=\{F_1,F_2,F_3,F_4\}^{\mathrm{T}}$$

由图 12-7 (b) 结点 2 的平衡条件

$$\Sigma X=0，\Sigma Y=0 \text{ 和 } \Sigma M=0 \text{ 得}$$

$$\left.\begin{aligned} H_2 &= X_2^{(2)}+X_2^{(1)} \\ V_2 &= Y_2^{(2)}+Y_2^{(1)} \\ M_2 &= M_2^{(2)}+M_2^{(1)} \\ 0 &= M_3^{(1)} \end{aligned}\right\} \tag{12-20}$$

或

$$\{P\}=\begin{Bmatrix}F_1\\F_2\\F_3\\F_4\end{Bmatrix}=\begin{Bmatrix}H_2\\V_2\\M_2\\0\end{Bmatrix}=\begin{Bmatrix}X_2^{(2)}\\Y_2^{(2)}\\M_2^{(2)}\\0\end{Bmatrix}+\begin{Bmatrix}X_2^{(1)}\\Y_2^{(1)}\\M_2^{(1)}\\M_3^{(1)}\end{Bmatrix} \qquad (12\text{-}20')$$

为了用结构的结点位移来表示（12-20′）右边的单元杆端力，需要列出单元刚度方程。根据结点变形谐调条件及边界位移条件，单元的杆端位移应等于结构的结点位移，由图 5-16（a）得：

$$\{\Delta\}^{(1)}=\begin{Bmatrix}u_2^{(1)}\\v_2^{(1)}\\\theta_2^{(1)}\\u_3^{(1)}\\v_3^{(1)}\\\theta_3^{(1)}\end{Bmatrix}=\begin{Bmatrix}u_2\\v_2\\\theta_2\\0\\0\\\theta_3\end{Bmatrix}=\begin{Bmatrix}\delta_1\\\delta_2\\\delta_3\\0\\0\\\delta_4\end{Bmatrix} \qquad (12\text{-}21)$$

$$\{\Delta\}^{(2)}=\begin{Bmatrix}u_1^{(2)}\\v_1^{(2)}\\\theta_1^{(2)}\\u_2^{(2)}\\v_2^{(2)}\\\theta_2^{(2)}\end{Bmatrix}=\begin{Bmatrix}0\\0\\0\\u_2\\v_2\\\theta_2\end{Bmatrix}=\begin{Bmatrix}0\\0\\0\\\delta_1\\\delta_2\\\delta_3\end{Bmatrix} \qquad (12\text{-}22)$$

于是，用结构的结点位移表示的单元刚度方程如下：

单元①：

$$\begin{Bmatrix}X_2^{(1)}\\Y_2^{(1)}\\M_2^{(1)}\\—\\X_3^{(1)}\\Y_3^{(1)}\\M_3^{(1)}\end{Bmatrix}=\left[\begin{array}{ccc:ccc}k_{11}^{(1)}&k_{12}^{(1)}&k_{13}^{(1)}&k_{14}^{(1)}&k_{15}^{(1)}&k_{16}^{(1)}\\k_{21}^{(1)}&k_{22}^{(1)}&k_{23}^{(1)}&k_{24}^{(1)}&k_{25}^{(1)}&k_{26}^{(1)}\\k_{31}^{(1)}&k_{32}^{(1)}&k_{33}^{(1)}&k_{34}^{(1)}&k_{35}^{(1)}&k_{36}^{(1)}\\\hdashline k_{41}^{(1)}&k_{42}^{(1)}&k_{43}^{(1)}&k_{44}^{(1)}&k_{45}^{(1)}&k_{46}^{(1)}\\k_{51}^{(1)}&k_{52}^{(1)}&k_{53}^{(1)}&k_{54}^{(1)}&k_{55}^{(1)}&k_{56}^{(1)}\\k_{61}^{(1)}&k_{62}^{(1)}&k_{63}^{(1)}&k_{64}^{(1)}&k_{65}^{(1)}&k_{66}^{(1)}\end{array}\right]\begin{Bmatrix}\delta_1\\\delta_2\\\delta_3\\—\\0\\0\\\delta_4\end{Bmatrix}$$

简化得：

$$\begin{Bmatrix} X_2^{(1)} \\ Y_2^{(1)} \\ M_2^{(1)} \\ M_3^{(1)} \end{Bmatrix} = \begin{bmatrix} k_{11}^{(1)} & k_{12}^{(1)} & k_{13}^{(1)} & k_{16}^{(1)} \\ k_{21}^{(1)} & k_{22}^{(1)} & k_{23}^{(1)} & k_{26}^{(1)} \\ k_{31}^{(1)} & k_{32}^{(1)} & k_{33}^{(1)} & k_{36}^{(1)} \\ k_{61}^{(1)} & k_{62}^{(1)} & k_{63}^{(1)} & k_{66}^{(1)} \end{bmatrix} \begin{Bmatrix} \delta_1 \\ \delta_2 \\ \delta_3 \\ \delta_4 \end{Bmatrix} \tag{a}$$

单元②

$$\begin{Bmatrix} X_1^{(2)} \\ Y_1^{(2)} \\ M_1^{(2)} \\ X_2^{(2)} \\ Y_2^{(2)} \\ M_2^{(2)} \end{Bmatrix} = \begin{bmatrix} k_{11}^{(2)} & k_{12}^{(2)} & k_{13}^{(2)} & k_{14}^{(2)} & k_{15}^{(2)} & k_{16}^{(2)} \\ k_{21}^{(2)} & k_{22}^{(2)} & k_{23}^{(2)} & k_{24}^{(2)} & k_{25}^{(2)} & k_{26}^{(2)} \\ k_{31}^{(2)} & k_{32}^{(2)} & k_{33}^{(2)} & k_{34}^{(2)} & k_{35}^{(2)} & k_{36}^{(2)} \\ k_{41}^{(2)} & k_{42}^{(2)} & k_{43}^{(2)} & k_{44}^{(2)} & k_{45}^{(2)} & k_{46}^{(2)} \\ k_{51}^{(2)} & k_{52}^{(2)} & k_{53}^{(2)} & k_{54}^{(2)} & k_{55}^{(2)} & k_{56}^{(2)} \\ k_{61}^{(2)} & k_{62}^{(2)} & k_{63}^{(2)} & k_{64}^{(2)} & k_{65}^{(2)} & k_{66}^{(2)} \end{bmatrix} \begin{Bmatrix} 0 \\ 0 \\ 0 \\ \delta_1 \\ \delta_2 \\ \delta_3 \end{Bmatrix}$$

简化得：

$$\begin{Bmatrix} X_2^{(2)} \\ Y_2^{(2)} \\ M_2^{(2)} \end{Bmatrix} = \begin{bmatrix} k_{44}^{(2)} & k_{45}^{(2)} & k_{46}^{(2)} \\ k_{54}^{(2)} & k_{55}^{(2)} & k_{56}^{(2)} \\ k_{64}^{(2)} & k_{65}^{(2)} & k_{66}^{(2)} \end{bmatrix} \begin{Bmatrix} \delta_1 \\ \delta_2 \\ \delta_3 \end{Bmatrix} \tag{b}$$

将（a）、（b）代入（12-20′）得结构刚度方程：

$$\begin{Bmatrix} F_1 \\ F_2 \\ F_3 \\ F_4 \end{Bmatrix} = \begin{bmatrix} k_{11}^{(1)} + k_{44}^{(2)} & k_{12}^{(1)} + k_{45}^{(2)} & k_{13}^{(1)} + k_{46}^{(2)} & k_{16}^{(2)} \\ & k_{22}^{(1)} + k_{55}^{(2)} & k_{23}^{(1)} + k_{56}^{(2)} & k_{26}^{(1)} \\ \text{对} & & k_{33}^{(1)} + k_{66}^{(2)} & k_{36}^{(1)} \\ & \text{称} & & k_{66}^{(1)} \end{bmatrix} \begin{Bmatrix} \delta_1 \\ \delta_2 \\ \delta_3 \\ \delta_4 \end{Bmatrix} \tag{c}$$

上式可简写为：

$$\{P\} = [K]\{\Delta\}$$

式中

$$[k] = \begin{array}{c} \begin{array}{cccc} 1 & 2 & 3 & 4 \end{array} \\ \begin{bmatrix} k_{11}^{(1)}+k_{44}^{(2)} & k_{12}^{(1)}+k_{45}^{(2)} & k_{13}^{(1)}+k_{46}^{(2)} & k_{16}^{(1)} \\ & k_{22}^{(1)}+k_{55}^{(2)} & k_{23}^{(1)}+k_{56}^{(2)} & k_{26}^{(1)} \\ \text{对} & & k_{33}^{(1)}+k_{66}^{(2)} & k_{36}^{(1)} \\ & \text{称} & & k_{66}^{(1)} \end{bmatrix} \begin{array}{c} 1 \\ 2 \\ 3 \\ 4 \end{array} \end{array} \tag{d}$$

即为**结构刚度矩阵**。

从式（a）、（b）的单元刚度矩阵与式（d）的结构刚度矩阵可得出集成结构刚度矩阵的规则。对单元①，单元①的定位向量为（1，2，3，0，0，4），则单元①的单元刚度矩阵中的第1，2，3，6行和列元素分别叠加到结构刚度矩阵中的1，2，3，4行和列中；单元②的定位向量为（0，0，0，1，2，3），则单元②的单元刚度矩阵中的第4、5、6行和列分别叠加到结构刚度矩阵中的第1、2、3行和列中。

利用单元定位向量集成结构刚度矩阵的具体步骤是：

（1）划分单元并对结点、单元进行编码，计算单元定位向量 $\lambda^{(e)}$。

（2）计算单元ⓔ在结构坐标系的单元刚度矩阵，然后将单元ⓔ的定位向量分别写在单元刚度矩阵 $[k]^{e}$的上方或右侧。这样，$[k]^{e}$中的每一行或每一列就与单元定位向量的一个分量相对应。

（3）将各单元刚度矩阵中有关元素按单元定位向量所示的行码和列码送到结构刚度矩阵中“对号入座”，若单元定位向量中的某个分量为零，则将 $[k]^{e}$中相应的行和列删去，不必向结构刚度矩阵 $[k]$ 中叠加；若单元定位向量的某个分量不为零，则该分量就是 $[k]^{(e)}$中相应的行和列在结构刚度矩阵 $[k]$ 中的行码和列码。如果同一位置上有多个元素，则应将这些元素叠加，即可得到结构刚度矩阵 $[k]$。

上述是由单元定位向量的非零分量给出的行码和列码。将单元刚度矩阵 $[k]^{e}$的元素直接叠加到结构刚度矩阵 $[k]$ 中去。通常称这一方法为“对号入座”。这种直接形成结构刚度矩阵的方法，称为**直接刚度法**。

对于连续梁，它的单元定位向量 $\lambda^{(e)}=(\theta_i, \theta_j)$；对于桁架，它的单元定位向量 $\lambda^{(e)}=(u_i, v_i, u_j, v_j)$；对连续梁和桁架，同样可以采用“对号入座”的方法集成结构刚度矩阵。

结构刚度矩阵 $[K]$ 有如下性质：

（1）$[K]$ 是对称矩阵。

（2）$[K]$ 是非奇异矩阵。这是因为在建立结构刚度矩阵时先引入了支承条件，这样就使建立的结构刚度方程不仅满足在内部结点处的变形条件，而且也满足在支座结点处的位移边界条件。这样建立的结构刚度方程即是结构的位移法方程。

（3）$[K]$ 是稀疏带状矩阵。愈是大型结构，结构刚度矩阵的带形分布规律就愈明显。因此在编制计算机程序时，为了节省内存空间，常采用等带宽存贮或一维变带宽存贮手段，以剔除零元素。对于这方面的知识有兴趣的读者可参看有关结构矩阵分析书籍。

【例 12-2】 试求图 12-6 所示平面刚架的结构刚度矩阵 $[K]$。

【解】 （1）划分单元并对结构结点、单元进行编码，如图 12-7（a）所示。这样，各单元定位向量为：

单元①：$\lambda^{(1)}=(1, 2, 3, 0, 0, 4)$

单元②：$\lambda^{(2)}=(0, 0, 0, 1, 2, 3)$

（2）求单元刚度矩阵 $[k]^{(e)}$

由例 12-1 知：

单元①的单元刚度矩阵为：

$$
\begin{array}{c} \\ [k]^{(1)}=10^5\times \end{array}
\begin{array}{c}
\begin{array}{cccccc} 1 & 2 & 3 & 0 & 0 & 4 \end{array} \\
\left[\begin{array}{cccccc}
168 & 0 & 0 & -168 & 0 & 0 \\
0 & 8.064 & -20.16 & 0 & -8.064 & -20.16 \\
0 & -20.16 & 67.2 & 0 & 20.16 & 33.6 \\
-168 & 0 & 0 & 168 & 0 & 0 \\
0 & -8.064 & 20.16 & 0 & 8.064 & 20.16 \\
0 & -20.16 & 33.6 & 0 & 20.16 & 67.2
\end{array}\right]
\end{array}
\begin{array}{c} \\ 1\\2\\3\\0\\0\\4 \end{array}
$$

单元②的单元刚度矩阵为：

$$
[k]^{(2)}=10^5\times
\begin{array}{c}
\begin{matrix} 0 & 0 & 0 & 1 & 2 & 3 \end{matrix} \\
\left[\begin{matrix}
128.016 & 69.254 & 10.08 & -128.016 & -69.254 & 10.08 \\
69.254 & 48.048 & -17.459 & -69.254 & -48.064 & -17.459 \\
10.08 & -17.459 & 67.2 & -10.08 & 17.459 & 33.6 \\
-128.016 & -69.254 & -10.08 & 128.016 & 69.254 & -10.08 \\
-69.254 & -48.064 & 17.459 & 69.254 & 48.064 & 17.459 \\
10.08 & -17.459 & 33.6 & -10.08 & 17.459 & 67.2
\end{matrix}\right]
\begin{matrix} 0 \\ 0 \\ 0 \\ 1 \\ 2 \\ 3 \end{matrix}
\end{array}
$$

（3）利用单元定位向量集成结构刚度矩阵 $[K]$。

由于单元定位向量中的非零分量即为单元刚度矩阵 $[k]^{(e)}$ 的元素在结构刚度矩阵 $[K]$ 中的行码和列码，单元（1）中的第1，2，3，6行和列即为 $[K]$ 中的第1，2，3，4行和列；单元（2）中的第4，5，6行和列即为 $[K]$ 中的第1，2，3行和列。于是，通过叠加得到平面刚架结构刚度矩阵 $[K]$ 为：

$$
[K]=
\begin{array}{c}
\begin{matrix} 1 & 2 & 3 & 4 \end{matrix} \\
\left[\begin{matrix}
296.016 & 69.254 & -10.08 & 0 \\
 & 56.128 & -2.703 & -20.16 \\
\text{对} & & 134.4 & 33.6 \\
 & \text{称} & & 67.2
\end{matrix}\right]
\begin{matrix} 1 \\ 2 \\ 3 \\ 4 \end{matrix}
\end{array}
$$

第四节　等效结点荷载

从上节中知道，结构刚度方程式为：

$$[K]\{\Delta\}=\{P\} \tag{12-23}$$

方程式中，$[K]$ 和 $\{\Delta\}$ 中各元素通过单元定位向量和结点位移分量编码确定。剩下的任务是如何形成荷载向量 $\{P\}$。

我们知道，结构刚度方程是结构的结点位移和结点荷载之间的转换方程。但是，实际结构中除有直接作用结点荷载外，还可能有非结点荷载。对非结点荷载则需要将其变换为相应的等效结点荷载，才能进行结构分析。

图12-8的刚架承受非结点荷载的作用。先在各转动结点处加上附加约束，阻止结点不能产生线位移和角位移，使各杆成为两端固定梁，独立地承受跨中的荷载，互不影响。此时，在杆端产生的弯矩称为**固端弯矩**。固端弯矩的符号规定为绕杆端顺时针旋转为正，反之为负，其大小由单元固端力表中查出。其结果如图12-8（d）所示。这样，附加约束就对结点产生约束反力，它等于该处约束的所有单元的固端力的代数和，如图12-8（b）所示。固端力向量用 $\{F_P\}$ 表示。

但是，原结构上并无附加约束，因此，为了与原结构等价，需将附加约束产生的约束反力反向作用在结点上，以消除附加约束的影响。如图12-8（c）所示。则该结点荷载即为原结构上的等效结点荷载。等效结点荷载用 $\{P_e\}$ 表示，故有：

$$\{P\}=\{P_0\}+\{P_e\} \tag{12-24}$$

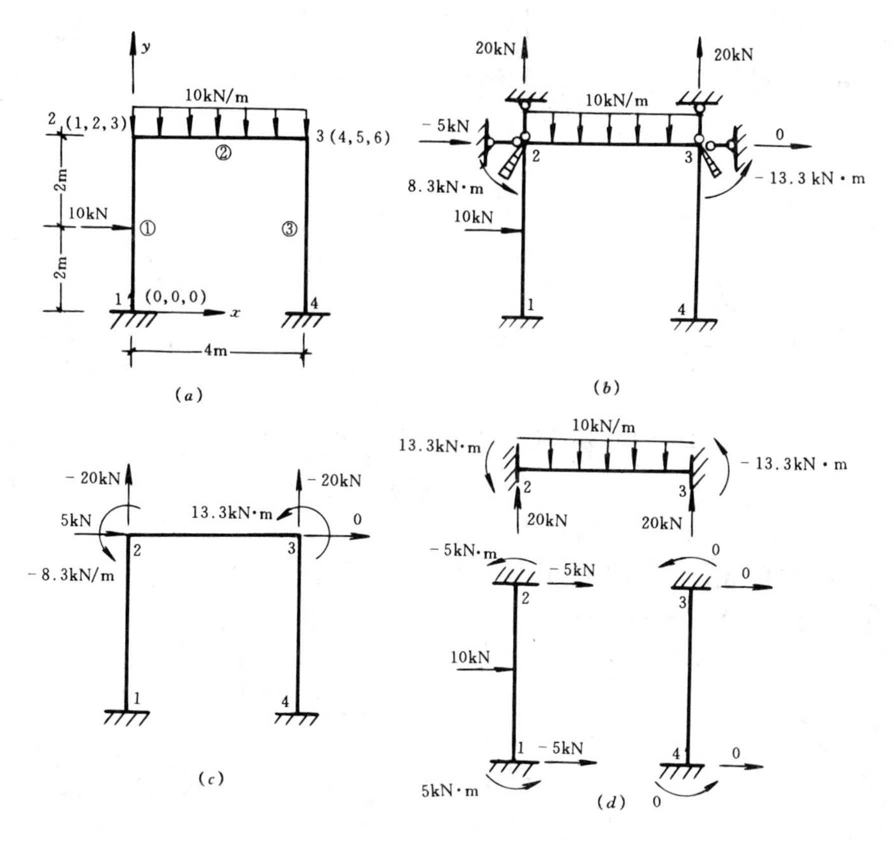

图 12-8

式中 $\{P_0\}$ 为直接作用在结点上的结点荷载。

由于荷载向量 $\{P\}$ 与位移向量 $\{\Delta\}$ 一一对应，故等效结点荷载的形成类似于结构刚度矩阵的形成，也遵循“对号入座”的规则，即是按单元定位向量集成结构的等效结点荷载。其具体步骤为：

(1) 求单元在局部坐标系下的等效结点荷载 $\{\bar{P}_e\}^{(e)}$。

$$\{\bar{P}_e\}^{(e)} = -\{\bar{F}_P\}^{(e)} = -\{\bar{X}_{P1}, \bar{Y}_{P1}, \bar{M}_{P1}, \bar{X}_{P2}, \bar{Y}_{P2}, \bar{M}_{P2}\}^T \tag{12-25}$$

(2) 求单元在结构坐标系下的等效结点荷载 $\{P_e\}^{(e)}$。

$$\{P_e\}^{(e)} = [T]^T\{\bar{P}_e\}^{(e)} \tag{12-26}$$

(3) 依次将 $\{P_e\}^{(e)}$中的元素按单元定位向量 $\lambda^{(e)}$进行定位并累加，即得 $\{P_e\}$。

【例 12-3】 求图 12-8 所示结构的等效结点荷载。已知 $q=10$kN/m，$P=10$kN，$l=4$m。

【解】 (1) 求单元坐标系下的等效结点荷载 $\{\bar{P}_e\}^{(e)}$。

单元①：　　　　　　　　　　　　单元②：

$$
\begin{cases}
\bar{X}_{P1}=0 \\
\bar{Y}_{P1}=5\text{kN} \\
\bar{M}_{P1}=-5\text{kN}\cdot\text{m} \\
\bar{X}_{P2}=0 \\
\bar{Y}_{P2}=5\text{kN} \\
\bar{M}_{P2}=5\text{kN}\cdot\text{m}
\end{cases}
\qquad
\begin{cases}
\bar{X}_{P1}=0 \\
\bar{Y}_{P1}=20\text{kN} \\
\bar{M}_{P1}=-13.3\text{kN}\cdot\text{m} \\
\bar{X}_{P2}=0 \\
\bar{Y}_{P2}=20\text{kN} \\
\bar{M}_{P2}=13.3\text{kN}\cdot\text{m}
\end{cases}
$$

$$
\begin{aligned}
\therefore\ \{\bar{P}_e\}^{(1)} &= -\ \{F_P\}^{(1)} \\
&= [0,\ -5,\ 5,\ 0,\ -5,\ -5]^T \\
\{\bar{P}_e\}^{(2)} &= -\ \{F_P\}^{(2)} \\
&= [0,\ -20,\ 13.3,\ 0,\ -20,\ -13.3]^T \\
\{\bar{P}_e\}^{(3)} &= -\ \{F_P\}^{(3)} \\
&= [0,\ 0,\ 0,\ 0,\ 0,\ 0]^T
\end{aligned}
$$

(2) 求结构坐标系下的等效结点荷载 $\{P_e\}^{(e)}$。

单元①：$\alpha=90°$，$\sin\alpha=1$，$\cos\alpha=0$

则

$$
[T]=\left[\begin{array}{ccc:ccc}
0 & 1 & 0 & & & \\
-1 & 0 & 0 & & 0 & \\
0 & 0 & 1 & & & \\
\hdashline
 & & & 0 & 1 & 0 \\
 & 0 & & -1 & 0 & 0 \\
 & & & 0 & 0 & 1
\end{array}\right]
$$

$$
\therefore \{P_e\}^{(1)}=[T]^T\{\bar{P}_e\}^{(1)}
$$

$$
=\left[\begin{array}{ccc:ccc}
0 & -1 & 0 & & & \\
1 & 0 & 0 & & 0 & \\
0 & 0 & 1 & & & \\
\hdashline
 & & & 0 & -1 & 0 \\
 & 0 & & 1 & 0 & 0 \\
 & & & 0 & 0 & 1
\end{array}\right]
\begin{Bmatrix} 0 \\ -5 \\ 5 \\ 0 \\ -5 \\ -5 \end{Bmatrix}
=\begin{Bmatrix} 5 \\ 0 \\ 5 \\ 5 \\ 0 \\ -5 \end{Bmatrix}
\begin{matrix} 0 \\ 0 \\ 0 \\ 1 \\ 2 \\ 3 \end{matrix}
$$

单元②：$\alpha=0°$，$[T]=[I]$

则 $\{P_e\}^{(2)}=\{\bar{P}_e\}^{(2)}$

$$\therefore \{P_e\}^{(2)} = \begin{Bmatrix} 0 \\ -20 \\ 13.3 \\ 0 \\ -20 \\ -13.3 \end{Bmatrix} \begin{matrix} 1 \\ 2 \\ 3 \\ 4 \\ 5 \\ 6 \end{matrix} \qquad \{P_e\}^{(3)} = \begin{Bmatrix} 0 \\ 0 \\ 0 \\ 0 \\ 0 \\ 0 \end{Bmatrix} \begin{matrix} 4 \\ 5 \\ 6 \\ 0 \\ 0 \\ 0 \end{matrix}$$

(3) 利用单元定位向量集成等效结点荷载 $\{P_e\}$。

首先考虑单元①，单元 (1) 的定位向量为 (0，0，0，1，2，3)。则单元①的第 4，5，6 个分量就应叠加到 $\{P_e\}$ 的第 1，2，3 个分量中去，而定位向量为零的分量则不必送入 $\{P_e\}$；对单元②、③作同样处理，即：

$$\begin{matrix} (4) \longrightarrow \\ (5) \longrightarrow \\ (6) \longrightarrow \\ \\ \\ \\ \end{matrix} \begin{Bmatrix} 5 \\ 0 \\ 5 \\ 0 \\ 0 \\ 0 \end{Bmatrix} \begin{matrix} 1 \\ 2 \\ 3 \\ 4 \\ 5 \\ 6 \end{matrix} \qquad \begin{matrix} (1) \longrightarrow \\ (2) \longrightarrow \\ (3) \longrightarrow \\ (4) \longrightarrow \\ (5) \longrightarrow \\ (6) \longrightarrow \end{matrix} \begin{Bmatrix} 0 \\ -20 \\ 13.3 \\ 0 \\ -20 \\ -13.3 \end{Bmatrix} \begin{matrix} 1 \\ 2 \\ 3 \\ 4 \\ 5 \\ 6 \end{matrix} \qquad \begin{matrix} \\ \\ \\ (1) \longrightarrow \\ (2) \longrightarrow \\ (3) \longrightarrow \end{matrix} \begin{Bmatrix} 0 \\ 0 \\ 0 \\ 0 \\ 0 \\ 0 \end{Bmatrix} \begin{matrix} 1 \\ 2 \\ 3 \\ 4 \\ 5 \\ 6 \end{matrix}$$

$$\therefore \{P_e\} = \begin{Bmatrix} 5 \\ 0 \\ -5 \\ 0 \\ 0 \\ 0 \end{Bmatrix} + \begin{Bmatrix} 0 \\ -20 \\ 13.3 \\ 0 \\ -20 \\ -13.3 \end{Bmatrix} + \begin{Bmatrix} 0 \\ 0 \\ 0 \\ 0 \\ 0 \\ 0 \end{Bmatrix} = \begin{Bmatrix} 5 \\ -20 \\ 8.3 \\ 0 \\ -20 \\ -13.3 \end{Bmatrix}$$

第五节　结构的内力计算

一、求单元杆端位移和内力

平面刚架的单元杆端内力由两部份组成，第一部分是由单元杆端位移产生的内力；第二部分是由单元非结点荷载产生的单元固端力。

利用结构刚度方程 $[K]\{\Delta\} = \{P\}$ 求得结构的结点位移后，根据单元定位向量，可以直接从 $\{\Delta\}$ 中取出单元的杆端位移 $\{\Delta\}^{(e)}$，由式 (12-19) 求出 $\{F\}^{(e)}$，再通过坐标变换，可求得局部坐标系中的单元杆端力 $\{\bar{F}\}^{(e)}$，即

$$\{\bar{F}\}^{(e)} = [T]\{F\}^{(e)} = [T][k]^{(e)}\{\Delta\}^{(e)} \tag{12-27}$$

因此，单元杆端力

$$\{\bar{F}\}^{(e)} = [T][k]^{(e)}\{\Delta\}^{(e)} + \{\bar{F}_P\}^{(e)}$$

其中 $\{\bar{F}_P\}^{(e)}$为非结点荷载产生的单元固端力。

二、用直接刚度法（先处理法）计算结构内力的步骤为：

（1）确定结构坐标系和局部坐标系，划分单元，对结构进行结点编号和单元编号，并且对结构结点位移分量统一编号，确定单元定位向量 $\lambda^{(e)}$。

（2）求局部坐标系下的单元刚度矩阵。(刚架按式（12-8），桁架按式（12-10′），连续梁按式（12-11）计算 $[\bar{k}]^{(e)}$）。

（3）求结构坐标系下的单元刚度矩阵 $[k]^{(e)}$，按式（12—18）计算。

（4）利用单元定位向量 $\lambda^{(e)}$ 集成结构刚度矩阵 $[K]$。

（5）形成结构总的荷载向量 $\{P\}$（由式（2-14）计算）。

（6）解结构刚度方程 $[K]\{\Delta\}=\{P\}$，求结点位移 $\{\Delta\}$。

（7）求各杆杆端力 $\{\bar{F}\}^{(e)}$（按式 12-18）。

三、举例

【例 12-4】 试用直接刚度法计算图 12-9 所示连续梁的内力，画出 M 图。

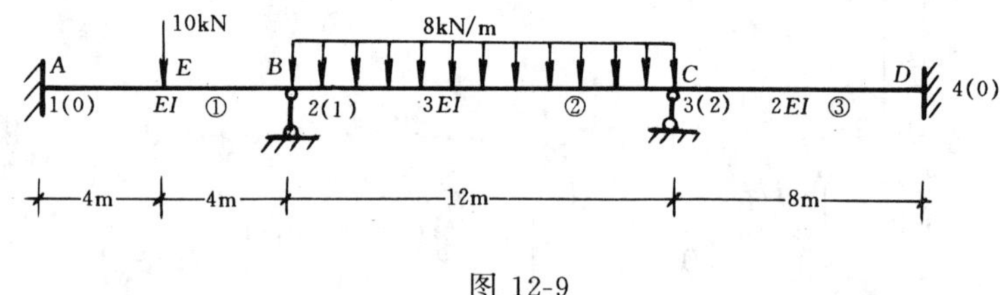

图 12-9

【解】 由于连续梁的局部坐标系和结构坐标系一致，故不需要进行坐标变换。

1. 对结构结点和单元编号，如图 12-9 所示。

则 $\lambda^{(1)}=(0,1)$，　$\lambda^{(2)}=(1,2)$，　$\lambda^{(3)}=(2,0)$

$$\{\Delta\}=\{\theta_1,\theta_2\}$$

2. 求单元刚度矩阵 $[\bar{k}]^{(e)}$

我们采用线刚度 $i=\dfrac{EI}{8}$，并且设 $i=1$，则各单元线刚度相对值为：

$$i_1=1,\qquad i_2=2,\qquad i_3=2$$

则各单元刚度矩阵为：

$$[k]^{(1)}=[\bar{k}]^{(1)}=\begin{bmatrix}4i_1 & 2i_1\\2i_1 & 4i_1\end{bmatrix}=\begin{matrix} & \begin{matrix}0 & 1\end{matrix} & \\ & \begin{bmatrix}4 & 2\\2 & 4\end{bmatrix} & \begin{matrix}0\\1\end{matrix}\end{matrix}$$

$$[k]^{(2)}=[\bar{k}]^{(2)}=\begin{bmatrix}4i_1 & 2i_2\\2i_2 & 4i_2\end{bmatrix}=\begin{matrix} & \begin{matrix}1 & 2\end{matrix} & \\ & \begin{bmatrix}8 & 4\\4 & 8\end{bmatrix} & \begin{matrix}1\\2\end{matrix}\end{matrix}$$

$$[k]^{(3)}=[\bar{k}]^{(3)}=\begin{bmatrix}4i_3 & 2i_3\\2i_3 & 4i_3\end{bmatrix}=\begin{matrix} & \begin{matrix}2 & 0\end{matrix} & \\ & \begin{bmatrix}8 & 4\\4 & 8\end{bmatrix} & \begin{matrix}2\\0\end{matrix}\end{matrix}$$

3. 利用单元定位向量集成结构刚度矩阵 $[K]$。即 $[k]^{(1)}$ 中 $k_{22}^{(1)}$ 为 $[K]$ 中 k_{11}；$[k]^{(2)}$ 中

$k_{11}^{(2)}$，$k_{12}^{(2)}$，$k_{21}^{(2)}$，$k_{22}^{(2)}$为［K］中k_{11}，k_{12}，k_{21}，k_{22}；$[k]^{(3)}$中$k_{11}^{(3)}$为［K］中k_{22}，则

$$
\begin{array}{c} \quad\quad 1 \quad\quad\quad 2 \\ [K]=\begin{bmatrix}4+8 & 4\\ 4 & 8+8\end{bmatrix}\begin{matrix}1\\2\end{matrix}=\begin{bmatrix}12 & 4\\ 4 & 16\end{bmatrix}\end{array}
$$

4. 计算等效结点荷载｛P_e｝和总的荷载向量｛P｝。

单元（1）：$\{P_e\}^{(1)}=-\{F_P\}^{(1)}=-\begin{Bmatrix}-10\\10\end{Bmatrix}=\begin{Bmatrix}10\\-10\end{Bmatrix}\begin{matrix}0\\1\end{matrix}$

单元（2）：$\{P_e\}^{(2)}=-\{F_P\}^{(2)}=-\begin{Bmatrix}-96\\96\end{Bmatrix}=\begin{Bmatrix}96\\-96\end{Bmatrix}\begin{matrix}1\\2\end{matrix}$

单元（3）：$\{P_e\}^{(3)}=-\{F_P\}^{(3)}=\begin{Bmatrix}0\\0\end{Bmatrix}\begin{matrix}2\\0\end{matrix}$

由单元定位向量知$\{P_e\}^{(1)}$中第二个分量-10为｛P_e｝中第1个分量；$\{P_e\}^{(2)}$中第一、二个分量分别是｛P_e｝中第1、2个分量，故由它们叠加得：

$$
\{P_e\}=\begin{Bmatrix}96-10\\-96\end{Bmatrix}\begin{matrix}1\\2\end{matrix}=\begin{Bmatrix}86\\-96\end{Bmatrix}
$$

由于结构上无直接作用结点荷载，则

$$
\{P\}=\{P_e\}=\begin{Bmatrix}86\\-96\end{Bmatrix}
$$

5. 解方程，求｛Δ｝。

结构刚度方程为：

$$
\begin{bmatrix}12 & 4\\ 4 & 16\end{bmatrix}\begin{Bmatrix}\theta_1\\ \theta_2\end{Bmatrix}=\begin{Bmatrix}86\\-96\end{Bmatrix}
$$

解得：$\theta_1=10$，　　　　$\theta_2=-8.5$

6. 求各杆杆端内力。

由单元定位向量取得：

$$
\{\Delta\}^{(1)}=\begin{Bmatrix}0\\ \theta_1\end{Bmatrix}\begin{matrix}0\\1\end{matrix}=\begin{Bmatrix}0\\10\end{Bmatrix};\{\Delta\}^{(2)}=\begin{Bmatrix}\theta_1\\ \theta_2\end{Bmatrix}\begin{matrix}1\\2\end{matrix}=\begin{Bmatrix}10\\-8.5\end{Bmatrix};\{\Delta\}^{(3)}=\begin{Bmatrix}\theta_2\\0\end{Bmatrix}\begin{matrix}2\\1\end{matrix}=\begin{Bmatrix}-8.5\\0\end{Bmatrix}
$$

故各单元杆端力为：

$$
\{\bar{F}\}^{(1)}=\{F\}^{(1)}=[k]^{(1)}\{\Delta\}^{(1)}+\{F_P\}^{(1)}
$$

$$
=\begin{bmatrix}4 & 2\\ 2 & 4\end{bmatrix}\begin{Bmatrix}0\\10\end{Bmatrix}+\begin{Bmatrix}-10\\10\end{Bmatrix}=\begin{Bmatrix}10\ \text{kN}\cdot\text{m}\\50\ \text{kN}\cdot\text{m}\end{Bmatrix}
$$

$$
\{\bar{F}\}^{(2)}=\{F\}^{(2)}=[k]^{(2)}\{\Delta\}^{(2)}+\{F_P\}^{(2)}
$$

$$
=\begin{bmatrix}8 & 4\\ 4 & 8\end{bmatrix}\begin{Bmatrix}10\\-8.5\end{Bmatrix}+\begin{Bmatrix}-96\\96\end{Bmatrix}=\begin{Bmatrix}-50\ \text{kN}\cdot\text{m}\\68\ \text{kN}\cdot\text{m}\end{Bmatrix}
$$

$$
\{\bar{F}\}^{(3)}=\{F\}^{(3)}=[k]^{(3)}\{\Delta\}^{(3)}+\{F_P\}^{(3)}
$$

$$=\begin{bmatrix}8 & 4\\4 & 8\end{bmatrix}\begin{Bmatrix}-8.5\\0\end{Bmatrix}+\begin{Bmatrix}0\\0\end{Bmatrix}=\begin{Bmatrix}-68 \quad kN\cdot m\\-34 \quad kN\cdot m\end{Bmatrix}$$

绘出 M 图如图 12-10 所示。

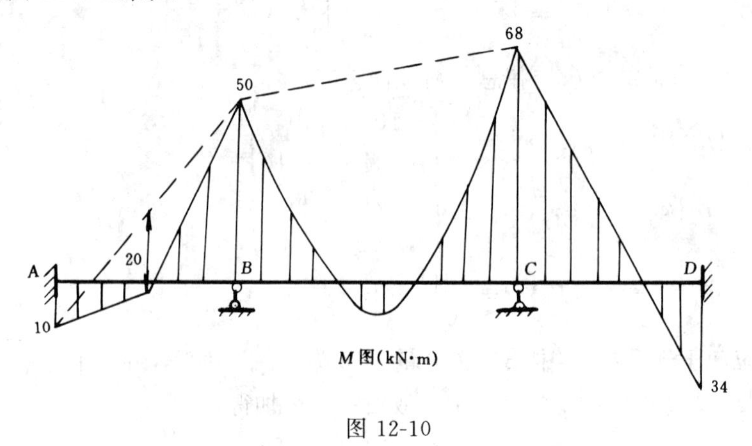

图 12-10

【例 12-5】 试求图 12-11 所示刚架内力。已知各杆 $E=2.1\times10^4\text{kN/cm}^2$，$A=20\text{cm}^2$，$I=300\text{cm}^4$，$l=100\text{cm}$，绘出内力图。

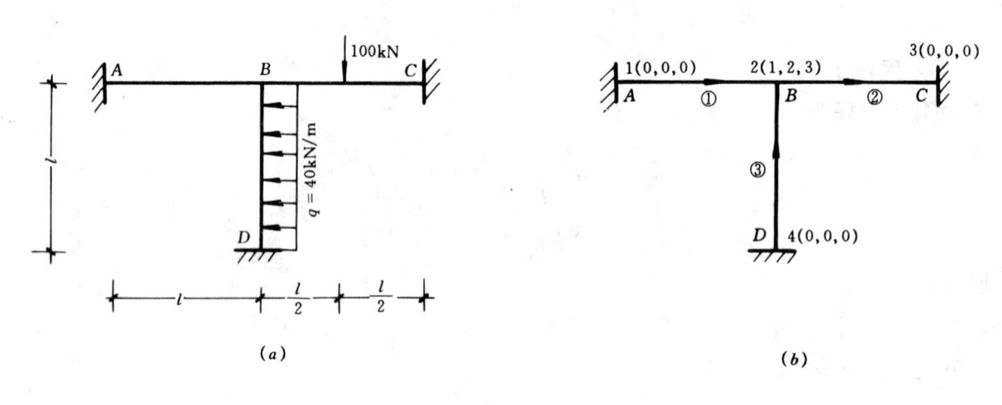

图 12-11

【解】 1. 对结构结点和单元编号，同时也对结构结点位移未知量编号，如图 12-10 (*b*) 所示。则各单元的单元定位向量为

单元①：　$\lambda^{(1)}=(0,\ 0,\ 0,\ 1,\ 2,\ 3)$

单元②：　$\lambda^{(2)}=(1,\ 2,\ 3,\ 0,\ 0,\ 0)$

单元③：　$\lambda^{(3)}=(0,\ 0,\ 0,\ 1,\ 2,\ 3)$

结构结点位移变量 $\{\Delta\}=\{u_2,\ v_2,\ \theta_2\}^T=\{\delta_1,\ \delta_2,\ \delta_3\}^T$

2. 求局部坐标系下的单元刚度矩阵 $[\bar{k}]^{(e)}$

由于①、②、③三个单元截面尺寸相同，则

$$[\bar{k}]^{(1)}=[\bar{k}]^{(2)}=[\bar{k}]^{(3)}$$

$$[\bar{k}]^{(1)} = [\bar{k}]^{(2)} = [\bar{k}]^{(3)} = 2.1\times10^2\begin{bmatrix} 20 & 0 & 0 & -20 & 0 & 0 \\ & 0.36 & -18 & 0 & -0.36 & -18 \\ & & 1200 & 0 & 18 & 600 \\ & & & 20 & 0 & 0 \\ & \text{对} & & & 0.36 & 18 \\ & & \text{称} & & & 1200 \end{bmatrix}$$

3. 求结构坐标系下的单元刚度矩阵 $[k]^{(e)}$

单元①，$\alpha=0°$，则 $[T] = [I]$

$\therefore$ $[k]^{(1)} = [\bar{k}]^{(1)}$

$$\begin{matrix} & 0 & 0 & 0 & 1 & 2 & 3 & \\ =2.1\times10^2 & \left[\begin{matrix} 20 \\ \\ \\ \\ \\ \\ \end{matrix}\right. & \begin{matrix} 0 \\ 0.36 \\ \\ \text{对} \\ \\ \\ \end{matrix} & \begin{matrix} 0 \\ -18 \\ 1200 \\ \\ \text{称} \\ \\ \end{matrix} & \begin{matrix} -20 \\ 0 \\ 0 \\ 20 \\ \\ \\ \end{matrix} & \begin{matrix} 0 \\ -0.36 \\ 18 \\ 0 \\ 0.36 \\ \\ \end{matrix} & \left.\begin{matrix} 0 \\ -18 \\ 600 \\ 0 \\ 18 \\ 1200 \end{matrix}\right] & \begin{matrix} 0 \\ 0 \\ 0 \\ 1 \\ 2 \\ 3 \end{matrix} \end{matrix}$$

单元②，$\alpha=0°$，$[T] = [I]$

$\therefore$ $[k]^{(2)} = [\bar{k}]^{(2)}$

$$=2.1\times10^2\begin{bmatrix} 20 & 0 & 0 & -20 & 0 & 0 \\ & 0.36 & -18 & 0 & -0.36 & -18 \\ & & 1200 & 0 & 18 & 600 \\ & \text{对} & & 20 & 0 & 0 \\ & & \text{称} & & 0.36 & 18 \\ & & & & & 1200 \end{bmatrix}\begin{matrix} 1 \\ 2 \\ 3 \\ 0 \\ 0 \\ 0 \end{matrix}$$

单元③，$\alpha=90°$，则

$$[T] = \left[\begin{array}{ccc:ccc} 0 & 1 & 0 & & & \\ -1 & 0 & 0 & & 0 & \\ 0 & 0 & 1 & & & \\ \hdashline & & & 0 & 1 & 0 \\ & 0 & & -1 & 0 & 0 \\ & & & 0 & 0 & 1 \end{array}\right]$$

故 $[k]^{(3)} = [T]^{\mathrm{T}}\ [\bar{k}]^{(3)}\ [T]$

$$=2.1\times10^2\left[\begin{array}{ccc:ccc}0&-1&0&&&\\1&0&0&&0&\\0&0&1&&&\\ \hdashline &&&0&-1&0\\&0&&1&0&0\\&&&0&0&1\end{array}\right]$$

$$\times\left[\begin{array}{ccc:ccc}20&0&0&-20&0&0\\0&0.36&-18&0&-0.36&-18\\0&-18&1200&0&18&600\\ \hdashline -20&0&0&20&0&0\\0&-0.36&18&0&0.36&18\\0&-18&600&0&18&1200\end{array}\right]\times\left[\begin{array}{ccc:ccc}0&1&0&&&\\-1&0&0&&0&\\0&0&1&&&\\ \hdashline &&&0&1&0\\&0&&-1&0&0\\&&&0&0&1\end{array}\right]$$

$$=2.1\times10^2\begin{array}{c}\begin{array}{cccccc}0&0&0&1&2&3\end{array}\\ \left[\begin{array}{cccccc}0.36&0&18&-0.36&0&18\\&20&0&0&-20&0\\&&1200&-18&0&600\\&\text{对}&&0.36&0&-18\\&&\text{称}&&20&0\\&&&&&1200\end{array}\right]\begin{array}{c}0\\0\\0\\1\\2\\3\end{array}\end{array}$$

4. 利用单元定位向量集成结构刚度矩阵［K］

［k］为 3×3 列阵，它由［k］$^{(1)}$中第 4、5、6 行和列加上［k］$^{(2)}$的第 1、2、3 行和列，再加上［k］$^{(3)}$的第 4、5、6 行和列而成。即

$$[k]=2.1\times10^2\begin{array}{c}\begin{array}{ccc}1&2&3\end{array}\\ \left[\begin{array}{ccc}20+20+0.36&0+0+0&0+0+(-18)\\0+0+0&0.36+0.36+20&18+(-18)+0\\0+0+(-18)&18+(-18)+0&1200+1200+1200\end{array}\right]\begin{array}{c}1\\2\\3\end{array}\end{array}$$

$$=2.1\times10^2\begin{bmatrix}40.36&0&-18\\0&20.72&0\\-18&0&3600\end{bmatrix}$$

5. 求荷载列阵 {P}

单元①：

$$\{\bar{F}_P\}^{(1)}=\left\{\begin{array}{c}0\\0\\0\\0\\0\\0\end{array}\right\}\begin{array}{c}0\\0\\0\\1\\2\\3\end{array}$$

单元②：

$$\{\bar{F}_P\}^{(2)}=\left\{\begin{array}{l}0\\50\\-1250\\0\\50\\1250\end{array}\right\}\begin{array}{c}1\\2\\3\\0\\0\\0\end{array}$$

单元③：

$$\{\bar{F}_P\}^{(3)}=\left\{\begin{array}{l}0\\-20\\333.33\\0\\-20\\-333.33\end{array}\right\}\begin{array}{c}0\\0\\0\\1\\2\\3\end{array}$$

单元①：$\alpha=0°$，$\{P_e\}^{(1)}=-[I]\{\bar{F}_P\}^{(1)}=-\{\bar{F}_P\}^{(1)}$

单元②：$\alpha=0°$，$\{P_e\}^{(2)}=-[I]\{\bar{F}_P\}^{(2)}=-\{\bar{F}_P\}^{(2)}$

单元③：$\alpha=90°$

$\{P_e\}^{(3)}=-[T]^T\{\bar{F}_P\}^{(3)}$

$$=-\begin{bmatrix} 0 & -1 & 0 & & & \\ 1 & 0 & 0 & & & \\ 0 & 0 & 1 & & & \\ & & & 0 & -1 & 0 \\ & & & 1 & 0 & 0 \\ & & & 0 & 0 & 1 \end{bmatrix}\begin{Bmatrix} 0 \\ -20 \\ 333.33 \\ 0 \\ -20 \\ -333.33 \end{Bmatrix}=-\begin{Bmatrix} 0 \\ 20 \\ 333.33 \\ 20 \\ 0 \\ -333.33 \end{Bmatrix}\begin{matrix} 0 \\ 0 \\ 0 \\ 1 \\ 2 \\ 3 \end{matrix}$$

由单元定位向量集成荷载 $\{P_e\}$

$$\{P_e\}=-\begin{bmatrix} 0 + 0 + 20 \\ 0 + 50 + 0 \\ 0+(-1250)-333.33 \end{bmatrix}=\begin{Bmatrix} -20 \\ -50 \\ +1583.33 \end{Bmatrix}$$

由于结构无结点位移，则

$$\{P\}=\{P_e\}=\begin{Bmatrix} -20 \\ -50 \\ -1583.33 \end{Bmatrix}$$

6. 解方程，求结点位移

结构刚度方程为：

$$2.1\times10^2\begin{bmatrix} 40.36 & 0 & -18 \\ 0 & 20.72 & 0 \\ -18 & 0 & 3600 \end{bmatrix}\begin{Bmatrix} \delta_1 \\ \delta_2 \\ \delta_3 \end{Bmatrix}=\begin{Bmatrix} -20 \\ -50 \\ +1583.33 \end{Bmatrix}$$

解方程得

$$\begin{Bmatrix} u_2 \\ v_2 \\ \theta_2 \end{Bmatrix}=\begin{Bmatrix} \delta_1 \\ \delta_2 \\ \delta_3 \end{Bmatrix}=\frac{1}{2.1\times10^2}\begin{Bmatrix} -0.3001 & \text{cm} \\ -2.4131 & \text{cm} \\ 0.4383 & \text{rad} \end{Bmatrix}$$

7. 求各单元的杆端内力

(1) 结构坐标系下的单元杆端力

单元①： 单元②： 单元③

$$\{\Delta\}^{(1)}=\frac{1}{2.1\times10^2}\begin{Bmatrix} 0 \\ 0 \\ 0 \\ -0.3001 \\ -2.4131 \\ 0.4383 \end{Bmatrix}$$

$$\{\Delta\}^{(2)}=\frac{1}{2.1\times 10^2}\begin{Bmatrix} -0.3001 \\ -2.4131 \\ 0.4383 \\ 0 \\ 0 \\ 0 \end{Bmatrix}$$

$$\{\Delta\}^{(3)}=\frac{1}{2.1\times 10^2}\begin{Bmatrix} 0 \\ 0 \\ 0 \\ -0.3001 \\ -2.4131 \\ -0.4383 \end{Bmatrix}$$

则

$$\{F\}^{(1)}=2.1\times 10^2\begin{bmatrix} 20 & 0 & 0 & -20 & 0 & 0 \\ 0 & 0.36 & -18 & 0 & -0.36 & -18 \\ 0 & -18 & 1200 & 0 & 18 & 600 \\ -20 & 0 & 0 & 20 & 0 & 0 \\ 0 & -0.36 & 18 & 0 & 0.36 & 18 \\ 0 & -18 & 600 & 0 & 18 & 1200 \end{bmatrix}$$

$$\times\frac{1}{2.1\times 10^2}\begin{Bmatrix} 0 \\ 0 \\ 0 \\ -3.001 \\ -2.4131 \\ 0.4383 \end{Bmatrix}=\begin{Bmatrix} 6.002 \\ -7.021 \\ 219.544 \\ -6.002 \\ 7.021 \\ 482.524 \end{Bmatrix}$$

$$\{F\}^{(2)}=2.1\times 10^2\begin{bmatrix} 20 & 0 & 0 & -20 & 0 & 0 \\ 0 & 0.36 & -18 & 0 & -0.36 & -18 \\ 0 & -18 & 1200 & 0 & 18 & 600 \\ -20 & 0 & 0 & 20 & 0 & 0 \\ 0 & -0.36 & 18 & 0 & 0.36 & 18 \\ 0 & -18 & 600 & 0 & 18 & 1200 \end{bmatrix}$$

$$
\times \frac{1}{2.1\times10^{2}}\begin{Bmatrix} -3.001 \\ -2.4131 \\ 0.4383 \\ 0 \\ 0 \\ 0 \end{Bmatrix} = \begin{Bmatrix} -6.002 \\ -8.758 \\ 569.396 \\ 6.002 \\ 8.758 \\ 306.416 \end{Bmatrix}
$$

$$
\{F\}^{(3)} = 2.1\times10^{2}\begin{bmatrix} 0.36 & 0 & -18 & -0.36 & 0 & -18 \\ 0 & 20 & 0 & 0 & -20 & 0 \\ -18 & 0 & 1200 & 18 & 0 & 600 \\ -0.36 & 0 & 18 & 0.36 & 0 & 18 \\ 0 & -20 & 0 & 0 & 20 & 0 \\ -18 & 0 & 600 & 18 & 0 & 1200 \end{bmatrix}
$$

$$
\times \frac{1}{2.1\times10^{2}}\begin{Bmatrix} 0 \\ 0 \\ 0 \\ -3.001 \\ -2.4131 \\ 0.4383 \end{Bmatrix} = \begin{Bmatrix} +7.997 \\ +48.262 \\ 268.382 \\ -7.997 \\ -48.262 \\ 531.362 \end{Bmatrix}
$$

（2）求局部坐标系下的杆端力

单元①、②的 $\alpha=0$，则 $[T]=[I]$

$\{\bar{F}\}^{(1)}=[T]\{F\}^{(1)}=\{F\}^{(1)}$

$$
=\begin{Bmatrix} \bar{X}_1^{(1)} \\ \bar{Y}_1^{(1)} \\ \bar{M}_1^{(1)} \\ \bar{X}_2^{(1)} \\ \bar{Y}_2^{(1)} \\ \bar{M}_2^{(1)} \end{Bmatrix} = \begin{Bmatrix} 6.002 \\ -7.002 \\ 219.544 \\ -6.002 \\ 7.021 \\ 482.524 \end{Bmatrix}
$$

单元②，$\alpha=0$，$[T]=[I]$

$\{\bar{F}\}^{(2)}=[T]\{F\}^{(2)}=\{F\}^{(2)}$

$$
=\begin{Bmatrix} \bar{X}_2^{(2)} \\ \bar{Y}_2^{(2)} \\ \bar{M}_2^{(2)} \\ \bar{X}_3^{(2)} \\ \bar{Y}_3^{(2)} \\ \bar{M}_3^{(2)} \end{Bmatrix}=\begin{Bmatrix} -6.002 \\ -8.758 \\ 569.399 \\ 6.002 \\ 8.758 \\ 306.416 \end{Bmatrix}
$$

单元③，$\alpha=90°$。

$$
[T]=\left[\begin{array}{ccc:ccc} 0 & 1 & 0 & & & \\ -1 & 0 & 0 & & 0 & \\ 0 & 0 & 1 & & & \\ \hdashline & & & 0 & 1 & 0 \\ & 0 & & -1 & 0 & 0 \\ & & & 0 & 0 & 1 \end{array}\right]
$$

$\{\bar{F}\}^{(3)}=[T]\{F\}^{(3)}$

$$
=\begin{Bmatrix} \bar{X}_4^{(3)} \\ \bar{Y}_4^{(3)} \\ \bar{M}_4^{(3)} \\ \bar{X}_2^{(3)} \\ \bar{Y}_2^{(3)} \\ \bar{M}_2^{(3)} \end{Bmatrix}=\begin{bmatrix} 0 & 1 & 0 & 0 & 0 & 0 \\ -1 & 0 & 0 & 0 & 0 & 0 \\ 0 & 0 & 1 & 0 & 0 & 0 \\ 0 & 0 & 0 & 0 & 1 & 0 \\ 0 & 0 & 0 & -1 & 0 & 0 \\ 0 & 0 & 0 & 0 & 0 & 1 \end{bmatrix}\begin{Bmatrix} 7.997 \\ 48.262 \\ 268.382 \\ -7.997 \\ -48.262 \\ 531.362 \end{Bmatrix}=\begin{Bmatrix} 48.262 \\ -7.997 \\ 268.382 \\ -48.262 \\ 7.997 \\ 531.362 \end{Bmatrix}
$$

(3) 求各单元杆端内力

各单元杆端内力 $\{\bar{F}\}^{(e)}=\{\bar{F}\}^{(e)}+\{\bar{F}_P\}^{(e)}$

单元①：

$$
\{\bar{F}\}^{(1)}=\{\bar{F}\}^{(1)}+\{\bar{F}_P\}^{(1)}=\begin{Bmatrix} 6.002 \\ -7.002 \\ 219.554 \\ -6.002 \\ 7.021 \\ 482.54 \end{Bmatrix}+\begin{Bmatrix} 0 \\ 0 \\ 0 \\ 0 \\ 0 \\ 0 \end{Bmatrix}=\begin{Bmatrix} 6.002 & \text{kN} \\ -7.002 & \text{kN} \\ 21.9554 & \text{kN}\cdot\text{cm} \\ -6.002 & \text{kN} \\ 7.021 & \text{kN} \\ 482.524 & \text{kN}\cdot\text{cm} \end{Bmatrix}
$$

单元②：

$$\{\bar{F}\}^{(2)}=\{\bar{F}\}^{(2)}+\{\bar{F}_{\mathrm{P}}\}^{(2)}=\begin{Bmatrix}-6.002\\-8.758\\569.396\\6.002\\8.758\\306.419\end{Bmatrix}+\begin{Bmatrix}0\\50\\-1250\\0\\50\\1250\end{Bmatrix}=\begin{Bmatrix}-6.002 & \mathrm{kN}\\41.242 & \mathrm{kN}\\-680.604 & \mathrm{kN\cdot cm}\\6.002 & \mathrm{kN}\\58.758 & \mathrm{kN}\\1556.416 & \mathrm{kN\cdot cm}\end{Bmatrix}$$

单元③：

$$\{\bar{F}\}^{(3)}=\{\bar{F}\}^{(3)}+\{\bar{F}_{\mathrm{P}}\}^{(3)}=\begin{Bmatrix}+48.262\\-7.997\\268.382\\-48.262\\+7.997\\531.362\end{Bmatrix}+\begin{Bmatrix}0\\-20\\333.33\\0\\-20\\-333.33\end{Bmatrix}=\begin{Bmatrix}+48.262 & \mathrm{kN}\\-27.997 & \mathrm{kN}\\601.712 & \mathrm{kN\cdot cm}\\-48.262 & \mathrm{kN}\\-12.003 & \mathrm{kN}\\198.032 & \mathrm{kN\cdot cm}\end{Bmatrix}$$

根据各单元的最后杆端力，作出结构最后的内力图如图 12-12 所示。值得注意的是，V 图、N 图是根据剪力和轴力的习惯符号规定绘出的，即剪力绕隔离体顺时针旋转为正，轴力受拉为正。而我们求出的杆端剪力和轴力正负号是按局部坐标系的方向给出的，因此要

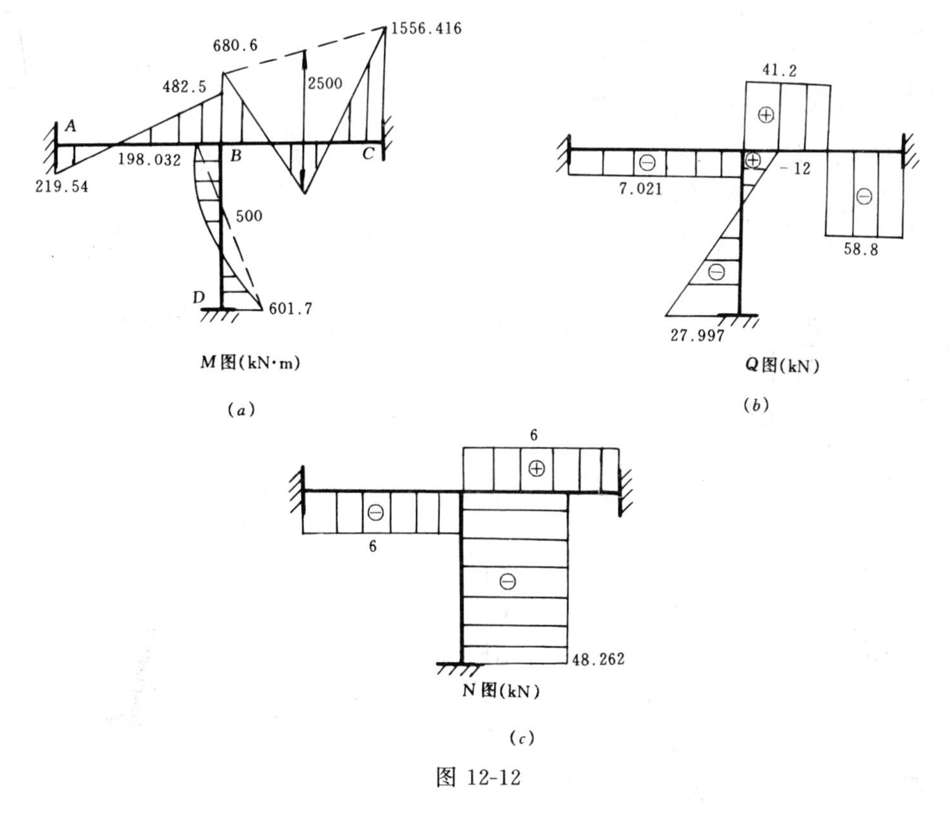

图 12-12

注意符号的变换。

【例 12-6】 求图 12-13 所示桁架的内力，各杆 EA 相同。

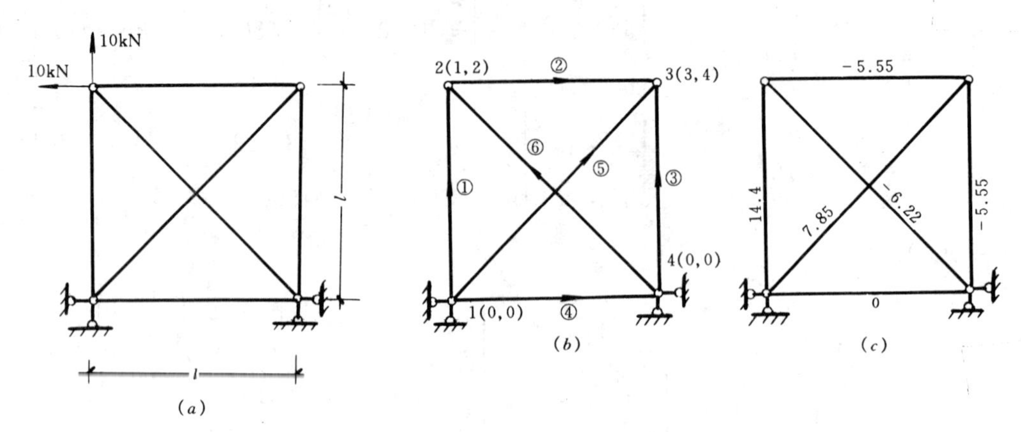

图 12-13

【解】 1. 对结构结点、单元和结点位移进行编号，如图 12-12 (b) 所示。

则 $\{\Delta\} = \{u_2, v_2, u_3, v_3\}^T = \{\delta_1, \delta_2, \delta_3, \delta_4\}^T$

各单元定位向量为

单元 (1)：$\lambda^{(1)} =$ (0，0，1，2)

单元 (2)：$\lambda^{(2)} =$ (1，2，3，4)

单元 (3)：$\lambda^{(3)} =$ (0，0，3，4)

单元 (4)：$\lambda^{(4)} =$ (0，0，0，0)

单元 (5)：$\lambda^{(5)} =$ (0，0，3，4)

单元 (6)：$\lambda^{(6)} =$ (0，0，1，2)

2. 求局部坐标系下的 $[\bar{k}]^{(e)}$

由于单元 (1)、(2)、(3)、(4) 的长度和截面性质相同。

故 $[\bar{k}]^{(1)} = [\bar{k}]^{(2)} = [\bar{k}]^{(3)} = [\bar{k}]^{(4)}$

$$=\frac{EA}{l}\begin{bmatrix}1 & 0 & -1 & 0\\ 0 & 0 & 0 & 0\\ -1 & 0 & 1 & 0\\ 0 & 0 & 0 & 0\end{bmatrix}$$

同理 $[\bar{k}]^{(5)} = [\bar{k}]^{(6)}$

$$=\frac{EA}{\sqrt{2}l}\begin{bmatrix}1 & 0 & -1 & 0\\ 0 & 0 & 0 & 0\\ -1 & 0 & 1 & 0\\ 0 & 0 & 0 & 0\end{bmatrix}$$

3. 求结构坐标系下的单元刚度矩阵 $[k]^{(e)}$

单元①、③：$\alpha=90°$，$\sin\alpha=1$，$\cos\alpha=0$ 则

$$[k]^{(1)}=[k]^{(3)}=[T]^{\mathrm{T}}[\bar{k}]^{(e)}[T]=\left[\begin{array}{cc:cc}0 & -1 & & \\ 1 & 0 & 0 & \\ \hdashline & 0 & 0 & -1 \\ & & 1 & 0\end{array}\right]\frac{EA}{l}\begin{bmatrix}1 & 0 & -1 & 0 \\ 0 & 0 & 0 & 0 \\ -1 & 0 & 1 & 0 \\ 0 & 0 & 0 & 0\end{bmatrix}$$

$$\cdot\left[\begin{array}{cc:cc}0 & 1 & & \\ -1 & 0 & 0 & \\ \hdashline & 0 & 0 & 1 \\ & & -1 & 0\end{array}\right]=\frac{EA}{l}\begin{bmatrix}0 & 0 & 0 & 0 \\ 0 & 1 & 0 & -1 \\ 0 & 0 & 0 & 0 \\ 0 & -1 & 0 & 1\end{bmatrix}$$

单元②、④：$\alpha=0°$，$[T]=[I]$ 则

$$[k]^{(2)}=[k]^{(4)}=[\bar{k}]^{(1)}=\frac{EA}{l}\begin{bmatrix}1 & 0 & -1 & 0 \\ 0 & 0 & 0 & 0 \\ -1 & 0 & 1 & 0 \\ 0 & 0 & 0 & 0\end{bmatrix}$$

单元⑤：$\alpha=45°$，$\sin=\frac{\sqrt{2}}{2}$，$\cos\alpha=\frac{\sqrt{2}}{2}$ 则

$$[T]=\left[\begin{array}{cc:cc}\frac{\sqrt{2}}{2} & \frac{\sqrt{2}}{2} & & \\ -\frac{\sqrt{2}}{2} & \frac{\sqrt{2}}{2} & 0 & \\ \hdashline & 0 & \frac{\sqrt{2}}{2} & \frac{\sqrt{2}}{2} \\ & & -\frac{\sqrt{2}}{2} & \frac{\sqrt{2}}{2}\end{array}\right]=\frac{\sqrt{2}}{2}\left[\begin{array}{cc:cc}1 & 1 & & \\ -1 & 1 & 0 & \\ \hdashline & 0 & 1 & 1 \\ & & -1 & 1\end{array}\right]$$

$$[k]^{(5)}=[T]^{\mathrm{T}}[\bar{k}]^{(5)}[T]=\frac{\sqrt{2}}{2}\left[\begin{array}{cc:cc}1 & -1 & & \\ 1 & 1 & 0 & \\ \hdashline & 0 & 1 & -1 \\ & & 1 & 1\end{array}\right]\frac{EA}{\sqrt{2}\,l}\begin{bmatrix}1 & 0 & -1 & 0 \\ 0 & 0 & 0 & 0 \\ -1 & 0 & 1 & 0 \\ 0 & 0 & 0 & 0\end{bmatrix}$$

$$\times\frac{\sqrt{2}}{2}\left[\begin{array}{cc:cc}1 & 1 & & \\ -1 & 1 & 0 & \\ \hdashline & & 1 & 1 \\ & 0 & -1 & 1\end{array}\right]=\frac{EA}{2\sqrt{2}\,l}\left[\begin{array}{cc:cc}1 & 1 & -1 & -1 \\ 1 & 1 & -1 & -1 \\ \hdashline -1 & -1 & 1 & 1 \\ -1 & -1 & 1 & 1\end{array}\right]$$

单元⑥：$\alpha=135°$，$\sin\alpha=\frac{\sqrt{2}}{2}$，$\cos\alpha=-\frac{\sqrt{2}}{2}$，则

$$[T]=\begin{bmatrix} -\frac{\sqrt{2}}{2} & \frac{\sqrt{2}}{2} & & \\ -\frac{\sqrt{2}}{2} & -\frac{\sqrt{2}}{2} & \multicolumn{2}{c}{0} \\ \multicolumn{2}{c}{0} & -\frac{\sqrt{2}}{2} & \frac{\sqrt{2}}{2} \\ & & -\frac{\sqrt{2}}{2} & -\frac{\sqrt{2}}{2} \end{bmatrix}=\frac{\sqrt{2}}{2}\begin{bmatrix} -1 & 1 & & \\ -1 & -1 & \multicolumn{2}{c}{0} \\ \multicolumn{2}{c}{0} & -1 & 1 \\ & & -1 & -1 \end{bmatrix}$$

$$[k]^{(6)}=[T]^{\mathrm{T}}[\bar{k}]^{(6)}[T]=\frac{1}{\sqrt{2}}\begin{bmatrix} -1 & -1 & & \\ 1 & -1 & \multicolumn{2}{c}{0} \\ \multicolumn{2}{c}{0} & -1 & -1 \\ & & 1 & -1 \end{bmatrix}\frac{EA}{\sqrt{2}\,l}\begin{bmatrix} 1 & 0 & -1 & 0 \\ 0 & 0 & 0 & 0 \\ -1 & 0 & 1 & 0 \\ 0 & 0 & 0 & 0 \end{bmatrix}$$

$$\times\frac{\sqrt{2}}{2}\begin{bmatrix} -1 & 1 & & \\ -1 & 1 & \multicolumn{2}{c}{0} \\ \multicolumn{2}{c}{0} & -1 & 1 \\ & & -1 & 1 \end{bmatrix}=\frac{EA}{2\sqrt{2}\,l}\begin{bmatrix} 1 & -1 & -1 & 1 \\ -1 & 1 & 1 & -1 \\ -1 & 1 & 1 & -1 \\ 1 & -1 & -1 & 1 \end{bmatrix}$$

4. 集成整体刚度矩阵（用单元定位向量）

$$[K]=\begin{bmatrix} k_{33}^{(1)}+k_{11}^{(2)}+k_{33}^{(6)} & k_{34}^{(1)}+k_{12}^{(2)}+k_{34}^{(6)} & k_{13}^{(2)} & k_{14}^{(2)} \\ k_{43}^{(1)}+k_{21}^{(2)}+k_{43}^{(6)} & k_{44}^{(1)}+k_{22}^{(1)}+k_{44}^{(6)} & k_{23}^{(2)} & k_{24}^{(2)} \\ k_{31}^{(2)} & k_{32}^{(2)} & k_{33}^{(2)}+k_{33}^{(3)}+k_{33}^{(5)} & k_{34}^{(2)}+k_{34}^{(3)}+k_{34}^{(5)} \\ k_{41}^{(2)} & k_{42}^{(2)} & k_{43}^{(2)}+k_{43}^{(3)}+k_{43}^{(5)} & k_{44}^{(2)}+k_{44}^{(3)}+k_{44}^{(5)} \end{bmatrix}$$

$$=\frac{EA}{l}\begin{bmatrix} 1.35 & -0.35 & -1 & 0 \\ -0.35 & 1.35 & 0 & 0 \\ -1 & 0 & 1.35 & 0.35 \\ 0 & 0 & 0.35 & 1.35 \end{bmatrix}\left(\frac{1}{2\sqrt{2}}\doteq 0.35\right)$$

5. 求结点荷载 $\{P\}$

$$\{P\}=\begin{Bmatrix} 10 \\ 10 \\ 0 \\ 0 \end{Bmatrix}$$

6. 解方程，求位移

结构刚度方程为

$$\frac{EA}{l}\begin{bmatrix}1.35 & -0.35 & -1 & 0\\ -0.35 & 1.35 & 0 & 0\\ -1 & 0 & 1.35 & 0.35\\ 0 & 0 & 0.35 & 1.35\end{bmatrix}\begin{Bmatrix}u_2\\ v_2\\ u_3\\ v_3\end{Bmatrix}=\begin{Bmatrix}10\\ 10\\ 0\\ 0\end{Bmatrix}$$

解方程得

$$\begin{Bmatrix}u_2\\ v_2\\ u_3\\ v_3\end{Bmatrix}=\frac{EA}{l}\begin{Bmatrix}26.975\\ 14.401\\ 21.422\\ -5.553\end{Bmatrix}$$

7. 求各单元杆端力

(1) 结构坐标系中的各单元杆端力

单元①：

$$\{F\}^{(1)}=[k]^{(1)}\{\Delta\}^{(1)}=\frac{EA}{l}\begin{bmatrix}0 & 0 & 0 & 0\\ 0 & 1 & 0 & -1\\ 0 & 0 & 0 & 0\\ 0 & -1 & 0 & 1\end{bmatrix}\begin{Bmatrix}0\\ 0\\ 26.975\\ 14.401\end{Bmatrix}\frac{l}{EA}=\begin{Bmatrix}0\\ -14.401\\ 0\\ 14.401\end{Bmatrix}$$

单元②：

$$\{F\}^{(2)}=[k]^{(2)}\{\Delta\}^{(2)}=\frac{EA}{l}\begin{bmatrix}1 & 0 & -1 & 0\\ 0 & 0 & 0 & 0\\ -1 & 0 & 1 & 0\\ 0 & 0 & 0 & 0\end{bmatrix}\begin{Bmatrix}26.975\\ 14.401\\ 21.422\\ -5.553\end{Bmatrix}\frac{l}{EA}=\begin{Bmatrix}5.553\\ 0\\ -5.553\\ 0\end{Bmatrix}$$

单元③：

$$\{F\}^{(3)}=[k]^{(3)}\{\Delta\}^{(3)}=\frac{EA}{l}\begin{bmatrix}0 & 0 & 0 & 0\\ 0 & 1 & 0 & -1\\ 0 & 0 & 0 & 0\\ 0 & -1 & 0 & 1\end{bmatrix}\begin{Bmatrix}0\\ 0\\ 21.422\\ -5.553\end{Bmatrix}\frac{l}{EA}=\begin{Bmatrix}0\\ 5.553\\ 0\\ -5.553\end{Bmatrix}$$

单元④：

$$\{F\}^{(4)}=[k]^{(4)}\{\Delta\}^{(4)}=\frac{EA}{l}\begin{bmatrix}1 & 0 & -1 & 0\\ 0 & 0 & 0 & 0\\ -1 & 0 & 1 & 0\\ 0 & 0 & 0 & 0\end{bmatrix}\begin{Bmatrix}0\\ 0\\ 0\\ 0\end{Bmatrix}\frac{l}{EA}=\begin{Bmatrix}0\\ 0\\ 0\\ 0\end{Bmatrix}$$

单元⑤：

$$\{F\}^{(5)}=[k]^{(5)}\{\Delta\}^{(5)}=\frac{EA}{2\sqrt{2}l}\begin{bmatrix}1&1&-1&-1\\1&1&-1&-1\\-1&-1&1&1\\-1&-1&1&1\end{bmatrix}\begin{Bmatrix}0\\0\\21.422\\-5.553\end{Bmatrix}\frac{l}{EA}=\begin{Bmatrix}-5.554\\-5.554\\5.554\\5.554\end{Bmatrix}$$

单元⑥：

$$\{F\}^{(6)}=[k]^{(6)}\{\Delta\}^{(6)}=\frac{EA}{2\sqrt{2}l}\begin{bmatrix}1&-1&-1&1\\-1&1&1&-1\\-1&1&1&-1\\1&-1&-1&1\end{bmatrix}\begin{Bmatrix}0\\0\\-26.975\\14.401\end{Bmatrix}\frac{l}{EA}=\begin{Bmatrix}-4.401\\4.401\\4.401\\-4.401\end{Bmatrix}$$

（2）局部坐标系中的单元杆端力

单元①：$\alpha=90°$，$\sin\alpha=1$，$\cos\alpha=0$

$$\{\bar{F}\}^{(1)}=[T]\{F\}^{(1)}=\begin{bmatrix}0&1&0&0\\-1&0&0&0\\0&0&0&1\\0&0&-1&0\end{bmatrix}\begin{Bmatrix}0\\-14.401\\0\\14.401\end{Bmatrix}=\begin{Bmatrix}-14.401\ \text{kN}\\0\\-14.401\ \text{kN}\\0\end{Bmatrix}\text{（拉）}$$

单元②：$\alpha=0°$，$[T]=[I]$

$$\{\bar{F}\}^{(2)}=\{F\}^{(2)}=\begin{Bmatrix}5.55\ \text{kN}\\0\\-5.55\ \text{kN}\\0\end{Bmatrix}\text{（压）}$$

单元③：$\alpha=90°$，$\sin\alpha=1$，$\cos\alpha=0$

$$\{\bar{F}\}^{(3)}=[T]\{F\}^{(3)}=\begin{bmatrix}0&1&0&0\\-1&0&0&0\\0&0&0&1\\0&0&-1&0\end{bmatrix}\begin{Bmatrix}0\\5.553\\0\\-5.553\end{Bmatrix}=\begin{Bmatrix}5.55\ \text{kN}\\0\\-5.55\ \text{kN}\\0\end{Bmatrix}\text{（压）}$$

单元④：$\alpha=0°$，$[T]=[I]$

$$\{\bar{F}\}^{(4)}=\{F\}^{(4)}=\begin{Bmatrix}0\\0\\0\\0\end{Bmatrix}\text{（零杆）}$$

单元⑤：$\alpha=45°$，$\sin\alpha=\frac{1}{\sqrt{2}}$，$\cos\alpha=\frac{1}{\sqrt{2}}$

$$\{\bar{F}\}^{(5)}=[T]\{F\}^{(5)}=\frac{1}{\sqrt{2}}\begin{bmatrix}1&1&0&0\\-1&1&0&0\\0&0&1&1\\0&0&-1&1\end{bmatrix}\begin{Bmatrix}-5.554\\-5.554\\5.554\\5.554\end{Bmatrix}=\begin{Bmatrix}-7.85\ \text{kN}\\0\\7.85\ \text{kN}\\0\end{Bmatrix}\text{（拉）}$$

单元⑥：$\alpha=135°$，$\sin\alpha=\frac{1}{\sqrt{2}}$，$\cos\alpha=-\frac{1}{\sqrt{2}}$

$$\{\bar{F}\}^{(6)}=[T]\{F\}^{(6)}=\frac{1}{\sqrt{2}}\begin{bmatrix}-1 & 1 & 0 & 0\\ -1 & -1 & 0 & 0\\ 0 & 0 & -1 & 1\\ 0 & 0 & -1 & -1\end{bmatrix}\begin{Bmatrix}-4.401\\ 4.401\\ +4.401\\ -4.401\end{Bmatrix}=\begin{Bmatrix}6.22\ \text{kN}\\ 0\\ -6.22\ \text{kN}\\ 0\end{Bmatrix}\text{（压）}$$

各杆受拉受压是根据单元局部坐标系的设置情况和局部坐标系关于力的符号规定进行判断。

最后，将各杆内力标于图 12-13（c）中，按照习惯，受拉为正，受压为负。同样需要注意将矩阵位移法的符号转换为传统习惯的符号。

思 考 题

1. 一般的单元刚度矩阵是否存在逆阵？单元刚度矩阵的各元素的物理意义是什么？
2. 为什么要对单元刚度矩阵进行坐标变换？
3. 矩阵位移法单元分析和整体分析的任务是什么？
4. 什么叫等效结点荷载，如何形成等效荷载列阵。
5. 什么叫单元定位向量？
6. 由单元刚度矩阵形成总刚度矩阵的基本方法是什么？
7. 什么叫前处理法和后处理法？

习 题

12-1 试求图示结构的单元定位向量，并用单元定位向量集成图示结构的整体刚度矩阵。

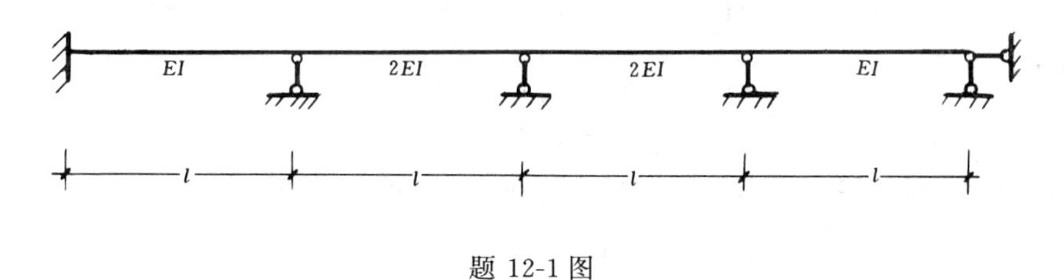

题 12-1 图

12-2 试求图示刚架的单元定位向量，并用此集成此结构的（整体）刚度矩阵（忽略杆件轴向变形）。

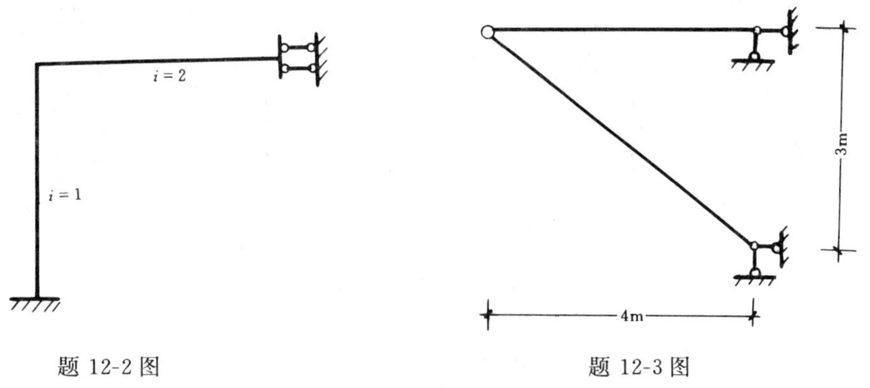

题 12-2 图　　题 12-3 图

12-3　试列出图示桁架的整体刚度矩阵。(各杆 $EA=10\times10^{3}$kN)

12-4　试求图示刚架的总荷载列阵 $\{P\}$。

12-5　试列出图示刚架的基本方程。各杆弹性常数相同，已知 $EA=4\times10^{6}$kN，$EI=6\times10^{4}$kN·m^{2})

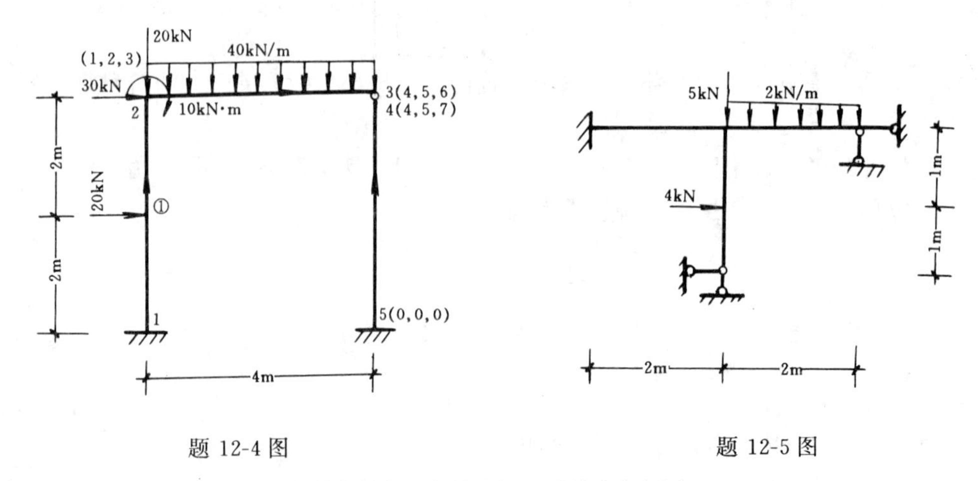

题 12-4 图　　　　　　　　　　题 12-5 图

12-6　试计算图示连续梁的结点转角和杆端弯矩，并绘出弯矩图。

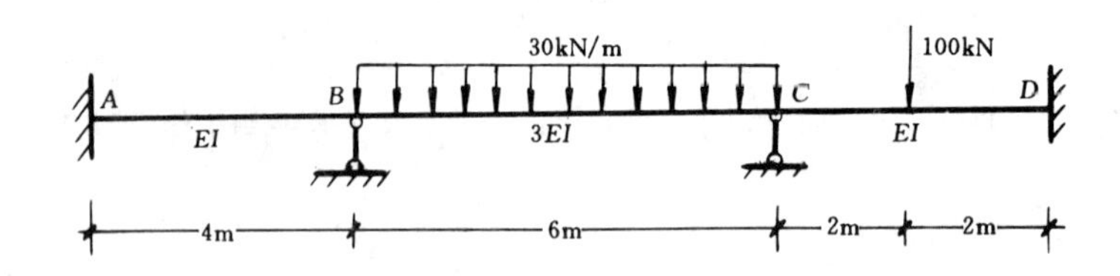

题 12-6 图

12-7　用矩阵位移法求图示结构的内力。(不考虑轴向变形)，并绘出弯矩图。

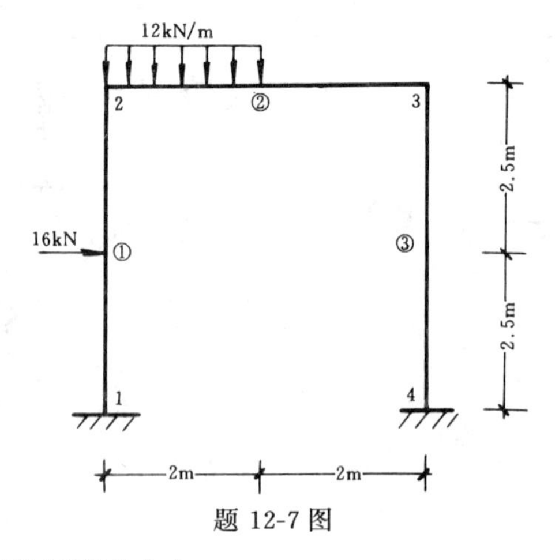

题 12-7 图

12-8　用矩阵位移法求图示结构的内力。

12-9　用矩阵位移法列出图示桁架的位移法基本方程。各杆 EA=常数。

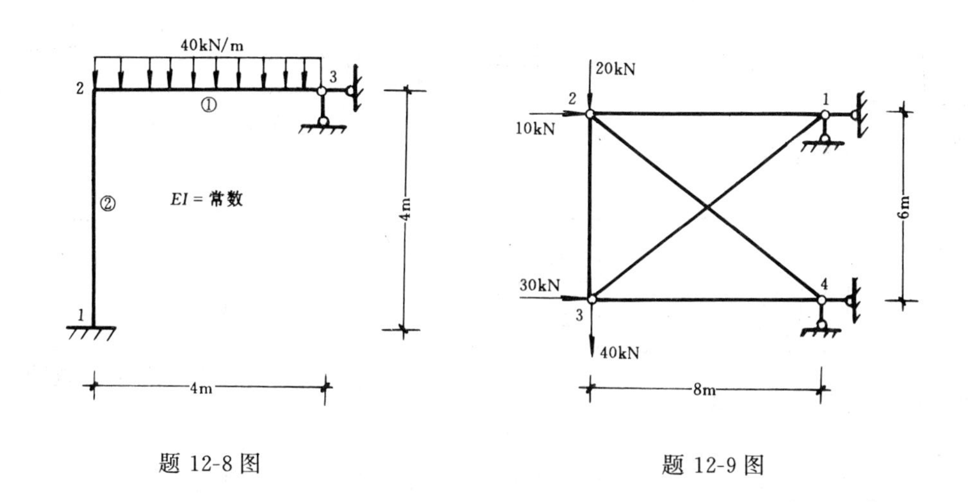

题 12-8 图　　　　题 12-9 图

附录1　平面刚架单元固端力汇总表

平面刚架单元固端力汇总表　　**表 12-1**

荷载类型 IND	荷载简图		单元固端力	
			始　端 i	末　端 j
1	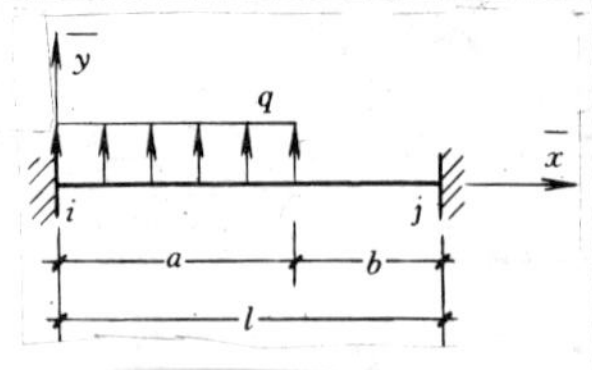	$\bar{X}_F$	0	0
		$\bar{Y}_F$	$-\frac{1}{2}qa\left(2-2\frac{a^2}{l^2}+\frac{a^3}{l^3}\right)$	$-\frac{1}{2}q\frac{a^3}{l^2}\left(2-\frac{a}{l}\right)$
		$\bar{M}_F$	$\frac{qa^2}{12}\left(6-8\frac{a}{l}+3\frac{a^2}{l^2}\right)$	$-\frac{qa^3}{12}\cdot\frac{1}{l}\left(4-3\frac{a}{l}\right)$
2	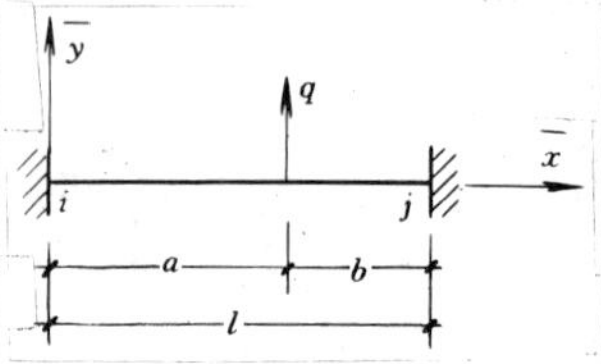	$\bar{X}_F$	0	0
		$\bar{Y}_F$	$-q\frac{b^2}{l^2}\left(1+2\frac{a}{l}\right)$	$-q\frac{a^2}{l^2}\left(1+2\frac{b}{l}\right)$
		$\bar{M}_F$	$\frac{qab^2}{l^2}$	$-\frac{qa^2b}{l^2}$
3	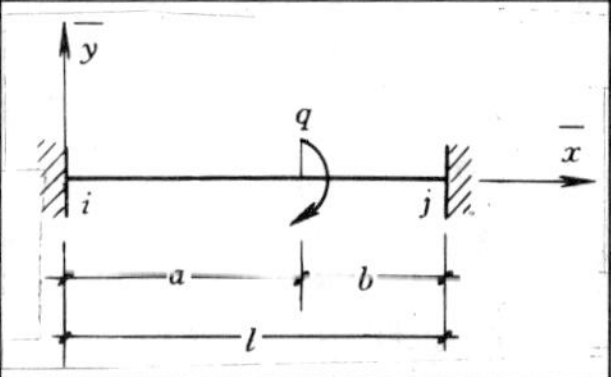	$\bar{X}_F$	0	0
		$\bar{Y}_F$	$-\frac{6qab}{l^3}$	$\frac{6qab}{l^3}$
		$\bar{M}_F$	$q\frac{b}{l}\left(2-3\frac{b}{l}\right)$	$q\frac{b}{l}\left(2-3\frac{a}{l}\right)$
4	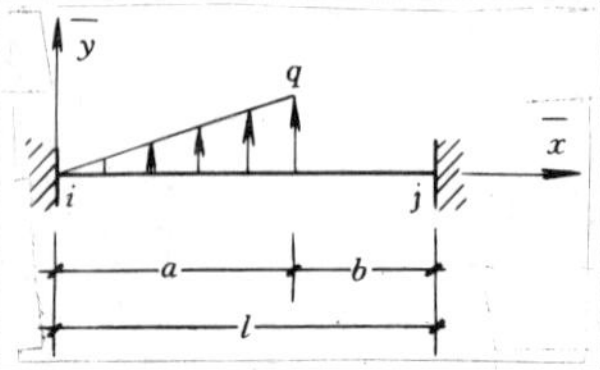	$\bar{X}_F$	0	0
		$\bar{Y}_F$	$-\frac{qa}{4}\left(2-3\frac{a^2}{l^2}+1.6\frac{a^3}{l^3}\right)$	$-\frac{1}{4}\frac{qa^3}{l^2}\left(3-1.6\frac{a}{l}\right)$
		$\bar{M}_F$	$\frac{qa^2}{6}\left(2-3\frac{a}{l}+1.2\frac{a^2}{l^2}\right)$	$-\frac{1}{4}\frac{qa^3}{l}\left(1-0.8\frac{a}{l}\right)$
5	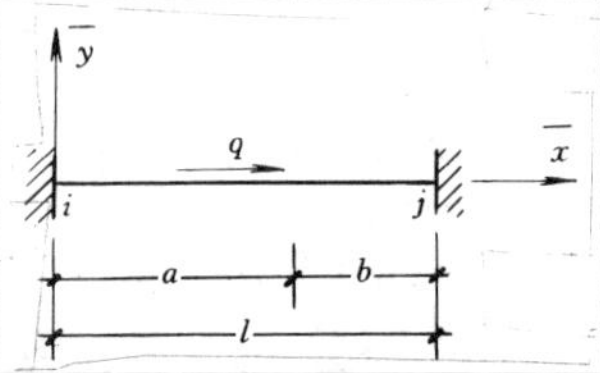	$\bar{X}_F$	$-q\frac{b}{l}$	$-q\frac{a}{l}$
		$\bar{Y}_F$	0	0
		$\bar{M}_F$	0	0
6	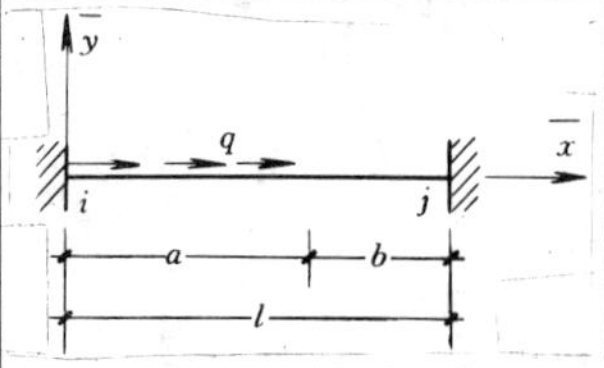	$\bar{X}_F$	$-qa\left(1-0.5\frac{a}{l}\right)$	$-0.5q\frac{a^2}{l}$
		$\bar{Y}_F$	0	0
		$\bar{M}_F$	0	0

附录2　平面刚架分析程序及算例

平面刚架分析程序的框图和源程序（FORTRAN 语言）介绍如下，以供学习参考。

一、适用范围和计算方法

结构形式：由等截面直杆组成的具有任意几何形状的平面杆件结构。

支承形式：结构的支承可以是固定支座、铰支座和定向支座。

荷载类型：荷载包括结点荷载和非结点荷载。各种非结点荷载类型见附录 1。

材料性质：结构的各个杆件可以用不同的弹性材料组成。

计算方法：矩阵位移法，考虑了杆件的弯曲变形和轴向变形，而忽略了剪切变形的影响。用单元定位向量形成结构刚度矩阵，结构刚度矩阵 K 采用等带宽存贮，并用带消元法解线性方程组。

二、程序标识符

NE——单元数；

NJ——结点数；

N——结点位移未知量总数；

NW——最大半带宽：

NPJ——结点荷载数；

NPF——非结点荷载数；

IND——非结点荷载类型码；

M——单元序号；

BL——单元长度；

SI——单元的 sinα 值；

CO——单元的 cosα 值；

JE（2，NE）——单元始端和末端结点编号数组；

JN（3，NJ）——结点位移分量编号数组；

JC（6）——存放单元定位向量数组；

EA（NE）、EI（NE）——单元的 EA、EI 数组；

X（NJ）、Y（NJ）——结点坐标数组；

PJ（2，NPJ）——结点荷载数组；

PF（4，NPF）——非结点荷载数组；

KE（6，6）——存放整体坐标系中的单刚 k^e 的数组；

KB（N，NW）—存放结构刚度矩阵 K 的数组；

P（N）——结点总荷载数组，后存放结点位；

FO（6）——局部坐标系中的单元固端力数组；

F（6）——局部坐标系中的单元杆端力数组；

FE（6）——整体坐标系中的单元等效结点荷载数组，后存放整体坐标系中的单元杆端力；

D（6）——整体坐标系中的单元杆端位移数组。

三、框图

（一）总框图

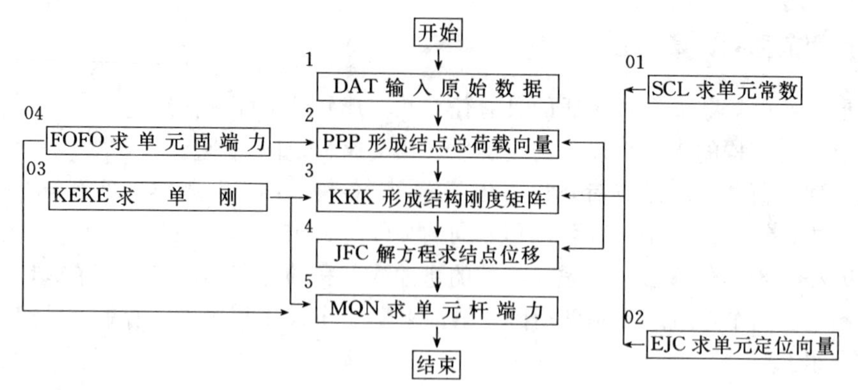

（二）子框图

1. 子框图 1：输入原始数据（DAT）

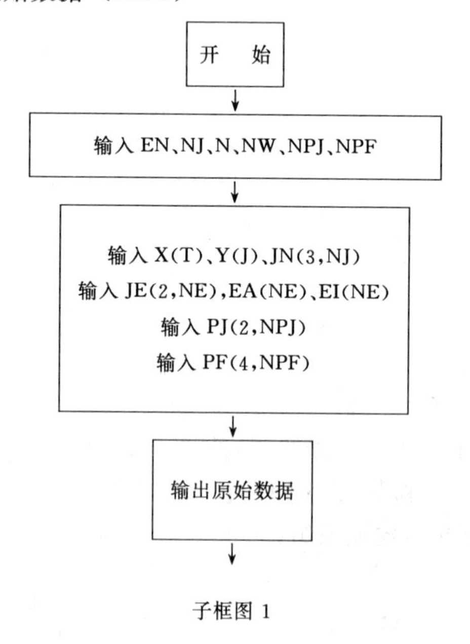

子框图 1

2. 子框图 2：形成结点总荷载向量

（1）子框图 01：求单元常数（SCL）

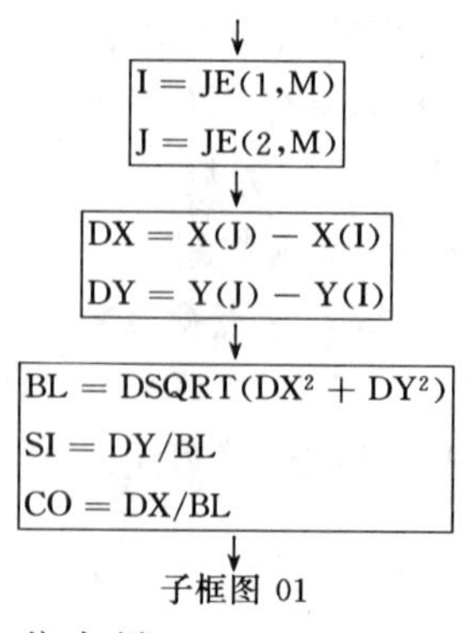

子框图 01

（2）子框图 02：形成单元定位向量（EJC）

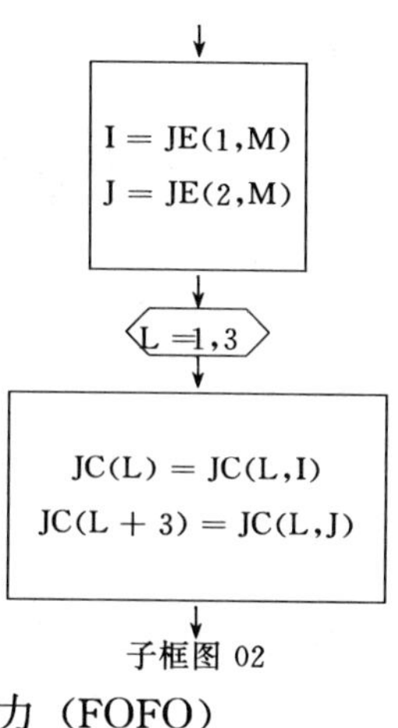

子框图 02

(3) 子框图 04：求单元固端力（FOFO）

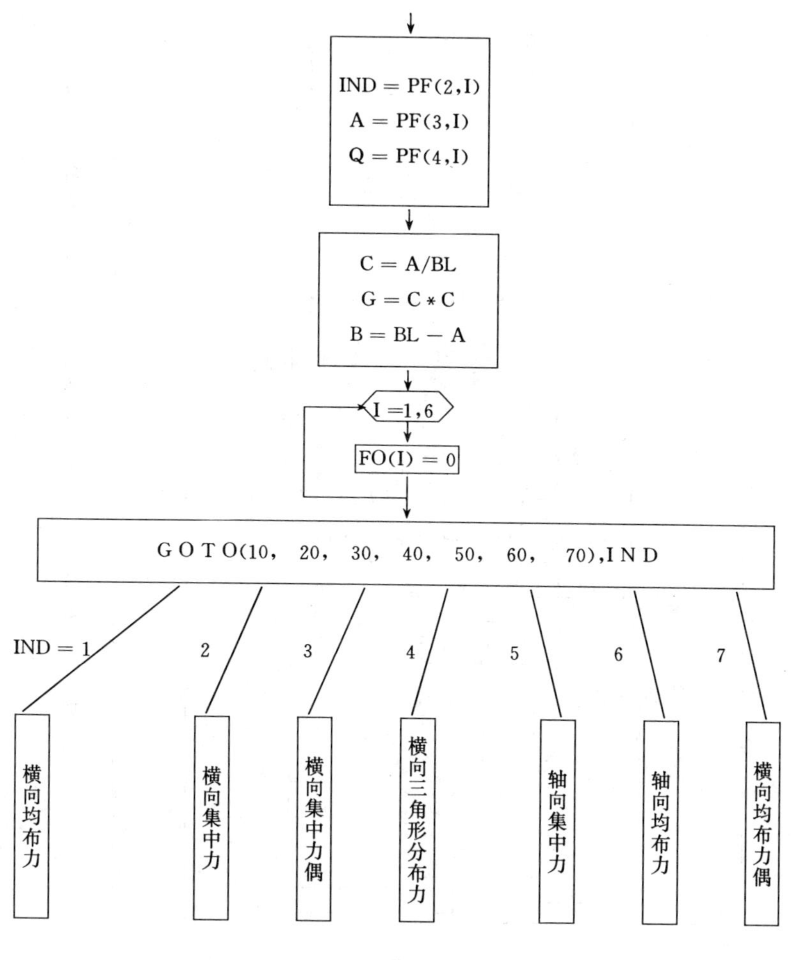

子框图 04

子框图 2　形成结点荷载总向量（PPP）为：

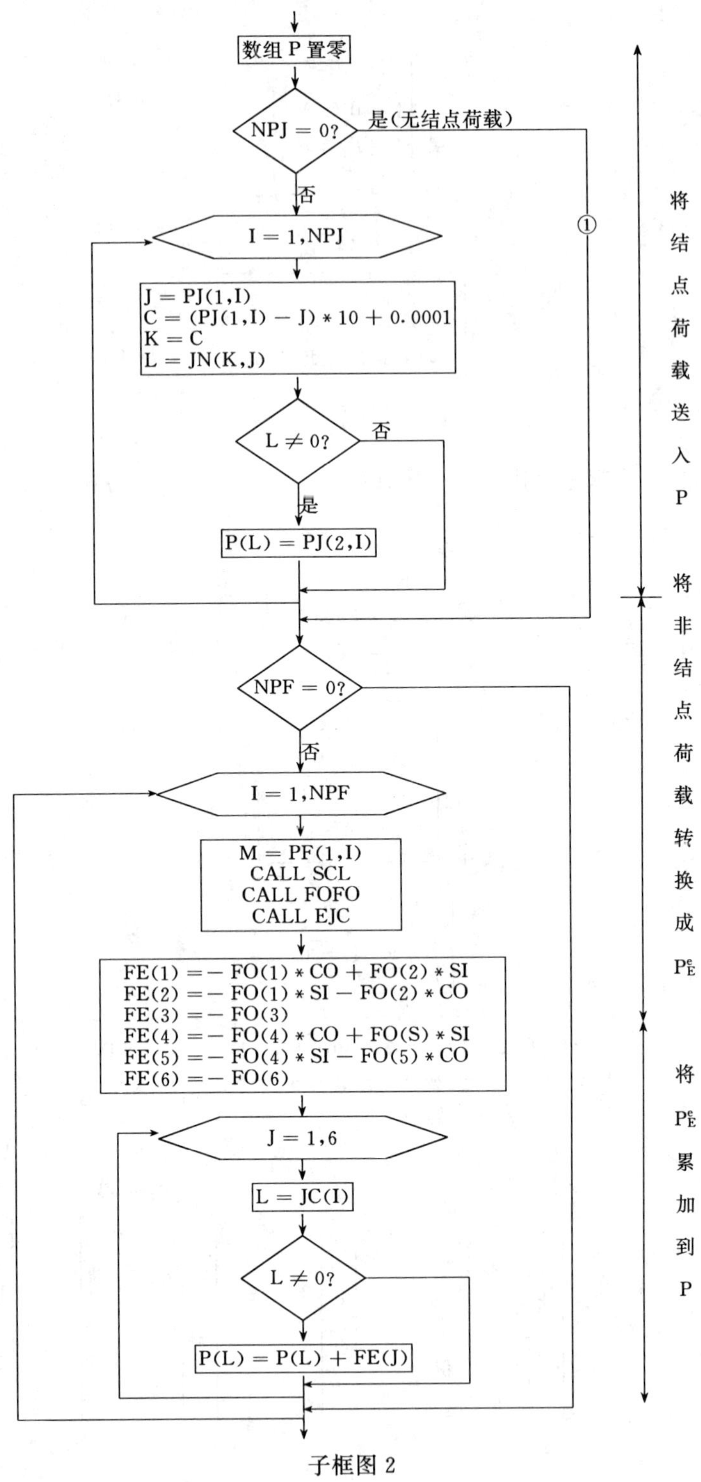

子框图 2

3. 子框图 3：形成结构刚度矩阵

先讨论二级子框图 03：求整体坐标系中的单元刚度矩阵 KEKE

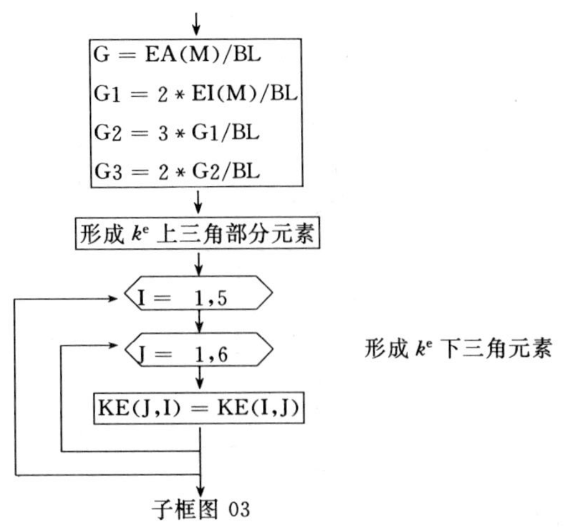

子框图 03

子框图 3：形成结构刚度矩阵 KKK

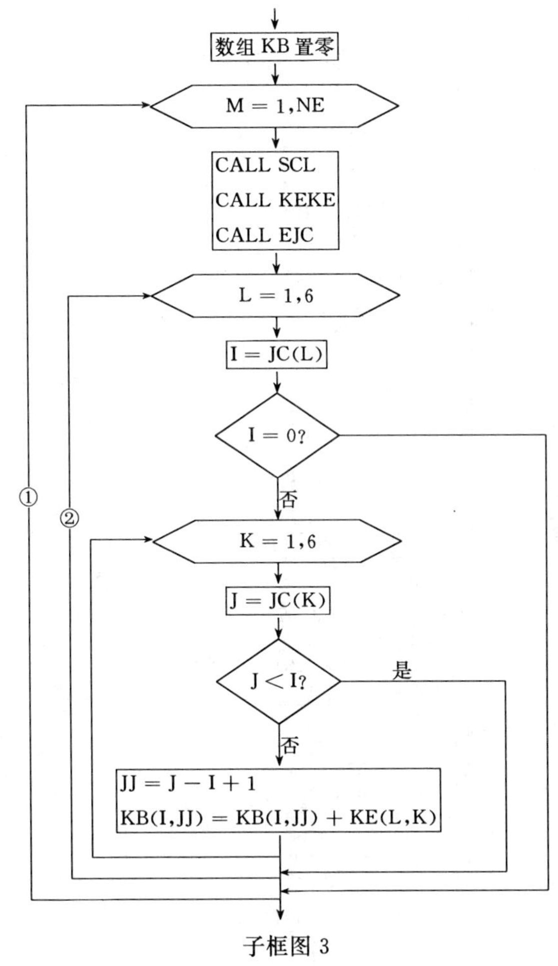

子框图 3

4. 子框图 4：解方程组求结点位移 JFC

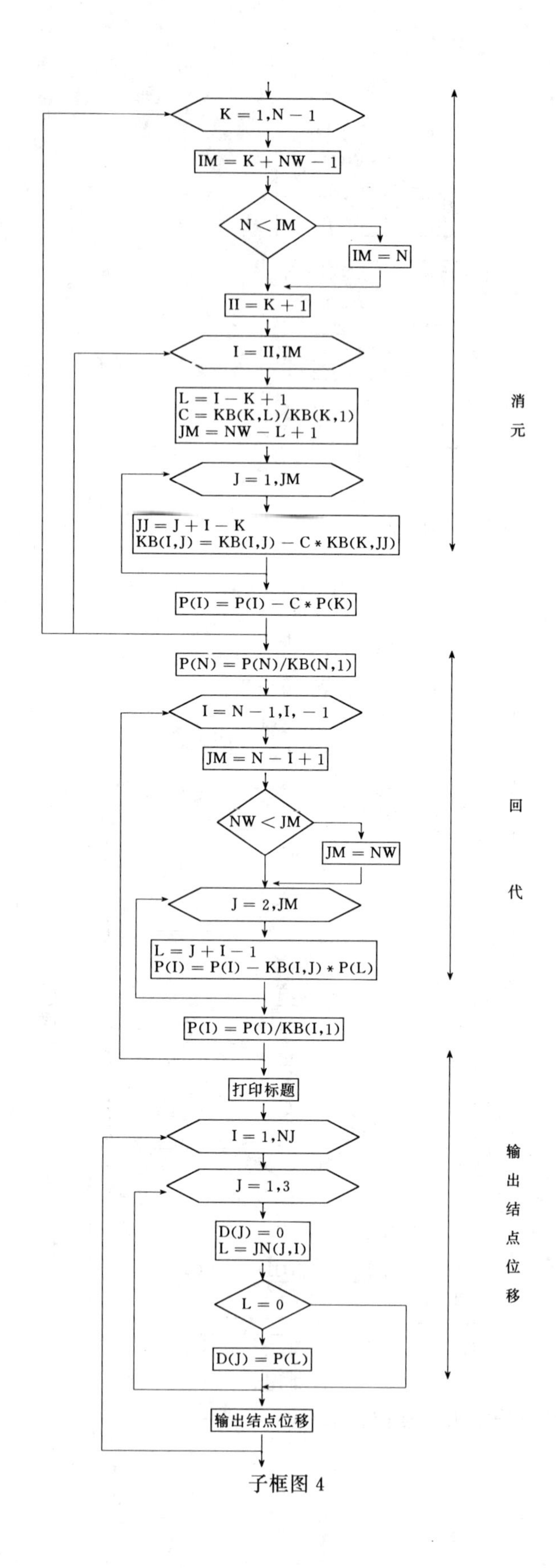
K = 1,N − 1
IM = K + NW − 1
N < IM
IM = N
II = K + 1
I = II,IM
L = I − K + 1
C = KB(K,L)/KB(K,1)
JM = NW − L + 1
J = 1,JM
JJ = J + I − K
KB(I,J) = KB(I,J) − C * KB(K,JJ)
P(I) = P(I) − C * P(K)
消元
P(N) = P(N)/KB(N,1)
I = N − 1,I, − 1
JM = N − I + 1
NW < JM
JM = NW
J = 2,JM
L = J + I − 1
P(I) = P(I) − KB(I,J) * P(L)
P(I) = P(I)/KB(I,1)
回代
打印标题
I = 1,NJ
J = 1,3
D(J) = 0
L = JN(J,I)
L = 0
D(J) = P(L)
输出结点位移
输出结点位移

子框图 4

5. 求单元杆端力 MQN

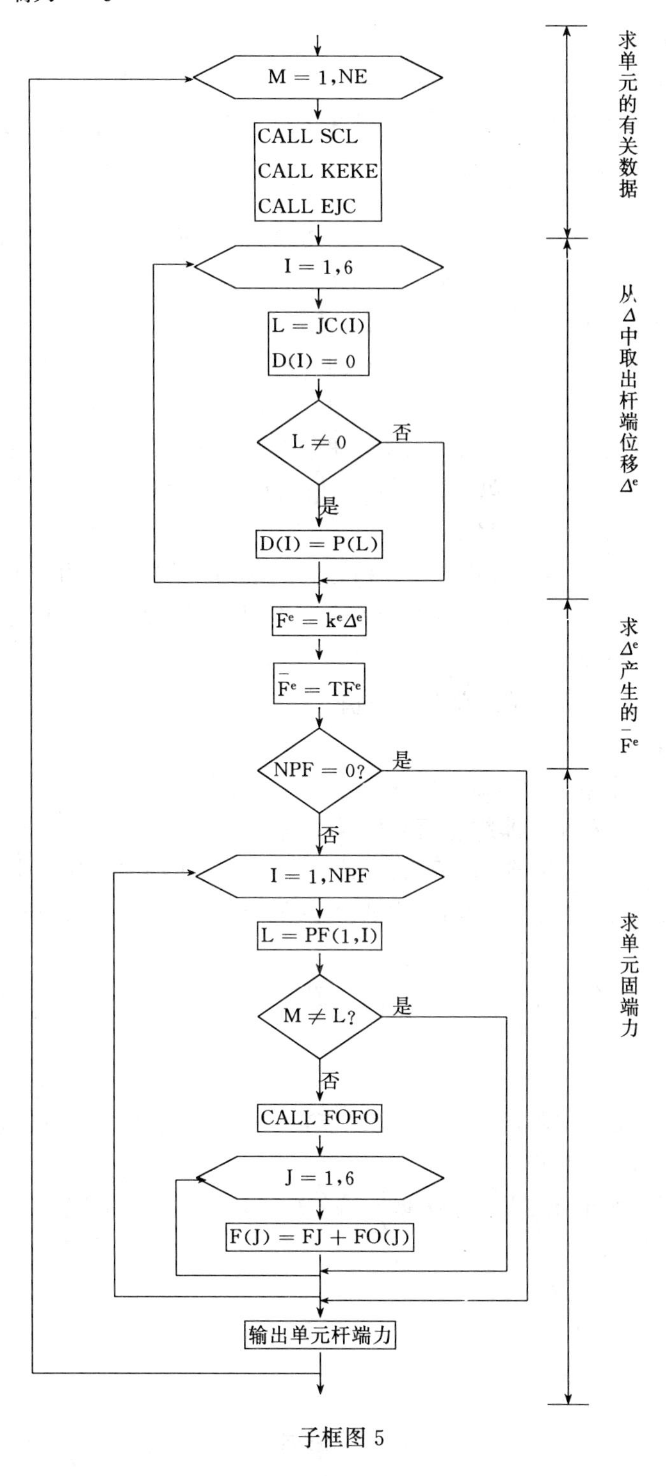

子框图 5

四、输入数据及部分数据填写方法和格式

1、输入 NE，NJ，N，NW，NPJ，NPF

NE、NJ、N、NPJ、NPF 可由结构已知条件直接填入，NW 则需根据单元定位向量计算，其具体算法为：

设 MAX、MIN 分别为单元（e）定位向量的最大分量和最小非零分量，则当向整体刚度矩阵［k］中累加单刚［k］$^{(e)}$的元素时所产生的半带宽 NW 可按下式计算：

$$NW = MAX - MIN + 1$$

每个单元求出一个 d_e，其中最大的 NW 即为整体刚度矩阵［k］的最大半带宽。

2. 输入（X（J）、Y（J）、JN（I，J），I=1，3），J=1，NJ）

X（J），Y（J）为第 J 个结点的 X 和 Y 坐标。

JN（1，J），JN（2，J），JN（3，J）—分别为第 j 个结点的位移分量 u_j，v_j，θ_j 的编号。

3. 输入（（JE（I，J），I=1，2），EA（J），EI（J），J=1，NE）

JE（1，J），JE（2，J）—分别是第 J 号单号的始端和末端的结点编号：

EA（J），EI（J）—分别为第 J 号单元的轴向抗拉刚度和抗弯刚度。

3. 输入（（PJ（I，J），I=1，2），J=1，NPJ）

PJ（1，J）—为第 J 个结点荷载的位置和方向的代码。数据形式为××××·×，小数点前的数字是荷载作用的结点编号，小数点后的一位数字是荷载的方向代码。结点荷载 N_j、V_j、M_j 的方向代码分别是 1，2，3。

PJ（2，J）——为第 J 个结点荷载的数值。

4. 输入（（PF（I，J），I=1，4），J=1，NPF）

PF（1，J）——为第 J 个非结点荷载所在的单元编号。

PF（2，J）——为第 J 个非结点荷载的类型码，见附录 1。

PF（3，J）——为第 J 个非结点荷载的位置参数。对于集中力和集中力偶，是荷载作用点与单元始端距离 a，对于分布荷载，则是荷载的分布长度 a，分布荷载的起点均设为单元的始端。

PF（4，J）——为第 J 个非结点荷载的数值。

五、输出数据

1. 结点位移：按结点编码顺序，对每个结点输出一组含如下内容的数据（结点码，x 方向位移，y 方向位移，转角 θ）。

2. 局部坐标系中的单元杆端力：按单元编号顺序，对每一单元输出一组数据（单元码，N_j，V_j，M_j，N_j，V_j，M_j）。

六、源程序

源程序如下。

平面刚架源程序

```
C MAIN PROGRAM-STRUCTURAL ANALYSIS PROGRAM FOR
C PLANE FRAME
DIMENSION JE (2, 100), JN (3, 100), EA (100), EI (100),
```

```
   & X (100), Y (100), PJ (2, 50), PF (4, 100)
     REAL * 8 P (300), KB (200, 20)
     OPEN (10, FILE='FR. DAT')
     OPEN (15, FILE='FW。DAT', status='new,)
     READ (10, * ) NE, NJ, N, NW, NPJ, NPF
     WRITE (15, 10) NE, NJ, N, NW, NPJ, NPF
10   FORMAT (/6X,'NE=', I5, 2X,'NJ=', I5, 2X', N=', I5, 2X,'NW=',
   & I5, 2X,'NPJ=', I5', 2X,'NPF=', I5)
     NPJ1=NPJ
     NPF1=NPF
     IF (NPJ. EQ. 0) NPJ=1
     IF (NPF. EQ. 0) NPF=1
     CALL DAT (NE, NJ, NPJ1, NPF1, NPJ, NPF, JE, JN, X, Y, EA, EI, PJ,
     PF)
     CALL, PPP (N, NE, NJ, NPJ1, NPF1, NPJ, NPF, JE, JN, X, Y, EA, EI,
   & PJ, PF, P)
     CALL KKK (N, NW, NE, NJ, JE, JN, X, Y, EA, EI, KB)
     CALL JFC (N, NW, NJ, JN, KB, P)
     CALL MQN (N, NE, NJ, NPF1, NPF, JE, JN, X, Y, EA, EI, PF, P)
     CLOSE (10)
     CLOSE (15)
     END

C Subprogram DAT--Read and print initial data
     SUBROUTINE DAT (NE, NJ, NPJ1, NPF1, NPJ, NPF, JE, JN, X, Y,
   & EA, EI, PJ, PF)
     DIMENSION JE (2, NE), JN (3, NJ), EA (NE), EI (NE), X (NJ),
   & Y (NJ), PJ (2, NPJ), PF (4, NPF)
     READ (10, * ) (X (J), Y (J), (JN (I, J), I=1, 3), J=1, NJ)
     READ (10, * ) ( (JE (I, J), I=1, 2), EA (J), EI (J), J=1, NE)
     IF (NPJ1. NE. 0) READ (10, * ) ( (PJ (I, J), I=1, 2), J=1, NPJ)
     IF (NPF1. NE. 0) READ (10, * ) ( (PF (I, J), I=1, 4), J=1, NPF)
     WRITE (15, 10) (J, X (J), Y (J), (JN (I, J), I=1, 3), J=1, NJ)
     WRITE (15, 20) (J, (JE (I, J), I=1, 2), EA (J), EI (J), J=1, NE)
     IF (NPJ1. NE. 0) WRITE (15, 30) ( (PJ (I, J), I=1, 2), J=1, NPJ)
     IF (NPF1. NE. 0) WRITE (15, 40) ( (PF (I, J), I=1, 4) J=1, NPF)
10   FORMAT (//4X,'NODAL INFORMATION'/7X,'NODE', 7X,'X', 11X',
   &' Y', 12X,'XX', 8X,'YY', 8X,'ZZ'/ (1X, I10, 2F12. 4, 3I10))
10   FORMAT (//4X,'NODAL INFORMATION'/7X,'NODE', 7X,'X', 11X,
```

```
     &'Y', 12X,'XX', 8X,'YY', 8X,'ZZ'/ (1X, I10, 2F12. 4, 3I10))
20     FORMAT (//4X,'ELEMENT INFORMATION'/4X,'ELFMBNT', 4X,
     &'NODE-I', 4X,'NODE-J', 11X,'EA', 13X, EI, /
     &(1X, 3I10, 2E15. 6))
30     FORMAT (//4X,'NODAL LOADS'/7X,'CODE', 7X,'PX-PY-PM'/
     &(1X, F10. 0, F15. 4))
40     FORMAT (//4X,'ELEMENT LOADS'/4X,'ELEMENT', 7X,'IND',
     &9X,'A', 14X,'Q'/ (2X, 2F10. 0, 2F14. 4))
       END

C Subprogram PPP--Set up total node load vector
       SUBROUTINE PPP (N, NE, NJ, NPJ1, NPF1, NPJ, NPF, JE, JN, X, Y,
     &EA, EI, PJ, PF, P)
       DIMENSION JE (2, NE), JN (3, NJ), JC (6), EA (NE), EI (NE),
     &X (NJ), Y (NJ), PJ (2, NPJ), PF (4, NPF)
       REAL*8 FO (6), FE (6), P (N), BL, SI, CO
       DO 10 I=1, N
       P (I) =0. DO
10     CONTINUE
       IF (NPJ1. NE. 0) THEN
       DO 2O I=1, NPJ
       J=INT (PJ (1, I)
       C= (PJ (1, I)) -J) *10.0+0.0001
       K=INT (C)
       L=JN (K, J)
       IF (L. NE. 0) P (L) =PJ (2, I)
20     CONTINUE
       ENDIF
       IF (NPF1. NE. 0) THEN
       DO 30 I=1, NPF
       M=INT (PF (1, I))
       CALL SCL (M, NE, NJ, BL, SI, CO, JE, X, Y)
       CALL FOFO (I, M, NE, NPF, BL, EA, EI, PF, FO)
       CALL EJC (M, NE, NJ, JE, JN, JC)
       FE (1) =-FO (1) *CO+FO (2) *SI
       FE (2) =-FO (1) *SI-FO (2) *CO
       FE (3) =-FO (3)
       FE (4) =-FO (4) *CO+FO (5) *SI
       FE (5) =-FO (4) *SI-FO (5) *CO
```

```
      FE (6) =-FO (6)
      DO 40 J=1. 6
      L=JC (J)
      IF (L. NE. 0) P (L) =P (L) +FE (J)
40    CONTINUE
30    CONTINUE
      ENDIF
      END
C Subprogram kkk--Assemble structural stiffness matrix
C stored as a banded matrix
      SUBROUTINE KKK (N, NW, NE, NJ, JE, JN, X, Y, EA, EI, KB)
      DIMENSION JE (2, NE), JN (3, NJ), JC (6), EA (NE), EI (NE),
     & X (NJ), Y (NJ)
      REAL*8 KB (N, NW), KE (6, 6) BL, SI, CO
      DO 10 I=1, N
      DO 10 J=1, NW
      KB (I, J) =0. DO
10    CONTINVE
      DO 20 M=1, NE
      CALL SCL (M, NE, NJ, BL, SI, CO, JE, X, Y)
      CALL KEKE (M, NE, BL, SI, CO, EA, EI, KE)
      CALL EJC (M, NE, NJ, JE, JN, JC)
      DO 30 L=1, 6
      I=JC (L)
      IF (I. NE. 0) THEN
      DO 40, K=1, 6
      J=JC (K)
      IF (J. GE. I) THEN
      JJ=J-I+1
      KB (I, JJ) =KB (I, JJ) +KE (L, K)
      ENDIF
40    CONTINUE
      ENDIF
30    CONTINUE
20    CONTINUE
      END

C Subprogram JFC--Solve nodal equilibrium equitions
      SUBROUTINE JFC (N, NW, NJ, JN, KB, P)
```

```
      DIMENSION JN (3, NJ)
      REAL*8 KB (N, NW), P (N), D (3), C
      DO 10 K=1, N-1
      IM=K+NW-1
      IF (M, LT, IM) IM=N
      I1=K+1
      D0 20 I=I1, IM
      L=I-K+1
      C=KB (K, L) /KB (K, 1)
      JM=NW-L+1
      DO 30 J=1, JM
      JJ=J+I-K
      KB (I, J) =KB (I, J) -C*KB (K, JJ)
30    CONTINUE
      P (I) =P (I) -C*P (K)
20    CONTINUE
10    CONTINUE
      P (N) =P (N) /KB (N, 1)
      DO 40 I=N-1, 1, -1
      JM=N-I+1
      IF (NW. LT. JM) JM=NW
      DO 50 J=2, JM
      L=J+I-1
      P (I) =P (I) -KB (I, J) *P (L)
50    CONTINUE
      P (I) =P (I) /KB (I, 1)
40    CONTINUE
      WRITE (15, 60)
60    FORMAT (//4X,'NODAL DISPLACEMENTS'/7X,'NODE', 10X,'U',
     & 14X,'V', 11X,'CETA')
      DO 70 J=1, NJ
      DO 80 I=1, 3
      D (I) =0. DO
      L=JN (I, J)
      IF (L. NE. 0) D (I) =P (L)
80    CONTINUE
      WRITE (15, 90) J, D (1), D (2), D (3)
90    FORMAT (1X, I10, 3E15. 6)
70    CONTINUE
```

```
      END

C Subprogram MQN--calculate member-end forces of elements
      SUBROUTINE MQN (N, NE, NJ, NPF1, NPF, JE, JN, X, Y, EA, EI, PF,
      P)
DIMENSION JE (2, NE), JN (3, NJ), JC (6), EA (NE), EI (NE),
    & X (NJ) Y (NJ), PF (4, NPF)
      REAL*8 F (6), FO (6), FE (6), D (6), KE (6, 6), P (N), BL, SI, CO
      WRITE (15, 10)
10    FORMAT (//4X,'MEMBER-END FORCES OF ELEMENTS'/4X
    & 'ELEMENT', 13X,'N', 17X,'Q', 17X,'M')
      DO 20 M=1, NE
      CALL SCL (M, NE, NJ, BL, SI, CO, JE, X, Y)
      CALL KEKE (M, NE, BL, SI, CO, EA, EI, KE)
      CALL EJC (M, NE, NJ, JE, JN, JC)
      DO 30 I=1, 6
      L=JC (I)
      D (I) =0. DO
      IF (L. NE. 0) D (I) =P (L)
30    CONTINUE
      DO 40 I=1, 6
      FE (I) =0. DO.
      DO 50 J=1, 6
      FE (I) =FE (I) +KE (I, J) *D (J)
50    CONTINUE
40    CONTINUE
      F (1) =FE (1) *CO+FE (2) *SI
      F (2) =-FE (1) *SI+FE (2) *CO
      F (3) =FE (3)
      F (4) =FE (4) *CO+FE (5) *SI
      F (5) =-FE (4) *SI+FE (5) *CO
      F (6) =FE (6)
      IF (NPF1. NE. 0) THEN
      DO 60 I=1, NPF
      L=INT (PF (1, I))
      IF (M. EQ. L) THEN
      CALL FOFO (I, M, NE, NPF, BL, EA, EI, PF, FO)
      DO 70 J=1, 6
      F (J) =F (J) +FO (J)
```

```
70      CONTINUE
        ENDIF
60      CONTINUE
        ENDIF
        WRITE (15, 80) M, (F, (I), I=1, 6)
80      FORMAT (/1X, 110, 3X,'N1=', F12.4, 3X,'Q1=', F12.4, 3X,'M1=',
     & F12.4/14X,'N2=', F12.4, 3X,'Q2=', F12.4, 3X,'M2=', F12.4)
20      CONTINUE
        END
C Subprogram SCL--Find lenth and direction cosine of members
        SUBROUTINE SCL (M, ME, NJ, BL, SI, CO, JE, X, Y)
        DIMENSION JE (2, ME), X (NJ), Y (NJ)
        REAL*8 BL, SI, CO, DX, DY
        I=JE (1, M)
        J=JE (2, M)
        DX=X (J) -X (I)
        DY=Y (J) -Y (I)
        BL=DSQRT (DX*DX+DY*DY)
        SI=DY/BL
        CO=DX/BL
        END
C Subprogram EJC--Set up element location vector
        SUBROUTINE EJC (M, NE, NJ, JE, JN, JC)
        DIMENSION JE (2, NE), JN (3, NJ), JC (6)
        I=JE (1, M)
        J=JE (2, M)
        DO 10 L=1, 3
        JC (L) =JN (L, I)
10      JC (L+3) =JN (L, J)
        END
C Subprogram KEKE--Set up element stiffness matrix referred
C to global coodinate system
        SUBROUTINE KEKE (M, NE, BL, SI, CO, EA, EI, KE)
        DIMENSION EA (NE), EI (NE)
        REAL*8 KE (6, 6), BL, SI, CO, S, G, G1, G2, G3
        G=EA (M) /BL
        G1=2. DO*EI (M) /BL
        G2=3. DO*G1/BL
        G3=2.DO*G2/BL
```

```
      S=G*CO*CO+G3*SI*SI
      KE (1, 1) =S
      KE (1, 4) =-S
      KE (4, 4) =S
      S=G*SI*SI+G3*CO*CO
      KE (2, 2) =S
      KE (2, 5) =-S
      KE (5, 5) =S
      S= (G-G3) *SI*CO
      KE (1, 2) =S
      KE (1, 5) =-S
      KE (2, 4) =-S
      KE (4, 5) =S
      S=G2*SI
      KE (1, 3) =S
      KE (1, 6) =S
      KE (3, 4) =-S
      KE (4, 6) =-S
      S=G2*CO
      KE (2, 3) =-S
      KE (2, 6) =-S
      KE (3, 5) =S
      KE (5, 6) =S
      S=2. DO*G1
      KE (3, 3) =S
      KE (6, 6) =S
      KE (3, 6) =G1
      DO 10 I=1, 5
      DO 10 J=I+1, 6
10    KE (J, I) =KE (I, J)
      END

C Subprogram FOFO--Calculate element fixed-end forces
      SUBROUTINE FOFO (I, M, NE, NPF, BL, EA, EI, PF, FO)
      DIMENSION PF (4, NPF), EA (NE), EI (NE)
      REAL*8 FO (6), BL, A, B, C, G, Q, S
      IND=INT (PF (2, I))
      A=PF (3, I)
      Q=PF (4, I)
```

```
      C=A/BL
      G=C*C
      B=BL-A
      DO 5 J=1, 6
5     FO (J) =O. DO
      GO TO (10, 20, 30, 40, 50, 60, 70), IND
10    S=Q*A*O. 5DO
      FO (2) =-S* (2. DO-2. DO*G+C*G)
      FO (5) =-S*G* (2. DO-C)
      S=S*A/6. DO
      FO (3) =S* (6. DO-8. DO*C+3. DO*G)
      FO (6) =-S*C* (4. DO-3. DO*C)
      RETURN
20    S=B/BL
      FO (2) =-Q*S*S* (1. DO+2. DO*C)
      FO (5) =-Q*G* (1. DO+2. DO*S)
      FO (3) =Q*S*S*A
      FO (6) =-Q*B*G
      RETURN
30    S=B/BL
      FO (2) =-6. DO*Q*C*S/BL
      FO (5) =-FO (2)
      FO (3) =Q*S* (2. DO-3. DO*S)
      FO (6) =Q*C* (2. DO-3. DO*C)
      RETURN
40    S=Q*A*0. 25DO
      FO (2) =-S* (2. DO-3. DO*G+1. 6DO*G*C)
      FO (5) =-S*G* (3. DO-1. 6DO*C)
      S=S*A
      FO (3) =S* (2. DO-3. DO*C+1. 2DO*G) 1. 5DO
      FO (6) =-S*C* (1. DO-0. 8DO*C)
      RETURN
50    FO (1) =-Q*B/BL
      FO (4) =-Q*C
      RETURN
60    FO (1) =-Q*A* (1. DO-0. 5DO*C)
      FO (4) =-0. 5DO*Q*C*A
      RETURN
70    S=B/BL
```

```
FO (2) =-Q*G* (3. DO*S+C)
FO (5) =-FO (2)
S=S*B/BL
FO (3) =-Q*S*A
FO (6) =Q*G*B
END
```

七、算例：

【例 1】 已知 $EI=1.0\times10^{5}kN\cdot m^{2}$，(不考虑轴向变形)

1. 结点编号、单元编号如附图-1 所示。

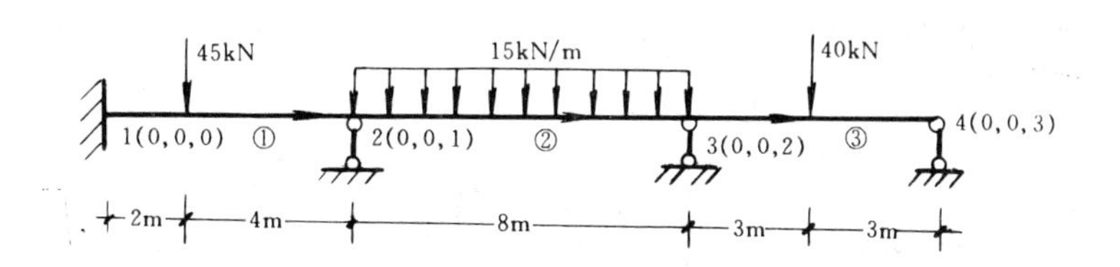

附图 1

2. 建立名为 PR·DAT 数据文件

```
3, 4, 3, 2, 0, 3
0., 0., 0, 0, 0
6., 0., 0, 0, 1
14., 0., 0, 0, 2
20., 0., 0, 0, 3
1, 2, 7, 5E+08, 7. 5E+04
2, 3, 1, 5E+08, 1. 5E+05
3, 4, 1. 5E+08, 1. E+05
1., 2., 2., -45.
2., 1., 8., -15.
3., 2., 3., -40.
```

3. 运行程序，打印结果如下：

NODAL DISPLACEMENTS

NODE	U	V	CETA
1	.000000E+00	.000000E+00	.000000E+00
2	.000000E+00	.000000E+00	.619780E-03
3	.000000E+08	.000000E+00	-.465934E-03

4 . 000000E+00 . 000000E+00 -. 217033E-03

MEMBER-END FORCES OF ELEMENTS

ELEMENT		N		Q		M
1	N1=	.0000	Q1=	25.5861	M1=	-24.5055
	N2=	.0000	Q2=	19.4139	M2=	50.9890
2	N1=	.0000	Q1=	57.8365	M1=	-50.9890
	N2=	.0000	Q2=	62.1635	M2=	68.2967
3	N1=	.0000	Q1=	31.3828	M1=	-68.2967
	N2=	.0000	Q2=	8.6172	M2=	.0000

4. 绘制 M，V 图

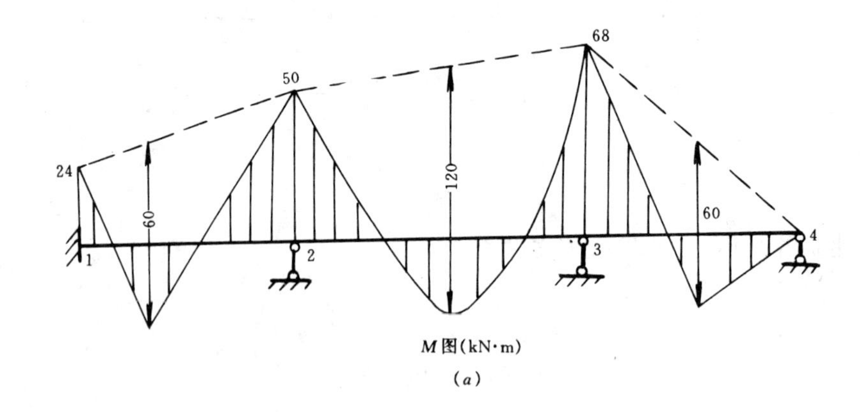

M 图(kN·m)

(a)

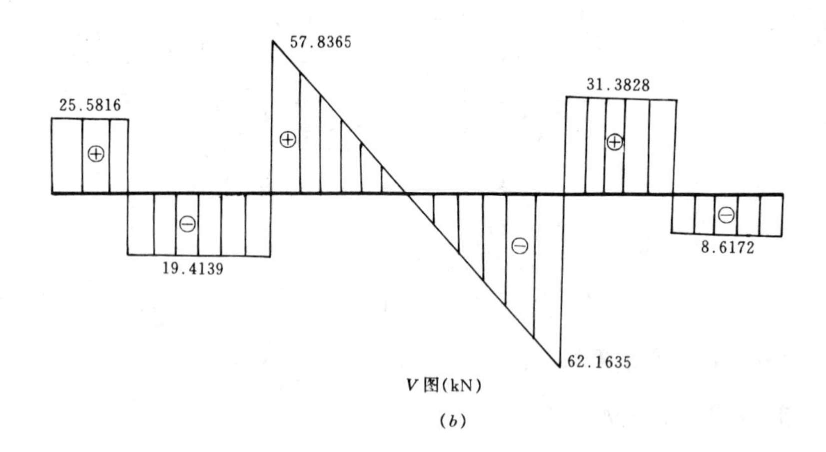

V 图(kN)

(b)

附图-2

【例 2】 各杆 EA=5.0×10^8kN，EI=5×10^5kN·m^2。

1. 结点编号，单元编号如附图-3所示

2. 建立名为 PR. DAT 数据文件

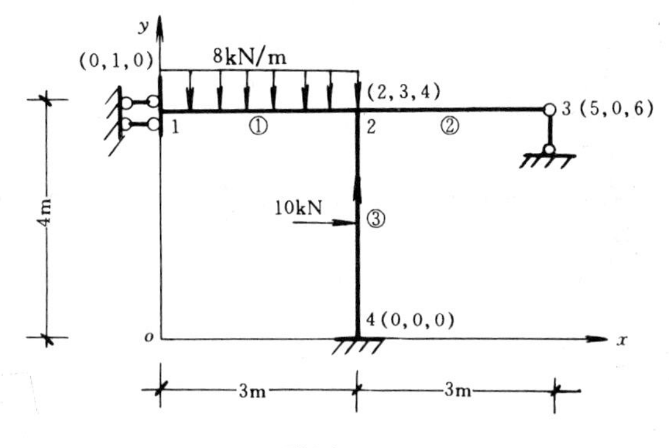

附图-3

3，4，6，5，0，2

0.，4.，0，1，0

3.，4.，2，3，4

6.，4.，5，0，6

3.，0.，0，0，0

1，2，5. E+08，0.5E+06

2，3，5. E+08，0.5E+06

4，2，5. E+08，0.5E+06

1.，1.，3.，−8.

3.，2.，2.，−10

3.运行程序，打印结果如下：

NODAL DISPLACEMENTS

NODE	U	V	CETA
1	.000000E+00	−.915586E−04	.000000E+00
2	.199878E−08	−.225085E−06	−.248890E−04
3	.199878E−08	. 000000E+00	.123319E−04
4	.000000E+00	. 000000E+00	000000E+00

MEMBER−END FORCES OF ELEMENTS

ELEMENT	N		Q		M	
1	N1=	−.3331	Q1=	.0000	M1=	16.1482
	N2=	.3331	Q2=	24.0000	M2=	19.8518
2	N1=	0.0000	Q1=	4.1357	M1=	−12.4070
	N2=	0.0000	Q2=	−4.1357	M2=	0.0000
3	N1=	28.1357	Q1=	9.6669	M1=	−11.2226
	N2=	−28.1357	Q2=	.3331	M2	−7.4449

4.作 M、V、N 图

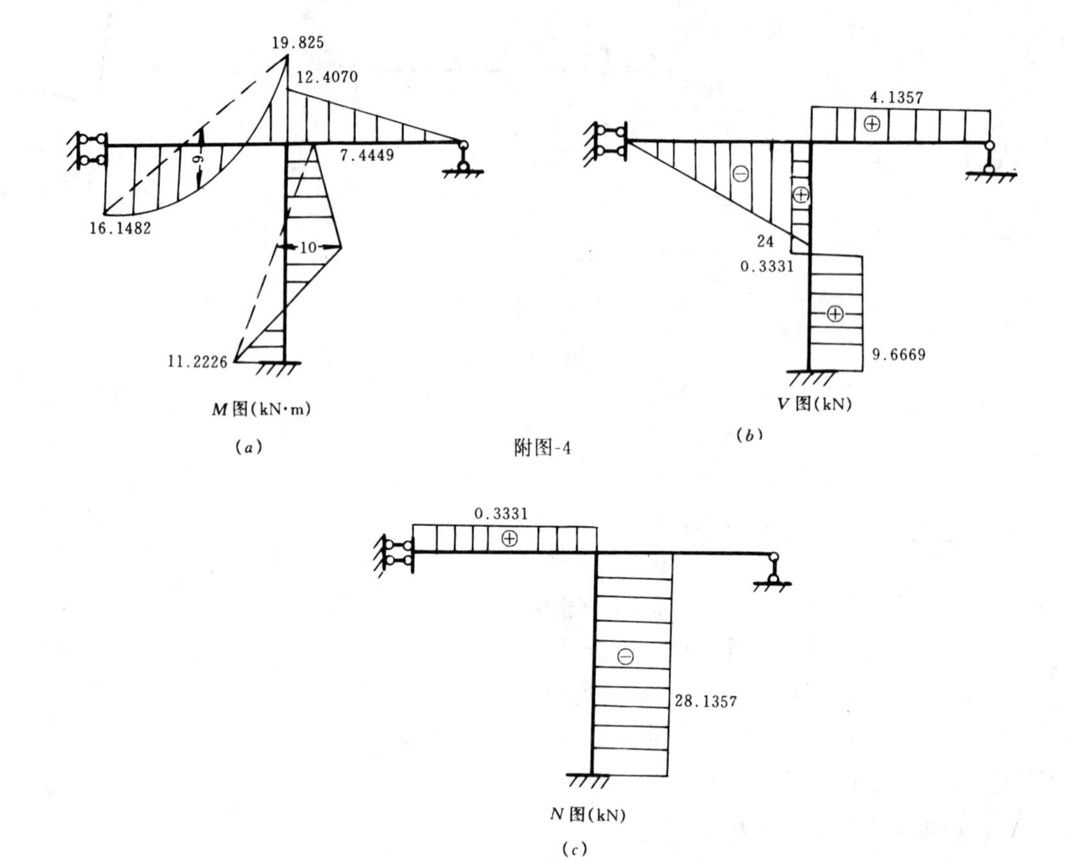

附图-4

附图-4

习题部分参考答案

第　二　章

2-1 (*a*) 不变，无多余约束。

　(*b*) 不变，无多余约束。

　(*c*) 不变，无多余约束。

2-2 (*a*) 不变，无多余约束。

　(*b*) 不变，无多余约束。

　(*c*) 若三铰不共线，则不变，无多余约束。

　(*d*) 不变，有一个多余约束。

　(*e*) 可变，缺少一个约束。

　(*f*) 不变，有一个多余约束。

2-3 (*a*) 不变，无多余约束。

　(*b*) 不变，无多余约束。

　(*c*) 若体系对称，则为瞬变体系。

2-4 (a) 不变，无多余约束。

(b) 不变，无多余约束。

(c) 不变，有两个多余约束。

2-5 (a) 不变，无多余约束。

(b) 不变，无多余约束。

(c) 不变，无多余约束

2-6 (a) 不变，无多余约束。

(b) 瞬变。

(c) 不变，有一个多余约束。

2-7 (a) 不变，无多余约束。

(b) 不变，无多余约束。

(c) 不变，有一个多余约束。

2-8(a) 若上部体系对称，瞬变。

(b) 不变，有一个多余约束。

(c) 若三铰不共线，几何不变，无多余约束；若三铰共线，瞬变。

2-9(a) 不变，无多余约束。

(b) 瞬变。

(c) 不变，无多余约束。

2-10 (a) 不变，无多余约束。

(b) 不变，有4个多余约束。

第 三 章

3-1 $M_c=\frac{Pl}{32}$（下边受拉）

3-2 $M_c=3\text{kN}\cdot\text{m}$（下边受拉）

3-3 $M_{D右}=28.5\text{kN}\cdot\text{m}$（上边受拉）

3-4 $M_D=3\text{kN}\cdot\text{m}$（下边受拉）

3-5 $M_C=5\text{kN}\cdot\text{m}$（上边受拉）

3-6 $M_C=14\text{kN}\cdot\text{m}$（上边受拉）

3-7 $M_A=40\text{kN}\cdot\text{m}$（上边受拉）

3-8 $M_{D右}=30\text{kN}\cdot\text{m}$（下边受拉）

3-9 $M_c=\frac{1}{8}ql^2$，$V_A=\frac{1}{2}ql\cos\theta$，$N_A=-\frac{1}{2}ql\sin\theta$

3-10 $M_D=12\text{kN}\cdot\text{m}$（下边受拉），$V_{D右}=-3\sqrt{2}\text{ kN}$，$N_{D右}=-3\sqrt{2}\text{ kN}$

3-11 $M_A=40\text{kN}\cdot\text{m}$（上边受拉），$V_D=40\text{kN}$

3-12 $M_C=6.78\text{kN}\cdot\text{m}$（上边受拉），$V_{C左}=-27.8\text{kN}$

3-13 $M_A=10\text{kN}\cdot\text{m}$（上边受拉），$V_A=0$

3-14 $M_A=40\text{kN}\cdot\text{m}$（上边受拉），$V_A=10\text{kN}$

3-15 $M_B=160\text{kN}\cdot\text{m}$（上边受拉），$V_{B右}=26.7\text{kN}$

3-16 $X=\left(\frac{1}{2}-\frac{\sqrt{2}}{4}\right)l=0.1465l$

第 四 章

4-1 (a) $M_{BC}=ql^2$（左侧受拉）；　(b) $M_{AB}=27\text{kN}\cdot\text{m}$（右侧受拉）

(c) $M_{AB}=59\text{kN}\cdot\text{m}$（上边受拉）；(d) $M_{EG}=0$

(e) $M_{AB}=6\text{kN}\cdot\text{m}$（左侧受拉）；(f) $M_{CE}=\frac{7}{9}ql^2$（左侧受拉）

4-2 (a) $M_{CB}=M$（下边受拉）；(b) $M_{BC}=Pl$（上边受拉）

(c) $M_{BA}=0$；(d) $M_{BA}=\frac{ql^2}{4}$（右侧受拉）

(e) $M_{AB}=\frac{ql^2}{2}$（上边受拉）；(f) $M_{CD}=\frac{ql^2}{8}$（右侧受拉）

(g) $M_{BA}=160\text{kN}\cdot\text{m}$（右侧受拉）；(h) $M_{BC}=120\text{kN}\cdot\text{m}$（下边受拉）

(i) $M_{CB}=\frac{qa^2}{8}$（左侧受拉）；(j) $M_{AD}=120\text{kN}\cdot\text{m}$（上边受拉）

(k) $M_{BC}=16\text{kN}\cdot\text{m}$（右侧受拉）

4-3 (a) $M_{CA}=\frac{4}{3}\text{kN}\cdot\text{m}$（右侧受拉）；(b) $M_{BC}=80\text{kN}\cdot\text{m}$（上边受拉）

(c) $M_{BC}=132\text{kN}\cdot\text{m}$（下边受拉）；(d) $M_{AB}=qa^2$（上边受拉）

(e) $M_{ED}=Pl$（左侧受拉）；(f) $M_{CF}=50\text{kN}\cdot\text{m}$（上边受拉）

第 五 章

5-1 (a) $V_A=V_B=qr$（↑），$H=\frac{1}{2}qr$（向内）

(b) $V_A=6\text{kN}$（↑），$V_B=4\text{kN}$（↑），$N_{DE}=12\text{kN}$（拉）

5-2 $M_D=6\text{kN}\cdot\text{m}$，$V_{D左}=1.8\text{kN}$，$V_{D右}=-1.8\text{kN}$

$M_E=-2\text{kN}\cdot\text{m}$，$V_E=0$，$N_E=-2.24\text{kN}$

5-3 $M_K=-6.4\text{kN}\cdot\text{m}$，$V_K=-4.64\text{kN}$，$N_K=-89.28\text{kN}$

5-4 $M_D=0.234\text{kN}\cdot\text{m}$，$V_{D左}=3.480\text{kN}$，$V_{D右}=2.135\text{kN}$，

$N_{D左}=-13.850\text{kN}$，$N_{D右}=-11.744\text{kN}$

5-5 $M_D=28.59\text{kN}\cdot\text{m}$，$V_{D左}=3.24\text{kN}$，$V_{D右}=1.41\text{kN}$

$N_{D左}=-7.89\text{kN}$，$N_{D右}=-7.48\text{kN}$

5-6 $M_{DC}=40\text{kN}\cdot\text{m}$（外拉），$V_{DC}=40\text{kN}$，$V_{CD}=-24\text{kN}$

$N_{DC}=-80\text{kN}$，$N_{CD}=-32\text{kN}$

第 六 章

6-2 (a) $N_{FG}=20\sqrt{10}\text{kN}$（压）；(b) $N_{DE}=\frac{P}{2}$（拉）

(c) $N_{FA}=\sqrt{5}P$（拉）；(d) $N_{AB}=10\text{kN}$（压）

6-3 (a) $N_b=\frac{5\sqrt{13}}{3}\text{kN}$（拉）；(b) $N_a=0$，$N_b=22.5\text{kN}$（压）

(c) $N_a=\sqrt{2}P$（压）；(d) $N_a=50\text{kN}$（压），$N_b=\frac{40}{3}\text{kN}$（压）

(e) $N_b=15\sqrt{2}\text{kN}$（压）；(f) $N_a=5\text{kN}$（拉）

6-4 (a) $N_{12}=30\text{kN}$（拉）；(b) $N_{①}=2P$（压），$N_{②}=0$，$N_{③}=P$（拉）

(c) $N_{12}=37.5\text{kN}$（拉）；(d) $N_{34}=\frac{35}{3}\text{kN}$（压）

第 七 章

7-1 (a) $\Delta_{CV}=\frac{5Pl^3}{48EI}$（↓），$\varphi_C=\frac{pl^2}{8EI}$（↻）

(b) $\Delta_{BV}=\dfrac{qr^4}{3EI}$ (↓)

7-2 (a) $\Delta_{BV}=\dfrac{ql^4}{8EI}$ (↓)，$\varphi_B=\dfrac{ql^3}{6EL}$ (↙)

(b) $\Delta_{CV}=\dfrac{5Pl^3}{48EI}$ (↓)

7-3 (a) $\Delta_{CV}=\dfrac{Pl^3}{48EI}$ (↓)，$\varphi_B=\dfrac{Pl^2}{16EI}$ (↙)

(b) $\Delta_{CV}=-\dfrac{qa^4}{8EI}$ (↓)，$\varphi_B=\dfrac{qa^2}{2EI}$ (↙)

(c) $\Delta_{DV}=\dfrac{17ql^4}{1536EI}$ (↓)，$\Delta_{CV}=-\dfrac{15ql^4}{2048EI}$ (↑)

(d) $\Delta_{CV}=\dfrac{ql^4}{24EI}$ (↓)，$\varphi_B=\dfrac{qr^3}{24EI}$ (↙)

7-4 (a) $\varphi_{CC}=\dfrac{7Pl^2}{6EI}$ (↘ ↙)

(b) $\Delta_{BV}=\dfrac{ql^4}{3EI}$ (↓)，$\varphi_{BB}=\dfrac{29ql^3}{24EI}$ (↘ ↙)

7-5 (a) $\Delta_{CV}=\dfrac{1985}{6EI}$ (↓)

(b) $\Delta_{CV}=-\dfrac{206.7}{EI}$ (↑)

(c) $\Delta_{AB}=\dfrac{ql^4}{12EI}$ (←→)，$\psi_{CD}=\dfrac{ql^3}{12EI}$ (↘ ↙)

(d) $\Delta_{EV}=\dfrac{23Pl^3}{3EI}$ (↓)

7-6 $\Delta_{DV}=\dfrac{10501.18}{EA}$ (↓)

7-7 $\varphi_{BC}=\dfrac{k}{2a}$ (↖)

7-8 $\Delta_{AC}=1.27\text{cm}$ (←→)

7-9 $\Delta_{CV}=\alpha ta$ (↑)

7-10 $\Delta_{CH}=\dfrac{Hb}{l}$ (→)

7-11 $\Delta_{DH}=\dfrac{C}{2}$ (→)，$\Delta_{CV}=\dfrac{C}{4}$ (↓)

第 八 章

8-2 (a) $M_{AB}=\dfrac{3}{16}Pl$（上边受拉）；(b) $M_{BA}=\dfrac{ql^2}{16}$（上边受拉）

(c) $M_{AB}=\dfrac{ql^2}{12}$（上边受拉）；(d) $M_{BC}=\dfrac{3}{28}Pl$（上边受拉）

8-3 (a) $M_{CD}=\dfrac{11}{40}ql^2$（右边受拉）；(b) $M_{CB}=\dfrac{3M}{5l}$（上边受拉）

(c) $M_{BA}=\dfrac{1}{16}qa^2$（上边受拉）；(d) $M_{BC}=\dfrac{1}{14}qa^2$（上边受拉）

8-4 (a) $M_{BD}=\dfrac{240}{7}\text{kN·m}$（左边受拉）；(b) $M_{AB}=\dfrac{65}{7}\text{kN·m}$（左边受拉）

(c) $M_{BA}=\dfrac{qa^2}{4}$（上边受拉）；(d) $M=0$

8-5 (a) $N_{DE}=0.035P$（拉）；(b) $N_{36}=-\dfrac{7}{40}P$（压）

8-6 (a) $N_{CD}=-0.32ql$（压）；$M_{CA}=0.34ql^2$（下边受拉）

(b) $N_{CE}=-8.125\text{kN}$（压）

8-7（a）$M_B=\dfrac{Ph}{2}$（左边受拉）

（b）$M_{DE}=-1.30kN$（压），$N_{FG}=-7.66kN$（压）

8-8 $M_D=\dfrac{ql^2}{64}$（内侧受拉），$H_B=\dfrac{ql^2}{16f}$（←）

8-9 $M_D=937.5kN\cdot m$（内侧受拉），$N_{AB}=100kN$（拉）

8-10（a）$M_{BA}=40kN\cdot m$（右边受拉）；（b）$M_{CD}=\dfrac{17}{4}Pl$（下边受拉）

（c）$M_{DB}=\dfrac{ql^2}{9}$（上边受拉）；（d）$M_{BA}=12kN\cdot m$（上边受拉）

8-11（a）$M_{AB}=\dfrac{3EI}{l^2}\Delta$（上边受拉）；（$b$）$M_{AB}=\dfrac{3EI}{l}\theta$（下边受拉）

（c）$M_{AB}=\dfrac{4EI}{l}\theta$（下边受拉）；（$d$）$M_{AB}=\dfrac{5EI}{4l}\theta$（右边受拉）

8-12 $M_{AB}=\dfrac{1.5EI\alpha}{h}(t_2-t_1)$

8-13 $M_{BC}=\dfrac{15\alpha}{16}(1+\dfrac{24}{h})$

8-14 $\Delta_V=\dfrac{ql^4}{192EI}$（↓）

8-15 $\Delta_H=\dfrac{19ql^4}{240EI}$（→）

8-16 $\theta=\dfrac{120}{7EI}$（↘）

第 九 章

9-2（a）$M_{CB}=-\dfrac{1}{24}ql^2$；（$b$）$M_{CB}=-\dfrac{1}{2}Pa$；（$c$）$M_{AC}=-\dfrac{1}{12}ql^2$

9-3（a）$M_{BC}=-M_{CB}=-40kN\cdot m$；（$b$）$M_{BC}=-M_{BA}=-46.67kN\cdot m$

（c）$M_{BD}=3.4kN\cdot m$，$M_{DB}=-2.30kN\cdot m$

（d）$M_{DC}=21.82kN\cdot m$，$M_{ED}=2.73kN\cdot m$

9-4（a）$M_{AB}=-100kN\cdot m$，$M_{DC}=-60kN\cdot m$

（b）$M_{AD}=-100kN\cdot m$，$M_{BE}=-200kN\cdot m$

（c）$M_{AB}=-109.33kN\cdot m$，$M_{BA}=-82.67kN\cdot m$，$M_{DC}=-48kN\cdot m$

（d）$M_{AB}=M_{BA}=-68.57kN\cdot m$，$M_{BC}=34.29kN\cdot m$，

$M_{GE}=68.57kN\cdot m$

9-5（a）$M_{BA}=-27.83kN\cdot m$，$M_{BE}=-26.09kN\cdot m$

$M_{BC}=-26.09kN\cdot m$，$M_{AD}=16.53kN\cdot m$

（b）$M_{BE}=-8.42kN\cdot m$，$M_{BC}=-31.58kN\cdot m$

$M_{CB}=29.49kN\cdot m$，$M_{GD}=0$

（c）$M_{BA}=-17.79kN\cdot m$，$M_{BC}=4.44kN\cdot m$

$M_{CB}=-4.44kN\cdot m$，$M_{BE}=13.32kN\cdot m$

$M_{DE}=-62.22kN\cdot m$

（d）$M_{BA}=15kN\cdot m$，$M_{DA}=M_{EB}=-20kN\cdot m$

$M_{DF}=M_{EG}=M_{FD}=M_{GE}=-20kN\cdot m$

9-6 $M_{AF}=-M_{AB}=M_{ED}=M_{DC}=12kN\cdot m$

$M_{FA}=-M_{FE}=M_{CD}=6kN\cdot m$

9-7 $M_{AB}=M_{CD}=-18kN\cdot m$，$M_{EF}=-36kN\cdot m$

9-8 $M_{DC}=-190.9kN\cdot m$，$M_{DE}=245.5kN\cdot m$

$M_{DB}=-54.5\text{kN·m}$，$M_{ED}=272.7\text{kN·m}$

第 十 章

10-1 $M_{BA}=40\text{kN·m}$，$M_{AB}=20\text{kN·m}$

10-2 $M_{BA}=-5\text{kN·m}$，$M_{BC}=-50\text{kN·m}$

10-3 $M_{AB}=-9\text{kN·m}$，$M_{BC}=-17\text{kN·m}$

10-4 $M_{AB}=-54.28\text{kN·m}$，$M_{BC}=11.43\text{kN·m}$

10-5 $M_{AB}=\frac{1}{28}ql^2$，$M_{BA}=\frac{1}{14}ql^2$

10-6 $M_{AB}=26.4\text{kN·m}$，$M_{BA}=52.8\text{kN·m}$

$M_{BC}=39.6\text{kN·m}$

10-7 $M_{BC}=-2.11\text{kN·m}$，$M_{CB}=-1.52\text{kN·m}$

$V_{BC}=3.61\text{kN}$，$V_{CB}=-2.40\text{kN}$，$R_B=4.13\text{kN}$（↑）

10-8 $M_{CD}=-36\text{kN·m}$，$M_{DC}=28.26\text{kN·m}$

$V_{CD}=31.31\text{kN}$，$R_B=37.18\text{kN}$（↑）

10-9 $M_{CE}=-34.3\text{kN·m}$，$M_{EC}=72.9\text{kN·m}$

10-10 $M_{BD}=-13.93\text{kN·m}$，$M_{AB}=-7.44\text{kN·m}$

10-11 $M_{BC}=-M_{CB}=1.2\frac{\Delta}{l^2}EI$

10-12 $M_{DE}=245.45\text{kN·m}$，$M_{ED}=272.73\text{kN·m}$，

$M_{DB}=-54.55\text{kN·m}$，$M_{BD}=-27.27\text{kN·m}$

第 十 一 章

11-2

$$M_C=\begin{cases}0 & (A\text{点})\\ ab/l & (C\text{点})\\ 0 & (B\text{点}),\end{cases}\quad V_C=\begin{cases}0 & (A\text{点})\\ -a/l\cos\alpha & (C\text{左})\\ +b/l\cos\alpha & (C\text{右})\\ 0 & (B\text{点}),\end{cases}\quad N_C=\begin{cases}0 & (A\text{点})\\ a/l\sin\alpha & (C\text{左})\\ -b/l\cos\alpha & (C\text{右})\\ 0 & (B\text{点})\end{cases}$$

11-3

$$R_A=\begin{cases}1 & (A\text{点})\\ 0 & (B\text{点})\\ -0.375 & (D\text{点}),\end{cases}\quad M_C=\begin{cases}0 & (A\text{点})\\ 3/4 & (C\text{点})\\ 0 & (B\text{点})\\ -9/8 & (D\text{点}),\end{cases}\quad V_E=\begin{cases}0 & (E\text{左})\\ +1 & (E\text{右})\\ +1 & (D\text{点})\end{cases}$$

11-4

$$N_{EC}=\begin{cases}1 & (E\text{点})\\ 0 & (D\text{点})\\ 1/2 & (F\text{点})\\ 3/2 & (G\text{点}),\end{cases}\quad M_H=\begin{cases}-1/2 & (F\text{点})\\ 0 & (D\text{点})\\ 1/2 & (H\text{点})\\ 0 & (F\text{点})\\ -1/2 & (G\text{点}),\end{cases}\quad V_H=\begin{cases}+1/2 & (F\text{点})\\ 0 & (D\text{点})\\ -1/2 & (H\text{左})\\ +1/2 & (H\text{右})\\ 0 & (E\text{点})\\ -1/2 & (G\text{点})\end{cases}$$

11－6（a）

$$R_A=\begin{cases}+1.5 & (G\text{点})\\ +1 & (A\text{点})\\ 0 & (B\text{点})\\ -0.5 & (E\text{点})\\ 0 & (C\text{点})\\ +0.5 & (F\text{点}),\end{cases}\quad R_C=\begin{cases}0 & (E\text{点})\\ +1 & (C\text{点})\\ +2 & (F\text{点}),\end{cases}\quad V_D^{\text{右}}=\begin{cases}+1/2 & (D\text{左})\\ 0 & (B\text{点})\\ -1/2 & (E\text{点})\\ 0 & (C\text{点})\\ +1/2 & (F\text{点})\end{cases}$$

(b)

$$M_C=\begin{cases}0 & (E\text{点})\\ +1/2 & (C\text{点})\\ 0 & (B\text{点})\\ -1/3 & (F\text{点}),\end{cases}\quad M_D=\begin{cases}0 & (D\text{点})\\ -6 & (E\text{点})\\ -3 & (C\text{点})\\ 0 & (B\text{点})\\ +2 & (F\text{点}),\end{cases}\quad V_D=\begin{cases}+1 & (D\text{点})\\ +1 & (E\text{点})\\ +1/2 & (C\text{点})\\ 0 & (B\text{点})\\ -1/3 & (F\text{点})\end{cases}$$

11-7 (a) $R_A=89$kN，$M_C=66$kN·m，$V_C=37$kN

(b) $R_A=45$kN，$M_C=80$kN·m，$V_C=-20$kN

(c) $R_A=90$kN，$M_C=4$kN·m，$V_C=2$kN

11-8 (a) $R_{Amax}=186.78$kN，$M_{Cmax}=314$kN·m，$V_{Cmax}=104.5$kN

(b) $R_{Amax}=134.5$kN，$M_{Cmax}=287.5$kN·m，$V_{Cmax}=12.5$kN

11-9 (a) $M_{Cmin}=259.67$kN·m，$V_{Cmin}=-27.3$kN

(b) $M_{Cmin}=0$，$V_{Cmin}=-95.8$kN

11-10 (a) $M_{Cmax}=350$kN·m，$|M_{max}|=355.6$kN·m

(b) $M_{Cmax}=310$kN·m，$|M_{max}|=320.9$kN·m

第十二章

12-4 $\{P\}=[40\quad -100\quad 53.33\quad 0\quad -80\quad -53.33\quad 0]^T$

12-6 $M_A=19.375$kN·m，$M_{CB}=76.0$kN·m

12-7 $M_{12}=-20.02$kN·m，$M_{34}=-10.91$kN·m

12-8 $M_{12}=-149.17$kN·m，$V_{32}=-22.9$kN